DIE

VERUNREINIGUNG DER GEWÄSSER

DEREN SCHÄDLICHE FOLGEN

SOWIE DIE

REINIGUNG VON TRINK- UND SCHMUTZWASSER

MIT DEM EHRENPREIS

SR. MAJESTÄT DES KÖNIGS ALBERT VON SACHSEN

GEKRÖNTE ARBEIT

VON

DR. J. KÖNIG

GEH. REGIERUNGSRATH, O. PROFESSOR AN DER KÖNIGL. AKADEMIE

UND VORSTEHER DER AGRIKULTURCHEMISCHEN VERSUCHSSTATION IN MÜNSTER I. W.

ZWEITE, VOLLSTÄNDIG UMGEARBEITETE UND VERMEHRTE AUFLAGE

ERSTER BAND

MIT 134 TEXTFIGUREN UND 7 LITHOGRAPHIRTEN TAFELN

Springer-Verlag Berlin Heidelberg GmbH

1899.

ISBN 978-3-642-89966-9 ISBN 978-3-642-91823-0 (eBook)
DOI 10.1007/978-3-642-91823-0

Softcover reprint of the hardcover 2nd edition 1899

Vorrede zur zweiten Auflage.

Die nächste Veranlassung zu dieser Schrift gab die seiner Zeit (1882/83) von der ersten allgemeinen deutschen Ausstellung auf dem Gebiete der Hygiene und des Rettungswesens mit dem Ehrenpreis **Sr. Majestät des Königs Albert von Sachsen** ausgeschriebene Preisaufgabe für die beste Lösung folgender Fragen:

a) Nachweis der gesundheitlichen, gewerblichen, industriellen, landwirthschaftlichen und sonstigen Interessen — einschliesslich der Interessen der Fischerei —, welche infolge der theils durch Benutzung der Wasserläufe, theils durch Einführung von Abfallstoffen in dieselben, bedingten Verunreinigungen der fliessenden Wässer geschädigt werden,

b) Genaue Darlegung der gegen die verschiedenen Arten der Beeinträchtigung wirksamsten chemischen Mittel, maschinellen Einrichtungen und baulichen Vorkehrungen, unter Nachweis der technischen und ökonomischen Ausführbarkeit der gemachten Vorschläge. Zur Erläuterung sind Zeichnungen, Modelle, Präparate erwünscht.

Das Preisgericht (bestehend aus den Herren Proff. DDr.: R. Virchow-Berlin, P. Börner-Berlin, C. Flügge-Breslau [damals Göttingen], Günther-Dresden und G. Wolffhügel-Göttingen [damals Berlin]) erkannte mit allerhöchster Genehmigung Sr. Majestät des Königs Albert von Sachsen der ersten Auflage dieses Werkes den Preis zu.

Seit der Zeit ist viel auf diesem Gebiete gearbeitet worden und konnten für manche Abfallstoffe und Abgänge die obigen Fragen nicht nur erweitert, sondern auch genauer beantwortet werden.

Die wichtige Frage der Selbstreinigung der Flüsse, welche der allgemeinen und völligen Verunreinigung derselben entgegenarbeitet, hat auf Grund der vielen neueren Untersuchungen eine eingehende Berücksichtigung in einem besonderen Abschnitt gefunden.

Auch der Reinigung von Trinkwasser habe ich einen besonderen Abschnitt zugewiesen, weil dieselbe einerseits eine grosse Bedeutung angenommen, andererseits erhebliche Fortschritte aufzuweisen hat und auch manche Beziehungen zu der Reinigung von den eigentlichen Schmutzwässern besitzt.

Diese Umstände haben eine wesentliche Vermehrung des Inhaltes der Schrift verursacht, wesshalb ich mich entschlossen habe, dieselbe in zwei Bänden herauszugeben; der I. Band behandelt die gestellte Aufgabe, die Schädlichkeit und Reinigung von verunreinigtem Wasser im allgemeinen, der II. Band dagegen legt die Zusammensetzung, Schädlichkeit und Reinigung der einzelnen Abwässer und Abfallstoffe, soweit darüber bis jetzt Untersuchungen vorliegen, im besonderen dar.

Im übrigen habe ich die ursprünglichen, in der Preisaufgabe festgelegten Gesichtspunkte der Bearbeitung genau innegehalten.

Wie in der ersten Auflage, so muss ich auch jetzt wiederholt betonen, dass der Inhalt der Schrift nicht gegen die Industrie gerichtet ist; ich habe meinen Standpunkt in dieser Hinsicht genügend auf S. 49 und 94 im I. Bande dargelegt. Ich hoffe vielmehr, dass durch den Nachweis, wie die verschiedenen Abgänge schädlich wirken und bis zu welcher Grenze sie unschädlich gemacht werden können, der Industrie ein nicht minder grosser Dienst erwiesen wird, als den Anliegern und Berechtigten an den Gewässern.

Verschiedene Erfahrungen seit dem Erscheinen der ersten Auflage dieser Schrift haben nämlich gezeigt, dass dieses von der Schrift verfolgte Ziel vielfach ein friedliches Uebereinkommen zwischen Industrie und Grund- bezw. Hausbesitzern an fliessenden Gewässern herbeigeführt hat.

Vereinzelt sind auch Vorschläge bezw. Verfahren für die Reinigung von Schmutzwässern beschrieben worden, die kaum eine praktische Anwendung gefunden haben oder bereits wieder aufgegeben worden sind. Ich glaubte sie aber dennoch aufnehmen zu sollen, um nicht nur ein Gesammtbild von dem Stande der Frage zu geben, sondern auch um vor weiteren überflüssigen Arbeiten zu schützen, bezw. zu neuen Forschungen anzuregen.

Die Neubearbeitung der bereits mehrere Jahre vergriffenen ersten Auflage dieses Werkes ist leider infolge vielfacher dienstlicher Verpflichtungen des Verfassers verzögert worden.

Dass ich der neuen Auflage die vorliegende Vermehrung und Vervollkommnung geben konnte, verdanke ich in erster Linie der freundlichen Unterstützung von Ingenieur H. Alfred Roechling in Leicester, und der thätigen Mitarbeit der beiden Abtheilungsvorsteher der hiesigen Versuchsstation, Dr. E. Haselhoff und Dr. A. Bömer.

Herr Ingenieur Roechling lieferte mir die Zeichnungen und technischen Grundlagen für die Abschnitte „Reinigung von Trinkwasser und Reinigung von Schmutzwasser durch Berieselung“, ferner verschiedene Beiträge zu dem Abschnitt „Städtische Abwässer und Abfallstoffe“.

Herr Dr. E. Haselhoff bearbeitete selbständig den Abschnitt „Chemische Fällungsmittel“ und den grössten Theil der einzelnen Abwässer im II. Bande, während Herr Dr. A. Bömer die Bearbeitung über Selbstreinigung der Flüsse und elektrische Reinigung des Wassers neben einschlägiger Litteratur übernahm.

Ich spreche den Herren auch an dieser Stelle für die liebenswürdige und erfolgreiche Unterstützung aufrichtigen Dank aus.

Auch der Verlagsbuchhandlung gebührt mein Dank für die schöne Ausstattung des Werkes und das stets bereitwillige Eingehen auf meine Wünsche.

So gebe ich mich der Hoffnung hin, dass das Werk in der zweiten Auflage dieselbe allgemeine beifällige Aufnahme in den betheiligten Kreisen finden wird, deren sich die erste Auflage zu erfreuen gehabt hat.

Münster i. W., im August 1899.

Der Verfasser.

Inhalts-Verzeichniss.

I. Band.

Einleitung.

Seite

I. Allgemeine, bei der Verunreinigung eines Gewässers zu berücksichtigende Verhältnisse 1

1. Was ist ein Bach und was ist ein öffentlicher Fluss? 1
2. Was ist ein reines Flusswasser? 2
3. Die schwankenden Wassermengen in den Flüssen 7
4. Abhängigkeit der Grösse der Verunreinigung eines Flusses von verschiedenen Umständen 13
5. Täuschungen bei der Beurtheilung der Verunreinigung eines Gewässers durch den äusseren Augenschein 17
6. Probenahme und Untersuchung eines Fluss- und Schmutzwassers 18

II. Gesetzliche Bestimmungen, betreffend die Reinhaltung der Flüsse 19

1. In Deutschland: 19
   - a) Königreich Preussen 19
   - b) „ Bayern 23
   - c) „ Sachsen 23
   - d) „ Württemberg 26
   - e) Grossherzogthum Baden 26
   - f) Elsass-Lothringen 27
     - Der augenblickliche Rechtszustand betreffend die Verunreinigung der Gewässer in Deutschland 27
2. In der Schweiz 29
3. In Frankreich 36
4. In Belgien 37
5. In England 37
6. In Russland 43

III. Die verschiedenen Arten der Verunreinigung der Gewässer . 44

IV. Anforderungen an ein Wasser für verschiedene Nutzungszwecke 50

1. Anforderungen an ein Trinkwasser 50
   - Ist das Wasser die Ursache der Verbreitung oder der Träger von Keimen ansteckender Krankheiten? 57

Seite
a) Verbreitung von thierischen Parasiten durch das Wasser 57
b) Verbreitung von Infektionskrankheiten durch das Wasser 58
α) Cholera 60
β) Typhus 65
γ) Sonstige durch pathogene Bakterien erzeugte Krankheiten . . . 67
δ) Milzbrand 69
ε) Infektionskeime für Fische 70
ζ) Fäulnissbakterien 74
2. Anforderungen an ein Wasser für Viehtränke 81
3. Anforderungen an ein Fischereiwasser 81
Wirkungen von trübem Wasser (Braunsteintrübe) auf die Fischzucht 82
4. Anforderungen an ein Wasser für landwirthschaftliche Nutzungszwecke . . 95
5. Anforderungen an ein Wasser für industrielle Zwecke 95
a) Wasser zum Speisen von Kesseln 95
b) Wasser für Brauereien und Gährungsgewerbe 96
c) Wasser für die Stärkefabrikation 98
d) Wasser für die Zuckerfabrikation 98
e) Wasser für die Gerbereien und Leimfabriken 99
f) Wasser für Bleichereien und Färbereien 100
g) Wasser für sonstige gewerbliche Zwecke 101

Reinigung des Wassers.

Verfahren im Allgemeinen 102

Reinigung des Trinkwassers.

Vorbemerkungen 102
I. Reinigung des Trinkwassers im Grossen 104
1. Reinigung des Trinkwassers in Absatzbehältern 105
a) Klärbecken für unterbrochenen Betrieb 106
b) Klärbecken für ununterbrochenen Betrieb 109
2. Reinigung des Trinkwassers durch Sandfiltration 110
a) Anlage der künstlichen Sandfilter 111
α) Die völlige Selbständigkeit jedes einzelnen Filters 111
β) Die Korngrösse des Filtersandes 112
γ) Die stützende Kiesschicht und der Aufbau des Filters 115
δ) Die Reinwasserkanäle 116
ε) Form und Grösse der Filter 118
ζ) Der Reinwasserbehälter und der Wasserstand auf den Filtern . 121
η) Der Einlauf des Wassers auf die Filter 123
ϑ) Der Austritt des Wassers aus den Filtern 124
ι) Die Entlüftung der Filter 126
κ) Die Ueberdeckung und Form der Filter 126
λ) Die Anordnung und Kosten der Filter 128
b) Der Betrieb der Sandfilter 128
Grundsätze für die Reinigung von Oberflächenwasser durch Sandfiltration zu Zeiten der Choleragefahr 129

Seite

c) Die Wirkung und das allmähliche Unbrauchbarwerden der Filter . . 133
d) Das Reinigen der Filter 138
α) Entfernung der Schleimschicht 139
β) Das Waschen des Sandes 139
3. Reinigung des Trinkwassers durch Sandsteinplatten (nach Fischer-Peters) 141
4. Reinigung des Trinkwassers durch Schnellfilter und Filtrationsmaschinen . . 144
a) Der Andersen'sche Revolving-Purifier 144
b) Das Riddell-Filter 147
c) Das Howatsen-Filter 150
d) Das Warren-Filter 152
e) Das Torrent-Filter 155
f) Das Kröhnke-Filter 156
g) Das Gerson-Filter 157
5. Verhalten des Trinkwassers in Leitungsröhren 159

II. Reinigung des Trinkwassers im Kleinen durch Hausfilter . . 162

1. Die Kohlenfilter 162
2. Das Eisenschwammfilter von Bischoff 164
3. Spencer's Magnetic-Carbide- und das Polarite-Filter 164
4. Das Kieselguhr-Filter von Nordtmeyer-Berkefeld 165
5. Die Porcellanfilter 168
a) Von Pasteur-Chamberland 168
b) Von der Sanitäts-Porcellan-Manufaktur in Charlottenburg 172
c) Von Möller-Hesse 172
d) Von J. Stavemann in Berlin 173
e) Von H. Olschewsky (Karl Maass & Cohnfeld) in Berlin 173
f) Von Wilh. Schuler in Isny (Württ.) 174
g) Filter aus Asbestporcellan 176
6. Asbestfilter 176
a) Von C. Piefke-Berlin 176
b) Von Friedr. Breyer in Wien 179
c) Von Julius Trenkler in Wien 181
d) Von Sellenscheidt in Berlin 182
e) Von Sonnnenschein 183
f) Von Frhr. v. Kuhn in Wien 183
g) Von H. Jensen & Co. in Hamburg 184
7. Papier-Cellulose-Filter 185
Schlussbemerkungen zu den Kleinfiltern 186

III. Reinigung des Trinkwassers durch Kochen 188

1. Kochapparat von Fr. Siemens in Berlin 188
2. Kochapparat von Grove in Berlin 189
3. Gewinnung von Trinkwasser durch Destillation 191

IV. Reinigung des Trinkwassers durch Chemikalien 191

V. Reinigung des Trinkwassers durch Elektricität 194

VI. Lüftung und Enteisenung von Trinkwasser 195

1. Das Oesten'sche Verfahren (durch freien Regenfall) 197
2. Das Piefke'sche Verfahren (Rieselung durch Koks) 198
3. Das Thiem'sche Verfahren 200
4. Das Kurth'sche Verfahren 200
5. Enteisenung durch chemische Fällungsmittel und durch das Kröhnke-Filter 202

*

Seite
6. Das Dunbar'sche Pressfilter 203
7. Das Dunbar'sche Tauchfilter 203
VII. Das Weichmachen des Wassers 205
1. Allgemeine Fällungsmittel 205
2. Vorrichtungen zum Weichmachen von Kesselspeisewasser 209
a) Von A. L. G. Dehne in Halle a/S. 209
b) Von P. Kyll in Köln a. Rh. 211
3. Das Weichmachen von Trinkwasser in (Southampton) 213

Reinigung der Schmutzwässer.

A. Die Reinigung in den Gewässern selbst, die Selbstreinigung der Flüsse 217
I. Selbstreinigung durch Verdünnung 231
II. Selbstreinigung durch mechanisch-chemische Vorgänge . . . 233
1. Durch die Sedimentation 233
2. Durch rein chemische Umsetzungen 234
3. Durch direkte Oxydation 235
4. Durch Verdunstung 245
III. Selbstreinigung durch biologisch-chemische Vorgänge 247
1. Die oxydirende Wirkung der Bakterien und Wasserfadenpilze 247
2. Die Thätigkeit der Algen und sonstiger Wasserpflanzen 252
IV. Die Selbstreinigung der Flüsse von Bakterien 258
1. Sedimentation der Bakterien 259
2. Absterben durch Veränderung der Wachsthumsbedingungen 262
3. Wirkungen des Lichtes auf Bakterien 263
Schlussergebnisse 265
B. Reinigung der Schmutzwässer durch Berieselung 266
I. Vorbemerkungen über die Grundsätze der Berieselung 266
1. Die Vorgänge der Zersetzung und Unschädlichmachung der organischen Stoffe im Boden 267
2. Einfluss der Bodenart und der Art des Rieselns auf die Reinigung der Schmutzwässer 273
a) Einfluss der Art des Rieselns 273
b) Einfluss des Bodens 274
c) Einfluss des zu häufigen Rieselns 275
3. Einfluss der Kulturpflanzen 276
4. Einfluss der verschiedenen Kulturpflanzen und des Nährstoffbedürfnisses derselben 281
5. Einfluss der Jahreszeit 281
Zusammenfassung der Grundregeln der Berieselung 285
II. Vorprüfungen bei der Anlage von Rieselfeldern 287
1. Die Beschaffenheit des Bodens 287
2. Die Vorfluth und Entwässerungsverhältnisse des Rieselfeldes 288
3. Die Oberflächengestaltungen des Rieselfeldes 289
4. Besitz- und Wohnungsverhältnisse auf und bei den Rieselfeldern 289
5. Bestimmung der Grösse eines Rieselfeldes 290
a) Je nach der Beschaffenheit des zu rieselnden Wassers 291

Seite

b) Je nach der Menge des Abwassers 291
c) Je nach dem nothwendigen Grade der Reinigung 294
6. Pacht- oder Grunderwerb der Rieselfelder? Kostenanschlag 294

III. Die Herstellung der Rieselanlagen 296
1. Die Aptirung der Rieselfelder 296
a) Zum Rieseln 297
b) Für die Staufiltration 299
c) Für die Beetfiltration 302
2. Die Entwässerung der Rieselfelder 305
a) Art und Lage der Drainrohre 305
b) Grössendurchmesser der Drainrohre 305
c) Vertheilung der Drainrohre 305
3. Die Vertheilung des Abwassers auf den Rieselfeldern 307
4. Beispiele einiger Rieselanlagen 313
a) Die Rieselfelder von Berlin 313
b) Das Rieselfeld von Freiburg i. Br. 314
c) Das Rieselfeld von Breslau 315
d) Das Rieselfeld von Paris 317

IV. Der Betrieb von Rieselfeldern 318
1. Die Bewässerung der Flächen — der Rieselbetrieb 318
Dienstanweisung für die Rieselmeister und Rieselwärter auf den der Stadtgemeinde Berlin gehörigen Rieselgütern 320
2. Die Arbeit auf den Rieselfeldern und die Bearbeitung der Bodenoberfläche . 325
3. Die Bebauung der Rieselfelder 327
4. Die Viehwirthschaft auf den Rieselfeldern 336
5. Die Teich-(Fisch-)Wirthschaft auf den Rieselfeldern 337

C. Reinigung der Schmutzwässer durch Filtration 339
Versuche über die Reinigung durch verschiedene Filter 340

D. Reinigung der Schmutzwässer auf biologischem Wege . . 346
Das Dibdin-Schweder'sche Verfahren 346

E. Reinigung der Schmutzwässer auf chemisch-mechanischem Wege 353

I. Die chemischen Fällungsmittel und ihre Wirkung 353
1. Die chemischen Fällungsmittel 353
2. Die Wirkung der chemischen Fällungsmittel 360
3. Die Beseitigung des Schlammes von der chemischen Fällung 368

II. Mechanische Hilfsmittel behufs Klärung der Schmutzwässer . 370
1. Klärung durch einfache flache Klärbecken mit vorwiegend wagerechter Bewegung des Wassers 375
a) Klärvorrichtung nach E. Reichardt 375
b) „ mit durchsetzten Wänden 376
c) „ für das Verfahren von Fr. Hulwa 376
α) Einrichtung für eine Zuckerfabrik in Strehlen 376
β) Einrichtung für eine Färberei in Ernsdorf 378
d) Kläranlage auf der Arbeiter-Kolonie Kronenberg bei Essen a. d. Ruhr 830
e) Kläranlage in Frankfurt a. M. 383
f) „ in Wiesbaden 389

Seite

2. Klärung durch Tiefbrunnen und ähnliche Vorrichtungen mit vorwiegend aufsteigender Bewegung des Wassers 393
   a) Klärvorrichtung von F. A. Robert Müller & Co. in Schönebeck a. d. Elbe 393
   b) Klärvorrichtungen von M. Friedrich & Co. in Leipzig 396
      α) Tiefbrunnen 396
      β) Flachbrunnen 397
   c) Klärvorrichtung von F. Eichen in Wiesbaden 399
   d) Klärvorrichtung von Rothe-Roeckner 401
   e) Heberglocken-Anlage von M. Friedrich & Co. in Leipzig 404
   f) Klärvorrichtung von A. Dervaux, verbessert von Hans Reisert . . 405
3. Zusammengesetzte und sonstige Klärvorrichtungen 408
   a) Klärvorrichtung von H. Riensch in Uerdingen a. Rh. 408
   b) Reinigungsverfahren von A. Proskowetz 414
   c) Reinigungsverfahren von H. Gerson 417
   d) Reinigung durch Filterpressen und Klärung von A. L. G. Dehne in Halle a. d. S. 420
      α) Die Reinigung durch Filterpressen 420
      β) Die Reinigung durch Schwemmfilter 420
      γ) Die Reinigung unter Zusatz von Chemikalien durch Klärbecken und Filterpresse 421
4. Hilfsvorrichtungen für die chemisch-mechanische Reinigung der Schmutzwässer 422
   a) Vorrichtungen für die Bereitung von Kalkmilch behufs Zusatzes zu Schmutzwasser 422
      α) Von der Aktien-Gesellschaft für Bergbau, Blei- und Zinkfabrikation, Abtheilung Ramsbeck i. W. 422
      β) Von den Schwefelkiesgruben in Meggen i. W. 423
   b) Selbstthätige Schöpfvorrichtung für die Zugabe der chemischen Zusätze nach C. Liesenberg 424
   c) Messvorrichtung für die zur Reinigung von Abwässern bestimmten Fällreagentien 425
   d) Vorrichtung zum Vertheilen von Fällreagentien 427
   e) Vorrichtung zum Entwässern von schlammförmigen Stoffen von M. M. Rotten 427
   f) Vorrichtungen für die Zuführung von Gasen (Luft, Kohlensäure oder schwefeliger Säure) 430
      α) Die Lüftung 430
      β) Zuführung von Kohlensäure, schwefliger Säure oder anderen Gasen 431

F. Reinigung der Schmutzwässer durch Elektricität 433

1. Das Webster'sche Verfahren zur Reinigung von Schmutzwässern 433
2. Das Hermite'sche Verfahren zur Sterilisation der Spüljauche 438
3. Versuche über das Webster'sche Reinigungsverfahren 440

Sachregister 445

Einleitung.

I. Allgemeine, bei Verunreinigung der Gewässer zu berücksichtigende Verhältnisse.

Der erfreuliche Aufschwung, den die Industrie in den letzten Jahrzehnten genommen hat, hat in demselben Maasse eine erhöhte Menge Abfallstoffe und Abwässer mit sich gebracht, welche mehr oder weniger sämmtlich in die öffentlichen Wasserläufe gelangen und dieselben verunreinigen. Zu dieser Art Abwasser gesellen sich noch und zwar in durchweg viel grösserer Menge infolge der vermehrten Bevölkerung die häuslichen Schmutzwässer aus den stark bevölkerten Bezirken und Städten. Auf solche Weise werden verschiedentlich Bäche und Flüsse derartig verunreinigt, dass Beschwerden und Klagen der benachtheiligten Anwohner tagtäglich geworden sind. Es sind daher schon seit Jahren sowohl die Regierungen wie die betheiligten Bevölkerungskreise bemüht, die Verunreinigung der Flüsse, wenn auch nicht ganz aufzuheben, so doch auf ein erträgliches Maass zu beschränken. Auch macht sich mit Recht seit Jahren das Bestreben geltend, die verunreinigten Bäche und Flüsse für die Fischzucht wieder zu gewinnen und muss dieses Bestreben um so freudiger begrüsst werden, als eine ergiebige Fischzucht ohne Zweifel mit Rücksicht auf die genügende Versorgung der Bevölkerung mit Fleisch eine grosse volkswirthschaftliche Bedeutung hat.

Es kann daher als eine zeitgemässe Aufgabe bezeichnet werden, die verschiedenen Verunreinigungen der Gewässer und die Art ihrer Schädlichkeit darzulegen, sowie gleichzeitig Wege und Mittel anzugeben, wie den Verunreinigungen vorgebeugt werden kann.

So einfach diese Aufgabe auch in einzelnen Fällen ist, so verwickelt wird sie wieder in anderen, und ehe wir daher auf diese selbst eingehen, dürfte es zweckmässig sein, zunächst in Betracht zu ziehen, welche Umstände bei der Frage der Verunreinigung eines Gewässers massgebend sind.

Die erste Schwierigkeit liegt schon in der Beantwortung der Frage:

1. Was ist ein Bach und was ist ein öffentlicher Fluss?

Unter „Bach“ pflegt man ein kleines, natürlich fliessendes Gewässer zu verstehen, welches durch den unmittelbaren Abfluss einer wasserreichen

Quelle oder durch den Zusammenfluss mehrerer Rinnen von Tage- d. h. Regenwasser gebildet wird.

Hierbei ist es nicht erforderlich, dass der Bach fortwährend Wasser führt, es genügt, dass er zeitweise den gemeinsamen, natürlichen, fortleitenden Sammelbehälter mehrerer solcher Einzelrinnen bildet.

Noch weniger bestimmt ist die begriffliche Unterscheidung zwischen einem öffentlichen und Privat-Fluss.

Die fliessende Wasserwelle, als nicht fassbar, kann nicht Besitzgegenstand eines Einzelnen sein, wohl aber die Gesammtheit des Gewässers. Nach dem römischen Recht sind Flüsse, nämlich Wasserrinnen, die durch Vereinigung mehrerer Bäche entstehen, dann öffentliche, d. h. dienen als Staatsgut dem allgemeinen Gebrauch, wenn sie beständig fliessen (auch im Sommer nicht versiegen), während Bäche, auch wenn sie immer Wasser führen, als Privatgewässer gelten, d. h. dem Gebrauch Einzelner dienen. Das preussische allgemeine Landrecht betrachtet als Merkmal der öffentlichen Flüsse ihre Schiff- und Flössbarkeit (flössbar mit gebundenen Flössen), lässt aber die Möglichkeit zu, auch nicht schiffbaren, beständig fliessenden Gewässern diese Eigenschaft partikularrechtlich beizulegen. In Bayern gelten auch die Nebenarme öffentlicher Flüsse als öffentliche Gewässer. Ueber sonstige gesetzliche Bestimmungen und die heutige Rechtsanschauung über die Verunreinigung der Flüsse vergl. den folgenden Abschnitt.

Wenn hiernach schon bei der Verunreinigung der Gewässer die Frage, ob sie öffentliche oder private sind, mitunter Schwierigkeiten bereitet, so ist dieses noch mehr der Fall bei der Frage:

2. *Was ist ein reines Flusswasser?*

Wenn man mit H. Fleck[1]) annimmt: „Als rein hat jedes Flusswasser zu gelten, welches keine anderen Bestandtheile als die den Flusslauf speisenden reinen Quell- und Grundwässer enthält und in welchem nichts vorhanden ist, was dessen Verwendung als Reinigungsmittel in der Industrie und im Haushalte ausschliesst“, oder „was das Wasser“, wie ich hinzufügen will, „für die Fischzucht und zum Tränken von Vieh oder zur Bewässerung von Wiesen unbrauchbar macht“, so ist zu bedenken, dass es für die Gewässer eine Reihe natürlicher Verunreinigungen giebt, die unvermeidlich sind und nicht in der Hand des Einzelnen liegen.

Alle fliessenden Gewässer setzen sich direkt oder indirekt aus dem Meteorwasser (Regen, Thau, Reif und Schnee) zusammen, das an sich nicht als rein zu bezeichnen ist und auf dem Wege zu den Abflussrinnen Beimengungen von allerlei Bestandtheilen bezw. Verunreinigungen erfährt.

a) Schon beim Niederfallen des verdichteten Wasserdampfes nehmen die atmosphärischen Niederschläge verschiedene Bestandtheile der

[1]) Ueber Flussverunreinigungen im 12. und 13. Jahresbericht der Königl. chem. Centralstelle in Dresden 1884.

Luft auf, z. B. Gase, im Mittel von zehn Bestimmungen nach E. Reichardt:[1])

Gesammtmenge Gas	Sauerstoff	Stickstoff	Kohlensäure
27,04 ccm	5,97 ccm	16,60 ccm	4,47 ccm in 1 l
Oder in Proc. des Gases	22,06 %	61,40 %	16,54 %

Zu den regelmässigen Bestandtheilen des Regenwassers etc. gehören ferner für 1 l:

Feste Stoffe	Ammoniak	Salpetersäure	Organ. Stickstoff	Chlor
0,2—86,0 mg,	0,04—15,67 mg,	0,01—16,00 mg,	0,03—1,00 mg,	0,0—16,5 mg

Im Nebel sind sogar bis 137,85 mg Ammoniak, im Regen in der Nähe der See bis 950,0 mg Chlornatrium für 1 l Wasser gefunden. Der Nebel pflegt auch reich an Staubbestandtheilen aller Art zu sein.

Der Schnee ergab nach R. Sendtner[2]) freie Schwefelsäure aus den Rauchgasen, z. B. für 1 l:

Frisch gefallener Schnee	nach 16 Tagen	nach 24 Tagen
7,0 mg	62,2 mg	91,8 mg

Wie sehr der Rauch die Zusammensetzung des Regenwassers beeinflusst, zeigt eine Untersuchung von Jul. v. Schroeder.

Derselbe sammelte Regenwasser während eines Jahres in einer rauchigen Gegend (Tharand) und in einer weniger von Rauch belästigten Gegend (Waldgegend Grillenburg) und fand als Jahresmittel für 1 l:

Bezeichnung der Gegend	In Säuren unlöslicher Rückstand		Kali	Natron	Kalk	Magnesia	Eisenoxyd	Schwefelsäure	Phosphorsäure	Chlor	Summe
	Staub, Kohle mg	Mineralstoffe mg	mg	mg	mg	mg	mg	mg	mg	mg	mg
Rauchgegend	5,79	13,19	0,53	0,74	0,61	0,21	1,79	1,84	0,23	0,22	25,15
Waldgegend	4,17	2, 91	0,54	0,85	0,76	0,17	0,37	0,86	0,09	0,17	10,89

Hier enthält das Regenwasser aus der rauchigen Gegend mehr als die doppelte Menge fester Stoffe, als das in einer von Staub und Rauch reineren Gegend gefallene Wasser.

Dass die atmosphärischen Niederschläge in Industriegegenden auch mit dem Rauch sich verflüchtigende mehr oder weniger giftige Stoffe, wie schwefelige Säure, Schwefelsäure, Salzsäure, Chlor, arsenige Säure, Bleioxyd, Zinkoxyd etc. aufnehmen können, ist eine bekannte Thatsache.

Unter Umständen kann durch heftige Stürme aussergewöhnlich viel Staub auf weite Strecken fortgeweht und dem Regenwasser beigemengt

[1]) Landw. Centralbl. 1875, 167 u. Archiv f. Pharm. **206**, 193.

[2]) Bayr. Industrie- u. Gewerbe-Bl. 1887, 67.

werden; so besteht der in der Schweiz mehrfach beobachtete rothe Schnee und rothe Regen nach Ehrenberg[1]) aus Passatstaub, der sog. Schwefelregen aus Blüthenstaub Italiens oder Spaniens.

Aehnliche Erscheinungen hat man anderswo beobachtet, z. B. am 14. März 1813 in Idria,[2]) und am 7. März 1898 im Harz, Odenwald, Engadin, Kärnthen. Letzterer Schnee (vom Harz) enthielt nach W. Hampe[3]) 0,136 g und in einer anderen Probe 0,075 g Staub in 1 l Schneewasser; der Staub hatte eine röthlich-gelbe bis bräunliche Farbe sowie folgende Zusammensetzung:

		In der geglühten Substanz:							
	Glühverlust	SiO_2	Fe_2O_3	Al_2O_3	P_2O_5	CaO	MgO	K_2O	Na_2O
	%	%	%	%	%	%	%	%	%
Feiner, abschlämmbarer Th.	20,10	58,70	3,96	28,25	0,17	1,76	2,45	nicht bestimmt	
Gröberer Theil	20,00	59,55	7,63	25,56	0,22	1,19	2,48	2,66	1,06

W. Hampe vermuthet, dass dieser Staub Vulkanasche war, die aus den Vulkanen Islands stammte.

Naturgemäss enthalten die atmosphärischen Niederschläge die verschiedensten Keime von Mikrophyten, die von einigen wenigen bis mehreren Tausenden für 1 l betragen können. Es sind dieses Schimmelpilze, Hefe, Fäulnisskeime und zu Zeiten auch pathogene Organismen, so dass die Luft bezw. die atmosphärischen Niederschläge die Träger für ansteckende Krankheiten bilden können.

b) Die atmosphärischen Niederschläge fliessen entweder direkt zu den Flüssen ab, oder dringen durch Risse und Poren in das Erdreich, um sich auf undurchlassenden Schichten zu sammeln und an niedriger gelegenen Stellen als Quellwasser (Bach- oder Flusswasser) wieder zum Vorschein zu kommen.

Auf dem Wege durch den Boden nimmt das Wasser verschiedene Stoffe auf, die je nach den Bodenschichten in Menge und Art sehr verschieden sein können. So fand E. Reichardt[4]) für Quellwasser je nach den Gebirgsbildungen, in welchen es seine Entstehung nimmt, für 1 l Wasser:

Gebirgsformation	Abdampfrückstand mg	Organ. Substanz mg	Salpeter-Säure mg	Chlor mg	Schwefelsäure mg	Kalk mg	Talkerde mg	Härte mg
Granit	24,4	15,7	0	3,3	3,9	9,7	2,5	1,27
Melaphyr	160,0	19,2	0	8,4	17,1	61,6	22,5	9,31
Basalt	150,0	1,8	0	Spur	3,4	31,6	28,0	6,08
Thonsteinporphyr	25,0	8,0	0	0	3,4	5,6	1,8	0,81
Thonschiefer	120,0	0	0,5	2,5	24,0	50,4	7,3	6,06
Bunter Sandstein	225,0	13,8	9,8	4,2	8,8	73,0	48,0	13,96
Muschelkalk	325,0	9,0	0,21	3,7	13,7	129,0	129,0	16,95
Derselbe dolomitisch	418,0	5,3	2,3	Spur	34,0	140,0	65,0	23,1
Gypsquelle bei Rudolstadt . .	2365,0	Spur	Spur	161,0	1108,3	766,0	122,5	92,75

[1]) Ehrenberg: Journ. f. prakt. Chem. **42**, 217.

[2]) Vauquelin: Ann. d. Phys. u. Chem. **15**, 384.

[3]) Naturw. Rundsch. 1898, 285.

[4]) E. Reichardt: Grundlagen zur Beurtheilung des Trinkwassers 1880, 33.

Hiernach nimmt das Wasser aus den ältesten geologischen Schichten am wenigsten, das aus Kalksteinschichten am meisten Bestandtheile (vorwiegend Kalk) auf, und wenn letztere auch in gesundheitlicher Hinsicht nicht schädlich sind, so sind sie doch für andere Nutzungszwecke eines Wassers, wie zum Waschen, Kochen, Färben, zum Speisen der Dampfkessel etc. nicht gleichgültig.

Dazu gesellen sich unter Umständen für die verschiedensten Nutzungszwecke direkt schädliche Bestandtheile. So kann ein Quell- bezw. Grundwasser aus den natürlichen Bodenschichten, welche Schwefelkies enthalten, Eisenvitriol und freie Schwefelsäure aufnehmen, oder wie das bei einigen westfälischen Quellen[1]) der Fall ist, grössere Mengen Kochsalz enthalten, welche Bestandtheile das Wasser nicht nur für manche industrielle und häusliche Zwecke, sondern auch für Viehtränke und zur Berieselung unbrauchbar machen können. Manche Bodenarten, die viel Eisenoxydulverbindungen (kohlensaures oder humussaures Eisenoxydul) enthalten, geben letztere an das Grundwasser ab, in Folge dessen die dieses Grundwasser aufnehmenden Bäche einen mehr oder weniger starken Bodensatz von Eisenoxydschlamm absetzen; die aus moorigen und torfigen Bodenschichten kommenden Wässer sind durchweg gelb bis dunkel gefärbt und meistens weder für häusliche noch industrielle Zwecke brauchbar. G. Klien[2]) fand in solchen aus den Ellerbrüchen kommenden Wässern für 1 l:

312,8 mg organische Stoffe (Humussäure)
175,9 „ Mineralstoffe (78,1 mg Kalk und 30,7 mg Eisenoxydul)

und führt an, dass dieses Wasser auch sogar für landwirthschaftliche Berieselungszwecke unbrauchbar ist.

Dass Schneewasser und Platzregen den Flüssen unter Umständen erhebliche Mengen Schmutzstoffe zuführen können, dass Tagewässer von Ländereien und Wohnplätzen mehr Unreinigkeiten mit sich führen, als die aus Gebirgen, ist bekannt.[3])

Wie gross die Mengen der durch die Flüsse fortgetragenen Schwebestoffe und gelösten Stoffe und deren Schwankungen sein können, haben W. Spring und E. Trost[4]) durch eine Untersuchung über die Maas bei Lüttich gezeigt. Darnach enthielt die Maas:

	Schwebestoffe	Gelöste Stoffe
Höchster Gehalt . . .	416,96 g	279,0 g
Niedrigster Gehalt . .	1,79 „	86,2 „

[1]) So fand ich in einer bei Mengede (Gehöft Vethake) aus hügeligen Ländereien austretenden Quelle 4296,0 mg Abdampfrückstand und 2036,0 mg Chlor (entsprechend 3355,0 mg oder 3,355 g Kochsalz) für 1 Liter.

[2]) Königsberger land- und forstw. Ztg. 1879, 175.

[3]) Deshalb ist die Zusammensetzung des Flusswassers stets grossen Schwankungen unterworfen.

[4]) Ann. de la Soc. géol. de Belgique 1884, **11**, 123.

Von dem im Flussgebiet gefallenen Regen gelangten in der Maas zum Abfluss:

Januar	Juli
84,16 %	45,74 %.

Die absoluten Mengen der in einem Jahr (1882/83) von der Maas bei Lüttich vorbeigeführten Stoffe berechneten sich wie folgt:

Organische Stoffe	Suspendirte unorg. Stoffe	Gelöste unorgan. Stoffe
21 844 354 kg	238 191 417 kg	1 081 884 322 kg

Von den wichtigsten Bestandtheilen wurden vorbeigeführt:

Silikate	Gyps	Chlornatrium	Magnesiumkarbonat	Chlormagnesium	Calcium-karbonat
kg	kg	kg	kg	kg	kg
189 450 461	200 574 450	58 074 646	10 137 636	108 745 923	614 074 482

Das Volumen dieser jährlich von der Maas fortgeführten festen Stoffe kann auf 1 032 246 cbm geschätzt werden, d. h. die Masse dieser Stoffe würde hinreichen, 103 ha 1 m hoch mit nährfähigem Boden zu bedecken.

Hier schwankt der Gehalt an Schwebestoffen (Schmutzstoffen) um das 230fache, an gelösten Stoffen um das 3fache und ähnlich wie hier, ist es bei anderen Flüssen:

E. Egger[1]) findet z. B. für Rhein-, J. F. Wolfbauer[2]) für Donauwasser in 1 l:

	Rhein			Donau	
	Schwebestoffe	Gelöste Stoffe		Schwebestoffe	Gelöste Stoffe
Niedrigwasser	12,0 mg	203,0 mg	Sommer	165,4 mg	146,0 mg
Hochwasser	249,0 „	246,0 „	Winter	14,8 „	199,0 „

Wolfbauer berechnet, dass die Donau bei Wien täglich 15 000 t Schlamm und 25 000 t gelöste Stoffe vorüberführt. Aehnliche Untersuchungen hat M. Ballo[3]) für die Donau bei Budapest ausgeführt; er findet an Schwebestoffen für 1 l:

Niedrigster Gehalt	Höchster Gehalt	Pester Ufer Mittel	Ofener Ufer Mittel
8,0 mg	298,0 mg	172,0 mg	130,0 mg

Die Donau führt täglich 50 000 t Schlamm an Budapest vorüber.

Die Zusammensetzung des Flusswassers ist naturgemäss nicht nur bei den einzelnen Flüssen, sondern auch bei einem und demselben Fluss an verschiedenen Stellen und je nach der Jahreszeit gewissen Schwankungen unterworfen.

---

[1]) Notizblatt des Vereins f. Erdkunde 1885. Hft. 6 u. s. f.

[2]) Monatshefte, Chem. 1883, 417.

[3]) Ber. deutsch. chem. Ges. Berlin 1878, **11**, 491.

So enthalten für 1 l:

Flüsse:	Abdampfrückstand mg	Organische Stoffe mg	Kalk mg	Magnesia mg	Schwefelsäure mg	Chlor mg	Salpetersäure mg	Härtegrad 0
Elbe bei Magdeburg	260,0	34,5	56,0	16,0	48,0	38,3	1,4	7,8
„ bei Hamburg Minimum	225,0	21,0	42,9	7,3	27,0	18,5	—	4,6
„ bei Hamburg Maximum	290,0	174,5	67,0	13,0	39,0	54,6	—	7,7
Weser	202,0	—	57,2	13,0	31,8	17,5	7,4	—
Rhein bei Köln Minimum	160,0	3,6	35,8	4,3	9,3	2,5	—	—
Rhein bei Köln Maximum	250,0	64,0	89,4	24,3	30,0	9,9	—	—
Nahe bei Bingen Minimum (Febr.)	94,0	—	22,4	7,2	14,4	10,3	—	3,2
Nahe bei Bingen Maximum (August)	233,0	—	57,4	22,1	17,9	39,0	—	8,8
Saale bei Jena Minimum (Mai)	80,0	9,3	18,0	3,6	6,9	6,2	1,1	2,3
Saale bei Jena Maximum (August)	245,0	40,1	89,0	19,1	63,5	10,7	2,0	11,7
Donau bei Wien Minimum (Sommer)	146,0	4,2	54,3	12,8	10,6	1,6	1,3	—
Donau bei Wien Maximum (Winter)	199,0	5,9	71,0	19,9	15,4	2,4	2,4	—

Im allgemeinen pflegen die Flüsse bei Hochwasser (im Winter) den höchsten Gehalt an Schwebestoffen und den niedrigsten Gehalt an gelösten Stoffen aufzuweisen, während bei Niedrigwasser der Gehalt an Schwebestoffen am geringsten, der an gelösten Stoffen am höchsten ist.

Die Frage: „Was ist ein reines Flusswasser?“ muss daher nicht nur je nach den einzelnen Flüssen, sondern auch bei einem und demselben Fluss je nach der Jahreszeit bezw. je nach dem Wasserstande desselben verschieden ausfallen.

3. Die schwankenden Wassermengen in den Flüssen.

Da die Zusammensetzung der fliessenden Gewässer wesentlich von deren Wassermengen abhängt, so mögen hier noch die Schwankungen in den Wassermengen der wesentlichsten deutschen Flüsse und die Ursachen dieser Schwankungen eine kurze Besprechung erfahren.

Diese sind in erster Linie von der Regenmenge abhängig, die nach van Bebber[1]) für die einzelnen Gegenden Deutschlands beträgt (s. nachfolgende Tabelle):

[1]) Van Bebber: Die Regenverhältnisse Deutschlands. München 1877.

Gegend:	Winter mm	Frühling mm	Sommer mm	Herbst mm	Jahr mm
I. Norddeutsches Tiefland:					
1. Schleswig-Holstein { a) Nordseeküste	146,1	120,9	190,8	228,7	686,5
1. Schleswig-Holstein { b) Ostseeküste	137,5	112,0	186,2	183,8	619,5
2. Mecklenburg	105,2	100,5	179,1	118,9	503,7
3. Pommern	110,9	117,0	199,0	144,7	571,6
4. Preussen { a) Westpreussen	87,1	101,6	191,6	129,3	509,7
4. Preussen { b) Ostpreussen	98,4	113,5	226,6	160,0	599,2
5. Hannover	152,7	135,5	217,7	212,4	718,4
6. Oldenburg	139,3	142,8	223,0	157,4	662,1
7. Brandenburg	114,5	122,6	194,1	116,7	547,9
8. Posen	96,3	106,9	195,9	115,6	514,8
9. Schlesische Ebene	91,0	128,5	228,2	127,8	575,6
10. Westfalen	173,6	163,5	235,5	192,4	764,6
11. Niederrhein	164,8	152,3	198,8	176,6	692,5
II. Mitteldeutsche Mittelgebirgslandschaften:					
1. Rheinisches Schiefergebirge	143,8	145,0	195,6	160,0	644,4
2. Hessen	128,9	138,8	208,4	151,6	627,7
3. Provinz Sachsen und Thüringen . .	114,2	140,2	209,0	142,2	605,4
4. Harz	205,8	199,9	299,1	211,0	915,8
5. Königreich Sachsen	120,9	154,2	219,5	139,2	633,8
6. Schlesisches Gebirge	113,1	171,4	277,7	152,2	714,4
III. Süddeutsche Mittelgebirgslandschaften:					
1. Rheinpfalz	127,9	142,5	184,1	158,0	612,6
2. Lothringen	146,1	141,4	182,8	178,0	648,3
3. Elsass { a) Vogesen	387,0	321,0	325,7	326,0	1359,7
3. Elsass { b) Rheinebene	130,8	164,3	205,3	167,3	667,7
4. Baden	160,1	226,2	277,4	253,7	917,5
5. Württemberg	129,7	169,6	246,0	172,7	718,2
6. Bayern	143,5	173,2	265,7	183,9	766,2

Nach G. v. Möllendorf[1]) beträgt die jährliche Regenhöhe in den einzelnen Stromgebieten Deutschlands:

	mm		mm		mm
Rhein (Koblenz bis Emmerich)	680,7	Elbe	719,1	Glatzer Neisse	662,5
Main	696,5	Eger	670,3	Bober	546,4
Mosel	629,3	Mulde	788,1	Lausitzer Neisse . . .	598,9
Ems	640,3	Saale	704,8	Donau	893,3
Weser bis Bremen . .	755,0	Spree und Havel .	588,8	Küsten der Nordsee .	512,8
Leine	711,3	Oder	573,1	Küsten der Ostsee . .	495,9

Im Durchschnitt hat Deutschland eine Regenhöhe von rund 680 mm oder eine Regenmenge von 680 l für 1 qm und Jahr.

Selbstverständlich ist auch die Regenmenge in den einzelnen Monaten sehr grossen Schwankungen unterworfen, die von wenigen Zehnteln mm bis zu 300 und 400 mm betragen. Die vereinzelt beobachteten grössten, ununterbrochen niedergefallenen Regenmengen sind z. B.:

[1]) G. v. Möllendorf: Die Regenverhältnisse Deutschlands. Görlitz 1862.

	Emden	Clausthal	Gütersloh	Dresden	Posen	Breslau
Zeit . . .	13. 6. 1825	11. 7. 1858	18.—19. 7. 1852	9. 6. 1862	26. 6. 1863	6. 8. 1858
In Stunden	?	18	$12^1/_2$	20 Min.	20 Min.	2 St.
Regenmenge .	48,5	104,9	90,3	21,6	24,1	94,7 mm

Nach diesen und anderen Beobachtungen kann für Deutschland als Tages-Maximum 100 mm, als Stunden-Maximum 50 mm angenommen werden; die Maxima treten vorwiegend in der wärmeren Jahreszeit (Juni, Juli und August) auf.

Der Regen fliesst nicht sämmtlich zu den Flüssen ab, sondern gelangt theilweise wieder zur sofortigen Verdunstung, theils zur Versickerung, theils zum direkten Abfluss. Ueber das Verschwinden der atmosphärischen Niederschläge auf diesen drei Wegen liegen verschiedene Untersuchungen vor.

K. Michaelis[1]) ermittelte z. B. die in Emscher, Ems und Lippe (Westfalen) zum Abfluss gelangenden Regenmengen im Verhältniss zum gefallenen Regen mit folgendem Ergebniss (hierzu s. Tabelle S. 10).

Diese Regenabflussmengen sind gegenüber anderen Beobachtungen etwas hoch. So beträgt der wirkliche Abfluss gegenüber der Regenmenge bei einigen Flüssen Deutschlands nach Gräve[2]) in Procenten:

Rhein	Weser	Elbe		Oder		Warthe	Weichsel	Memel
		bei Torgau	bei Barby	bei Steinau	bei Einfluss der Warthe		bei Montau	bei Tilsit
38,5 %	37,0 %	30,0 %	28,5 %	27,2 %	21,4 %	21,0 %	29,0 % (im ganzen 32,2 %)	32,5 %

Ueber die Sickerwassermengen im Vergleich zum Verlust durch Verdunstung und Abfluss des Regenwassers haben Dickinson[2]) auf einem drainirten Felde in England und E. Risfer[3]) auf einem 12 300 qm grossen drainirten Felde in Frankreich Beobachtungen angestellt. Darnach waren die in den einzelnen Jahreszeiten in die Drains versickerten Wassermengen und die für Deutschland von v. Möllendorf (l. c.) auf die einzelnen Jahreszeiten entfallenden Regenmengen sowie die von K. Michaelis beobachteten Regenabflussmengen folgende:

	Winter (Dec.—Febr.)	Frühjahr (März—Mai)	Sommer (Juni—Aug.)	Herbst (Spt.—Nov.)	Ganzes Jahr
1. Vom jährlichen Regen entfällt auf die Jahreszeiten .	18,1 %	22,4 %	36,0 %	23,5 %	—
2. Vom gefallenen Regen fliessen ab in den Flüssen (in Westfalen	71,7 „	57,0 „	14,7 „	24,5 „	39,4 %
3. Vom gefallenen Regen versickern in den Boden:					
a) nach Dickinson . .	83,0 „	31,1 „	1,6 „	49,4 „	42,2 „
b) nach Risler	62,3 „	29,6 „	0,2 „	9,6 „	29,1 „

Wollte man diese Zahlen auf alle örtlichen Verhältnisse übertragen, so würde man zu grossen Widersprüchen gelangen, indem dann vom Regen

[1]) Zeitschr. f. Bauwesen 1883.

[2]) Schuhmacher: Physik des Bodens. 111.

[3]) Journ. d'agric. pratique 1869, 2, 365.

Flussgebiet	November	December	Januar	Februar	März	April	Mittel aus 6 Wintermonaten	Mai	Juni	Juli	August	September	Oktober	Mittel aus 6 Sommermonaten	Jahresmittel
I. Ablauf.	Kubikmeter für 1 Sekunde und Quadratmeile														
a) Emscher bei Herne 1866/71. Sammelgebiet 5,62 □M.	0,487	0,862	0,742	0,985	0,639	0,490	0,701	0,309	0,196	0,161	0,226	0,236	0,327	0,242	0,472
b) Emscher bei Prosper 1872/80. Sammelgebiet 11,63 □M. = 669 qkm	0,566	0,696	1,059	1,050	1,019	0,538	0,821	0,377	0,291	0,307	0,279	0,267	0,349	0,312	0,567
c) Ems bei Greven 1866/80. Sammelgebiet 49,77 □M. = 2824 qkm	0,512	0,836	0,971	0,989	0,979	0,467	0,779	0,239	0,188	0,182	0,127	0,135	0,209	0,180	0,478
d) Lippe bei Lünen 1866/78. Sammelgebiet 49,4 □M. = 28,03 qkm	0,539	0,935	0,909	0,694	0,996	0,680	0,837	0,458	0,352	0,327	0,266	0,270	0,282	0,326	0,581
Summa	2,104	3,329	3,681	3,988	3,533	2,175	3,135	1,383	1,027	0,977	0,898	0,909	1,167	1,060	2,098
Mittel-Ablauf	0,526	0,832	0,920	0,997	0,884	0,544	0,784	0,346	0,257	0,244	0,224	0,227	0,292	0,265	0,524
	Liter für 1 Quadratkilometer														
	9,25	14,64	16,19	17,54	15,55	9,57	13,79	6,08	4,52	4,29	3,94	3,99	5,13	4,66	9,22
II. Regenfall im Westfälischen Becken. Periode 1866/1880.	Kubikmeter für 1 Sekunde und Quadratmeile														
Münster, Gütersloh, Grevel, Derne. Mittel	1,480	1,360	1,200	1,150	1,070	0,910	1,200	1,210	1,500	1,730	1,640	1,280	1,450	1,470	1,330
	Liter für 1 Sekunde und Quadratkilometer														
	26,0	23,9	21,4	20,2	18,8	16,0	21,1	21,2	26,4	30,4	28,8	22,5	25,5	25,8	23,4
	Näherungsweise Vergleichung														
Vom Niederschlage kommen zum Ablauf %:	35,6	61,2	77,1	86,7	82,7	59,8	65,3	28,6	17,1	14,2	13,7	17,8	20,2	18,0	39,4
zur Verdunstung, Verwendung und Versickerung etc. %	64,4	38,8	22,9	13,3	17,3	40,2	34,7	71,4	82,9	85,8	86,3	82,2	79,8	82	60,6

im Winter mehr in den Boden versickert und zu den Flüssen abgeflossen, als Regen gefallen wäre. Michaelis rechnet die Differenz von 100 und den direkt abgeflossenen Regenmengen auf Verdunstung, Verbrauch und Sickerwasser, während Dickinson und Risler die Differenz von 100 und dem Sickerwasser als Verdunstungsmenge bezeichnen. Diese Annahmen haben aber nur Gültigkeit für die Gegend, in welcher die Beobachtungen angestellt wurden. Man kann aus diesen Beobachtungen nur schliessen, dass im Winter sehr wenig von dem gefallenen Regen, im Sommer fast der gesammte Regen wieder verdunstet, dass dagegen im Winter fast alles, im Sommer nur wenig Regenwasser versickert oder direkt zu den Flüssen abfliesst, während im Frühjahr und Herbst die Werthe in der Mitte liegen.

Im allgemeinen und im Durchschnitt des Jahres wird man für Deutschland annehmen können, dass von dem gefallenen Regen $^1/_3$ verdunstet, $^1/_3$ in den Boden versickert und $^1/_3$ direkt zu den Flüssen abfliesst.

In vielen Fällen lassen sich auf Grund dieser Beobachtungen, die durchschnittlichen, geringsten und grössten Wassermengen, welche ein Bach oder Fluss führt, berechnen, wenn man das Regen-Sammelgebiet des betreffenden Wasserlaufes kennt.

So betragen nach den direkten Messungen von Perels, Hagen, Frantzius und H. Breme, welchem letzteren ich nachstehende Zahlen verdanke, die Wassermengen annäherungsweise:

Sammelgebiet 1 Quadratmeile = 56,73 qkm		Niedrigwasser, Jahresmittel		Mittelwasser, Jahresmittel		Hohe Wintersfluth	
Quadrat-meilen	Quadrat-Kilometer (rund)	für 1 Sek. u. Quadrat-meile cbm	für 1 Sek. u. qkm Liter	für 1 Sek. u. Quadrat-meile cbm	für 1 Sek. u. qkm Liter	für 1 Sek. u. Quadrat-meile cbm	für 1 Sek. u. qkm Liter
50	283	0,1	1,76	0,70	12,34	4,0	70,52
100	5673	0,2	3,53	0,71	12,52	3,8	66,99
500	28365	0,25	4,41	0,73	12,87	3,0	52,89
1000	56730	0,28	4,94	0,74	13,05	2,7	47,60
2000	113460	0,31	5,47	0,75	13,22	2,3	40,55
3000	170190	0,34	5,99	0,76	13,40	2,2	38,79
4000	226920	0,37	6,50	0,77	13,58	2,15	37,90
5000	283650	0,40	7,05	0,78	13,75	2,10	37,02
10000	567300	0,55	9,70	0,79	13,93	2,05	36,14
15000	850950	0,70	12,34	0,80	14,10	2,00	35,26

Diese Zahlen können unter Umständen bei Beantwortung der Frage, ob bei der Verunreinigung von Flüssen das Mass des Gemeinüblichen der Menge nach überschritten ist, (vergl. weiter unten unter Gesetzgebung), als Anhaltspunkte zur Berechnung der Menge Wasser dienen, die bei Niedrig-, Mittel- und Hochwasser dem Bach oder Fluss unter natürlichen Verhältnissen zugeführt wird.

Indess wachsen die durch die Flüsse abfliessenden Wassermengen nicht einfach proportional den Grössen der Sammelgebiete, sondern in einem kleineren Verhältniss an, d. h. die für die Einheit Sammelgebiet abfliessende Regenmenge ist bei einem kleineren Sammelgebiet verhältnissmässig grösser als bei einem grösseren Sammelgebiet; so fliessen durch die drei kleinen westfälischen Flüsse (Emscher, Ems und Lippe) im Jahresdurchschnitt 9,22 l Wasser für 1 qkm und 1 Sekunde ab, dagegen für die Elbe bei Avendorf mit einem 21 mal so grossen Sammelgebiet nur 7 l für dieselben Einheiten.

Wie sehr die Wassermengen der hauptsächlichsten deutschen Flüsse verschieden sein können, mag folgende Uebersicht zeigen:[1])

Name der Flüsse:	Für das ganze Flussgebiet		Gesammtgefälle	Relatives Gefälle	Mittlere Stromgeschwindigkeit für 1 Sek	Wassermenge an den angegebenen Orten			Verhältniss d. niedrigsten Wassermenge zur höchsten
	Sammelgebiet	Flusslänge		wie		Niedrigwasser	Mittelwasser	Hochwasser	
	qkm	km	m	1:	m	cbm	cbm	cbm	wie 1:
Memel bei Tilsit . . .	112000	877	266,7	—	0,64	172	386	(5000)	29,0
Weichsel an der Montauer Spitze	198285	1125	650	—	0,87	550	1330	8250	15,0
Oder (bei Glochau) . .	119337	944	634	—	0,99	116	—	2313	20,0
Elbe (bei Barby) . . .	146500	1154	1400	5714	0,56	95	46	4200	44,4
Havel (Havelberger Pegel)	24417	353	70	—	—	—	47,7	—	—
Spree (bei Berlin) . . .	—	—	—	—	0,42	13,0	42,5	—	—
Saale (2 km unter d. Gr. Rosenburger Pegel) .	23985	442	—	—	—	36,0	100	—	—
Weser (bei Hoya) . . .	48000	436	115	—	1,25	87,0	431	1602	18,4
						Wasserstandshöhe			
						cm	cm	cm	
Rhein (bei Biebrich) . .	224400	1162	—	9200	0,82	130	240	650	5,0[2])
desgl. (bei Düsseldorf) .	—	—	—	5400	1,35	140	270	893	6,4[2])
						cbm	cbm	cbm	
Neckar (bei Mannheim)	13960	370	617	—	0,90	33	214	5150	156,0
Main (bei Frankfurt) . .	27800	590	510	—	1,00	70	180	3390	48,0
Maas	48600	804	400	—	—	33,4	—	600	17,0
Donau bei und bis Passau	76905[3])	2239[4])	—	2105	1,22	410	2480	4830	11,8
Iller (bei Wiblingen) . .	2228	149	367	—	—	39,0	80,0	217	5,5
Lech (bei Kaufering) . .	4097	263	367	—	—	40,0	83	170	4,2
Isar (bei München) . .	9039	295	—	—	1,05	41,5	121	1500	36,0

Selbstverständlich können diese Zahlen auf allgemeine Gültigkeit keinen Anspruch machen, immerhin aber einen annähernden Anhalt für die Schwankungen der Wassermengen wie der Stromgeschwindigkeit der Flüsse geben.

[1]) Vergl. Denkschrift d. Kgl. Preuss. Ministeriums der öffentl. Arbeiten für den 3. internationalen Binnenschifffahrts-Kongress 1888 und K. W. Jurisch: Die Verunreinigung der Gewässer. Berlin 1890, 56.

[2]) Der Rhein führt:

	Bei Biebrich bei einer Geschwindigkeit von		Bei Lauterbach		
	0,96 m	0,61 m in der Sek.	Niedrigste Wassermenge	Höchste Wassermenge	Verhältniss
Wasser	2056 cbm	699 cbm	465 cbm	5000 cbm	1 : 10,8

[3]) Das Gesammt-Stromgebiet der Donau umfasst 804 100 qkm.

[4]) Von der Sulina-Mündung an; von der Bregequelle 622 km.

Die durch Jahreszeit und Regenverhältnisse bedingten Schwankungen in den Wassermengen der Flüsse werden unter Umständen noch dadurch erhöht, dass das Flusswasser in wechselnden Mengen zu Wasserversorgungen, Berieselungen etc. verwendet wird, und in Folge hiervon wie von grösseren Entwaldungen eine Schwankung erleiden kann. So giebt L. Wittmack[1]) die Wasserabnahme einiger deutschen Flüsse wie folgt an:

Name der Flüsse:	Anzahl der Beobachtungsjahre	Beobachtungsperioden der mittleren Wasserstandshöhen		Differenz des mittleren Wasserstandes von II gegen I bei den		
		I	II	niedrigsten	höchsten	Jahres-
				Wasserständen (in Rheinzoll)		
Weichsel (bei Kirpebrack) .	63	1809—1840	1841—1871	—27,66	— 1,58	—16,50
Oder (bei Küstrin)	58	1778—1806	1807—1835	— 9,45	+ 1,56	—10,13
Elbe (bei Magdeburg) . . .	142	1728—1777	1778—1869	—29,00	— 9,00	—20,61
Rhein (bei Emmerich) . .	66	1770—1802	1803—1835	—13,25	+ 0,83	—16,42
Rhein (bei Köln)	54	1782—1808	1809—1835	— 7,21	+ 1,50	— 4,27
Rhein (bei Germersheim) .	28	1840—1853	1854—1867	unbekannt		—16,63
Donau (bei Alt-Orsova) . .	32	1840—1855	1856—1861	—14,76	—11,08	—27,62
Donau (bei Wien an der grossen Brücke)	46	1826—1848	1849—1871	— 5,04	—10,07	— 8,46

In anderen Fällen kann die Wasserabnahme in einem Fluss die Erhöhung in einem anderen bedingen; dieses trifft z. B. für Ruhr und Emscher zu; das westfälische Industriegebiet entnimmt fast ganz das Gebrauchswasser durch Rohrleitung der reineren Ruhr, und führt das Abwasser zum Theil wie bei den Städten Dortmund, Bochum, Essen etc., nicht wieder der Ruhr, sondern der Emscher zu; hierdurch sind die Wasserverhältnisse beider Flüsse gegenüber früher wesentlich verschoben. Die Wassermengen der Flüsse können daher ausser durch Regen noch durch andere Ursachen beeinflusst werden, die gegebenen Falles eine Berücksichtigung verdienen.

4. Die Grösse der Verunreinigung eines Flusses durch ein Schmutzwasser ist abhängig:

a) Von der Grösse der Wassermenge des Flusses. Denn es ist einleuchtend, dass die Verunreinigung sich um so weniger geltend macht, je mehr die Schmutzstoffe durch Diffusion verdünnt werden und umgekehrt.

So kann ein an sich sehr schädliches Schmutzwasser durch genügende Verdünnung in dem Aufnahmewasser völlig unschädlich gemacht werden; denn die meisten schädlichen Bestandtheile — höchstens mit Ausnahme von Infektionskeimen — hören bei einer gewissen Verdünnung auf, schädlich zu wirken.

H. Fleck (l. c.) berechnet z. B., dass das Elbewasser bei kleinem Wasserstande von 1000 cbm für 1 Sek. durch die Abfallwässer der Stadt

[1]) L. Wittmack: Beiträge zur Fischereistatistik des deutschen Reiches 1875, 182.

Dresden (3,57 cbm für 1 Sek. mit durchschnittlich 2 g festen Stoffen für 1 l) nur um 7,0 mg feste Stoffe für 1 l zunehmen kann, und K. Kraut[1]) hat für die an sich erheblichen Abgänge der Chlorkaliumfabriken in Stassfurt etc. (nämlich 8008 Ctr. Chlormagnesium, 328 Ctr. Chlorkalium, 344 Ctr. Chlornatrium und 892 Ctr. schwefelsaures Magnesium für den Tag) nachgewiesen, dass das Elbewasser bei 330 cbm Wasser für die Sekunde nur eine Zunahme von 14,05 mg Chlormagnesium, 0,6 mg Chlornatrium, 0,58 mg Chlorkalium und 1,56 mg schwefelsaures Magnesium für 1 l Wasser erfahren kann. Derartige geringe Beeinflussungen der Zusammensetzung eines Flusswassers können kaum mehr eine schädliche Verunreinigung desselben bewirken, und wenn auch mit allen Mitteln darauf hinzuarbeiten ist, die öffentlichen Wasserläufe von verunreinigenden Zuflüssen frei zu halten, so würde es doch auf der anderen Seite auch wieder unrichtig sein, die Abführung von Schmutzstoffen in die öffentlichen Wasserläufe für jeden und alle Fälle verbieten zu wollen.

Was für Emscher, Lenne, Ruhr und sonstige Nebenflüsse des Rheins gefahrbringend wirkt, das kann direkt in den Rhein abgelassen werden, ohne dass dadurch das Rheinwasser irgendwie schädlich beeinflusst wird.

b) Von der Stromgeschwindigkeit und der Art und Weise der Strömung der Flüsse. Je schneller ein Wasser fliesst, desto mehr werden die schädlichen Schmutzstoffe in die Länge gezogen und über eine desto grössere Strecke vertheilt; sind gleichzeitig Hindernisse und Buchtungen in dem Flussbett vorhanden, so bewirken dieselben eine noch schnellere Vertheilung des Wassers. So kann ein Fluss mit starkem Gefälle, unebenem Bett und mit Ufer-Einschnitten, ohne durch Verunreinigung schädlich zu wirken, mehr Schmutzstoffe aufnehmen, als ein in einer Ebene sich geradlinig und träge bewegender Fluss.

Ein Fluss mit starkem Gefälle und hohen Uferrändern bringt in den seltensten Fällen, auch wenn er Verunreinigungen aufnimmt, direkte Gefahren für die Gesundheit der Anwohner mit sich, während ein träge fliessender Fluss mit Niederungen an beiden Seiten und mit flachem Grundwasserstand, auch wenn er keine specifischen Verunreinigungen aufnimmt, nachtheilig auf die Gesundheit von Menschen sowie Thieren wirkt und Krankheiten bedingt. Krieger[2]) giebt an, dass in der Garnison von Strassburg vor der Rhein-Korrektion 80% und nach derselben $2\frac{1}{2}$ bezw. jetzt nur $\frac{1}{2}$% der Mannschaften am Wechselfieber litten.

Wie langsam die Vermischung von einem Einflusswasser mit dem Flusswasser bei einem träge fliessenden Fluss in der Ebene vor sich geht, zeigt z. B. der Rhein nach Aufnahme des Main; das Wasser des letzteren wird an das rechte Ufer des Rheins gedrängt und lässt sich durch seine dunkelere Farbe noch bei Biebrich von dem Rheinwasser unterscheiden.

---

[1]) K. Kraut: Welche Bedeutung hat der Einfluss der Effluvien der Chlorkaliumfabriken bei Stassfurt etc. für den Gebrauch des Elbewassers? Hannover 1884, als Manuskript bei Winter in Darmstadt gedruckt.

[2]) Hygien. Kongress in Strassburg i. Els. 1889.

Noch auffallender zeigt sich dieses bei der Elbe, und dieselbe nimmt, wie bereits gesagt, die Abwässer der Montanindustrie von Stassfurt, sowie einer Anzahl von Zuckerfabriken des Königreiches Sachsen wie der Provinz Sachsen auf.

K. Kraut (l. c.) fand aber das Wasser der Elbe bei Magdeburg auf der linken und rechten Seite sowie in der Mitte (27. Juli 1886) wie folgt für 1 l zusammengesetzt:

	Linke Seite mg	Mitte mg	Rechte Seite mg
Chlornatrium	203,5	88,5	71,3
Chlorkalium	30,5	16,2	14,2
Chlormagnesium	20,2	2,1	0,0
Magnesiumkarbonat	48,9	32,2	26,9
Calciumkarbonat	24,3	34,1	33,5
Calciumsulfat	141,3	69,5	60,4
Kieselsäure	8,1	9,0	6,5
Eisenoxyd	0,7	0,6	6,7
Natriumkarbonat	0	0	1,2
Summa	477,5	252,2	220,7
Glührückstand	492,0	269,0	222,2
Chlor im ganzen	158,9	62,9	49,2
Magnesia im ganzen	31,7	16,2	12,8
Cl: MgO = 100	20,7	25,3	28,1
Kaliumpermanganat-Verbrauch			
1. Sept. 1886 vor der Kampagne der Zuckerfabriken	10,4—12,5	9,9—14,0	10,9—14,6
2. Nov. 1886 nach der Kampagne der Zuckerfabriken	18,5—19,7	20.0—21,3	19,2—23,3

Dieselben Unterschiede im Gehalt des Elbewassers auf der linken und rechten Seite nach Aufnahme der Saale fand Ohlmüller.[1]) Die Saale führt nicht nur viele unorganischen Salze, sondern auch mehr Bakterien mit sich, als das Elbewasser oberhalb der Einmündung besitzt; infolgedessen hatte auch das Wasser der Elbe an der Entnahmestelle des Wasserwerkes von Magdeburg auf der linken Seite neben einem höheren Salzgehalt auch mehr Bakterienkeime als auf der rechten Seite des Flusses, nämlich nach einer Untersuchung vom 10. November 1891, also 5 Jahre später, als Kraut seine Untersuchung vornahm:

In 1 l:	Linke Seite	Mitte	Rechte Seite der Elbe
Abdampfrückstand[2])	1151,0 mg	955,0 mg	666,5 mg
Chlor[2])	452,0 „	352,0 „	226,0 „
Magnesia	28,2 „	24,4 „	19,0 „
Bakterienkeime in 1 ccm	21500	13100	7150

Man sieht hieraus, dass selbst ein Zusammenfliessen auf einer Wegestrecke von 5—7 Meilen nicht ausgereicht hat, eine vollständige Mischung

[1]) Arbeiten aus dem Kaiserl. Gesundheitsamte 1893, 8, 409.

[2]) Diese grosse Zunahme des Elbwassers an Salzen, besonders an Chloriden gegenüber dem Jahr 1886 muss auf eine vermehrte Zufuhr von chloridreichem Abwasser der Mansfelder Bergwerke zurückgeführt werden.

im Elbewasser nach Aufnahme verschiedener Schmutzstoffe aus den oberen Nebenflüssen herbeizuführen.

Was also bei einem Fluss mit starkem Gefälle, mit rauhem Flussbett und mit Ufereinschnitten bezw. Buchtungen auf kurzer Strecke geschieht, nämlich die innige Durchmischung eines Abwassers mit dem Aufnahmewasser, das kann bei einem träge, ungestört ohne Hindernisse fliessenden Gewässer meilenweit dauern, ein Umstand, der wohl beachtet sein will, wenn es sich bei der Probenahme um die Frage handelt, ob und wie stark ein Flusswasser durch ein Abwasser verunreinigt wird.

c) Von der Verschiedenheit der Stromgeschwindigkeit der einzelnen Wasserschichten in verschiedener Tiefe eines und desselben Flusses. Die gesammte vertikale Wasserschicht eines Flusses bewegt sich nicht mit derselben Geschwindigkeit vorwärts; diese ist mehr oder weniger tief unter der Oberfläche am grössten und unten am Boden des Flusses am geringsten. H. Classen[1]) fand z. B. die Vertikalgeschwindigkeits-Kurve im Rhein (unterhalb der Schiffbrücke zu Speier am 21. Juli 1880 bei + 1,54 Sp. P. und 8,5 m Wassertiefe, wie folgt:

	Wasser-tiefe	Geschwindigkeit in der Sekunde	Zeit für 1 km	Kilometer für den Tag
Oberfläche =	0	1,55 m	10″45‴	133,92
	3 m	2,18 „	7″39‴	188,35
	8,5 „	0,60 „	27″47‴	51,84.

Die Geschwindigkeit an der Oberfläche ist hiernach 2,6 mal, die in 3 m Tiefe 3,6 mal grösser, als die bei 8,5 m Tiefe auf der Flusssohle.

Während daher Verunreinigungsstoffe, welche etwa bei Speier durch die ganze vertikale Schicht in den Rhein gelangen, bei gleichbleibender Geschwindigkeit in einem Tage an der Oberfläche von Speier bis St. Goar, in 3 m Tiefe bis Bonn geschwemmt werden, gelangen sie an der Flusssohle in 8,5 m Tiefe nur bis Worms.

Dieser Umstand erschwert eine weitere richtige Probenahme aus einem Flusse, um die Grösse einer etwaigen Verunreinigung oder einer Selbstreinigung festzustellen.

Man wird daher von der durchschnittlichen Beschaffenheit eines Flusswassers einen nur einigermassen richtigen Ausdruck gewinnen, wenn man jedes Mal an der betreffenden Stelle an beiden Seiten und in der Mitte durch das ganze Querprofil mit einem Rohr nach Art eines Stechhebers in der ganzen vertikalen Schicht bis auf die Flusssohle Proben entnimmt und diese Probenahme recht häufig am Tage und zu verschiedenen Zeiten wiederholt, oder die Proben aus verschiedener Tiefe getrennt sammelt.

---

[1]) H. Classen: Neue Untersuchungen über die Grenzen und hydrometrischen Werthe der Selbstreinigung fliessender Gewässer. Nach einem in Gesundheit 1898 abgedruckten Vortrage. Leipzig 1899.

d) Von der selbstreinigenden Kraft der Flüsse. Ausser der Verdünnung, die ein Abwasser je nach der Wassermenge und Stromgeschwindigkeit eines Flusses erfährt, erleiden die zugeführten Schmutzstoffe als solche je nach dem Aufnahmewasser bald eine grössere, bald eine geringere Umsetzung und Unschädlichmachung, die man mit dem Namen „Selbstreinigung" der Flüsse bezeichnet, und die in ihrem Wesen wie ihrer Wirkung ausführlich in den folgenden Abschnitten besprochen werden wird.

Jedenfalls ergiebt sich aus vorstehenden Erwägungen, dass die Verunreinigung eines Flusses sich nach Ort und Zeit sehr verschieden gestaltet, dass sich über die Grenze des Zulässigen oder Gemeinüblichen (vergl. unter Gesetzgebung S. 27) allgemein gültige Regeln nicht aufstellen lassen, dass die Frage der Flussverunreinigung **örtlich** wie **zeitlich** geprüft sein will.

Dazu kommt, dass die den Flüssen zugeleiteten Schmutzstoffe, wie in einem folgenden Abschnitt (S. 50 u. ff.) näher begründet werden soll, je nach dem Nutzungszweck eines Wassers verschieden schädlich wirken; was für Zwecke eines Trinkwassers nachtheilig ist, das ist z. B. für landwirthschaftliche Nutzungszwecke (zur Berieselung) unter Umständen nützlich, und was in letzterer Hinsicht schadet, das ist für andere Zwecke wie Viehtränke, Fischzucht vielleicht wieder unschädlich etc., so dass die Frage der Schädlichkeit eines verunreinigten Flusswassers nicht nur nach der Art der Verunreinigung und der Verdünnung sowie Stromgeschwindigkeit, Selbstreinigung etc. der Flüsse, sondern auch nach dem Nutzungszweck eines Wassers in jedem gegebenen Falle geprüft sein will.

5. *Täuschungen bei der Beurtheilung der Verunreinigung eines Gewässers durch den äusseren Augenschein.*

Für gewöhnlich pflegt man die Grösse der Verunreinigung eines Flusswassers nach seinem äusseren Aussehen zu beurtheilen. Dieses kann aber zu grossen Täuschungen führen, weil einerseits, wie wir im II. Bande unter Reinigungsverfahren von städtischem Abgangwasser sehen werden, ein klar aussehendes Wasser ebenso schlecht oder noch schlechter sein kann als ein schmutzig aussehendes Wasser, andererseits mitunter nur geringe Mengen einer Substanz dazu gehören, um dem Wasser ein schmutziges Aussehen zu verleihen. H. Fleck fand, dass z. B. nur 50 mg Indigoblau dazu gehören, um einen Cubikmeter Wasser (also in 20 millionfacher Verdünnung mit nur 0,05 mg Indigo für 1 l) in 1 Meter dicker Schicht auf weissem Grunde blau erscheinen zu lassen, und dass 1 g fein geschlämmter weisser Thon für 1 cbm Wasser (also in 1 millionfacher Verdünnung) ausreicht, um dem Wasser in 1 m hoher Schicht ein trübes Aussehen zu verleihen; ich selbst habe beobachtet, dass ein Bachwasser, welches nur 10 bis 12 mg suspendirten Holzpapierfaserstoff für 1 l enthält, schon in 40 bis 50 cm hoher Schicht milchig trübe erscheint.

Es können daher unter Umständen Verunreinigungen in einem Flusswasser vorkommen, die zwar äusserlich sichtbar, aber für das natürliche Wasser — ohne dasselbe einzudampfen — sich chemisch kaum mehr nachweisen lassen. Die geringen Mengen, welche sich in einem Wasser noch quantitativ bestimmen lassen, sind nach H. Fleck für 1 l folgende:

Organische Substanz	1,0	mg	=	Verdünnung	1 : 1 000 000
Chlor	0,1	„	—	„	1 : 10 000 000
Ammoniak	0,05	„	=	„	1 : 20 000 000
Salpetersäure . . .	1,0	„	=	„	1 : 1 000 000
Salpetrige Säure . .	0,1	„	=	„	1 : 10 000 000

Für nicht flüchtige und nicht zersetzliche Stoffe lässt sich natürlich die Bestimmung durch Eindampfen des Wassers erreichen und können auf diese Weise äusserst geringe Mengen quantitativ nachgewiesen werden. Für viele Fälle dürften Verunreinigungen in einem Wasser, die sich nicht mehr sicher und quantitativ chemisch oder mikroskopisch nachweisen lassen, keinen schädlichen Einfluss ausüben; in anderen Fällen aber können wieder selbst quantitativ kaum nachweisbare Mengen von Stoffen z. B. von Farbstoffen und Eisen ein Wasser für Färbereien, sehr geringe Mengen Farbstoffe und einzelne Infektionskeime ein Wasser für Trinkwasser etc. unbrauchbar machen.

Unter allen Umständen darf die Verunreinigung eines Wassers nicht nach dem äusseren Ansehen ermessen, sondern muss unter Berücksichtigung aller einschlägigen Orts- und Zeitverhältnisse in jedem Falle durch eine genaue chemische, bezw. gleichzeitige mikroskopische bezw. bakteriologische Untersuchung festgestellt werden.

6. Probenahme und Untersuchung eines Fluss- und Schmutzwassers.

Nach vorstehenden Ausführungen erfordert die Probenahme und Untersuchung eines Bach- oder Schmutzwassers die grösste Vor- und Umsicht und lassen sich zu dem Zweck für alle und jeden Fall gültige Regeln nicht aufstellen. Die wichtigsten Umstände, die hierbei zu berücksichtigen sind, habe ich in meinem Handbuch „Die Untersuchung landw. und gewerbl. wichtiger Stoffe“, 2. Aufl. 1898, S. 646—672 beschrieben, worauf ich hier verweisen will.

II. Gesetzliche Bestimmungen, betreffend die Reinhaltung der Flüsse.

1. Deutschland.

a) Königreich Preussen.

Ueber die gesetzlichen Bestimmungen, gerichtlichen Entscheidungen und ministeriellen Anordnungen in Preussen, betreffend die Verunreinigung der Flüsse, geben Schmidtmann & Proskauer[1]) folgende Uebersicht, welche ich hier wörtlich mit einigen Zusätzen folgen lassen will:

„In dem Allgemeinen Landrecht sind wenig Bestimmungen über die Verunreinigung der Flussläufe, Seen, Kanäle etc. enthalten. Allein § 46 A. L.-R. Th. II. Tit. 15 verbietet die Anlegung von Wasch- oder Badehäusern an öffentlichen Strömen ohne besondere Erlaubnis des Staates. Im Uebrigen steht dem Allgemeinen Landrecht nur die Bestimmung in § 10 A. L.-R. Th. II. Tit. 17 zur Verfügung, wonach es Sache der Polizei ist, die nöthigen Anstalten zur Erhaltung der öffentlichen Sicherheit und Ordnung, sowie zur Abwendung der dem Publikum oder einzelnen Mitgliedern desselben bevorstehenden Gefahr zu treffen.

Eine gewünschte Ergänzung bot die Allerhöchste Kabinetsordre vom 24. Febr. 1816, welche für die Verunreinigung durch industrielle Betriebe auch heute noch die grundlegende Bestimmung ist. Dieselbe setzt zur Verhütung der Verunreinigung der schiff- und flössbaren Flüsse und Kanäle fest, dass Niemand, der eines Flusses sich zu seinem Gewerbe bedient, Abgänge in solchen Massen in den Fluss werfen darf, dass derselbe dadurch nach dem Urtheil der Provinzial-Polizei-Behörde (Regierungs-Präsident) erheblich verunreinigt werden kann, und dass Jeder, der dawider handelt, nicht nur die Wegräumung der den Wasserlauf hemmenden Gegenstände auf seine Kosten vornehmen lassen muss, sondern auch ausserdem eine Polizeistrafe von 10 bis 50 Thalern verwirkt hat.

Nach der Rechtsprechung (Kammergerichts-Urtheil vom 27. Februar 1893) muss unter „Abgänge in den Fluss werfen“ auch das „Ablassen“ flüssiger oder sonstiger Abgänge in den Fluss subsumirt werden.

Zum Schutze der Fischzucht gegen Verunreinigung des Wassers ist im § 43 des Fischereigesetzes für den Preussischen Staat vom 30. Mai 1874 bestimmt: Es ist verboten, in die Gewässer aus landwirthschaftlichen oder gewerblichen Betrieben Stoffe von solcher Beschaffenheit und in solchen Mengen einzuwerfen, einzuleiten oder einfliessen zu lassen, dass dadurch fremde Fischereirechte geschädigt werden können. Bei überwiegendem Interesse der Landwirthschaft kann das Einwerfen oder Einleiten solcher Stoffe in die Gewässer gestattet werden. Soweit es die örtlichen Verhältnisse zulassen, soll dabei dem Inhaber der Anlage die Ausführung solcher Einrichtungen aufgegeben werden, welche geeignet sind, den Schaden für die Fischerei möglichst zu beschränken. Ergiebt sich, dass durch Ableitungen aus landwirthschaftlichen oder gewerblichen Anlagen, welche bei Erlass dieses Gesetzes bereits vorhanden waren, oder in Gemässheit des vorstehenden Absatzes gestattet worden sind, der Fischbestand der Gewässer vernichtet oder erheblich beschädigt wird, so kann dem Inhaber der Anlage auf den Antrag der durch die Ableitung benachtheiligten Fischereiberechtigten im Verwaltungswege die Auflage gemacht werden, solche ohne unverhältnissmässige Belästigung seines Betriebes ausführbaren Vorkehrungen zu treffen, welche geeignet sind, den Schaden zu heben oder doch thunlichst zu verringern.“

---

[1]) Schmidtmann und Proskauer: Der Stand der Städtereinigungsfrage in Vierteljahrsschr. f. gerichtl. Med. u. öffentl. Sanitätswesen 3. Folge. **13** u. **14**, auch als Sonderabdruck erschienen.

Ausserdem heisst es im § 44 des Fischereigesetzes: „Das Rösten von Flachs und Hanf in nicht geschlossenen Gewässern ist verboten. Ausnahmen von diesem Verbote kann die Bezirksregierung (jetzt der Regierungs-Präsident), jedoch immer nur widerruflich, für solche Gemeindebezirke oder grössere Gebietstheile zulassen, wo die Oertlichkeit für die Anlage zweckdienlicher Röstgruben nicht geeignet ist und die Benutzung nicht geschlossener Gewässer zur Flachs- und Hanfbereitung zur Zeit nicht entbehrt werden kann."

Für die allgemeine Industrie ist die Verunreinigung der Gewässer durch die §§ 16ff. der Reichs-Gewerbeordnung vom $\frac{\text{21. Juni 1869}}{\text{1. Juli 1883}}$ theilweise beschränkt. Nach § 16 a. a. O. ist „zur Errichtung von Anlagen, welche durch die örtliche Lage oder die Beschaffenheit der Betriebsstätte für die Besitzer oder Bewohner der benachbarten Grundstücke oder für das Publikum überhaupt erhebliche Nachtheile, Gefahren oder Belästigungen herbeiführen können, die Genehmigung der nach den Landesgesetzen zuständigen Behörde erforderlich."

Zur Wahrnehmung der den Kreis-(Stadt-)Ausschüssen (Magistraten) durch § 109 des Gesetzes über die Zuständigkeit der Verwaltungs- und Verwaltungsgerichtsbehörden vom 1. August 1883 hinsichtlich der Genehmigung gewerblicher Anlagen übertragenen Zuständigkeiten hat der Herr Minister für Handel und Gewerbe mit dem Erlasse vom 15. Mai 1895 eine „Technische Anleitung" herausgegeben, welche im Theil I (Allgemeine Gesichtspunkte) den Behörden die Vorbeugung der Verunreinigung von Gewässern besonders zur Pflicht macht und anräth, im Falle der Genehmigungsertheilung der Polizeibehörde ausdrücklich das Recht zu wahren, jederzeit die Ableitung der Abgänge in Wasserläufe von weiteren Bedingungen abhängig zu machen oder auch gänzlich zu untersagen, falls die bei Ertheilung der Genehmigung gegebenen Vorschriften sich als unzulänglich erweisen sollten. Nach § 23 Abs. 3 der Reichs-Gewerbeordnung bleibt es übrigens der Landesgesetzgebung vorbehalten, zu verfügen, inwieweit durch Ortsstatuten darüber Bestimmung getroffen werden kann, dass einzelne Ortstheile vorzugsweise zu Anlagen der oben aufgeführten, im § 16 erwähnten Art zu bestimmen, in anderen Ortstheilen (z. B. Villenkolonien) aber dergleichen Anlagen entweder gar nicht oder nur unter besonderen Beschränkungen zuzulassen sind.

Durch die in den §§ 26 ff. der Reichs-Gewerbeordnung geschehene Aufführung der einer Genehmigung bedürfenden Anlagen ist keineswegs ausgeschlossen, dass die zuständigen Polizeibehörden auch anderen Gewerbebetrieben (Brauereien, Brennereien, Abfuhrunternehmen) den Betrieb ihres Gewerbes überhaupt oder für einzelne Ortstheile auf Grund der ihnen durch § 10 A. L.-R. Th. II Tit. 17, bezw. § 6 Litt. b, f, g und h des Gesetzes über die Polizei-Verwaltung vom 11. März 1850 gegebenen Befugnisse verbieten oder derartigen Betrieben Beschränkungen auferlegen. Denn die Vorkehrungen, welche nothwendig sind, um die schädlichen Einflüsse der Industrie auf ihre Umgebung zu verhindern oder doch auf ein möglichst geringes Maass zu beschränken, gehören in das Gebiet der Gesundheitspolizei. Keineswegs hat die Gewerbeordnung beabsichtigt, die Gewerbetreibenden von der Beachtung derjenigen Beschränkungen zu entbinden, welche sich aus allgemeinen polizeilichen, theils in Gesetzen, theils in Verordnungen der Behörden enthaltenen Vorschriften ergeben und die für jedermann, er mag ein Gewerbe betreiben oder nicht, Anwendung finden.

Damit der Allgemeinheit kein Schaden entstehen kann, bestimmt § 51 der Gewerbeordnung folgendes: „Wegen überwiegender Nachtheile und Gefahren für das Gemeinwohl kann die fernere Benutzung einer jeden gewerblichen Anlage durch die höhere Verwaltungsbehörde zu jeder Zeit untersagt werden. Doch muss dem Besitzer alsdann für den erweislichen Schaden Ersatz geleistet werden: aus der Untersagung der ferneren Benutzung entspringt kein Anspruch auf Entschädigung, wenn bei der früher ertheilten Genehmigung ausdrücklich vorbehalten worden ist, dieselbe ohne Entschädigung zu widerrufen."

Ueber die Benutzung der Privatflüsse bestimmt das Gesetz vom 28. Februar 1843 im § 1: „Jeder Uferbesitzer an Privatflüssen (Quellen, Bächen oder Flüssen, sowie Seen, welche einen Abfluss haben) ist, sofern nicht jemand das ausschliessliche Eigenthum des Flusses hat, oder Provinzialgesetze, Lokalstatuten oder specielle Rechtstitel eine Ausnahme begründen, berechtigt, das an seinem Grundstücke vorüberfliessende Wasser unter den näheren Bestimmungen zu seinem besonderen Vortheile zu benutzen. Jedoch bleibt es in Ansehung der Benutzung des Wassers zu Mühlen und anderen Triebwerken, sowie auch in Ansehung der Fischereiberechtigung und der Vorfluth bei den bestehenden gesetzlichen Vorschriften, soweit diese durch gegenwärtiges Gesetz nicht ausdrücklich abgeändert sind."

Eine Ausnahme hiervon enthält der § 3 Abs. 1 desselben Gesetzes, welcher vorschreibt, dass das zum Betriebe von Färbereien, Gerbereien, Walken und ähnlichen Anlagen benutzte Wasser keinem Flusse zugeleitet werden darf, wenn dadurch der Bedarf der Umgegend an reinem Wasser beeinträchtigt oder eine erhebliche Belästigung des Publikums verursacht wird. Die Entscheidung hierüber steht nach Abs. 2 der Polizeibehörde zu.[1])

Ferner kann nach § 6 die Anlegung von Flachs- und Hanfrösten von der Polizeibehörde untersagt werden, wenn solche die Heilsamkeit der Luft beeinträchtigt oder dazu Anlass giebt, dass der freie Abfluss des Wassers behindert oder eine erhebliche Belästigung des Publikums verursacht wird.

Das bürgerliche Gesetzbuch hat Abänderungen der vorstehend wiedergegebenen Vorschriften nicht getroffen: der Artikel 65 des Einführungsgesetzes zum bürgerlichen Gesetzbuch bestimmt vielmehr, dass die landesgesetzlichen Vorschriften, welche dem Wasserrecht angehören, mit Einschluss des Mühlenrechts, des Flössrechts und des Flössereirechts, sowie der Vorschriften zur Beförderung der Bewässerung und Entwässerung der Grundstücke und der Vorschriften über Anlandungen, entstehende Inseln und verlassene Flussbetten unberührt bleiben.

Dagegen wird das bisherige Wasserrecht in dem im Entwurfe vorliegenden Preussischen Wasserrecht verschiedentlich abgeändert. Die hauptsächlichsten Bestimmungen betreffs der Einleitung von Stoffen in die Wasserläufe bezw. die Verunreinigung der letzteren sind enthalten in den §§ 38 ff., 52 ff., 59 und 65 des Entwurfes. Im Anschluss an den Erlass eines Wassergesetzes ist übrigens die Errichtung einer Reichs-Centralstelle für die Pflege der binnenländischen Hydrographie geplant.

Ueber die Einleitung von Abwässern aus städtischen etc. Kanalisationsanlagen, welche neben Regenwasser auch industrielle und Hauswässer sowie Fäkalien enthalten, in die Flussläufe, sind besonders drei maassgebende Runderlasse der Herren Minister des Innern, der öffentlichen Arbeiten, für Landwirthschaft, Domänen und Forsten, der geistlichen, Unterrichts- und Medicinal-Angelegenheiten und für Handel und Gewerbe ergangen, und zwar unter dem 1. September 1877, 8. September 1888 und 30. März 1896, in welchen in erster Linie vorgeschrieben ist, dass die Genehmigung zu neuen Kanalisationsanlagen nicht ohne vorherige Entscheidung des Herrn Ressortministers zu ertheilen ist. Des Weiteren sind die hauptsächlichsten Grundsätze angeführt, welche bei der ministeriellen Entscheidung Anwendung finden, und die Punkte bezeichnet, welche bei der Vorlage des Projekts in dem Berichte zu erörtern sind.

Aus den Verordnungen ist ersichtlich, dass die Centralbehörden frühzeitig die Wichtigkeit der Städteentwässerung und den Einfluss derselben auf den Zustand der Flüsse erkannt haben. Nach den bekannt gewordenen Entscheidungen wird von den

---

[1]) Hierzu führt das Endurtheil des III. Senats des Oberverwaltungsgerichts vom 25. Nov. 1895 (Entscheidungen **29**, 287 ff.) aus, dass für die Beantwortung dieser Frage lediglich die thatsächlich vorhandenen, zeitlichen und örtlichen Verhältnisse massgebend sind, nicht aber der Umstand, ob abgesehen von diesen die betreffende Verunreinigung des Flusswassers an sich geeignet wäre, solches für wirthschaftliche und andere Zwecke unbrauchbar zu machen. Deckt die Umgegend aus irgend welchen anderen Ursachen ihren Bedarf an reinem Wasser überhaupt nicht aus dem fraglichen Flusse, so ist eine Beeinträchtigung dieses Bedarfs durch die Verunreinigung des Flusswassers von selbst ausgeschlossen.

betheiligten Ressortministern eine grundsätzliche Stellung zu Gunsten eines bestimmten Systems im allgemeinen nicht eingenommen, sondern die Entscheidung von Fall zu Fall unter eingehender Berücksichtigung der örtlichen Verhältnisse und der jeweilig feststehenden wissenschaftlichen und praktischen Erfahrung, zumeist nach der gutachtlichen Aeusserung der wissenschaftlichen Deputation für das Medicinalwesen,[1]) getroffen. Ein bestimmtes Reinigungsverfahren für Schmutzwässer wird nicht vorgeschrieben, vielmehr den Betheiligten überlassen, wie sie den geforderten mindesten Reinheitsgrad am zweckmässigsten erzielen wollen. Derselbe ist bei der behördlichen Genehmigung städtischer Kanalisationen wiederholt dahin festgelegt, dass die gereinigten Abwässer von allen mit blossen Sinnesorganen wahrnehmbaren Verunreinigungen von Fäkal- und Fäulnissgeruch frei sein, in 1 ccm nicht mehr als 300 entwicklungsfähige Keime enthalten und in unzersetztem Zustande mindestens 10 Tage hindurch haltbar sein sollen.[2]) Ausserdem wird die jederzeitige polizeiliche Kontrolle der Leistungen der Reinigungsanstalt und zumeist die Einleitung der abfliessenden Wässer in die Vorfluth unterhalb der Orte und in den Stromstrich verlangt.“

Für Preussen ist dann im Jahre 1894 der Entwurf eines Wassergesetzes ausgearbeitet worden, welches in 8 Paragraphen die Verunreinigung der Gewässer behandelt und dabei von folgenden allgemeinen Gesichtspunkten ausgeht: „Wasser ist nächst der Luft das wichtigste elementare Bedürfniss des Menschen. An die Reinhaltung des Wassers und der Wasserläufe knüpfen sich die wichtigsten Interessen der Gesundheitspflege, die durch die neuere Entwickelung der bakteriologischen Wissenschaft noch mehr in den Vordergrund getreten sind. Auch in wirthschaftlicher Hinsicht ist für die Benutzung des Wassers zu den verschiedensten Zwecken dessen Reinhaltung erforderlich, während andererseits bei der Benutzung der Wasserläufe zu Abwässerungszwecken eine mehr oder minder nachtheilige Veränderung des Wassers unvermeidlich ist. Die bestehenden gesetzlichen Vorschriften können nicht als zureichend anerkannt werden.

Von dem Fischereigesetze vom 30. Mai 1874 abgesehen, das die Reinhaltung der Flussläufe lediglich im Interesse der Wahrung fremder Fischereirechte vorschreibt, ist diese Materie im geltenden Rechte weder für alle Arten von Gewässern, noch nach einheitlichen Gesichtspunkten behandelt. Die Kabinettsordre vom 24. Februar 1816 beschränkt sich auf schiffbare Flüsse und untersagt jede erhebliche Verunreinigung, während das Privatflussgesetz von 1843 nur Privatflüsse berücksichtigt und in § 3 deren Verunreinigung nur soweit verbietet, als sie durch Wasser aus gewerblichen Anlagen herbeigeführt wird und eine Beeinträchtigung des Bedarfes der Umgegend an reinem Wasser oder eine erhebliche Belästigung des Publikums zur Folge hat. Der im rheinischen Rechtsgebiete noch geltende Art. 42 der Ordonnance von 1669 (§ 312, Ziffer 16 des Entwurfs) giebt gleichfalls keine ausreichende Regelung. Allgemeine Strafbestimmungen gegen Verunreinigung von Wasserläufen finden sich ferner in § 366, Ziffer 10 des Strafgesetzbuches und § 27 des Feld- und Forstpolizeigesetzes vom 1. April 1880. Im übrigen gehört die Sorge für die Reinhaltung der Gewässer zu den Aufgaben der Polizei, welche nach § 10, A. L.-R. II, 17, die zur Erhaltung der allgemeinen Sicherheit und Ordnung und zur Abwendung von Gefahren nöthigen Anstalten zu treffen hat. Nach der konstanten Rechtsprechung des Ober-Verwaltungsgerichtes ist aber, vom § 3 des Privatflussgesetzes abgesehen eine blosse Belästigung des Publikums, selbst wenn sie erheblich ist, kein rechtfertigender Grund für das Einschreiten der Polizeibehörde. Die Erwägung, dass das öffentliche Interesse durch die Handhabung polizeilicher Vorschriften nicht genügend gesichert ist, dass die Wirkungen der Verunreinigung oft weit über den Ge-

---

[1]) Vergl. insbesondere Beschlüsse der unter Zuziehung von Vertretern der Aerztekammern geführten Verhandlungen von 24., 25. und 26. Oktober 1888, die Verunreinigung der öffentlichen Wasserläufe betreffend.

[2]) Ob und welche Bedeutung diese Forderung für die Beurtheilung der genügenden Reinheit bezw. Unschädlichkeit hat, wird weiter unten unter Reinigung der Schmutzwässer durch chemische Fällungsmittel und auf biologischem Wege gezeigt werden.

schäftsbezirk der einzelnen Polizeiverwaltung hinausreichen, sich unter Umständen sogar erst ausserhalb desselben geltend machen, dass sich ferner wegen des Zusammenhanges der Gewässer unter sich eine Beschränkung der desfallsigen Bestimmungen auf einzelne Arten derselben nicht rechtfertigen lässt, haben zu einer das geltende Recht wesentlich umgestaltenden Regelung dieser Materie in den § 24 ff. des Entwurfs geführt.

Von der Unterscheidung ausgehend, dass gewisse Stoffe nur im bestimmten Verhältniss ihrer Menge zur Menge des sie aufnehmenden Wassers, andere dagegen unabhängig von ihrer Menge gesundheitsschädlich wirken können, stellt der Entwurf die Einbringung der letzteren in ober- und unterirdische Gewässer schlechthin, die der ersteren aber nur dann unter das Verbotsgesetz, wenn der Stoff nach Beschaffenheit und Menge eine gesundheitsschädliche Verunreinigung des Wassers oder der Luft oder eine erhebliche Belästigung des Publikums zur Folge haben kann; er unterwirft die Stoffe und Mengen der behördlichen Festsetzung, lässt Ausnahmen bezüglich der ersteren Art nur aus überwiegenden Gründen eines öffentlichen oder gemeinschaftlichen Nutzens zu, giebt den Polizeibehörden unter Wahrung ihrer weitergehenden Befugnisse zum Erlass von Anordnungen über die Reinhaltung von Gewässern auch eine Einwirkung auf die Anlage von Dungstätten und Aborten und trägt endlich den Interessen der Fischzucht durch das Verbot des Röstens von Hanf und Flachs in Wasserläufen Rechnung."

Die vorgeschlagenen Paragraphen, welche mit diesen Erwägungen eingeleitet werden, haben indess so schwerwiegende Bedenken, dass sie hoffentlich in dem vorgeschlagenen Wortlaut wohl kaum zum Gesetz werden.

b) Königreich Bayern.

In anderen deutschen Bundesstaaten sind die gesetzlichen Bestimmungen betreffend die Reinhaltung der Flüsse theils durch allgemeine Wassergesetze, theils durch besondere Verordnungen geregelt. [1])

Für das Königreich Bayern gilt das allgemeine Wassergesetz vom 28. Mai 1852, welches 3 Abtheilungen umfasst, nämlich:

1. über die Benutzung des Wassers,
2. über Ent- und Bewässerung zum Zwecke der Bodenkultur.
3. über Uferschutz und Schutz gegen Ueberschwemmungen.

Dieses Gesetz hat durch neuere Gesetze nur geringfügige Aenderungen erfahren, so durch das Berggesetz vom 20. März 1869, die Gemeindeordnung vom 29. April 1869 (für die rechtsrheinischenLandestheile und die Pfalz) und durch das Gesetz vom 15. April 1875 betreffend die Benutzung des Wassers.

Für Privatflüsse gelten im allgemeinen die Bestimmungen des preussischen Gesetzes vom 28. Februar 1843, jedoch ist der Verwaltungsbehörde ein weiterer Spielraum eingeräumt als im preussischen Gesetz.

c) Königreich Sachsen.

Für das Königreich Sachsen ist das Wasserrecht nicht kodificirt. Einzelne diesbezügliche Bestimmungen sind enthalten in den Gesetzen vom 15. August und 9. Februar 1864 betreffend die Berichtigung von Wasserläufen und die Ausführung von Ent- und Bewässerungsanlagen, in dem allgemeinen Berggesetz vom 16. Juni 1868 und in dem Gesetz vom 28. März 1872 betreffend die Abtretung von Grundeigenthum zu Wasserleitungen. Im Uebrigen hat das Königl. sächsische Ministerium des Innern der Frage der Verunreinigung der fliessenden Gewässer grosse Aufmerksamkeit zugewendet und im Jahre 1886 die Kreishauptmannschaften angewiesen, auf möglichste Beschränkung der Verunreinigung von fliessenden Gewässern hinzuwirken, insbesondere:

---

[1]) Vergl. Entwurf eines preussischen Wassergesetzes sammt Begründung 1894, 112.

1. ihre besondere Aufmerksamkeit denjenigen Anlagen zuzuwenden, mit deren Betrieb eine solche Einführung von festen Stoffen und von Flüssigkeiten in einen Wasserlauf verbunden ist, welche das Wasser in letzterem in einer den gemeinen Gebrauch desselben wesentlich beeinträchtigenden oder der menschlichen Gesundheit nachtheiligen Weise verunreinigen oder eine derartige bereits vorhandene Verunreinigung noch vermehren kann. Zu dem Ende haben die Verwaltungsbehörden, gleichviel ob Beschwerden vorliegen oder nicht, von Zeit zu Zeit, mindestens aber in jedem Jahre einmal, durch eigenen Augenschein über den Zustand der Wasserläufe sich zu überzeugen und ausserdem die Bezirksärzte und Gewerbeinspektionen, sowie die ihnen untergeordneten Organe zu ersuchen, bezw. zu veranlassen, ihnen jede Wahrnehmung mitzutheilen, welche eine abhelfende Entschliessung erheischt.

Die Besichtigung der Wasserläufe wird am zweckmässigsten zu Zeiten geringen Wasserstandes vorzunehmen sein.

2. Die Einführung fester Stoffe in einen Wasserlauf, gleichviel welchen Ursprunges dieselben sind, ob sie von gewerblichen Anlagen oder Gemeindeschleusen oder sonst woher stammen, ist unbedingt zu untersagen, wenn solche zur Verunreinigung des fliessenden Wassers geeignet sind.

3. Ist mit dem Betriebe einer bestehenden Anlage eine Verunreinigung des fliessenden Wassers durch Zuführung von Flüssigkeiten verbunden, so haben die Verwaltungsbehörden dafür zu sorgen, dass deren Besitzer solche Maassnahmen vorkehren, welche nach dem jeweiligen Stande der Wissenschaft getroffen werden können, um den bestehenden Uebelständen abzuhelfen oder sie wenigstens auf das thunlichst zulässige Maass zu beschränken. Es sind jedoch, wie bereits in der Verordnung vom 28. März 1882 verfügt worden ist, an die betreffenden Anlagen unter schonender Wahrnehmung der Industrie, wie auch der Landwirthschaft, nur solche Anforderungen zu stellen, welche mit einem nutzbringenden Betriebe derselben vereinbar sind.

So oft es die Verhältnisse gestatten, mithin nicht eine sofortige, keine Zögerung zulassende, Anordnung auf Beseitigung oder Beschränkung des vorhandenen Uebelstandes erforderlich ist, besonders aber in allen wichtigen Fällen hat die Verwaltungsbehörde vor Fassung hauptsächlicher Entschliessung nicht nur mit den amtlichen Organen: dem Bezirksarzte und dem Gewerbeinspektor, nach Befinden auch dem Wasserbauinspektor, sich ins Vernehmen zu setzen, sondern auch, wenn dies geboten oder doch wünschenswerth erscheint, einen auf dem einschlagenden Gebiete speciell vertrauten Sachverständigen, z. B. bei chemischen Vorgängen einen Chemiker, und ausserdem Männer des praktischen Lebens mit ihren Gutachten zu hören, welche selbst Industrielle, bezw. Landwirthe, über die Bedürfnisse wie über die Leistungsfähigkeit des einschlagenden industriellen, bezw. landwirthschaftlichen, Betriebes genau unterrichtet und, zugleich unter Berücksichtigung der örtlichen Verhältnisse, zu beurtheilen im Stande sind, was von den Anlagebesitzern billigerweise verlangt und was von diesen geleistet werden kann.

Zweckmässig erscheint es, sofern der Verwaltungsbehörde nicht schon besonders hierzu geeignete Personen zur Verfügung stehen, sich wegen Bezeichnung solcher Berufsgenossen an die in den Handels- und Gewerbekammern, sowie in dem Landeskulturrathe bestehenden geordneten Vertretungen der gewerblichen, bezw. landwirthschaftlichen, Interessen des Landes zu wenden, sei es für den einzelnen Fall, oder im voraus für eine Reihe von Fällen.

4. Bei neuen Anlagen, welche die Wasserläufe durch Abfallwässer zu verunreinigen geeignet scheinen, ist im allgemeinen daran festzuhalten, dass sie entweder gar nicht oder nur dann zu gestatten sind, wenn die Unternehmer in genügender Weise nachweisen, dass sie solche Einrichtungen zu treffen gewillt und im Stande seien, vermöge derer dieser Effluvien ungeachtet der gemeine Gebrauch des Wassers nicht beeinträchtigt werde. Hiervon wird nur in ganz besonderen Fällen eine Ausnahme nachgelassen werden können, wie z. B. wenn bei Grenzflüssen durch die bereits vorhandene Verunreinigung des fliessenden Wassers der gemeine Gebrauch desselben bereits ausgeschlossen ist.

5. Die unter 3 und 4 getroffenen Vorschriften haben auch auf die Zuführung von Flüssigkeiten aus Gemeindeschleusen, wodurch die Verunreinigung eines Wasserlaufes herbeigeführt wird, sinngemäss Anwendung zu finden.

6. Die Verwaltungsbehörden sind auf Grund des § 2 des A-Gesetzes vom 28. Januar 1835 bezw. nach dem Gesetze, Nachträge zu dem Gesetze über die Ausübung der Fischerei in fliessenden Gewässern vom 15. Oktober 1868 betreffend, vom 16. Juli 1874 nicht nur berechtigt, sondern auch verpflichtet, ihre auf gegenwärtiger Verordnung beruhenden Verfügungen mit Nachdruck durchzuführen und zu dem Ende die ihnen erforderlich erscheinenden Zwangsmittel zur Anwendung zu bringen, namentlich Strafen anzudrohen und zu vollstrecken.

7. Der bei Ausführung dieser Verordnung entstehende Kostenaufwand ist, sofern derselbe nicht den Betheiligten auf Grund bestehender besonderer Vorschriften oder allgemeiner Grundsätze zur Last fällt, als Polizeiaufwand auf die Kasse der betreffenden Verwaltungsbehörden zu übertragen.

Wenn in einzelnen der eingegangenen gutachtlichen Berichte die Einsendung von ständigen technischen Bezirkskommissionen empfohlen worden ist, welche von den unteren Verwaltungsbehörden in allen die Verunreinigung der Wasserläufe betreffenden Fällen vernommen werden sollen, so hat man Bedenken tragen müssen, dieser Anregung weitere Folge zu geben, da abgesehen davon, dass sich im voraus wegen der eintretenden Vielgestaltigkeit der einzelnen Fälle, die naturgemäss die Beurtheilung verschiedener Kategorien von Sachverständigen erheischen, die Zusammensetzung einer solchen Kommission nicht wohl mit Sicherheit bestimmen lässt, die Mitwirkung eines solchen Organs bei allen Vorkommnissen, gleichviel ob dieselben dringlicher Natur sind oder nicht, oder ob sie wichtig sind oder nicht, oft einen unverhältnissmässigen Zeit- und Kostenaufwand herbeiführen würde, wodurch der Sache selbst eher geschadet, als genützt werden dürfte.

Dazu kommt, dass wenigstens für die Rekursinstanz ein derartiges Organ bereits vorhanden ist: die technische Deputation des Ministeriums des Innern, bei der schon regulativmässig besteht, dass sie nach ihrem Ermessen geeignete Persönlichkeiten, besonders aus dem praktischen Gewerbestande, zur Berathung hinzuziehen oder als sachverständige Zeugen hören kann, und die auch angewiesen worden ist, von dieser Ermächtigung bei Beurtheilung von an sie gelangenden Fragen über Verunreinigung von Wasserläufen, so oft es wünschenswerth erscheint, Gebrauch zu machen.

Am Schlusse der betreffenden Verordnung sind die Kreishauptmannschaften angewiesen worden, die ihnen untergeordneten Verwaltungsbehörden mit dem Vorstehenden entsprechender Bescheidung zu versehen und auch ihrerseits darüber zu wachen, dass der Verordnung des Ministeriums allenthalben nachgegangen werde.

Für die Reinigung der Abwässer aus Schlachthäusern gelten nach einer Verordnung des Königl. Sächsischen Ministeriums vom 9. Juni 1885 folgende Bestimmungen:

1. Zur Aufnahme und Klärung der flüssigen Abgänge aus dem Schlachthausraume muss ein Klärbassin hergestellt werden, welches mit dem Schlachtraume durch den in No. 6 gedachten Kanal in Verbindung gesetzt ist. Das Klärbassin muss in gehöriger, dem Umfange der Schlächtereianlage entsprechender Grösse hergestellt werden. Es muss wasserdicht in Cement gemauert, und mit einer gehörigen Desinfektionseinrichtung versehen sein.

2. Das Ablaufenlassen der im Klärbassin sich ansammelnden flüssigen Abgänge aus dem Schlachtraume in Schleusen, fliessende oder stehende Gewässer darf nur nach vorheriger gehöriger Desinfektion der ersteren erfolgen.

Das Klärbassin muss von Zeit zu Zeit gereinigt und muss der ausgehobene Inhalt desselben auf ein von Wohnhäusern möglichst weit abgelegenes Feldgrundstück abgefahren werden. Das eine wie das andere geschieht am besten während der Nachtzeit.

3. Die nicht flüssigen Abfälle im Schlachtraume sind in einer, wasserdicht in Cement gemauerten, verdeckten Grube unterzubringen, können aber auch, soweit sie in Exkrementen bestehen, auf den gewöhnlichen Düngerstätten abgelagert werden.

Es ist für möglichst häufige, am besten während der Nachtzeit vorzunehmende Abfuhr des Grubeninhalts, wie der Düngerstättemassen Sorge zu tragen. (Auf solche Gebäuderäume, in welchen nur zeitweilig für den häuslichen oder sonstigen Wirthschaftsbedarf, wie in Gasthäusern und Restaurationen, Thiere geschlachtet werden, leiden die vorstehenden Bestimmungen keine Anwendung.)

d) Königreich Württemberg.

Das Königreich Württemberg besitzt ebenfalls bis jetzt kein einheitlich geordnetes Wassergesetz; neben einzelnen zerstreuten Vorschriften der Landesgesetzgebung besteht im wesentlichen noch das gemeine deutsche Privatrecht.

H. Spindler macht in einer Schrift: Die Unschädlichmachung der Abwässer in Württemberg 1896, S. 131 Vorschläge zu einem württembergischen Abwassergesetz.

e) Grossherzogthum Baden.

Das Grossherzogthum Baden hat die für die Benutzung und Instandhaltung der Gewässer bestehenden wasserrechtlichen Vorschriften unter entsprechender Ergänzung durch das Gesetz vom 25. August 1876 (mit dem Nachtrage vom 12. Mai 1882) zu einem einheitlichen Ganzen vereinigt und dabei die wirthschaftliche Bedeutung, welche das Wasser für Landwirthschaft und Industrie hat, wirksamer und allseitiger, als bis dahin geschehen, zur Geltung gebracht.

Zum Schutz von Fischereiwasser vor Verunreinigung durch Abwasser hat dann das badische Ministerium unter dem 11. Oktober 1884 folgende Verordnung erlassen:

Zum Vollzug des Artikels 4 des Gesetzes vom 3. März 1870 über die Ausübung und den Schutz der Fischerei und des Artikels 23, Ziffer 1 des Gesetzes vom 25. August 1876, die Benützung und Instandhaltung der Gewässer betreffend, werden die Verwaltungsbehörden angewiesen, wenn die Genehmigung beziehungsweise Untersagung der Einleitung von fremden Stoffen in ein Fischwasser in Frage steht, bei der Beurtheilung darüber, ob und in welcher Mischung die betreffenden Stoffe als für den Fischbestand schädlich zu erachten und welche Massregeln zur Verhütung des Schadens anzuwenden sind, die nachstehenden Grundsätze zu beachten:

I. Als schädliche Stoffe im Sinne des Artikels 4 des Gesetzes vom 3. März 1870 gelten:

1. Flüssigkeiten, in welchen mehr als 10% suspendirte und gelöste Substanzen enthalten sind.
2. Flüssigkeiten, in welchen die nachverzeichneten Substanzen in einem stärkeren Verhältniss als in demjenigen von 1 : 1000 (beim Rhein von 1 : 200) enthalten sind, nämlich Säuren, Salze, schwere Metalle, alkalische Substanzen, Arsen, Schwefelwasserstoff, Schwefelmetalle, schweflige Säure und Salze, welche schweflige Säure bei ihrer Zersetzung liefern;
3. Abwasser aus Gewerben und Fabriken, welche feste fäulnissfähige Substanzen enthalten, wenn dieselben nicht durch Sand- oder Bodenfiltration gereinigt worden sind;
4. Chlor und chlorhaltige Wässer und Abgänge der Gasanstalten und Theerdestillationen, ferner Rohpetroleum und Produkte der Petroleumdestillation;
5. Dampf und Flüssigkeiten, deren Temperatur 40° R. (50° C.) übersteigt.

II. Die unter I, Ziffer 2 und 3 aufgeführten Flüssigkeiten sollen, wo immer die Beschaffenheit der Wasserläufe es gestattet, durch Röhren oder Kanäle abgeleitet werden, welche bis in den Strom des Wasserlaufs reichen und unter dem Niederwasser ausmünden, jedenfalls aber derart zu legen sind, dass eine Verunreinigung der Ufer ausgeschlossen bleibt.

Diese Bestimmung gilt auch für die in Fluss- und Bachläufe einmündenden Abfuhrkanäle, sofern sie durch die vorerwähnten Flüssigkeiten übermässig stark verunreinigte Abwässer enthalten.

Die Wassergesetze der **mitteldeutschen** Staaten, wie Sachsen-Weimar, Sachsen-Meiningen, Sachsen-Altenburg, Sachsen-Koburg-Gotha, Schwarzburg-Rudolstadt, Schwarzburg-Sondershausen, Reuss j. L., ferner vom Herzogthum Braunschweig folgen in ihren Bestimmungen über die Benutzung des Wassers im allgemeinen dem Bayrischen Wassergesetz von 1852.

In den anderen Bundesstaaten fehlt es überhaupt an allgemeinen Wassergesetzen und noch mehr an Gesetzen und Verordnungen betreffend die Reinhaltung der Gewässer.

f) Elsass-Lothringen.

Für Elsass-Lothringen ist bezüglich der Verunreinigung von Wasserläufen mit Fischbestand eine Ministerialverordnung erlassen, welche sich völlig der vorstehenden badischen Verordnung anschliesst und welche bei Ertheilung der Genehmigung zur Ableitung der den Fischen schädlichen Stoffe und Abfälle aus Fabriken und sonstigen gewerblichen und landwirthschaftlichen Betrieben in einen Wasserlauf die Beobachtung folgender Maassregeln anordnet: 1. Die Abgänge sind vor Einleitung in den Wasserlauf je nach Erforderniss einer chemischen oder mechanischen Reinigung oder Verdünnung mit reinerem Wasser oder einer Abkühlung zu unterwerfen. Dies ist insbesondere nothwendig a) bei Flüssigkeiten, in denen mehr als 10 % suspendirte und gelöste Substanzen enthalten sind; b) bei Abwässern, die feste, fäulnissfähige Stoffe, namentlich Pflanzenfasern, Sägemehl, Kothballen enthalten; c) bei Dämpfen und Flüssigkeiten, deren Temperatur 50 Centigrade übersteigt. Als Regel ist ferner die Reinigung oder Verdünnung nothwendig bei Flüssigkeiten, in denen die nachbezeichneten Substanzen einzeln oder zusammen in einem stärkeren Verhältniss als 1 : 1000 enthalten sind: nämlich Säuren, Salze, schwere Metalle, Aluminiumverbindungen, alkalische Substanzen, Arsen, Schwefelwasserstoff, schwefelige Säure, sowie Salze, die schwefelige Säure bei ihrer Zersetzung liefern. In den Rhein dürfen diese Substanzen schon bei einem Mischungsverhältniss von 1 : 200 eingeleitet werden. Auch bei der Einführung in andere Wasserläufe kann ein höheres Mischungsverhältniss bis zur Grenze von 1 : 200 zugelassen werden, wenn nach dem Gutachten des zuständigen Wasserbau- oder Meliorationsbauinspektors mit Rücksicht auf die Wasserführung bei Niederwasser, sowie auf das Gefälle des Wasserlaufs ein solcher höherer Substanzgehalt für unbedenklich zu erachten ist. 2. Ferner sind unter allen Umständen von der Einleitung in einen Wasserlauf auszuschliessen: a) chlor- und chlorkalkhaltige Wässer und Abgänge der Gasanstalten und Theerdestillationen, b) Rohpetroleum und Produkte der Petroleumdestillation. 3. Die Einleitung der Abgänge in einen Wasserlauf hat allmählich, in einer auf eine längere Zeitdauer sich gleichmässig vertheilenden Menge zu erfolgen, sofern von dem plötzlichen Zufluss grösserer Mengen eine Gefahr für den Fischbestand zu befürchten ist. 4. Die Einleitung der Abgänge in einen Wasserlauf hat mittels Röhren oder Kanälen stattzufinden, sofern dies nach der Beschaffenheit des Wasserlaufes angängig ist. Die Röhren oder Kanäle müssen bis in den Thalweg oder die Mitte des Wasserlaufes reichen und unter Niederwasser ausmünden. Dieselben sind so anzulegen, dass eine Verunreinigung des Ufers vermieden wird.

Der augenblickliche Rechtszustand der Verunreinigung der Gewässer in Deutschland.

Der augenblickliche Rechtszustand der Verunreinigung der Gewässer in Deutschland ist durch drei Reichsgerichts-Entscheidungen festgelegt, nämlich durch die Entscheidung vom 11. Juni 1886 nach dem allgemeinen (römischen) Recht, und nach dem allgemeinen Landrecht durch die drei Entscheidungen vom 19. April 1882, 2. Juni und 18. September 1886.

Ueber den aus diesen Erkenntnissen sich ableitenden Rechtszustand giebt mir Herr Justizrath H. Nottarp in Münster i. Westf. folgende, auch für den Laien leicht verständliche Darlegung:

„In dem Urtheil vom 19. April 1882 stellt sich das Reichsgericht die Frage: Ist der Uferbesitzer verpflichtet, die Zuführung von Flüssigkeiten ausser dem natürlich sich sammelnden Regen- und Quellwasser oberhalb seines Ufers in einen Privatfluss zu dulden? und kommt zu dem Schlusse, dass der Uferbesitzer jeder oberhalb seines Besitzes stattfindenden Zuleitung, ausser der des auf natürlichem Wege zufliessenden Wassers, zu widersprechen befugt sei.

In dem dem Reichsgerichtsurtheil vom 2. Juni 1886 zu Grunde liegendem Falle musste dieselbe Frage nochmals zur Entscheidung kommen, und ist das Reichsgericht hier, sowie auch in dem ähnlichen späteren Urtheile vom 18. September 1886 zu dem Resultate gelangt, dass der obige im Urtheil vom 19. April 1882 ausgesprochene Satz nicht ohne jede Einschränkung aufrecht erhalten werden kann.

Es ist selbstverständlich, dass das in den letzten Urtheilen vom 2. Juni und 18. September 1886 gewonnene Resultat die jetzt herrschende Ansicht des Reichsgerichts darstellt, zumal in dem Urtheil vom 2. Juni die erneute Prüfung der Frage an der Hand und unter Zugrundelegung der Entscheidung vom 19. April 1882 stattfand. Es ist ferner selbstverständlich, dass die Beweislast sich nach den Grundsätzen der beiden letzten Urtheile aus 1886 regelt.

Es ergiebt sich daher für das Gebiet der Geltung des Allgemeinen Landrechts folgender Rechtszustand:

Der unterhalb liegende Uferbesitzer eines Privatflusses muss sich, nach der heutigen, in den Urtheilen vom 2. Juni und 18. September 1886 enthaltenen Judikatur des Reichsgerichts, diejenigen Zuleitungen in den Fluss, mögen sie in einer blossen Vermehrung des Wasservorraths oder in der Beimengung fremder Stoffe bestehen, gefallen lassen, welche das Mass des Regelmässigen, Gemeinüblichen nicht überschreiten, selbst wenn dadurch die absolute Verwendbarkeit des ihm zufliessenden Wassers zu jedem beliebigen Gebrauche irgendwie beeinträchtigt wird; der unterhalb Liegende ist dagegen jeder, dieses Mass überschreitenden Zuleitung als einem Eingriffe in sein Eigenthum zu widersprechen befugt.

Ob eine bestimmte Art der Zuleitung zu einem Flusse nach Stoff und Umfang das Mass des Gemeinüblichen überschreitet, kann nur nach den thatsächlichen Umständen des Einzelfalles beurtheilt werden. Eine solche Ueberschreitung würde beispielsweise vorliegen, wenn eine derartige Menge in den Fluss abgeführt würde, dass infolgedessen der Fluss austritt oder auszutreten droht; wenn in den Fluss Stoffe geleitet werden, welche nach ihrer Beschaffenheit den Grundstücken des unterhalb Liegenden zu schaden fähig sind, wenn durch die Einführung von Flüssigkeiten das Wasser des Flusses seine Eigenschaft als Trink- oder Tränk-Wasser verliert und dergl. mehr.

Liegt eine solche Ueberschreitung vor, so muss der Regel nach ohne weiteres angenommen werden, dass hierdurch eine ungebührliche Belästigung des unterhalb liegenden Uferbesitzers verursacht und somit dessen Eigenthumsrecht verletzt wird.

Der unterhalb Liegende würde somit zur Anstellung seiner (Negatorien-) Klage gegen den Oberliegenden den Nachweis seines Eigentums am Flusse und einer das Mass des Gemeinüblichen in quantitativer oder in qualitativer Beziehung überschreitenden Zuleitung durch den Oberliegenden zu führen haben. Eigenthümer des Privatflusses sind aber die Eigenthümer der Ufer; das Eigenthum des Ufers wird bewiesen, wie überhaupt Eigenthum an Grundstücken, also namentlich durch die Eintragung im Grundbuch. Beim Nachweis der Ueberschreitung des Masses des Gemeinüblichen ist zu bemerken, dass diese Ueberschreitung abhängt von dem Zustand des Wassers oder seiner Wassermenge, wie er sich an den Grundstücken des unterhalb Liegenden zeigt. Dem Oberliegenden bleibt aber der Nachweis frei, dass seine Zuleitung den Unterliegenden nicht, oder nicht anders, wie der ganz gemeinübliche Gebrauch des Flusses belästigt, somit keine wirkliche Verletzung der Interessen des Unterliegenden, kein Schaden eingetreten ist."

Was den Nachweis anbelangt, dass in einem gegebenen Falle durch Zuleitung von Abfallwasser das Mass des Gemeinüblichen in quantitativer Hinsicht überschritten ist, so müssen die durchschnittlichen, niedrigsten und höchsten Wassermengen sowohl des betreffenden Bach- oder Flusswassers, wie auch des betreffenden künstlich zugeleiteten Abfallwassers durch sachverständige Techniker ermittelt werden.

Diese Ermittelung bietet in den meisten Fällen keine Schwierigkeiten. In vielen Fällen lassen sich die durchschnittlichen, niedrigsten und höchsten Wassermengen, welche ein Bach oder Fluss führt, berechnen, wenn man das Regen-Sammelgebiet des betreffenden Wasserlaufes kennt (vergl. S. 11).

Dass durch Zuleitung eines Abfallwassers in einen Bach oder Fluss ferner das Mass des Gemeinüblichen auch in qualitativer Hinsicht für einen bestimmt anzugebenden, berechtigten Nutzungszweck überschritten ist, ergiebt sich aus der chemischen bezw. bakteriologischen Untersuchung des betreffenden Abfallwassers und des Bach- bezw. Flusswassers vor und nach Aufnahme des Abfallwassers.

Hierbei sind wieder die durchschnittlichen, niedrigsten und höchsten Wassermengen des Bach- bezw. Flusswassers zu berücksichtigen, wie weiter, ob die Menge der zugeleiteten Bestandtheile des Abfallwassers oder der erhöhte Gehalt, welchen das Bachwasser durch die Zuleitung des Abfallwassers annimmt, das Bachwasser für den betreffenden berechtigten Nutzungszweck unbrauchbar macht.

Für manche Bestandtheile von Abfallwässern ist die Grenze ihrer Schädlichkeit nach verschiedenen Richtungen hin ermittelt und werden die Ausführungen in vorliegender Schrift hierfür Anhaltspunkte bieten. Wo dieses nicht der Fall ist, da muss der Beweis, dass die zugeführten Bestandtheile in den ermittelten Mengen den bestimmten Nutzungszweck unmöglich machen, noch besonders erbracht werden.

Bei der Ermittelung des Gehaltes des betreffenden Bach- oder Flusswassers an den Bestandtheilen, welche durch das Abfallwasser zugeführt sind, ist, wie S. 14—16 auseinandergesetzt ist, sehr darauf zu achten, dass die Proben an solchen Stellen und so weit unterhalb der Einflussstelle entnommen werden, wo eine vollständige innige Vermischung und kein sonstiger fremder Zufluss stattgefunden hat.

Wenn man die Wassermengen des betreffenden zugeleiteten Abfallwassers und die des Bach- bezw. Flusswassers, ferner den Gehalt beider an einzelnen Bestandtheilen im unvermischten Zustand kennt, so lässt sich auch ebenso sicher berechnen, welchen Gehalt an schädlichen Bestandtheilen das Bach- bezw. Flusswasser durch die Zuführung des Abfallwassers annimmt.

Wenn hiernach bei Verunreinigung eines Wasserlaufes die Beweislast für den Uferbesitzer eine etwas schwierigere als nach der ersten Reichsgerichts-Entscheidung geworden ist, so ist der jetzige Rechtszustand doch ein gerechterer; denn die Zuleitung unschädlicher Abfallwässer in die natürlichen Wasserläufe behindern zu wollen, wäre ebenso verwerflich, als wirklich schädliche Zuflüsse in Schutz zu nehmen.

2. *Schweiz.*

Bundesgesetz über die Fischerei.

(Vom 18. Herbstmonat 1875.)

Die Bundesversammlung der schweizerischen Eidgenossenschaft, in Ausführung des Art. 25 der Bundesverfassung; nach Einsicht einer Botschaft des Bundesrathes vom 25. Augustmonat 1875, beschliesst:

Art 1. Die Verleihung oder Anerkennung des Rechts zum Fischfang steht den Kantonen zu; für Ausübung desselben sind nachstehende Bestimmungen massgebend.

Art. 2. Beim Fischfang ist jede ständige Vorrichtung (Fischwehr, Fach) und jede Anwendung feststehender Netze (Sperrnetze) verboten, welche auf mehr als die Hälfte der Breite des Wasserlaufes beim gewöhnlichen niedrigen Wasserstande im rechten Winkel vom Ufer aus gemessen den Zug der Fische versperrt.

Die Entfernung zwischen den einzelnen Pfählen, welche die zum Salmenfange bestimmten Fischwehre (Fache) bilden, sowie zwischen den Querverbindungen dieser Pfähle muss mindestens zehn Centimeter im Lichten betragen.

Mehrere solche ständige Vorrichtungen, sowie mehrere feststehende Netze dürfen gleichzeitig auf derselben Uferseite oder auf der entgegengesetzten Uferseite nur in einer Entfernung von einander angebracht sein, welche mindestens das Doppelte der Ausdehnung der grösseren Vorrichtung beträgt.

Art. 3. Fanggeräthe jeder Art und Benennung dürfen nicht angewendet werden, wenn die Oeffnungen im nassen Zustande in Höhe und Breite nicht wenigstens folgende Weiten haben:

a) beim Salmenfange: Geflechte (Körbe, Reusen) und Treibnetze 6 cm; das Innere der Reusen: 4 cm;
b) beim Fange anderer grosser Fischarten: 3 cm;
c) beim Fange kleiner Fischarten: 2 cm. Geräthe zum Fange der Köderfische unterliegen diesen Beschränkungen nicht.

Im Rheine zwischen Schaffhausen und Basel dürfen jedoch beim Fischfange überhaupt keine Netze verwendet werden, deren Oeffnungen, gemessen wie oben angegeben, weniger als 3 cm betragen.

Art. 4. Treibnetze dürfen nicht derart ausgesetzt und befestigt werden, dass sie festliegen oder hangen bleiben.

Art. 5. Mittel zur Betäubung der Fische, sowie die Anwendung von Fallen mit Schlagfedern, von Gabeln, Geren, Schiesswaffen, Sprengpatronen, Dynamit und anderen Mitteln zur Verwundung des Fische sind verboten.

Der Gebrauch von Angeln ist gestattet unter Vorbehalt der Beobachtung der im Gesetz (Art. 7 und 8) vorgeschriebenen Schonzeiten.

Das Trockenlegen der Wasserläufe zum Zwecke des Fischfanges ist verboten. Falls dasselbe zu anderen Zwecken nothwendig wird, soll davon, wo möglich, den Fischereibesitzern, bezw. Pächtern, vorher rechtzeitig Kenntniss gegeben werden.

Die Besitzer von Wasserwerken sind gehalten, zweckmässige Vorrichtungen zu erstellen, um zu verhindern, dass Fische in die Triebwerke gerathen.

Die Besitzer von Wasserwerken und Wässerungsvorrichtungen sind ferner gehalten, an Wehren und Schwellen, welche in Flüssen und Bächen zum Zwecke der Stauung des Wassers erstellt sind, so viel als möglich Vorrichtungen anzubringen, welche das Aufwärtsschwimmen der Fische möglich machen.

Die bereits bestehenden, mit Mühlen oder sonstigen Wasserwerken verbundenen sogenannten Selbstfänge für Fische müssen mit Oeffnungen versehen werden, deren Dimensionen den für die Maschenweite der Netze vorgeschriebenen entsprechen.

Die Anlegung neuer derartiger Selbstfänge ist verboten.

Während der Zeit vom 20. Weinmonat bis 24. Christmonat ist in Flüssen die Anwendung von eisernen Reusen untersagt (vgl. Art. 7).

Art. 6. Die nachbenannten Fischarten dürfen weder feilgeboten noch verkauft und gekauft werden, wenn die Fische, vom Auge bis zur Weiche der Schwanzflosse gemessen, nicht wenigstens folgende Längen haben:

Salme (Lachse): 35 cm;

Seeforellen (Lachsforellen, Grundforellen, Rheinlanken) und Ritter: 20 cm;

Bachforellen, Rothforellen oder Röthel, Aeschen, sämmtliche Felchen (Blaling, Ballen, Alenbok): 15 cm.

Werden Fische, welche dieses Maass nicht besitzen, gefangen, so sind dieselben sofort wieder in das Wasser zu setzen.

Art. 7. In der Zeit vom 11. Wintermonat (Martinstag) bis 24. Christmonat (Weihnacht) darf die Fischerei auf Salme (Lachse) nur mit ausdrücklicher Genehmigung der kompetenten Kantonsbehörden betrieben werden. Diese Bewilligung darf nur ertheilt werden, wenn die Ablieferung der zur künstlichen Fischzucht geeigneten Fortpflanzungselemente (Rogen und Milch) gesichert ist. Die ertheilte Bewilligung wird widerrufen, wenn der Fischer die in dieser Beziehung erlassenen Vorschriften nicht strengstens befolgt.

Art. 8. Vom 10. Weinmonat bis 20. Jänner ist der Fang, das Feilbieten der Verkauf und Kauf der Seeforellen, Lachsforellen, Grundforellen, Rheinlanken, der Ritter, Rothforellen oder Röthel und der Bachforellen verboten.

In Flüssen und Bächen, in denen wegen ungenügender Wassermenge grössere Holzstücke nicht frei treiben, ist während des nämlichen Zeitraums das Holzflössen untersagt.

Werden in dieser Zeit Fische solcher Art zufällig gefangen, so sind sie sofort wieder in das Wasser zu setzen.

Zum Zwecke künstlicher Fischzucht darf für den Fang dieser Fischarten während der Schonzeit von der zuständigen Kantonsregierung, bei Grenzgewässern im Einklang mit den übrigen betheiligten Kantonsregierungen, Erlaubniss ertheilt, auch das Feilbieten, der Verkauf und Kauf der gefangenen Fische nach deren Benutzung zur Befruchtung unter den geeigneten Kontrolmassregeln gestattet werden.

Art. 9. Während der Zeit vom 15. April bis Ende Mai ist der Gebrauch aller Netze und Garne in den Seen verboten.

Das Fischen mit Angelgeräthen und der Fang der Bondellen (Pferrigen) ist von diesem Verbote nicht betroffen.

Es ist zulässig, an der Stelle dieser Schonzeit (Absatz 1) das System von Schonrevieren unter gänzlichem Verbot jedes Fischfanges auf mindestens ein Jahr zur Anwendung zu bringen.

Das gleiche kann geschehen hinsichtlich der für die Rothforellen oder Röthel (Art. 8) festgesetzten Schonzeit.

Art. 10. Der Fang von Fischen zur künstlichen Zucht und der Fang kleinerer Fische zur Ernährung von Fischen in Zuchtanstalten kann auch während der im Art. 8 bezeichneten Schonzeit von den Kantonsregierungen gestattet werden.

Art. 11. Vom 1. Herbstmonat bis 30. April ist der Fang, das Feilbieten, der Verkauf und Kauf der Krebse verboten.

Art. 12. Es ist verboten, Stoffe in Fischwasser einzuwerfen, durch welche die Fische beschädigt oder vertrieben werden.

Fabrikabgänge solcher Art und dergleichen sollen in einer dem Fischbestande unschädlichen Weise abgeleitet werden.

Ob und in wie weit die obige Vorschrift auf die bereits bestehenden Ableitungen aus landwirthschaftlichen oder aus gewerblichen Anlagen Anwendung finden soll, wird von den Kantonsregierungen und, falls gegen deren Entscheid Einsprache erfolgt, vom Bundesrathe bestimmt werden.

Art. 13. Zur Ueberwachung der Vollziehung dieses Gesetzes im allgemeinen, sowie im besonderen zur Beförderung der künstlichen Fischzucht, namentlich zum Zweck der Vermehrung der Salme, der See- und Bachforellen, wird auf den Antrag des Departements des Innern jährlich der erforderliche Kredit angewiesen.

Insofern diese Massregeln der Verödung der Gewässer nicht hinlänglich vorbeugen sollten, wird der Bundesrath ermächtigt, die Schonzeiten für alle Gewässer oder für diejenigen einzelner Gebiete temporär auszudehnen.

Ebenso ist den Kantonen freigestellt, strengere Massregeln zum Schutz des Fischbestandes anzuordnen, welche der Genehmigung des Bundesrathes zu unterstellen sind.

Art. 14. Uebertretungen vorstehender Gesetzbestimmungen sind von den zuständigen kantonalen Polizei-, bez. Gerichtsbehörden mit Busse von Fr. 3 bis Fr. 400 zu belegen, welche den Kantonen anheimfallen.

Bei Uebertretung des Verbotes der Verwendung von Fallen mit Schlagfedern, von Sprengpatronen, Dynamit oder schädlichen und giftigen Substanzen soll die Busse nicht unter Fr. 50 betragen. Im Wiederholungsfalle kann die Busse verdoppelt werden.

Mit Verhängung der Busse kann der Entzug der Berechtigung zum Fischen auf bestimmte Frist, im Wiederholungsfalle auf 2 bis 6 Jahre, und die Konfiskation der gebrauchten unerlaubten Geräthe und der in unberechtigter Weise gefangenen Fische verbunden werden.

Unerhältliche Bussen sind in Gefängniss umzuwandeln, wobei der Tag zu 3 Franken zu berechnen ist.

Art. 15. Der Bundesrath wird bevollmächtigt, über die Fischereipolizei in den Grenzgewässern mit den Nachbarstaaten Konventionen abzuschliessen, in welchen so weit als möglich die Bestimmungen des gegenwärtigen Gesetzes zur Anwendung zu bringen sind.

Art. 16. Der Bundesrath ist ferner ermächtigt, in den Grenzgewässern, über deren Benutzung für die Fischerei noch keine Konventionen abgeschlossen sind, die Anwendung einzelner Bestimmungen des gegenwärtigen Gesetzes zu suspendiren.

Art. 17. Sobald gegenwärtiges Gesetz in Kraft erwachsen ist, wird der Bundesrath die nöthigen Vollzugsverordnungen erlassen und gleichzeitig die Kantone anhalten, ihre Gesetze und Verordnungen über die Fischerei ohne Verzug mit denselben in Einklang zu bringen.

Art. 18. Der Bundesrath wird beauftragt, auf Grundlage der Bestimmungen des Bundesgesetzes vom 17. Brachmonat 1874 (A. S. N. F. I., 116), betreffend die Volksabstimmung über Bundesgesetze und Bundesbeschlüsse, die Bekanntmachung dieses Bundesgesetzes zu veranstalten und den Beginn der Wirksamkeit desselben festzusetzen.

Also beschlossen vom Ständerathe,
Bern, den 17. Herbstmonat 1875.
Also beschlossen vom Nationalrathe,
Bern, den 18. Herbstmonat 1875.
Der schweizerische Bundesrath beschliesst:

Das vorstehende, unterm 20. Wintermonat 1875 öffentlich bekannt gemachte Bundesgesetz[1]) wird hiermit gemäss Art. 89 der Bundesverfassung in Kraft und mit dem 1. März 1875 als vollziehbar erklärt.

Bern, den 18. Hornung 1876.

Im Namen des schweiz. Bundesrathes der Kanzler
der Eidgenossenschaft.

Vollziehungsverordnung zum Bundesgesetz über die Fischerei.

Vom 18. Mai 1877.

Der schweizerische Bundesrath, in Vollziehung des Artikels 17 des Bundesgesetzes vom 18. Herbstmonat 1875, verordnet:

Art. 1. Die Kantonsregierungen werden eingeladen:

a) das Bundesgesetz vom 18. Herbstmonat 1875 nebst dieser Vollziehungsverordnung in üblicher Weise zu publiciren, die mit demselben in Widerspruch stehenden Bestimmungen der kantonalen Gesetze und Verordnungen ausser Kraft zu erklären und zum Zweck der Vollziehung der erstern die erforderlichen Massnahmen zu treffen;

b) die revidirten Gesetze und Verordnungen, sowie allfällige neue Erlasse über Fischerei dem Bundesrathe zur Prüfung zu übersenden. (Art. 13, al. 3, Art. 14 und 17 des Bundesgesetzes vom 18. Herbstmonat 1875).

Art. 2. Das Bundesgesetz vom 18. Herbstmonat 1875 hat auf alle Seen und Wasserläufe zur Anwendung zu gelangen. Ausgenommen sind die Gewässer (künstlich angelegte Teiche und Wasserläufe), in welche aus den Fischwässern keine Fische gelangen können.

Art. 3. Alle gegenwärtig im Gebrauch befindlichen Fanggeräthe oder Vorrichtungen sind durch die kantonalen Polizeibehörden einer Untersuchung zu unterwerfen, um zu ermitteln, ob dieselben mit den Vorschriften der Artikel 2, 3 und 5, al. 6, und

[1]) Siehe Bundesblatt vom Jahr 1875, 4, 653.

des Art. 13, al. 3 übereinstimmen. Vorschriftwidrige Fanggeräthe oder Vorrichtungen sind sofort in geeigneter Weise gebrauchsunfähig zu machen. Durch vorübergehende Massnahmen können besonders kostspielige Apparate, welche von den gesetzlichen Vorschriften nicht wesentlich abweichen, für höchstens 6 Monate, vom Tage der Erlassung dieser Vorschrift an, tolerirt werden.

Behufs der polizeilichen Kontrolle werden alle Arten von Netzen der Plombirung unterworfen.

Vorrichtungen zum Fischfang in den Flüssen müssen bei deren Erstellung der kompetenten Polizeibehörde jedesmal vorgewiesen werden, welche dafür zu sorgen hat dass sie beim Beginn der Schonzeit wieder entfernt werden.

Art. 4. Ueber die bereits bestehenden Ableitungen giftiger Stoffe aus landwirthschaftlichen oder gewerblichen Anlagen (Fabrikabgänge) in Fischwasser (Art. 12 des Bundesgesetzes vom 18. Herbstmonat 1875) sollen in Bezug auf deren Zahl und das Maass ihrer Schädlichkeit, sowie hinsichtlich der Frage der rechtlichen Befugniss die erforderlichen Konstatirungen vorgenommen werden.

Soweit solche Anlagen ohne Schwierigkeit und ohne einen mit dem Werthe der Anlage nicht in unbilligem Verhältniss stehenden Kostenaufwand im Sinne des al. 2 des Art. 12 unschädlich gemacht werden können, soll dies sofort geschehen. In Fällen, in denen der aus solchen Ableitungen für den Fischbestand erwachsende Schaden bedeutende und die Abhilfe sehr kostspielig ist, kann auf Antrag der Kantonsregierung und wenn diese selbst an den Kosten sich betheiligt, ein Beitrag aus der Bundeskasse bewilligt werden. (Art. 13 des Bundesgesetzes vom 18. Herbstmonat 1875.)[1]

Art. 5. Die in Art. 3 und 4 vorgesehenen Verifikationen und Inspektionen sind in angemessenen Zeitabschnitten, mindestens alle zwei Jahre, zu wiederholen.

Art. 6. Die Kantonsregierungen werden diejenigen Wasserwerkanlagen bezeichnen, an denen die im Art. 5, al. 5 bezeichneten Vorrichtungen (Fischstege oder Fischleitern) anzubringen sind.

Art. 7. Die im Art. 10 und Art. 8, al. 4 des Bundesgesetzes vom 18. Herbstmonat 1875 den Kantonsregierungen anheimgestellte Bewilligung zum Fang von Fischen während der Schonzeit soll nur unter der Voraussetzung ertheilt werden, dass zur Verhütung des Missbrauchs derselben hinlänglich wirksame Ueberwachung bestellt werden kann.

Art. 8. Die den Kantonsregierungen anheimgestellten speciellen Bewilligungen zum Fang der Salmen (Lachse) in der Zeit vom 11. Wintermonat bis 24. Christmonat (Art. 7 des Bundesgesetzes vom 18. Herbstmonat 1875) darf nur ertheilt werden, wenn die sich hiefür bewerbenden Fischer sich schriftlich verpflichten, alle während dieser Zeit gefangenen weiblichen Salme den hierfür bestellten Agenten behufs Entnahme der zur künstlichen Fischzucht geeigneten Fortpflanzungselemente (Rogen und Milch) zur Verfügung zu stellen. Zur Kontrollirung der Erfüllung dieser Bedingung hat der Agent alle ihm vorgewiesenen Exemplare dadurch zu bezeichnen, dass er durch Kiemenöffnung und Schlund eine Schnur zieht und diese mit einem Plomb schliesst.

Die Stempel sollen nach Vorschrift des schweizerischen Departements des Innern angefertigt oder von demselben geliefert werden. Die zur Entnahme der Fortpflanzungselemente bestellten Agenten, sowie die für diese Stoffe bestimmte Entschädigung wird das schweizerische Departement des Innern den Kantonsregierungen für sich und zuhanden der Fischer mittheilen; den Kantonsregierungen bleibt freigestellt, unter Beachtung des Zweckes der Bestimmung solche Agenten selbst zu bescheinigen.

Das Verkaufen und Transportiren von mit diesen Kontrollzeichen nicht versehenen Salmen während dieser Zeit (11. Wintermonat bis 24. Christmonat) ist nach Art. 14 mit Busse und gegenüber dem fehlbaren Fischer mit Entziehung der Specielbewilligung zu bestrafen. Wenn der Bedarf der von den Regierungen bezeichneten Agenten gedeckt ist, haben die Fischer die überschüssigen Eier nach vorgenommener Befruchtung selbst an geeigneten Stellen des Rheins oder seiner Zuflüsse zu deponiren.

Art. 9. Das Verbot des Transports, Kaufs und Verkaufs von Fischen und Krebsen (Art. 8 und 11) während bestimmter Perioden, sowie des Fangs von Fischen, welche bestimmte Dimensionen nicht erreicht haben (Art. 6), schliesst unter gleicher Strafandrohung in sich das Verbot der Verabreichung derselben in den Wirthschaften.

[Insofern Gastwirthe oder Fischhändler beim Beginn der Schonzeiten in ihren Reservoirs noch solche Arten vorräthig haben, haben sie den Bestand derselben durch die Lokalpolizei zu konstatiren und über dessen Verwendung Auskunft zu ertheilen, wie auch diesfälligen Weisungen der Polizeibehörde nachzukommen.]

Art 10. Das Auffischen, Wegbringen und Verkaufen von Fischlaich und Fischbrut, ausgenommen zum Zwecke der Fischzucht, ist gänzlich verboten.

Den Kantonsregierungen wird empfohlen, das freie Zirkuliren zahmer Schwimmvögel während der Laichzeit der werthvollen Fischarten polizeilich zu beschränken.

Art. 11. Den Kantonen, in deren Gebiet sich grössere Seen vorfinden, wird dringend empfohlen, geeignete Uferstrecken permanent als Schonstrecken zu bezeichnen oder wenigstens geeignete Laich- und Hegeplätze zu bezeichnen und streng überwachen zu lassen. Diese Massregel wird namentlich zum Zweck der Vermehrung derjenigen Fischarten empfohlen, zu deren Schutz das Bundesgesetz keine Vorschriften enthält, wie z. B. der Aeschen, Felchen und Gangfische. Wenn solche Massregeln mit erheblichen Kosten, z. B, Expropriationen, verbunden sein würden, kann dafür ein Beitrag aus der Bundeskasse geleistet werden. Insofern Gewässer, in denen das Fischerrecht den Kantonen zusteht, in verschiedene Pachtreviere zerfallen, soll der Ablauf der Pachtverträge auf verschiedene Jahre vertheilt werden.

Konkordate zur gemeinsamen Handhabung der Fischerpolizei auf den interkantonalen Seen (nach dem Muster derjenigen über den Neuenburger- und Murtnersee) werden der Handhabung der Fischerordnung und deren Zweck sehr förderlich sein. Die Vermehrung öffentlicher Fischwagen wird durch Beschränkung des Kolportirens die Handhabung der Polizei erheblich erleichtern.

Art. 12. Zweckmässig eingerichtete Fischzuchtanstalten haben Anspruch auf Prämien oder Beiträge aus der Bundeskasse.

Auf Grundlage der Resolutionen der Delegirten der drei Konventionsstaaten, d. h. Freiburg 29. und 30. Jänner 1877, und vorbehältlich übereinstimmenden Vorgehens der andern Kontrahenten, wird der Bundesrath dafür besorgt sein, dass alljährlich mindestens 250000 junge Salme in den Rhein oder in seine Zuflüsse gesetzt werden. Ueber die hierfür einzuschlagenden Mittel und Wege wird der laut Art. 14 zu bezeichnende Experte dem Departement des Innern die geeigneten Vorschläge unterbreiten. (Bundesgesetz Art. 13.)

Art. 13. Die Kantone haben allen Polizeibeamten die Handhabung des Gesetzes vom 18. Herbstmonat 1875 und gegenwärtiger Verordnung als Amtspflicht aufzuerlegen. Für grössere zusammenhängende Fischereigebiete, namentlich die Seen, wird die Aufstellung besonderer Aufseher dringend empfohlen.

Art. 14. In Bezug auf den Untersee und Bodensee kommen die Uebereinkunft vom 25. März 1875 und die auf Grundlage derselben erlassenen Gesetze und Verordnungen ohne Einschränkung zur Anwendung; über Bezeichnung von Schonstrecken, Laich- und Hegeplätzen werden die Uferstaaten durch hierfür bezeichnete Kommissäre das Erforderliche gemeinsam anordnen.

Hinsichtlich des Bodensees wird der Abschluss einer besonderen Vereinbarung mit den sämmtlichen Uferstaaten vorbehalten.

Art. 15. Ueber die Vollziehung des Bundesgesetzes und gegenwärtiger Verordnung werden die Kantonsregierungen dem schweizerischen Departement des Innern alljährlich Bericht erstatten.

Bern, den 18. Mai 1877.

Im Namen des schweiz. Bundesraths.

Vollziehungsverordnung zum Artikel 12 des Bundesgesetzes über die Fischerei, betreffend Verunreinigung der Gewässer zum Nachtheil der Fischerei.

(Vom 13. Juli 1886.)

Der schweizerische Bundesrath, in Betracht der Nothwendigkeit, das in den ersten zwei Absätzen des Art. 12 des Bundesgesetzes über die Fischerei vom 18. Herbstmonat 1875 enthaltene Verbot näher festzusetzen und den Kantonen eine Grundlage für die Ausübung derjenigen Kompetenz zu bieten, welche ihnen im dritten Absatz des genannten Artikels vorbehalten ist; auf den Antrag seines Handels- und Landwirthschaftsdepartements, beschliesst:

Art. 1. Es ist verboten, Fischgewässer zu verunreinigen oder zu überhitzen: a) Durch feste Abgänge aus Fabriken und Gewerken. Bei Flüssen, welche bei mittlerem Wasserstand 80 m und darüber breit sind, dürfen solche Stoffe nur in einer Entfernung von 30 m vom Ufer abgelagert und eingeworfen werden. b) Durch Flüssigkeiten, welche mehr als 10 $^0/_0$ suspendirte oder gelöste Substanzen enthalten. c) Durch nachbenannte Flüssigkeiten, in welchen die Substanzen in einem stärkeren Verhältnis als 1 : 1000, in Flussläufen von wenigstens der in a bezeichneten Breite in einem stärkeren Verhältniss als 1 : 200 enthalten sind: Säuren, Salze schwerer Metalle, alkalische Substanzen, Arsen, Schwefelwasserstoff, Schwefelmetalle, schweflige Säure. Die zulässigen Quantitäten derjenigen Verbindungen, welche bei ihrer Zersetzung Schwefelwasserstoff, bezw. schweflige Säure liefern, sind in dem für letztere angegebenen Verhältniss von 1 : 1000, bezw. 1 : 200 entsprechend zu berechnen. Wo immer thunlich, sind die hier angeführten Flüssigkeiten durch Röhren oder Kanäle abzuleiten, die bis in den Strom des eigentlichen Wasserlaufes reichen und unter dem Niederwasser ausmünden, jedenfalls aber so zu legen sind, dass eine Verunreinigung der Ufer ausgeschlossen ist. d) Durch Abwasser aus Fabriken und Gewerken, Ortschaften etc., welche feste, fäulnissfähige und bereits in Fäulniss übergegangene Substanzen von obiger Koncentration enthalten, sofern dieselben vorher nicht durch Sand- oder Bodenfiltration gereinigt worden sind. Die Einleitung solcher Substanzen unter obigem Maasse der Koncentration hat so zu geschehen, dass keine Ablagerung im Wasserlauf stattfinden kann. Ferner sollten diese Flüssigkeiten, wo immer thunlich, in der unter c Absatz 3, angegebenen Weise abgeleitet werden. e) Durch freies Chlor oder chlorhaltige Wasser oder Abgänge der Gasanstalten oder Theerdestillationen, ferner durch Rohpetroleum oder Produkte der Petroleumdestillation. f) Durch Dämpfe oder Flüssigkeiten in dem Maasse, dass das Wasser die Temperatur von 25° C. erreicht.

Art. 2. Der Grad der Koncentration ist bei den unter Art. 1b angegebenen Flüssigkeiten 2 m, bei den unter c, d und e, und ferner mit Bezug auf Erhitzung bei den unter f aufgeführten 1 m unterhalb ihrer Einlaufsstelle in öffentliche Gewässer zu kontrolliren.

Art. 3. Ueber Anwendung gegenwärtiger Verordnung auf Fabrikkanäle, welche mit öffentlichen Fischgewässern in Verbindung stehen, beschliesst die zuständige kantonale Behörde, unter Vorbehalt der Genehmigung des eidgenössischen Handels- und Landwirthschaftsdepartements. Grundsätzlich sind diejenigen Kanäle, welche flussaufwärts keine Verbindung mit öffentlichen Fischgewässern besitzen, bis zu derjenigen Grenze flussabwärts, welche in jedem einzelnen Falle die kompetente Behörde bezeichnen wird, den Bestimmungen gegenwärtiger Verordnung nicht unterstellt. Die Erstellung neuer Fabrikkanäle ist mit Bezug auf die Bestimmungen gegenwärtiger Verordnung der Prüfung der zuständigen Behörde unterworfen. In jedem einzelnen zu behandelnden Falle sind die Rechte der Fischerei in den betreffenden Fabrikkanälen in Berücksichtigung zu ziehen. Betreffend die Ableitung aus landwirthschaftlichen und gewerblichen Anlagen, welche am 1. März 1876 (Datum des Inkrafttretens des Bundesgesetzes über die Fischerei) bereits bestanden, bleiben den Kantonsregierungen und dem Bundesrath diejenigen Kompetenzen gewahrt, welche ihnen nach dem dritten Absatz des Art. 12 zustehen. Bezüglich aller Ableitungen spätern Datums setzen die Kantonsregierungen, unter Vorbehalt der Genehmigung des eidgenössischen Handels- und Landwirthschafts-Departements, das Nöthige fest.

Bern, den 13. Juli 1886.

Im Namen des schweiz. Bundesraths.

Eine ganz gleiche oder ähnliche Vollziehungsverordnung hat der Kanton Luzern erlassen.

3. *Frankreich.*

In Frankreich sind die gesetzlichen Bestimmungen zur Verhütung von Fluss-Verunreinigungen ziemlich alt und durchaus unzulänglich. Dies ist auch von der französischen Regierung anerkannt und hat dieselbe schon seit einiger Zeit ein neues Gesetz, betreffend die Oberaufsicht und Ueberwachung aller Gewässer vorbereitet, welches jedoch bis jetzt noch nicht von den gesetzgebenden Körperschaften angenommen worden ist

Bis jetzt sind die folgenden Bestimmungen in Kraft:

1. Einige wenige Verfügungen des Staatsrathes, welche vor dem Jahr 1789 erlassen worden sind;
2. Die Gesetze vom 22. December 1789 und vom 12. und 20. August 1790;
3. Die Erlasse vom 15. Oktober 1810, 3. April 1880, betreffend ungesunde, gefährliche und schädliche Fabrikationszweige;
4. Der 25. Artikel des Gesetzes vom 15. April 1829, betreffend die Rechte des Fischens in Flüssen. Dieser verbietet das Werfen von Stoffen in die Flüsse, welche die Fische entweder betäuben oder tödten können, und
5. Die Erlasse, welche die Präfekten eines jeden Departements jährlich auf Grund des oben erwähnten Artikels des Gesetzes von 1829 und des Artikels 19 des allgemeinen Erlasses vom 10. August 1875 veröffentlichen, um hierdurch die Massregeln zu bestimmen, welche beim Einführen der festen und flüssigen Abgänge von Fabriken in die Flüsse zu beobachten sind.

Uebertretungen der Erlasse, welche die Präfekten auf Grund der Gesetze von 1789 und 1790 veröffentlichen, werden im ersten Fall einfach nur mit Geld bis zu 5 Franken und im zweiten Fall mit Gefängniss bis zu höchstens 3 Tagen bestraft, wie dies in den Artikeln 471 und 474 des Strafgesetzbuches niedergelegt ist; Artikel 463 desselben ermächtigt jedoch die Gerichtshöfe, eine Geldstrafe anstatt der Gefängnissstrafe zu verhängen, wenn mildernde Umstände hinzutreten, und thatsächlich wird die letztere nur ausnahmsweise angewendet. Dagegen können diejenigen, welche gegen Artikel 25 des Gesetzes vom 15. April 1829 Chemikalien oder sonstige Stoffe in die Flüsse werfen, welche möglicherweise die Fische betäuben und tödten können, mit Geld von 30 bis zu 300 Franken oder mit Gefängniss von 1 bis zu 3 Monaten bestraft werden. Es ist jedoch Thatsache, dass die Uebertreter des Gesetzes für die Erhaltung der Fische nur dann von dem Appellgericht bestraft werden, wenn sie eine derartige Vernichtung absichtlich vorgenommen haben.

Bei der gerichtlichen Untersuchung handelt es sich daher nicht so sehr um die Uebertretung selbst, als um die strafbare Absicht, und diese muss vorhanden sein, ehe die Uebertretung als strafbar angesehen wird. Diese Absicht zu beweisen ist häufig sehr schwierig, und thatsächlich sind die Gerichtshöfe meist nachsichtig; sie ziehen häufig Artikel 72 des Gesetzes von 1829 an, welcher, mildernde Umstände zulassend, ihnen gestattet, Gefängniss in eine Geldstrafe von nicht weniger als 16 Franken zu verwandeln und einzeln die eine oder die andere Strafe zu verhängen. Kurz gefasst, die strafbare Absicht ist meist Illusion und die im Gesetz niedergelegten Strafen werden nicht angewendet.

Der Erlass vom 15. Oktober 1810, der sich auf ungesunde, gefährliche und schädliche Fabrikationszweige bezieht und der vom 3. Mai 1866, welcher den gleichen Gegenstand behandelt, gestattet das sofortige Schliessen von Fabriken, welche die vorgeschriebenen Bestimmungen überschritten haben. Da dies aber eine sehr gründliche Massregel ist, welche zu gleicher Zeit die arbeitenden Klassen wie die Industrie berührt, so wird sie nur selten angewendet.

4. Belgien.

Die gesetzlichen Bestimmungen betreffend die Verunreinigung der nicht schiffbaren Ströme sind in dem Gesetz vom 7. Mai 1877 niedergelegt. Nach demselben liegt die Ueberwachung aller dieser Wasserläufe in den Händen des ständigen Ausschusses der verschiedenen Provinzial-Räthe, und § 5 des Artikel 27 dieses Gesetzes verbietet das Werfen von schädlichen Stoffen in diese Gewässer. Uebertreter können entweder mit Gefängniss bis zu 7 Tagen oder mit Geld bis zu 25 Franken bestraft werden.

Das Gesetz hat sich jedoch als nicht ausreichend herausgestellt, da es einmal äusserst schwierig ist, diese Gewässer und die an ihnen liegenden Fabriken beständig zu überwachen, und da zweitens die verhängbaren Strafen zu leicht sind.

Die Ueberwachung der schiffbaren Ströme liegt in den Händen der Abtheilung für Brücken und Wege des Ministeriums für Landwirthschaft, Handel und öffentliche Bauten. § 3 des Artikel 91 der Allgemeinen Bestimmungen für die Schiffahrt und Polizei vom 1. Mai 1889 verbietet das Werfen, Abführen, Ablagern und Ablassen in schiffbare Flüsse und deren Nebenflüsse von Stoffen, welche den Stromweg verengen, die Schiffahrt beeinträchtigen oder den ruhigen Abfluss des Wassers verhindern. Uebertreter können entweder mit Geld bis zu Fr. 180 oder mit Gefängniss bis zu 14 Tagen bestraft werden.

5. England.

In England ist die gesetzliche Regelung der Flussverunreinigung von jeher um so dringlicher empfunden, als es eine ausgedehnte Industrie, aber nur kurze und kleine Stromläufe mit geringer Stromgeschwindigkeit besitzt.

Im Jahre 1866 ernannte die Regierung, durch die öffentliche Meinung dazu gedrängt, die erste „Rivers Pollution Commission", welche sich eingehend mit den Verunreinigungen der Themse, des Lee und des Aire und Calder in Yorkshire beschäftigte und drei Berichte herausgab.

Um diese Untersuchungen auch noch auf weitere Flussläufe auszudehnen, ernannte die Regierung im Jahre 1868 die zweite „Rivers Pollution Commission", welche 6 Jahre tagte und 6 Berichte verfasste, die zur Zeit ihres Erscheinens als mustergiltig angesehen wurden und auch heute noch vielfach citirt werden. Ihr erster und zweiter Bericht sind auch ins Deutsche durch O. Reich in „Reinigung und Entwässerung Berlins" übersetzt worden.

Diese Kommission schlug in ihrem ersten und dritten Bericht folgende Vorschriften zur Begutachtung der in die Flussläufe abgehenden Abwässer vor, welche jedoch mit Rücksicht auf die Schwierigkeit ihrer praktischen Durchführung vom Parlament nie angenommen und von der Königin nie zum Gesetz erhoben worden sind.

„Folgende Flüssigkeiten sind als verunreinigend anzusehen und dürfen nicht in die Wasserläufe eingelassen werden:

a) Jede Flüssigkeit, welche im Liter mehr als 30 mg suspendirte trockene anorganische oder 10 mg suspendirte trockene organische Stoffe enthält;

b) Jede Flüssigkeit, welche im Liter mehr als 20 mg organischen Kohlenstoff oder 3 mg organischen Stickstoff in Lösung enthält;

c) Jede Flüssigkeit, welche bei Tageslicht unzweideutig eine Farbe zeigt, wenn sie in eine Schicht von 35 mm Tiefe in ein Porcellangefäss gebracht wird;
d) Jede Flüssigkeit, welche mehr als 20 mg eines Metalles mit Ausschluss von Kalium, Natrium, Calcium und Magnesium in Lösung enthält;
e) Jede Flüssigkeit, welche im Liter, gleichviel ob gelöst oder suspendirt, mehr als 0,5 mg metallisches Arsen als solches oder in irgend einer Verbindung enthält;
f) Jede Flüssigkeit, welche nach ihrer Ansäuerung mit Schwefelsäure im Liter mehr als 10 mg freies Chlor enthält;
g) Jede Flüssigkeit, welche im Liter mehr als 10 mg Schwefel in Form von Schwefelwasserstoff oder als lösliches Sulfid enthält;
h) Jede Flüssigkeit, welche im Liter mehr Säure enthält, als 2 g Chlorwasserstoffsäure entsprechen;
i) Jede Flüssigkeit, welche im Liter mehr Alkali enthält, als 1 g Aetznatron entsprechen."

Gesetzliche Verfügungen.

Auf Grund der von diesen beiden Kommissionen vorgeschlagenen Massregeln entschloss sich die Regierung, eine Gesetzes-Vorlage zur Verhütung von Flussverunreinigungen dem Parlament vorzulegen, welche nach mannigfachen Abänderungen am 15. August 1876 die Genehmigung der Königin erhielt und seit diesem Tag als „Rivers Pollution Preventino Act of 1876" in Kraft ist. Dieselbe hat nach der sinngetreuen Uebersetzung des Gewerberath D. G. Wolff in Düsseldorf[1]) folgenden Wortlaut:

Datum: 15. August 1876.

Da es zweckmässig ist, weitere Vorkehrungen zu treffen, um eine Verunreinigung der Flüsse und im besonderen auch die Entstehung neuer Verunreinigungs-Quellen zu verhüten, wird hiermit ...... bestimmt wie folgt:

1. Dieses Gesetz wird bezeichnet als The Rivers Pollution Prevention Act. 1876.

I. Recht betreffs der festen Stoffe.

2. Wer absichtlich oder wissentlich festen Abfall einer Fabrik, eines gewerblichen Verfahrens oder eines Steinbruches, oder Kehricht oder Asche oder irgend anderen Abfall oder irgend welche faulige, feste Materie in einen Strom gelangen lässt, so dass durch die Einzelhandlung oder durch deren Zusammentreffen mit ähnlichen Handlungen derselben oder einer anderen Person der ordentliche Lauf des Stromes (Vorfluth) beeinträchtigt oder sein Wasser verunreinigt wird, soll als Uebertreter beurtheilt werden.

Bei den Ermittelungen darf der Beweis wiederholter Handlungen, welche zusammen den bezeichneten Erfolg haben, wenn auch jede Einzelhandlung für sich dazu nicht genügend sein mag, erbracht werden.

II. Recht betreffs der Verunreinigungen durch Abgänge der Hof-, Stall- und Hauswirthschaft (Sewage).

3. Wer absichtlich oder wissentlich festen oder flüssigen Abgangstoff der Hof-, Stall- und Hauswirthschaft (Sewage) in einen Strom gelangen lässt, wird als Uebertreter beurtheilt.

Einlässe in Ströme mittelst dazu bestimmter, schon bestehender oder (am 15. Aug. 1876) in der Errichtung begriffener Abfuhrkanäle (Siele) gelten nicht als ungesetzlich, wenn dem Gerichte nachgewiesen wird, dass die besten thunlichen und benutzbaren Mittel zur Unschädlichmachung der Abfallmassen im Gebrauche sind.

---

[1]) Eulenberg's Vierteljahrsschr. für gerichtl. Med. etc. N. F., **49**, 1 u. 2.

Die Aufsichtsbehörde (Centralbehörde, Local Government Board, in Schottland der Minister) kann im Bedürfnissfalle nach örtlicher Untersuchung den Gesundheitsbehörden, welche Einlässe mittelst Sielen des genannten Alters in Ströme betreiben oder dulden, zur Erfüllung der bezeichneten Bedingung (und unter Umständen wiederholt) eine Frist bewilligen.

Personen, welche mit Bewilligung der Gesundheitsbehörde ihre Abgangskanäle an kontrollirte Siele angeschlossen haben, gelten nicht als Uebertreter.[1]

III. Recht betreffs der Verunreinigungen durch gewerbliche und Grubenbetriebe.

4. Wer absichtlich oder wissentlich giftige, schädliche oder verunreinigende Flüssigkeit, welche aus einer Fabrik oder aus einem gewerblichen Verfahren herrührt, in einen Strom einlässt, wird als Uebertreter beurtheilt.

Einlässe in Ströme mittelst dazu bestimmter, bestehender oder erneuter oder (am 15. August 1876) in der Errichtung begriffener Kanäle gelten nicht als ungesetzlich, wenn dem Gerichte nachgewiesen wird, dass die besten thunlichen und verständigerweise benutzbaren Mittel zur Unschädlichmachung der giftigen, schädlichen oder verunreinigenden Stoffe im Gebrauche sind.

5. Wer absichtlich oder wissentlich feste Stoffe aus einer Grube in Mengen, welche voraussichtlich den ordentlichen Lauf des Stromes (Vorfluth) beeinträchtigen können, oder giftige, schädliche oder verunreinigende feste oder flüssige Stoffe aus Gruben — mit Ausnahme des natürlichen Grubenwassers — in einen Strom einlässt, wird als Uebertreter beurtheilt, es sei denn, dass er bezüglich der giftigen etc. Stoffe dem Gerichte nachweist, dass die zur Unschädlichmachung der giftigen, schädlichen und verunreinigenden Stoffe besten thunlichen und verständigerweise benutzbaren Mittel im Gebrauche sind.

6. So lange das Parlament nichts Anderes bestimmt, dürfen nur die Gesundheitsbehörden, und diese nur mit Bewilligung der Aufsichtsbehörde, das gerichtliche Verfahren gegen Bestimmungen in III. dieses Gesetzes herbeiführen; jedoch kann eine durch angebliche Gesetzes-Uebertretung belästigte Person, wenn die Gesundheitsbehörde deren Aufforderung zur Einleitung des Gerichtsverfahrens ablehnt, Beschwerde bei der Aufsichtsbehörde erheben, und diese nach Erforschung der Sachlage darüber, ob die Gesundheitsbehörde das Verfahren durchführen soll oder nicht; die Aufsichtsbehörde muss dabei sowohl die gewerblichen Interessen, wie die Umstände und Bedürfnisse der Oertlichkeit berücksichtigen.

Die Aufsichtsbehörde darf die Gesundheitsbehörde eines Bezirks, welcher Sitz einer Fabrikindustrie ist, zur Aufnahme eines Gerichtsverfahrens nicht ermächtigen, wenn sie nicht nach ausreichender Untersuchung die Ueberzeugung erlangt hat, dass Mittel zur Unschädlichmachung der giftigen, schädlichen und verunreinigenden Flüssigkeiten, welche aus den Fabrikationsprocessen hervorgehen, unter allen Umständen des Falles verständigerweise thunlich und benutzbar sind, und dass durch das Gerichtsverfahren den Interessen der Industrie kein wesentlicher Nachtheil zugefügt wird.

Derjenige, gegen welchen auf Grund von III. in einem solchen Bezirk das Gericht angerufen werden soll, darf, ungeachtet der dazu ertheilten Genehmigung der Aufsichtsbehörde, dagegen Einrede erheben, und die Gesundheitsbehörde muss, wenn er den Einspruch schriftlich vorbringt, ihm Gelegenheit geben, denselben bezüglich seiner eigenen Fabrik und Fabrikationsprocesse persönlich, durch Vertreter oder Zeugen zu begründen; nach Erforschung der Sachlage soll die Behörde unter Einhaltung der für das Urtheil der Aufsichtsbehörde massgebenden Rücksichten darüber Entscheidung treffen, ob das Verfahren zu eröffnen ist oder nicht; und wo eine solche Gesundheitsbehörde das Ge-Gerichtsverfahren eingeleitet hat, sind andere Gesundheitsbehörden zur Einleitung des Gerichtsverfahrens nicht eher befugt, als bis sich ergiebt, dass die Partei, gegen welche dasselbe beabsichtigt ist, es versäumt, die von irgend einem nach diesem Gesetz zuständigen Gericht getroffenen Anordnungen in einer angemessenen Frist auszuführen.

IV. Die Handhabung des Rechts.

7. Jede Gesundheits- (oder örtliche) Behörde, welche Siele zu beaufsichtigen hat, muss den Gewerbetreibenden ihres Bezirks die Einlassung der aus ihren Fabriken und Fabrikationsprocessen stammenden Flüssigkeiten in die Siele zu erleichtern suchen.

Indess soll keineswegs die Behörde gebunden sein, Flüssigkeiten in die Siele einzulassen, wenn vorauszusehen ist, dass dieselben die Siele oder den Verkauf oder die sonstige Verwendbarkeit des Sielinhalts beeinträchtigen, wegen ihrer Temperatur oder aus sonstigen Ursachen gesundheitlich schädlich wirken würden, oder wenn der Kanal nur für die sonstigen Bedürfnisse des Bezirks ausreicht, oder wenn die Genehmigung der Behörde gerichtliche Anordnungen über den Sielinhalt beeinträchtigen würde.

8. Jede Gesundheitsbehörde ist ermächtigt, unter Beachtung der Vorbehalte dieses Gesetzes die Bestimmungen desselben in Bezug auf jeden in ihrem Bezirk belegenen oder an demselben vorüberfliessenden Strom zu erzwingen und dieserhalb das Gerichtsverfahren wegen irgend einer innerhalb oder ausserhalb des Bezirkes geschehenen Gesetzesübertretung gegen andere Gesundheitsbehörden wie gegen Personen zu veranlassen. Die Ausgaben, welche die Gesundheitsbehörden in Ausführung des Gesetzes machen, werden gleich jenen, welche durch die Ausführung des Public Health Act entstehen, beglichen.

Die Anrufung der Gerichte ist unter den Vorbehalten des Gesetzes auch solchen Personen gestattet, welche sich durch eine Verletzung der Bestimmungen des Gesetzes beschwert fühlen.

9. Dem Lee Conservancy Board stehen in Hinsicht dieses Gesetzes gleiche Befugnisse wie den Gesundheitsbehörden zu.

10. Das Provinzialgericht (county court) kann, wenn innerhalb seines Zuständigkeitsbezirkes das Gesetz übertreten wird, mittelst einer „Br. m. Verfügung" jede Person auffordern, die Uebertretung zu unterlassen, und wenn sie sich als mangelhafte Pflichterfüllung darstellt, die Erfüllung der Pflicht — auch in bestimmt bezeichneter Weise — verlangen; es kann in jeder Verfügung Bestimmung treffen über die Zeit und die Art, in welcher die Vorschriften zu erledigen sind; es kann frühere Anordnungen und Bedingungen zeitweise oder gänzlich aufheben, und überhaupt jede Anordnung, die es für angebracht hält, zur Durchführung seiner Verfügungen treffen. Es kann auch, wenn nöthig, vorher Gutachten von Sachverständigen (skilled parties) über die „besten, thunlichen und benutzbaren Mittel" und über die Art und Kosten der erforderlichen Einrichtungen und Apparate einziehen, wobei die Sachverständigen in jedem Falle die Vernunftmässigkeit der durch die Vorschläge bedingten Ausgaben in Betracht ziehen müssen.

Wer solchen Verfügungen des Gerichts nicht nachkommt, muss an die Beschwerdeführer oder an die vom Gericht Bezeichneten eine Summe zahlen, welche das Gericht bemisst und welche für jeden Tag der Zuwiderhandlung 50 Lstr. betragen darf; Strafzahlungen dieser Art werden in gleicher Weise wie abgeurtheilte Schuldzahlungen erzwungen. Daneben kann das Gericht, wenn trotzdem seiner Verfügung innerhalb der auf höchstens 1 Monat zu bemessenden Frist nicht entsprochen wird, bestimmte Personen mit der Durchführung seiner Anordnungen beauftragen und dem Widersetzlichen alle dabei entstehenden Kosten zur Last legen.

11. Jede Partei kann gegen die Gerichtsverfügungen beim obersten Gerichtshof Beschwerde erheben. Die Beschwerde muss als Special-Rechtsfall unter Zustimmung beider Parteien, und wenn diese nicht erreichbar, unter Zustimmung des rechtsverständigen Richters des Provinzialgerichts vorgebracht werden. Das Beschwerdegericht darf aus den vorgebrachten Thatsachen Folgerungen ziehen in gleicher Weise, wie ein Schwurgericht aus Zeugenaussagen. Abgesehen von den besonderen Bestimmungen in IV gelten für die Rechtshandhabung erster und letzter Instanz die gewöhnlichen Bestimmungen.

12. Die Bescheinigung eines für die Zwecke dieses Gesetzes von der Aufsichtsbehörde angestellten Inspektors von gehöriger Befähigung, wonach die im Gebrauche

befindlichen Mittel zur Unschädlichmachung der in einen Strom gelangenden Hof-, Stall- und Hauswirthschaftsabfälle (Sewage matter) oder giftigen, schädlichen oder verunreinigenden festen oder flüssigen Stoffe unter den Umständen des besonderen Falles die besten oder allein thunlichen und benutzbaren sind, soll in allen Gerichten und Gerichtsverhandlungen entscheidender Beweis für die Thatsachen sein. Die Bescheinigung soll nur für eine darin bezeichnete und die Dauer von 2 Jahren nicht überschreitende Frist Geltung besitzen, und darf nach Ablauf derselben für eine gleiche oder kürzere Dauer erneuert werden.

Die zwecks Beschaffung einer solchen Bescheinigung entstehenden Kosten trägt derjenige, welcher sie beantragt.

Wer sich durch die Verweigerung einer solchen Bescheinigung oder durch deren Inhalt beschwert fühlt, kann Beschwerde bei der Aufsichtsbehörde anbringen. Diese entscheidet endgültig über solche Beschwerden und über die Vertheilung der durch die Beschwerde entstandenen Kosten.

13. Innerhalb 12 Monate nach Erlass dieses Gesetzes ist eine Anrufung der Gerichte gegen Uebertreter der Bestimmungen in II und III nicht statthaft; ebensowenig ist es erlaubt, auf Grund des Gesetzes ein Gerichtsverfahren zu veranlassen, wenn nicht 2 Monate vorher demjenigen, gegen den es gerichtet werden soll, die Absicht schriftlich eröffnet worden ist, — oder die Gerichte anzurufen wegen einer Uebertretung, während ein anderes Gerichtsverfahren, welches mit der Uebertretung in Beziehung steht, noch schwebt.

14. Die Aufsichtsbehörde stellt die bei ihren Untersuchungen entstandenen Kosten fest und verfügt deren Vertheilung auf die Parteien; diese sowie die auf Grund der No. 12 erlassene Verfügung haben die Wirkung einer Verfügung des obersten Gerichtshofes.

15. Die Inspektoren der Aufsichtsbehörde besitzen bei den im Auftrage der letzteren vorgenommenen Untersuchungen bezüglich der Zeugen und deren Vernehmung, der Vorlage von Urkunden, Schriften und Rechnungen, der Besichtigung und Untersuchung von Oertlichkeiten und Dingen, welche zu inspiciren sind, dieselbe Machtvollkommenheit, wie die für die Zwecke der Public Health Act ernannten Inspektoren derselben Behörden.

16. Durch die Vollmachten, welche dieses Gesetz ertheilt, soll anderen Vollmachten oder Rechten, welche bestehen oder an bestimmte Personen durch Parlamentsgesetze, geschriebenes Recht oder Herkommen verliehen sind, nicht vorgegriffen werden; sie können vielmehr weiter geübt werden, als ob dieses Gesetz nicht bestände. Und nichts in diesem Gesetze soll dazu dienen, Handlungen oder Mängel zu legalisiren, welche ohne dieses Gesetz als Unfug oder Gesetzeswidrigkeiten zu beurtheilen wären. Wo aber solche „andere Vollmachten und Rechte" gegen eine Person durchgesetzt werden sollen, muss das Gericht, bei welchem die Verhandlung liegt, trotzdem eine der verklagten Person ertheilte Bescheinigung (No. 12) in Betracht ziehen.

17. Das Gesetz soll dem gesetzmässigen Gebrauch von Rechten zum Aufstau oder Ableiten von Wasser nicht im Wege stehen.

18. Die Thames Conservancy Acts, Lee Conservancy Act und deren Ergänzungen sowie die Rechte des Metropolitan Board of Works, dessen Sielauslässe und Werke werden vom Gesetz nicht beeinträchtigt.

19. Oertliche und Gesundheitsbehörden, welche auf Grund eines Gesetzes Abgänge der Hof-, Stall- und Hauswirthschaft (Sewage) in die See oder in Fluthwasser gelangen lassen, begehen bei Ausführung jenes Gesetzes keine Uebertretung dieses Gesetzes.

20. In diesem Gesetze haben die folgenden Worte folgende Bedeutung:

„Person" = Einzelpersonen, Vereinigungen von Personen und Korporationen.

„Strom" = die See in dem Umfang und die Fluthgewässer bis zu dem Punkt, wie die Aufsichtsbehörde nach örtlicher Untersuchung und aus sanitären Gründen es bestimmt und in der London Gazette veröffentlicht. Ausserdem Flüsse, Ströme, Kanäle, Binnenseen und Wasserläufe, letztere, wenn sie nicht beim Erlass dieses Gesetzes hauptsächlich als Siele benutzt wurden und direkt in die See münden oder Fluthgewässer sind, welche noch nicht in der bezeichneten Weise als „Ströme“ bezeichnet wurden.

„Feste Stoffe“ = der Ausdruck schliesst nicht die Schwebetheilchen im Wasser ein.

„Verunreinigung“ = der Ausdruck schliesst unschädliche Entfärbung nicht ein.

„Gesundheitsbehörde“ = bedeutet in England die Behörden, welche auf Grund der Nuisances Removal for England Act bestehen, im übrigen England die städtischen und ländlichen Gesundheitsbehörden (Publ. Health Act 1876).

V (21) und VI (22)

beziehen sich auf die Anwendung des Gesetzes in Schottland und Irland, sind aber unwesentlich, weil am Gesetz und dessen Ausführung dadurch nichts verändert, sondern nur angegeben wird, welche schottischen und irischen Behörden an Stelle der im Texte bezeichneten englischen Behörden fungiren sollen.

Da jedoch ein Gerichtsverfahren gegen Uebertreter der in diesem Gesetz enthaltenen Bestimmungen ein sehr umständliches und kostspieliges ist und bis zum Jahr 1888 die hier in Frage kommenden öffentlichen Behörden zum Theil selbst schuld an der Verunreinigung der Wasserläufe waren, oder weil die Interessenten nicht die nöthigen Geldmittel zum Verklagen besassen, so wurde dasselbe verhältnissmässig nur selten in Bewegung gesetzt. Seit dem genannten Jahre jedoch sind durch die „Local Government Act of 1888“ die Grafschaftsräthe (county councils) ins Leben gerufen worden, deren Aufgabe unter anderem es ist, für die Reinhaltung der Flussläufe zu sorgen, und da denselben die Steuerkraft der ganzen Grafschaft zur Verfügung steht, so sind bedeutende Fortschritte auf dem Gebiete der Verhütung der Flussverunreinigungen von diesem Zeitpunkt ab zu verzeichnen.

Namentlich rege ist die Thätigkeit dieser Behörden in Lancashire und Yorkshire, wo sie ein besonderes Personal und Fluss-Inspektoren ernannt haben, welche jede Verunreinigung sofort zur Meldung bringen und, wenn nichts anderes übrig bleibt, die Uebertreter vor Gericht verklagen.

Um den oben angedeuteten Uebelständen abzuhelfen, sind auch wiederholt — z. B. im Jahre 1886 — Vorschläge gemacht worden, das Gesetz von 1876 durch ein neues mit einfacherem Gerichtsverfahren zu ersetzen, doch sind dieselben bis jetzt alle gescheitert und ist nur im Jahre 1893 ein weiteres kurzes Gesetz von 2 Paragraphen als Ergänzung des 1876er Gesetzes genehmigt, wodurch das letztere mit Rücksicht auf die in II—3 enthaltenen Bestimmungen verschärft wird.

Für die Industrie-Abwässer gelten noch einige besondere Bestimmungen.

Nach den Berichten der „Rivers Pollution Commission“ waren es gerade die industriellen Abwässer, welche sehr häufig zur Verunreinigung der Flüsse Anlass gaben, und um diesen Uebelstand auf der einen Seite zu beseitigen, auf der anderen Seite aber dadurch die Industrie nicht zu schädigen und den Betrieb zu erschweren, wurde im Gesetz von 1876 festgestellt, dass die Gesundheitsbehörden den Fabrikanten die Einleitung ihrer Abwässer in die Siele erleichtern sollten, vorausgesetzt, dass folgende Bedingungen erfüllt wären, welche kürzlich noch durch die „Public Health Acts Amendment Act 1890“ erweitert worden sind:

1. Die Abwässer dürfen keine Gegenstände enthalten, welche den freien Abfluss der Jauche und des Regenwassers in den Sielen verhindern können;
2. Die Abwässer dürfen keinen nachtheiligen Einfluss auf die Siele ausüben;
3. Die Abwässer dürfen keinen nachtheiligen Einfluss auf die Spüljauche ausüben;
4. Die Abwässer dürfen die Berieselung von Ländereien mit Spüljauche nicht unmöglich machen;
5. Die Abwässer dürfen auch „anderweitig“ keinen nachtheiligen Einfluss auf die Spüljauche ausüben;

6. Die Abwässer dürfen durch ihre Temperatur oder anderweitig keinen nachtheiligen Einfluss auf die Gesundheit ausüben;
7. Die Siele müssen gross genug sein, diese Abwässer aufnehmen zu können; und
8. Die Einlassung dieser Abwässer darf, gerichtliche Verfügungen betreffend, die Spüljauche einer Behörde nicht beeinträchtigen.

Was die Handhabung dieser Regeln betrifft, so kann man im allgemeinen sagen, dass da, wo die Reinigung der Spüljauche keine Schwierigkeiten bereitet, die Industrie-Abwässer direkt in die öffentlichen Siele gehen, dass jedoch da, wo dergleichen Schwierigkeiten vorhanden sind, die Behörden auf einer vorherigen Reinigung — entweder theilweise oder ganz — bestehen.

Auf die Reinhaltung der Flussläufe hat die Einleitung der Fabrikwässer in die öffentlichen Siele durchaus günstig gewirkt.

6. *Russland.*

Die gesetzlichen Bestimmungen zur Verhütung von Flussverunreinigungen in Russland sind in verschiedenen Gesetzbüchern niedergelegt, doch werden dieselben leider nur in sehr beschränktem Umfange beobachtet.

Einige derselben lauten wie folgt:

Gesetzbuch für Medicinal-Polizei.

§ 867. Die Polizei-Behörden in Städten und Dörfern müssen darauf achten, dass Flüsse und Brunnen nicht zugefüllt werden. Brunnen sind in reinem Zustand zu erhalten, sie dürfen nicht vollgeworfen werden und müssen immer eingefriedigt sein.

§ 871. In Flüssen, Kanälen, Quellen und Brunnen in Städten und Dörfern, welche zur Trinkwasserversorgung der Bevölkerung benutzt werden, sowie in Seen, in denen Fische gefangen werden, darf Hanf oder Flachs nicht faulen, sondern es müssen zu diesem Zweck besondere Gruben vorhanden sein, welche mit Wasser zu füllen sind. Im allgemeinen ist es verboten, Wasser auf irgend welche Weise zu verunreinigen und Stoffe in dasselbe zu werfen, welche giftig, heftig wirkend oder schädlich sind, wenn auch dadurch eine Schädigung der öffentlichen Gesundheit nicht beabsichtigt ist.

Gesetzbuch für Bau-Polizei.

§ 407. Zur Errichtung von Fabriken und Werken in Städten muss die Erlaubniss in Gemässheit der im Gesetzbuch für die Industrie niedergelegten Bestimmungen eingeholt werden.

§ 408. Die Erbauung von Fabriken und Werken, welche auf die Luft in den Städten und oberhalb derselben einen schädlichen Einfluss ausüben, darf nicht gestattet werden auf den Ufern von Flüssen und Wasserläufen. Wo solche bereits bestehen, sind Berichte hierüber an den Minister des Innern zu erstatten, denen eine besondere Werthschätzung und eine Beschreibung des Fabrikationsprocesses beizulegen ist. Zur Verlegung derartiger Fabriken und Werke müssen die Provinzial-Behörden den Grund und Boden unentgeltlich liefern unter der Bedingung jedoch, dass keine ähnlichen Fabriken an anderen Stellen als den zur Disposition gestellten errichtet werden.

Gesetzbuch für die Industrie.

§ 48. Die Ueberwachung aller für Fabriken und Werke erlassenen Verfügungen liegt in den Händen der Provinzial-Behörden, und diese werden hierin durch die Provinzial-Industrie-Ausschüsse, Fabrik-Inspektoren, Polizei u. s. w. unterstützt.

§ 49. Die Provinzial-Industrie-Ausschüsse bestehen unter dem Vorsitz des Gouverneurs aus dem Vice-Gouverneur, dem Staatsanwalt des Provinzial-Gerichtes oder seinem Vertreter, dem Provinzial-Inspektor der Fabriken oder seinem Vertreter, dem Vorsitzenden des provinzialen Landes-Ausschusses oder einem seiner erwählten Mitglieder, dem Bürgermeister einer Stadt oder einem auserlesenen Mitglied des Stadtrathes.

Strafgesetzbuch.

§ 863. Wer eine Fabrik an einem Fluss oder Wasserlauf entweder in einer Stadt oder ausserhalb und oberhalb derselben errichtet, welche das Gesetz als schädlich für die Reinheit der Luft oder des Wassers anerkennt, muss dieselbe auf seine Kosten wieder abbrechen und kann mit Gefängniss von 7 Tagen bis 3 Monaten oder mit Geld bis zu 900 Mark bestraft werden.

§ 1075. Wer ohne besondere Genehmigung in dem Theil einer Stadt eine Fabrik oder ein Werk errichtet, in welchem ein solches verboten ist, oder wer die vorgeschriebenen Entfernungen einer derartigen Fabrik von anderen Gebäuden nicht inne hält, kann mit Geld bis zu 300 Mark bestraft werden, seine Fabrik muss geschlossen werden und muss der Uebertreter ferner allen Schaden vergüten, den er durch seine Handelsweise Anderen verursacht hat.

III. Die verschiedenen Arten der Verunreinigung der Gewässer.

Das dem Menschen zur Verfügung stehende Wasser der Natur ist niemals absolut rein, sondern wird stets mehr oder weniger, sei es auf natürliche oder künstliche Weise, verunreinigt.

Zu den natürlichen Verunreinigungen, die von dem Menschen nicht beherrscht werden, gehören z. B. nach S. 2—7 die Bestandtheile, die ein Wasser aus der Luft, aus den unbewohnten Gebirgs- und Bodenschichten aufnimmt und die dasselbe für diesen oder jenen Nutzungszweck unbrauchbar machen können.

Die künstlichen Verunreinigungen, die durch das Zusammenwohnen von Menschen und durch technische Gewerbe bewirkt werden, sind sehr vielseitig. Man kann dieselben in vorwiegend zwei Gruppen zerlegen:

1. Verunreinigungen durch vorwiegend organische und grösstentheils zugleich stickstoffhaltige Stoffe, wie sie z. B. enthalten sind in den Abgängen:

a) aus menschlichen Wohnungen in Stadt und Land,
b) aus Schlächtereien und Abdeckereien,
c) aus Milchwirthschaften und Albuminfabriken,
d) aus Bierbrauereien,
e) aus Brennereien,
f) aus Zuckerfabriken,
g) aus Stärkefabriken,
h) aus der Wein- und Essigbereitung,
i) aus Gerbereien und Lederfärbereien,
k) aus Wollwäschereien und Walkereien, Spinnereien der Gewebsfasern,
l) aus der Flachsbereitung,

m) aus der Cellulose- und Papierfabrikation,
n) aus Seifensiedereien,
o) aus Leimsiedereien und Düngerfabriken,
p) aus Farbstoff-Fabriken und Färbereien, u. a.

2. Verunreinigungen durch vorwiegend mineralische Stoffe, wie sie z. B. liefern:

a) Gasfabriken, Kokereien,
b) Salinen und Soolbäder,
c) Grubenbetrieb des Erz-, Steinkohlen- und Braunkohlenbergbaues,
d) Schlackenhalden verschiedener Art,
e) Soda- und Potaschefabriken,
f) Drahtziehereien und Verzinkereien,
g) Bleichereien und Farbenfabriken,
h) Metall-Aufbereitungsanstalten aller Art, u. a.

Wie diese Abgänge verunreinigend auf die Gewässer wirken bezw. wirken können, soll im II. besonderen Theil bei Besprechung der einzelnen Abwässer bezw. Abgänge näher gezeigt werden.

Sie können bald durch gelöste Stoffe, bald durch Schwebestoffe, bald durch beide schädlich werden; sie können direkt in die offenen Tagewässer abfliessen oder indirekt auch dadurch verunreinigend wirken, dass sie erst in den Boden dringen und von diesem aus in das Grundwasser gelangen.

Da es, wie gesagt, ein absolut reines Wasser nicht giebt, und die verschiedenartigen künstlichen Verunreinigungen (vergl. das nächstfolgende Kapitel) je nach dem Nutzungszweck eines Wassers verschieden nachtheilig wirken, so kann man, wie F. Fischer[1]) richtig sagt, nur von einem technisch-reinen Wasser sprechen, d. h. ein Wasser ist rein, wenn es (in einem konkreten Fall) für den beabsichtigten Zweck brauchbar ist.

H. Fleck[2]) hat für die vier kleineren Flüsse, Luppe, Röder, Sebnitz und Wesenitz im Königreich Sachsen Untersuchungen darüber angestellt, wie gross sich die Verunreinigungen durch industrielle und häusliche Abgänge bei einem und demselben Wasserlauf gestalten können.

Um den Grad der Verunreinigung auszudrücken, stellt H. Fleck als Masstab für die Reinheit eines Wassers hin, dass die Genussfähigkeit desselben aufhört, wenn in 1 Liter mehr als 10 mg organische Stoffe und mehr als 0,1 mg Ammoniak gelöst sind. Indem er diese Grenzwerthe eines brauchbaren Wassers als Einheiten hinstellt, berechnet er den Grad der Verunreinigung aus dem in den Analysen gefundenen Gehalt des betreffenden Wassers. Als „organische Substanz" bezeichnet er die aus dem Verbrauche von Sauerstoff mittelst Kaliumpermanganat oxydirte theoretisch berechnete Menge organischer Stoffe; letztere wird durchweg von dem

---

[1]) F. Fischer: Das Wasser etc. 2. Aufl., 1891, 272.
[2]) 12. u. 13. Jahresbericht d. Kgl. chem. Centralstelle in Dresden 1884.

Glühverlust übertroffen und zwar um so mehr, je mehr schwer oxydirbare Stoffe wie Fette, Eiweisssubstanz etc. vorhanden sind.

Für die wirklich vorhandene Menge „gelöster organischer Stoffe“ kommt man nach H. Fleck der Wahrheit am nächsten, wenn man aus der berechneten Menge „organischer Substanz“ und dem Glühverlust das Mittel nimmt.

1. Luppe. Die Luppe bildet einen Arm der sich bei Leipzig in mehrere Flussarme theilenden Elster, welche bei Plagwitz unterhalb Leipzig von letzterer abzweigt und sich über die sächsische Landesgrenze hinauszieht, indem sie auf diesem Wege einen zweiten Arm der Elster, die Nahle aufnimmt. Beide Elsterarme, Luppe und Nahle, stehen angeblich unter dem Einflusse zahlreicher Abwässer der Stadt Leipzig mit den angrenzenden Ortschaften und den daselbst errichteten Fabriken. Die hauptsächlichsten Verunreinigungen der Luppe sollen stattfinden durch die Abfallwässer von 2 Gerbereien, 7 chemischen Fabriken, 4 Rauchwaaren-Färbereien, 1 Seifenfabrik und ausserdem durch die Abgangwässer von Leipzig, Plagwitz mit Lindenau, Böhlitz-Ehrenberg und Gründorf. Die zur Untersuchung gezogenen Wasserproben wurden an einem Tage entnommen, nämlich:

I. Unterhalb der Stelle, an welcher sich Luppe und Elster trennen; Farbe graugrün, trübe.

II. In der Luppe unterhalb einer chemischen Fabrik; Farbe blauschwarz, undurchsichtig.

III. In der Nahle, unmittelbar vor deren Einfluss in die Luppe; Farbe gelbgrün, undurchsichtig.

IV. In der Luppe, nach deren Vereinigung mit der Nahle; Farbe graugrünlich, undurchsichtig.

V. In der Luppe vor deren Eintritt in preussisches Gebiet; Farbe graugrünlich, undurchsichtig.

Bei allen diesen Wasserproben trat der putride Charakter deutlich hervor, dagegen konnten in keinem der Abgangwässer die Bestandtheile der Fabrik-Abfallwässer, nämlich Metallsalze und Farbstoffe, nachgewiesen werden. Die Resultate der Untersuchung sind in folgender Tabelle enthalten:

Bestandtheile	I.	II.	III.	IV.	V.
Mittlere Stromgeschwindigkeit	1,991 m	0,499 m	—	0,168 m	0,224 m
Wassermenge für 1 Sekunde	2,845 cbm	2,905 cbm	1,581 cbm	4,486 cbm	4,529 cbm
1 Liter Wasser enthielt:	mg	mg	mg	mg	mg
Verdampfungsrückstand	237,3	262,0	280,9	261,2	249,2
Glührückstand	189,1	194,7	210,4	203,8	200,7
Glühverlust	48,2	67,3	70,5	57,4	47,5
Organische Substanz	14,3	17,5	37,8	19,1	18,1
Ammoniak	0,28	0,32	1,34	1,12	0,83
Salpetersäure	0,45	4,0	1,9	1,5	5,2
Salpetrige Säure	Spuren	Spuren	—	Spuren	0,51
Chlor	14,9	17,7	24,2	21,3	19,4
Kieselsäure, gebunden	1,3	2,2	1,9	1,7	1,7
Schwefelsäure	39,8	41,4	39,8	41,0	38,9
Kohlensäure, gebunden	41,5	39,2	51,3	46,2	43,2
Kalk	63,2	63,3	70,8	66,5	65,9
Magnesia	13,8	13,1	14,5	13,3	13,4
Phosphorsäure	Spuren	Spuren	Spuren	Spuren	Spuren
Freie Kohlensäure in Volumen f. 1000	38,84	41,98	57,99	49,59	48,45
Grad der Verunreinigung:					
Organische Substanz	2,02	3,74	5,41	3,82	3,28
Ammoniak	2,80	3,20	13,40	11,20	8,30

2. Röder. Der Flusslauf der Röder wurde von der Wölbbrücke über dem Mühlgraben oberhalb der Stadt Grossenhain bis an den hölzernen Steg über die kleine Röder im Dorfe Spansberg untersucht und die Proben an folgenden Schöpfstellen entnommen:

I. An dem steinernen Wölbbrückchen über dem Mühlengraben oberhalb Grossenhain; Farbe grünlich, durchsichtig in 0,66 m Tiefe.

II. Auf dem hölzernen Steg über die Röder unterhalb Grossenhain und der Eisenbahnbrücke der Berliner Bahn und zwar nach Aufnahme der Abwässer folgender Fabriken: 1 Mahlmühle, 2 Gerbereien, 1 Cigarrenfabrik, 1 Kattunfabrik, 1 Strumpfwaarenfabrik, 2 Maschinenwerkstätten, 2 Färbereien und 10 Tuchfabriken; Farbe schmutzig, graugrün, undurchsichtig in 1,40 m Tiefe.

III. An dem Gabelwehre, wo sich die Röder in zwei Arme theilt, so dass $^2/_3$ des Flussinhalts unter dem Namen „Grosse Röder“, $^1/_3$ des Flussinhalts unter dem Namen „Kleine Röder“ weitergeführt werden, und zwar nach Aufnahme der Abwässer von 6 Mahlmühlen, 1 Wachstuchfabrik und von Wohnhäusern aus den Dörfern Klein- und Gross-Raschütz, Seassa und Boda; Farbe schwarzgrün, durchsichtig in 1,63 m Tiefe.

IV. An dem hölzernen Kommunikationsstege über die grosse Röder bei Reppin an der Landesgrenze nach Aufnahme der Abwässer von 3 Mahlmühlen, dem Eisenwerk Gröditz und dessen Wohnhäusern sowie vielen Wohnhäusern der Dörfer Zabellitz, Raden und Frauenhain; Farbe durchsichtig klar in 0,5 m Tiefe.

V. An dem hölzernen Stege über die kleine Röder im Dorfe Spansberg an der Landesgrenze nach Aufnahme der Abfallwässer von 3 Mahlmühlen und vielen Wohnhäusern der Dörfer Görzig, Tiefenau, Spansberg; Farbe durchsichtig klar in 0,26 m Tiefe.

Die Resultate der Untersuchung sind in folgender Tabelle enthalten:

Bestandtheile	I.	II.	III.	IV.	V.
Mittlere Stromgeschwindigkeit	0,255 m	0,088 m	0,078 m	0,183 m	0,272 m
Wassermenge für 1 Sekunde	0,733 cbm	1,022 cbm	1,332 cbm	1,167 cbm	0,256 cbm
1 Liter enthielt:	mg	mg	mg	mg	mg
Verdampfungsrückstand	84,2	103,0	104,0	89,5	86,1
Glührückstand	54,2	58,0	75,3	52,0	50,1
Glühverlust	33,0	45,0	28,7	37,5	36,0
Organische Substanz	22,0	25,7	21,9	23,2	26,2
Ammoniak	0,55	0,91	0,71	0,32	0,35
Salpetersäure	0,7	1,2	2,5	1,7	1,3
Salpetrige Säure	—	—	Spuren	—	—
Chlor	8,9	14,5	12,5	9,1	10,0
Kieselsäure, gebunden	5,8	4,4	6,5	4,9	1,5
Schwefelsäure	9,9	10,7	14,6	9,6	9,4
Kohlensäure, gebunden	7,4	9,5	8,8	9,6	12,5
Kalk	14,1	16,8	16,7	15,6	15,9
Magnesia	4,7	5,6	5,2	5,3	5,7
Phosphorsäure	Spuren	Spuren	Spuren	Spuren	Spuren
Freie Kohlensäure in Volumen f. 1000	3,45	11,41	5,51	0,39	3,28
Grad der Verunreinigung:					
Organische Substanz	2,79	3,68	2,53	3,03	3,11
Ammoniak	5,50	9,10	7,10	3,20	3,50

Die beiden anderen Flüsse, Sebnitzbach und Wesenitz lieferten ähnliche Resultate, nur waren die Verunreinigungen durch die Aufnahme der industriellen Abwässer noch etwas geringer.

H. Fleck folgert aus diesen Untersuchungen, dass durchweg die Verunreinigung durch faulige Abgänge aus menschlichen Wohnstätten grösser ist als die aus industriellen Werken, oder aber, dass die Verunreinigung, wie bei der Wesenitz, welche die Abgänge einer grossen Anzahl Fabriken aufnimmt, sich nicht so gross und gefährlich gestaltet, wie man häufig anzunehmen pflegt.

Indess wäre es durchaus unzulässig, vorstehende Untersuchungs-Ergebnisse auf andere Verhältnisse übertragen zu wollen; denn einmal lässt sich durch eine einmalige Probenahme nicht immer der Grad der Verunreinigung eines Flusses feststellen, weil die Fabriken ihre Abgänge nicht in einem ununterbrochenen und regelmässigen Abfluss, sondern in Perioden und häufig mit einem Male ablassen; andererseits aber kann die Verunreinigung von zahlreichen anderen öffentlichen Wasserläufen, wie wir im II. Bande sehen werden, und zwar ausschliesslich oder doch in hervorragendster Weise durch industrielle Abgänge, nicht geleugnet werden.

K. B. Lehmann[1]) hat die Verunreinigung der Saale bei Hof durch verschiedene Abwässer, so der Stadt Hof, einer Cellulosefabrik, von Brauereien, Gerbereien etc. eingehend verfolgt und gelangt zu dem allgemeinen Schlussergebniss, dass dort eine einzige chemische Fabrik (die Cellulosefabrik) die Saale durch gelöste Stoffe so stark verunreinigt, wie die ganze Stadt zusammen, dass dagegen die direkte Schlammbildung fast ausschliesslich auf Rechnung der Stadt kommt.

Verschiedene Fälle von Flussverunreinigungen durch allerlei Abwässer sind im Kaiserlichen Gesundheitsamt[2]) bearbeitet worden, auf welche ich wie auf sonstige Arbeiten über Verunreinigung durch ein bestimmtes Abwasser bei den einzelnen Abwässern im II. Bande zurückkommen werde.

In dem Werk Ed. Beyer's „Die Fabrikindustrie im Regierungsbezirk Düsseldorf", Oberhausen a. d. R. 1876, S, 113 heisst es sehr richtig:

„Die Nachtheile der Verunreinigung der fliessenden Gewässer durch Fabrik-Effluvien mögen lediglich vom Standpunkt der öffentlichen Gesundheitspflege vielleicht nicht immer so gewichtig sein, wie dies hier und da geltend gemacht zu werden pflegt; andererseits wird die Bedeutung aber auch vielfach unterschätzt, und namentlich seitens der Industrie wird nicht selten mit einer Rücksichtslosigkeit vorgegangen und werden alle wenigstens zur Minderung der Verunreinigung dienenden Vorkehrungen mitunter in einer Weise bei Seite gelassen, dass bereits Zustände geschaffen sind, deren Abänderung ohne die schwersten Opfer kaum mehr zu ermöglichen ist und dass es tief zu beklagen ist, dass die Gesetzgebung nicht längst vorbeugende Massregeln getroffen hat". Und S. 115:

---

[1]) K. B. Lehmann: Die Verunreinigung der Saale. Gutachten. Hof 1895, 118.

[2]) Vergl. Renk: Verunreinigung der Werre bei Herford, der Wakenitz, Trave bei Lübeck. Arbeiten aus d. Kaiserl. Gesundheitsamte 1889, **5**, 209 u. 414.

Ferner Ohlmüller: Verunreinigung der Weser durch eine Vanillinfabrik, der Elbe durch die Saale (bezw. durch die Abgänge von Kalisalzwerken und Mansfelder Bergwerken). Ebendort 1890, **7**, 305 u. 319; 1893, **8**, 409; 1896, **12**, 285 u. 311.

„Es ist in der That die höchste Zeit, dass die Gesetze über die Verunreinigung der Gewässer den wirklichen Verhältnissen angepasst werden und dass solche eminent praktische Fragen nach den Bedürfnissen und Verhältnissen geregelt werden, wobei selbstredend vorausgesetzt wird, dass in den industriellen Gegenden auch den Bedürfnissen der Industrie gebührend Rechnung getragen und dieselben nicht unbedeutenderen landwirthschaftlichen Interessen gegenüber zurückgestellt werden."

Ich kann mich diesen Ausführungen auf Grund langjähriger Erfahrungen ganz anschliessen.

Bei der Verunreinigung der Gewässer kommen in erster Linie gesundheitliche Interessen in Betracht; diese müssen unter allen Umständen und selbst unter Aufbringung aussergewöhnlich hoher Kosten gewahrt werden.

In allen anderen Fällen müssen, wenn keine Möglichkeit der Abstellung der Verunreinigung der Gewässer durch Reinigung und Unschädlichmachung der Abgänge gegeben ist, die geringeren Interessen den grösseren weichen. Sind z. B. die landwirthschaftlichen Interessen, die durch Verunreinigung eines Flusses aufs Spiel gesetzt werden, grösser als die der Industrie, welche die schädlichen, nicht zu reinigenden Abgänge bedingt, so muss der Industrie die Abführung der letzteren in den Wasserlauf untersagt werden; sind aber die industriellen Interessen grösser, als die der Landwirthschaft, so muss der Wasserlauf der Industrie freigegeben werden, selbstverständlich unter Entschädigung älterer, berechtigter Nutzungsansprüche (vergl. weiter unten unter Wasser für Fischzucht).

Der grosse Aufschwung der Industrie und die hierdurch bedingte Vermehrung der Bevölkerung haben in den letzten 20 Jahren vielfach eine solche Steigerung der Abgänge aller Art mit sich gebracht, dass die gleichgebliebenen Wasserläufe sie nicht mehr bewältigen können, wie früher; dazu ist in den bergbautreibenden Bezirken durch Bodensenkungen etc. die Vorfluth vielfach noch verringert, so dass die Abgänge nicht so schnell als früher zum Abfluss gelangen können und deshalb die schädliche Wirkung noch erhöht wird.

Zwar giebt es eine Reihe von Verfahren, die häuslichen wie gewerblichen Abgänge zu reinigen, aber die gut wirkenden Reinigungsverfahren sind, wie wir sehen werden, nicht überall anwendbar, und die überall anwendbaren Verfahren haben häufig nur einen beschränkten Erfolg. So ist die Frage der Verunreinigung der Gewässer eine der schwierigsten Tagesfragen und wird es noch lange bleiben. Nur in den seltensten Fällen lässt sie sich ganz aufheben, in den meisten Fällen muss man sich begnügen, dieselbe auf ein gewisses, erträgliches Maass zu beschränken.

IV. Anforderungen an ein Wasser für verschiedene Nutzungszwecke.

Die Nutzungszwecke der fliessenden Gewässer sind sehr mannigfaltig. Dieselben dienen:

1. unter Ausnutzung der physikalisch-chemischen und physiologischen Wirkung eines Wassers:
   a) für häusliche Gebrauchszwecke zum Trinken, Kochen, Waschen, Baden, Spülen,
   b) zur Fischzucht,
   c) für landwirthschaftliche Zwecke, zur Viehtränke und Berieselung.
   d) für gewerbliche Zwecke z. B. für Wäschereien, Bleichereien, Färbereien, Bierbrauereien, Brennereien, Zuckerfabriken etc.
2. unter Ausnutzung hauptsächlich der mechanisch-physikalischen Eigenschaften des Wassers:
   a) als Transportmittel für die Schifffahrt und Kraftmittel für Mühlen etc.,
   b) als Verdünnungs- und Fortschwemmungsmittel für Abfallstoffe aller Art,
   c) als Kesselspeisewasser,
   d) Kühlmittel,
   e) Staublöschmittel.
3. unter Ausnutzung der ästhetischen Eigenschaften eines Wassers für künstliche Wasserfälle, künstliche Seeen und für Springbrunnen.

Auf diese Nutzungszwecke ist bei Beurtheilung der Reinheit eines Wassers in erster Linie, wie schon vorhin erwähnt, Rücksicht zu nehmen, da ein und dieselben Bestandtheile eines Wassers für die einzelnen Nutzungszwecke verschieden nachtheilig wirken. Aus dem Grunde mögen die Anforderungen, welche an ein Wasser für die hauptsächlichsten Nutzungszwecke gestellt werden, hier zunächst eine kurze Besprechung erfahren.

1. Anforderungen an ein Trinkwasser.

An ein Wasser, welches als Trinkwasser bzw. häusliches Gebrauchswasser dienen soll, werden selbstverständlich die höchsten Anforderungen gestellt. Es muss nicht nur in jeder Hinsicht rein, d. h. frei von nachtheiligen oder zweifelhaften Bestandtheilen, sondern auch schmackhaft sein.

Im allgemeinen gelten für die Beschaffenheit eines Trinkwassers noch heute die Anforderungen, welche im Jahre 1864 von der Wasserversorgungs-Kommission des Gemeinderathes der Stadt Wien aufgestellt worden sind und die unter Hinzufügung der seit der Zeit vorwiegend von Sachverständigen im Kaiserl. Gesundheitsamte aufgestellten Regel etwa also lauten:

1. Ein Wasser muss klar, hell, geruchlos und ohne besonderen Beigeschmack sein.

Unter Umständen kann ein Wasser durch suspendirten Thon oder Eisenoxyd schwach trübe aussehen, oder opalisiren, ohne dass diese Eigenschaft beanstandet werden kann.

Wasser aus schwefeleisenhaltigen Bodenschichten der Braunkohlenformation und aus Mooren weisen mitunter Schwefelwasserstoff oder auch Eisen auf oder zeigen eine gelbliche Färbung bei sonst einwandsfreier Beschaffenheit. Der Schwefelwasserstoff kann sich unter Umständen bei längerem Gebrauch der Wasserquelle verlieren.

Für die Beseitigung der Schwebestoffe sind Filter in Gebrauch, jedoch können nur centrale Filter empfohlen werden; die Hausfilter haben nur einen sehr beschränkten Werth (vergl. weiter unten unter Reinigung von Trinkwasser).

2. Die Temperatur eines Wassers soll thunlichst beständig sein und durchweg 12° nicht übersteigen.

Dieser Anforderung entsprechen meist Quell- und Grundwasser. Oberflächenwasser oder Leitungswasser für ganze Gemeinwesen zeigt hiervon durch Erwärmung des Wassers in den Aufstaubehältern oder in den Leitungen nicht selten besonders im Sommer mehr oder weniger höhere Temperaturen.

3. Ein Trinkwasser darf sich während der Aufbewahrung in geschlossenen Gefässen bei 16—20° und im zerstreuten Licht während 24 Stunden nicht wesentlich verändern, d. h. nicht trüben oder einen nennenswerthen Bodensatz ausscheiden, nachdem es vorher klar war.

Wie schon unter 1 hervorgehoben ist, muss man bezüglich des Bodensatzes unter Umständen Zugeständnisse machen. So wird ein kohlensaures oder humussaures Eisenoxydul-haltiges Wasser an der Luft trübe oder scheidet einen gelben Bodensatz ab; diese Eigenschaft lässt ein Wasser unappetitlich, nicht aber gesundheitsschädlich erscheinen.

Ueber die Entfernung des Eisenoxyduls aus solchen Wässern durch Lüftung und Filtration vergl. weiter unten unter Enteisenung von Trinkwasser.

4. Die Gesammtmenge der in einem Wasser gelösten Bestandtheile richtet sich ganz nach den geologischen Bodenschichten, aus denen das Wasser stammt. Die meisten Wässer pflegen zwischen 100—300 mg Abdampfrückstand für 1 l zu erhalten; unter Umständen geht derselbe auf 500 mg und mehr für 1 l hinauf, ohne dass desshalb ein Wasser in gesundheitlicher Hinsicht zu beanstanden ist (vergl. Punkt 5).

Der Abdampfrückstand eines Wassers darf bei guter Beschaffenheit nicht wesentlich gefärbt sein, vor allem aber sich beim Erhitzen infolge hohen Gehaltes an organischen Stoffen nicht schwärzen.

Wenn in dem Brunnenwasser einer bewohnten Ortschaft der Abdampfrückstand deutlich die mittlere Menge des Abdampfrückstandes anderer benachbarter Brunnenwässer aus denselben Bodenschichten übersteigt und sich derselbe beim Glühen womöglich schwärzt, so ist dieses durchweg das Zeichen einer besonderen Verunreinigung mit Chloriden, Nitraten, Sulfaten oder organischen Stoffen aus durchjauchten Erdschichten.

Im übrigen wird die Menge des Abdampfrückstandes vorwiegend durch den Gehalt an Kalksalzen und Kochsalz bedingt.

5. Der Gehalt an Kalk und Magnesia soll auf Härtegrade umgerechnet $\frac{(x \text{mg} CaO + 1.4 y \text{mg} MgO)}{10}$ thunlichst 10—15 Härtegrade nicht übersteigen.

Der Kalk ist zwar in Form von Gips oder Calciumkarbonat in den im Wasser vorkommenden üblichen Mengen nicht gesundheitsnachtheilig; denn die Annahme, dass ein hoher Kalkgehalt Konkretionen im Harn, Kropfbildung und eine grössere Sterblichkeit bewirken soll, hat sich nicht als stichhaltig erwiesen; Letheby will sogar für 65 englische Städte nachgewiesen haben, dass im Gegentheil mit zunehmender Härte, wenn das Wasser sonst gut ist, die Sterblichkeit abnimmt. Immerhin ist ein hoher Kalkgehalt (bezw. Härte), insofern nachtheilig, als er zur Kesselsteinbildung Veranlassung giebt, beim Waschen harte Seifen bildet und beim Kochen von Leguminosen — durch Entstehen einer unlöslichen Kalklegumin-Verbindung — ein Weichwerden derselben verhindert. Ein weiches bezw. mittelweiches Wasser — bis 10° Härte — ist daher als häusliches Gebrauchswasser vorzuziehen. Jedoch sind dort, wo anderes Wasser nicht zu beschaffen ist, auch Wässer mit 50 Härtegraden als Leitungswasser in Gebrauch.

Ueber das Vorkommen von Eisen in einem Wasser — es tritt besonders in dem Grundwasser der norddeutschen Tiefebene auf — vergl. Nr. 1 und 3.

Mangan pflegt nur selten und auch dann nur in sehr geringer Menge in einem als Trinkwasser verwendeten Wasser vorzukommen und aknn schwerlich ein Grund der Beanstandung sein.

Mangan hat aber anscheinend wie Eisen im Wasser den Uebelstand, dass es wie das Eisen das Wachsthum von Algen im Wasser befördert.

6. Der Gehalt an Schwefelsäure soll nicht mehr wie 100 mg (SO_3) für 1 l betragen.

Der Gehalt an Schwefelsäure geht bei einem aus reinen Bodenschichten herrührenden Wasser durchweg dem Gehalt an Kalk (von Gips der Bodenschichten herrührend) oder an Magnesia (von Bittersalz herrührend) oder an Natron (von Glaubersalz der Bodenschichten herrührend) parallel, und gilt in solchen Fällen dasselbe, was von Kalk und Magnesia unter 5 gesagt ist.

Rührt der höhere Schwefelsäure-Gehalt von einer Oxydation von Schwefel in fauligen oder fäulnissfähigen Abwässern her (vergl. unter Nr. 8), so ist er um so bedenklicher, je mehr dieser Gehalt die mittlere Menge von benachbarten reinen Brunnenwässern aus natürlichen Bodenschichten übersteigt.

7. Ein reines Trinkwasser darf kein Ammoniak, keine salpetrige Säure, keine Phosphorsäure, keine Schwefelverbindungen (Schwefelwasserstoff oder Schwefelalkalien) enthalten. — H. Fleck will 0,1 mg, der Brüsseler Kongress 0,5 mg Ammoniak für 1 l zulassen, was aber aus folgenden Gründen unzulässig ist:

Das Ammoniak ist ebenso wie Schwefelwasserstoff bezw. Schwefelalkali ein Fäulnissprodukt; ihr Vorkommen in einem Grund-, Quell- oder Flusswasser ist daher stets ein Beweis, dass dasselbe Zuflüsse aus Erdschichten erhält, worin sich infolge Eindringens von menschlichen oder thierischen Abfallstoffen Fäulnissvorgänge vollziehen. Die etwa durch Regen in den Boden bezw. in ein offenes Gewässer gelangenden Ammoniak-Mengen sind so gering, dass sie alsbald in Salpetersäure übergehen und nicht in Betracht kommen. Sonstige Quellen für Ammoniak und Schwefelverbindungen können industrielle Abgangwässer wie aus Brauereien, Brennereien, Hefefabriken, Zuckerfabriken, Gas- und Ammoniakfabriken etc. sein, die aber grösstentheils den menschlichen oder thierischen Abgängen mehr oder weniger gleich zu erachten sind.

Unter Umständen kann allerdings Wasser aus Tiefbrunnen, welche geringe Mengen Eisen und viel gelöste organische Stoffe enthalten und niedrige Keimzahlen aufweisen, eine geringe Spur Ammoniak enthalten, welches dann als durch Reduktion entstanden, für das Wasser als nicht belastend aufgefasst werden muss.

Auch die in einem Wasser etwa vorkommende Phosphorsäure kann nur den ersteren Quellen ihre Abstammung verdanken, weil die im Erdreich verbreitete Phosphorsäure als unlöslich in Wasser anzusehen ist.

Die salpetrige Säure entsteht unter der Thätigkeit von Mikrophyten entweder aus Nitraten durch Reduktion oder aus Ammoniak durch unvollkommene Oxydation.

Wie aus Nitraten Nitrite, so können aus Sulfaten auch Sulfide gebildet werden. Das Vorkommen von salpetriger Säure wie Sulfiden in einem Wasser ist daher ein Beweis dafür, dass es entweder den Erdschichten oder dem Wasser an Sauerstoff bew. Sauerstoff-Zutritt mangelt, um das Sauerstoffbedürfniss der Bakterien befriedigen zu können.

Mögen daher diese Bestandtheile: Ammoniak, Schwefelverbindungen, Phosphorsäure und salpetrige Säure auch an sich nicht gesundheitsnachtheilig sein, so sind sie doch wegen der begleitenden Umstände in einem Wasser zu verwerfen; denn sie rühren von Fäulniss- oder Reduktions-Vorgängen her, bei welchen sich ausser diesen leicht direkt für Gesundheit und Leben schädliche Stoffe oder Bakterien bilden bezw. vorhanden sein können.

8. Ein reines Quell-, Grund- oder Flusswasser pflegt selten mehr als 30 mg Salpetersäure und selten mehr als 35,4 mg Chlor in 1 l zu enthalten.

Ein absolut salpetersäurefreies Wasser giebt es kaum[1]); denn die atmosphärischen Niederschläge, aus denen Quell-, Grund- und Flusswasser ihre Entstehung nehmen, enthalten stets Spuren von Salpetersäure, die beim Durchsickern des Erdreichs durch die stets vorhandene Salpetersäure vermehrt wird. Bei einem einigermassen reinen und nur mit Pflanzenresten durchsetzten Boden wird aber die Vermehrung der Salpetersäure nie höher werden, dass die Menge derselben in einem Wasser 30 mg für 1 l überschreitet. Jedes Mehr ist vom Uebel; denn eine grössere Menge Salpetersäure würde anzeigen, dass der Boden mit einer grösseren Menge stickstoffreicher organischer Stoffe durchsetzt ist, die wiederum nur von menschlichen oder thierischen Abfallstoffen herrühren können; dieses ist um so mehr zu schliessen, wenn gleichzeitig ein hoher Gehalt an Chloriden, Sulfaten und organischen Stoffen vorhanden ist.

Während ein einseitiger, hoher Gehalt eines Wassers an organischen Stoffen, oder Chloriden, Nitraten, Sulfaten aus natürlichen Bodenschichten (z. B. für erstere aus Schiefergebirge, für Chloride und Sulfate aus mergel- und gipshaltigen Böden, für Nitrate aus Salpetererden) herrühren kann, so lässt ein gleichzeitiger, hoher Gehalt an allen diesen Bestandtheilen bei gleichzeitiger Anwesenheit von Ammoniak einen sichern Schluss auf die besagte Verunreinigung zu, besonders dann, wenn benachbarte Quell- und Brunnenwässer in derselben Lage und unter denselben natürlichen Bodenverhältnissen keinen solchen Gehalt an den genannten Bestandtheilen aufweisen.

Für die Beurtheilung der Beschaffenheit eines fraglichen Wassers muss daher die Beschaffenheit und Zusammensetzung des natürlichen Quell- oder Grundwassers einer Gegend oder Ortschaft mit in Betracht gezogen werden, weil dieselben je nach der Beschaffenheit der Bodenschichten, welche sie durchfliessen, oder in welchen sie sich sammeln, Bestandtheile in verschiedener Menge aufnehmen und eine verschiedene Zusammensetzung zeigen.

Sind aber diese Verhältnisse bekannt, dann hält es nicht schwer, auf Grund der vorstehenden Ausführungen durch die chemische Analyse zu ermitteln, ob und in welchem Grade ein fragliches Wasser in besagter Weise verunreinigt ist oder nicht.

---

[1]) Nur in eisenoxydulreichen Erdschichten findet man mitunter ganz salpetersäurefreies Grundwasser.

Mag nun auch wiederum eine grössere Menge Salpetersäure bezw. Nitrate in einem Wasser nicht schädlich sein, so beweist dieselbe doch, dass das Wasser Zuflüsse aus verunreinigten, durchjauchten Bodenschichten oder von stickstoffreichen Abwässern erhält, die verwerflich sind. Denn wenn auch unter normalem Verlauf der vorhandene organische Stickstoff in unschädliche Salpetersäure übergeführt wird, so kann die oxydirende Kraft des Bodens wie des Wassers zeitweise zur Oxydation und Unschädlichmachung der stickstoffhaltigen organischen Stoffe nicht ausreichen, ganz abgesehen davon, dass auch grössere Mengen Nitrate in einem Wasser Durchfall bewirken und sonstige schädliche Folgen haben können.

9. Ein gutes Trinkwasser darf kein sog. Albuminoid-Ammoniak enthalten; ein Gehalt von 0,05 mg für 1 l ist schon als hoch zu bezeichnen.

10. Ein reines Trinkwasser darf nur wenig organische Stoffe enthalten; es darf zur Oxydation der organischen Stoffe nur etwa 40 CC $^1/_{100}$-Permanganat-Lösung = 12 mg Kaliumpermanganat = 3 mg Sauerstoff (= 63 mg organische Stoffe) für 1 l erfordern.

Es kann allerdings vorkommen, dass ein reines Quellwasser aus Schiefergebirge verhältnissmässig viel und mehr organische Stoffe, als hier zugelassen wird, enthält, ohne bedenklich zu sein. Das sind aber Ausnahmen und wird sich empfehlen, im allgemeinen an vorstehenden Grenzzahlen festzuhalten.

Hierbei ist aber weiter zu berücksichtigen, dass der Kaliumpermanganat-Verbrauch nur wirklich auf Rechnung der gelösten organischen Stoffe zu setzen ist, und nicht etwa von der Oxydation von Eisenoxydulsalzen, Schwefelverbindungen beansprucht wird.

11. Blei soll in einem für Genusszwecke bestimmten Wasser nicht vorhanden sein.

Bei der Verwendung von Bleiröhren für Hausleitungen empfiehlt es sich, das in den Röhren gestandene Wasser durch Ablaufenlassen vorher zu entfernen.

Geringe Mengen von Zink, wie solche bei der Verwendung galvanisirter Eisenröhren zu Hausleitungen im Wasser vorkommen, dürften zu einer Beanstandung keine Veranlassung geben.

12. Ein Leitungswasser soll keine freie Kohlensäure enthalten.

Nach den Untersuchungen von H. Müller[1]) wirkt zwar nicht die freie Kohlensäure allein, sondern nur ein Gemisch von Kohlensäure und Sauerstoff in bestimmten Verhältnissen lösend auf das Blei der Leitungsrohre; da aber freier Sauerstoff stets mehr oder weniger in einem Wasser vorhanden ist, so kann bei Anwesenheit freier Kohlensäure eine bleilösende Wirkung vorausgesetzt werden.

Aus dem Grunde sind auch alle einseitig an organischen Stoffen reichen und gleichzeitig weichen Wässer für Leitungszwecke von vornherein bedenklich, weil sich in denselben leicht freie Kohlensäure neben Sauerstoff bilden kann.

Das beste Mittel, die bleilösende Wirkung eines Wassers aufzuheben, besteht darin, dass man dasselbe, um die freie Kohlensäure zu binden, durch Marmor- oder Kalksteingrus filtrirt. Oder man wende Zinnrohre für die Leitung an. Bleirohre mit einer Schutzdecke von Schwefelblei — erhalten durch Einwirkung von Schwefelnatrium auf Blei — oder verzinnte Bleirohre haben sich ebensowenig bewährt als Zinnrohre mit Bleimantel; Eisenrohre sind zwar unschädlich, liefern aber leicht ein Wasser, welches wegen des Gehaltes an Eisenoxydoxydulflocken unappetitlich erscheint.

13. Ein gutes Trinkwasser soll, wie schon gesagt, thunlichst hell und klar sein.

Etwaige Trübungen können herrühren:

---

1) Journ. f. prakt. Chemie 1887, N. F., **36**, 317.

a) von Verunreinigungen durch menschliche und thierische Abfallstoffe, Abfälle aus dem menschlichen Haushalt;

α) Fasern von Wolle, Baumwolle, Leinen, Papier, Kalkseifen;

β) Stärkekörner, pflanzliche Gewebe, Fleischreste, Eier von Darmwürmern, Reste von Stuhlentleerungen;

b) von Sand, Lehm, Humus, Holztheilchen, Rinden- und Gewebstheile, Strohreste, Pollenkörnchen, Haare, Farbstoffreste, Insektenpanzer, Bakterien, Sporen niederer Pflanzen;

c) von lebenden Thieren und Pflanzen, Pflanzenresten (Infusorien, Algen, Pilzen, Diatomeen, Konfervaceen u. s. w), aus dem Wasser, aus der Quellfassung, dem Brunnenschachte u. s. w. stammend.

Im allgemeinen kann angenommen werden:

α) Dass ein Wasser, welches neben Crenothrix- und anderen Pilzfäden, sowie neben Infusorien viel Diatomeen enthält, Zuflüsse von mehr pflanzlichen Zersetzungsherden erhalten hat; ein solches Wasser ist zwar unrein, braucht aber deswegen noch nicht gesundheitsschädlich zu sein.

β) Finden sich aber neben den chemischen Anzeichen der Fäulniss auch die verschiedensten Pilzfäden, Zoogloeen von Bakterien, Infusorien und Radiolarien aller Art oder gar die Eier von Spul- und Bandwürmern und Reste von Fäces, so kann mit Bestimmtheit auf Zuflüsse thierischer Art geschlossen werden; ein solches Wasser ist im allgemeinen gesundheitsnachtheilig und kann in besonderen Fällen direkt gesundheitsgefährlich werden.

14. Ein reines Trinkwasser soll nur eine beschränkte Anzahl von Mikrophyten-Keimen enthalten.

Als Grenze werden 100—200 Bakterienkeime für 1 ccm Wasser angesehen; indess lässt sich hierfür noch weniger wie für die anderen Bestandtheile eine Grenzzahl aufstellen; es kommt hier wesentlich wie bei den organischen Stoffen eines Wassers auf die Art der Bakterien an, indem unter Umständen schon 50 Bakterienkeime ein Wasser gefährlich machen können, während unter anderen Verhältnissen mehrere tausend Keime, zumal wenn sie gleicher Art sind, keinen Nachtheil bringen.

Als Anhaltspunkte für die Beurtheilung eines Wassers nach dem Bakteriengehalt können dienen:

a) Schwankt die Anzahl der Bakterien, d. h. ist sie zu gewissen Zeiten wesentlich höher als zu anderen Zeiten, so ist das ein Zeichen für zeitweise besondere Verunreinigung eines Wassers, sei es aus den Bodenschichten oder durch besondere Zuflüsse, oder durch ungenügend wirkende Filtration.

b) Mehr noch wie eine hohe Anzahl von Mikrophytenkeimen sind vielerlei Bakterienarten ein Zeichen dafür, dass das Wasser Zuflüsse pflanzlicher oder thierischer Zersetzungsherde erhält. In solchem Falle können unter den vielen unschädlichen Mikroorganismen zu Zeiten auch solche enthalten sein, welche der Gesundheit schädlich sind. Eine grosse Anzahl von Bakterien und besonders verschiedener Arten deutet also fast immer auf die Möglichkeit einer Infektion hin. Solche Infektionsmöglichkeit ist aber bei allen Oberflächenwässern, Bächen, Flüssen, Seeen, namentlich bei solchen in stark bewohnten Gegenden — solche Wässer sollen, wenn sie sonst in chemischer Hinsicht rein sind, nur nach genügender Filtration genossen werden — oder bei Brunnen gegeben, welche gegen das Eindringen von Staub von oben her nicht genügend geschützt sind, oder drittens durch Zuflüsse stark bakterienhaltiger Wässer. Oberflächenwässer und Brunnenwässer, welche in chemischer Hinsicht gut und nicht durch faulige Zuflüsse verunreinigt sind, können daher zum Genusse zulässig gemacht werden, erstere durch Filtration, letztere durch genügenden Abschluss gegen Verunreinigung von oben.

Wässer aber, welche Zuflüsse von Fäulnissherden erhalten, sind vom Genusse auszuschliessen oder es müssen, wenn es Wasser aus Brunnen ist, diese gründlich gereinigt und so umgebaut werden, dass Zuflüsse von der Seite oder von oben überhaupt nicht mehr stattfinden können.

c) Ein Wasser, welches mit Fäkalstoffen verunreinigt ist, wird sicher das Bacterium coli, ein solches, welches einen Zufluss von Düngerstoffen erhalten hat, Spirillen, und ein solches, welches durch faulende Stoffe verunreinigt ist, sicher Proteus-Arten enthalten. Da aber die Coli-Bakterien nicht ausschliesslich auf den Darm des Menschen beschränkt sind, da Spirillen und Proteus-Arten auch im Erdboden vorkommen, so darf aus deren Vorkommen allein nicht geschlossen werden, dass eine wirkliche Verunreinigung des Wassers aus genannten Quellen stattgefunden hat. Erst eine weitere, besonders chemische Untersuchung kann dann Gewissheit über die Art der Verunreinigung bringen.

Ein Wasser, welches pathogene Mikroorganismen enthält, oder begündeten Verdacht hierzu giebt, ist stets vom Genusse auszuschliessen, bis der Gegenbeweis erbracht ist.

Reichardt, F. Fischer, Tiemann und Gärtner[1]) etc. haben für diese und andere Forderungen bestimmte obere Grenzwerthe aufgestellt, die in folgender Tabelle enthalten sind:

mg in l:	Reichardt 1872	F. Fischer 1873 (für Hannover)	Engl. Comm. 1874	Brüsseler Kongress 1885	Schweizer Chemiker 1888	Tiemann und Gärtner 1889
Org. Stoffe ($KMnO_4$-Verbr.)	2—10	8—16	—	10	10	6—10
Darin: Organ. Kohlenstoff	—	—	2	—	—	5
„ Stickstoff	—	—	0,3	—	—	—
Albuminoidammoniak	—	—	—	0,1	0,05	0,2
Ammoniak	—	0	—	0,5	0,02	0
Salpetrige Säure	—	0	—	—	0	0
Salpetersäure	4	27	—	2	20	5—15
Chlor	2—8	36	—	8	20	20—30
Schwefelsäure	2—63	80	—	60	—	80—100
Rückstand	100—500	—	—	500	500	500
Härte (deutsche Grade) .	18	17—20	—	20	—	18—20

Diese Grenzwerthe haben indess keine allgemeine Gültigkeit; es können mitunter mehr Chlor und Schwefelsäure bezw. Chloride und Sulfate zugelassen werden, wenn diese aus natürlichen Gebirgsschichten stammen; auch ist, wie schon erwähnt, eine grössere Menge aus Schiefergebirge stammender organischer Stoffe unbedenklich.

Die Trinkwasserfrage will wie die der Flussverunreinigung örtlich geprüft sein; in vielen Fällen wird man von vorstehenden Forderungen absehen müssen wenn man eben kein besseres Wasser haben kann. Für die Brunnenwässer eines Ortes kann als Regel gelten, dass der durchschnittliche Gehalt desselben den durchschnittlichen Gehalt des natürlichen,

[1]) F. Fischer: Das Wasser. 1891, 32.

nicht verunreinigten Wassers derselben Gegend und derselben Boden-Formation nicht wesentlich überschreiten darf.

Im allgemeinen ist ein offenes Bach- oder Flusswasser am wenigsten zur Wasserversorgung von Städten und Ortschaften geeignet. Denn abgesehen von der schwankenden Temperatur und den schwankenden chemischen Bestandtheilen ist das Flusswasser auch ständigen Verunreinigungen durch Luft und Zuflüsse ausgesetzt, so dass es nur nach vorgenommener sorgfältigster Filtration und Aufbewahrung in kühlen Räumen als verwendbar für häusliche Gebrauchszwecke bezeichnet werden kann.

Wo immer es angeht, da soll man für Wasserversorgungen entweder direktes Quell- oder Grundwasser verwenden. Die in letzterem mitunter vorhandenen Eisenoxydulverbindungen lassen sich durch Lüftung und Filtration entfernen. Bei Anwendung von Quell- oder Grundwasser von nicht bewohntem Boden ist die Gewähr, ein thunlichst an organischen Stoffen und an Keimen von Mikrophyten armes, d. h. ein thunlichst reines Wasser zu erhalten, am grössten; und gerade diese beiden Bestandtheile, organische Stoffe und Bakterienkeime sind für die Verwendbarkeit eines Wassers für häusliche Gebrauchszwecke die entscheidendsten.

Zwar ist die Frage, ob ein Trinkwasser die Ursache von ansteckenden Krankheiten ist, noch immer nicht vollauf entschieden, aber wenn auch nur eine schwache Möglichkeit solcher Ansteckung durch ein Wasser vorliegt, so ist diese schon genügend, dem Umstande Rechnung zu tragen.

Aus dem Grunde möge auch hier die Frage:

„Ob das Wasser die Ursache der Verbreitung bezw. der Träger ansteckender Krankheiten ist?“

eine Besprechung erfahren.

a) Verbreitung von thierischen Parasiten durch das Wasser (Invasionskrankheiten).

Dass durch das Wasser thierische Parasiten verbreitet werden können, daran ist und wird wohl am wenigsten gezweifelt.

Besonders sind es die Eier der parasitischen Würmer, welche den menschlichen und thierischen Darm bewohnen, die also mit dem Stuhlgange in die Flussläufe gelangen und bei dem Genusse dieses Wassers wieder auf den Menschen übertragen werden können. Die Eier von Bothriocephalus, Taenia, Anchylostomum Ascaris sind wiederholt im Wasser nachgewiesen worden, und neigen Küchenmeister[1]) wie Mosler[2]) der Ansicht zu, dass

---

[1]) Küchenmeister: Parasiten in und am Körper des Menschen 1885.
[2]) Deutsche med. Wochenschr. 1886, 101.

vor allem die im Hundekoth vorhandenen Tänien und Eier von Taenia echinococcus durch das Wasser Verbreitung finden können.

Ob und wie lange dieselben aber im Wasser infektionsfähig bleiben, ist mit Sicherheit noch nicht festgestellt worden.

Nach Griesinger[1]) soll das in Aegypten heimische, auch in Kapland und Indien bekannte Distoma haematobium Bilharz, welches vorwiegend die Harnwege befällt und die Ursache der Hämaturie ist, sehr häufig durch das Nilwasser übertragen werden. Im Binnenland tritt diese Krankheit nur selten auf. Ueber die Art der Aufnahme der Bilharzia ist Gewisses noch nicht bekannt. Auch ist es bisher noch nicht gelungen (für die Bilharzia) einen Zwischenwirth aufzufinden.

Eine andere Distoma — Distoma Ringeri — verursacht die Hämoptysis besonders in China und Hinterindien. Griesinger[2]) hat nachgewiesen, dass der in Aegypten, Indien und Brasilien bekannte Parasit Anchylostomum duodenale, welcher die als tropische „Chlorose“ bekannte und mitunter tödtlich verlaufende Krankheit erzeugt, gewisse Entwicklungsstadien im unreinen Wasser durchmacht und durch Genuss desselben in den Menschen gelangt. Bei Tunnelarbeitern, die gezwungen sind, ein und dasselbe verunreinigte Wasser zu geniessen, scheint dieser Parasit häufiger aufzutreten.

Zwei Wasserkrankheiten der Tropen sind die Filariose und Dracontiase. Beide werden durch Filarien bedingt, die mit dem Trinkwasser aufgenommen werden. Nach Mausou[3]) und Anderen werden die Embryonen der Filaria sanguinis — die Erreger der Filariose — von den Mosquitoweibchen mit dem Blute des Menschen aufgesaugt; sie werden wieder frei, wenn das Mosquitoweibchen nach Ablegen der Eier im Wasser gestorben ist, und können von Menschen wieder aufgenommen werden.

Die Dracontiasis wird durch Filaria medinensis bedingt. Fedschenko fand als Zwischenwirth derselben die in allen Gewässern vorkommenden Cyklopen, die mit dem Wasser in den Magen des Menschen gelangen und bald aufgelöst werden, so dass die Larven der Filaria sich frei entwickeln können.

b) Verbreitung von Infektionskrankheiten durch das Wasser.

Während die Möglichkeit der Verbreitung von Invasionskrankheiten durch das Wasser niemals bestritten worden ist, hat der Streit über die Frage, ob das Trinkwasser die Ursache von Infektionskrankheiten, d. h. der Träger von pathogenen Bakterien ist, seit 1848 hin und hergewogt, ohne dass derselbe bis zur Stunde vollständig entschieden ist.

---

[1]) Arch. f. physiol. Heilkunde 1854, 571 u. 1866, 381.

[2]) Virchow's Archiv **18**, 248.

[3]) P. Mausou: The metamorphosis of Filaria sanguinis hominis in the mosquito. Transact. Linn. Soc. London, 2 ser. zool. **2**, 10, London 1884, 367—388.

Die Frage hängt wesentlich davon ab, ob die pathogenen Bakterien im gewöhnlichen Wasser vermehrungsfähig sind, und wenn nicht, ob und wie lange sie darin lebensfähig bleiben? Ueber diese Fragen sind zahlreiche Untersuchungen[1]) ausgeführt, die, wie nicht anders erwartet werden konnte, sehr verschiedene Ergebnisse geliefert haben. Denn auf die Vermehrungsfähigkeit und Erhaltung der Lebensfähigkeit sind verschiedene Umstände von Einfluss, die nicht immer gleichmässig beachtet worden sind, so z. B.

1. Die Beschaffenheit und Menge der dem Wasser zugefügten Bakterien. Frische, vollkräftige Bakterienkeime werden sich besser und länger im Wasser halten als abgeschwächte, ältere Individuen; ausserdem ist die Fortpflanzung bezw. Erhaltung der Art wahrscheinlicher, wenn einige tausend als wenn nur einige hundert Keime in das Wasser gelangen.

2. Die Beschaffenheit des Wassers, d. h. der Gehalt an geeigneten Nährstoffen. Dieser Umstand ist noch nicht genügend aufgeklärt; während mitunter verschiedenartig zusammengesetzte Wässer sich als gleichwerthig erwiesen haben, zeigten andererseits wesentlich gleich zusammengesetzte Wässer grosse Unterschiede. Jedenfalls scheinen nach R. Koch die Schwebestoffe eines Wassers von grösster Bedeutung für die Erhaltung und Fortpflanzung der pathogenen Keime zu sein.

3. Die Gegenwart anderer Bakterien und ihrer Stoffwechselprodukte. Die pathogenen Bakterien gehen durchweg im Kampf ums Dasein mit solchen Bakterien, welche sich in dem Wasser als geeignetem Nährboden schnell entwickeln und vermehren, mehr oder weniger bald zu Grunde; unter Umständen sind die Stoffwechselprodukte der einen Bakterienart einer anderen schädlich.

Fraenkel und Gärtner[2]) haben Cholera- und Typhus-Bakterien in thierischem Koth bezw. Mist trotz zahlreicher vorhandener Fäulnissbakterien eine Woche, die Erreger thierischer Krankheiten (z. B. der hämorrhagischen Septikämie, des Milzbrandes, Rothlaufs, der Tuberkulose) sogar wochen- und monatelang lebensfähig erhalten.

4. Die Temperatur des Wassers. Da die pathogenen Bakterien sich bei Temperaturen von 30—40^0 entwickeln und diese als das Wachsthums-Optimum anzusehen sind, so ist einleuchtend, dass sich dieselben in einem Wasser je nach der Temperatur desselben sehr verschieden verhalten. In einem kühlen Grundwasser oder in einem solchen mit Winter-Temperaturen kommen sie weniger gut fort, als in einem warmen Oberflächenwasser und bei Sommertemperaturen.

5. Die Einwirkung von Licht und Luft. Nachdem Downes und Blunt schon 1877 auf die starken baktericiden Wirkungen des Lichtes aufmerksam gemacht hatten, haben später besonders H. Buchner,[3]) ferner

---

[1]) Vergl. F. Loeffler in Th. Weyl's Handbuch der Hygiene **1**, 1896, 663.

[2]) Nach einem Bericht an die deutsche Landwirthschaftsgesellschaft vom 19. Febr. bezw. 24. März 1898 u. Zeitschr. f. Hyg. 1898, **28**, 1.

[3]) Centrbl. f. Bakteriologie 1891, I. Abth., **11**, 781 u. Arch. f. Hyg. 1893, **17**, 179.

W. Kruse[1]) u. A. für verschiedene pathogene Bakterien nachgewiesen, dass sie unter dem Einfluss des direkten Sonnenlichtes in kürzester Zeit zu Grunde gehen, aber auch in diffusem Tageslicht bald abnehmen.

Es sind daher recht verschiedenartige Umstände, welche auf das Fortkommen der pathogenen Bakterien in einem Wasser von Einfluss sind.

Was das Verhalten der einzelnen pathogenen Bakterien anbelangt, so liegen darüber ebenfalls zahlreiche Untersuchungen vor, die kurz besprochen werden mögen.

a) Cholera.

Gerade die Cholera ist es gewesen, um welche der Streit, ob das Trinkwasser die Ursache von Infektionskrankheiten ist, am längsten und heftigsten geführt worden ist.

Bereits 1848 führte Snow[2]) die Verbreitung der Cholera in London auf das Trinkwasser zurück, indem er annahm, dass der Infektionsstoff in das Wasser gelange, mit diesem getrunken und vom Darm resorbirt werde, um so den Menschen zu inficiren. Diese Annahme wurde jedoch in England von Baly und Gull[3]) bald bekämpft, und seit der Zeit hat der Kampf hin- und hergewogt und zwar nicht nur über die Ursache der Verbreitung der Cholera, sondern auch der sonstigen Infektionskrankheiten wie: Typhus, Malaria, gelbes Fieber und sog. Scharlach.

Auf der einen Seite stehen Männer wie Slaton, Buchanan, Thorne-Thorne, Netten-Radcliffe, Russel etc. in England, ferner Gietl[4]), Siebenmeister,[5]) Virchow,[6]) Zuckschwerdt[7]) und besonders R. Koch[8]) mit seiner Schule u. A. in Deutschland, welche sämmtlich dem Trinkwasser bei Verbreitung einer Infektionskrankheit eine Rolle zuschreiben, auf der anderen Seite die Engländer Bryden und Cunningham[9]) und in Deutschland an der Spitze M. v. Pettenkofer,[10]) sowie seine zahlreichen Schüler,

---

[1]) Zeitschr. f. Hyg. 1894, **17**, 1 u. 1895, **19**, 313.

[2]) On the mode of communication of Cholera. London 1855. Deutsch von Assmann. Quedlinburg 1857.

[3]) Reports on epidemie Cholera. London 1854.

[4]) Gietl: Die Ursachen des Ent. Typhus in München 1865.

[5]) Arch. f. klin. Medicin, **7**, 155.

[6]) Virchow: Gesammelte Abhandlungen, **2**, 255.

[7]) Zuckschwerdt: Die Typhusepidemie im Waisenhause zu Halle a. d. S. 1872.

[8]) Bericht d. deutschen wissensch. Kommission f. Erforschung d. Cholera in Berliner klin. Wochenschr. 1883 u. 1884. Vergl. auch G. Gaffky: Bericht über d. Thätigkeit d. zur Erforschung d. Cholera entsandten Kommission. Arbeiten aus d. Kaiserl. Gesundheitsamt 1887, **3**.

[9]) J. M. Cunningham: Die Cholera. Was kann der Staat thun, sie zu verhüten? Mit einem Vorwort von v. Pettenkofer. Braunschweig 1855.

[10]) v. Pettenkofer: Untersuchungen und Beobachtungen über die Verbreitung der Cholera. München 1855; Verbreitungsart der Cholera in Indien. Braunschweig 1871; Neun ätiologische und prophylaktische Sätze. Vierteljahrsschr. f. öffentl. Gesundheitspfl. 1877, 117; ferner Arch. f. Hyg., **3**, 129 u. 147; **4**, 249 u. 397, 1893, **18**, 93.

welche eine direkte Betheiligung des Trinkwassers bei den Infektionskrankheiten leugnen. Es hält für den dieser Frage Fernstehenden schwer, sich in dem überaus reichen literarischen Gebiet zurecht zu finden, zumal nicht nur die Schlussfolgerungen aus Beobachtungen, sondern letztere selbst gegenseitig bestritten werden.

Es mögen daher hier die wichtigsten thatsächlichen Beobachtungen und Untersuchungen kurz mitgetheilt werden.

Was zunächst das Verhalten der Cholerabakterien im Wasser anbelangt, so haben die Untersuchungen übereinstimmend ergeben, dass die Cholerabakterien in sterilisirtem, destillirtem Wasser in kurzer Zeit (innerhalb 24 Stunden) zu Grunde gehen. Gleichzeitiger Zusatz von sehr geringen Mengen Bouillon erhöht die Lebensfähigkeit auf 7—14 Tage, der von Salz nach Maschek[1]) sogar auf 40 Tage.

Jn sterilisirtem Brunnen- wie Schmutzwasser halten die Cholerabakterien sich, wie A. Pfeiffer,[2]) Wolffhügel,[3]) Riedel[4]) und Frankland[5]) fanden, wochen- ja monatelang (bis 7 bezw. 11 Monate) am Leben; schwacher Bouillon-Zusatz verlängert die Lebensfähigkeit noch mehr.

Von grossem Einfluss ist auch die Temperatur des Wassers auf die Erhaltung der Lebensfähigkeit der Cholerabakterien. In natürlichem Quell- und Brunnenwasser von niederer Temperatur (10—11,5°) gehen dieselben nach Kraus[6]) und A. Gärtner[7]) innerhalb eines Tages oder doch nicht viel später zu Grunde, während J. Karlinski[8]) für das Innsbrucker Trinkwasser von 8° eine 3tägige, A. Heider[9]) in dem Wiener Hochquellwasser von 10,5—10,8° eine 4tägige Lebensdauer beobachtete. Renk[10]) giebt an, dass die Cholerabakterien in sterilisirtem wie nicht sterilisirtem Saalewasser, welches bei — 0,5 bis — 0,7° gehalten wurde, erst nach 5tägiger ununterbrochener Frostdauer getödtet waren, und die Abtödtung erst nach 6—7 Tagen erfolgte, wenn die Frostwirkung unterbrochen wurde. Nach J. Uffelmann[11]) vertrugen dieselben sogar eine Kälte von — 24,8.

In natürlichen (d. h. nicht sterilisirten) Teich- und Flusswässern scheinen sich die Cholerabakterien länger zu halten als in Quell- und Brunnenwässern. Dunbar[12]) fand die Cholerabakterien z. B. im Hamburger

---

[1]) Jahresbericht der Oberrealschule in Leitmeritz 1887.

[2]) Zeitschr. f. Hygiene 1886, **1**, 398.

[3]) Arbeiten aus d. Kaiserl. Gesundheitsamt 1886, **1**, 455.

[4]) O. Riedel: Die Cholera, Entstehung, Wesen etc. Berlin 1887, 36.

[5]) Frankland: Microorganisms in water, London 1894.

[6]) Archiv f. Hygiene 1887, **6**, 234.

[7]) Gärtner-Tiemann: Handbuch der Untersuchung und Beurtheilung des Wassers. Braunschweig 1895.

[8]) Archiv f. Hygiene 1889, **9**, 113 u. 432.

[9]) Das österreichische Sanitätswesen. Beilage zu Nr. 31. 3. Aug. 1893.

[10]) Fortschritte der Medicin 1892, 396.

[11]) Berliner klin. Wochenschr. 1893, 158.

[12]) Arbeiten aus d. Kaiserl. Gesundheitsamt 1894, **10**, Anlage 11, 160.

Hafenwasser, das bei 11° aufbewahrt wurde, noch am 16. Tage, Stutzer und Burri[1]) im Rheinwasser bei mittleren Temperaturen noch am 6. bis 11. Tage entwickelungsfähig.

L. Hoeber[2]) und E. Wernicke[3]) prüften das Verhalten in einem künstlich hergestellten Sumpfwasser, indem ersterer sterilisirtes Würzburger Leitungswasser in Aquarien mit Wasserpflanzen, letzterer desgleichen sterilisirtes Berliner Leitungswasser mit Wasserpflanzen und -thieren beschickte und darauf mit wachsthumskräftigen Cholerabakterien versetzte. Hoeber konnte in dem bei 10° aufbewahrten Aquarium die Cholerabakterien 10 Tage lang, in dem bei 18—19° aufbewahrten Aquarium 9 Tage lang nachweisen. Wernicke bewahrte das Aquarium bei Zutritt von direktem und diffusem Sonnenlicht in einem Zimmer auf, dessen Temperatur bei Tage zwischen 12—24° schwankte, des Nachts aber auf wesentlich niedere Temperaturen sank. Er konnte nach dem Gelatineplattenverfahren schon nach 3 Tagen keine Cholerabakterien im Wasser mehr auffinden, dagegen gelang ihm der Nachweis nach dem Peptonwasseranreicherungsverfahren fast 3 Monate lang nach der Aussaat sowohl im Wasser wie an den grünenden Wasserpflanzen, wie in dem Schlamm vom Boden des Aquariums.

W. Kruse[4]) untersuchte 20 verschiedene Brunnen- und Leitungswässer auf ihr Verhalten gegen Cholerabakterien bei höheren Temperaturen (15—30°) und fand letztere in einem bei 22° gehaltenen Wasser noch nach 10 Wochen lebensfähig, nicht aber in der bei 8° aufbewahrten Probe.

Auch scheint ein gewisser Salz-(Kochsalz)-Gehalt des Wassers nach Frankland (l. c.) und Aufrecht[5]) das Wachsthum der Cholerabakterien zu begünstigen.

Die von H. Buchner (vergl. oben S. 59) zuerst nachgewiesene baktericide Wirkung des Sonnenlichtes auf Bakterien gilt auch für die Cholerabakterien, die im direkten Sonnenlicht, schon nach einigen Stunden absterben, jedoch hält W. Kruse (l. c.) dieselbe bei der Selbstreinigung der Flüsse wegen der in diesen vorhandenen Trübungen praktisch für nicht sehr bedeutend.

Hiernach kann die Möglichkeit des Vorkommens von entwickelungsfähigen Cholerabakterien und die Erhaltung der Lebensfähigkeit derselben auf kürzere oder längere Zeit unter günstigen Verhältnissen nicht geleugnet werden. Auch sind thatsächlich Cholerabakterien in Quell-, Teich- und Flusswässern gefunden worden.

Zuerst gelang es Rob. Koch[6]) im Jahre 1884 in einem Tank in

---

[1]) Centrbl. f. allgem. Gesundheitspflege 1893, 27.

[2]) Centrbl. f. Bakteriol. I. Abth., 1895, **17**, 443.

[3]) Hyg. Rundsch. 1895, **5**, 736.

[4]) Zeitschr. f. Hyg. 1894, **17**, 27.

[5]) Centrbl. f. Bakteriol. I. Abth., 1893, **13**, 354.

[6]) Arbeiten aus d. Kaiserl. Gesundheitsamt 1887, **3**. G. Gaffky, Bericht über die Erforschung der Cholera im Jahre 1883.

Sahub-Bagan, einem in der Vorstadt von Kalkutta, Sektion Belliaghatta gelegenen Häuserkomplex, in welchem eine Cholera-Epidemie herrschte, an zwei verschiedenen Tagen Cholerabakterien nachzuweisen. Seit der Zeit sind dieselben gefunden: von Nikati und Rietsch im Hafenwasser von Marseille, von Cunningham 2 mal im Wasser eines indischen Tanks, von Pasquale in 2 Schöpfbrunnen bei Massaua, von C. Fraenkel im Duisburger Zollhafenkanal, von Biernacki im Wasser eines Lubliner Brunnens, und von Andern.[1])

Auch ist nicht zu leugnen, dass in vielen Fällen das Grenzgebiet einer Choleraepidemie mit dem Grenzgebiet der Wasserversorgung zusammenfiel, so die Choleraepidemie in London 1848, in der Stadt Barth (1850), in Hamburg 1892, bei einer „Brunnenepidemie" Winter 1892/93 in Altona.

Bei einer Cholera-Epidemie im Lager von Lucknow, Indien (1894) muss nach einem Bericht von E. A. Hankin und bei der Epidemie in der Provinz Bergamo in Ober-Italien (1884 und 1886) nach dem Bericht von Camillo Terni, dem Wasser ebenfalls eine ursächliche Wirkung zugeschrieben werden.

Andererseits kann ebensowenig geleugnet werden, dass bei einem und demselben Wasser die einen Strassen oder Viertel von Städten oder Ortschaften Choleraepidemien gehabt haben, die andern nicht, so dass also das gemeinsame Trinkwasser als Ansteckungsursache ausgeschlossen werden muss. Wenn das Verschwinden oder seltenere Auftreten der Cholera mit einer besonderen Wasserversorgung zusammengefallen ist, so hat man dabei vielfach übersehen, dass mit der Wasserversorgung auch eine Kanalisation Hand in Hand ging, welche gesundere Bodenverhältnisse in den Ortschaften geschaffen hat. Der Zusammenhang zwischen ansteckenden Krankheiten (auch der Cholera) und örtlichen Verhältnissen (Untergrundverhältnissen des Bodens) ohne Trinkwasser kann in zahlreichen Fällen nicht bestritten werden.

Gegen die Ansicht, dass das Wasser die alleinige Ursache der Cholera sei, wird auch der Umstand angeführt, dass die Cholerabakterien nicht in dem als ansteckungsverdächtig angesprochenen Wasser nachgewiesen, dagegen zu anderen cholerafreien Zeiten in dem betreffenden Wasser gefunden worden sind, dass ferner im Wasser für gewöhnlich Bakterien (besonders phosphorescirende Bakterien vorkommen, welche viele Eigenschaften (z. B. die Komma-Form, die Phosphorescenz, die Choleraroth-Reaktion) mit den Cholerabakterien theilen. Die Lösung der Frage über die Beziehungen zwischen Wasser und Cholera hängt daher auch wesentlich von dem Nachweis der Cholerabakterien ab und sind die Bakteriologen bemüht gewesen, die Methoden des Nachweises wesentlich zu verbessern, so R. Koch[2]) selbst L. Heim,[3]) Loeffler,[4]) Bujwid[5]) u. A. Ersterer benutzt jetzt die von

[1]) Vergl. Dunbar: Arbeiten a. d. Kaiserl. Gesundheitsamt 1894, **9**, 379.
[2]) Zeitschr. f. Hyg. 1893, **14**, 319.
[3]) Centrbl. f. Bakteriol. I. Abth., 1892, **12**, 353.
[4]) Ebendort 1893, **13**, 380.
[5]) Ebendort 1893, **11**, 120.

Dunham zuerst beobachtete Eigenschaft der Cholerabakterien, in einer Lösung von 1 % Pepton und 0,5 % Kochsalz besonders gut zu wachsen, zum Nachweis derselben. 100 ccm des betreffenden Wassers und mehr werden mit 1 % Pepton und 0,5 % Kochsalz versetzt, bei 37° gehalten und von der Peptonkultur Gelatine- bezw. Agarplatten beschickt etc.

R. Pfeiffer[1]) benutzt den Thierversuch zum Nachweis bezw. zur Trennung der Cholerabakterien von ähnlichen Wasserbakterien.

Durch Impfung mit Choleraserum erlangen Thiere eine gewisse Immunität, die sich je nach der Virulenz der Kultur steigern lässt. Werden derartig immunisirten Thieren, z. B. Meerschweinchen, echte Choleravibrionen injicirt, so werden dieselben aufgelöst; sie sind nach kurzer Zeit nicht mehr nachweisbar und das Thier bleibt gesund. Im anderen Falle handelt es sich um einen der vielen ähnlichen Vibrionen. Die Pfeiffer'sche Choleraimmunisirung ist seitdem vielfach geprüft und besonders von Dunbar[2]) und im Greifswalder hygienischen Institut bestätigt gefunden. Die Kulturen der verschiedenen grossen Epidemien sind als echte Cholerakulturen bestätigt worden.

Eine allgemeine Anerkennung hat das Pfeiffer'sche Verfahren jedoch noch nicht gefunden.

Wenn hiernach schon der Nachweis der Cholerabakterien im Wasser sehr schwierig und unsicher ist, so muss man schon aus diesem Grunde mancherlei Mittheilungen und Schlussfolgerungen aus Beobachtungen mit Vorsicht aufnehmen (vergl. u. A. M. Gruber.[3]) Nachdem v. Pettenkofer und Emmerich[4]) Reinkulturen von Choleravibrionen eingenommen haben, ohne anderen Schaden zu nehmen als eine kleine Diarrhoe, und Stricker[5]) diesen Versuch bei 6 Personen in Wien wiederholt hat, von denen aber nur zwei an Magen-Darmaffektionen, die von Cholera sehr verschieden waren, erkrankten, nachdem man ferner in vielen Fällen im Darm von zweifellosen Cholerakranken keine Cholerabakterien gefunden hat, während sie in den Stühlen von anscheinend Gesunden vorhanden waren,[6]) da sind sogar Zweifel laut geworden, ob die Cholerabakterien überhaupt die Ursache der Cholera sind. E. Metschnikoff[7]) begründete z. B. auf dem internationalen Hygiene-Kongress in Budapest 1894, dass neben dem Koch'schen Kommabacillus noch andere Bakterien mitwirken, um Cholera hervorzurufen; wo diese fehlen, da tritt auch trotz Kommabacillus keine Cholera auf. Thatsache ist weiter, dass nach einer umfangreichen Statistik Aerzte und Wärter bezw. Wärterinnen von Cholerakranken nicht mehr

[1]) Zeitschr. f. Hyg. 1897, **18**, 1 u. 1895, **19**, 75.
[2]) Deutsche med. Wochenschr. 1895, 9.
[3]) Arch. f. Hyg. 1892, **15**, 248, 1894, **20**, 123.
[4]) Zeitschr. f. angew. Chem. 1892, 738.
[5]) Das Vaterland, Wien 5. Okt. 1893, Ab. 4.
[6]) Vergl. Hyg. Rundsch. 1893, **3**, 660.
[7]) Vergl. den Bericht hierüber 1896, **2**, 303.

von Cholera befallen werden, als andere Menschen, welche nicht mit Cholerakranken in Berührung kommen.

Es muss daher nach v. Pettenkofer ausser dem Keim *(x)*, der vom Kranken kommt, noch etwas anderes geben, welches die Cholera zu einer Epidemie macht, und alle epidemiologischen Thatsachen sprechen dafür, dass dieses Etwas in zeitlichen und örtlichen (Boden-) Verhältnissen (dem y) liegt und dass erst durch Zusammenwirken von x und y das eigentliche Infektionsgift z entsteht. Es kann sein, dass das Wasser direkt oder indirekt — wegen unreiner schlechter Beschaffenheit ebenso wie jedes andere schlechte oder verdorbene Nahrungs- und Genussmittel — die Verbreitung der Krankheit befördert, unter Umständen auch der Träger des Ansteckungsstoffes ist; es ist aber auf Grund der bisher festgestellten Thatsachen nicht angängig, das Wasser stets und für alle Fälle als die alleinige Ursache ansehen zu wollen.

Dieses scheint auch jetzt die Ansicht von Rob. Koch, dem eifrigsten Verfechter der Trinkwasser-Theorie, zu sein; denn er sagt[1]) 1893 wörtlich also:

„In der letzten Epidemie — nämlich in Hamburg 1892 — hat allerdings das Wasser, wie wohl Niemand bestreiten wird, eine recht bedeutende Rolle gespielt. Trotzdem können wir auch jetzt noch nicht wissen, ob das in Zukunft ebenso sein wird, und es ist gewiss richtiger, mit einem definitiven Urtheil über die Bedeutung des Wassers so lange zurückzuhalten, bis wir noch weitere ausreichende Erfahrungen gesammelt haben. Aber das vorige Jahr hat auf jeden Fall wiederum gezeigt, dass wir auch in Zukunft alle Ursache haben, gerade der Wasserversorgung unsere grösste Aufmerksamkeit zuzuwenden".

β) Typhus.

Wie für Cholera so haben Eberth[2]) u. R. Koch[3]) auch für Typhus eigenartige Bacillen als Krankheitserreger nachgewiesen, und gelang zuerst G. Gaffky[4]) deren Reingewinnung aus Stuhlentleerungen von Typhuskranken. Schon 1856 sprach Lancet Budd[5]) die Ansicht aus, dass das den Typhus erzeugende Agens mit den Dejektionen der Typhuskranken nach aussen auf und in den Boden gelange und von dort auch seinen Weg in das zum Trinken dienende Wasser finden könne, während A. Hirsch[6]) 1881 die Beziehung von Typhus und Trinkwasser als eine feststehende Thatsache bezeichnete. Nichtsdestoweniger ist auch beim Typhus die Trinkwassertheorie von v. Pettenkofer mit denselben Gründen

[1]) Zeitschr. f. Hyg. 1893, **14**, 394.
[2]) Virchow's Arch., **81** u. 83.
[3]) Mittheilungen a. d. Kaiserl. Gesundheitsamt. Berlin 1881, **1**.
[4]) Ebendort 1884, **2**.
[5]) L. Budd: Typhoid fever, its nature etc. London 1873.
[6]) A. Hirsch: Handbuch d. histor. geogr. Pathologie. Stuttgart 1881, Abth. **I**, 475.

bekämpft worden, wie bei der Cholera; auch für die Entstehung und Verbreitung des Typhus erblickt v. Pettenkofer die Ursache eher im Boden, den Untergrund- und Grundwasser-Verhältnissen, als im Trinkwasser.

Was die Lebens- und Vermehrungsfähigkeit der Typhusbacillen in gewöhnlichem Wasser anbelangt, so geben die meisten Forscher (Arnold, Hüppe, Gärtner u. A.) an, dass die Keimzahl bald schneller, bald langsamer von dem Augenblick der Einsaat an abnehme; andere Forscher wollen dagegen eine unzweifelhafte Vermehrung im Wasser beobachtet haben.

Die Untersuchungen von A. Pfeiffer,[1]) Strauss und Dubarry,[2]) W. Heraeus,[3]) Wolffhügel und Riedel,[4]) O. Griewank,[5]) P. Frankland,[6]) Krauss,[7]) Karlinski[8]) u. A. haben ergeben, dass die Typhusbacillen, in gewöhnlichem, sterilisirtem oder nicht sterilisirtem Wasser meistens innerhalb 14 Tagen zu Grunde gehen, es sei denn, dass darin besondere, ihnen zusagende Nährstoffe, welche ihre Vermehrung begünstigen, vorhanden sind; dann können sie sich ausnahmsweise länger halten. Das Licht übt auf dieselben den gleichen vernichtenden Einfluss aus, als auf die Cholerabakterien.

Auch will eine Anzahl Forscher des In- und Auslandes (z. B. Moe Michael, Beumer, Marpmann, Finkelnburg, Uffelmann, v. Fodor, Brouardel, Roux etc. etc.)[9]) Typhusbacillen in solchen Wässern nachgewiesen haben, nach deren Genuss Typhus aufgetreten sein soll.

R. Pfeiffer[10]) berichtet über zwei Typhusepidemien, nämlich über eine im Sommer und Herbst 1895 in Lüneburg, die andere im Sommer 1895 in Zehdenik a. d. Havel, von denen nach seiner Ansicht die erstere vorwiegend durch den Genuss des verunreinigten Wassers der Ilmenau, die letztere durch einen verseuchten Brunnen entstanden ist.

Andererseits konnte G. Gaffky bei einer Epidemie in Wittenberg (1882), Cramer bei einer solchen in Zürich (1884), Hüppe bei einer Epidemie in Wiesbaden und Vilbel bei Frankfurt, Hausser bei einer solchen in Freiburg i. Br. 1884/85, Löffler bei einer Epidemie in der Kaserne des Königsregiments in Stettin (1888), Brouardel und Chantemesse bei einer solchen in Lorient, Pouchet bei einer solchen in Joigny u. s. f. Typhusbacillen in den hochverdächtigen Wässern nicht nachweisen.

---

[1]) Zeitschr. f. Hyg. 1886, **1**, 398.

[2]) Arch. de méd. expérim. et d'anat. path. 1889, **1**, 5.

[3]) Zeitschr. f. Hyg. 1886, **1**. 76.

[4]) Arbeiten a. d. Kaiserl. Gesundh. 1886, **1**, 455.

[5]) O. Griewank: Dauer d. Lebensfähigkeit d. Typhusbacillen im Brunnenwasser. Inaug. Dissert. Rostock 1892.

[6]) Zeitschr. f. Hyg. 1895, **19**, 393.

[7]) Ebendort 1887, **6**, 234.

[8]) Arch. f. Hyg. 1889, **9**, 432.

[9]) Vergl. die ausführliche Litteratur-Uebersicht über Typhus von W. Lösener: Ueber das Vorkommen von Bakterien mit den Eigenschaften der Typhusbacillen etc. in Arbeiten a. d. Kaiserl. Gesundh. 1895, **11**, 207 u. ff.

[10]) Nach „Klinisches Jahrbuch" 1898, **7** als besondere Schrift „Typhusepidemien und Trinkwasser", Jena, 1898 erschienen.

Dieses mag wiederum zum Theil an der Unvollkommenheit des Untersuchungsverfahrens liegen; denn wenn schon die Cholerabakterien sich schwer feststellen lassen, so gilt dieses erst recht von denen des Typhus.

Mit dem Nachweis von Typhusbacillen hat sich ebenfalls wieder eine Anzahl Forscher befasst, so G. Fraenkel und M. Simmonds,[1]) Beumer und Peiper,[2]) R. Pfeiffer,[3]) R. Pfeiffer und Kolle,[4]) Gesner,[5]) W. Lösener (vergl. Anm. 9, S. 66, wo auch sonstige Litteratur angegeben ist) u. A.

W. Lösener giebt in seiner Arbeit zehn Punkte an, durch welche sich der Typhusbacillus von anderen ähnlichen unterscheidet.

Alle Bakteriologen sind aber darin einig, dass wegen der grossen Schwierigkeit des Nachweises der Typhusbakterien alle bisherigen Angaben über das Vorkommen von Typhusbakterien in einem Wasser mit Vorsicht aufzunehmen sind, und wenn wir dazu die sonstigen epidemiologischen Thatsachen mit in Betracht ziehen, so dürfte der Schlusssatz Rob. Koch's über die Bedeutung des Wassers für die Entstehung und Verbreitung der Cholera S. 65 auch für den Typhus Geltung haben.

γ) Sonstige durch pathogene Bakterien erzeugte Krankheiten.

Als Ursache des fieberhaften Ikterus, der sogenannten Weil'schen Krankheit, glaubt H. Jäger[6]) eine Proteus-Art, den Bacillus proteus fluorescens ansehen zu müssen, der auch die Geflügelseuche verursacht; es gelang ihm auch, diesen pathogenen Proteus im Wasser (einem Wasserlauf, der mit dem in die Donau mündenden Blaukanal in Verbindung steht) nachzuweisen.

Von den pyogenen Mikroorganismen, welche die Mundinfektionskrankheiten bewirken, haben E. Ullmann,[7]) J. Tils,[8]) u. A. Staphylokokken im Wasser nachgewiesen.

Als Erreger des sogenannten Peude'schen oder tropischen Geschwürs fanden Ducleaux und Heidenreich[9]) in verunreinigten Wässern den „Micrococcus Biskra", dessen Eigenschaften denen der Staphylokokken sehr ähnlich sind. Nach Genuss dieser betreffenden Wässer konnte Heidenreich den Micrococcus im Kothe nachweisen.

---

[1]) Fraenkel und Simmonds: Die ätiolog. Bedeutung der Typhusbacillen. Hamburg u. Leipzig 1886, ferner Zeitschr. f. Hyg. 1887, **2**, 138.

[2]) Ebendort 1886, **1**, 487; 1887, **2**, 382.

[3]) Deutsche Med. Wochenschr. 1894, No. 48, 898.

[4]) Zeitschr. f. Hyg. 1895, **21**, 203, 452 u. 454.

[5]) Ebendort 1895, **21**, 25.

[6]) Ebendort 1892, **12**, 525.

[7]) Ebendort 1888, **4**, 55.

[8]) Ebendort 1890, **9**, 282.

[9]) Centrbl. Bakteriol. I. Abth., 1889, **5**, 163 u. 213.

Unter den Bakterien der „Septicaemia haemorrhagia“, unter welcher Bezeichnung Hüppe[1]) eine Anzahl von Thierkrankheiten zusammenfasst — Hühnercholera, Kaninchenseptikämie, Schweineseuche, Mäusetyphus u. a. — ist nur der Bacillus der Kaninchenseptikämie im Wasser gefunden worden. Gaffky[2]) hat denselben im Wasser der Panke, eines durch Berlin fliessenden Baches, nachgewiesen, ihn rein gezüchtet und mit dem Pankewasser die Septikämie auf andere Kaninchen übertragen.

Eine Uebertragung von Diphtheriebacillen durch das Wasser ist in der Litteratur nicht erwähnt: Gehrke konnte sie jedoch in nicht sterilisirtem Leitungs-, Brunnen- und Stadtgrabenwasser sicher noch nach zwölf Tagen mittelst Agarplatten lebend nachweisen. Die Möglichkeit einer Infektion durch inficirte Wässer ist also nicht ausgeschlossen.

Für die Entstehung und Verbreitung der Malaria wird ebenfalls von verschiedenen Seiten das Wasser als Ursache angenommen; jedoch wie es scheint mit Unrecht. Die Erreger der Malaria sind keine Bakterien, sondern Plasmodien, die zu den pathogenen Protozoën gehören, die Blutkörperchen befallen, in diese eindringen und dieselben schliesslich vernichten.

Blank[3]) theilt einen Fall mit, wo der Genuss von einem Glase Sumpfwasser in dem wegen seiner malarischen Eigenschaften bekannten Walde Ghur (in der Provinz Kattiwar), bei vier gesunden Individuen am vierten Tage einen Fieberanfall zur Folge hatte, während Wenzel für das Sumpfwasser bei den in der Jahdebucht beschäftigten und an Malaria erkrankten Arbeitern einen Einfluss des Wassers nicht feststellen konnte. Hier nahm die Krankheit bei den Arbeitern zwar ab, nachdem sie durch Leitung reines Wasser erhielten, aber dasselbe trat auch bei den Arbeitern ein, welche das Sumpfwasser weiter genossen, und später wüthete die Krankheit nach Einführung der Wasserleitung gerade so wie vor derselben.

Wie immer man über diese beiden Beobachtungen auch denken mag, so viel steht fest, dass die Malaria mit Vorliebe auf einem mit pflanzlichen Resten und den Erzeugnissen ihrer fauligen Zersetzung durchtränkten Boden herrscht.

Wahrscheinlicher als Malaria haben katarrhalische Affektionen des Darmes bezw. Dysenterie und Ruhr Beziehungen zum Wasser. So wird angegeben, dass das Trinkwasser von Petersburg, welches aus der stark mit organischen Stoffen verunreinigten Newa entnommen wird, besonders bei solchen, welche nicht daran gewöhnt sind, Diarrhöen hervorruft, und wird dasselbe von dem Wasser der Maas in Rotterdam, dem Wasser in Danzig und von dem aus der Wolga stammenden Trinkwasser von Astrachan behauptet.

---

[1]) Berl. klin. Wochenschr. 1886, No. 44—46.
[2]) Mittheil. a. d. Kaiserl. Gesundh. 1881, **1**, 80.
[3]) Gaz. med. de Paris 1874, No. 5.

Bestimmte Erreger dieser Krankheiten sind bis jetzt in den Wässern nicht gefunden. Nach F. Löffler sind es aber wahrscheinlich belebte Wesen, da die Magenkrankheitserscheinungen meistens erst nach einer Inkubationszeit von 24—26 Stunden zum Ausbruch kommen.

δ) Milzbrand.

Von dem Milzbrand wird in einer Reihe von thierärztlichen Berichten angenommen, dass er durch Wasser verbreitet wird, d. h. dass Ueberschwemmungen sowohl an Flussufern als auch im Inundationsgebiet von Seeen oder Sümpfen ausserordentlich häufig zu Milzbrandausbrüchen Veranlassung geben, sobald das Vieh auf die der Ueberschwemmung ausgesetzt gewesenen Stellen geführt oder mit Futter, welches daselbst gewachsen ist, gefüttert wird.

Nach Versuchen von R. Koch[1]) sind diese Vermuthungen nicht gerade von der Hand zu weisen. Derselbe weist nämlich nach, dass alle Thatsachen dafür sprechen, dass ausser den von der Körperoberfläche vermittelten Infektionen die übergrosse Mehrzahl der spontanen Milzbrandfälle auf eine Infektion vom Darm aus — und zwar nach H. Buchner[2]) durch Milzbrandsporen leichter als durch Stäbchen — zurückzuführen ist, dass alle übrigen Infektionsarten, wie die von Respirationsorganen oder die von Verletzungen der Schleimhäute aus gegen diese zurücktreten. R. Koch hat ferner festgestellt, dass die Milzbrandbacillen auch auf zahlreichen Pflanzenstoffen (z. B. Kartoffeln und Rübenarten, zerquetschten stärkemehlhaltigen Stoffen, wie Cerealien- und Leguminosen-Samen) zur Entwickelung und zur Sporenbildung gelangen, dass die Milzbrandsporen durch mehrmonatliche Aufbewahrung in destillirtem Wasser und in reinem Leitungswasser weder ihre Fortpflanzungsfähigkeit noch ihre Infektionskraft einbüssen.

Man kann sich nach R. Koch das Leben der Milzbrandbacillen so vorstellen, „dass sie in sumpfigen Gegenden, an Flussufern etc. sich alljährlich in den heissen Monaten auf ihnen zusagenden pflanzlichen Nährsubstraten, aus den von jeher daselbst abgelagerten Keimen entwickeln, vermehren, zur Sporenbildung kommen und so von neuem zahlreiche, die Witterungsverhältnisse und besonders den Winter überstehende Keime am Rande der Sümpfe und Flüsse bezw. in deren Schlamm ablagern. Bei höherem Wasserstande und stärkerer Strömung des Wassers werden dieselben mit den Schlammmassen aufgewühlt, fortgeschwemmt und an den überflutheten Weideplätzen auf den Futterstoffen abgesetzt; sie werden hier mit dem Futter von dem Weidevieh aufgenommen und erzeugen dann die Milzbrandkrankheit.“

---

[1]) Mitth. a. d. Kaiserl. Gesundh. 1881, **1**, 49.

[2]) H. Buchner: Ueber die experimentelle Erzeugung des Milzbrandkontagiums. München 1880, 166.

Der einzige Fall des Nachweises von Milzbrandbacillen in einem verdächtigen Wasser wird von Diatroptoff[1]) berichtet: Die Epidemie in einer Hammelherde hörte erst auf, nachdem ein Brunnen, der das Trinkwasser für die Schafe lieferte, zugeschüttet war. In Schlammproben aus den Brunnen hat Diatroptoff echte Milzbrandbacillen nachgewiesen.

ε) Infektionskeime für Fische.

Wie die Menschen und Landthiere, so haben auch die Fische ihre Infektionskrankheiten. Ausser den Infektionskrankheiten, als deren Ursache man Parasiten aus dem Kreise der schmarotzenden Würmer erkannt hat — ungefähr gegen 250 verschiedene Arten, die aber selten ein Eingehen und Absterben der Fische bewirken, — giebt es auch seuchenartige Erkrankungen unter den Fischen, die wie die Seuchen unter Menschen und Landthieren durch niedere Lebewesen (Sporozoën und Bakterien) verursacht werden und denen häufig unzählige Fische erliegen. Diese Fischseuchen treten naturgemäss am häufigsten in den fischreichen Gewässern, z. B. in der Südsee in Westindien, im Meerbusen von Mexiko etc. auf; besonders häufig sind sie in der Walfischbai[2]) beobachtet worden, zuerst am 19. April 1837 durch Alex. Kunde, der den ganzen Strand mit todten Fischen aller Art bedeckt fand, dann wiederum im December 1851 und 1880; in letzterem Jahre gewahrte man am 21. December auffällige röthliche Streifen und Flecken im Wasser der Bai, am nächsten Tage begann ein erschreckendes Sterben der Fische, erst der kleinen, dann der grossen, nach einiger Zeit lagen die Fischleichen zu Millionen so dicht an der Oberfläche geschichtet, dass nirgends mehr das Wasser zu erblicken war. Als Ursache dieses grossen Fischsterbens vermuthete man anfänglich vulkanisch bedingte Gasausströmungen; C. Wilmer und besonders Eug. Warning fanden aber als Ursache eine zeitweilig massenhaft sich entwickelnde, röthlich gefärbte Bakterienart, deren Auftreten von Zeit zu Zeit auch in anderen Gebieten, z. B. an den dänischen Küsten, beobachtet worden ist.

Auch die Süsswasserfische werden nicht selten von solchen Seuchen befallen; so beobachtet man seit Ende der 70er Jahre regelmässig in den Sommermonaten in der Mosel eine Barbenkrankheit,[3]) die bereits eine solche Ausdehnung angenommen hat, dass die im Absterben begriffenen oder toten Fische zu Hunderten bei Trier vorübertreiben und einen aashaften Geruch verbreiten. Die kranken Fische taumeln an die Oberfläche des Wassers, als wenn sie mit Kockelskörnern vergiftet wären; ihr Fleisch ist mitunter strohgelb und zeigt eine zellartig weiche Beschaffenheit.

Aeusserlich macht sich die Krankheit durch das Auftreten etwa wallnussgrosser Anschwellungen erkenntlich, die am Bauche und an den Seiten

---

[1]) Ann. Inst. Past. 1893, 7, 286.

[2]) Vergl. A. Sticker, Ach. f. animal. Nahrungsmittelkunde 1893, 8, 122.

[3]) Ebendort 1893, 8, 124.

des Körpers bald vereinzelt, bald in grösserer Anzahl vorgefunden werden. Dieselben brechen auf und erscheinen dann als blutig geränderte, tiefe, kraterförmige Geschwüre, in denen eine gelbe, eiterähnliche Masse enthalten ist. Als Ursache dieser Erkrankung sind die Myxosporidien oder Fischsporospermien erkannt worden, welche Joh. Müller 1841 entdeckt hat.

Eine ähnliche, ebenfalls von Sporozoën verursachte Barbenseuche wird von Fickert[1]) beschrieben; von den Parasiten werden nur die inneren Organe, insbesondere die Muskulatur, nicht die Kiemen befallen; ein sicheres Kennzeichen der Erkrankung ist die starke Abmagerung des befallenen Thieres. Der erkrankte Fisch inficirt sich selbst fortgesetzt weiter und erst wenn er der Krankheit erlegen ist, wird der Parasit durch den Kadaver weiter verbreitet. Der Verbreitung der Seuche, die in den letzten Jahren im oberen Neckar, im Kocher und in der Jaxt beobachtet worden ist, wird durch Mangel an kräftigem Hochwasser, also in trockenen Sommern, Vorschub geleistet.

Die weitverbreitete sog. Pockenkrankheit der Karpfen, welche in grossen Karpfenwirthschaften nach vielen Centnern zählende Opfer fordert, hat nach Bruno Hofer[2]) eine Myxosporidie zur Ursache; sie gehört zur Gattung Myxobolus und wird von Hofer Myxobolus cyprini genannt.

Die Krankheit äussert sich nach Br. Hofer dadurch, dass auf der Oberhaut der Fische an den verschiedenen Stellen des Körpers, sowie am Kopf und den Flossen zunächst kleinere, wie Milchglas getrübte, weissliche Flecken auftreten, welche nach kürzerer oder längerer Zeit erheblich an Umfang zunehmen und an vielen Stellen miteinander zusammenfliessen, so dass bisweilen der grösste Theil des ganzen Fisches bedeckt sein kann. Die fleckigen Stellen der Haut sind gewöhnlich dabei verdickt und springen ca. 1—2 mm hoch hervor. Berührt man dieselben am lebenden Fisch mit dem Finger, so hat man die Empfindung, dass sie härter wie ihre Umgebung sind, ja manchmal eine fast knorpelige Beschaffenheit zeigen. Wenn die Krankheit nicht hochgradig ist, so tritt statt der grossen, erhabenen, milchglasähnlichen Flecken nur eine leichte weissliche Trübung der Haut auf, wie wenn an manchen Stellen derselben ein zarter feiner Schleier darüber gelagert wäre. Diese weisslichen verdickten Stellen dauern gewöhnlich einige Wochen lang, fallen dann in Fetzen ab, um aber nach kurzer Zeit von neuem aufzutreten. Die erkrankten Fische stellen dabei gewöhnlich ihr Wachsthum mehr oder minder ein und magern sehr stark ab; wenn sie nicht schliesslich zu Grunde gehen, so sind sie doch wegen ihres hässlichen Aussehens nicht verkäuflich.

Die Ursache dieser Krankheit liegt nicht etwa, wie man vermuthen sollte, in der Haut, sondern in der Niere, ferner in der Leber und Milz, die von der obigen Myxosporidie stark durchsetzt sind.

---

[1]) Allg. Fischerei-Ztg. 1894, 364.
[2]) Ebendort 1896, 2, 38 u. 182.

Die jüngsten, winzig kleinen Myxosporidien sitzen als gelb gefärbte, amöbenartige Körperchen in den Zellen der Harnkanälchen, von wo sie nach dem Heranwachsen und nach der Zerstörung in das Lumen der Harnkanäle fallen; aus diesen werden die reifen Myxosporidien mit ihren Fortpflanzungsorganen in die Harnblase geschwemmt, um von hier nach aussen zu gelangen, so dass sie sich in Massen im Koth der Fische befinden. Dadurch, dass dieser Koth von anderen Fischen verzehrt wird, findet eine Weiterverbreitung der Krankheit statt, indem die Infektion vom Darm aus auf Niere, Leber und Milz übergeht.

Die hochgradige Erkrankung dieser wichtigen Organe übt einen nachtheiligen Einfluss auf den Gesammtstoffwechsel des Fisches aus, und ist, wie durch direkte Infektionsversuche erhärtet wurde, die Annahme berechtigt, dass die beschriebene Erkrankung der Haut nichts anders sein wird, als ein besonderer Ausdruck für die Allgemeinerkrankung des Fisches.

Auch die Erkrankungen von Teich-Salmoniden wird durch Myxosporidien hervorgerufen, die im Gehirn ihren Sitz haben.

Als Ursache von Fischerkrankungen durch Bakterien-Infektionen sind bis jetzt ausser der oben erwähnten Seuche in der Walfischbai bei Süsswasserfischen zwei Fälle mit Sicherheit erkannt worden, nämlich eine durch Bakterien verursachte Forellen-Seuche, die zwei Jahre hindurch in einer Salmonidenzuchtanstalt während der Laichzeit eintrat und der in einem Jahre 400 Laichforellen zum Opfer fielen. R. Emmerich[1]) schildert diese Krankheit wie folgt: Im Beginn der Krankheit entstehen als äusserlich sichtbare Symptome auf der Haut an verschiedenen Stellen zahlreiche, etwa erbsengrosse Geschwülste, welche mit einer gelbweissen käsigen Masse oder mit blutigem Eiter erfüllt sind. Diese Pusteln brechen nach einiger Zeit an der Oberfläche durch, so dass ein kleines, flaches, blutrünstiges Geschwür entsteht, welches sich allmählich bis zum Umfang eines Fünfpfennigstückes vergrössert. Im weiteren Verlauf der Erkrankung treten zu den Geschwüren noch Blutergüsse unter die Oberhaut, besonders in den Flossen. Die Fische werden nach 8—10tägiger Krankheitsdauer träge, an den erkrankten Stellen treten auch Schimmelpilze in Gestalt bekannter weisslicher Flocken auf, und zwischen dem 12. und 20. Tage erfolgt gewöhnlich der Tod. Die inneren Organe zeigen meistens keine Veränderungen, nur der Darm ist stark entzündet. Dagegen finden sich in den in den Muskeln zerstreuten eitrigen Pusteln von Bohnengrösse und in den Blutergüssen eigenartige, von sonstigen ganz verschiedene stäbchenförmige Bakterien, mit deren Reinkulturen gesunde Fische wie auch das Wasser inficirt werden konnten, um an gesunden Fischen (Forellen, Aeschen, Karpfen) dieselbe Krankheit zu erzeugen.

Die Krankheit zeigt daher das Bild einer Furunkulose und hat grosse Aehnlichkeit mit der vorhin erwähnten Barbenseuche in der Mosel.

Auch scheint eine von A. Fischel (l. c. S. 203) im Jahre 1892 an einem Karpfen beobachtete Erkrankung durch denselben stäbchenförmigen

[1]) Allg. Fischerei-Ztg. 1894, 202.

Bacillus (Bacillus piscicidus) hervorgerufen zu sein, da der Karpfen im allgemeinen dasselbe äussere Krankheitsbild zeigte.

Von besonderer Bedeutung ist hierbei die Thatsache, dass dieser Bacillus auch bei Warmblütern krankheitserregende Wirkungen äusserte. Bisher war man der Meinung, dass die Bakterien der Warmblüter für die Kaltblüter, also auch die Fische, unschädlich seien und umgekehrt.

Dieser und ein in Biberg bei Malchin beobachteter Fall, wonach durch Verfütterung von Fleisch eines verendeten Pferdes eine Infektion von Fischen hervorgerufen wurde, die im Blute charakteristische Stäbchenbakterien aufwiesen, lassen aber diese Meinung nicht mehr stichhaltig erscheinen, sondern machen es wahrscheinlich, dass es zwischen Warm- und Kaltblütern gemeinsame Bakterien giebt und dass durch Verfütterung von krankem Warmblüterfleisch bei Fischen und umgekehrt Krankheiten erzeugt werden können.

Die von J. Wyss[1]) im Jahre 1897 im Züricher See beobachtete Fleckenkrankheit bei Plötzen zeigt, dass ein gewöhnlicher, weit verbreiteter Bacillus unter Umständen spontan pathogen werden kann.

Die erkrankten Plötzen zeigten an verschiedenen Stellen des Körpers auffällige, wohl umschriebene blassgelbliche Flecken in der Grösse eines 1—5 Frankenstückes. Die Haut auf den Flecken war ein wenig erhaben, die Schuppen entweder abgefallen oder gelockert; an anderen Plötzen waren statt der gelben Flecken zahlreiche 0,25—1,0 qcm grosse, blutig infiltrirte Hautstellen sog. Ecchymosen sichtbar; sonst waren auch an den inneren Organen keine besonderen Veränderungen festzustellen.

Zu den gelben Flecken bezw. Ecchymosen, im Blut, in der Leber und im Darm der abgestorbenen wie erkrankten Plötzen wurde ein und dasselbe Bakterium, nämlich das Bacterium vulgare Proteus gefunden, welches stets im Darm auch gesunder Thiere vorzukommen pflegt, also hier spontan pathogen geworden sein muss, wie es auch für Warmblüter, (Kaninchen, Meerschweinchen, Mäuse) pathogen werden kann. Mit Reinkulturen dieses von erkrankten Plötzen gezüchteten Bakteriums konnten dieselben Krankheitserscheinungen und der Tod bei gesunden Plötzen hervorgerufen werden, sowohl wenn die Reinkulturen direkt auf die Thiere oder erst in Wasser übertragen und in dieses die Thiere gesetzt wurden. J. Wyss führt das Pathogenwerden dieses weitverbreiteten Bakteriums auf die damalige hohe Temperatur des Züricher Seewassers zurück.

O. Zacharias[2]) fand in dem Wasser eines Parkteiches (Wendisch-Wilmersdorf), in welchem sämmtliche Karpfen eingegangen waren und das Wasser von rothen erdbeerfarbigen Streifen durchzogen war, die blutrothe Mikrobe Chromatium Okenii, welche wie die Schwefelbakterien Schwefelwasserstoff zu Schwefel und Schwefelsäure oxydirt. Das Auftreten von Schwefelwasserstoff erklärt Zacharias aus der Cellulose-Gährung in dem

---

[1]) Vergl. Br. Hofer: Allg. Fischerei-Ztg. 1898, 206.

[2]) Plöner Wchnbl. vom 8. Jan. 1899.

Teiche, die durch hineingefallenes Laub und sonstige organische Stoffe auf dem Boden des Teiches unterhalten und durch eine Eisdecke im Winter wesentlich unterstützt wurde.

In einem anderen Falle rührte die Rothfärbung eines Fischteiches (Herne i. W.) bezw. die an der Oberfläche abgeschiedene rothe Masse von der Infusorie Astasia haematodes her, die bis dahin von Ehrenberg nur in einer sibirischen Steppenlache gefunden worden war; die auffällige Färbung der Astasia wird von vielen blutrothen Körnchen hervorgerufen, welche durch die ganze Körpermasse vertheilt sind. Ein auffälliges Sterben von Fischen liess sich selbst zur Zeit der stärksten Entfaltung dieser infusoriellen Wasserblüthe nicht feststellen, wohl aber ein übler Geruch, den die an der Oberfläche schwimmenden und dort absterbenden rothen Massen verursachten.

ζ) Fäulnissbakterien.

Von grösster Bedeutung ist die Frage, ob Fäulnissbakterien oder deren Stoffwechselerzeugnisse, die mehr oder weniger stets in einem mit fauligem Abwasser verunreinigten Wasser vorkommen, schädlich für Menschen oder Thiere sind. Bekanntlich können wir im Käse wie im Wildpret mit deutlichem Wildgeschmack nicht unwesentliche Mengen Fäulniss-Bakterien und Fäulniss-Erzeugnisse zu uns nehmen, ohne dass sie schädlich wirken; andererseits aber liegen nicht wenige Thatsachen vor, nach denen der Genuss gefaulter Speisen (wie Käse, Wurst, Fleisch besonders von Fischen) Massenerkrankungen und giftige Wirkungen zur Folge gehabt hat.

R. Emmerich[1]) injicirte Kaninchen subkutan Münchener Kanalwasser, welches besonders durch eine grosse Menge organischer (d. h. durch Chamäleon oxydirbarer) Soffe ausgezeichnet war und z. B. 410,0—538,0 mg trocknen Rückstand, 24—56 mg Chlor sowie 487—1290,0 mg organische Stoffe in 1 l enthielt, und beobachtete als regelmässige Symptome: „Frostschauer, Apathie, Appetitlosigkeit, Abgang von weichem, wurstförmigem Koth, hyenoïder Gang, grosse Mattigkeit, lang andauernde, heftige klonische und tonische Krämpfe, Verengung der Pupillen gegen das Ende; pathologisch-anatomisch treten regelmässig auf: die Hyperämie der Meninge und des Gehirns, der starke Blutgehalt der inneren Organe, die Injektion der Darmmukosa, punktförmige Hämorrhagien auf derselben, subpleurale und subendocardiale Ecchymosen, dunkle Verfärbung der Milz; häufig fand sich auch eine mehr oder weniger ausgedehnte Phlegmone an den Bauchdecken.“ Das sind alles Symptome, welche auch bei Versuchen mit putriden Flüssigkeiten, mit wässerigen Aufgüssen von faulenden thierischen und pflanzlichen Stoffen aufzutreten pflegen. Die Wirkung des Kanalwassers war um so stärker, je geringer das Gewicht und das Alter der Thiere und je grösser der Gehalt an Stoffen war, welche Chamäleon reduciren.

---

[1]) Zeitschr. f. Biol. 1878, **14**, 563.

Ob der toxische Stoff ein gelöster oder suspendirter organischer oder aber ein organisirter Körper war, lässt Emmerich dahingestellt, hält aber das letztere für unwahrscheinlich.

Als dagegen Emmerich den Thieren ein mit reinem Wasser verdünntes Sielwasser injicirte, konnte er keinerlei Störungen der Gesundheit feststellen; er erinnert an die Erfahrungen von Sanderson, wonach eine bestimmte Menge putriden Giftes in viel Wasser gelöst, weniger stark wirkt, als wenn dieselbe Menge mit wenig Wasser genossen wird.

Auch Injektionsversuche mit stark verunreinigtem Brunnenwasser und mit solchem aus Typhushäusern blieben bei Kaninchen ohne schädliche Wirkung.

Ferner hat R. Emmerich in Uebereinstimmung mit anderen Beobachtern (Billroth, Schwenninger, Hemmer, Bergmann etc.) festgestellt, dass stark verunreinigtes Sielwasser Thieren nicht schadet, wenn es in den Magen eingeführt wird. Auch trank er selbst 14 Tage lang täglich $^1/_2$—1 l des Münchener Hofgraben- und Krankenhausbaches, welches sowohl nach der chemischen Analyse[1]) wie nach seinem äusseren Ansehen — es führte Blätter von Kraut, Salat etc., Leinwandfasern, Menschen- und Thierhaare, Kothpartikelchen etc. — verunreinigt war, und zwar trank er das Wasser bei einem ziemlich heftigen Magenkatarrh, ohne dass er einen ungünstigen Einfluss auf den Verlauf der Krankheit feststellen konnte.

Als er das verunreinigte Krankenhausbachwasser bei einer heftigen Gastro-Enteritis trank, steigerten sich die in Zunahme begriffenen Symptome nach der ersten Wasseraufnahme zu bedeutender Heftigkeit, gingen aber bei sonst entsprechendem Verhalten trotz nochmaliger Ausführung des Versuches wieder zurück. Auch hatte der Genuss dieses Wassers bei zwei anderen Patienten, welche an Störungen der Verdauungsorgane litten und sich an den Versuchen freiwillig betheiligten, keine Verschlimmerung des Zustandes zur Folge.

Wenn R. Emmerich in vorstehenden Versuchen gefunden hat, dass eine subkutane Injektion von verunreinigtem Brunnenwasser bei Kaninchen keine schädliche Wirkung äusserte, kommt J. v. Fodor[2]) zu anderen Ergebnissen. Er injicirte Kaninchen einerseits reines, andererseits verunreinigtes, bald gekochtes, bald ungekochtes oder bebrütetes Brunnenwasser und fasst das Ergebniss dieser Versuche wie folgt zusammen:

„1. Von in chemischer Beziehung verhältnissmässig reinem Brunnenwasser können 10 % des Körpergewichtes entsprechende Mengen Kaninchen in den meisten Fällen ohne nachfolgende bedeutendere Gesundheitsstörungen subkutan einverleibt werden.

2. In gut ausgekochtem, verunreinigtem Zustande kommen dem relativ reinen Wasser von der nämlichen relativen Menge bei subkutanen Injektionen noch schwächere Wirkungen zu als dem nicht gekochten Wasser.

---

[1]) Das Wasser enthielt gegenüber reinem Isarwasser im Mittel von 14 Analysen für 1 l:

	Rückstand	Chlor	Ammoniak	Organ. Stoffe
1. Reines Wasser . . .	188,1 mg	1,4 mg	0—Spur	67,8 mg
2. Verunreinigtes Wasser	242,8 „	10,5 „	Spur—2,55 mg	223,1 „

[2]) Arch. f. Hyg., **3**, 118.

3. Von ungekochtem verunreinigtem Brunnenwasser wird der thierische Organismus häufiger angegriffen als von reinem Wasser; es treten stärkere Schwankungen — erst Steigen, dann Fallen — der Temperatur, häufig auch Diarrhöen ein und in manchen Fällen gehen die Kaninchen unter den Symptomen der putriden Infektion zu Grunde. Doch ist selbst das chemisch unreinste Wasser häufig genug ohne alle nachtheilige Wirkung auf die Gesundheit der Thiere. Typhöse Erscheinungen werden an den Kaninchen selbst dann nicht beobachtet, wenn das Wasser aus Häusern mit auffallend häufiger Typhusmortalität herrührt.

4. Durch Stehen bei Bruttemperatur mit oder ohne Zusatz von Nährstoffen wird die Fähigkeit des Wassers, putride Infektion zu erzeugen, erhöht.

5. Von den hier in Anwendung gebrachten Verfahren scheint zur Erforschung, oder gegebenen Falles zur Feststellung der hygienischen Eigenschaften der Trinkwässer (z. B. Fähigkeit zur Erzeugung von Typhus u. s. w.) keine geeignet; die Frage jedoch, ob gewisse Wässer putride Infektion zu erzeugen im Stande sind, könnte event. durch eine grössere Anzahl von Injektionen entschieden werden.

6. Nachdem hier festgestellt worden ist, dass chemisch verunreinigte Wässer in der Mehrzahl der Fälle eine, wenn auch schwache Infektionskraft besitzen, muss gefolgert werden, dass verunreinigtes Wasser auf den einzelnen Menschen, mithin auch auf den allgemeinen Gesundheitszustand nachtheilig einzuwirken vermag. Die Wirkung verunreinigten Wassers ist derart aufzufassen, dass es eine schwache putride Infektion verursacht und dieselbe immer wieder aufs neue hervorruft, hierdurch Gesundheit und Widerstandskraft der Menschen untergräbt und denselben zu Typhus, Cholera, Enteritis u. s. w. disponirt.

Demnach ist die Versorgung der Bevölkerung mit reinem Trinkwasser nicht blos eine ethische Frage, sondern ein wirkliches Gesundheitsbedürfniss."

Ueber die ätiologische Bedeutung der Fäulniss-Bakterien für Infektions-Krankheiten hat v. Nägeli[1]) auf Grund von Versuchen besondere Ansichten ausgesprochen, die im allgemeinen von den Anschauungen anderer Forscher abweichen. v. Nägeli ist ein entschiedener Gegner der Infektion durch Trinkwasser, d. h. der sog. Trinkwasser-Theorie, und macht gegen dieselbe verschiedene Gründe geltend. Zunächst ist nach ihm die Möglichkeit einer Infektion des Organismus durch die Einführung der Krankheitskeime in den Verdauungskanal sehr gering; denn die Spaltpilze vermögen unverletzte Schleimhäute nicht zu durchdringen und werden durch die Säure des Magensaftes sowie weiter im Darm durch die Galle in ihrer Lebensenergie geschwächt. Im Speisekanal aber selbst können sie besonders in der geringen Zahl, in welcher sie im Wasser vorzukommen pflegen, keine bemerkbaren Wirkungen hervorrufen.

Die schädliche Wirkung der Fäulnisspilze hängt wesentlich von der Menge ab, in welcher sie von dem menschlichen Organismus aufgenommen werden. Die schädliche Wirkung der Spaltpilze innerhalb des Körpers besteht darin, dass sie demselben die besten Nährstoffe und den Blutkörperchen den Sauerstoff entziehen, dass sie Zucker und leicht zersetzbare Verbindungen durch Gährwirkung zerstören und giftige Fäulnisserzeugnisse bilden.

Die eine Infektion bewirkenden Spaltpilze theilt v. Nägeli in Miasmen- und Kontagienpilze ein; erstere ruhen im Boden, letztere im Kranken.

---

[1]) v. Nägeli: Die niederen Pilze in ihren Beziehungen zu den Infektionskrankheiten und der Gesundheitspflege. München 1877.

Für die miasmatisch-kontagiösen Krankheiten (wie Cholera, Typhus) müssen die im Boden vorhandenen Miasmenpilze (das y, welches vom Boden kommt) zunächst die chemische Beschaffenheit von Flüssigkeiten im Körper verändern, so dass letztere jetzt einen günstigen und hinreichenden Nährboden für die Kontagienpilze (das x, welches vom Kranken kommt) abgeben.[1]) Von den ersteren sind sehr viele, von letzteren nur wenige zur Infektion erforderlich. Die rein miasmatischen Krankheiten (wie Malaria) können durch die alleinigen Wirkungen der Miasmenpilze hervorgerufen werden; aber auch die miasmatisch-kontagiösen Krankheiten können unter Umständen in der Weise spontan entstehen, dass einzelne Miasmenpilze sich in Kontagienpilze umwandeln.

Denn nach v. Nägeli giebt es im Sinne der Darwin'schen Lehre über Anpassung und Vererbung keine specifischen Krankheitserreger wie ebenso wenig specifische Spaltpilze überhaupt, vielmehr sind sie alle Formen einer oder nur weniger Species, welche im Laufe der Generationen abwechselnd verschiedene morphologisch und physiologisch ungleiche Formen annehmen.

Die Kontagienpilze verwandeln sich ausserhalb des Organismus, im Wasser oder auf sonstigem Nährboden zu gewöhnlichen Spaltpilzen, wie umgekehrt diese wieder zu Kontagienpilzen werden können. v. Nägeli sagt darüber:

„Die Spaltpilze verwandeln sich in einander. Die Miasmenpilze entstehen unter den günstigsten Bedingungen aus den Fäulnisspilzen oder allgemein verbreiteten Spaltpilzen und gehen unter entgegengesetzten Bedingungen wieder in diese über. — Die Kontagienpilze, deren Wohnstätte der Organismus ist und die regelmässig aus dem kranken in den gesunden Organismus übertreten, werden, so wie sie dauernd in äusseren Medien leben und sich fortpflanzen, zu gewöhnlichen Spaltpilzen. Es muss auch das Umgekehrte vorkommen; die Kontagienpilze müssen auch aus den letzteren entstehen können."

Diese Theorie Nägeli's wurde, weil sie anscheinend viele bis dahin schwer verständliche Beobachtungen erklärte, von den verschiedensten Seiten mit Freuden begrüsst. Auch Wernich[2]) ist ihr zugeneigt, indem er glaubt, dass sich z. B. die für gewöhnlich als harmlose Schmarotzer im Darminhalt lebenden Bakterien unter Umständen in gefährliche Typhusbakterien umwandeln können. Er sagt darüber:

„Kommen also selbst wirkliche Infektionserreger bei den genannten Krankheiten (Cholera, Dysenterie und Typhus) durch den Darm und aus demselben, so können sie sich in einer grossen Menge anderer Fäces

[1]) Diese Theorie der Infektionskrankheiten ist von Nägeli die diablastische genannt, zum Unterschied von der monoblastischen, die v. Pettenkofer aufgestellt hat.

[2]) Wernich: Die Entwicklung der organisirten Krankheitsgifte. Berlin 1880, und Grundriss der Desinfektionslehre. 2. Aufl., Wien-Leipzig 1882.

entweder gleichgültig oder nahezu unverändert erhalten und so in der ursprünglichen Menge auch als Infektionsstoffe fortbestehen oder sie benutzen — was wahrscheinlicher und auch jener allgemeinen Annahme entsprechender ist — das zahlreich dargebotene Nährmittel, um es sich einzuverleiben. Dann aber können die folgenden Generationen, weil aus Kothstoffen aufgebaut, nach einiger Zeit nichts anderes als Kothbakterien sein und müssen ihre ursprünglichen Eigenschaften nach und nach vollkommen einbüssen."

Was die Entstehung des Ileotyphus durch Invasivwerden von parasitisch akkomodirten Fäulnissbakterien anbelangt, so denkt sich Wernich den Infektionsvorgang in der Weise, dass entweder die Kothbakterien, welche auch beim gesunden Menschen den Dickdarm in reichlichen Mengen bewohnen, infolge von Störungen beim Verlauf der Dünndarmgährungen über die Ileocöcalklappe nach höher gelegenen Darmabschnitten gelangen und unter solchen veränderten Verhältnissen sich pathogen anzüchten oder dass von aussen z. B. mit dem Trinkwasser, schon hoch vorgezüchtete Fäulnisserreger auf den ersten Wegen in den Dünndarm einwandern.

Seit der Zeit sind von Escherich, Sarnelle, A. Fränkel u. A.[1]) verschiedene Fälle mitgetheilt, wo das gewöhnlich im Darm vorkommende, unschädliche Bacterium coli commune pathogene Natur annehmen und z. B. Perforationsperitonitis verursachen kann. Auch die Proteus-Arten scheinen gelegentlich spontan als Erreger specifischer Krankheit auftreten zu können — vergl. oben S. 67, Jäger über die Weil'sche Krankheit, S. 73 J. Wyss über Fischkrankheiten, ferner Bordoni-Ufreduzzi,[2]) der in den Organen und im Blut zweier nach kurzer Krankheit gestorbenen Menschen eine Proteusart (Proteus hominis capsulatus) fand, die auch bei Hunden und Mäusen infektiös wirkte —.

Was hier über den Uebergang von nicht pathogenen Kothbakterien in pathogene Bakterien angenommen wird, glaubte Buchner,[3]) seiner Zeit hinsichtlich der Heubacillen und Milzbrandbacillen d. h. hinsichtlich des Ueberganges von ersteren in letztere, experimentell nachgewiesen zu haben. R. Koch[4]) hat indess gezeigt, dass aus den letzteren Versuchen die Umzüchtung von Heubacillen in Milzbrandbacillen nicht geschlossen werden kann, und findet auch die Nägeli'sche Lehre schon in den vorstehenden Ausführungen zum Theil eine Widerlegung. Die meisten bisherigen Untersuchungen sprechen vielmehr, wie G. Gaffky[5]) schliesst, dafür, dass die pathogenen Spaltpilze specifische Wesen sind, welche nur aus ihresgleichen hervorgehen und ihresgleichen wieder erzeugen.

---

[1]) Vergl. Fr. Killing in Hyg. Rundsch. 1893, **3**, 724 u. 765, wo ausführliche Gesammt-Litteratur über diese Frage angegeben ist.

[2]) Zeitschr. f. Hyg. 1887, **3**, 333.

[3]) Buchner: Ueber die experimentelle Erzeugung des Milzbrandkontagiums aus den Heupilzen. München 1880.

[4]) Mitth. a. d. Kaiserl. Gesundh. 1881, **1**, 49.

[5]) Ebendort 133.

Dieser Ansicht gegenüber behauptet wiederum Möller-Gröbersdorf,[1]) dass die aus menschlichem Sputum gezüchteten Tuberkelbacillen, wenn sie auf Blindschleichen geimpft werden, ihre biologischen Eigenschaften ändern und in kleinen Mengen für Warmblüter ihre pathogene Natur verlieren. Andererseits hat Möller von Timotheegras und anderen Futterkräutern einen Mikroorganismus reingezüchtet, welcher in vielfacher Hinsicht mit dem Tuberkelbacillus nahe verwandt war und welcher, nachdem er mehrfach auf Meerschweinchen umgeimpft war, bei 37^0 auf Glycerin-Agar ein Aussehen wie eine Tuberkulose-Kultur annahm. Die histologische Untersuchung der kranken Organe der mit dem Timotheebacillus geimpften Thiere ergab ähnliche Verhältnisse (Knötchenbildung), wie bei der Tuberkulose. Auch im Mist fand sich ein solcher Organismus. Hiernach scheinen die Bakterien keine so starre unwandelbare Form zu besitzen, wie von vielen Bakteriologen angenommen wird.

Will man aber mit v. Nägeli und Anderen annehmen, dass die einzelnen Spaltpilze je nach dem Nährboden in einander übergehen, dass sich nicht pathogene Bakterien in pathogene umwandeln können, so würde dieses eher für als gegen die Trinkwassertheorie sprechen; denn, weil wir die nicht pathogenen Fäulnissbakterien überall und weit verbreitet finden, wäre eine Verbreitung von Infektionskrankheiten durch das Wasser um so eher möglich, als Fäulnissbakterien recht häufig in einem verunreinigten Wasser, pathogene Bakterien aber bis jetzt nur vereinzelt darin nachgewiesen sind.

Dass in einer faulenden Flüssigkeit oder Masse die einzelnen Arten der Fäulnissbakterien je nach dem Grad der Fäulniss sich ändern, indem die eine Art der anderen durch ihre Stoffwechselprodukte und durch die Veränderung des Nährmittels den Boden zubereitet, dürfte wohl kaum einem Zweifel unterliegen. Wenn wir bei den Spaltpilzen zwischen Aërobien und Anaërobien unterscheiden, so entwickeln sich zunächst in faulenden Flüssigkeiten und Massen[2]) Aërobien und fakultative Anaërobien, d. h. solche, welche für gewöhnlich auf Sauerstoff angewiesen sind, aber bei Sauerstoffmangel ihre Lebensäusserung nicht vollständig einstellen. Diese Aërobien und fakultativen Anaërobien konsumiren den Sauerstoff des Nährmittels und liefern als Stoffwechselprodukte CO_2, H und andere Gase. Auf diese Weise wird der Sauerstoff so vollständig entfernt, dass nun die Anaërobien die günstigsten Bedingungen zu ihrer Vermehrung finden, und letztere herrschen eine Zeit lang im Nährmittel vor, bis schliesslich durch das Ueberwiegen der CO_2 oder durch die Bildung von sonstigen Umsetzungsstoffen ihre Lebensthätigkeit mit der Bildung von Ruheformen ein Ende erreicht.

---

[1]) Nach einem auf der Naturforscher-Versammlung in Düsseldorf am 22. September 1898 gehaltenen Vortrage, vergl. Chem.-Ztg. 1898, **22**, 858.

[2]) Vergl. Paul Liborius: Beiträge zur Kenntniss des Sauerstoffbedürfnisses der Bakterien, Zeitschr. f. Hyg. 1886, **1**, 115.

Es ist einleuchtend, dass sich je nach der Entwicklung dieser Bakterien-Formen auch andere Fäulnissstoffe bilden können und wenn Henrijean (vgl. Liborius l. c. S. 175) gefunden hat, dass gerade manche Anaërobien auffällig grosse Mengen von den giftigen Ptomaïnen liefern und dadurch den Körper aufs schwerste schädigen können, selbst wenn kein Eindringen specifisch pathogener Bakterien in den Organismus erfolgt, so erklären sich vielleicht aus diesem verschiedenen Verhalten einer und derselben faulenden Flüssigkeit und Masse je nach dem Grade der Fäulniss die obigen Widersprüche in den Versuchen, welche über die Schädlichkeit von fauligen Flüssigkeiten angestellt sind und die bald zu positiven, bald zu negativen Ergebnissen führten. Offenbar wird man auch bei Entscheidung der Frage, ob die Fäulnissbakterien für den menschlichen und thierischen Organismus schädlich sind, die Art der Erzeugnisse ihrer Lebensthätigkeit mit in Betracht ziehen müssen und es will mir scheinen, dass auf diesen Punkt bis jetzt zu wenig Rücksicht genommen ist. Denn ebenso wie im Boden bei hinreichendem Sauerstoffzutritt bezw. bei hinreichendem Sauerstoffvorrath im Verhältniss zu der sich zersetzenden Masse vollständige und unschädliche Oxydationsstoffe gebildet werden, dagegen Reduktions- oder schädliche Oxydationsstoffe, wenn es an dem nöthigen Sauerstoff mangelt, so müssen sich für Flüssigkeiten und feuchte Massen dieselben Verhältnisse geltend machen.

Jedenfalls lässt sich auf Grund vieler Beobachtungen und Thatsachen nicht leugnen, dass zwischen der Verunreinigung eines Trinkwassers und dem örtlichen Vorherrschen von epidemischen Krankheiten häufig ein enger Zusammenhang besteht.

Die vorstehenden Ausführungen lassen folgende Schlussfolgerungen zu:

a) Thierische Parasiten und pathogene Mikroorganismen können in die Abgangwässer aus menschlichen Wohnungen, Schlächtereien, Abdeckereien etc. und damit in öffentliche Wasserläufe und durch offene Rinnsale in die Brunnen gelangen. So kann das Wasser der Träger der Keime von Parasiten, z. B. der Eier des grossen Bandwurmes (Bothriocephalus latus), der Leberfäule (Distoma hepaticum), des Spulwurmes (Ascaris Lymbricoides) etc. werden und die Verbreitung dieser Parasiten verursachen.

b) Die pathogenen Bakterien von Cholera, Typhus, Milzbrand u. a. können sich einige Tage in einem Wasser entwicklungsfähig erhalten und mit dem Wasser übertragen werden.

c) In manchen Fällen deckt sich das Gebiet der aufgetretenen Epidemien (Typhus, Cholera) mit dem Gebiet der Wasserversorgung. Dass aber das Wasser stets die alleinige Ursache der Epidemie gewesen sein muss, ist bis jetzt noch nicht mit Sicherheit erwiesen.

d) Es ist anzunehmen, dass bei den Infektionskrankheiten auch örtliche Ursachen (wahrscheinlich Grundwasser und Bodenverhältnisse) mitwirken, jedoch ist noch nicht sicher festgestellt, wie diese Ursachen wirken.

e) Die pathogenen Mikroorganismen können durch Wunden, Verletzung der Schleimhäute beim Kauen oder auf dem Verdauungswege oder nach Gebrauch des Wassers zum Spülen, Waschen etc. durch Verstäuben auf dem Respirationswege in den Organismus gelangen und dort die specifischen Krankheiten hervorrufen.

f) Auch die Fäulnissbakterien bezw. die Produkte ihrer Lebensthätigkeit sind unter Umständen in gesundlicher Beziehung nicht unbedenklich.

Jedenfalls ist die Beschaffung eines reinen Wassers eine der wichtigsten hygienischen Forderungen, der man auch in allen grösseren Städten und stark bewohnten Orten durch Einführung besonderer Wasserleitungen gerecht zu werden sucht.

2. *Anforderungen an ein Wasser für Viehtränke.*

An ein Wasser für Viehtränke brauchen im allgemeinen nicht solche strengen Anforderungen gestellt zu werden, wie an ein Trinkwasser für Menschen. In der That säuft besonders Rindvieh ein offenes und sogar schwach jauchehaltiges Wasser nicht nur gern, sondern auch äusserlich ohne Schaden. Es wäre aber durchaus fehlerhaft, die Beschaffenheit eines Tränkwassers für Vieh als gleichgültig anzusehen. Ein Wasser mit fauligen Eigenschaften muss naturgemäss den Verdauungsvorgang fehlerhaft beeinträchtigen und kann z. B. nach vielfachen Beobachtungen wie ebenso ein Wasser mit hohem Gasgehalt anscheinend Kolik bei Pferden verursachen. Auf die Beschaffenheit der Milch wirken faulige Tränkwässer wenigstens indirekt schadhaft, indem sie die Tröge und ferner wie jedes andere verdorbene Futtermittel die Stallluft mit allerlei Mikrophyten verunreinigen, die beim Melken in die Milch gelangen und dieser eine fehlerhafte Beschaffenheit ertheilen.

Wässer mit Farbstoffen können eine Ablagerung des Farbstoffs in Fleisch, Knochen und Milch bewirken, während solche mit saueren Bestandtheilen eine Alkalientziehung aus dem Blut zur Folge haben.

Salzreiche Wässer, welche wie die Chloride und Sulfate des Natriums, Calciums, Magnesiums Durchfall bewirken, verursachen auch nicht selten Abortus. Ein Wasser mit 3—4 g Salzen (Chloriden) wird zwar von Vieh noch immer genommen, aber ein Wasser mit über 5 g Salzen hört auf, durststillend zu wirken. Dass manche Thierkrankheiten wie Milzbrand, Septikämie durch Wasser direkt übertragen werden können, ist schon vorhin S. 68 u. 69 auseinandergesetzt. Man wird daher auch an ein Wasser für die Viehtränke, wenn auch nicht so grosse, so doch annähernde Anforderungen stellen müssen, die für ein menschliches Trinkwasser geltend gemacht werden.

3. *Anforderungen an ein Fischereiwasser.*

Die einzelnen Fischarten stellen an ein Wasser sehr verschiedene Anforderungen. Während die Forelle ein klares, kühles und stark fliessendes Quellwasser liebt, leben Karpfen und Schleien in sumpfigem, stehendem Teich-, See- und Gräftenwasser; die Karausche kommt noch in Grabenwässern vor, welche durch Kloakenzufuhr, Bleichereiwässer und sonstige für andere Fische schädlichen Stoffe so verunreinigt sind, dass sie im

Sommer einen widerwärtigen Geruch verbreiten. In wieweit die einzelnen Bestandtheile eines Wassers auf die Fischzucht wirken, soll später bei den betreffenden Abwässern auseinandergesetzt werden.

Die Fische lieben im allgemeinen ein klares und helles Wasser. Ein trübes Wasser kann nach verschiedenen Seiten schädlich wirken, wie Rud. Leuckart schon 1868 in einem Gutachten[1]) auseinandergesetzt hat, welches sich zunächst auf Einwirkung der Braunsteintrübe für die Fische erstreckt, welches aber für die mit Schwebestoffen verunreinigten Gewässer eine allgemeine Bedeutung hat, daher hier wörtlich wiedergegeben werden möge.

a) Direkte Einwirkung der Braunsteintrübe auf Fische.

Die das Wasser trübenden Stoffe können in einer zweifachen Art direkt auf die Fische einwirken:

1. dadurch, dass sie dieselben mechanisch reizen und verletzen,
2. dadurch, dass sie dem Wasser gewisse mehr oder minder giftige Eigenschaften mittheilen.

Ad 1. Die vorliegende Probe von Braunsteintrübe stellte im lufttrockenen Zustande ein schwärzlich-braunes lettenartiges Gestein dar, das sich leicht zerreiben liess und dann ein feines, mehlartiges Pulver lieferte. Durch Wasserzusatz verwandelte es sich in einen dunklen Schlamm, der sich in grösseren Wassermassen alsbald nach allen Richtungen verbreitete und eine äusserst intensive Trübung zur Folge hatte. Ein einziges Gramm lufttrockenen Schlammes genügte, eine Wassermenge von 3 kg (1 : 3000) so stark zu trüben, dass die Mischung noch in dünnen Schichten — von etwa 2 bis 3 cm — eine schiefergraue Färbung hatte und das darauf fallende Licht beträchtlich abschwächte. In einer Tiefe von einigen Fuss würde ein solches Wasser überhaupt kein Licht mehr durchlassen. Nach einiger Zeit sank der Schlamm zu Boden, im ganzen aber so langsam, dass eine vollständige Klärung erst nach Verlauf von mehreren Stunden eintrat.

Das Sediment hatte eine — besonders anfangs — lockere Beschaffenheit und bildete eine Schicht von ansehnlicher Dicke. Wie die mikroskopische Untersuchung zeigte, bestand dasselbe aus schwarzen Körnern, denen zahlreiche kleine Quarzstückchen (von selten über $^1/_{20}$—$^1/_{30}'''$, meist nicht unbeträchtlich kleiner) beigemischt waren. Ueber die Natur dieser Beimischungen kann nach dem optischen und chemischen Verhalten kein Zweifel sein. Aussehen, Form, Lichtbrechungsvermögen, Härte (Fähigkeit, Glas zu ritzen) erwiesen dieselben zur Genüge als Quarzstückchen, welche mit Thon zusammen ca. 18% ausmachten.

Mit der Braunsteintrübe gelangte also fortwährend eine beträchtliche Menge feinen Sandes in das fliessende Wasser. Die Körnchen waren klein und leicht und wurden deshalb auch mit dem Strome weit fortgeführt.

---

[1]) Ein Gutachten über die Verunreinigung von Fisch- etc. Wässern. Als Manuskript gedruckt. Kassel 1886. Druck von Friedr. Scheel.

Noch mehrere Stunden unterhalb der Einflussstelle zeigte der Fluss in ganzer Breite deutliche Spuren der Trübung, und ebensoweit dürften sich auch die kleinsten Quarzkörnchen noch verfolgen lassen.

Quarzhaltige Trübungen sind nun aber erfahrungsmässig dem Fischbestande schädlich, und das natürlich nicht bloss in geradem Verhältniss zu der Menge der beigemischten Stückchen, sondern auch zu der Zeitdauer. Die scharfen Ecken und Kanten der im Wasser schwebenden Körnchen ritzen die Haut der Fische, besonders die Augen und Kiemen, und bedingen durch Häufung der an sich nur kleinen Einwirkungen schliesslich sehr bedenkliche Erscheinungen. v. Siebold in München hat Leuckart mitgetheilt, dass er Fische gesehen habe und auch in seiner Sammlung besitze, bei denen die Augen durch die mechanische Einwirkung mikroskopischer Quarzkörnchen gänzlich zerstört waren, so dass die schwarze Pigmentschicht frei nach aussen hervorragte, und die Kiemen zahlreiche kleine Blutextravasate erkennen liessen. Die Fische waren einem Fischkasten entnommen, der bei anhaltendem Regenwetter eine Zeit lang von einem durch quarzhaltigen Schlamm getrübten Wasser durchflossen wurde. Und diese Erscheinung ist nach den Mittheilungen v. Siebold's in gewissen Gegenden (z. B. um Würzburg) nichts weniger als selten, und den Fischern so wohl bekannt, dass dieselben bei einem längeren Regenwetter ihre Beute möglichst zu bergen suchen. Natürlich sind es zunächst nur die in Gefangenschaft gehaltenen Fische, die in dieser Weise leiden; nicht, dass die in Freiheit lebenden gegen diese Verunreinigung weniger empfindlich wären, sondern, wenn sie trotzdem weniger leiden, so erklärt sich das zur Genüge dadurch, dass sie sich durch die Flucht (Aufsuchen geschützter Stellen) der schädlichen Einwirkung mehr oder weniger zu entziehen wissen. Nach dem Aufhören des Regens werden die Fische dann wieder in die früheren Standquartiere zurückkehren, während sie durch eine anhaltende Trübung, wie sie die Braunsteinwäsche veranlasst, immer weiter verscheucht werden, bis sie sich ihrer ursprünglichen Heimath am Ende vollständig entfremden.

Ad. 2. Dass das fliessende Wasser durch Beimischung metallischer Substanzen giftige oder doch wenigstens schädliche Eigenschaften annehmen kann, ist zur Genüge bekannt.[1]) Leuckart verweist auf die „Innerste“, die von den Hütten und Gruben des Harzes nach Hildesheim fliesst und so viele Abgänge aus den Pochwerken aufnimmt, dass Fische und Pflanzen dadurch krank werden und verkrüppeln.[2])

Natürlich wirkt nicht jedes dem Wasser beigemischte Mineral in gleicher Weise. Es giebt giftige und nicht giftige Minerale, wie denn auch die ersteren gelegentlich nur in gewissen Verbindungen und Zuständen ihre giftigen Eigenschaften entfalten. Im allgemeinen müssen die metallischen Beimischungen, wenn sie giftig wirken, im Wasser gelöst sein. Der Braun-

---

[1]) Kemer's Lehrbuch der polizeil. gerichtl. Chemie. Helmstedt 1827, **1**, 88.

[2]) Maier's Beitr. z. chorograph. Kenntniss des Flussgebiets der Innerste. Göttingen 1821.

stein ist als ein Verwitterungs- und Auslaugeprodukt gewisser zusammengesetzter Gesteine in seiner chemischen Konstitution von der Zusammensetzung der letzteren abhängig.

Die chemischen Untersuchungen des Braunsteins haben deshalb auch nicht überall die gleichen Resultate ergeben.

Selbst da, wo die untersuchten Proben derselben Lage entnommen waren, ist man gelegentlich auf Unterschiede gestossen, die weder der Methode noch dem Untersucher zur Last gelegt werden können. So ist in demselben ausser den gewöhnlichen Stoffen auch Arsen und Lithium[1]) (?) nachgewiesen, zwei Metalle, die zu den stärksten Giften[2]) gehören und beide in ihren natürlichen Verbindungen in Wasser löslich sind, so dass der von einem solchen Braunstein herrührende Schlamm um so schädlicher wirken muss, als der Arsengehalt ein verhältnissmässig recht bedeutender ist (1 %).

Ob diese giftigen Mineralien häufiger im Braunstein vorkommen und weiter verbreitet sind, lässt sich bis jetzt noch nicht entscheiden. Aber auch abgesehen von Arsen und Lithium enthält der Braunstein nicht selten noch ein anderes giftiges Mineral. Es ist das Kupfer, welches gelegentlich in einer Menge von 0,5 % und darüber in demselben gefunden wird.

Für gewöhnlich ist dieses Kupfer nun allerdings (als Crednerit) in einer unlöslichen und somit unschädlichen Form im Braunstein vorhanden, allein es wäre ja immerhin denkbar, dass es unter der Einwirkung von Luft, Kohlensäure und Feuchtigkeit, unter Verhältnissen also, wie sie auf den Braunsteinschlamm gar vielfach einwirken, in eine lösliche Verbindung übergehen und damit denn auch dem Wasser seine giftigen Eigenschaften mittheilen könnte. Aber abgesehen von diesen nicht immer vorhandenen direkt giftigen Bestandtheilen nimmt der Fisch in den Braunsteintrüben mit dem Wasser eine beträchtliche Menge Manganhyperoxyd auf, und wenn dessen Wirkung auf den Darm auch noch nicht erwiesen ist, so kann es doch wenigstens als eine verdächtige Substanz bezeichnet werden.

b) Einwirkungen indirekter Art.

Das Gedeihen der Thiere ist in derselben Weise, wie das der Pflanzen von den Verhältnissen abhängig, die auf dieselben einwirken. Man braucht diese nur in der einen oder anderen Weise zu verändern, um alsbald auch in dem Verhalten der betreffenden Organismen eine entsprechende Veränderung herbeizuführen.

Der Grund dieser Abhängigkeit liegt darin, dass das organische Leben einen fortwährenden Verkehr mit der Aussenwelt voraussetzt. Thiere und

---

[1]) Will's Jahresbericht über die Fortschritte in der Chemie 1864, 245.

[2]) Dass Lithiumsalze zu den stärksten Giften gehören, ist dem Verf. unbekannt. Richet giebt für Fische die giftige Menge von Chlorlithium zu 0,1 und 0,3 g für 1 l an, aber die von Chlorkalium liegt fast ebenso niedrig, nämlich zu 0,5 g für 1 l. (Compt. rendus **97**, 1004 und **101**, 707.)

Pflanzen haben ihre Bedürfnisse; sie machen also Ansprüche an ihre Umgebung, und diese Ansprüche müssen befriedigt werden, wenn Leben und Gesundheit nicht gefährdet sein sollen. Wo die Bedürfnisse der einzelnen Organismen am vollständigsten erfüllt werden, da gedeihen dieselben am besten, während sie unter weniger günstigen äusseren Umständen immer mehr und mehr zurückgehen. Bei den Thieren mit freier Ortsbewegung äussert sich solches nicht bloss in dem Aussehen und der körperlichen Beschaffenheit der Individuen, sondern noch augenfälliger in der Zahl derselben, da ungünstige Oertlichkeiten gemieden, günstige aber in entsprechender Menge gesucht werden.

Die Bedürfnisse der Thiere sind nun theils allgemeiner, theils auch specifischer Art. Die ersteren sind für alle Thiere gemeinsam, auch für alle am zwingendsten. Sie beziehen sich — von dem Wärmebedürfnisse der Warmblüter, die uns hier nicht interessiren, abgesehen — auf Nahrung, Athmung, Wohnung.

Ein jedes Thier bedarf zunächst einer bestimmten Menge passender Nahrung. Bald sind es thierische, bald pflanzliche Stoffe, oder auch beide zugleich, die es zu sich nimmt. Es richtet sich das jedesmal nach den speciellen Organisationsverhältnissen, die den Erwerb bald der einen, bald der andern Substanz erleichtern und in der Regel sogar den Trägern eine ganz bestimmte Nahrung vorschreiben. So sind — um bei den Fischen zu bleiben — die Hechte gefrässige Raubthiere, die sich vornehmlich von anderen Fischen ernähren und nicht einmal ihres Gleichen verschonen. Auch der Barsch ist ein Raubfisch, aber mit engem Maule und schwacher Bezahnung, so dass er sich mehr auf kleinere Thiere (junge Fische, Frösche, Krebse, Insektenlarven, Würmer) angewiesen sieht, während die sog. Weissfische (verschiedene Arten der Gattung Cyprinus L., Karpfen, Mänen, Nahen, Brassen, Rothaugen, Barben u. a.) mit ihrem zahnlosen Maule eine mehr gemischte Nahrung geniessen, die sich theils aus zerfallenden organischen Stoffen, theils aus kleinen — sogar mikroskopischen — Thieren und Pflanzen zusammensetzt. Im einzelnen zeigen aber auch die Weissfische in dieser Hinsicht wieder mancherlei Unterschiede, so dass die einen (wie die Mänen, Nahen) mehr den Raubthieren sich anschliessen, während die anderen (Barben, Brassen, Karpfen etc.) eine mehr fein vertheilte Substanz geniessen. In allen Fällen sind aber die Fundstätten der Nahrung auch zugleich die Lieblingsplätze der betreffenden Fische, so dass man also diejenigen, die eine fein vertheilte Nahrung geniessen, mehr auf humusreichem Grunde, die räuberischen Arten dagegen vorzugsweise auf Kiesboden antrifft.

Sollen die Fische in einem Wasser gedeihen und einen lohnenden Ertrag liefern, so müssen sie nun vor allen Dingen darin ihre Nahrung finden, und zwar nicht spärlich, sondern massenhaft, so dass sie dieselbe ohne sonderliche Anstrengung je nach Bedürfniss gewinnen können.

Die Leichtigkeit des Erwerbs macht aber im allgemeinen die Voraussetzung, dass das Wasser, welches die Nahrungsstoffe enthält, eine klare und durchsichtige Beschaffenheit besitzt. Mit wenigen Ausnahmen lieben deshalb die Fische und namentlich die Raubfische das reine Wasser, das die Nahrung schon aus der Ferne erkennen lässt. Natürlich darf auch der Fluss des Wassers nicht zu schnell sein, da sonst die Sicherheit und Präcision der Bewegung verloren ginge; ein mehr stilles Wasser ist eine nicht minder wichtige Vorbedingung des leichten und reichlichen Nahrungserwerbs, wie das klare. Je reicher die Nahrungsquelle fliesst und je leichter sie zugänglich ist, desto reichlicher geht auch das Wachsthum und die Fortpflanzung der Fische vor sich.

Ausser der passenden Nahrung bedarf das Thier aber auch einer bestimmten Menge Sauerstoff. Die Aufnahme desselben, oder wie wir gewöhnlich sagen, die Athmung, ist für dasselbe nicht minder wichtig, als die Ernährung. Soll Gesundheit und Leben des Thieres nicht gefährdet sein, so muss die Umgebung desselben hinreichende Mengen dieses Respirationsmittels enthalten.

In der freien Luft ist ein Sauerstoff-Mangel unter natürlichen Verhältnissen kaum irgendwo möglich. Aber anders im Wasser, das beim Hervorquellen aus dem Erdboden des Sauerstoffs entbehrt und solchen erst nach längerem Fliessen oder Ruhen aufnimmt. Ein Theil dieses Sauerstoffs entstammt der Luft, die von ihrem Reichthum an das Wasser abgiebt, ein anderer aber den im Wasser wachsenden Pflanzen, die, gleich den Luftpflanzen, Sauerstoff ausscheiden und dem umgebenden Medium beimischen. Welche dieser beiden Quellen für ein Wassergebiet die wichtigere ist, hängt von den jedesmaligen Umständen ab. Im allgemeinen aber dürfte die letztere um so grössere Bedeutung haben, je kleiner die Berührungsfläche ist, die das betreffende Wasser der Luft zur Absorption des Sauerstoffes darbietet, und je kürzere Zeit die Berührung andauert. In einem Flusse mit engem Bette wird der Pflanzenwuchs demnach für den Sauerstoffgehalt im allgemeinen wichtiger sein, als in dem weiten Boden eines seichten Teiches.

Doch nicht genug, dass die Fische im Wasser die Bedingungen einer reichlichen Ernährung und Athmung finden müssen, wenn sie darin gedeihen sollen. Wie der Vogel nicht immer fliegt, vielmehr gelegentlich auch der Ruhe bedarf, so ist der Fisch nicht immer in Bewegung. Er sucht Ruheplätze, Schlupfwinkel, denen er, sicher vor Störung und Gefahren, eine längere oder kürzere Zeit, je nach Verhältnissen, sich anvertrauen kann. Hier sind es die geschützten Stellen unter den überhängenden Uferrändern, dort die dicht verschlungenen Pflanzen oder die Spalträume zwischen den Steinen, die ihn aufnehmen und bergen. Eine Zerstörung dieser Zufluchtsstätten hat für den Fisch genau dieselbe Folge, wie das Ausrotten der Bäume und Sträucher für den Vogel. Ausser Stande, sich gehörig zu schützen und der Ruhe zu pflegen, meiden die Thiere die unbeschützten Stellen, um sie mit andern weniger gefährdeten Stellen zu vertauschen.

Entwirft man auf Grund der vorstehenden Erörterungen ein Bild von der Beschaffenheit eines fischreichen Flusses, so wird man neben einer gewissen Mannigfaltigkeit in der Konfiguration des Bodens einen reichen

Pflanzenwuchs und klares Wasser als die ersten und wichtigsten Eigenschaften desselben zu bezeichnen haben. Die Koëxistenz von kleineren und grösseren thierischen Organismen, die wir oben gleichfalls als nothwendig für die Erhaltung und das Gedeihen der Fische kennen gelernt haben, brauchen wir hier nicht ausdrücklich hervorzuheben, da dieselbe überall — und so auch im Wasser — an den Pflanzenwuchs anknüpft. Was die Thiere an organischer Substanz in ihren Leibern besitzen und in lebendigem Umtrieb einander überliefern, stammt an letzter Stelle alles aus dem Pflanzenreiche. Die Pflanzen sind die Ernährerinnen der Thiere; sie ernähren dieselben um so reichlicher und massenhafter, je mehr sie durch üppiges Wachsthum an organischer Substanz produciren. Die Massenverhältnisse des thierischen und pflanzlichen Lebens stehen mit andern Worten überall im innigsten Zusammenhange.

Wendet man sich von diesem Bild zu den von Braunsteinschlamm verunreinigten Gewässern, so ist es der direkte Gegensatz, der hier entgegentritt.

Viele tausend Centner schwarzen Schlammes fliessen ununterbrochen vom Frühling bis zum Spätherbst — also gerade zur Zeit des niedrigsten Wasserstandes — aus den Braunsteinwäschen in das Flussbett. Das Wasser ist fortwährend bis zur Undurchsichtigkeit getrübt; noch in stundenweiter Entfernung unterhalb der Einflussstelle sind die unzweideutigsten Spuren der fremden Beimischungen erkennbar. Und wo das Wasser sich klärt, da geschieht es überall auf Kosten der früheren Beschaffenheit. Der Grund des Flusses wird mit einer fusshohen Schlammdecke überzogen, die alles unter sich begräbt und ebnet. Der Kies und die Steine werden verschüttet, die Buchten und Löcher und Spalträume füllen sich. Mit ihnen gehen zunächst die Schlupfwinkel und Ruheplätze der Fische zu Grunde. Und gerade die weniger stark bewegten, stilleren Flussstrecken, die wir oben als die günstigen und gesuchtesten Aufenthaltsorte der Fische kennen gelernt haben, gerade sie sind es, die nach physikalischen Gesetzen am stärksten verschlammen und ihre früheren Vorzüge verlieren. Aber nicht bloss Nivellirung des Bodens ist es, die der fortdauernde reichliche Schlammabsatz zur Folge hat. Noch wichtiger und verhängnissvoller für die Fische ist die Unterdrückung des Pflanzenwuchses an den verschlammten Stellen. Ohne irgend eine Spur von Dungstoffen bildet der Braunsteinschlamm eine dicke thonartige Hülle, unter der die noch grünenden Pflanzen ersticken und die Samenkörner faulen statt zu keimen. Wo früher eine reiche Pflanzenwelt sprosste, da sucht man jetzt vergebens nach Spuren pflanzlichen Lebens. Selbst das Mikroskop lässt uns im Stiche. Alle die zahllosen kleinen Algen, die sonst den humusreichen Schlamm der Wässer durchwachsen, sind an den inficirten Stellen verschwunden. Eine vollständige Sterilität ist es, die den mit Braunsteinschlamm überzogenen Boden kennzeichnet.

Mit der Beschränkung und Verödung des Pflanzenwuchses kombiniren sich aber alsbald noch anderweitige Veränderungen.

Die Pflanzenwelt ist, wie wir wissen, eine fortwährende Quelle von Sauerstoff und organischer Substanz. Wo dieselbe abnimmt, oder gar völlig erlischt, da muss sich alsbald, bei Mangel eines anderweitigen Zuflusses, die Menge des vorhandenen Sauerstoffes so gut wie die der thierischen Nahrung verringern. Für erstere besteht nun allerdings in Verbindung mit der Luft und dem Zuflusse von Regenwasser noch eine zweite Quelle, aber diese ist — in regenarmer Zeit — bei der geringen Ausdehnung der Berührungsfläche und der verhältnissmässig nur kurzen Zeitdauer der Berührung in den Flüssen voraussichtlicher Weise nur wenig ergiebig. Bei stärkerer Verschlammung wird unter solchen Umständen leicht ein Sauerstoffmangel entstehen, der für sich allein schon ausreicht, eine üppigere Entfaltung des thierischen Lebens zu verhindern, und somit denn auch die gleichzeitige Existenz einer grösseren Menge von Geschöpfen mit relativ starkem Athmungsbedürfniss, wie die Fische es sind, in Frage stellt. Noch verhängnissvoller aber wirkt der Mangel der organischen Stoffen. Ohne Pflanzen keine Thiere — das ist die nothwendige Folge der Verkettung, durch die wir die beiden organischen Reiche zu einem zusammenhängenden Ganzen vereint sehen. Allerdings wirkt der Ausfall der Pflanzenwelt zunächst nur auf diejenigen Thiere ein, die sich von pflanzlichen Stoffen ernähren, aber die Pflanzenfresser bilden bekanntlich ihrerseits wiederum die Beute der Thierfresser. Wenn in den Flüssen, wie es infolge der Verschlammung mit Braunsteintrübe geschieht, die Pflanzenwelt verkümmert und auf weitere Strecken zu Grunde geht, dann nimmt also nicht bloss die Menge der Infusorien und Schnecken ab, die sich von diesen Pflanzen ernähren, sondern auch weiter die der übrigen Wasserbewohner. Zunächst ist es vielleicht das gefrässige Heer der kleinen Räuber, das unter dem Ausfalle zu leiden hat, aber mit den Würmern, Krebsen und Insekten, die zu diesen Thieren vornehmlich ihr Kontingent stellen, erlischt allmählich auch eine wichtige Nahrungsquelle für die Flussfische. Durch die Unterdrückung des Pflanzenwuchses in den von Braunsteinschlamm verödeten Gegenden verringert sich also die Zahl der daselbst lebenden Fische, zuerst der Weissfische und dann auch der Hechte — es muss sich diese Verringerung mit der Zeit von den zunächst betheiligten Stellen immer weiter über das ganze Flussgebiet ausbreiten.

c) Einwirkung des Braunsteinschlammes auf die Fischbrut.

Es ist einleuchtend, dass die mangelhafte Ernährung der Fische, welche als die Folge der Verschlammung des Wassers angesehen werden muss, nicht bloss in einem langsamen Wachsthum, sondern auch in einer geringeren Fruchtbarkeit ihren Ausdruck findet. Es ist durch die Erfahrungen der Thierzüchter zur Genüge festgestellt und ganz im Einklang mit den ökonomischen Gesetzen des thierischen Lebens,[1]) dass ein Geschöpf

[1]) Leuckart, Art. Zeugung in Wagner's Handwörterbuch der Physiologie **4**, 858 und 719.

um so früher seine Geschlechtsreife erlangt und um so mehr Brut erzeugt, je günstiger seine Ernährungsverhältnisse sich gestalten. Was das Thier in Form von Eiern oder Jungen nach aussen ablegt, ist gewissermassen ein Ueberschuss, den es im Laufe seines Lebens erworben hat. Die Grösse dieses Ueberschusses richtet sich unter sonst gleichen Verhältnissen natürlich nach den Einnahmen (der Nahrungsmenge), so dass die Verringerung der letzteren alsbald auch eine Beschränkung in der Masse der producirten Geschlechtsstoffe zur Folge hat. Wenn wir bedenken, dass die Beschränkung, wie in diesem Falle, durch eine Reihe von Generationen hindurchgeht, dann wird der Gesammt-Ausfall natürlich das Produkt einer arithmetischen und nicht einfach geometrischen Progression sein, mit andern Worten von Jahr zu Jahr um ein immer Grösseres wachsen. Anfangs vielleicht nur wenig merklich, wird schliesslich der Verlust ein ausserordentlich grosser werden. Doch das, was hier hervorgehoben, trifft eigentlich mehr den Fisch, als die junge Brut, deren Schicksale wir zu verfolgen haben, und zwar von da ab zu verfolgen haben, wo sie in Form von Eiern in das von Braunstein getrübte Wasser abgesetzt ist.

Die Entwickelung dieser Eier dauert, je nach der umgebenden Temperatur, eine verschieden lange Zeit, das eine Mal vielleicht 10—14 Tage, das andere Mal mehr als das Doppelte. In allen Fällen aber ist die Inkubationszeit lange genug, um in der einen oder anderen Weise eine Einwirkung der Braunsteintrübe zu gestatten.

In Betreff der direkten Einwirkungen gilt für die Eier natürlich dasselbe, was wir für die Fische oben bemerkt haben, nur dass die Eier gegen chemische und mechanische Eingriffe im ganzen noch empfindlicher sind als die erwachsenen Thiere, und somit denn auch durch die Ungunst der Verhältnisse noch mehr zu leiden haben. Wenn bei den erwachsenen Fischen, wie oben bemerkt ist, die Hornhaut des Auges durch die Quarzeinschlüsse des trüben Wassers zerstört werden kann, dann dürften die äusseren Eihüllen, die namentlich in den späteren Stadien der Entwickelung, an Festigkeit beträchtlich hinter der Hornhaut zurückstehen, einen noch viel weniger sicheren Schutz gewähren, so dass wohl mit Recht vermuthet werden kann, es möchte ein immerhin nicht unbeträchtlicher Theil der Brut durch die vorzeitige Zerstörung der umgebenden Hüllen in dem getrübten Wasser zu Grunde gehen. Noch verhängnissvoller erscheinen aber auch hier wieder die indirekten Einwirkungen des Braunsteinschlammes. Selbst wenn wir berücksichtigen, dass das Maass dieser Einwirkungen hier insofern beschränkt ist, als die junge Brut während des Aufenthaltes in den Eihüllen keiner Nahrungszufuhr von aussen bedarf, von einem etwaigen Nahrungsmangel also nicht betroffen wird, bleiben doch immer noch genug Schädlichkeiten übrig, um die Abnahme des Fischreichthums in dem durch Braunsteinschlamm beständig getrübten Wasser auch von dieser Seite her zu erklären, bezw. vorauszusagen, wenn sie nicht bekannt wäre.

Um diese Behauptung zu begründen, muss zunächst hervorgehoben werden, dass das Ei während seiner Entwickelung mit der Umgebung in demselben respiratorischen Verkehr steht, wie das spätere Thier. Auch das Ei bedarf des Sauerstoffs in seiner Umgebung, und das um so mehr, als es, unfähig der Bewegung, ausser Stande ist, bei etwaigem Mangel seine Lagerstätte mit einer anderen, günstigeren zu vertauschen. Aus diesem Grunde legen denn auch die Fische ihre Eier sehr häufig zwischen Pflanzen ab, die wir oben als Sauerstofferzeuger kennen gelernt haben, oder sie suchen, um zu laichen, sonst sauerstoffreiche (seichte) Stellen auf.

Doch nicht bloss, dass die Verschlammung des Wassers mit Braunsteinthon den Sauerstoffgehalt verringert und dadurch nachtheilig auf die Eier einwirkt; noch wichtiger für vorstehende Frage ist die Thatsache, dass die feinen Schlammtheilchen der Braunsteintrübe auf den Eihüllen festkleben und diese schon nach kurzer Zeit mit einer mehr oder minder dicken Kruste überziehen, die den respiratorischen Gasaustausch behindert und unter Umständen sogar völlig aufhebt. Leuckart hat bei den zu diesem Zwecke angestellten Experimenten beobachtet, dass die Eier von Fröschen und Weissfischen auch unter sonst ganz günstigen Verhältnissen zu Grunde gehen, wenn man sie mit einer nur dünnen Lage von Braunsteinschlamm (0,5 mm und noch weniger dick) bedeckt. Wie schädlich solche Ueberzüge auf die Fischeier wirken, geht auch aus den Erfahrungen und Beobachtungen von Busch hervor, nach denen schon die Niederschläge eines sonst reinen Wassers gelegentlich der Embryonalentwickelung schaden.[1])

Leuckart lässt es jedoch dahingestellt, ob es bloss der Luftmangel ist, der die Eier der Fische unter dem Braunsteinschlamm tödtet. Es wird durch denselben nicht bloss der Sauerstoff von den Eiern abgehalten, sondern auch das Licht, das (für Weissfische, Hechte, Barsche u. a.) gleichfalls zu einer normalen Entwickelung nothwendig ist. Auch das Wasser als solches kann auf die mit Schlamm überzogenen Eier nicht mehr in der früheren Weise einwirken, so dass also durch den Einfluss der Braunsteintrübe eine ganze Reihe von Bedingungen, die erfahrungsmässig[2]) zu einem normalen und glücklichen Fortgang der Embryonalentwickelung konkurriren müssen, wegfallen.

Dass durch die fortgesetzte Verschlammung des Bodens mit den Wohnstätten und Schlupfwinkeln der Fische allmählich auch die Brutstätten derselben zerstört werden, braucht nach den oben gemachten Andeutungen über die Eierlage unserer Thiere kaum noch besonders hervorgehoben zu werden. Allerdings legen nicht alle Fische ihre Eier zwischen Wasserpflanzen, sondern zum Theil auch zwischen Steine oder in grubenförmige Vertiefungen, aber auch für diese Arten ist die Bodenveränderung, die der fortwährende Absatz des Braunsteinschlammes zur Folge hat, kaum minder nachtheilig. Unter solchen Umständen trägt denn auch der Mangel geeigneter Brutstätten dazu bei, die inficirte Flussstrecke — und schliesslich

[1]) Molai Die rationelle Zucht der Süsswasserfische. Wien 1864, 172.

[2]) Ebendort 164.

die benachbarten Stellen bis in immer weitere Entfernungen — zu entvölkern. —

Leuckart fasst daher seine Ansicht über die Schädlichkeit der Braunsteintrübe in folgendem Satz zusammen:

„Die fortgesetzte Verunreinigung mit Braunsteinschlamm beeinträchtigt den Fischreichthum der Flüsse im höchsten Grade und droht denselben allmählich sogar gänzlich zu zerstören“.

Die Braunsteintrübung mit ihren nachtheiligen Folgen darf nach Leuckart keineswegs mit den Verunreinigungen des Flusswassers durch Regengüsse und Schneeschmelzen verglichen werden. Es soll allerdings nicht gesagt werden, dass letztere den Fischen in keiner Weise nachtheilig seien, aber der Nachtheil ist doch verhältnissmässig nur gering, nicht bloss weil derartige Verunreinigungen vorübergehend — also auch weniger massenhaft — sind, sondern auch deshalb, weil die Niederschläge, die auf diese Weise dem Wasser zugeführt werden, ganz andere physikalische und chemische Eigenschaften besitzen, wie die Braunsteintrübe. Mit dem Schneewasser und dem Regen gelangt kein steriler Schlamm in das Wasser, wenigstens nicht bloss steriler Schlamm, sondern auch humusreiche Erde, die den Boden düngt und den Pflanzenwuchs fördert, also indirekt den Schaden wieder ausgleicht, den die Verunreinigung des Wassers vielleicht zur nächsten Folge hat. Ueberdies handelt es sich bei derartigen Vorgängen um Elementarereignisse, denen gegenüber der Mensch hilflos ist; er müsste sie auch über sich ergehen lassen, wenn sie noch grössere Nachtheile brächten. Aber daraus kann dem Fischereibesitzer unmöglich die Verpflichtung erwachsen, ohne weiteres nun auch die Verunreinigung seines Gewässers mit Braunsteintrübe zuzulassen, die ihm jedenfalls neuen Schaden bringt, und das nicht bloss durch ihre anhaltende Dauer, die den Zugang neuer Fische aus den benachbarten günstigeren Stellen verhindert, sondern auch dadurch, dass sie wegen der Feinheit und Leichtigkeit des Schlammes das Flussbett auf viel weitere Strecken hin verdirbt, als die Beimischung irgend welcher anderer mineralischer Abfälle. Dazu kommt dann schliesslich noch der Umstand, dass die Braunsteinwäsche eine ungewöhnlich grosse Masse von Abfällen liefert, also auch in dieser Beziehung schädlicher als andere Verunreinigungen wirken dürfte.

Die hier geschilderten schädlichen Einflüsse der Braunsteintrübe auf Fische haben für eine Reihe ähnlich beschaffener Abwässer mit unorganischen und organischen Schwebestoffen Gültigkeit.

So berichtet v. Mojsisovics[1]) in Graz über den schädlichen Einfluss von feiner Holzpapiermasse, die neben Spuren von einem Farbstoff den Uebelbach verunreinigte, dass 19—21 cm lange Forellen, welche diesem Bachwasser vom 26. April bis 15. Mai, also 19 Tage ausgesetzt wurden,

[1]) Allg. Fischerei-Ztg. 1894, 234.

an Anämie, bedingt durch behinderte Respiration, Blutcirkulation und Nahrungsmangel, eingingen.

In einem Falle grossen Fischsterbens in der „Ach" wurde von Br. Hofer[1]) als Todesursache neben grossen Mengen Mangan, Chlorcalcium und Calciumsulfat Eisenoxydschlamm erkannt, welcher sich beim Athmen der Fische mit dem Athemwasser auf die Kiemen festgesetzt, den Athmungsvorgang unmöglich gemacht und eine Erstickung bewirkt hatte; der Eisenoxydschlamm rührte von dem Abwasser einer Pfannenfabrik her.

Auch das Holzflössen ist eine allgemeine Nutzungsweise der Fischereiwässer. Ueber den Einfluss des Holzflössens auf die Fischzucht hat Joh. Malmgren Beobachtungen in Schweden und Norwegen angestellt,[2]) denen ich Folgendes entnehme:

Die nicht entrindeten Stämme schaden aus zweierlei Gründen: 1. weil die sich ablösende Rinde der Fischerei mit Netzen und ähnlichen Fischereigeräthschaften direkt hinderlich ist; 2. weil die Rinde die Flüsse mechanisch und chemisch verunreinigt, so dass die Fische von vornherein ungern in die Flüsse aufsteigen, nicht laichen können, weil die Rinde auch zu Boden sinkt und den Boden hierzu ungeeignet macht, und endlich, weil Pflanzen und Thiere, von denen die Fische leben, zerstört werden.

Bei Ueberschwemmungen werden auch Wiesen durch die absetzende Rinde beschädigt.

In Norwegen ist die Flösserei durch zweckmässige Gesetze geregelt. Das Holz wird schon im Walde entrindet, eine Beschädigung durch die Rinde fällt daher weg. Trotzdem aber das Holz entrindet wird und die Flüsse eine starke Stromgeschwindigkeit besitzen, hat man beobachtet, dass die Fischerei in denjenigen Flüssen, in denen geflösst wird, stark gelitten hat. Dieser Zustand wird jedoch in Norwegen durch die Sägespähne verursacht, welche sehr schädlich sind. Die Sägemühlen werden nämlich durch Wasserkraft getrieben und die Sägespähne meistens in die Flüsse geworfen, durch welche sie fortgetragen werden. Gegen diesen Missbrauch besteht kein Gesetz. Die Sägespähne sinken an den stillen Stellen der Flüsse zu Boden, ebenda, wo die Fische meist ihren Laich absetzen wollen. Diese werden dadurch gehindert zu laichen, weil sie gewöhnt sind, dies auf einem mit Sand oder kleinen Steinchen besetzten Boden zu thun. Etwa abgesetzter Laich wird durch Pilze getödtet, deren Wachsthum in solchem Boden sehr gefördert wird. Im Winter tritt auch die mechanische Beeinflussung hinzu, da die Flüsse bedeutend kleiner werden. Die Lachsfischerei hat durch die Sägespähne sehr stark gelitten.

In manchen Flüssen schafft man grosse Mengen Holz dadurch fort, dass man das Wasser in grossen Bassins sich sammeln und dann plötzlich abfliessen lässt, um das Holz fortzutreiben.

---

[1]) Allgem. Fischerei-Ztg. 1894, 394.

[2]) Relation om Timmerflottningen i Konungarikena Sverige och Norge etc. af And. Joh. Malmgren Helsingfors 1884 (Bericht über Holzflössereien in den Königreichen Schweden und Norwegen etc.).

In einigen Gegenden Schwedens hat der Reichthum an Fischen so abgenommen, dass es sich nicht mehr lohnt zu fischen und die Einwohner infolgedessen verarmten und wegzogen.

In Hollau in Schweden hat die Fischerei im Jahre 1875 noch 23,306 Kronen eingetragen, im Jahre 1886 nur mehr 8065 Kronen; der Schaden wird dem Rindenabfall zugeschrieben.

Im Voxna-Fluss in Schweden wurden in den 40er Jahren 2400 bis 4000 Kilo Aale gefangen, während jetzt diese Fischerei fast ganz danieder liegt; ebenso steht es mit der Lachsfischerei in diesem kleinen Fluss. Auch hier wird dieser Zustand auf die Holzflösserei zurückgeführt.

In Finnland ist nach Malmgren die Beschädigung der Fischerei durch das Holzflössen noch grösser, weil hier die Flüsse, welche das Holz fortzuschwemmen haben, länger sind als in Schweden und Norwegen, ausserdem die Verhältnisse bis jetzt durch keine Gesetze irgend welche Regelung erfahren haben.

Von den Industrien, die sich ohne Entstehung und Ablassung eines schädlichen Abwassers nicht betreiben lassen, wird vielfach geltend gemacht, dass die Fischerei in volkswirthschaftlicher Hinsicht eine viel zu geringe Bedeutung habe, um dieserhalb die Abführung der schädlichen Abwässer in die Bäche und Flüsse zu untersagen.

K. W. Jurisch[1]) weist z. B. nach der Statistik des deutschen Reiches von 1882 darauf hin, dass an der gesammten Binnenfischerei in Deutschland nur 14263 Personen gegenüber 5384764 in Gewerben, welche Abwässer zu beseitigen haben, oder auf je 10000 Einwohner nur 3,1 Personen betheiligt waren, oder dass auf 1 Person für Binnenfischerei 377,56 Personen für andere Gewerbe kamen.

Auch ist der Geldwerth der Binnenfischerei gegenüber demjenigen der anderen Gewerbe nur ein geringer. Nach A. Metzger lässt sich für Preussen die Wasserfläche für Süsswasserfischzucht auf 1280000 ha veranschlagen, die 1880 rund 2 Millionen Mark jährliche Pachterträge lieferten; der volkswirthschaftliche Gewinn kann vielleicht dreimal höher, also auf etwa 6 Millionen Mark oder auf ℳ 0,22 für Kopf und Jahr in Preussen veranschlagt werden.

Das Einkommen der Binnenfischer zu dem der Arbeiter in anderen Gewerben stellt sich im Durchschnitt etwa wie folgt:

	Binnen-fischer	Arbeiter der Industrie
Für das Jahr	420,00 M.	839,00 M.
Für den Tag	1,15 „	2,30 „

K. W. Jurisch schätzt das Werthsverhältniss von Binnenfischerei zu den Gewerben und Industrien, welche Abwässer liefern, folgendermassen ab:

[1]) K. W. Jurisch: Die Verunreinigung der Gewässer 1890, 98.

Für ein durchschnittliches Einkommen für 1 Tag von	Werthsverhältniss von Fischerei zu Industrie in Geld
3,00 M.	1 : 984,93
4,00 „	1 : 1313,24
5,00 „	1 : 1641,55
6,00 „	1 : 1969,86

Während die Binnenfischerei das Nationalvermögen jährlich nur um rund 6 Millionen Mark vergrössert, beträgt diese Vergrösserung durch die Abwässer liefernde Industrie 5896—11 793 Millionen Mark, also das 1000 bis 2000 fache.

Viel bedeutender sind natürlich die Einnahmen der Seefischerei; dieselben betrugen:

	Grossbritannien	Frankreich	Holland	Norwegen	Nordamerika
Jahr . .	1890	1887	1888	1889	1870
	120 Mill.	61 Mill.	8,5 Mill. (allein für Häringe)	22 Mill. (allein für Kabeljaus, Makrelen u. Häringe)	60 Mill. M.

Für Deutschland fehlen noch solche Angaben und wenn die Seefischerei auch bei uns nicht so entwickelt ist, wie in anderen Ländern, so hat sie sich doch in den letzten Jahren infolge verschiedener, durch die Regierung getroffener Massregeln wesentlich gehoben. Der Verzehr an Fischen ist in den einzelnen Städten und Ländern sehr verschieden und betrug z. B. für Kopf und Jahr:

Berlin		Dresden	Wien	London
1873	1885	1873	1872	1872
17,22 kg	15,15 kg	0,775 kg	3,4 Wiener Pfd.	75,0 kg

An diesem Verzehr ist natürlich die Seefischerei wesentlich mehr betheiligt als die Binnenfischerei. Letztere hat gegenüber der Seefischerei und der Industrie ohne Zweifel nur eine untergeordnete Bedeutung, und wenn seitens der Industrie geltend gemacht wird, dass man ihr bezüglich der abzuführenden Schmutzwässer wegen der unbedeutenden Binnenfischerei und weil sie für die Seefischereien nicht in Betracht kommen, keine Schwierigkeiten bereiten dürfe, so hat sie insofern Recht, als hier wie überall, wenn ein anderer Ausweg nicht möglich ist, der kleinere Vortheil dem grösseren weichen muss. In manchen Fällen, wo eine Reinigung der industriellen Abwässer (wie bei den an den Salzen der Alkalien und alkalischen Erden, an gewissen Farbstoffen etc. reichen Abwässern) nicht oder nur unvollkommen möglich ist, müssen ganze Bachläufe ohne Rücksicht auf die Fischzucht der Industrie preisgegeben werden, selbstverständlich unter Entschädigung bestehender älterer Rechte auf Nutzung dieser Gewässer.

Wo immer aber eine Reinigung der Abwässer ohne Lahmlegung oder wesentliche Belastung der Industrie möglich ist, da soll auch die Fischzucht nicht ausser Acht gelassen werden, weil Deutschland in seiner nur wenig von der Natur gesegneten Lage und bei der stetig wachsenden Bevölkerung allen Grund hat, auch die geringste volkswirthschaftliche Einnahmequelle sich nicht entgehen zu lassen.

4. *Anforderungen an ein Wasser für landwirthschaftliche Nutzungszwecke.*

Ausser für Vieh- und Fischzucht kommen die fliessenden Gewässer in landwirthschaftlicher Hinsicht auch noch für Berieselung von Wiesen und Aeckern in Betracht.

Aber diese Nutzung stellt an ein Wasser ganz andere Anforderungen, als die Viehtränke und Fischzucht. Während letztere z. B. bei 3—4 g Salzen (Chloriden) für 1 l Wasser noch möglich sind, aber durch faulige Wässer arg geschädigt werden können, sind umgekehrt 1 g und mehr Salze (Chloride) in 1 l Wasser für Pflanzen schon schädlich,[1] während die meisten fauligen Wässer, die, wie städtische und Schlachthausabwässer oder wie die Abwässer der Brauereien, Brennereien, Zucker- und Stärkefabriken etc. neben stickstoffhaltigen organischen Stoffen, mehr oder weniger Phosphorsäure und Kali enthalten, düngend und sogar vortheilhaft wirken. Dasselbe gilt von den Schwebestoffen dieser Art; sie können für Berieselungszwecke unter Umständen von Vortheil sein, während sie ein Wasser für andere Nutzungszwecke wie z. B. Waschen, Bleichen und sonstige technische Verwendungen unbrauchbar machen.

5. *Anforderungen an ein Wasser für industrielle Nutzungszwecke.*

Eine Reihe von Industrien stellt an ein Gebrauchswasser Anforderungen, welche sich mehr oder weniger mit den Anforderungen an ein Trinkwasser decken.

a) Wasser zum Speisen der Dampfkessel.

Die nicht selten auftretenden Dampfkessel-Beschädigungen werden durch Zerstörungen der Kesselbleche theils von aussen, theils von innen verursacht. Aeusserlich wirkt schädigend die aus dem Schwefel der Brennstoffe entstehende schwefelige Säure bezw. Schwefelsäure, der Feuchtigkeitsgehalt der Brennstoffe gleichzeitig mit einem Ueberschuss von Sauerstoff in den Rauchgasen. Von innen wirken nachtheilig die Bestandtheile des Kesselspeisewassers. Unter diesen sind besonders nachtheilig Chlormagnesium, Humussäuren, sonstige organische Stoffe wie Zucker, Fette etc. Der Gehalt des Speisewassers an Calciumkarbonat und -Sulfat, an Magnesiumcarbonat und Kieselsäure[2]) giebt Veranlassung zur Kesselsteinbildung, das Magnesium pflegt als Magnesiumhydroxyd, das Calcium als Calciumkarbonat und Calciumsulfat und zwar letzteres mit und ohne

---

[1]) Einerseits schädlich, weil Pflanzen in Nährlösungen von über 1 g Salzen für 1 l Wasser nicht mehr normal gedeihen, andererseits Wasser mit 1 g Chloriden oder Sulfaten in erhöhter Weise lösend auf Bodennährstoffe wirkt und diese bei der Berieselung ausführt. (Vergl. weiter im II. Bande unter „Kochsalzhaltige Abwässer etc.“)

[2]) A. Reichardt: Centrbl. f. Agr.-Chem. 1896, **25**, 411.

Krystallwasser abgeschieden zu werden. Acht Analysen von Kesselsteinen ergaben z. B.

Calciumkarbonat	. . . . . .	von	0 — 81,45 %
Calciumsulfat	(Anhydrit $CaSO_4$) .	„	0 — 90,44 „
„	($2CaSO_4 + H_2O$) .	„	0 — 67,14 „
„	(Gips $CaSO_4 + 2H_2O$)	„	0 — 8,60 „
Magnesiumhydroxyd	. . . . . .	„	0 — 8,10 „

Einige Kesselsteine enthalten auch als wesentlichen Bestandtheil Kieselsäure.

Zur Vermeidung des Kesselsteines sind eine Reihe von Reinigungsmitteln angegeben, die alle darauf hinauslaufen, in erster Linie den Kalk thunlichst aus dem Wasser zu entfernen (vergl. weiter unten).

b) Wasser für Brauereien und Gährungsgewerbe.

Dasselbe, was wir von einem guten Trinkwasser verlangen, gilt auch für ein Brauereiwasser. Ein Wasser mit vielen Keimen von Mikrophyten, mit vielen organischen Stoffen und Nitraten, mit einem Gehalt an Ammoniak, Schwefelverbindungen und sonstigen verunreinigenden Stoffen unterstützt die Schimmel- und Bakterienbildung bei der Keimung der Gerste, und wenn Bakterien und Schimmelpilze auch zum Theil beim Darren und vielleicht ganz beim Kochen der Würze vernichtet werden, so gelangen die verunreinigenden Bestandtheile beim Abwässern der Hefe oder beim Reinigen der Gährbottiche und Lagerfässer doch wieder in das Gährgut und befördern lästige und nachtheilige Nebengährungen. Brauereien in dumpfen, feuchten Lagen haben durchweg mit abnorm verlaufenden Gährungen zu kämpfen.

Eine hohe Keimzahl von Bakterien entscheidet nicht immer die Unbrauchbarkeit eines Wassers für Brauzwecke, weil sich nach Hansen Bakterienkeime in Wasser stark, in Bierwürze zuweilen nur spärlich entwickeln. Soll daher die Keimzahl als Massstab der Beurtheilung eines Brauereiwassers dienen, so sind Versuche mit denselben auf Bierwürze anzustellen.

Sonst kann ein weiches wie hartes, aber reines Wasser mit gleich gutem Erfolge zur Brauerei verwendet werden, wenn sie sich auch in etwas verschieden verhalten.

Ein weiches Wasser löst nach Erhard weniger Stickstoff und liefert im allgemeinen umso stickstoffreichere (und aschenreichere?) Würzen, je weicher es ist; mit zunehmender Härte nimmt der Stickstoffgehalt der Würze regelmässig ab.

Ein hartes, kalk- besonders gipsreiches Wasser verlangsamt zwar den Weichprocess, giebt weniger Zuckerausbeute aus dem Malz und bedingt einen harten Geschmack des Bieres, andererseits aber löst es beim Einweichen weniger Phosphorsäure und Stickstoff aus der Gerste und soll in der Weise günstig wirken, dass es die Gährung verlangsamt und dadurch eine zu starke Vergährung der Biere verhindert, wie sie leicht bei weichen Wässern auftritt; auch soll hartes Wasser eine leichtere und schnellere Klärung des Bieres bewirken.

Rührt die Härte eines Wassers von Calciumbikarbonat her, so verhält sich ein solches Wasser bei dem Gährprocess wie ein weiches Wasser, weil durch das Kochen des Wassers und der Maische das Calciumbikarbonat in Kohlensäure und unlösliches Caliumkarbonat zerlegt wird, welches letztere sich abscheidet. Eisenhaltiges Wasser, sei es, dass das Eisen in Form von kohlensaurem, humussaurem oder schwefelsaurem Eisen vorhanden ist, gilt als ungeeignet für Brauzwecke, besonders als ungünstig für die Malzbereitung.

Ein hier untersuchtes Wasser, welches sich als völlig unbrauchbar für Brauzwecke erwiesen hatte, hatte folgende Zusammensetzung für 1 l:

Abdampfrückstand	Zur Oxydation erforderlicher Sauerstoff	Kalk	Schwefelsäure	Chlor	Salpetersäure	Salpetrige Säure	Ammoniak
mg	mg	mg	mg	mg	mg		schwache
1549,2	4,5	340,0	151,1	194,7	277,3	0	Reaktion.

Der verhältnissmässig hohe Gehalt dieses Wassers an Chloriden, Sulfaten, Nitraten, organischen Stoffen liess schliessen, dass der Brunnen Zuflüsse aus Erdschichten erhielt, die mit menschlichen oder thierischen Stoffen durchtränkt waren.

Die nachtheilige Wirkung dieses Wassers äusserte sich dadurch, dass die Gährung zwar anfangs normal verlief, dann aber auf den Lagerfässern mit einem Male aufhörte. Bei Verwendung eines anderen besseren Wassers trat die Erscheinung nicht auf.

Was für die Bierbrauereien, das gilt auch für die Brennereien; auch hier ist wie die Reinlichkeit aller Räume und Gefässe, so auch die Reinheit des Wassers von der grössten Bedeutung, um die nachtheiligen Nebengährungen zu vermeiden.

Ein hartes und unreines Wasser eignet sich auch nicht zum Verdünnen des Spiritus, weil es eine milchig weissliche Trübung giebt; für den Fabrikbetrieb, zum Kühlen ist ein hartes Wasser nicht geeignet, weil sich das Calciumkarbonat auf die Metallwandungen ansetzt, diese angreift und die Abkühlung (d. h. Wärmeübertragung an das fliessende Wasser) vermindert.

Bei der Brodbereitung durch Hefe kann schlechtes Wasser nicht minder die Gährung fehlerhaft beeinflussen, ganz abgesehen davon, dass dasselbe in Form von Brod (Bier, Branntwein) gerade so für Genusszwecke verwerflich ist, denn als Wasser für sich allein.

Für die Milchwirthschaft äussert sich die Verwendung eines unreinen schlechten Wassers beim Reinigen der Gefässe schon dadurch schädlich, dass es unter Umständen Krankheiten der Milch (z. B. das Fadenziehen oder Schleimigwerden der Milch), eine mit schlechtem Geschmack verbundene falsche Säuerung des Rahms oder ein schnelles Ranzigwerden der Butter verursacht, wenn diese mit solchem unreinen Wasser gewaschen bezw. durchknetet worden ist.

c) Wasser für die Stärkefabrikation.

Das Wasser für die Stärkefabrikation soll nach O. Saare folgende Beschaffenheit, die sich im wesentlichen mit der für Brauzwecke deckt, besitzen:

1. Das Wasser soll frei sein von darin schwebenden Stoffen, wie organischen Ausscheidungen und Pflanzenresten (Schlammflocken), Eisenhydroxyd und Algen oder höheren Pilzen. Alle diese Stoffe oder Organismen können mit der Stärke durch die Siebe gehen, auch in den Schleudern zum Theil in der Stärke verbleiben und treten dann in trockenem Zustande in der fertigen Stärke als sogen. Stippen auf, welche, je nach der Menge, in der sie vorhanden sind, die Beschaffenheit der Stärke herabdrücken können.

2. Das Wasser muss frei sein von Gährungserregern, hefenartigen oder Spaltpilzen. Erstere verhindern das Absetzen der Stärke und tragen zum Entstehen der sogen. fliessenden Stärke bei, die andern bilden in der Stärke organische Säuren (Milchsäure, Buttersäure), welche durch das sorgfältigste Waschen nicht ganz wieder zu entfernen sind, und welche in bester Waare nicht vorhanden sein dürfen; oder sie geben ausserdem der Stärke noch einen schlechten Geruch nach Buttersäure oder einen dumpfen fauligen Geruch. Je tiefer in die warme Jahreszeit hinein die Fabrikation dauert, um so gefährlicher ist das Vorhandensein der Mikroorganismen.

3. Das Wasser darf kein Ammoniak und keine salpetrige Säure enthalten, da die Anwesenheit dieser Stoffe, ebenso wie eine zu erhebliche Menge von leicht zersetzlicher organischer Substanz (die im Liter mehr als 10 mg übermangansaures Kalium zur Oxydation verbraucht) auf Gegenwart faulender organischer Massen und Fäulniss erregender Bakterien schliessen lässt. Besonders wichtig ist aber noch, dass das Wasser frei von Eisenverbindungen ist, da diese die Stärke gelblich färben.

d) Wasser für die Zuckerfabrikation.

Für die Zuckerfabrikation wirkt ein schlechtes Wasser in mehrfacher Hinsicht schädlich. Ein an organischen, fauligen Stoffen reiches Wasser kann schon im Diffuseur Zersetzungen bewirken; ein gefärbtes Wasser beeinträchtigt die Klärung der Saftlösung, während viele Salze als Melassebildner in dem Wasser die Ausbeute an Zucker vermindern. So hindern Nitrate die 6fache Menge Zucker an der Krystallisation, dann folgen Sulfate und Alkalikarbonate; weniger schädlich sind die Chloride. Auch geht ein Theil der Salze mit in den Rohzucker über, wo sie weiter durch Vermehrung des Aschengehaltes nachtheilig wirken, indem bei der Werthsberechnung des Zuckers von der Polarisation die 5fache Menge des Salzgehaltes abgezogen wird.

Pfeiffer[1]) beobachtete ferner, dass ein Wasser mit 0,48 g Gips (Schwefelsäuregehalt auf Gips umgerechnet) und 0,3 g Kochsalz (Chlor auf Chlornatrium umgerechnet) zwar keinen Einfluss auf das Aussehen der Säfte und des Dicksaftes hatte, aber bewirkte, dass letztere bei 2—3stündigem Kochen im Vakuum eine starke Braunfärbung annahmen. Parallelversuche im Laboratorium bestätigten, dass diese Erscheinung nur von den Salzen herrührte; denn bei Anwendung von Wasser mit nur 0,063 g Schwefelsäure (= 0,107 g Gips) und 0,03 g Chlor (= 0,05 g Kochsalz) trat die Braunfärbung der Füllmassen nicht auf.

Die Diffusionsschnitzel besitzen indes ein ausgesprochenes Absorptionsvermögen für Kalksalze, so dass bei grösseren vorhandenen Mengen Gips und Calciumbikarbonat nur ein Theil derselben in die Säfte übergeht.

Beim Kochen der Füllmassen im Vakuum scheiden sich nach Weisberg[1]) die Mineralstoffe zum Theil ab und zwar zuerst Kieselsäure, Eisenoxyd und Thonerde, zuletzt erst mit zunehmender Koncentration das Calciumoxalat.

e) Wasser für Gerbereien und Leimfabriken.

Zum Reinigen der Häute von Blut, Fleisch etc., um sie für den Gerbvorgang vorzubereiten, wird Wasser angewendet, in welchem sie mehrmals eingeweicht werden; die Beschaffenheit desselben ist nach W. Eitner[2]) von grossem Einfluss auf die Gestaltung der Haut bezw. Blösse. Ein fauliges Brunnenwasser bewirkt:

1. Eine vollständige Blindheit der ganzen Narbe. Der Schmelz, welcher die einzelnen Theile der Narbe umhüllt und dieser den eigenthümlichen Glanz verleiht, wird zerstört; es entsteht ein todtes, glanzloses Aussehen, welches einem Wollenzeug ähnlicher ist, als einem (Glacé-) Leder. Diese Erscheinung der blinden Narbe tritt schon auf, wenn eine ganz gesunde Blösse auch nur 2—3 Stunden mit einem fauligen Wasser behandelt wird.

2. Ein Einfressen von Löchern von der Fleischseite aus. Es bilden sich Vertiefungen von länglich-runder Form, die bis auf die blanke Narbe durchdringen, die Grösse einer Bohne erreichen, anfänglich vereinzelt auftreten, dann aber fortschreitend sich über das ganze Fell erstrecken, so dass dieses zuletzt das Aussehen eines von Ungeziefer zernagten, bis auf die Narbe aufgezehrten Gefetzes annimmt.

3. Bei längerem Aufenthalt in solchem fauligen Wasser bildet sich eine Aderung (Furchung) auf der Narbe aus, die auffallende Aehnlichkeit mit der Aderung einer Marmortafel hat. Beim weissen Leder haben die Züge ein gelblich-schmutziges, beim gefärbten ein dunkeles, mattes Aussehen.

4. Endlich bewirkt ein fauliges Wasser, dass die Haut, statt zu schwellen, zurückgeht, d. h. nicht etwa matt, sondern eher fester und dünner

[1]) Succ. belge 1887, 455.

[2]) Gerber 1877, 183; 1884, 221, 283, 189 u. 205.

wird. Die Aussenseiten fühlen sich nicht rauh und spröde, sondern eher glatter und spröder an. Das Leder ist zu dünn und fest im Kern, daher ungefügig und nicht geöffnet. Weiter fand W. Eitner, dass beim Weichen und Reinigen etc. der Haut ein Wasser mit freier Kohlensäure — und auch ein solches, welches Bikarbonat enthält — schwellend auf die Haut wirkt. Chloride schwellen dagegen die Haut nicht, heben sogar die schwellende Wirkung der Säuren auf. Aus dem Grunde ist ein an Chloriden reiches Wasser — wie z. B. Meerwasser etc. — zum Weichen und Reinigen der Haut nicht brauchbar. Eine sehr gute Schwellung der Häute wird auch durch Calcium- und Magnesiumsulfat bewirkt und erklärt sich hieraus die vortheilhafte Wirkung eines angemessenen Zusatzes von Schwefelsäure zu einem Wasser, welches viel Bikarbonate enthält.

Zum Gerben der Blössen ist dagegen ein hartes Wasser nicht geeignet, weil es die Ausnutzung der Gerbmittel beeinträchtigt; die frühere Annahme, dass ein hartes Wasser ein festes Leder mache, ist nicht richtig. Ein an Chloriden reiches Wasser bewirkt beim Gerben weniger Gewicht und bedingt mehr Sätze, um die Häute gar zu bekommen. Ein unter Verwendung von chloridreichem Wasser gegerbtes Leder zieht leicht Feuchtigkeit an, bleibt daher weich und wird nicht fest.

Früher schrieb man dem Eisen in dem Wasser die Eigenschaft der Schwarzfärbung des Leders zu; dieses scheint nicht immer der Fall zu sein.

Bei Darstellung von Leim aus Gerbereiabfällen liefert ein weiches Wasser mehr Ausbeute als ein hartes; ein mit letzterem gekochter Leim löst sich nach dem Trocknen nicht klar wieder auf.

f) Wasser für Bleichereien und Färbereien.

Für Bleichereien und Färbereien ist zunächst ein durchaus klares und farbloses Wasser erforderlich; jegliche Trübung und Färbung bewirkt eine Verschlechterung der Faser in der Färbung; besonders wirkt selbst die geringste Spur Eisen durch Bildung von Rostflecken nachtheilig.

Für Zwecke des Färbens werden die Gewebe meistens erst mit Seife gewaschen. Hierbei ist das Wasser von grösstem Belang, indem ein hartes, an Kalk- und Magnesiasalzen reiches Wasser die Abscheidung von fettsaurem (besonders von palmitinsaurem) Kalk bezw. Magnesia zur Folge hat, welche als unlöslich in kaltem Wasser völlig wirkungslos zu sein scheinen; nur der lösliche (vorwiegend ölsaure Salze enthaltende) Theil wirkt schaumbildend und dadurch reinigend, dass die in dem Schaum vorwiegend vorhandenen zahllosen Bläschen die Schmutzstoffe aufnehmen und von den Gewebsfasern entfernen.

Die Verwendung eines harten Wassers in den Wäschereien bedingt daher zunächst einen Verlust an Seife; da rund 31 Th. Natron und 47 Th. Kali durch 28 Th. Kalk und 20 Th. Magnesia ersetzt werden, so werden nach F. Fischer[1]) durch 1 Härtegrad 120 mg Kernseife oder durch 1 l Wasser

[1]) Vergl. F. Fischer: Das Wasser etc. 2. Aufl. 1891, 48.

von 25 Härtegraden (= 250 mg CaO für 1 l) 3 g Seife vernichtet, d. h. unwirksam gemacht.

Dazu setzen sich die unlöslichen fettsauren Kalk- oder Magnesiasalze auf den Gewebsfasern fest, machen dieselben unbiegsam, hart, und verstopfen beim Berühren oder Aufliegen auf der Haut die Poren derselben.

Wenn sich daher beim Walken der Tuche, Decken etc. oder beim Waschen der Gewebsfasern ein hartes Wasser nicht umgehen lässt, so soll man die Seifenlösung erst vor dem Gebrauch auf 80—100^0 erwärmen und die klare Lösung von dem gebildeten Niederschlage abgiessen.

Ebenso wie Kalk- und Magnesiasalze in einem Wasser wirken Eisen- und sonstige Metallverbindungen, die ausserdem noch Flecken erzeugen.

Von nicht geringerem Einfluss ist die Beschaffenheit des Wassers in den Färbereien; auch hier muss das Wasser in erster Linie farblos, hell und klar sein. Ein hartes Wasser ertheilt ferner nach Kielmeier verschiedenen rothen Farbstoffen, so dem Kochenille- und Holz-Roth einen bräunlichen Stich, der besonders in der Warmhänge oder beim Trocknen auf heissen Cylindern auftritt, indem die sich abscheidenden Calcium- und Magnesiumkarbonate wie schwaches Alkali wirken. Auch Diphenylfarbstoffe, Bordeauxfarbstoffe, Alkaliblau, Echtviolett und Echtroth etc. werden nach Ulrich durch kalkreiches Wasser ungünstig beeinflusst.

g) Wasser für sonstige gewerbliche Zwecke.

In der Papierfabrikation wirkt eisenhaltiges Wasser durch Fleckenbildung in ähnlicher Weise schädlich wie in den Bleichereien; Kalk und Magnesia zersetzen hier die verwendeten Harzseifen gerade so wie die Kali- und Natronseifen in den Wäschereien; fauliges Wasser soll unter Umständen zu Pilzbildungen im Papier Veranlassung geben.

Bei der Fabrikation von Tafelglas werden die ausgehöhlten Buchenklötze, Wallstücke vor und nach dem Gebrauche in Wasser aufbewahrt, welches in dieselben eindringt. Beim Drehen des Glaspostens in der Aushöhlung wird das aufgesogene Wasser verdunstet und dasselbe, um ein Anbrennen zu verhüten, durch Bespritzen ergänzt. Ist das Wasser nicht rein, sondern reich an Karbonaten, so schlagen sich die erdigen Bestandtheile auf die Wandungen nieder, beeinträchtigen die Feinheit und Glätte der Aushöhlung und erschweren auch die Drehung für den Arbeiter.

Selbst für die Darstellung von Thonwaaren, Vermauern von Ziegelsteinen etc. ist das verwendete Wasser nicht ohne Belang, indem z. B. Calcium-, Magnesium- und Natriumsulfat sowie Chlornatrium leicht Ausschläge geben, Chlorcalcium und Chlormagnesium aber dieselben feucht und fleckig machen.

Reinigung des Wassers.

Der wesentlichen Aufgabe dieses Werkes, die Verunreinigungen der Gewässer und deren schädliche Folgen nebst Mitteln zur Abhilfe darzulegen, lasse ich hier einen Abschnitt über die Reinigungsverfahren im allgemeinen voraufgehen, weil die meisten Verfahren zur Reinigung von vielen Schmutzwässern und nicht eines einzigen, bei welchem es zufällig beschrieben ist, angewendet werden können. Aus dem Grunde soll hier auch die Reinigung des Trinkwassers kurz behandelt werden; denn abgesehen von der grossen Bedeutung desselben beruhen auch verschiedene Verfahren zur Reinigung der Schmutzwässer auf denselben Grundsätzen, als die zur Reinigung des Trinkwassers.

Reinigung des Trinkwassers.

Die Reinigung des Trinkwassers richtet sich in erster Linie nach dem Ursprunge des Rohwassers.

Als solches wird benutzt:

1. Oberflächenwasser aus öffentlichen Behältern, und zwar:
   a) Regenwasser (Cisternen), b) aus natürlichen oder künstlichen Seeen, c) Flusswasser (Unterlauf), d) Meerwasser (nach Destillation).
2. Grundwasser aus geschlossenen Behältern, und zwar:
   a) Quellwasser, b) Grundwasser im eigentlichen Sinne.

Die Reinigung eines Trinkwassers richtet sich in erster Linie nach der Art und Grösse der Verunreinigung, ferner aber auch nach der Menge des zu reinigenden Wassers, ob dasselbe für den Grossbetrieb, d. h. für Wasserleitungszwecke oder für den Kleinbetrieb, d. h. für den einzelnen Hausbedarf bestimmt ist.

Die Menge des täglichen Wasserverbrauchs auf den Kopf der Bevölkerung anlangend, so ist dieselbe je nach der zur Verfügung stehenden Wassermenge ausserordentlich verschieden; im allgemeinen rechnet man bei gemeinschaftlichen Wasserversorgungen durchschnittlich 100 l für den Tag und Kopf der Bevölkerung, während bei Einzelversorgungen (aus Hausbrunnen) nur 25—50 l gerechnet werden.

Die Abweichungen von diesen Mittelwerthen sind aber recht erheblich und betragen z. B. für den Tag und Kopf der Bevölkerung:

1. In Deutschland für Wasserleitungen:

a) mit filtrirtem Oberflächenwasser

Anzahl der Städte	Minimum	Maximum	Mittel
11	68	218	110
b) mit Grund-(Brunnen-)Wasser durch Hebewerk-Druckleitung			
45	21	235	105
c) mit Quellwasser mit Gravitationsleitung			
17	17	153	75
2. In England mit Verbrauch für alle Zwecke			
68	64	341	126
3. In Amerika mit Verbrauch für alle Zwecke			
266	57	704	340

Offenbar schliessen die Zahlen in England und Amerika auch den Verbrauch an Wasser für technische und industrielle Zwecke mit ein.

Der tägliche Verbrauch an Wasser für den Kopf der Bevölkerung ist hiernach sehr verschieden; er ist bei der Wasserversorgung mit reinem Quellwasser, als der besten Versorgungsquelle, welches aber nur selten genügend zu haben ist, im allgemeinen am geringsten.

Mehr aber wie nach der Menge des Verbrauchs richtet sich die Reinigung des Wassers nach der Art und Grösse der Verunreinigung und erfordert aus dem Grunde für Oberflächenwasser, welches infolge der ständigen Berührung mit Luft und infolge offener, nicht filtrirter Zuflüsse erheblicher verunreinigt wird als Grund- oder Quellwasser aus geschlossenen Behältern, weit umfangreichere und sorgfältigere Vorrichtungen als für letzteres Wasser. Bei dem Oberflächenwasser handelt es sich behufs Reinigung für menschliche Genusszwecke um Entfernung nicht nur von organischen und unorganischen Schwebestoffen, sondern auch um Entfernung mehr oder weniger bedenklicher Mikroorganismen, während letztere bei Grund- und Quellwasser meistens nicht in Betracht kommen; bei diesen braucht durchweg nur die Entfernung von unschädlichen aber unangenehmen Schwebestoffen und die Enteisenung bezw. Lüftung angestrebt zu werden. In Quell- und Grundwasser können pathogene Bakterien nur gelangen, wenn sie sehr seicht liegen oder infolge offener Klüfte, Löcher oder grobkörnigen lockeren Erdreiches dem Oberflächen- bezw. Sickerwasser ohne wesentliche Filtration leicht Zutritt gestatten.

Eine künstliche Reinigung des Wassers für Trinkwasserzwecke muss folgenden Bedingungen genügen:

1. Die Reinigungsanlage muss ein helles und klares, genügend keimfreies und kühles Wasser von neutraler Reaktion liefern und gestatten, dass dieses zu jeder Zeit geliefert werden kann.
2. Die Anlage muss zu jeder Zeit und so oft dieses nothwendig erscheint, eine thunlichst leichte und einfache wirksame Reinigung der verwendeten Stoffe wie Hilfsmittel gestatten.
3. Der Betrieb der Anlage muss sich sowohl bezüglich der Leistung der Anlage, wie der bediensteten Personen leicht kontrollieren lassen.

Unter Berücksichtigung dieser Gesichtspunkte können bei einer allgemeinen Wasserversorgung nur von einer centralen Reinigungsanlage, nicht aber von einzelnen Hausreinigungsvorrichtungen die richtigen Erfolge erwartet werden, während letztere bei Einzelwasserversorgungen unter richtiger Anwendung einige Dienste zu leisten vermögen.

I. Reinigung des Trinkwassers im Grossen.

Bei Entnahme des Wassers aus Teichen oder Seeen beginnt die Reinigung zweckmässig am Anfange der Leitung, indem man das Saugrohr am Kopf entweder mit einem Saugkorb als Filter versieht, oder indem man, was zweckmässiger ist, den Anfang des Saugrohres von allen Seiten mit quadratisch oder cylindrisch geformten Gittern und Sieben von Messing- oder Kupferdraht umgiebt, welche derartig angebracht sind, dass sie zeitweise behufs Reinigung hochgezogen werden können.

Auch bringt man zweckmässig mehrere Drahtgitter hintereinander an in der Weise, dass die Maschenweite von aussen nach innen schichtenweise abnimmt. Die feinsten inneren Siebe haben je nach der Beschaffenheit des Wassers 12—40 Maschen auf 1 qcm.

Da wo die Entnahmeleitung gleichzeitig eine Saugleitung ist, wird es sich empfehlen, sie mit der Druckleitung zu verbinden, um erstere von Zeit zu Zeit durch Druckwasser reinigen zu können. Man wird ferner den Anfang des Saugrohres so tief wie möglich unter den Wasserspiegel senken, um Wasser von thunlichst niedriger und gleichmässiger Temperatur zu erhalten.

Bei Entnahme des Wassers aus Flüssen ist infolge der geringeren Tiefe bezüglich der letzteren durchweg kein solcher Spielraum gelassen wie bei Seeen etc. Es empfiehlt sich nicht, bis auf die Sohle des Flusses zu gehen, weil alsdann leicht eine Verunreinigung durch Bodenschlamm eintreten kann. Man pflegt daher hier unter Berücksichtigung des niedrigsten Wasserstandes die Entnahmestelle thunlichst hoch über der Flusssohle zu wählen.

Vor allen Dingen muss man die Entnahmestelle in den Hauptstrom und zwar in die Nähe der Stromrinne verlegen, weil hier das Wasser in der Regel am frischesten und reinsten ist. Es ist nie rathsam, das Wasser aus einem seitlichen Arm oder einem der Fluth unterworfenen Theil, wo es zur Ruhe kommt und Schlamm ablagert, zu entnehmen.

Als selbstverständlich sollen bei dem betreffenden Fluss, dem das Wasser entnommen wird, verunreinigende Zuflüsse thunlichst ausgeschlossen sein; oder man entnimmt das Wasser oberhalb dieser Zuflüsse bezw. nicht an Stellen, wo sich keine Selbstreinigungsvorgänge mehr vollziehen.

Auch bei Entnahme des Wassers aus Flüssen kann man am Kopfende der Saugleitung Drahtgitter von mehreren Drahtgeflechten hintereinander anwenden, deren Maschenweiten von aussen nach innen allmählich abnehmen.

In anderen häuft man um die Mündung des Saugrohres Steine, deren Grösse ebenfalls von aussen nach innen abnimmt, sodass das Wasser durch immer kleiner werdende Oeffnungen durchzutreten gezwungen ist; hierdurch werden die Schwebestoffe des Wassers zurückgehalten.

Diese einfachen Einrichtungen genügen aber in den meisten Fällen nicht, ein für Trinkwasserzwecke bestimmtes Wasser ausreichend zu reinigen. Es lassen sich auf diese Weise meistens nur die gröberen Schwebestoffe aus einem Wasser entfernen, die feineren müssen in Absatzbecken, die allerfeinsten durch Sandfilter entfernt werden.

1. *Reinigung des Trinkwassers in Absatzbehältern.*

Diejenigen Bestandtheile, welche specifisch schwerer als Wasser sind, sinken in demselben nach unten, die von gleichem oder niedrigerem spec. Gewicht bleiben in oder auf demselben schwimmen. Die Frage daher, ob ein Oberflächenwasser in Klärbecken genügend gereinigt werden kann, hängt in erster Linie von der Art der Schwebestoffe und deren spec. Gew. ab, dann aber auch von der Grösse der Bewegung des Wassers in dem Klärbecken. Auf die in einem sich bewegenden Wasser befindlichen specifisch schwereren Schwebestoffe wirken zwei Kräfte, einmal die Schwerkraft und dann die Geschwindigkeit des Wassers d. h. die zu der Schwerkraft senkrechte, in der Wagerechten forttreibende Kraft des Wassers; die Schwebestoffe werden daher in der Richtung der Diagonalen allmählich zu Boden fallen und muss ein Ablagerungsbecken genügend gross sein, um die Geschwindigkeit des Wassers so zu verlangsamen, dass eine völlige Ablagerung stattfinden kann. Eine hinreichend lange Aufstauung des Wassers ohne Bewegung darin (unterbrochener Betrieb) würde auch bei kleinem Raum die Niederschlagung der Schwebestoffe verhältnissmässig schneller bewirken, indess ist eine solche Art der Klärung für gewöhnlich nicht angezeigt, weil in einem ruhenden, organische Stoffe enthaltenden Wasser leicht Zersetzungsvorgänge (Fäulniss) eintreten.

Auch ist einleuchtend, dass der Eintritt des Wassers in den Klärbehälter, sein Durchfluss durch denselben wie sein Austritt aus demselben thunlichst gleichmässig und ruhig vor sich gehen muss. Es sind daher stets dieselben Mengen Wasser ein- und abzuleiten, ferner Bodenströmungen und Querschnittsveränderungen, besonders Verengungen, zu vermeiden, weil durch erstere an sich, durch letztere infolge der Stoss- und Strudelwirkungen die bereits niedergeschlagenen Schwebestoffe wieder aufgerührt werden.

Bei der Niederschlagung der Schwebestoffe in den Klärbecken ist auch zu berücksichtigen, dass sich infolge der Anhäufung von organischen und unorganischen Stoffen am Boden und in Folge des längeren Verweilens des Wassers im Behälter die Keimzahl an Bakterien leicht erhöhen kann.

Dieses scheint für grosse und tiefe Aufstaubehälter, wie z. B. für den für London, wo das Wasser bis gegen 14 Tage aufgespeichert wird, in geringerem Masse der Fall zu sein, als bei kleinen und flachen Behältern.

Man kann die Niederschlagung der Schwebestoffe auch durch Zusatz von Chemikalien zu dem Wasser beschleunigen, d. h. man erzeugt in dem Wasser durch Zusatz von Chemikalien einen voluminösen und sich leicht absetzenden Niederschlag, welcher die Schwebestoffe des Wassers mit niederreisst (vergl. weiter unten und unter Reinigung von Schmutzwasser). Indess sind derartige Zusätze für die Klärung von Trinkwasser nicht empfehlenswerth, weil sie sich im grossen nicht genau bemessen lassen und das Wasser nachtheilig beeinflussen können, indem ein Ueberschuss des Fällungsmittels mit in das geklärte Wasser übergehen kann.

Am besten eignet sich noch ein Zusatz von schwefelsaurer Thonerde, wodurch auch unter Umständen Färbungen des Rohwassers (so Braunfärbungen von Torfwasser etc.) entfernt werden können. Wenn aber das Wasser noch weiter durch Filtration gereinigt werden muss, so hat die Anwendung der schwefelsauren Thonerde den Nachtheil, dass die flockig ausgeschiedene Thonerde leicht die Filter verstopft (vergl. weiter unten).

a) Klärbecken für unterbrochenen Betrieb.

Die Grösse dieser Klärbecken muss so eingerichtet werden, dass sie den Höchstbedarf an Wasser von mehreren Tagen zu fassen vermögen. Denn wenn man für die Zeit der Ruhe (Klärung) 20 Stunden, für die Füllung und Ausleerung je 10—11 Stunden rechnet, also einschliesslich der Reinigung vom Bodenschlamm für die Füllung, Klärung und Ausleerung eines Beckens rund $1^1/_2$ Tag, so müssen schon 4 Klärbecken mit dem 2—3fachen Inhalt des täglichen Höchstwasserverbrauchs vorhanden sein, um eine genügende Vorklärung zu erzielen.

Indessen richtet sich die Grösse der Klärbecken wesentlich nach der Zeit, die zum Absetzen der Schwebestoffe erforderlich ist, und ist daher wie letztere sehr verschieden; die Londoner Klärbecken sind so gross, dass darin das Wasser für 14 Tage, in Altona dagegen nur für 0,48 Tage der Klärung überlassen werden kann.

Folgende Zahlen zeigen die Verschiedenartigkeit dieser Verhältnisse:

Stadt	Durchschnittl. Tages-Wasserverbrauch	Grösster Tagesverbrauch	Nutzbarer Kubikinhalt sämmtlich. Klärbecken	Vorrath in sämmtlichen Klärbecken in Verbrauchstagen ausgedrückt		Betrieb	Geschwindigkeit des Wassers in den Klärbecken	Klärdauer
				Durchschnittsverbrauch	Höchstverbrauch			Stunden
	cbm	cbm	cbm					
Hamburg (1893)	120 316	180 000	320 000	2,66	1,78	unterbrochen	Ruhe	15—30
Altona (1889)	11 860	18 555	5 640	0,48	0,30	unterbrochen	„	5
Magdeburg (1893/94)	21 834	31 745	21 400	0,98	0,68	beständig	1,5	18,7

Da die Tiefe der Klärbecken 2—4 m betragen soll, so ist die Ausdehnung selbstverständlich sehr verschieden und beträgt z. B. 1550 qm (für kleinstes Becken in Breslau) bis 42000 qm (Hamburg).

Die Form der Klärbecken ist zweckmässig die eines länglichen Rechteckes, von dem die Längsseite 3—6 mal so lang ist, wie die Breitseite. Die ausgemauerten oder ausgepflasterten Seitenwandungen sollen, um eine seitliche Schlammablagerung zu vermeiden und eine leichtere Reinigung zu gestatten, ohne Böschung oder doch mit thunlichst steiler Böschung hergestellt werden. Eine Ueberwölbung ist nicht erforderlich. Sie hat zwar den Vortheil, dass das Wasser nicht dem Einfluss der Wärme im Sommer und der Kälte im Winter ausgesetzt ist, daher eine gleichmässigere Temperatur zeigt; andererseits aber entzieht sie das Wasser der reinigenden, baktericiden Wirkung des Sonnenlichtes und vertheuert wesentlich die Anlage.

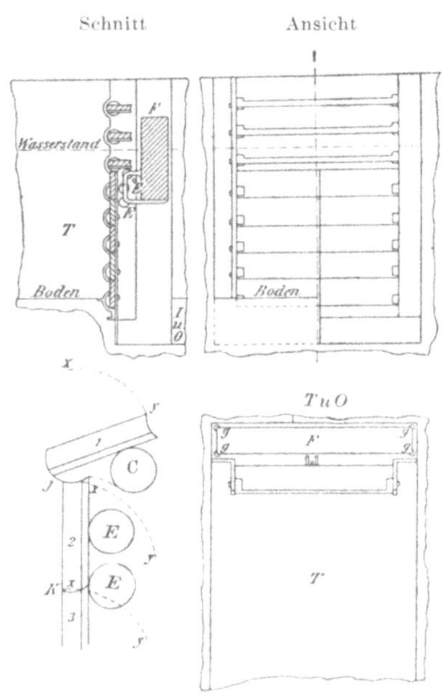

Fig. 1.
Etagenwehr.

Von grösstem Belang für die unterbrochen betriebenen Klärbecken ist die Art des Ein- und Austrittes des Wassers; letztere müssen so erfolgen, dass der Bodenschlamm nicht wieder mit aufgerührt wird und so der Klärerfolg verloren geht.

Diesem kann durch das in Fig. 1 dargestellte Etagenwehr vorgebeugt werden. Dasselbe besteht in einer Reihe über einander befindlicher Läden, welche durch einen auf- oder absteigenden Schwimmer geschlossen oder geöffnet werden.

In Fig. 1 ist *T* das Klärbecken, *F* der Schwimmer und *1*, *2*, *3* u. s. w. (vergl. Schnitt *A*) die über einander sitzenden Läden. Der Schwimmer *F* trägt einen Vorsprung, auf welchem 3 Rollen *C*, *E* und *E* sitzen; *C* ist die öffnende und schliessende Rolle, *E* und *E* sind Führungsrollen, welche verhindern, dass der eben geschlossene Laden zurückgeht, ehe er durch den darüber befindlichen Laden fest geschlossen ist. Dieser Vorgang ist deutlich aus dem Schnitt *A* zu ersehen, in welchem die punktirten Linien *xy* den Weg anzeigen, welchen die Läden beim Oeffnen oder Schliessen zurücklegen. Laden *1* ist im Schliessen begriffen und wird bald Laden *2* bei *J* fest abschliessen, gerade so wie Laden *2* bei *K* Laden *3* fest abgeschlossen hat. Bei der Entleerung des Klärbeckens gestattet das Absteigen des Schwimmers *F* ein allmähliches Zurückfallen der Läden in eine wagerechte Stellung. Die Geschwindigkeit des Ein- oder Austritts des Wassers wird durch gewöhnliche Schieber geregelt.

Man wird gut thun, die Länge eines solchen Etagewerkes nicht allzu gross zu machen, und da, wo die Seite der Klärbecken, auf welcher das Wasser eintritt, eine

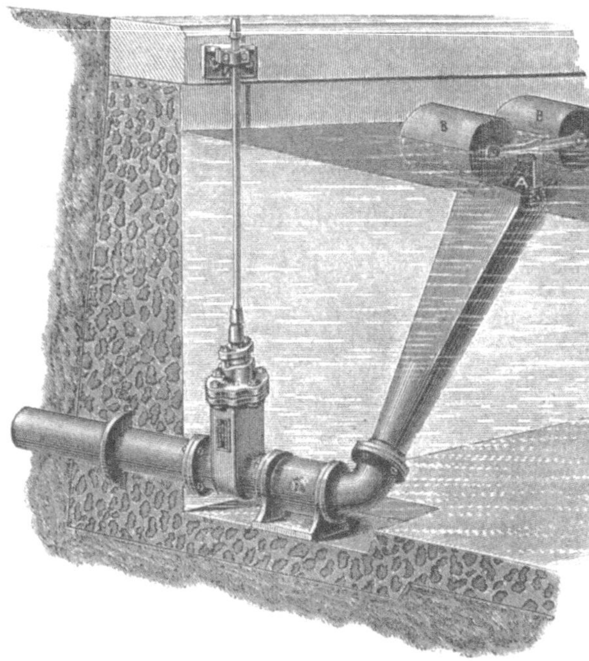

Fig. 2.
Schieber mit Schwimmermundstück.

bedeutende Länge hat, wird man die letztere zweckmässig durch Pfeiler in Unterabtheilungen zerlegen. Auch ist zweckmässig, dass bei einem länglichen Klärbecken-Rechteck der Ein- und Austritt des Wassers auf der ganzen Länge der kurzen Seiten stattfindet.

Ein weiteres Hilfsmittel, den Austritt des Wassers aus dem Klärbecken so ruhig wie möglich vor sich gehen zu lassen, ist durch den in Fig. 2 abgebildeten Schieber mit Schwimmermundstück gegeben.

Das Mundstück des Schiebers *A* wird durch die 2 Schwimmerrollen *B* immer einige Centimeter (15—20 cm) unter der Wasseroberfläche erhalten, wodurch bewirkt wird, dass einerseits alle auf der Oberfläche schwimmenden Körper im Klärbecken zurückgehalten werden, dass andererseits, weil der Austritt des Wassers mit nur ganz geringer Druckhöhe stattfindet, alle Bewegungen im Bodenschlamm vermieden werden. Die Grösse und Anzahl derartiger Schieber hängt von der Grösse der Klärbecken, den zu bewältigenden Wassermengen und sonstigen Umständen ab.

Die Klärbecken müssen je nach Art und Menge des abgelagerten Schlammes öfters gereinigt werden, wenigstens so oft, dass sich in dem Schlamm nicht Gasblasen entwickeln, welche den Bodenschlamm wieder an die Oberfläche führen. Die Klärbecken haben für die bequemere Reinigung eine Neigung (etwa wie 1 : 600) und zwar am besten nach der Eintrittsstelle hin.

b) Klärbecken für ununterbrochenen Betrieb.

Auch hierfür empfehlen sich durchweg 2—4 m tiefe Rechtecksformen, deren Längsseite 3—6 mal so lang ist als die Breitseite; mehrere kleinere Klärbecken sind ausserdem in der Bedienung bequemer, als einzelne ganz grosse. Für die Grösse der Becken ist die Grösse der Geschwindigkeit entscheidend, die nothwendig ist, um eine genügende Klärung zu erzielen. Im allgemeinen wird eine Durchflussgeschwindigkeit von 1—2 mm in der Sekunde genügen.

Hieraus lässt sich die nöthige Grösse (Länge) eines Klärbeckens berechnen.

Ist C die Breite des Klärbeckens in Metern, l die Länge in Metern, Q die für eine Sekunde in Kubikmetern ausgedrückte, im Becken zu klärende Wassermenge, w die Tiefe des sich klärenden Wassers in Metern, v die Durchflussgeschwindigkeit in Metern und S die Länge der Klärdauer in Stunden, so ist unter der Annahme, dass sich der ganze Beckenquerschnitt am Durchfluss betheiligt:

$$(1) \qquad C = \frac{Q}{w\,.\,v} \qquad \text{und} \qquad (2) \qquad l = S\,.\,3600\,.\,v.$$

Auch bei den ununterbrochen betriebenen Klärbecken ist eine gleichmässige Bewegung des Wassers in denselben von grösstem Belang; für den Zweck lässt man das Wasser auf der ganzen Breitseite des Klärbeckens als Ueberfall ein- und auf der gegenüberliegenden Breitseite als Ueberfall wieder austreten; dabei darf der Niveauunterschied zwischen der Wehrkante am Ein- und Austritt nicht gross sein.

Damit sich der ganze Querschnitt des Beckens am Durchfluss betheiligt, sind dieselben mit mehreren Grundmauern und mit Eintauchplatten durchsetzt.

Die dünnen Grund- oder Quermauern sind unten am Boden an mehreren Stellen für Durchlass des Schlammes beim Reinigen unterbrochen.

Die Eintauchplatten, welche, um das Aufwirbeln des Bodenschlammes zu vermeiden, nicht zu tief eintauchen dürfen, werden zweckmässig im 1. oder 2. Drittel der Beckenlänge am Eintritt des Wassers angebracht, also zwischen den Quermauern angeordnet, so dass das eintretende Wasser erst unter einer Eintauchplatte hinweg und dann über eine Quermauer treten muss, dann wieder unter eine Eintauchplatte weg u. s. w.

Im letzten Drittel des Klärbeckens befinden sich keine Stromhindernisse (Quermauern und Eintauchplatten) mehr, hier fliesst das Wasser gleichmässig zum Austritt.

In anderen Fällen hat man durch abwechselnde Querwände eine zickzackförmige Bewegung des Wassers in den Klärbecken zur ausgiebigeren Klärwirkung gewählt, aber durch diese Einrichtung, die sich zur Klärung von Schmutzwässern unter Umständen bewährt hat, eher Nachtheile als Vortheile erzielt.

Ueber die Einrichtung derartiger Klärbecken vergl. weiter unten unter Abschnitt „Reinigung von Schmutzwasser".

Im übrigen gilt von den Klärbecken für ununterbrochenen Betrieb zur Reinigung von Trinkwasser dasselbe, was von denen für unterbrochenen Betrieb gesagt ist.

Die Grösse der Wirkung der Reinigung in Klärbecken hängt ganz von der Art der Schwebestoffe, der Anlage und Handhabung der Klärbecken ab; unter günstigen Verhältnissen lassen sich bis zu 80 % der vorhandenen Schwebestoffe aus dem Wasser entfernen.

2. *Reinigung des Trinkwassers durch Sandfiltration.*

Nur in den seltensten Fällen wird ein Oberflächenwasser durch mechanische Klärung in Klärbecken genügend rein für Wasserversorgungen im grossen. Die im specifischen Gewicht dem Wasser nahezu gleichen Stoffe bleiben ebenso wie die specifisch leichteren Stoffe schwimmen. Zur Entfernung dieser Schwebestoffe muss das Wasser noch filtrirt werden. Weil sich die Filtration nicht umgehen lässt, so wird vielfach von einer Vorklärung ganz abgesehen und das Wasser direkt filtrirt.

Man unterscheidet eine natürliche und künstliche Sandfiltration.

Unter natürlicher Sandfiltration versteht man den seitlichen Austritt bezw. die Filtration von Flusswasser durch Sand- und Kiesschichten an den Ufern und Entnahme des Wassers aus diesen natürlichen Filtern. Hiermit ist nicht zu verwechseln die Filtration von Grundwasser von höher gelegenem Erdreich durch Sand- und Kiesschichten der Ufer zum Flusse hin.[1]) Auch solches Wasser wird, wie z. B. in Dresden und London, für Wasserversorgungen verwendet. Mitunter lagern an den Flussufern (z. B. der Themse bei London) ausgedehnte Sand- und Kieslager, die als Ausgleichbehälter angesehen werden können, welche entweder das Hochwasser des Flusses oder das Grundwasser von dem höher gelegenen Uferland aufnehmen und daher eine reichhaltige Wasserquelle abgeben.

Wo solche natürliche Sand- und Kiesschichten fehlen, da werden sie häufig künstlich in der Weise hergestellt, dass man den Mutterboden an den Flussufern in genügender Ausdehnung aushebt, statt dessen mit Sand und Kies ausfüllt, das Flusswasser seitwärts durch diese Schicht austreten lässt, in Brunnen sammelt und aus diesen für die Leitung schöpft.

---

[1]) Im Grunde genommen ist jedes Grundwasser ein durch natürliche Filter (den Boden) gereinigtes Oberflächen-(Regen-)Wasser.

Bei der natürlichen Sandfiltration, auch in letzterem Falle, haben wir es im wesentlichen mit einer wagerechten Filtration zu thun, während bei der künstlichen Sandfiltration die Richtung des Wassers eine senkrechte ist. Bei der letzteren sammeln sich die schwebenden Stoffe auf der Oberfläche des Filters an, werden hier zurückgehalten und bilden eine schützende Decke, welche für sich als Filter wirkt und die Schwebestoffe besser als der Sand zurückhält.

Bei der wagerechten bezw. seitlichen Bewegung des Wassers durch die natürlichen Sandfilter spülen sich die Schwebestoffe immer tiefer in die Poren des Sandes, durchsetzen denselben zuletzt ganz, so dass die Reinigung des Wassers keine nennenswerthe mehr ist.

Frankland fand nämlich zwischen dem rohen und dem durch natürliche Sandfiltration bei London gereinigten Themsewasser keinen wesentlichen Unterschied in der chemischen Zusammensetzung; auch das filtrirte Wasser war meist trübe, nur im Keimgehalt zeigte sich ein günstiger Unterschied; das rohe Themsewasser hatte im Jahre 1894 durchschnittlich 10708 Keime, das durch das natürliche Sandfilter gegangene dagegen an einer Entnahmestelle 157, an einer anderen 455 Keime in 1 ccm.

Immerhin kann die natürliche Sandfiltration auf die Dauer kein genügend reines Wasser liefern, sie kann vielmehr ebenso wie die Klärung durchweg nur als eine Vorreinigung zu der eigentlichen Reinigung durch künstliche Sandfilter angesehen werden.

a) Anlage der künstlichen Sandfilter.

Bei der Anlage der künstlichen Sandfilter sind eine Reihe Umstände zu berücksichtigen, welche für die Wirkung und Handhabung von Belang sind, nämlich:

α) Die völlige Selbständigkeit jedes einzelnen Filters.

Es muss nicht nur jedes Filter für sich entleert, gefüllt und gereinigt werden können, sondern es muss auch die Möglichkeit gegeben sein, das filtrirte Wasser von jedem Filter für sich aufzufangen und zu untersuchen. Denn nur so lassen sich Schäden und Unregelmässigkeiten eines Filters aufdecken und abstellen, während bei Ausmündung der Filter in ein gemeinsames Rohr oder in einen gemeinsamen Behälter bei etwaiger schlechter Beschaffenheit des filtrirten Wassers die gesammten Filter ausser Betrieb gesetzt und sämmtlich erneuert werden müssen. Die Art der Ausführung dieser Bedingungen richtet sich wesentlich nach den örtlichen Verhältnissen und der ganzen Anlage.

Im allgemeinen wird sich die Forderung durch Einschaltung einer Regulirkammer zwischen jedem einzelnen Filter und der Reinwasserleitung nach dem Reinwasserbehälter erfüllen lassen. Liegt dann der Abfluss aus der Regulirkammer stets über dem wechselnden Wasserstand im Reinwasserbehälter, so kann eine Rückwirkung des letzteren auf die einzelnen Filter nicht stattfinden. Selbstverständlich muss der höchste zulässige Wasserstand im Reinwasserbehälter von vorneherein bei der Anlage erwogen und festgestellt werden.

β) Die Korngrösse des Filtersandes.

Für die Filtration ist in erster Linie die Korngrösse des Sandes von Belang, ferner kommen das Poren-Volumen und die Kapillarität des Sandes, sowie der Widerstand, welchen der Sand der Bewegung des Wassers entgegensetzt, in Betracht. Für die Durchsickerung und Reinigung des Wassers geben die feineren Theile des Sandes den Hauptausschlag, weil das Wasser um die gröberen Sandkörner ohne Widerstand herum-, durch die feineren aber hindurchfliesst.

Ueber die Art des Einflusses aller dieser Verhältnisse hat Hazen an der Versuchsstation in Lawrence[1]) eingehende Untersuchungen angestellt. Er schlägt zunächst vor, die Korngrössen eines Sandes wie folgt zu unterscheiden: Die „effektive Korngrösse" ist diejenige, welche gröber als 10% und feiner als 90% des Gewichtes des Sandes ist bezw. welche 90% des Gewichtes des Sandes erreicht, d. h. z. B. ein Sand von 0,50 mm „effektiver Korngrösse" hat für 10% seines Gewichtes feinere und für 90% desselben gröbere Körner als mit 0,50 mm Durchmesser. Die grössere oder geringere Gleichförmigkeit des Sandes soll durch den „Gleichförmigkeits-Koefficienten" ausgedrückt werden, welcher durch Division des Durchmessers desjenigen Kornes, welches grösser ist als 60% des Gewichtes des Sandes, durch den Durchmesser desjenigen Kornes, welches grösser ist als 10% des Gewichtes des Kornes, gefunden wird.

Der Durchmesser eines Sandkornes, welches als Kugel gedacht wird, über 0,10 mm wurde nach folgenden Gleichungen gefunden:

$$\text{Inhalt einer Kugel} = \frac{1}{6}\pi d^3 \text{ und ferner} = \frac{\text{Gewicht}}{\text{spec. Gewicht}}$$

oder wenn, wie durchweg, das spec. Gew. des Sandes = 2,65 ist, so wird

$$\frac{w}{2,65} = \frac{1}{6}\pi d^3 \quad \text{oder} \quad d = 0,9\sqrt[3]{w},$$

worin d = Durchmesser des Kornes in mm und w sein Gewicht in mg ist.

Der Durchmesser von Sandtheilchen unter 0,10 mm wurde durch Mikrometer-Messungen bestimmt.

Die Korngrössen eines Sandes lassen sich durch Siebe von bekannten Maschenweiten ermitteln; das Poren-Volumen und die Grösse des Wasseraufsaugungsvermögens werden wie üblich bei Bodenarten bestimmt,[2]) die Höhe, bis zu welcher ein Wasser durch Kapillarität so hoch ansteigen kann,

[1]) Ann. Report of the Stat. Board of Health for Massachusetts 1892. Boston 1893, 539.

[2]) Vergl. u. a. des Verf.s Schrift: Die Untersuchung landw. und gewerbl. wichtiger Stoffe. 2. Aufl., Berlin 1898.

dass ein Umlauf der Luft verhindert wird, lässt sich annähernd durch folgende Formel ausdrücken:

$$h = \frac{1,5}{d \cdot 2}$$

in welcher h = Höhe in mm und d die effektive Korngrösse des Sandes ist.

Aus diesen Grössen hat die Versuchsstation in Lawrence für die Filtrationsgeschwindigkeit folgende Gleichung abgeleitet:

$$v = c\,d\,\frac{2\,h}{l}\,(0,7 + 0,3\,t),$$

in welcher bedeutet:

v = Geschwindigkeit des Wassers für den Tag, gemessen in Metern Wassersäule von der gleichen Oberfläche wie die des Sandes.

c = eine Konstante, welche von der Zusammensetzung des Sandes (Gehalt an Lehm und Feinerde), vom Gleichförmigkeits-Koefficienten, der Dauer oder Zeit der Benutzung des Filters und der Dichtigkeit der Lagerung des Sandes im Filter abhängig ist. Die Konstante ist für Sande mit hohem Gleichförmigkeits-Koefficienten = 550, für solchen mit niedrigem Gleichförmigkeits-Koefficienten = 800, wenn die Werthe von h, d und l die für obige Verhältnisse passende sind.

g = effektive Korngrösse.

h = Filtrationsdruckhöhe oder Filtrationsgefälle.

l = Sandstärke, durch welche das Wasser hindurchfliesst.

t = Temperatur in Celsiusgraden.

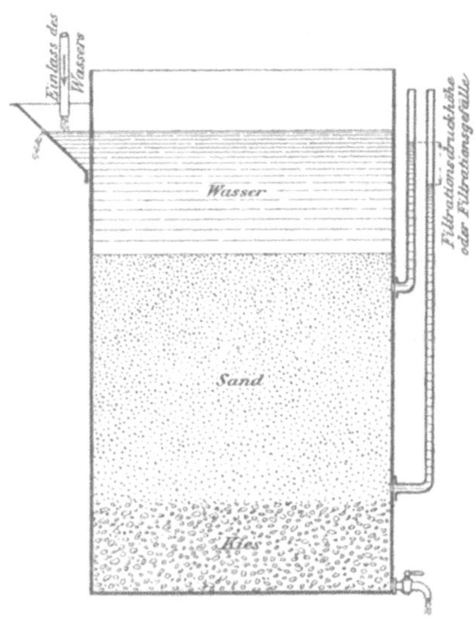

Fig. 3.
Versuchs-Filter.

Diese Formel hat jedoch nur für Sande mit einem Gleichförmigkeits-Koefficienten unter 5 und mit einer „effektiven Korngrösse" von 0,10 bis 3,00 mm und ferner für verhältnissmässig reine, mit keinen Schmutzstoffen behaftete Sande Gültigkeit; sobald sich an der Oberfläche eine Schleimhaut gebildet hat, so gilt die Formel und Gesetzmässigkeit nicht mehr.

Die vielseitigen Versuche haben ergeben, dass alle Berechnungen und Schätzungen der Geschwindigkeit, mit welcher Wasser unter einem bestimmten Druck die bekannte Höhe einer Sandschicht durchfiltriren kann, auf denjenigen Widerstand zu gründen sind, welchen der Sand nach völligem Setzen im Filter erlangt hat. Die Durchlässigkeit eines Filters in diesem Zustande ist seine normale Leistung, wie sehr auch immer die Leistungen der ersten Tage und Wochen sich hiervon unterscheiden mögen.

Zur Messung des Widerstandes in reinem Sand bediente sich Hazen des obenstehenden Versuchsfilters (Fig. 3).

Auf diese Weise bestimmte Hazen den Durchfluss des Wassers durch Sand von verschiedener Korngrösse und unter wechselndem Druck bei 10^0 mit folgendem Ergebniss:

Nr.	Druckhöhenverlust / Sandhöhe $\frac{h}{b}$	Effektive Korngrösse in Millimeter, 10% feiner als						
		0,10	0,20	0,30	0,40	0,50	1,00	3,00
		Kubikmeter für 1 pm und Tag						
1	0,001	0,01	0,04	0,09	0,16	0,25	1,00	9,00
2	0,005	0,05	0,20	0,45	0,80	1,25	5,00	45,00
3	0,010	0,10	0,40	0,90	1,60	2,50	10,00	90,00
4	0,050	0,50	2,00	4,50	8,00	12,50	50,00	—
5	0,100	1,00	4,00	9,00	16,00	25,00	100,00	—
6	0,500	5,00	20,00	45,00	80,00	125,00	—	—
7	1,000	10,00	40,00	90,00	160,00	—	—	—
8	2,000	20,00	80,00	180,00	320,00	—	—	—

Den Einfluss der Temperatur des Wassers auf die durchfiltrirte Wassermenge — die mit der Temperatur zunimmt — zeigen folgende Zahlen:

Temperatur des Wassers	0°	5°	10°	15°	20°	25°	30°C.
Relative durchfiltrirte Wassermengen	0,70	0,85	1,00	1,15	1,30	1,45	1,60.

Aus diesen und anderen Zahlen geht, wie nicht anders erwartet werden kann, hervor, dass Wasser durch Sand um so schneller filtrirt, je grösser die Korngrösse ist.

Ein Sand liefert aber ein um so reineres, keimfreieres Filtrat, je feinkörniger er ist; es bildet sich auf Filtern von feinem Sande eher eine Schleimhaut, als auf Filtern von grobem Sande, in welche auch die Schmutztheilchen tiefer eindringen. Zur Erzielung einer gleichen Wirkung eines Sandfilters braucht daher die Filtrirschicht bei einem feinen Sande nicht so hoch zu sein, als bei einem gröberen Sande. Letzterer lässt sich aber wieder leichter reinigen als feiner Sand.

Nach den Versuchen in Lawrence lieferte ein Filter von Sand von 0,09—0,14 mm effektiver Korngrösse und einer Schichthöhe von 1220 bis 1524 mm ein an Keimen sehr geringhaltiges Filtrat, während noch feinere Korngrössen von 0,04—0,06 mm zwar ein ganz keimfreies Filtrat ergaben, aber eine so geringe Filtrationsgeschwindigkeit zeigten, dass sie für den wirklichen Betrieb nicht in Frage kommen können. Für ein an sich ziemlich klares Wasser (wie Seewasser) empfehlen sich feinere Sande, für ein trüberes Flusswasser gröbere Sande.

Wie die Korngrösse ist auch die Gleichförmigkeit eines Sandes von Belang; je gleichmässiger ein Sand ist, um so gleichmässiger ist auch im allgemeinen die Filtration und umgekehrt. Bei einer Reihe von in Gebrauch befindlichen Sandfiltern schwankt die effektive Korngrösse von 0,17—0,43 mm, der Gleichförmigkeits-Koefficient von 1,4—4,7 und empfiehlt es sich, über diese Grenze nicht hinauszugehen. Im allgemeinen hat sich eine effektive Korngrösse von 0,35 mm bewährt.

Beim Betrieb der Sandfilter ist ferner zu berücksichtigen, dass sie von Zeit zu Zeit gereinigt werden müssen und durch Reinigen (infolge Ausspülens des feineren Sandes) mit der Zeit grobkörniger werden. Die Sande der Filter haben im frischen oder gewaschenen Zustande auf 100000 Theile 0,2—3,0 Theile, im gebrauchten und schmutzigen Zustande 33,2 und mehr Theile organischen Stickstoff. Wenn daher die schmutzigen, unbrauchbaren Filter nicht durch frischen Sand, sondern durch gewaschenen Sand erneuert werden, so muss letzterem mit der Zeit entweder wieder etwas feinkörniger, frischer Sand zugesetzt werden, oder es währt längere Zeit, ehe sie durch Bildung einer neuen Schlickschicht ein brauchbares Filtrat liefern.

γ) Die stützende Kiesschicht und der Aufbau des Filters.

Die Sandschicht eines Filters wird durchweg von einer Kiesschicht getragen, welche von oben nach unten gröber wird und durch welche hindurch das Wasser in die Reinwasserkanäle gelangt. Eine Reinigung des Wassers findet in diesen Kiesschichten nicht oder kaum mehr statt, sie dienen wesentlich nur als Unterstützung für den Sand, um ein Abschwemmen desselben in die Reinwasserkanäle zu verhindern. Der Reibungsverlust im Kies ist nur ein geringer, jedoch ist auch die Filtrationsgeschwindigkeit nur eine geringe.

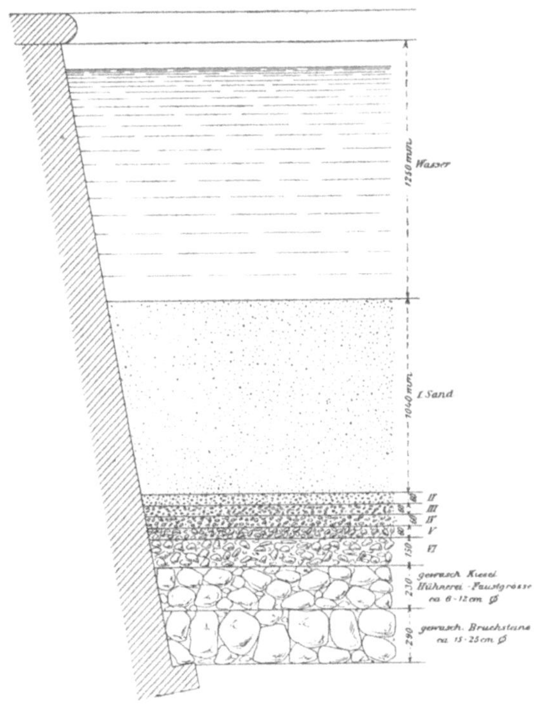

Fig. 4.
Filter der Wasserleitung in Bremen.

Die Stärke der Kiesschicht beträgt in der Regel zwischen 40—60 cm, ist aber in anderen Fällen grösser, nämlich bis zu 100 cm, in anderen wieder geringer (25 — 48 cm). Man kann die Kiesschicht dadurch etwas verringern, dass man den Boden des Filterbeckens nicht flach, sondern von den Zweigsammelkanälen aus nach der Mitte des Zwischenraumes zwischen denselben schwach ansteigend (1:10) anlegt.

Zunächst folgt unter dem Sande feinerer Kies von etwa Hirsekorngrösse, dann solcher von Erbsengrösse etc., wie solches durch obenstehenden Durchschnit eines Filters in Bremen (Fig. 4) veranschaulicht wird (vergl. auch Querschnitt eines Filters in Hamburg, Fig. 6, S. 118).

Die Kiesschicht in diesem Filter ist ziemlich hoch; im Durchschnitt wählt man folgende Verhältnisse:

	Stärke der Schicht m	Korngrösse, gewöhnliche Messung mm	Effektive Korngrösse mm
Wasser	1,00	—	—
Sand	1,00	0,5—1,0	0,20—0,40
Kies: Hirsekornstärke	0,06	3—5	—
„ Erbsenstärke	0,06	10—20	—
„ Bohnenstärke	0,08	20—30	—
„ Nussstärke	0,15	30—60	—
Steine	0,25	60—150	—

Als Minimalstärken dürften anzusehen sein: Wassertiefe 0,60 m, Sandstärke 0,60 m, Kiesschicht 0,30 m, im ganzen also 1,50 m.

Der Aufbau des Filters erfolgt zweckmässig in der Weise, dass der Kies einer jeden unteren Lage 3—4 mal so grob ist als der darüberliegende, dass ferner an keiner Stelle sich Lagen von grösserer Kornverschiedenheit unmittelbar berühren. Die Kieslager um die Sammelkanäle herum sind mit besonderer Sorgfalt aufzubauen, damit das Wasser mit geringer Geschwindigkeit in dieselben eintritt und keine Bewegung in den Steinen möglich ist, wodurch leicht Sand mit abgeführt werden kann. Bei richtigem Aufbau ist eine Versandung des Kieses nicht zu befürchten und je gleichmässiger derselbe ausgeführt ist, desto gleichmässiger verläuft später die Filtration.

Als Regeln für eine gleiche Druckvertheilung in den Filtern können auch noch gelten: a) die Grösse der Sandkörner verhältnissmässig gering, b) die Stärke der Sandschicht möglichst hoch zu wählen.

Wirken die einzelnen Stellen durch ungleiche Druckvertheilung nicht gleichmässig, sondern filtrirt das Wasser an einer Stelle mehr durch als an einer anderen Stelle, so dringen die Schmutzstoffe des Rohwassers an dieser Stelle tiefer ein, wodurch das Filter früher unbrauchbar wird.

δ) Die Reinwasserkanäle.

Für eine gleichmässige Druckvertheilung in den Filtern ist ferner von Belang, dass das filtrirte Wasser in den Reinwasserkanälen keinen zu grossen Reibungswiderstand erfährt und zu viel an Geschwindigkeit verliert. Aus dem Grunde sind zu enge Reinwasserkanäle zu vermeiden und muss:

a) die Anzahl der Reinwasserkanäle wie der Querschnitt derselben thunlichst gross sein;

b) die Länge der Reinwasserkanäle so gering als möglich gemacht werden;

c) der Querschnitt des Hauptsammelkanals nach dem Anlassende zu im Verhältniss zu den eintretenden Zweigkanälen allmählich ververgrössert werden.

Die Geschwindigkeit in den Reinwasserkanälen wird zweckmässig zu 100—150 mm für die Sekunde gewählt; hierüber hinauszugehen empfiehlt sich nicht. Der Hauptsammelkanal, in welchen die Zweigkanäle von den Seiten einmünden, liegt zweckmässig in der Mitte des Filters. Die Zweigkanäle sollen nicht mehr als 3—6 m auseinander liegen. Ist der Durchmesser der untersten Kiesschicht klein, so kann man die Entfernung geringer, ist der Durchmesser der Steine gross, so kann man sie grösser wählen (vergl. Fig. 5).

Hazen[1]) giebt unter Zugrundelegung einer Filtrationsgeschwindigkeit

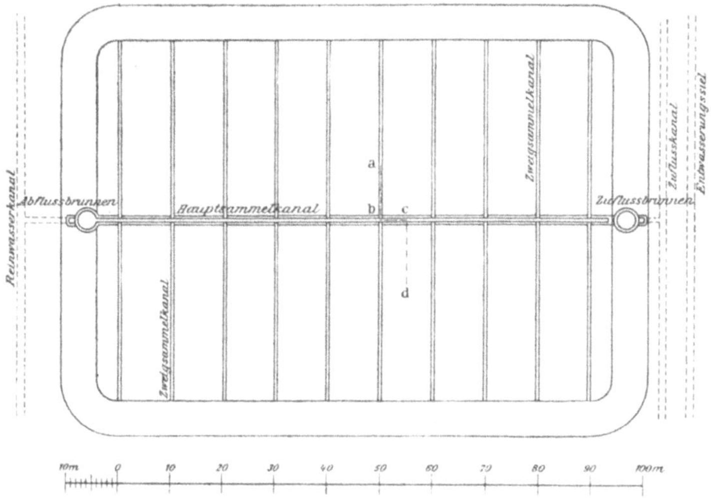

Fig. 5.

Grundriss eines Hamburger Filters.

von 100 mm für die Sekunde den Durchmesser für durchlöcherte Thonröhren als Seitenkanäle und die entwässerte Fläche wie folgt an:

Durchmesser des Kanals	Die entwässerte Fläche soll nicht grösser sein als	Entsprechende Wassergeschwindigkeit im Kanal für 1 Sekunde
100 mm	27 m	91 mm
150 „	70 „	107 „
200 „	142 „	122 „
250 „	258 „	140 „
300 „	409 „	155 „

Für grössere Seitenkanäle und für den Hauptkanal soll der Querschnitt an jedem Punkt nicht kleiner als $^1/_{6000}$ der entwässerten Filterfläche sein; auch sollen die Seitenkanäle eine reichliche Anzahl Oeffnungen für den Eintritt des Wassers haben. Vielfach werden für die Seitenkanäle

[1]) Hazen: The filtration of public water supplies. New-York 1895, 37.

Ziegeln, welche wie in Fig. 6 aufeinander gelegt werden, verwendet; hierdurch lassen sich aber die Querschnittsvergrösserungen nicht bequem anbringen.

Der Hauptsammelkanal, der zweckmässig in der Mitte des Filters liegt und die Seitenkanäle aufnimmt, ist für den seitlichen Wassereintritt entweder durchbrochen oder undurchbrochen, d. h. nimmt nur das Wasser aus den Seitenkanälen auf (vergl. Fig. 6).

Bisweilen wendet man auch zwei parallel gelegte Hauptsammelkanäle an, welche von beiden Seiten Seitenkanäle aufnehmen.

Ferner giebt man auch dem Hauptsammelkanal die aus Fig. 7 ersichtliche Anordnung; in denselben münden die Seitenkanäle in der Pfeilrichtung ein; von C bis D ist dann der Kanal wasserdicht hergestellt. Durch diese Anordnung kommt der Hauptsammelkanal thatsächlich in die Mitte des Filters zu liegen, was günstig auf eine gleichmässige Druckvertheilung wirkt.

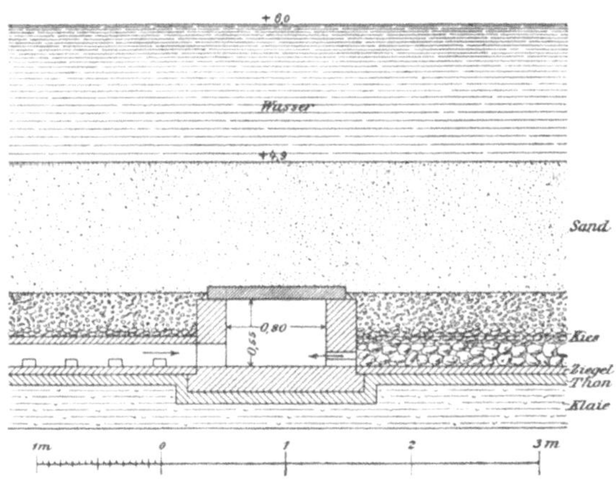

Fig. 6.
Schnitt eines Hamburger Filters.

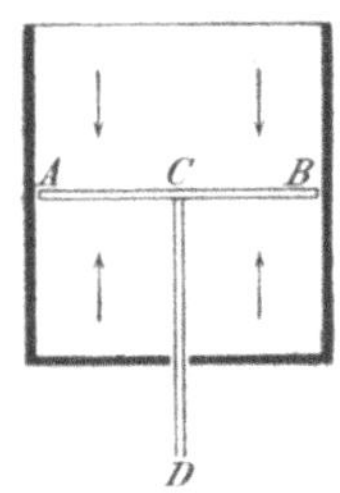

Fig. 7.

Von grosser Wichtigkeit für eine gleichmässige Druckvertheilung im Filter ist auch, der Luft in den Reinwasserkanälen und in den Kiesschichten beim Inbetriebsetzen der Filter Wege zum Entweichen zu gewähren; zu dem Zweck werden die Enden der Reinwasserkanäle und die Kiesschichten mit seitlichen, in den Wandungen des Filters hochgeführten Lüftungsröhren verbunden.

Ferner muss der Reibungswiderstand in den Reinwasserkanälen, der sich annäherd nach bekannten Formeln berechnen lässt, bei Neuanlagen von vornherein berücksichtigt werden.

ε) Form und Grösse der Filter.

Die Form der Filter anlangend, so richtet sich dieselbe wesentlich nach dem vorhandenen Raum; wo keine Beschränkung auferlegt ist, wird man eine rechteckige bezw. quadratische Form wählen; letztere hat den Vorzug, dass sie einen kleineren Umfang besitzt als die Rechtecksform, aber längere Seitenkanäle erfordert als diese.

Fig. 8. Anordnung des Berliner Wasserwerks am Tegeler See.

Das Tegeler Wasserwerk hat, wie Fig. 8 und 9 zeigen, radial angeordnete Filter, die jedoch nur ausnahmsweise zu empfehlen sind.

Die Grösse und Leistungsfähigkeit der Filter ist ausserordentlich verschieden, wie nachstehende Zusammenstellung zeigt:

Nr.	Name der Stadt	Einwohnerzahl, die mit Wasser versorgt wird	Sandfilter			Angenommene Leistungsfähigkeit d. Werkes in 24 Stunden cbm	Durchschnittlicher Tagesverbrauch[1])
			Anzahl	Durchschnittliche Grösse eines Filters qm	Gesammtfilterfläche qm[1])		
1	Altona	156000	12	850	10200 (4)	—	15900 (2)
2	Berlin, Müggelsee		22	2337	51400 (4)	89500	—
	„ Stralau	1606000	11	3363	37000 (4)	—	36700 (3)
	„ Tegelsee		21	2390	50200 (4)	89500	73400 (3)
3	Bremen	146000	—	—	9510 (4)	—	10800 (2)
4	Breslau	335000	5	4144	20721 (4)	—	27600 (2)
5	Hamburg	583000	18	7650	137700 (4)	180000	120316 (3)
6	Magdeburg	200000	11	1435	15783 (4)	—	19300 (2)
7	Stuttgart	139000	7	607	4249 (2)	—	9500 (2)

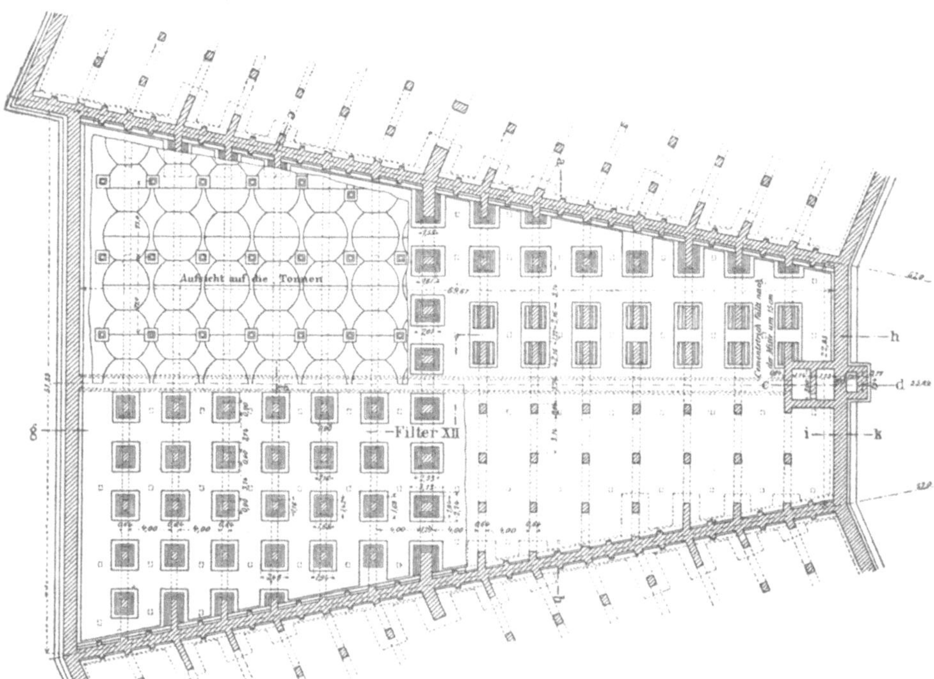

Fig. 9.
Wasserwerke der Stadt Berlin am Tegeler See.

[1]) Die eingeklammerten Zahlen hinter den ganzen Zahlen bedeuten die Betriebsjahre, also (3) = 1893 etc.

Hiernach schwankt die Grösse eines Filters von 607—7650 qm und beträgt im Mittel etwa 2000—3000 qm.

Die vielfach verbreitete Ansicht, dass kleine Filter mehr leisten und ein keimfreieres Filtrat liefern, als grosse Filter, trifft nicht zu, da die grossen Hamburger Filter nach dieser Richtung, wie berichtet wird, nichts zu wünschen übrig lassen. Grosse Filter sind aber, wenngleich sie in der Herstellung billiger sind, in der Unterhaltung theurer und unangenehmer, weil im Falle der Nothwendigkeit der Erneuerung eines Filters eine grössere Fläche betriebsunfähig wird, daher eine verhältnissmässig grössere Fläche Filter als Ersatz bereit gehalten werden muss. Es empfiehlt sich im allgemeinen, drei Filter von der gleichen Fläche wie die übrigen als Ersatzfilter vorräthig zu halten, damit, während eines der Filter entleert wird, ein zweites gereinigt und ein drittes wieder gefüllt werden kann.

Ferner ist bei Neuanlagen zu berücksichtigen, dass genügend Raum für Vergrösserung der Filter für den etwaigen Mehrbedarf an Wasser, sei es infolge der Zunahme der Bevölkerung oder anderweitiger Steigerung des Wasserverbrauchs gegeben ist.

ζ) Der Reinwasserbehälter und der Wasserstand auf den Filtern.

Der Reinwasserbehälter nimmt das Wasser der Reinwasserbehälter bezw. der Regulirkammer der Filter auf und dient zum Ausgleich der stündlichen Ausgleichungen des Wasserverbrauchs. Es empfiehlt sich, dieselben von vornherein in doppelter Anordnung auszuführen, damit bei etwaiger Ausschaltung des einen Behälters der Betrieb durch den anderen fortgesetzt werden kann.

Bei den neuen Hamburger Wasserwerken beträgt der Nutzinhalt eines jeden der beiden Reinwasserbehälter 10000 cbm und wird für gewöhnlich nur eines derselben benutzt. Bei den Filtern am Müggelsee hat jede Abtheilung von 11 Filtern einen Reinwasserbehälter erhalten, welcher, da er nicht als Vorrathsbehälter dient, einen Nutzinhalt von nur 2750 cbm hat. Dieser Nutzinhalt entspricht einer $1^1/_2$stündigen Leistung der Filter. Der Behälter ist (vergl. Fig. 10a—c und Fig. 11, Behälters vom Müggelsee) so angelegt, dass das Wasser in ihm nicht stillsteht, sondern beständig in Bewegung ist.

Die Höhenlage des höchsten Wasserstandes im Reinwasserbehälter muss stets unter dem Abfluss aus der Reinwasserkammer eines jeden einzelnen Filters liegen, um auch bei dem grössten zulässigen Filtrationsüberdruck den regelmässigen Gang der Filtration nicht durch Rückstau zu schädigen. Dieser Höhenunterschied braucht nur einige Centimeter zu betragen und hat den Vortheil, dass man den am Tage sinkenden Wasserstand im Reinwasserbehälter zur Entleerung, und den in der Nacht steigenden zum Füllen der Filter von unten benutzen kann. Liegt der höchte Wasserstand im Reinwasserbehälter z. B. im Niveau der Sandoberfläche, wenn frisch aufgefüllt wird, oder einige Centimeter darüber, so wird die Füllung des Filters

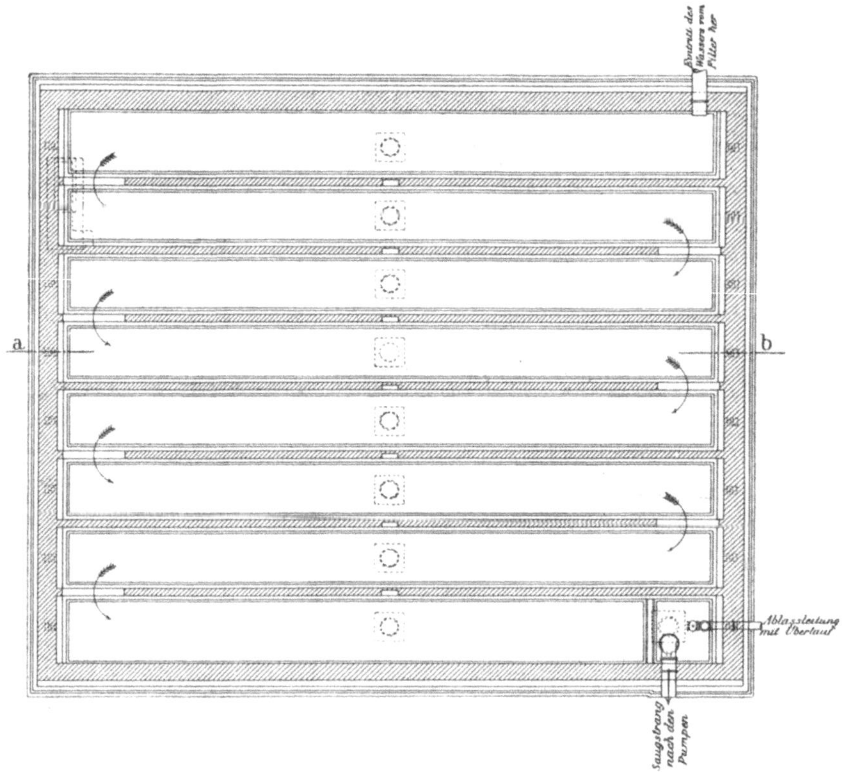

Fig. 10a.

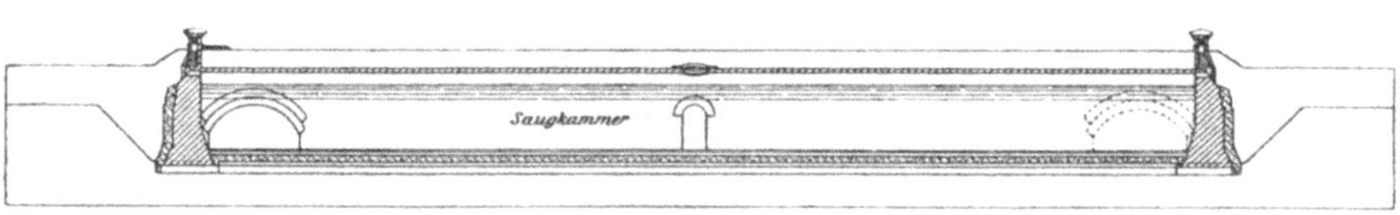

Fig. 10b.

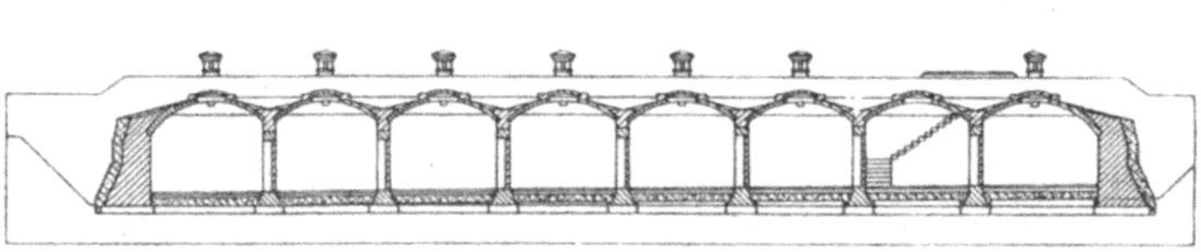

Fig. 10c.

Reinwasserbehälter des Berliner Wasserwerks am Müggelsee.

bis zu diesem Punkt ohne künstliche Hebung des filtrirten Wassers möglich sein.

Der Stand des Wassers auf den Filtern soll thunlichst stets auf gleicher Höhe gehalten und die Tiefe desselben auf den Filtern soll so bemessen sein, dass sie

1. stets grösser ist als der grösste zulässige Filtrationsüberdruck,
2. bei offenen Filtern eine Beschädigung der Sandoberfläche durch Eisbildung im Winter nicht zulässt.

Aus dem Grunde soll die Wassertiefe auf offenen Filtern nicht unter 1 m sein, während sie bei überwölbten Filtern geringer sein kann.

η) Der Einlauf des Wassers auf die Filter.

Der Einlauf des Wassers auf die Filter geschieht stets von oben und nur beim Inbetriebsetzen eines neuen Filters behufs Entfernung der Luft

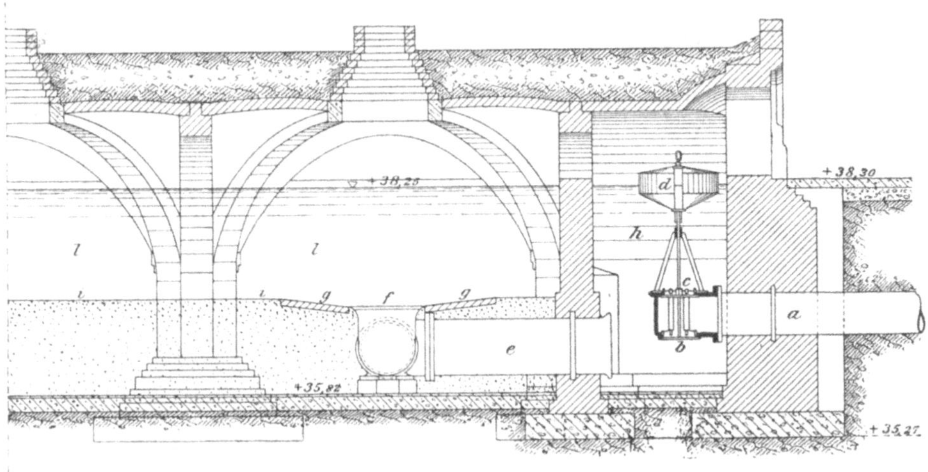

Fig. 11.
Selbstthätige Regelung des Eintritts des Wassers auf die Filter der Berliner Wasserwerke am Müggelsee.

aus demselben von unten. Zur Füllung mit filtrirtem Wasser von unten kann man sich, wie vorstehend schon bemerkt, des Reinwasserkanals bedienen, indem man in demselben in der Nähe des Filters eine mit Schiebern absperrbare Umlaufleitung einschaltet, durch welche nach Oeffnung der Schieber das Wasser aus dem Reinwasserkanal nach dem Hauptsammelkanal und von dort aus in die Seitenkanäle tritt.

Der Einlass über der Sandschicht befindet sich zweckmässig an der dem Auslass gegenüberliegenden Seite des Filters und ist mit einer schützenden Pflasterschicht umgeben, damit in der Nähe desselben die Sandoberfläche durch wagerechte Strömungen nicht beschädigt werden kann.

Die Menge des einzulassenden Wassers wird vielfach durch Schieber mittelst der Hand geregelt; jedoch verdienen selbstthätige Regelungsvorrichtungen den Vorzug. Auf den Berliner Wasserwerken am Müggelsee z. B. ist diese Vorrichtung (Fig. 11) wie folgt eingerichtet:

Das Wasser tritt im Zuflussrohr *a* durch zwei Oeffnungen *b* und *c* in die Vorkammer *h* und gelangt von dieser durch ein kurzes Rohr in das eigentliche überwölbte Becken *l*; dieses Rohr endigt etwas unter der Sandoberfläche *i* und ist seine Mündung *f* mit einer bis zu dieser ansteigenden Pflasterung aus Ziegeln g umgeben, um Störungen der Sandoberfläche zu vermeiden. Die zwei Oeffnungen *b* und *c* werden durch den Schwimmer *d* geregelt, welcher mit dem Wasser steigt und fällt. Ein wasserdichter Verschluss von *b* und *c* ist nicht nothwendig, da im Betrieb stets ein langsamer Zufluss vorhanden ist.

Bei den Hamburger Wasserfiltern sind zur Selbstregelung ähnliche Vorrichtungen getroffen.

Auch lässt man das Wasser zur gleichmässigen Vertheilung statt an einer Stelle aus einer in die Mitte des Filters gelegten Rinne austreten. Jedenfalls soll der Zufluss ein beständiger sein.

ϑ) Der Austritt des Wassers aus den Filtern.

Der Austritt aus den Filtern ist für die gleichmässige Filtration nicht minder wichtig, wie der Eintritt in dieselben. Er soll ebenfalls stets gleichmässig sein. Da aber die Filtrationsfähigkeit des Sandes durch die Bildung der Schleimhaut und durch allmähliche Verschmutzung des Sandes mehr und mehr abnimmt, so kann ein gleichmässiger Wasseraustritt nur durch eine Regelung d. h. Steigerung des Filtrationsüberdruckes erzielt werden.

Unter Filtrationsüberdruck oder Filtrationsgefälle versteht man die Differenz der Wasserstände auf dem Filter und in der Reinwasser- oder Regulirungskammer.

Um eine allmähliche Vergrösserung desselben zu bewirken, kann man den Wasserstand entweder auf den Filtern erhöhen oder in den Reinwasser- bezw. Regulirkammern erniedrigen, während er auf den Filtern gleich bleibt. Letzteres verdient den Vorzug. Die Filtrationsüberdrucke, mit welchen man arbeitet, sind sehr verschieden; sie betragen auf den Hamburger und Berliner Wasserwerken bis zu 60—65 mm höchstens, in Altona bis zu 1422 mm, in Kiel 1000 mm. Wenngleich von Hazen (l. c.) in Lawrence gefunden ist, dass eine Filtration bei einem Ueberdruck von 1778 mm noch ein genügend reines und bakterienarmes Wasser liefert, so ist doch ein zu grosser Filtrationsüberdruck zu vermeiden, weil dadurch die Schleimschicht leicht zerstört und Unregelmässigkeiten im Innern der Filter hervorgerufen werden können.

Die Regelung des Wasseraustritts aus den Filtern geschieht jetzt fast allgemein durch Einschaltung von Reinwasser- oder Regulirkammern zwischen dem Abfluss aus dem Filter und dem Reinwasserbehälter (vergl. Fig. 12).

Diese Kammer, welche z. B. in der bei den Müggelsee-Filtern benutzten Form in Fig. 12 im Längenschnitt dargestellt ist, besteht in der Hauptsache aus zwei Abtheilungen, der Vorkammer *a* und der eigentlichen Messkammer *b*. In der Wand zwischen diesen beiden Abtheilungen ist ein Schieber e angebracht, welcher durch den Filterwärter so eingestellt werden muss, dass der Wasserstand in der Abtheilung *b* nahezu gleich bleibt wodurch die über das feste Wehr *f* abfliessende Wassermenge ebenfalls nahezu gleich bleibt. Zur bequemeren Ablesung des Wasserstandes in *b* ist der Schwimmer *g* mit Skale angebracht. In der Vorkammer *a* befinden sich ebenfalls zwei Schwimmer *h* und *i*, von welchen *h* den Wasserstand des Rohwassers auf dem Filter und *i* den in der Kammer selbst anzeigt. Der Höhenunterschied dieser Schwimmer giebt den Massstab für die Widerstände im Filter; die Differenz der Wasserspiegel auf dem Filter und in der Messkammer *b* ist der grösste zulässige Filtrationsüberdruck.

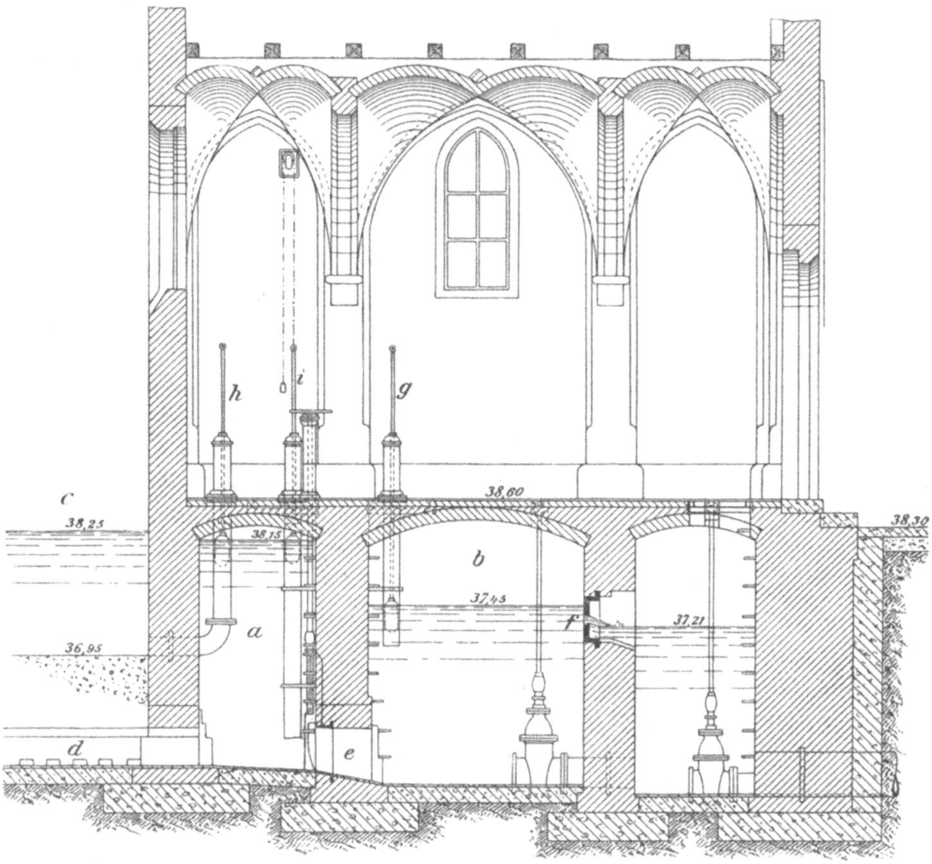

Fig. 12.
Regulirkammer der Berliner Filter. (Längenschnitt.)

Im Anfange der Laufzeit eines Filters wird der Schieber *e* nahezu geschlossen sein, dann wird er mit der zunehmenden Verunreinigung des Sandes mehr und mehr geöffnet und fällt schliesslich bei geöffnetem Schieber der Wasserstand in *b*, so ist der grösste Filtrationsüberdruck erreicht und muss das Filter ausgeschaltet werden.

Die Länge des Ueberfallwehres beträgt 0,83 m, die Tiefe des darüber fallenden Wassers 0,19 m.

Die feste Wehr-Oberkante liegt 31 cm über der normalen Sandoberfläche, der Wasserstand im Reinwasserbehälter 5 cm unter dieser Kante.

Bezüglich sonstiger Selbstregelungs-Vorrichtungen sei auf die Wasserwerke in Hamburg, Königsberg, Stuttgart, Worms u. a. verwiesen.

Was den Austritt des Wassers aus den Filtern in den Entleerungskanal anbelangt, so empfiehlt es sich, auch mit letzterem ein Ueberlaufrohr oder Ueberfallwehr zu verbinden, durch welches der Wasserstand auf den Filtern auf gleicher Höhe erhalten wird. Auch wird zweckmässig ein Schieber in Verbindung mit dem Entleerungskanal in der Höhe der Sandoberfläche angebracht, um hierdurch das darüber stehende Wasser direkt ablassen zu können. Die Tegeler Werke der Berliner Filter haben vier derartige Schieber in den Zwischen- und Seitenwänden; ferner befindet sich an jedem Filter ein Grundablassschieber, welcher in direkter Verbindung mit dem Entleerungskanal steht, um zu jeder Zeit ein Filtrat von geringer Beschaffenheit unter Absperrung der Reinwasserleitung aus dem Filter ablassen zu können.

ι) Die Entlüftung der Filter.

Die in den Filtern eingeschlossene Luft kann für den Betrieb sehr schädlich wirken, wenn dieselbe durch die Schleimhaut hindurch nach oben zu entweichen gezwungen ist, die Schleimhaut daher zerstört. Aus dem Grunde werden Entlüftungsröhren in den seitlichen Wänden — nicht in der Mitte des Filters — angebracht; sie sollen wasserdicht, recht zahlreich und an dem höchsten Punkte des Hauptsammelkanals und der Seitenkanäle, sowie an verschiedenen höher gelegenen Punkten angebracht werden.

Die Entlüftungsröhren dienen aber auch, besonders beim Ausschalten oder Entleeren eines Filters, dazu, umgekehrt den unteren Schichten Luft zuzuführen, was für die Oxydation von organischen Stoffen, sei es direkt oder unter dem Einfluss von Bakterien, von Belang ist (vergl. S. 134).

κ) Ueberdeckung und Form der Filter.

Die Frage, ob die Filter offen oder frostsicher überdeckt werden sollen, richtet sich wesentlich nach den örtlichen Verhältnissen; beide Einrichtungen haben wie bei den Klärbecken ihre Vor- und Nachtheile.

Als Vortheile der Ueberdeckung können bezeichnet werden:

1. Die Betriebssicherheit auch im Winter; das Wasser auf den Filtern ist vor Frost geschützt und lassen sich die Filter auch im Winter fortgesetzt reinigen, wenn dieses nothwendig sein sollte. Wenn ein offenes Filter bei Frostwetter sich todt gelaufen hat, so ist, weil der nasse Sand immer wieder zusammenfriert, eine Trockenlegung und Reinigung kaum möglich. Es können daher Wasserwerke mit offenen Filtern bei andauerndem Frostwetter, wenn auch die Ersatzfilter erschöpft sind, in eine recht missliche Lage kommen. Zwar ist das Rohwasser während strenger Kälte durchweg reiner als sonst; auch pflegt der Wasserverbrauch während dieser Zeit, wenn die Hähne, um ein Einfrieren in den Hausleitungen während der Nacht zu vermeiden, nicht alle und nicht immer offen sind, ein geringerer zu sein, so dass die Filter während der Frostzeit nicht so viel zu leisten brauchen, als zu anderen Zeiten; immerhin aber wird man in Gegenden

mit starken und anhaltenden Frostzeiten diesem Umstande Rechnung tragen müssen. In Hamburg hat Ingenieur Ed. Mager[1]) für die 18 grossen offenen Filter zur Entfernung der obersten unbrauchbar gewordenen Schlickschicht auch während der Frostzeit einen besonderen Schwimmerbaggerapparat hergestellt, der schwimmend unter Eis arbeitet und sich auch gut bewährt hat, insofern die abgebaggerten Filter in bakteriologischer Beziehung dieselbe befriedigende Wirkung zeigten, als die im Trocknen gereinigten Filter.

2. Als weiterer Vortheil überdeckter Filter wird ferner die gleichmässigere Temperatur des Wassers angeführt, indem sie das Wasser im Sommer vor zu starker Erwärmung, im Winter vor zu starker Abkühlung schützen. Indess ist, weil der Aufenthalt des Wassers über der Sandschicht im Verhältniss zu dem unter der Sandschicht und in den Reinwasserkanälen nur kurz ist, die Erwärmung im Sommer, wenn man von heissen tropischen Gegenden absieht, nur eine geringe; der Temperaturunterschied zwischen dem in offenen und dem in bedeckten Filtern filtrirten Wasser beträgt selten mehr als 1° C.

Schädlicher dagegen ist der Einfluss niedriger Temperaturen im Winter auf das Bauwerk der Filter und müssen offene Filter mit Rücksicht hierauf von vorneherein besonders eingerichtet werden und muss auch der Betrieb derselben im Winter sorgfältig überwacht werden.

Als Nachtheile der überwölbten Filter werden hervorgehoben:

1. Die grössere Kostspieligkeit ihrer Anlage, und zwar nicht allein durch die Ueberdachung selbst, sondern auch durch die stärkere Fundamentirung infolge des grösseren Gewichtes, welches durch das mit Erde bedeckte Gewölbe verursacht wird.

Auch können die vielen Pfeiler, welche für die Ueberwölbung nothwendig sind, wenn hierauf bei dem Bau nicht geachtet wird, leicht für die Güte des Filtrats nachtheilig wirken, indem sich an ihren Aussenflächen Gänge bilden können, durch welche die Keime des Rohwassers direkt in das Filtrat übertreten; um dieses zu verhüten, müssen die Aussenflächen so rauh wie möglich gehalten und mit Vorsprüngen versehen sein.

2. Bei überdeckten Filtern bildet sich die Schleimdecke auf den Filtern durchweg langsamer und unvollkommener, als auf den offenen Filtern; C. Piefke fand dieses wenigstens für die Stralauer Wasserwerke bei Berlin und weiter, dass infolgedessen die überdeckten Filter später ein keimfreies Wasser liefern und weniger Ergiebigkeit bezw. mehr Gesammtverluste zeigen, als offene Filter.

Diese Thatsache erklärt sich wohl nur daraus, dass die Rohwässer, bei denen diese Erscheinung wahrgenommen ist, lichtbedürftige, chlorophyllhaltige Mikroorganismen enthalten, welche in den überdeckten Filtern wegen Lichtmangels bald absterben, in den offenen dem Sonnenlicht zugänglichen sich aber vermehren können und daher zu einer schnelleren

[1]) Journ. f. Gasbeleuchtung und Wasserversorgung 1897 Nr. 1 u. Gesundheits-Ingenieur 1897, **20**, 157.

Bildung von besseren d. h. dichteren Schleimschichten Veranlassung geben.

Bei anderen Rohwässern, deren Schwebestoffe einfach dem Gesetz der Schwere unterliegen und deren Menge sich auf den Filtern weder vermehren noch vermindern kann, kann sich selbstverständlich wohl kaum ein solcher Unterschied zwischen offenen und überdeckten Filtern geltend machen.

Die Ueberwölbung der Filter wird meistens aus Ziegelmauerwerk hergestellt und hierauf eine Erdschüttung gebracht. In anderen Fällen werden die Filter auch wohl einfach überdacht, jedoch kann diese Einrichtung nicht den Schutz gegen Temperatureinflüsse gewähren wie eine Ueberwölbung.

Offene Filter haben geneigte Mauern oder gepflasterte Böschungen; bei den überwölbten Filtern müssen die Mauern senkrecht sein. Erstere haben zwar den Nachtheil, dass sich auf denselben ein Theil der Schwebestoffe ab- und festsetzt, welche bei der Reinigung des Filters mit zu entfernen sind; dagegen legt sich der Filtersand bei geneigten Mauern viel fester an und ist die Gewähr, ein keimfreies Filtrat zu erhalten, bei diesen grösser als bei senkrechten Mauern.

λ) Die Anordnung und Kosten der Filter.

Wenn der Grundriss der Anlage annähernd rechteckig ist, wird man die Filter, und zwar einzeln unabhängig von einander, terrassenförmig anordnen; dass die Filter in doppelter Anzahl oder in mehreren Ersatzfiltern vorhanden sein sollen, ist schon gesagt; es empfiehlt sich aber, die ganzen anderen Anlagen, Reinwasserbehälter, Pumpwerke u. s. w., von vorneherein doppelt auszuführen.

Da, wo die Entfernung zwischen Fassungsstelle und Versorgungsnetz eine sehr grosse ist, dürfte es sich empfehlen, die Filtrationswerke in der Nähe des letzteren anzulegen, damit das Wasser möglichst schnell nach der Filtration zur Verwendung gelangt. Auch müssen dieselben ausserhalb der Hochwassergrenze angelegt werden, damit sie jederzeit vor Ueberschwemmungen geschützt sind.

Die Kosten anlangend, so stellen sich die für überwölbte Filter durchweg $1^1/_2$—2 mal so hoch als die für offene. Im allgemeinen kann man ausschliesslich der Kosten für Grunderwerb, Zu- und Abflussleitungen und maschinelle Einrichtungen die Kosten für 1 qm offene Filter zu ℳ 40—50, für 1 qm überwölbte Filter zu ℳ 60—80 rechnen.

b) Der Betrieb der Sandfilter.

Die Inbetriebsetzung der mit frischem oder gewaschenem Sande aufgefüllten Filter beginnt damit, dass man dieselben langsam von unten nach oben (bis einige Centimeter über die Sandoberfläche) füllt, darauf von oben Rohwasser zufliessen und dieses einige Zeit ruhig stehen lässt, bis man den Absperrschieber öffnet. Das anfängliche ruhige Stehen befördert die Bildung der Schleimhaut.

Das erste Filtrat lässt man unter Ausschaltung der Reinwasserleitung weglaufen und zwar, wie vielfach gefordert wird, so lange, bis der Keimgehalt auf etwa 100 und weniger heruntergegangen ist. Dieser Zeitpunkt tritt je nach der Bildung der Schleimhaut verschieden ein; in Stralau wird das Filtrat bei den offenen Filtern schon nach 12—18 Stunden, bei den überwölbten Filtern erst nach $1^1/_2$—2 Tagen verwendet.

Ebenso verschieden gestaltet sich die Laufzeit der Filter, die gleichfalls von der Beschaffenheit des Rohwassers, der Jahreszeit, der angenommenen normalen Filtrationsgeschwindigkeit, dem zulässigen grössten Filtrationsüberdruck und der benutzten Korngrösse des Sandes abhängt. In Berlin betrug 1892 die kürzeste Laufzeit 6 Tage, die längste 90 Tage; auf 11 anderen Wasserwerken schwankte dieselbe von 9,5 (Stettin) bis 40 Tagen (Braunschweig) und betrug im Mittel 25,5 Tage. Die für 1 qm Filterfläche in der Laufzeit durchfiltrirte Wassermenge belief sich auf 26,2 cbm (Bremen) bis 243,2 cbm (Zürich), im Durchschnitt auf 69,3 cbm. Es ist zweckmässig, vor Anlage eines grossen Filtrationswerkes sich durch Versuche mit kleinen Probefiltern (vergl. Fig. 3 S. 113) Anhaltspunkte zu verschaffen.

Wie nicht anders erwartet werden kann, ist das Filtrat im allgemeinen um so besser, je langsamer die Filtration vor sich geht. Die Filtrationsgeschwindigkeit schwankt auf den einzelnen Wasserwerken sehr, nämlich von 47,5—261,2 mm, sie beträgt im Mittel 93,7 mm in der Stunde; jedenfalls soll sie 100 mm in der Stunde nicht übersteigen.

Der Filterbetrieb bedarf im einzelnen der unausgesetzten Ueberwachung, sowohl was die Menge, wie Beschaffenheit des Filtrats anbelangt.

In Hamburg hat man besondere Regelungs-Vorrichtungen, um die Menge des durchgelaufenen Wassers und damit die Ueberwachung jeden Augenblick kontrolliren zu können. Auch empfiehlt es sich, das Filtrat eines jeden Filters thunlichst jeden Tag auf Keime zu untersuchen, um so fortgesetzt ein Bild von der Arbeit der Filter zu erhalten; denn eine vereinzelte Prüfung kann hierüber keinen Aufschluss geben, wie ebensowenig die Untersuchung des Gesammtfiltrats im Reinwasserbehälter.

Am 5. und 6. Januar 1894 sind vom Kaiserlichen Gesundheitsamt in Gemeinschaft mit 3 Bakteriologen und 5 Filtrationstechnikern nachstehende Grundsätze für den Filterbetrieb zu Zeiten von Choleragefahr aufgestellt worden:

Grundsätze für die Reinigung von Oberflächenwasser durch Sandfiltration zu Zeiten der Choleragefahr.

§ 1.

(Grundsätze für die Beurtheilung des Wassers.)

Bei der Beurtheilung eines filtrirten Oberflächenwassers sind folgende Punkte zu berücksichtigen:

a) Die Wirkung der Filter ist als eine befriedigende anzusehen, wenn der Keimgehalt des Filtrats ein möglichst geringer ist und jene Grenze nicht überschreitet, welche erfahrungsgemäss durch eine gute Sandfiltration für das betreffende Wasserwerk erreichbar ist. Bevor man nicht bestimmte Kenntnisse über die örtlichen und zeitlichen Verhältnisse der einzelnen Wasserwerke, insbesondere auch über den Einfluss des Rohwassers gesammelt hat, ist als Regel zu betrachten, dass ein befriedigendes Filtrat beim Verlassen des Filters nicht mehr als ungefähr 100 Keime im ccm enthalten darf.

b) Das Filtrat soll möglichst klar sein und darf in Bezug auf Farbe, Geschmack, Temperatur und chemisches Verhalten nicht schlechter sein als vor der Filtration.

§ 2.

Um das Wasserwerk in bakteriologischer Beziehung fortlaufend zu kontrolliren, muss vorläufig das Filtrat jedes einzelnen Filters täglich untersucht werden: hierbei ist namentlich auf ein plötzliches Ansteigen des Keimgehalts zu achten, das den Verdacht einer Störung im Filterbetrieb begründet und die Betriebsleitung zu erhöhter Aufmerksamkeit mahnt.

§ 3.

Um bakteriologische Untersuchungen im Sinne des § 1 zu a veranstalten zu können, muss das Filtrat eines jeden Filters so zugänglich sein, dass zu beliebiger Zeit Proben entnommen werden können.

§ 4.

(Untersuchung des Wassers.)

Um eine einheitliche Handhabung der bakteriologischen Untersuchungen herbeizuführen, wird folgendes Verfahren zur allgemeinen Anwendung empfohlen[1]):

Als Nährboden dient eine 10 %ige Fleischwasserpeptongelatine, für deren Herstellung nachstehende Vorschrift zur Richtschnur dienen kann:

Ein Theil frischen, fettarmen, fein zerkleinerten Rindfleisches wird in 2 Theilen kalten Wassers möglichst gleichmässig vertheilt. Nachdem das Fleisch durch 2—3stündiges Erwärmen auf annähernd 60° genügend ausgezogen ist, wird das Gemenge noch $^1/_4$ Stunde lang auf freiem Feuer gekocht und nach dem Erkalten auf etwa 60° durch ein angefeuchtetes Filter klar filtrirt. Alsdann werden auf 100 Theile des Filtrats 0,5 Theile Kochsalz, 1 Theil Pepton, 10 Theile beste, farblose Speisegelatine zugesetzt und nach deren Aufquellen des Ganze durch Einstellen in den Dampfkochtopf zur Lösung gebracht. Die siedendheisse Lösung wird solange mit Natronlauge[2]) versetzt, bis eine herausgenommene Probe auf glattem, blauviolettem Lackmuspapier (aus schwach geleimtem, sogenanntem Postpapier hergestellt) neutral, wie zum Vergleich darauf gebrachtes, ausgekochtes, destillirtes Wasser reagirt, d. h. die Farbe des Papiers nicht mehr verändert. Nach $^1/_4$-stündigem Erhitzen in Dampf wird aufs Neue solange vorsichtig Natronlauge zugesetzt, bis die durch das Erhitzen wieder aufgetretene, saure

[1]) Hierzu hat ein Rundschreiben des Reichskanzlers vom 13. Jan. 1899 nachfolgende Nachtragsvorschrift gegeben: Die „Nährgelatine soll in obiger Weise aus je 2 Theilen Fleischextrakt Liebig und trocknem Pepton Witte und 1 Theil Kochsalz auf 200 Theilen Wasser unter Zusatz von feinster weisser Speisegelatine, Normalnatronlauge und krystallisirter, glasblanker Soda bereitet werden. Sie sei klar, von gelblicher Farbe und darf unter 26° nicht weich und unter 30° nicht flüssig werden. Blauviolettes Lackmuspapier werde durch die verflüssigte Nährgelatine deutlich stärker gebläut. Auf Phenolphtaleïn reagire sie noch schwach sauer. Die Gefässe zur Wasserentnahme müssen sterilisirt sein, ihre Mündung darf mit den Fingern nicht berührt werden. Nach der Entnahme sind die Kulturen möglichst bald anzulegen. Für die Untersuchung des filtrirten Wassers genügt die Anfertigung einer Gelatineplatte mit 1 ccm Wasser; für die Untersuchung des Rohwassers dagegen ist die Herstellung mehrerer Platten in zweckentsprechenden Abstufungen der Wassermengen erforderlich. Die fertigen Kulturschälchen sind vor Licht und Staub geschützt bei 20 bis 22° aufzubewahren. Die Zahl der entwickelten Kolonien ist 48 Stunden nach Herrichtung der Kulturplatten mit Hilfe der Lupe und nöthigenfalls einer Zählplatte festzustellen."

[2]) Zweckmässig verwendet man Normallauge oder eine 5 %ige Lösung von Aetznatron.

Reaktion aufgehoben und der Lackmusblauneutralpunkt erreicht ist. Alsdann fügt man noch 1,5 g krystallisirte Soda auf 1 l hinzu, wodurch die Gelatine eine schwache, aber ganz bestimmte, gleichmässige Alkalität erhält und für Lackmus und Rosolsäure alkalisch reagirt. Nachdem die Gelatine darauf $^3/_4$ bis eine Stunde im Dampf erhitzt worden ist, wird sie filtrirt[1]) und in Mengen von 10 ccm in trockne, sterile Reagensröhrchen abgefüllt. Die mit einem Wattebausch verschlossenen Röhrchen werden dann noch an drei aufeinanderfolgenden Tagen je $^1/_4$ Stunde im Dampf sterilisirt.

Von dem zu untersuchenden Wasser werden stets zwei Proben zu je 1 ccm und $^1/_2$ ccm, falls das Filtrat geprüft wird, zu je $^1/_2$ ccm = 10 Tropfen und $^1/_4$ ccm = 5 Tropfen der gebräuchlichen Entnahmepipetten, falls das Rohwasser zur Untersuchung gelangt, mit der vorher bei 30—35° verflüssigten Nährgelatine vermengt, durch vorsichtiges Neigen des betreffenden Reagensglases eine möglichst vollständige Mischung herbeigeführt und der Inhalt des Glases auf eine sterile Glasplatte ausgegossen. Die Platten werden in Glasschalen gelegt, deren Boden mit angefeuchtetem Fliesspapier bedeckt ist, und bei etwa 20° aufbewahrt. Wird ein besonders hoher Keimgehalt des Rohwassers vorausgesehen oder als regelmässig vorhanden ermittelt, so empfiehlt es sich, an Stelle der Platte mit 10 Tropfen eine solche mit 1 Tropfen neben der mit 5 Tropfen anzufertigen. An Stelle der Platten können unter Umständen auch die üblichen Doppelschalen, jedoch nur solche mit vollkommen ebener Bodenfläche verwendet werden.

Die Zählung der entstandenen Kolonien erfolgt mit der Lupe, nachdem 48 Stunden verflossen sind.

Ist die Temperatur des Aufbewahrungsraumes der Platten niedriger, als oben angegeben, so geht die Entwicklung der Kolonien langsamer von statten und kann die Zählung demgemäss erst später stattfinden.

Beträgt die Menge der Kolonien in 1 ccm des untersuchten Wassers mehr als etwa 100, so hat die Zählung mit Hilfe des Wolffhügel'schen oder einer anderen zweckdienlichen Zählvorrichtung zu geschehen.

§ 5.

Die mit der Ausführung der bakteriologischen Kontrolle betrauten Personen müssen den Nachweis erbracht haben, dass sie die hierfür erforderliche Befähigung besitzen. Dieselben sollen, wenn irgend thunlich, der Betriebsleitung selbst angehören.

§ 6.

Entspricht das von einem Filter gelieferte Wasser den hygienischen Anforderungen nicht, so ist dasselbe vom Gebrauche auszuschliessen, sofern die Ursache des mangelhaften Verhaltens nicht schon bei Beendigung der bakteriologischen Untersuchung behoben ist.

Liefert ein Filter nicht nur vorübergehend ein ungenügendes Filtrat, so ist es ausser Betrieb zu setzen und der Schaden aufzusuchen und zu beseitigen.

Nach den bisher gemachten Erfahrungen kann es aber unter gewissen unabwendbaren Verhältnissen (Hochwasser etc.) technisch nicht möglich sein, ein den in § 1 angegebenen Eigenschaften entsprechendes Wasser zu liefern. In solchen Fällen wird man sich mit einem weniger guten Wasser begnügen, gleichzeitig aber je nach Lage der Dinge (Ausbruch einer Epidemie etc.) eine entsprechende Bekanntmachung erlassen.

§ 7.

Um ein minderwerthiges, den Anforderungen nicht entsprechendes Wasser beseitigen zu können (§ 6), muss jedes einzelne Filter eine Einrichtung besitzen, die es erlaubt, dasselbe für sich von der Reinwasserleitung abzusperren und das

[1]) Zur vollkommenen Klärung der Gelatine ist es zweckmässig, auf 2—3 l derselben nach dem Erkalten auf 60° das Weisse eines Eies, in wenig Wasser vertheilt, zuzusetzen, $^1/_4$ Stunde in Dampf zu erhitzen und dann zu filtriren.

Filtrat abzulassen. Dieses Ablassen hat, soweit die Durchführung des Betriebes es irgend gestattet, in der Regel zu geschehen

1. unmittelbar nach vollzogener Reinigung des Filters und
2. nach Ergänzung der Sandschicht.

Ob im einzelnen Falle nach Vornahme dieser Reinigung bezw. Ergänzung ein Ablassen des Filtrats nöthig ist, und binnen welcher Zeit das Filtrat die erforderliche Reinheit wahrscheinlich erlangt hat, muss der leitende Techniker nach seinen aus den fortlaufenden bakteriologischen Untersuchungen gewonnenen Erfahrungen ermessen.

§ 8.

Eine zweckmässige Sandfiltration bedingt, dass die Filterfläche reichlich bemessen und mit genügender Reserve ausgestattet ist, um eine den örtlichen Verhältnissen und dem zu filtrirenden Wasser angepasste mässige Filtrationsgeschwindigkeit zu sichern.

§ 9.

Jedes einzelne Filter soll für sich regulirbar und in Bezug auf Durchfluss, Ueberdruck und Beschaffenheit des Filtrats kontrollirbar sein; auch soll es für sich vollständig entleert, sowie nach jeder Reinigung von unten mit filtrirtem Wasser bis zur Sandoberfläche angefüllt werden können.

§ 10.

Die Filtrationsgeschwindigkeit soll in jedem einzelnen Filter unter den für die Filtration jeweils günstigsten Bedingungen eingestellt werden können und eine möglichst gleichmässige und vor plötzlichen Schwankungen oder Unterbrechungen gesicherte sein. Zu diesem Behufe sollen namentlich die normalen Schwankungen, welche der nach den verschiedenen Tageszeiten wechselnde Verbrauch verursacht, durch Reservoire möglichst ausgeglichen werden.

§ 11.

Die Filter sollen so angelegt sein, dass ihre Wirkung durch den veränderlichen Wasserstand im Reinwasser-Bassin oder -Schacht nicht beeinflusst wird.

§ 12.

Der Filtrationsüberdruck darf nie so gross werden, dass Durchbrüche der obersten Filtrirschicht eintreten können. Die Grenze, bis zu welcher der Ueberdruck ohne Beeinträchtigung des Filtrats gesteigert werden darf, ist für jedes Werk durch bakteriologische Untersuchungen zu ermitteln.

§ 13.

Die Filter sollen derart konstruirt sein, dass jeder Theil der Fläche eines jeden Filters möglichst gleichmässig wirkt.

§ 14.

Wände und Böden der Filter sollen wasserdicht hergestellt sein, und namentlich soll die Gefahr einer mittelbaren Verbindung oder Undichtigkeit, durch welche das unfiltrirte Wasser auf dem Filter in die Reinwasserkanäle gelangen könnte, ausgeschlossen sein. Zu diesem Zwecke ist insbesondere auf eine wasserdichte Herstellung und Erhaltung der Luftschächte der Reinwasserkanäle zu achten.

§ 15.

Die Stärke der Sandschicht soll mindestens so beträchtlich sein, dass dieselbe durch die Reinigungen niemals auf weniger als 30 cm verringert wird; es empfiehlt sich, diese niedrigste Grenzzahl, sofern es der Betrieb irgend gestattet, zu erhöhen.

Besonderes Gewicht ist darauf zu legen, dass die obere Filtrirschicht in einer für die Filtration möglichst günstigen Beschaffenheit hergestellt und dauernd erhalten wird; hierfür ist es zweckmässig, vor jeder frischen Sandauffüllung nach Beseitigung der alten Schlammschicht die unmittelbar darunter befindliche dünne Schicht gefärbten Sandes abzuheben und demnächst auf die durch Auffüllung ergänzte Sandfläche aufzubringen.

§ 16.

Es ist erwünscht, dass von sämmtlichen Sandfilterwerken im Deutschen Reiche über die Betriebsergebnisse, namentlich über die bakteriologische Beschaffenheit des Wassers vor und nach der Filtration, dem Kaiserlichen Gesundheitsamt, welches sich über diese Frage in dauernder Verbindung mit der seitens der Filtertechniker gewählten Kommission halten wird, vierteljährlich Mittheilung gemacht wird, um bei einer erneuten Besprechung nach Ablauf von etwa zwei Jahren geeignetes Material zur Beurtheilung zu besitzen. Der erstmaligen Einsendung ist thunlichst eine Beschreibung des Werks beizufügen.

§ 17.

Die Frage, ob und unter welchen Verhältnissen eine fortlaufende staatliche Beaufsichtigung der öffentlichen Wasserwerke angezeigt ist, wird am zweckmässigsten nach Einsicht des gemäss § 16 gesammelten Materials zu beantworten sein.

Durch preussischen Ministerialerlass vom 19. März 1894 an die Oberpräsidenten sind diese neuen „Grundsätze" denselben zur weiteren Veranlassung insbesondere bezüglich der vierteljährlichen Berichte der Sandfilterwerke an das Kaiserl. Gesundheitsamt mitgetheilt worden.

Mit Rücksicht auf § 16 vorstehender Grundsätze ist dann ein Runderlass[1]) des Reichskanzlers vom 13. Jan. 1899 an die Bundesregierungen, betr. Grundsätze für die Reinigung von Oberflächenwasser durch Sandfiltration gerichtet worden, welcher aber keine wesentlichen Aenderungen der vorstehenden Grundsätze enthält.

c) Die Wirkung und das allmähliche Unbrauchbarwerden der Filter.

Bei der künstlichen Wasserreinigung durch Filtration sind nach C. Piefke[2]) dreierlei Wirkungen zu unterscheiden:

1. Die mechanische Wirkung, bestehend in der Zurückhaltung der Schwebestoffe; der Durchmesser dieser Schwebestoffe macht häufig noch nicht $^1/_{10}$ eines Mikromillimeters aus, und je häufiger solche sind, um so unvollkommener verläuft die Filtration.

2. Die sog. physiologische Wirkung, bestehend in der möglichst vollständigen Zurückhaltung der Mikroorganismen aller Art; wenngleich diese häufig schon einen bedeutend grösseren Durchmesser haben, als die sonstigen organischen und unorganischen Schwebestoffe, so werden sie doch von einer frischen Sandschicht nur unvollkommen zurückgehalten; dieses tritt

[1]) Veröffentlichungen d. Kaiserl. Gesundheitsamtes 1899, 107—109.

[2]) C. Piefke: Principien der Reinwassergewinnung mittelst Filtration. Besondere Schrift. Berlin 1887 u. Vierteljahrsschr. über die Fortschritte a. d. Gebiet d. Chemie d. Nahrungs- u. Genussmittel 1887, 2, 456.

erst vollkommen ein, wenn sich die Schleimschicht auf den Filtern gebildet hat.

Aber selbst die Schmutzdecke, welche sich bei Filtration unreiner Wässer auf der Oberfläche des Filters absetzt und die Zurückhaltung der Schwebestoffe bewirkt, kann nicht verhindern, dass der unter ihr befindliche sterile Sand längere Zeit für Mikroorganismen durchlässig bleibt.

3. Die chemische Wirkung, bestehend in der Umsetzung und Oxydation der im Wasser gelösten Stoffe, besonders der organischen Stoffe. Diese Wirkung ist aber nur gering, wenngleich man eine ähnliche Oxydation wie im Sandboden annehmen sollte. Da die Hohlräume des Sandes luftfrei sind, so könnte nur der in Wasser gelöste Sauerstoff wirksam sein. Aber auch dieser bewirkt nach späteren Versuchen C. Piefke's keine Oxydation, sondern die organischen Stoffe werden, soweit sie vergährbar sind, von den Bakterien aufgenommen. Bei dem Spreewasser beschränkte sich die chemische Wirkung der Sandfilter auf eine geringe Steigerung der Härte und auf die Oxydation eines schwachen Ammoniakgehaltes zu Salpetersäure, die dementsprechend eine Zunahme erfuhr.

Auch Plagge und Proskauer[1]) finden, dass die chemische Wirkung im Verhältniss zu der sog. physiologischen, d. h. Zurückhaltung von Mikroorganismen, nur eine geringe ist und beide keinerlei Beziehungen zeigen. Die Mikroorganismen wurden in den Berliner Filtrationswerken für das Spreewasser auf 54, für das Tegeler-Wasser auf 44 vermindert; Betriebsstörungen hatten wohl eine Vermehrung der Mikroorganismen im Filtrat zur Folge, waren aber auf die chemische Zusammensetzung desselben ohne Einfluss.

A. Bertschinger[2]) glaubt jedoch auf Grund eingehender Untersuchungen des in den Züricher Wasserwerken filtrirten Seewassers den Sandfiltern auch eine gewisse chemische Wirkung zuschreiben zu müssen; er fand im Mittel von 3 Jahren und je 25—51 Einzeluntersuchungen für 1 l:

	Organische Stoffe	Ammoniak	Albuminoid-Ammoniak	Bakterien in 1 ccm
1. Unfiltrirtes Seewasser .	21,7 mg	0,011 mg	0,044 mg	1,97
2. Filtrirtes Wasser:				
a) aus dem Pumpwerk .	17,6 „	0,004 „	0,028 „	21
b) aus dem Leitungsnetz	17,8 „	0,005 „	0,029 „	34

Auch Kurth[3]) hat in den Bremener Wasserwerken eine Abnahme des Verbrauchs an Kaliumpermanganat, nämlich von 24,5 mg auf 13,9 mg festgestellt, glaubt dieselbe aber nicht allein auf eine Bakterienwirkung zurückführen zu müssen.

Eine unmittelbare Beziehung zwischen Höhe des Wasserstandes und

[1]) Zeitschr. f. Hyg. 1887, **2**, 401.

[2]) Alfr. Bertschinger: Untersuchungen über die Wirkung der Sandfilter des städtischen Wasserwerkes in Zürich. Sonderabdruck a. d. Vierteljahrsschr. d. naturforschenden Gesellschaft in Zürich 1889, Heft 2.

[3]) Arbeiten a. d. Kaiserl. Gesundheitsamte 1895, **11**, 427.

der Bakterienzahl, dergestalt, dass je höher jener, um so höher auch diese wäre, hat Kurth auf den Bremener Filterwerken nicht feststellen können. Im allgemeinen liess sich die Keimzahl ohne grosse Schwierigkeiten unter 100 halten. Nur zu Hochwasserzeiten traten Ausnahmen auf. Bei Filtern, die sich in der Mitte oder am Ende ihrer Arbeitszeit befanden, hatte das Hochwasser trotz 10—20 facher Vermehrung der Keime im Rohwasser im allgemeinen nicht alsbald einen Einfluss auf die Keimzahl des Filtrats; bei Filtern jedoch, die erst einige Tage im Betrieb waren, trat sofort eine ungewöhnliche Zunahme von Bakterien im Filtrat auf; aber auch eine unversehrte Schutzdecke schützte auf die Dauer nicht vor einer Zunahme nach Auftreten von Hochwasser; Kurth erblickt die Ursache hiervon in der Veränderung der chemischen Bestandtheile des Rohwassers bei Hochwasser und in den veränderten Ernährungsverhältnissen für die Bakterien.

G. Wolffhügel,[1]) ferner Plagge und Proskauer (l. c.) haben bei einer Filtrationsgeschwindigkeit von 0,022—0,125 m für die Stunde oder 0,5—3,0 m in 24 Stunden eine Aenderung in der chemischen und bakteriologischen Beschaffenheit nicht feststellen können; C. Piefke will nur eine Geschwindigkeit von 100 mm für die Stunde zulassen, während Bertschinger selbst bei Schwankungen in der Filtrationsgeschwindigkeit von 2,7—13,4 m in 24 Stunden Unterschiede im chemischen und bakteriologischen Verhalten nicht beobachten konnte. Das Rohwasser giebt seine sämmtlichen Bakterien an die oberste mit einer Schlickschicht versehene Sandschicht ab, die im Filtrat erscheinenden Bakterien rühren zum Theil von Abspülungen von Bakterien aus den unteren Sandschichten oder von Beimengungen aus der Luft, von Apparaten etc. her.

Nach der Filterreinigung besitzt das filtrirte Wasser so lange einen höheren Keimgehalt, bis sich die Schleimschicht wieder gebildet hat; auf die chemische Zusammensetzung hat die Filterreinigung keinen Einfluss; in derselben Weise verhält sich die Filterabstellung.

Weitere Versuche mit offenen und gewölbten Filtern ergaben keinen Unterschied in dem chemischen und bakteriologischen Verhalten der beiden Filtrate.

Im Gegensatz hierzu hat aber C. Piefke[2]) in späteren Versuchen gefunden, dass mit dem Filtrationsdruck auch die Keime im Filtrat zunehmen und zwar umsomehr, je unreiner[3]) das Rohwasser ist; bei einer Verminderung des Druckes von 300 mm auf 50 mm gingen auch die Keime im Filtrat auf $^1/_6$ der vorher vorhandenen Anzahl herunter. Er empfiehlt daher eine genügend langsame Filtration mit möglichst langen Perioden durch Anlage entsprechend grosser Filter.

Die Wirkung der Filter auf Zurückhaltung der Keime ist, wie gesagt, in erster Linie von der Bildung der Schleimhaut abhängig und diese wieder

[1]) Arbeiten a. d. Kaiserl. Gesundheitsamte 1886, **1**, **14**.

[2]) Zeitschr. f. Hygiene 1890, **8**, 1.

[3]) Dass in Zürich der höhere Druck ohne Einfluss auf Vermehrung der Keime war, schreibt Piefke dem Umstande zu, dass das Rohwasser dort sehr rein ist.

von der Art des Rohwassers und des Sandfilters; das von der Schleimdecke befreite Sandfilter liefert eher ein keimarmes Wasser, als das Filter aus frischem Sande. So fand C. Piefke[1]) für 2 Berliner Sandfilter in 1 ccm Wasser Keime:

	Frisches Sandfilter		Von der Schleimhaut befreites Sandfilter		
Datum	Rohes Spreewasser	Filtrirtes Wasser	Datum	Rohes Spreewasser	Filtrirtes Wasser
6. Okt.	—	1488	1. April	28845	205
7. „	8000	864	4. „	21000	112
8. „	5040	336	6. „	12560	60
9. „	21600	330	10. „	12958	36
10. „	24480	260	14. „	3378	17
11. „	31185	630	16. „	2150	22
12. „	26752	310			
13. „	26423	528			
14. „	14600	248			
15. „	4307	140			
17. „	—	88			
18. „	—	99			
19. „	2592	73			
21. „	5328	46			

Im ersteren Falle (dem frischen Filter) hat es 10 Tage, im letzteren Falle kaum 5 Tage gedauert, bis ein normales, nur 100 Keime enthaltendes Filtrat gewonnen wurde.

Die Schleimdecke bildet sich aus den unorganischen Schwebestoffen (Thon, Eisenoxyd etc.) und organischen Schwebestoffen des Wassers (Fasern aller Art, Algen, Bakterien etc.).

C. Piefke[2]) hat auch Versuche darüber angestellt, welche von den 3 Hautdecken, Algen, Lehm und Eisenoxyd, die Bakterien — er wählte den Bacillus violaceus — am meisten zurückhalten. Das Rohwasser enthielt 63165 Keime in 1 ccm, die Filtrate von:

Algendecke	Lehmdecke	Eisenoxyddecke
45	19	25

Hiernach wirkte die Lehmdecke am besten; bei einem Filtrationsdruck von 0,7 m hörten die günstigen Leistungen aller 3 Filter auf.

Von grosser Wichtigkeit für die Sandfiltration ist auch die Frage, ob die Bakterienkeime des Rohwassers als solche in das Filtrat übergehen, oder ob sie aus der Schleimhaut und dem Filtersande herrühren? Während man früher annahm, dass sie letzteren beiden Quellen entstammen, haben die von C. Fränkel und C. Piefke[3]) hierüber angestellten Versuche zu folgendem Ergebniss geführt: „Die Sandfilter sind keine keimdicht wirkenden Apparate; weder die gewöhnlichen Wasserbakterien noch auch Typhus- und Cholera-Bakterien werden von denselben mit Sicherheit

[1]) Journ. f. Gasbeleuchtung u. Wasserversorgung 1887, **30**, 604.
[2]) Zeitschr. f. Hygiene 1894, **16**, 181.
[3]) Ebendort 1890, **8**, 1.

zurückgehalten. Die Menge der in das Filtrat übergehenden Mikroorganismen ist abhängig von der Anzahl der im unfiltrirten Wasser vorhandenen Keime und von der Schnelligkeit der Filtration. Anfang und Ende einer jeden Periode (Gebrauchsperiode des Filters) sind besonders gefährliche Zeiten, weil im ersteren Falle die Filter noch nicht ihre volle Leistungsfähigkeit erlangt haben, im letzteren Falle die Pressung der oberflächlichen Filterschichten, vielleicht auch das selbständige Durchwachsen der Bakterien ein Abwärtssteigen der Mikroorganismen begünstigen."

Diese anfänglich stark bezweifelten Ergebnisse sind später von verschiedenen Seiten (Kabrhel in Prag, Versuchsstation in Massachusetts und Lawrence) bestätigt worden. Auch hat man das Auftreten von Epidemien bei Wasserversorgungen unter Anwendung von Sandfiltration auf die Durchlässigkeit der Sandfilter für pathogene Bakterien zurückführen wollen (so in Hamburg und Altona für die Cholera 1892/93, ferner in Nietleben und Stettin). Indessen sind diese Fälle nicht sicher erwiesen, indem sich z. B. in Hamburg herausgestellt hat, dass Rohwasser der Elbe als solches in den Reinwasserbehälter gelangt war, in Stettin und Nietleben überhaupt nicht von einer sorgfältigen Sandfiltration die Rede sein konnte und der Fall in Altona keineswegs einwandfrei aufgeklärt ist.

Wenn die Möglichkeit auch nicht ausgeschlossen ist, dass pathogene Bakterien durch die Sandfilter durchtreten können, so ist doch die Wahrscheinlichkeit eines solchen Durchganges, wie das viele Beispiele bewiesen haben, bei einem geregelten Filterbetrieb sehr gering.[1]) Man kann auch hier annehmen, dass die pathogenen Bakterien, wenn sie im Rohwasser vorkommen, bei der Uebermacht sonstiger Bakterien im Wasser wie in der Schlickschicht des Filters im Kampf ums Dasein und bei offenen Filtern auch unter dem Einfluss des Sonnenlichtes alsbald zu Grunde gehen.

Die Gewinnung eines keimfreien oder keimarmen Filtrats hängt ganz, wie schon gesagt, von der vorhandenen Schlickschicht ab; der Sand als solcher vermag die Bakterien nicht festzuhalten; dieses geschieht erst dann, wenn die Schlickschicht vollständig und genügend geschlossen ist.

---

[1]) Dass bei einem fehlerhaften Betriebe der Sandfilter das filtrirte Wasser noch erhebliche und schädliche Bakterien enthalten kann, zeigen Lortet und Despeignes (nach Compt. rend. 1890, **110**, 353 in Centalbl. f. Bakteriol. I. Abth. 1890, **9**, 868) für das Lyoner Leitungswasser, welches der Rhone entstammt und durch gemauerte Sandfilter filtrirt wird. Trotzdem die Keime im Filtrat wesentlich auf $^1/_7$ des Rohwassers heruntergegangen waren, zeigten die Chamberland-Pasteur'schen Filter (vergl. weiter unten), die neben den Sandfiltern in der Stadt verwendet wurden, eine fettig zähe Umhüllungsschicht von feinpulverigem Mergel und organischen Stoffen mit zahlreichen Bakterien. Dieser Schlamm äusserte ebenso wie der Schleim auf den Sandfiltern bei Meerschweinchen, die damit geimpft wurden, tödtliche Wirkungen.

H. Laser konnte (Centralbl. f. Bakteriol. I. Abth. 1892, **11**, 120) das schlechte Filtrat bei den Königsberger Sandfiltern auf die ungleichmässige Beschaffenheit des mit Humus durchsetzten Filtersandes zurückführen. Die Keimzahl war eine sehr hohe und zeigte nach starkem Regenfall und bei Eintritt von Thauwetter im filtrirten Wasser sogar eine Zunahme.

Die Untersuchung der Filter auf Gehalt an Bakterien hat nämlich ergeben, dass die Bakterien, wie nicht anders erwartet werden kann, in der Schlick-(Schleim-)schicht am zahlreichsten sind und nach unten hin rasch abnehmen.

So beobachteten W. Kümmel[1]) für die Altonaer und C. Piefke[2]) für die Berliner Filter:

Altonaer Resultate				Berliner Resultate	
Keimzahl in einem alten Filter, welches seit 1885 ununterbrochen gearbeitet hatte, am 27. Sept. 1890		Keimzahl in einem neuen Filter, welches seit 1889 im Gebrauch war, am 11. Nov. 1890		Keimzahl in einem der grossen Sandfilter auf dem Stralauer Wasserwerk von Berlin nach $1^1/_2$jährigem Betrieb	
Tiefe unter Filteroberfläche	Keimzahl in 1 ccm Sand	Tiefe unter Filteroberfläche	Keimzahl in 1 ccm Sand	Tiefe unter Filteroberfläche	Keimzahl in 1 ccm Sand
Oberfläche	4000000	Oberfläche	11970000	Oberfläche vor dem Abkratzen . . .	5028000
10 mm	1038000	—	—	Oberfläche nach dem Abkratzen . . .	734000
25 „	756000	—	—	100 mm	190000
50 „	210000	—	—	200 „	150000
250 „	98500	—	—	300 „	92000
500 „	56700	—	—	—	
an der Oberfläche der Kiesschicht .	70300	Sand unmittelbar üb. d. Kiesschicht	48000	Fein-Kies unter der Sandschicht . .	68000
in der Kiesschicht	24800	im Kies	16600		

Oft wiederholte Untersuchungen in Berlin haben ergeben, dass 1 ccm gewaschenen Sandes (am Stralauer Thor) 50000—60000 Keime enthält. In Altona wurden im gewaschenen Sand, welcher vor dem Waschen 4—12 Millionen Keime im Kubikcentimeter enthielt, 604000 Keime gefunden.

Je vollkommener daher die Schlick- (Schleim-) Schicht ist, um so keimärmer ist das Filtrat. Wenn die Schleimschicht jedoch eine gewisse Stärke erreicht hat, und die Oeffnungen in der Schleimschicht auf der Oberfläche zu eng geworden sind, so lässt sie kein Wasser mehr durch; sie muss dann entfernt, bezw. der Sand gereinigt werden. Denn bei Anwendung eines zu grossen Filtrationsüberdruckes erhält man (siehe vorstehend) leicht ein unreines Filtrat.

d) Das Reinigen der Filter.

Die Reinigung des Filters, welches bei dem normalen Filtrationsüberdruck kein Wasser mehr durchlässt, besteht:

---

[1]) Siehe W. Kümmel: Versuche und Beobachtungen über die Wirkungen von Sandfiltern. Journ. f. Gasbeleuchtung u. Wasserversorgung 1893, **36**, 161.

[2]) C. Piefke: Die Principien der Reinwassergewinnung vermittelst Filtration. Journ. f. Gasbeleuchtung u. Wasserversorgung 1887, **30**, 604.

α) In der Entfernung der Schleimschicht.

Dieselbe ist durchweg 2 cm stark und wird in dieser Stärke einfach abgekratzt. Zwar ist der Sand durchweg tiefer als 2 cm gefärbt, doch wird der schwach gefärbte Sand, der für die spätere Bildung einer neuen Schleimschicht (siehe oben) von grösster Wichtigkeit ist, auf den Filtern belassen; man beschränkt sich meistens darauf, den unter der Schleimschicht liegenden Sand mittels einer Gabel bis zu 20 cm Tiefe aufzulockern. Von Wichtigkeit aber ist, dass nach dem Abkratzen der Schleimschicht und nach Auflockern der gefärbten Sandschicht das Filter einige Tage leer und unbenutzt bleibt, damit es vollständig durchlüftet und mit frischer Luft angefüllt wird.

Das Abkratzen der jedesmal gebildeten Schleimschicht lässt sich nur bis auf eine gewisse Tiefe der obersten Sandschicht (nach den Bestimmungen des Gesundheitsamtes bis zu 30 cm als niedrigster Höhe derselben) fortsetzen; hat man diese niedrigste Höhe erreicht, so muss die oberste Sandschicht ganz durch reinen, entweder durch frischen oder gewaschenen Sand erneuert werden. Man entfernt den Sand bis auf die Kiesschicht, füllt reinen Sand in der nöthigen Höhe auf und bedeckt diesen mit einer Schicht des ausgehobenen untersten Sandes, der eine klebrige, d. h. für die schnelle Bildung einer Schleimschicht günstige Beschaffenheit zu besitzen pflegt.

Man kann aber auch die Sandschicht nur bis auf 15 cm ausheben, letztere Schicht bis auf den Kies vollständig auflockern, das Filter einige Tage durchlüften und dann reinen Sand bis zur gewünschten Höhe auffüllen. Ueber die Entfernung der Schlickschicht während der Frostzeit vergl. S. 127.[1])

β) Das Waschen des Sandes.

Das Waschen des Sandes ist mit Verlusten verbunden und umständlich; es empfiehlt sich also nur dort, wo der frische unbenutzte Sand theurer ist, als der gewaschene. Da ausser den eigentlichen Schmutzstoffen auch die feinen wirksamen Bestandtheile des Sandes allmählich ausgewaschen werden, so muss der ein oder mehrere Male gewaschene Sand doch durch frischen ersetzt werden. Zum Waschen des Sandes sind eine Reihe Vorrichtungen in Gebrauch; die zu denselben erforderliche Wassermenge ist verschieden, jedoch empfiehlt sich für alle reines, filtrirtes Wasser zu verwenden, um den Sand nicht von vornherein durch schmutziges Rohwasser wieder zu verunreinigen.

Früher benutzte man zum Waschen Kästen mit doppeltem Boden, in welchem das Wasser von unten nach oben stieg und der Sand durch einen Arbeiter beständig bewegt wurde; auch Schlauchapparate waren früher in Anwendung.

---

[1]) Die Einrichtung ist in Journ. Gesundheits-Ingenieur 1897, **20**, 157, beschrieben, auch werden die Wasserwerke in Hamburg hierüber gern Auskunft ertheilen.

Jetzt benutzt man allgemein selbstthätige Apparate. C. Piefke hat auf den Stralauer Wasserwerken bei Berlin für die Sandwäsche einen Trommel-Apparat eingerichtet, der durch eine Lokomobile von 6 Pferdekräften betrieben wird. Der Sand bewegt sich in Trommeln, welche sich langsam drehen und mit Lanzen und Winkeln versehen sind, einem Wasserstrome entgegen, und kommt wiederholt mit dem Wasser in Berührung. Die Keime in dem Sande werden durchweg um 99—99,5 % vermindert; allerdings verbleiben in 1 kg Sand noch 50 bis 60 entwicklungsfähige Keime, jedoch bedeutet diese Menge gegenüber der ursprünglichen Zahl von 5028 Millionen Keimen eine wesentliche Verminderung.

Statt der Piefke'schen Waschtrommeln werden neuerdings zum Waschen des Sandes mehr die Wasserstrahlapparate angewendet, von denen der in Hamburg gebräuchliche in Fig. 13a und b dargestellt ist.

Der Apparat besteht in der Hauptsache aus einer Reihe hintereinander aufgestellter eiserner Kästen, deren Form nach einer Beschreibung von Fr. Schröder[1]) im Schnitt aus Fig. 13b ersichtlich ist. Am tiefsten Punkt derselben ist — ähnlich dem Ausgussrohr einer Giesskanne — ein doppelt gebogenes eisernes Rohr angebracht, welches über den Rand des nächstfolgenden Kastens reicht und an welches von unten ein kräftiger Wasserstrahl durch einen Wasserstrahlelevator geleitet wird. Der schmutzige Sand wird in den ersten Kasten geworfen und — nach Verdünnung mit Wasser — mittelst des Wasserstrahls als Sandwassergemisch durch das 1. Transportrohr in den 2. Kasten befördert. In diesem sinkt er zu Boden, wird dann auf gleiche Weise in den 3. Kasten gehoben, bis er

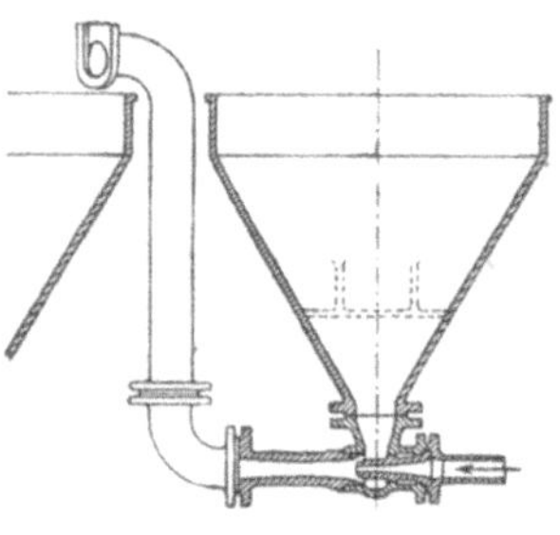

Fig. 13b. Schnitt.

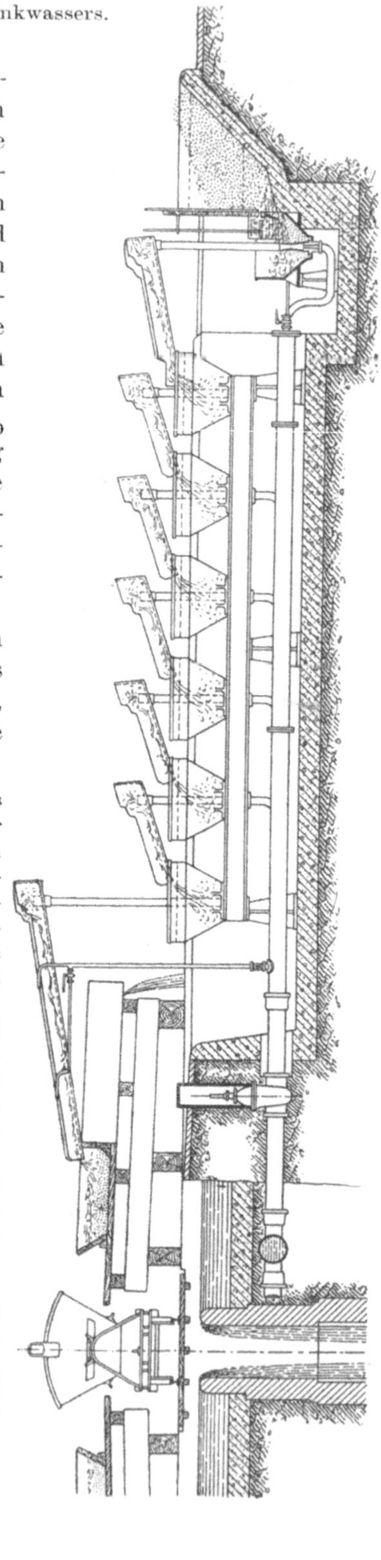

Fig. 13a. Wasserstrahlapparat zum Waschen des Sandes.

[1]) Zeitschr. d. Vereines deutscher Ingenieure, **39**.

den letzten Kasten gereinigt verlässt (Fig. 13a). Das in den einzelnen Kästen sich ansammelnde schmutzige Wasser wird in geeigneter Weise oben an den Seiten der Kästen zum Abfluss gebracht. Durch die innige Mischung mit reinem Wasser, welche der Sand in den einzelnen Transportrohren erfährt, ist seine Reinigung eine so gründliche, dass er — bei richtig bemessener Kastenzahl — nach Verlassen des letzten Transportrohres unbedenklich wieder als Filtersand benutzt werden kann. Bei einer Druckhöhe des Betriebswassers von 11 m beträgt der Wasserverbrauch für 1 cbm schmutzigen Sandes 16—24 im Mittel etwa 20 cbm.

Vergleichende Versuche, welche R. Schröder mit dem Piefke'schen Wassertrommel- und diesem Wasserstrahlapparat angestellt hat, haben ergeben, dass, wenn die nöthige Betriebswassermenge zur Verfügung steht, der letztere gegen den ersteren den Vorzug verdient. Während die Anlagekosten beider Apparate für gleiche Leistungen ungefähr dieselben sind, stellen sich die Betriebskosten für die Wasserstrahlsandwäschen wesentlich niedriger als die der Wassertrommelwäschen. Auch gewähren erstere den Vortheil, dass sie überall in unmittelbarer Nähe der Filter aufgestellt werden können.

Das stark schmutzige Wasser der Sandwäsche muss entweder nach vorheriger Ausscheidung des Sandes in die städtischen Spülwasserkanäle abgeleitet, oder wenn es nicht in den unteren Flusslauf abgeführt werden kann, vorher in Klärteichen gereinigt werden. Dort, wo der schmutzige Sand nicht wieder verwendet wird, bedarf seine Aufspeicherung einer vorsichtigen Lagerung, so dass er das Rohwasser nicht wieder verunreinigt.

Die Betriebskosten für die Sandfiltration — ohne Verzinsung und Amortisation — sind sehr schwankend und stellen sich in der Regel auf 0,15—0,30 Pf. für 1 cbm, im Ganzen einschliesslich Verzinsung und Amortisation auf 1,5—5,1 Pf. für 1 cbm. Auf den Tegeler Werken bei Berlin haben in den letzten Jahren die unmittelbaren Betriebskosten nur 0,06 Pf., auf den Stralauer Werken dagegen 0,3 Pf. für 1 cbm betragen.

Auf einigen Wasserwerken sind, um ein genügend keimfreies Filtrat zu erhalten, Vorkehrungen getroffen, das Wasser 2 mal zu filtriren.

Der Betriebsleiter der Bremener Wasserwerke E. Götze hat, um das Wasser bei Hochwasserzeiten 2 mal filtriren zu können, eine sinnreiche Anordnung von Heberleitungen getroffen; in Altona wird das erste Filtrat durch ein besonderes Pumpwerk auf das Nachfilter gehoben.

Die an Stelle des Sandes auch wohl angewendeten anderen Filter-Stoffe, wie Kohle, Koks, Eisenschwamm, Magnetic-Carbide, Polarite, Asbest, Kieselguhr u. a. dienen vorwiegend zur Reinigung des Wassers im kleinen (Haushalt), oder zur Reinigung von Schmutzwässern; sie werden daher an anderer Stelle besprochen werden.

3. Reinigung des Trinkwassers durch Sandstein-Platten (nach Fischer-Peters).

Dieses zuerst in Worms (1892), jetzt schon mehrfach anderswo (z. B. Bahnhof Magdeburg) angewendete Verfahren lässt das Wasser nicht wie bei den Sandfiltern senkrecht von oben nach unten, sondern von der Seite wagerecht durch zusammengepresste Sandplatten treten (filtriren).

Die Platten[1]) bestehen aus einem Gemenge von rein gewaschenem Flusssand von bestimmter Korngrösse und bestimmtem Gehalt an Natronkalksilikat und werden in eigenartiger Weise in Oefen von besonderer Einrichtung bei hoher Hitze hergestellt. Sie haben gewöhnlich folgende Grösse: 1 m $\times$ 1 m $\times$ 8—9 cm, d. h. eine Oberfläche von 1 qm und eine Dicke von 8—9 cm. Meistens werden 2 bis 4 Platten derartig mit einander verbunden, dass ein Zwischenraum von 20 mm Raum verbleibt[2]) (vergl. Fig. 15).

Die nach diesem Verfahren auf dem Magdeburger Bahnhof angelegte Wasserfiltration hat folgende Einrichtung.[3])

Sie besteht aus 4 Becken, welche zu je 2 seitlich in einer centralen Längskammer angelegt sind, in welcher sich das Filtrat aus ihnen sammelt, ehe es durch die Regelungsvorrichtung beim Austritt in den Reinwasserbehälter tritt. Jedes Becken hat daher nicht eine selbständige Abflussregelung, sondern diese ist für alle

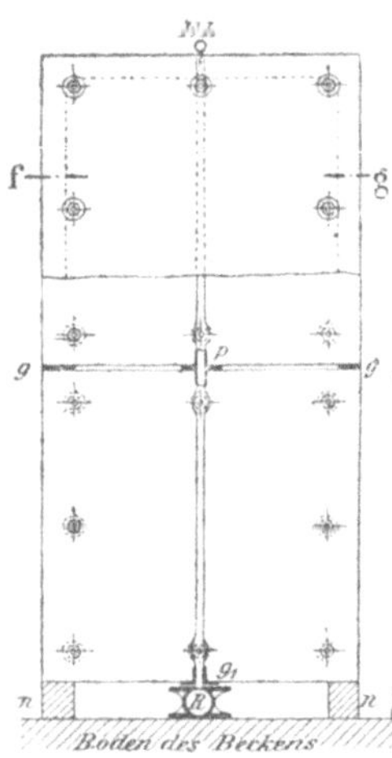

Fig. 14.
Boden
des Beckens.

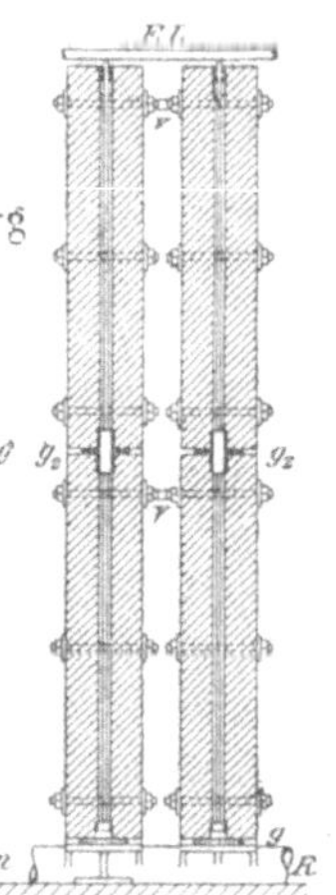

Fig. 15.
Sammelrohr
mit 2 Elementen.

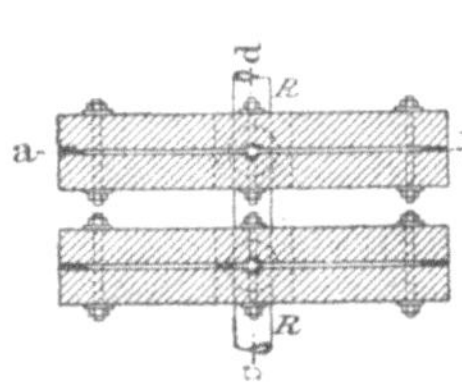

Fig. 16.
Schnitt f—g.

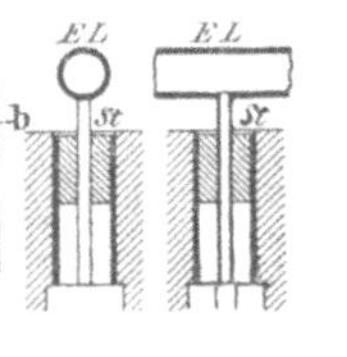

Fig. 17.
Detail zur Entlüftung
für Filter und Elemente.

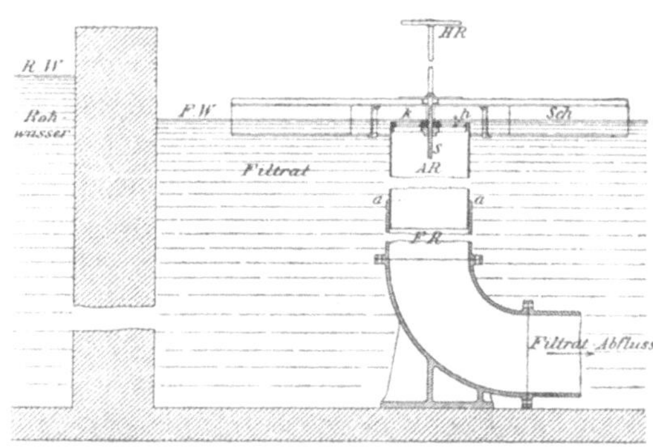

Fig. 18.
Regulirungsapparat.

4 Becken gemeinsam. Ueber dieser centralen Längskammer befindet sich ein Beobachtungsgang, von welchem aus sämmtliche Schieber bedient werden können.

Der Zufluss zu den Becken geschieht auf die gewöhnliche Weise und ist jedes derselben weiter noch mit Entleerung und Ueberlauf versehen. Die Druckleitung zur Reinigung der Elemente von innen nach aussen liegt in der centralen Längskammer und ist durch Zweigstücke mit dem Sammelrohr jeder einzelnen Batterie von Elementen verbunden.

---

[1]) Jetzt von Bittel & Co. in Worms hergestellt.

[2]) Doch sollen neuerdings Platten aus einem einzigen Stück hergestellt und so gebrannt werden, dass die lästigen Verschraubungen wegfallen.

[3]) Vergl. Selig: Gesundheits-Ingenieur 1894, **17**, 341.

Jedes Becken hat eine lichte Grundfläche von 44,64 qm, einen lichten Raum von 133,92 cbm und enthält 5 Batterien zu je 18 Elementen mit einer Gesammtfilterfläche von 360 qm.

Die Elemente und ihre Aufstellung ist aus den Figuren 14—18 ersichtlich. Das Sammelrohr *R* liegt unter ihnen auf dem Boden des Beckens, und wird eine Abdichtung gegen die Unterkante der Platten durch einen Gummiring g_1 bewirkt, welche durch die Untermauerung bei *n* vor zu grosser Zusammendrückung durch das Gewicht der Platten geschützt wird. Durch den Gummiring g_2 wird die Abdichtung der oberen und unteren Platten gegen einander bewirkt, und schützen die Unterlassplättchen *p* denselben vor zu grosser Zusammendrückung. An den Stellen *v* sind die Platten mit einander verschraubt.

Die Entlüftung der Elemente ist aus der Fig. 17 ersichtlich, wo *EL* die Entlüftungsleitung und *St* einen Gummistopfen bezeichnet, welcher diese Leitung gegen das Platteninnere abdichtet. Jede Batterie hat ihre eigene Entlüftungsleitung mit Hahn, um ihre Füllung und selbstthätige Reinigung vornehmen zu können, und alle Entlüftungsleitungen haben ein gemeinschaftliches Wasserstandsrohr behufs Beobachtung des Reinigungsdruckes.

Der dem Filtrat aller 4 Becken gemeinsame Regulirungsapparat für den Austritt in den Reinwasserbehälter ist ein Schwimmer, welcher sich selbstthätig einstellt und der in Fig. 18 dargestellt ist. Derselbe besteht in der Hauptsache aus dem Flanschenrohr *FR* mit abgedrehten Dichtungsflächen bei *a*, aus dem messingenen oder kupfernen Ausziehrohr *AR* und aus dem Schwimmer *Sch* mit Spindel *Sf*, Handrad *HR*. Die Menge des zum Abfluss gelangenden Wassers wird durch die Höhe *h* zwischen dem Mauerspiegel *FW* und die Ueberfallkante *k* bestimmt. Hat man diese Menge und hiermit die zulässige Filtrationsgeschwindigkeit festgesetzt, so muss das Ausziehrohr *AR* durch das Handrad *HR* auf die richtige (zu dieser Geschwindigkeit gehörige) Höhe *h* eingestellt werden und verbleibt in dieser Stellung während der ganzen Filtrationsdauer. Bei gleichbleibendem Rohwasserspiegel wird der Schwimmer sich allmählich mit der zunehmenden Verstopfung der Poren der Platten senken, bis schliesslich der zulässige höchste Filtrationsüberdruck erreicht ist, wenn die Reinigung der Elemente stattfinden muss.

In Worms ist vielfach mit einer Geschwindigkeit von 112,5 mm für die Stunde filtrirt worden, und betrug die Keimzahl nur 10—71 für 1 ccm filtrirtes Wasser.

Die Inbetriebsetzung eines jeden der Becken geschieht wie folgt: Nach Verschluss sämmtlicher Schieber werden zuerst die Hähne in der Entlüftungsleitung von den Elementen *f*, darnach die Zuführungsschieber für den Eintritt des Wassers geöffnet. Sobald das Becken bis auf 1100 mm über der Oberkante der oberen Elemente gefüllt ist, werden die Schieber in den Sammelrohren unter den Elementen, welche das Filtrat enthalten, etwas geöffnet, bis sich der Wasserspiegel im Becken und in der centralen Längskammer fast ausgeglichen haben. Nun werden auch die Lufthähne geschlossen und der Schwimmer, welcher den Abfluss in den Reinwasserbehältern regelt, wie oben beschrieben eingestellt, worauf der Betrieb ungestört fortgeht, bis die Reinigung der Elemente wegen Verstopfung der Poren durch Schmutz nothwendig wird.

Beim Durchtritt des Wassers durch die Platten lagern sich die schwebenden Schmutztheile und Keime an ihren Oberflächen ab und das vom Schmutz befreite im Innern sich ansammelnde Wasser fliesst nach unten durch das Sammelrohr *R* (in Fig. 14, 15, 16) ab.

Soll eine Reinigung der Elemente vorgenommen werden, wobei jede Batterie eines Beckens einzeln bearbeitet werden kann und ohne die anderen ausser Betrieb zu setzen, so wird der Schieber am Sammelrohr unter der Batterie geschlossen und der betreffende Schieber an der Druckwasserleitung wird geöffnet, wodurch Druckwasser von unten durch das Sammelrohr in die Elemente tritt. Zu gleicher Zeit wird der Entlüftungshahn der Batterie geöffnet, sodass das Druckwasser im Innern des Elementes emporsteigen kann. Der Vorgang ist nun gerade umgekehrt wie bei der Filtration, indem das Wasser von innen nach aussen tritt und auf diesem Wege die abgelagerten Schmutztheilchen aus den Poren verdrängt, welche sich am Boden des Beckens sammeln. Je nach dem Grade der Verunreinigung kann die Reinigung einer Batterie 5—20 Minuten dauern und kann man sie im Durchschnitt auf etwa 12 Minuten ansetzen; dabei wird der Druck, mit welchem gereinigt wird, im Wasserstandsglas angezeigt. Dieser Druck soll mindestens zweimal so gross sein als der Filtrationsdruck, wenn eine gute Wirkung erzielt werden soll. Natürlich kann zu dieser Reinigung nur filtrirtes Wasser verwendet werden, und sobald sie beendet ist, wird der Schieber auf der Druckleitung und der Entlüftungshahn geschlossen und der Sammelrohrschieber geöffnet, worauf der Betrieb der Batterie sofort wieder beginnt.

Leider stehen Angaben über die Anlagekosten dieser oder einer ähnlichen Anlage nicht zur Verfügung, doch sollen sich die Betriebskosten eines derartigen Filters zu denen eines gewöhnlichen Sandfilters in Worms wie 1 : 6 gestellt haben. Hier betragen die Filterbetriebskosten bei Sandfiltern für 1000 cbm ℳ 3,50, während sie für Plattenfilter sich nur auf ℳ 0,56 belaufen (ℳ 0,22 für Reinigung und ℳ 0,34 für Druckwasser zur Spülung). Demgegenüber sei bemerkt, dass auf den Tegeler Werken von Berlin die Filtrationskosten (Bedienung, Reinigung und Ersatz des bei der Wäsche verloren gehenden Sandes etc.) in den letzten Jahren für 1000 cbm nur ℳ 0,60 betragen haben.

Wenn wir oben S. 116 darauf hingewiesen haben, dass für eine gute Sandfiltration eine regelmässige Druckvertheilung und ein gleichmässiger Gang derselben von der grössten Wichtigkeit ist, d. h. dass jedes Flächenelement des Sandfilters soweit als irgend möglich die gleiche Menge Wasser in der gleichen Zeiteinheit während der Dauer des Filtrationsvorganges liefern soll, so lässt es sich nicht in Abrede stellen, dass bei den bisherigen Anlagen von Plattenfiltern einige Elemente und einige Batterien ein und desselben Beckens schnell, andere dagegen langsam filtriren können — es sei denn, dass die Durchlässigkeit aller Elemente absolut die gleiche sei, was in Wirklichkeit nie der Fall sein wird — dass daher diese Bedingungen nur gemeinschaftlich für jedes Becken oder gar für alle Becken zusammen, nicht aber für jedes Element oder für jede Batterie erfüllt werden; doch wird dies da keine so bedeutende Rolle spielen, wo die Keimzahl des Gesammtfiltrates zu keiner Beunruhigung Veranlassung giebt. Treten aber Störungen ein, oder wird es aus sonstigen Gründen nöthig, die Platten zu prüfen, so werden sich bis ins einzelne gehende Untersuchungen nur mit grosser Mühe ausführen lassen.

Im übrigen hat das Verfahren wegen Raumersparniss und bequemer Reinigung der Filterplatten manche Vorzüge vor den Sandfiltern.

4. Reinigung des Trinkwassers durch Schnellfilter und Filtrationsmaschinen.

Statt der langsam wirkenden und umfangreichen Sandfilter hat man auch Filtrations- bezw. Reinigungsmaschinen hergestellt, um eine schnellere Reinigung grösserer Wassermengen zu erzielen.

Als eine der ältesten Vorrichtungen dieser Art muss erwähnt werden:

a) Der Andersen'sche Revolving-Purifier.

Dieses bereits 1884 von Andersen angegebene Verfahren ist in mehreren Städten (Antwerpen, Dordrecht, Boulogne sur Seine, Ayr, Montevideo u. a.) eingeführt.

Dem Apparate liegt der Gedanke zu Grunde, das zu reinigende Wasser in innige Berührung mit festem (metallischen) Eisen zu bringen und nachher das so aufgenommene Eisen durch Lüftung oder Stehenlassen in Klärbehältern und mittelst Filtrirens durch eine schwache Sandschicht wieder zum Ausscheiden zu bringen.

In Figur 19—21 ist ein Purifier im Längsschnitt, in der Ansicht von oben und im Querschnitt dargestellt. Derselbe besteht in der Hauptsache aus einer eisernen Trommel *A* mit zwei hohlen Lagerzapfen B^1 und B^2, welche auf den Lagern C^1 und C^2 ruhen und sich in denselben drehen. Im Innern der Trommel befinden sich gekrümmte Ansätze *D*, welche in gleichförmigen Abständen an der Innenwand angebracht sind und die ganze Länge der Trommel einnehmen. An Stelle des sechsten Ansatzes sind kurze quadratische Platten, *H H H*, in geringer Entfernung von einander aufge-

Fig. 19.
Schnitt durch die Längsachse.

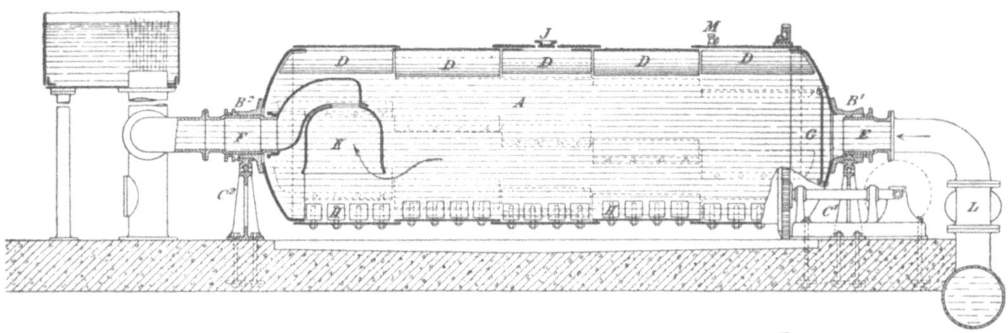

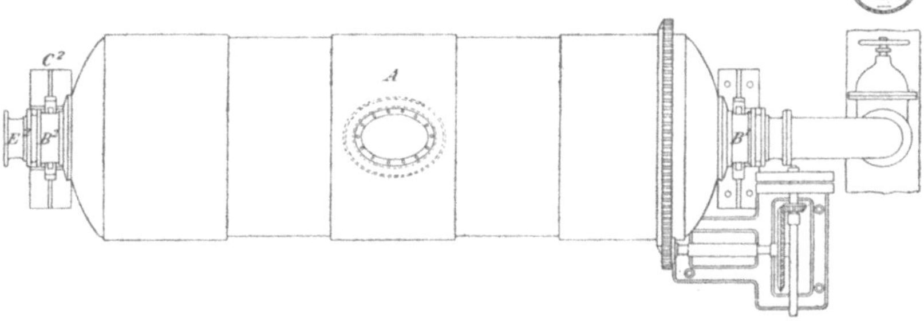

Querschnitt durch die Trommel.
Fig. 20.

Ansicht von oben.
Fig. 21.

Andersen'scher Revolving-Purifier. — Dreh-Reiniger.

stellt, welche dazu dienen, das sich mit dem Wasser zur Auslasstelle *F* bewegende Eisen aufzuhalten und wieder zur Einlassstelle *E* des Wassers zu bringen. *G* ist eine Vertheilungsplatte, welche bezweckt, dass das eintretende Wasser sich in vielen kleinen Strahlen durch die Trommel bewegt.

Soll der Apparat in Betrieb gesetzt werden, so wird die Trommel in eine drehende Bewegung versetzt und der Eintritt des Wassers bei *E* durch Oeffnen eines Schiebers freigelegt. Das hier eintretende Wasser stösst gegen die Vertheilungsplatte *G*, wird in viele kleine Strahlen zertheilt und kommt auf diese Weise in innige Berührung mit dem Eisen, welches infolge der Drehung der Trommel in beständiger Bewegung ist. Der Austritt aus der Trommel geschieht durch die glockenförmige Oeffnung *K*, welche dazu dienen soll, das Eisen in der Trommel zurückzuhalten.

Zur Lüftung des Wassers nach dem Verlassen des Apparates kann entweder Luft in dasselbe geblasen werden oder es genügt ein Fliessen in einer flachen offenen Rinne oder über Wehre. Hierauf muss es in einem Klärbecken ungefähr 2—6 Stunden ruhig stehen gelassen werden, worauf es durch eine dünne Sandschicht zu filtriren ist (vergl. Fig. 22).

In der Trommel können entweder Gusseisenspäne aus den Abfällen eines Bohrwerkes oder die Lochstücke von Kesselplatten benutzt werden, und soll der Verlust an Eisen nur etwa 0,002 g für 1 l Wasser betragen. Der Durchmesser der Eisentheilchen soll nicht grösser als 1·2 mm sein.

Nach den Berichten des Erfinders enthält das Wasser beim Verlassen der Trommel ein lösliches Ferrosalz, welches durch Einwirkung der Luft zu unlöslichem Ferrioxyd oxydirt wird und schliesslich in den Klärbecken und durch Sandfiltration wieder ausgeschieden wird.

Als Vortheile des Andersen'schen Verfahrens werden besonders folgende hervorgehoben:

α) Einfachheit und schnelle Wirkung. Die ganze Anlage ist sehr einfach, und da die Berührung zwischen Wasser und Eisen eine sehr innige

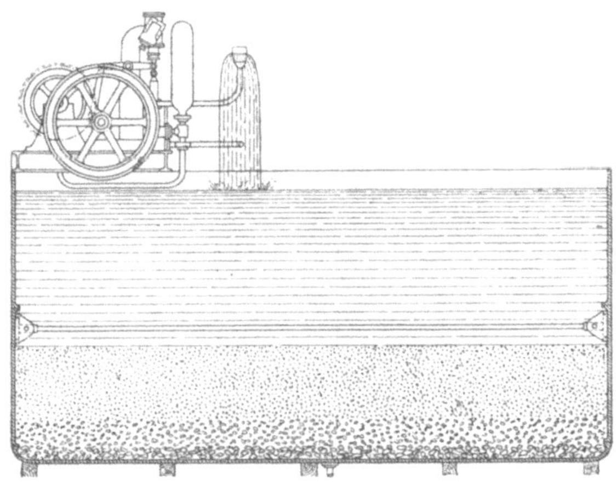

Fig. 22.
Anordnung eines Revolving-Purifier mit Pumpe, Motor und Sandfilter. (Schnitt durch die Mitte.)

ist und da immer eine grosse Oberfläche dieses Metalls dem Wasser ausgesetzt wird, so soll die Reinigung von verhältnissmässig schlechtem Rohwasser in $3^1/_2$ bis 5 Minuten und von Spüljauche in 5—15 Minuten bewirkt werden.

β) Hohe Filtrationsgeschwindigkeit. Wasser, welches stark gefärbt ist, soll nach Behandlung im Revolving-Purifier und nach Filtration durch eine Sandschicht von 46 cm mit einer Filtrationsgeschwindigkeit von 165 bis 305 mm für 1 Stunde völlig farblos und so klar wie ein aus der Tiefe geschöpftes Brunnenwasser werden.

γ) Geringe Platzeinnahme des Reinigungsapparates. In Antwerpen, wo dieses Verfahren schon lange in Anwendung ist, und wo täglich 15900 cbm gereinigt werden können, befindet sich die Anlage in einem Gebäude mit einer Grundfläche von 14 m Länge und 6 m Breite.[1])

---

[1]) Dies kann sich nur auf die Aufstellung der Apparate selbst beziehen, nicht aber auf die Klärbecken und Filter.

δ) Geringe Kosten. Für grössere Anlagen sollen die Herstellungskosten ausschliesslich der Sandfilter nur ungefähr 5000 ℳ für 1000 cbm zu reinigendes Wasser betragen, und was die Betriebskosten anbelangt, so sollen dieselben in Antwerpen sich auf nicht ganz 1 ℳ für 1000 cbm belaufen haben.

Die Anzahl der aufzustellenden Trommeln richtet sich nach den zu reinigenden Wassermengen. Fig. 22 zeigt die Anordnung eines Revolving-Purifier mit Pumpe, Motor und Sandfilter.

C. Piefke benutzt nach D.R.P. 61254, 61255 und 61381 metallisches Eisen und Pressluft in einer ähnlichen Trommel zum Reinigen des Wassers.

Ein von E. Devonshire[1]) in London eingerichteter Wasserreinigungsapparat (D.R.P. 68289) beruht auf demselben Grundsatz.

b) Das Riddell-Filter.

Das Riddell-Filter ist bis jetzt nur in Amerika in Gebrauch.

Es besteht in der Hauptsache aus einem eisernen Cylinder, welcher entweder aufrecht oder wagerecht ist, die Sandfilterschicht enthält, und welchen das Wasser unter Druck durchfliesst, wie dies aus den Fig. 23 u. 24 zu ersehen ist.

In Fig. 23 ist ein senkrechtes Filter dargestellt. Das Rohwasser tritt durch das Rohr *b* in den eisernen Cylinder *a* ein, steigt in demselben (immer noch im Rohr *b*) in die Höhe und fliesst durch die Oeffnungen der radialen Arme *c* in starken Strahlen über der Oberfläche der Filterschicht *a* aus, worauf es nach Durchfliessen derselben in koncentrischen Röhren *e* auf dem Boden des Cylinders gesammelt wird, um durch das Rohr *f* als gereinigt auszutreten.

Die radialen Arme — gewöhnlich 8 an Zahl — sind an dem unteren Ende *h* des Rohres *i* angebracht, welches an seinem oberen Ende einen Kolben hat. Dieses Rohr und die Kolben bewegen sich in dem Cylinder *K* frei auf und ab und ist der Durchmesser des Rohres *i* so gross gehalten, dass Wasser in jeder Stellung desselben bequem aus dem Rohr *b* austreten kann.

Das Rohr *l* ist mit der Kesselspeisepumpe, dem Wasserrohr oder einer sonstigen Druck-Quelle verbunden; *m* ist das Saug-Rohr, welches mit dem Ueberlauf in Verbindung steht. Durch den Vierweghahn *n* und die Röhren o o^1 kann der Druck aus *l* auf eine oder die andere Seite des Kolbens geleitet werden, je nach Bedarf, während zu gleicher Zeit die andere Seite des Saugrohres und des Ueberlaufes geöffnet werden. Der Vierweghahn ist so eingerichtet, dass nach seiner Oeffnung das Druck- und Saugrohr mit entgegengesetzten Seiten des Kolbens verbunden sind.

Soll das Filter in Betrieb gesetzt werden, so werden die Schieber b^1 für die Rohwasserleitung und f^1 für die Reinwasserleitung geöffnet und der Schieber g^1 auf der Ueberlaufleitung geschlossen, worauf die Filtration beginnt. Die Druckzeiger auf der Einlass- und Auslassleitung zeigen den Druck in den betreffenden Röhren an und ihre Differenz stellt den Druckverlust dar, welchen das Wasser bei seinem Durchgang durch die Filtermasse (Ueberwindung der Widerstände in den Poren) erleidet. Mit zunehmender Verschmutzung der Oberfläche steigt der Druckverlust, bis schliesslich derselbe so gross geworden ist, dass es nöthig wird, die radialen Arme, welche bisher in der Stellung *c* gestanden haben, in die Stellung c^1 — ungefähr 15 cm unter der Oberfläche des Sandes — zu bringen. Dies geschieht durch Aufdrehen des Vierweghahnes, sodass der Druck von oben auf den Kolben wirkt und unter demselben abgesaugt wird,

[1]) Berliner chem. Berichte 1893, **26**, Referate, 620.

worauf die Arme sich mit Hilfe der starken Wasserstrahlen nach unten bewegen, bis die gewünschte Stellung c unter dem Schmutz der Oberfläche erreicht ist. Jetzt wird der Hahn auf ein viertel Oeffnung gestellt, welches zur Folge hat, dass der Druck auf beiden Seiten des Kolbens gleich gross wird, wodurch die Arme zum Stillstand kommen. Dieser Vorgang soll nur ungefähr 2 Sekunden dauern, sodass die Filtration dadurch nicht gestört wird. Sobald die neue Stellung erreicht ist, zeigen die Druckzeiger der Ein- und Auslassleitung wieder eine geringe Differenz an, und in derselben wird nun

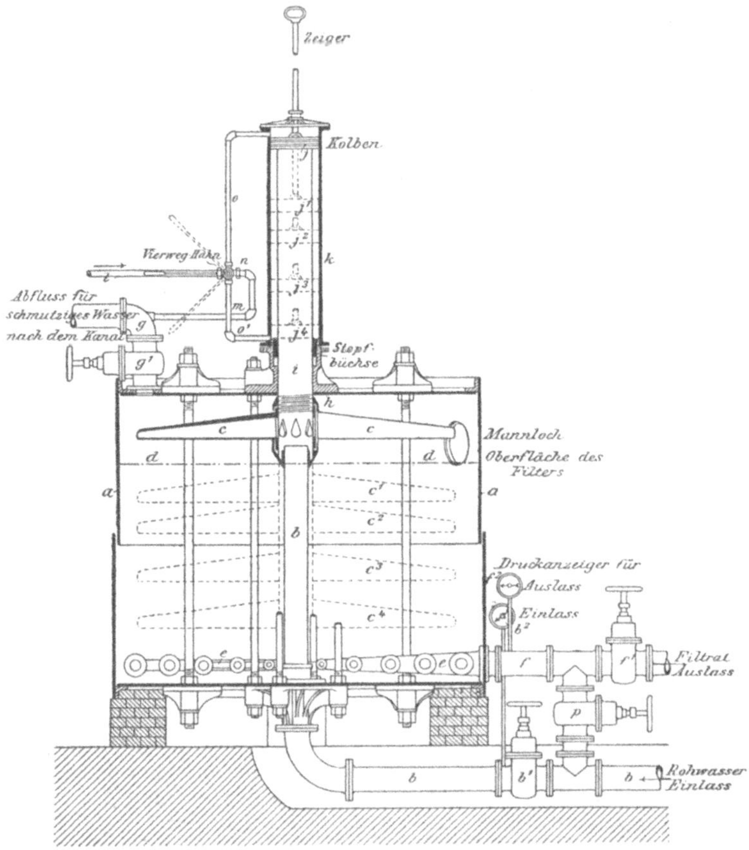

Fig. 23.

Schnitt durch ein senkrechtes Riddell-Filter.

weiter filtrirt, bis eine weitere Bewegung der Arme nach unten in die Stellung c^2 durch Verschmutzung des Sandes nöthig wird. Auf diese Weise wird die Filtration fortgesetzt, bis schliesslich die Arme eine so tiefe Stellung c^4 erreicht haben, dass eine weitere Verminderung der Sandschicht mit Rücksicht auf die Beschaffenheit des Filtrats nicht zulässig ist; alsdann muss der Filtersand vollständig gereinigt werden.

Was noch die Schmutzablagerungen über der jedesmaligen Stellung der Arme anbelangt, so sollen dieselben keinen nachtheiligen Einfluss auf das Filtrat ausüben können, weil die aus den Armen austretenden Strahlen nach unten gerichtet sind und somit die Schmutztheilchen nicht treffen können.

Zum Waschen der Filtermasse ist es nur nöthig, den Schieber g^1 auf der Ueberlaufleitung zu öffnen, wodurch der Druck im Filter so gut wie ganz aufgehoben wird und das schmutzige Wasser frei in einen Spüljauchenkanal abfliessen kann. Mittels des Vierweghahnes werden dann die Arme auf kurze Zeit bis auf den Boden des cylindrischen Gefässes gebracht und nach Umstellung des Hahnes langsam durch die Filtermasse nach oben gezogen. Während dieses Vorgangs tritt das Wasser in vielen Strahlen (siehe Fig. 25) unter kräftigem Druck aus den Armen aus, wodurch die Filtermasse in starke Bewegung geräth und vollständig gereinigt wird. Zu gleicher Zeit tritt Wasser aus der Reinwasserleitung f von unten in das Filter und unterstützt auf seinem Durchgang nach oben die Wirkung der Wasserstrahlen der Arme. Haben diese letzteren ihre oberste Stellung erreicht, so können sie, wenn dies nöthig ist, ein

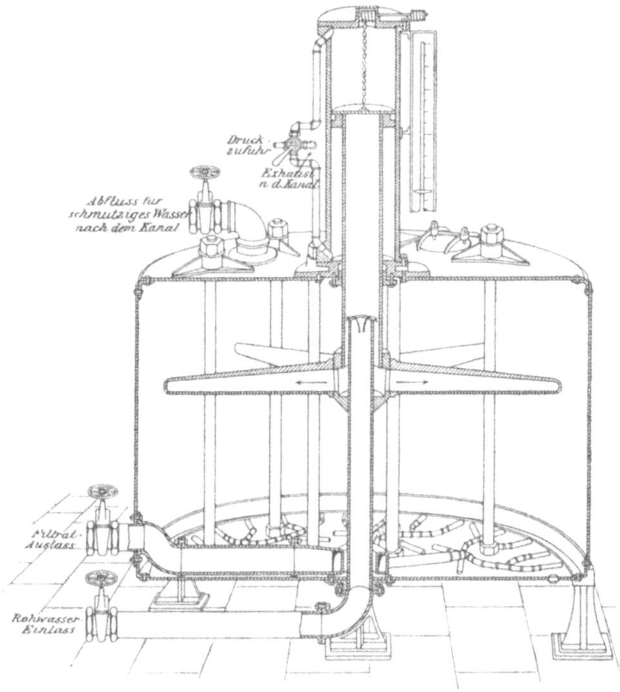

Fig. 24.

Schnitt durch ein senkrechtes Riddell-Filter. Vierweghahn durch Hand einstellbar.

zweites Mal nach unten gedrückt und dann wieder nach oben gezogen werden, bis das verbrauchte Wasser klar und farblos durch die Ueberlaufleitung abfliesst. Ist nur ein Filter in Benutzung und dieses nicht mit einem hochgestellten Reinwasserbehälter in Verbindung, so kann durch Schliessen des Schiebers f^1 und durch Oeffnen des Schiebers p in der Umlaufleitung die Reinigung der Filtermasse bewirkt werden.

Bei gewöhnlicher Beschaffenheit des Rohwassers soll der Reinigungsvorgang nur 4 Minuten und bei besonders schlechter Beschaffenheit desselben nur 5 Minuten dauern.

Bei Reinigung von Trinkwasser wird es sich ohne Frage empfehlen, nur filtrirtes Wasser zum Reinigen der Filtermasse zu benutzen, was sich ja auch leicht einrichten lässt.

Es ist noch zu erwähnen, dass die radialen Arme durch Führungen auf einem Theil des Einlassrohres b entweder eine völlige oder theilweise Drehung um ihre Achse

— je nach Bedarf — ausführen können, wodurch der Grad der Reinigung der Filtermasse noch erhöht wird. Der zum Waschen nöthige Druck kann bis auf 7 Atmosphären gesteigert werden. Was noch die hierzu nöthige Wassermenge anbelangt, so soll sie nur $^1/_{10}$ der zum Waschen gewöhnlicher Sandfilter nöthigen Menge betragen.

Sollen Chemikalien dem Rohwasser zugesetzt werden, wie das z. B. mit Alaun geschehen ist, so schlägt die Gesellschaft, welche diese Filter erbaut, vor, dieselben in das Saugrohr der Pumpe eintreten zu lassen, welche das Wasser auf das Filter befördert. Auf diese Weise soll eine innige Mischung der Chemikalien mit dem Wasser erzielt und dem ersteren mehr Zeit zur Einwirkung auf das letztere gegeben werden.

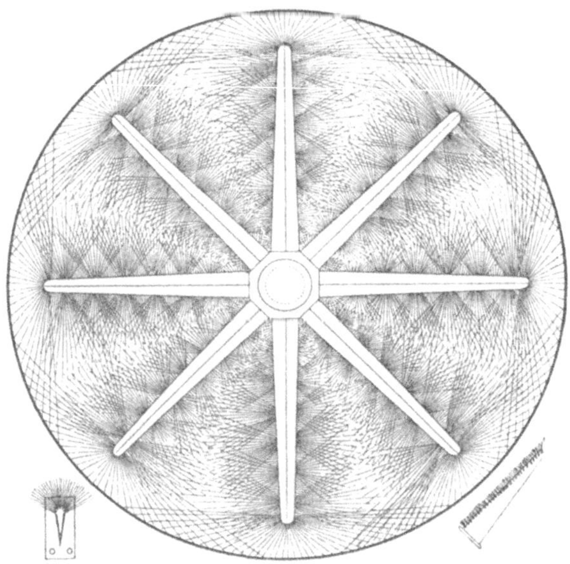

Winkel der Wasserstrahlen. Vertauschbare Arme.

Fig. 25.

Darstellung der Wirkung der Wasserstrahlen aus den radialen Armen auf ihren Durchgang durch die Filtermasse.

Die für die Riddell-Filter als normal angegebene Filtrationsgeschwindigkeit beträgt 6096 mm für die Stunde und ist beinahe 61 mal so gross als die für gewöhnliche Sandfilter als normal betrachtete; daher kommt den Filtern auch mit Recht die Benennung Schnellfilter zu.

Was die mit dem Riddell-Filter gemachten Erfahrungen anbelangt, so liegen aus Amerika günstige Berichte vor, doch ist zur Zeit nicht bekannt, ob dieselben sich auch anderswo bewährt haben.

c) Das Howatson-Filter.

Dieses Filter ist Andrees Howatson patentirt worden und vielfach in Frankreich zur Anwendung gekommen. Es besteht in der Hauptsache aus einem grossen senkrechten eisernen Cylinder, welcher entweder 1 oder 2 Filterschichten enthält und in den das Rohwasser entweder unter Druck oder frei ohne Druck eintritt. Ist ersteres der Fall, so ist das

Innere des Filters völlig abgeschlossen; ist dagegen letzteres der Fall, so steht der Cylinder oben offen. Die Filtration kann entweder mit oder ohne Zusatz von Chemikalien vor sich gehen.

In den Figuren 26 und 27 sind zwei Howatson-Filter dargestellt, welche mit dem Namen „Industrie-Filter“ bezeichnet sind und sich für die Reinigung des in Fabriken benutzten Wassers eignen sollen. Der Betrieb des in Fig. 26 abgebildeten Filters ist folgender:

Durch das Oeffnen des Schiebers A^1 tritt Wasser durch das Einlassrohr $A\,B$ bei C in das Filter, fliesst dann durch die Filtermasse, welche entweder aus zerkleinertem Quarz oder Sand besteht, und tritt bei E als Filtrat wieder aus.

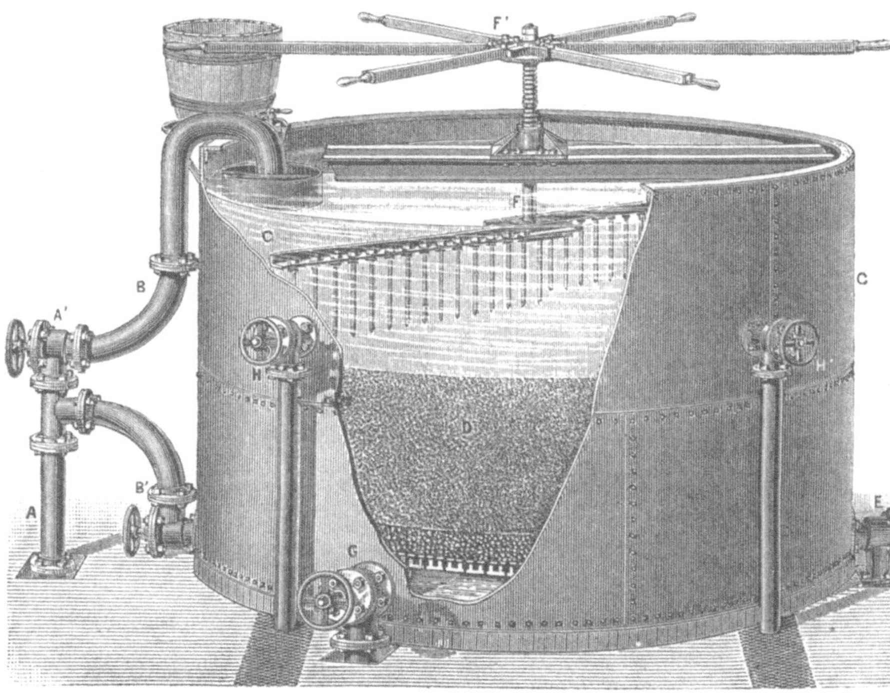

Fig. 26.
Howatson-Filter. „Industrie-Filter“.

Die Stärke der Filterschicht sowie ihr Aufbau ist nach Bedarf zu wählen, wie das aus den Fig. 26, 27, 28 ersichtlich ist.

Ist das Filter verschmutzt und muss es gewaschen werden, so wird der Schieber A^1 geschlossen und der Schieber B^1 geöffnet, worauf das Rohwasser von unten in das Filter G tritt und auf seinem Durchtritt durch die Filtermasse die in den Poren sitzenden Schmutztheilchen mit nach oben reisst, um schliesslich als schmutziges Wasser durch die Leitungen $H\,H$ abzulaufen. Zu gleicher Zeit wird der Rechen F mittels der Hand nach unten gedreht und wühlt auf diese Weise die Schleimhaut auf der Sandoberfläche und die obersten Filterschichten gründlich auf, sodass das durchströmende Wasser die Schmutztheilchen mit fortreissen kann. Sobald das durch die Röhren H ablaufende

Wasser wieder völlig klar und rein ist, wird der Schieber B^1 geschlossen und der Schieber A^1 geöffnet, worauf der Filterbetrieb von neuem beginnt.

In Fig. 27 ist ein weiteres „Industrie-Filter“ dargestellt, doch können wir auf eine Beschreibung desselben verzichten, da sein Betrieb der gleiche ist wie der des in Fig. 26 abgebildeten Industrie-Filters.

Die normale Filtrationsgeschwindigkeit beträgt ungefähr 8200 mm für die Stunde, ist also 82mal so gross als die für gewöhnliche Sandfilter angenommene Normal-Geschwindigkeit.

Bei der Reinigung von Trinkwasser schlägt Howatson eine doppelte Filtration vor, und zwar soll das Wasser erst durch ein Industrie-Filter und nachher durch

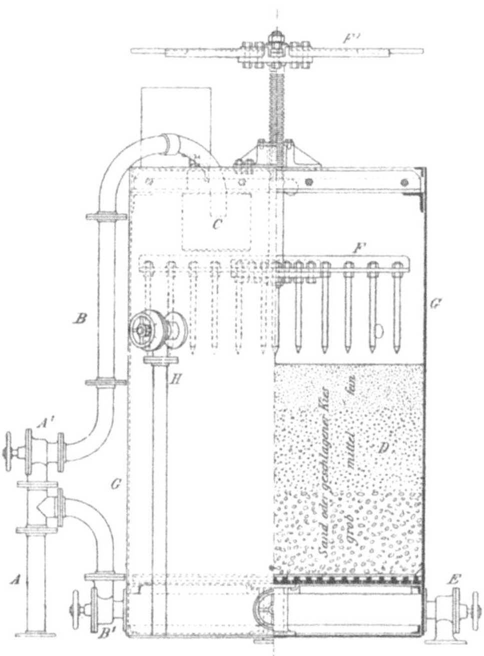

Fig. 27.
Howatson-Filter. Industrie-Filter.

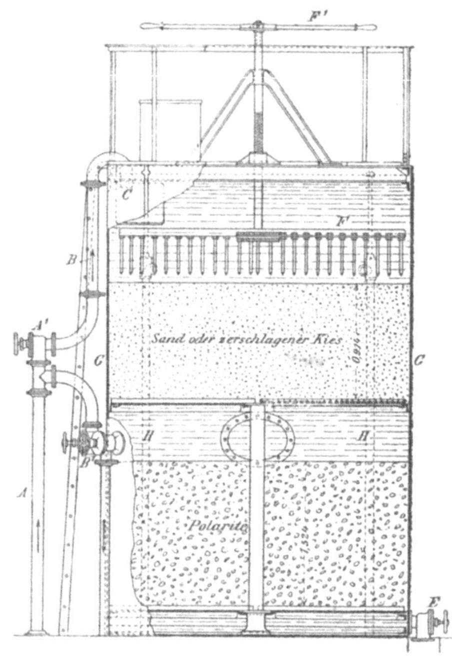

Fig. 28.
Howatson-Filter. Das Reinheits-Filter.

ein sogenanntes „Reinheits-Filter“ gereinigt werden. Letzteres ist im Aussehen und Betrieb, wie das aus Fig. 28 ersichtlich ist, den Industrie-Filtern sehr ähnlich, nur hat es zwei durch einen Zwischenraum von einander getrennte Filterschichten, deren obere aus Sand und deren untere aus Polarite besteht; auch soll die Filtrationsgeschwindigkeit in ihm nur 250—1040 mm für die Stunde betragen. Ueber die Zusammensetzung des Polarite vergl. weiter unten.

Beim Waschen dieses Filters soll nur filtrirtes Wasser Verwendung finden.

Aus Frankreich liegen verschiedene Berichte über mit Howatson-Filter gemachte Versuche vor, welche günstig lauten.

d) Das Warren-Filter.

Das Warren-Filter ist vielfach in Amerika in Anwendung und soll sich gut bewährt haben. Es wird in der Regel nur nach vorheriger Klärung

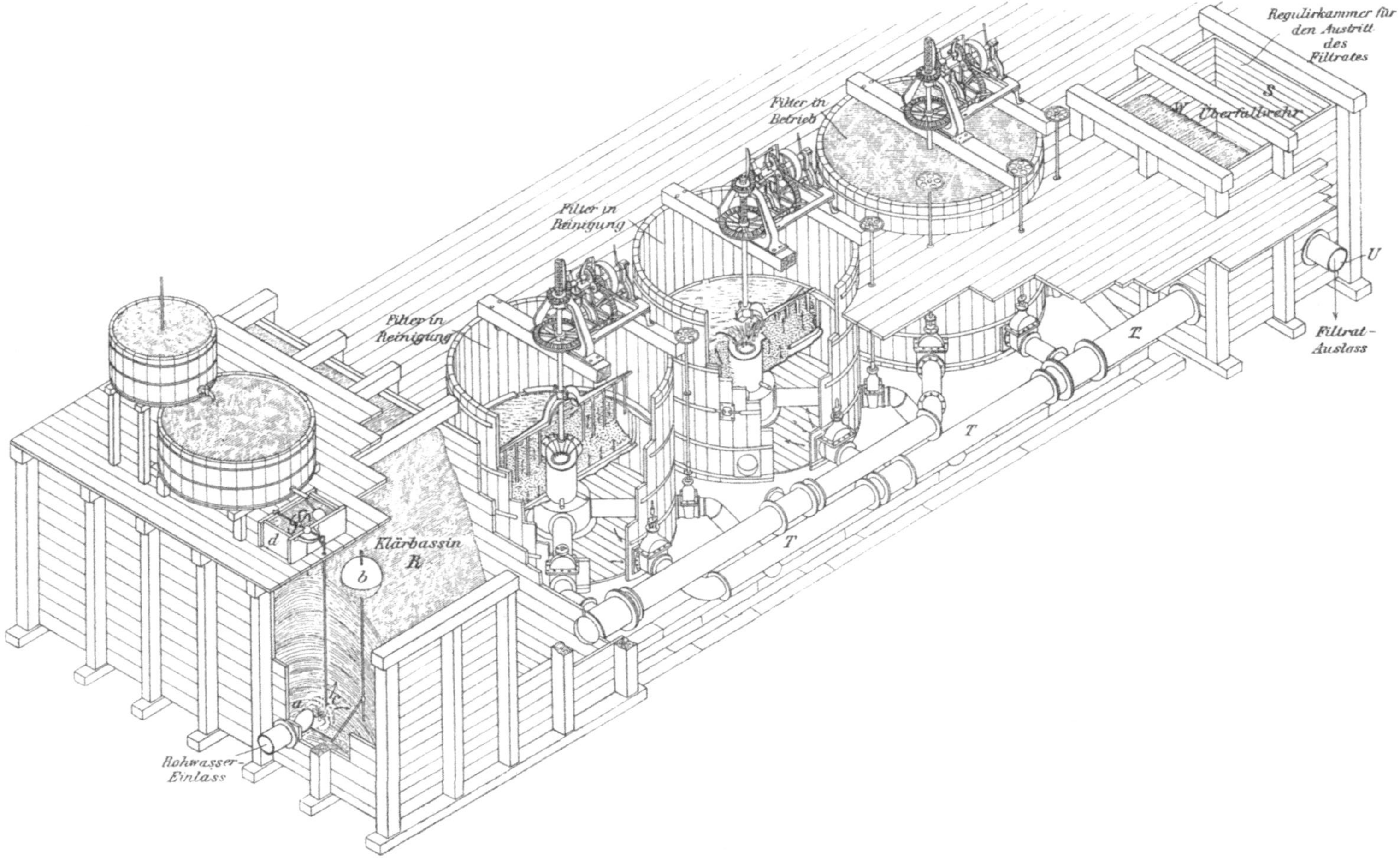

Fig. 29. Anordnung einer Anzahl Warren-Filter.

durch schwefelsaure Thonerde benutzt, weil auf diese Weise eine bessere Schleimhaut auf dem Filter sich bilden soll; das zu reinigende Wasser durchfliesst die Filter nicht unter Druck und wird der Abfluss des Filtrats durch ein Ueberfallwehr geregelt, welches einen grösseren Filtrationsüberdruck als 50 cm unmöglich macht.

Die Filtermasse besteht in der Regel aus feinem, scharfem Quarzsand und hat eine Schichtenstärke von 60 cm, durch welche das Wasser mit einer Geschwindigkeit von ungefähr 8200 mm in der Stunde hindurchfliesst.

In Fig. 29 ist eine Anordnung von 3 Wasserfiltern mit Klärbecken und Regulirkammern und in den Fig. 30a und 30b sind Querschnitte durch ein Filter dargestellt, von denen letzteres das Filter während des Waschens zeigt.

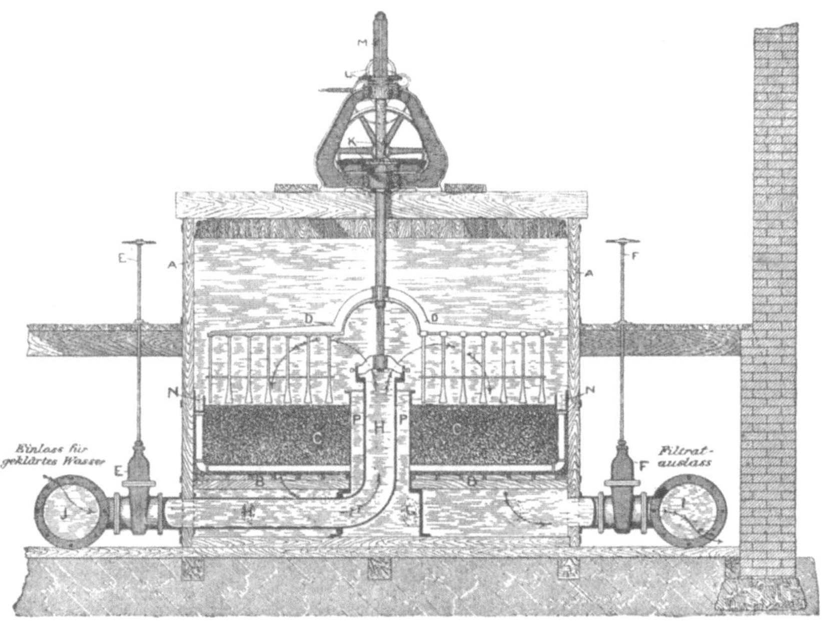

Fig. 30a.

Anordnung eines einzelnen Warren-Filters.

In der in Fig. 29 dargestellten Anordnung tritt das Wasser durch ein Ventil *a*, welches durch einen Schwimmer *b* geregelt wird, in den Klärbehälter *R* ein. Der Schwimmer *b* soll das Wasser im Behälter immer auf dem gleichen Niveau erhalten. Nach seinem Durchtritt durch das Ventil *a* durchfliesst das Wasser eine Schraube *c* (33 cm Durchmesser) mit 8 Armen, welche eine kleine Alaunpumpe *d* treibt, die dazu dient, die schwefelsaure Thonerde dem Rohwasser beizumengen. Das so behandelte Rohwasser verbleibt nun 30—40 Minuten im Klärbehälter und tritt dann nach Klärung durch das Rohr *H* (Fig. 30a) in das Filter *A* ein, aus welchem es nach Durchtritt durch die Filterschicht *C* (60 cm Sand) durch das Rohr *I* wieder austritt. *B* ist eine mit Löchern versehene Platte, welche die Filtermasse trägt.

Das Filtrat fliesst nun (Fig. 29 S. 153) in dem Rohr *T* nach der Regulirkammer *S* und tritt in derselben über das Ueberfallwehr *W* und durch das Rohr *U* nach dem Reinwasserbehälter aus. In der Fig. 29 ist nur eine Regulirkammer für sämmtliche 3 Filter angegeben, doch kann natürlich jedes Filter seine eigene Regulirkammer erhalten.

Wird es nöthig, eins der Filter zu reinigen (siehe Fig. 30b) so werden die Ein- und Auslassschieber *E* und *F* geschlossen und der Schieber *G* auf der Abflussleitung für schmutziges Wasser geöffnet. Mittels maschinellen Betriebes wird jetzt der Rechen *D* in Bewegung gesetzt und sobald seine starken Zähne die Oberfläche der Filtermasse berühren, wird filtrirtes Wasser rückwärts durch *F* in das Filter eingelassen. Der Rechen wird dann solange nach unten gedreht, bis die Enden seiner Zähne die Unterfläche der Filterschicht berühren, was zur Folge hat, dass die ganze Schicht völlig durchwühlt und auf diese Weise gereinigt wird. Dieser Vorgang dauert solange fort, bis das abfliessende Wasser völlig klar und farblos ist, worauf der Rechen wieder nach oben gezogen, der Schieber *E* geöffnet und dem Filter eine kurze Ruhepause gegeben wird, in welcher es seinen normalen Zustand wieder einnimmt. Alsdann kann der Schieber *F* geöffnet werden und die Filtration von neuem beginnen.

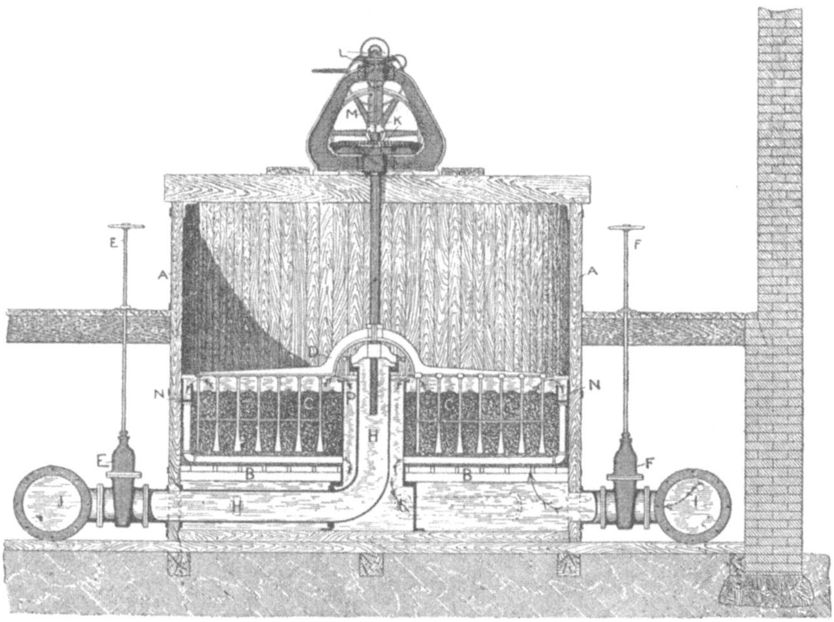

Fig. 30b.
Das Waschen eines Warren-Filters.

Die zum Betrieb des Rechens nöthige Kraft wird auf 4—5 Pferdekräfte angegeben, doch kann die gleiche Kraftquelle für alle Filter einer grösseren Anlage benutzt werden, da die Reinigung derselben nicht zu gleicher Zeit vorgenommen zu werden braucht.

e) Das Torrent-Filter.

Das Torrent-Filter kann wie die bereits beschriebenen Schnellfilter, sowohl zur Reinigung von Trinkwasser als auch zur Reinigung von Wasser für Industriezwecke benutzt werden; es ist namentlich für letzteren Zweck vielfach mit Erfolg angewendet worden.

Es besteht entweder aus einem cylindrischen oder quadratischen eisernen Gefäss, in welchem sich die Filtermasse (Holzkohle, Sand u. s. w.) befindet und in welches das Rohwasser von oben eintritt (mit oder ohne künstlichen Druck) und nach Durchtritt durch die Filterschicht am Boden wieder austritt.

An Stelle des Rechens, welcher im Warren-Filter zum Waschen der Filtermasse benutzt wird, wird beim Torrent-Filter Luft unter ziemlich hohem Druck von unten in den Behälter eingeblasen, wodurch einmal die Filtermasse in starke Bewegung geräth und die Schmutztheilchen durch das Waschwasser mit fortgerissen werden und weiter der ganzen Filtermasse Sauerstoff zugeführt wird.

Was die Kosten der Reinigung von Wasser, welches für Industriezwecke benutzt wird, anbelangt, so sollen dieselben ungefähr ℳ 9 für 1000 cbm einschliesslich Amortisation, Verzinsung, Pumpbetrieb und Reparaturen betragen.

Erwähnt sei noch, dass eine besondere Einrichtung des Torrent-Filters zur Reinigung des von öffentlichen Bädern abfliessenden Wassers benutzt wird, wodurch dasselbe zum Wiedergebrauch sich eignet. Hierdurch wird natürlich bedeutend an Wasser gespart und sollen ferner auch die Heizkosten bedeutend geringer sein als da, wo immer nur frisches Wasser zum Füllen der Bäder benutzt wird.

f) Das Kröhnke-Filter.

Das Kröhnke-Filter hat in Deutschland sowohl zur Reinigung des Wassers für Industriezwecke als auch zur Reinigung von Trinkwasser für den

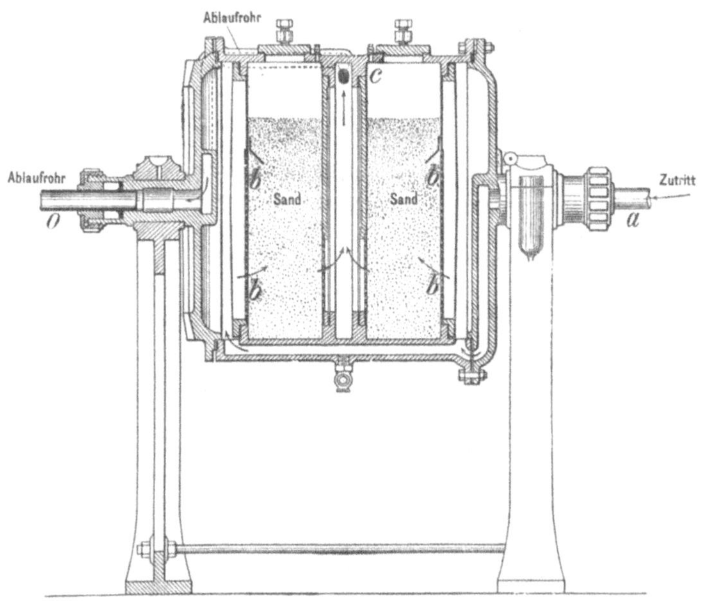

Fig. 31.
Kröhnke-Filter.

Kleinbetrieb an einigen Orten Anwendung gefunden und wird von Dunbar[1]) vorwiegend für die Enteisenung des Wassers empfohlen. Es besteht in

[1]) Zeitschr. f. Hyg. 1896, **22**, 117; B. Fischer: Deutsche Vierteljahrsschr. f. öffentl. Gesundheitspflege 1897, **29**, Heft 1.

der Hauptsache aus einer auf Lagern ruhenden wagerechen Trommel, in welcher sich die Filtermasse in zwei oder auch mehreren Abtheilungen befindet.

In Fig. 31 ist ein derartiges Filter mit zwei Abtheilungen für den Sand dargestellt. Das Rohwasser oder das bereits theilweise vorbehandelte Wasser tritt durch den hohlen Lagerzapfen *a* ein, strömt durch die Siebe *b b* in der Pfeilrichtung in den Sand (oder die sonstige Filtermasse) und tritt durch *c* (Abflussrohr) bei *O* durch den andern hohlen Lagerzapfen wieder aus. Ist das Filter verstopft, so wird die Trommel um ihre Achse gedreht, wodurch der Sand in Bewegung geräth, und auf diese Weise sowohl die Siebe *b b* wie auch das Filter selbst durch das Spülwasser gereinigt. Dieser Vorgang dauert nur wenige Minuten, worauf der Filterbetrieb von neuem anfängt.

Was die Filtrationsgeschwindigkeit anbelangt, so beträgt dieselbe nach den gemachten Angaben ungefähr 8500 mm für die Stunde und soll ein Filter mit einem Durchmesser der Filterfläche von 1 m und 3 Filterkammern 20 cbm filtrirtes Wasser in der Stunde liefern. Aehnliche Filter hat Kröhnke in offener Form eingerichtet.

Ausser den bereits erwähnten Schnellfiltern befinden sich in Amerika noch eine Reihe anderer (Duplex, Loomio, Hyatt, Bowden etc.) im Gebrauch, doch muss die Erwähnung derselben hier genügen.

g) Das Gerson-Filter.

Zu den Filtrations-Maschinen gehört auch das Filter von Gerson, welches in der Mitte zwischen Gross- und Klein-(Haus)-Filter steht.

Die Filtermasse besteht aus eisenimprägnirtem Bimsstein, etwas Kies, Sand und einigen anderen zur Filtration geeigneten Stoffen.

Die Filtration zerfällt in eine Vor- und Nachfiltration.

Die Vorfiltration hat den Zweck, die Schwebestoffe, vor allem grobe organische und unorganische Beimengungen zurückzuhalten.

Zu diesem Zweck wird das zu filtrirende Wasser in einen etwa 5—6 m höher gelegenen Behälter gepumpt, wo das natürliche Gefälle nicht den erforderlichen Druck bietet. Dasselbe braucht höchstens 2—3 % oder weniger der zu filtrirenden Wassermenge zu fassen und kann bei grossen Anlagen sich auf ein Standrohr mit erweitertem Kopf beschränken. Aus diesem Apparat gelangt das Wasser in die Vorfilter, und zwar steigt es von unten nach oben in zwei parallelen Bahnen. Ein Filterapparat besteht mithin immer aus zwei Filtern, die fest mit einander verbunden sind; das filtrirte Wasser vereinigt sich wieder in einem gemeinschaftlichen Rohr.

An die Vorfiltration reiht sich die Nachfiltration, welche eine noch weitere Reinigung des Wassers auch von den feinsten Schwebestoffen bezweckt.

Auch hier besteht der Filtrirapparat aus zwei Cylinderpaaren, in welche das Wasser von unten nach oben eintritt, wie es durch die nachstehende Abbildung (Fig. 32) veranschaulicht wird.

Die Nachfilter können nur da Anwendung finden, wo ein Ueberdruck von 8—10 m vorhanden ist, da sie wesentlich dichter gepackt sind als die Vorfilter; ihre Leistungsfähigkeit ist ungefähr halb so gross als die der Vorfilter, nämlich 200—250 cbm auf 1 qm Flächenraum in 24 Stunden. Auch hat Gerson ein System mit Vorfiltration unter hohem und Nachfiltration unter schwachem Druck eingerichtet.

Die Filter können in grossen und kleinen Weiten hergestellt werden; die Vorfilter von 0,1—1,6 m leisten in 24 Stunden 700—1600 cbm.

Die Reinigung der Vor- und Nachfilter geschieht durch Gegenströmung mit filtrirtem Wasser, indem das Wasser von oben nach unten durchfliesst. Damit auch die

Filtermasse leicht erneuert werden kann, sind die Filter beweglich aufgehängt und lassen sich um ihre Achse drehen.

Nachdem der Deckel abgenommen ist, können die Schwämme leicht entfernt und durch neue ersetzt werden; auch können die benutzten Schwämme, nachdem sie gründlich ausgewaschen sind, wieder verwendet werden. Weitere Anleitung findet man in der Broschüre von H. Norek: Billige und rationelle Versorgung mit reinem und klarem Wasser nach Dr. Gerson's System. Hamburg, Verlag von J. F. Richter.

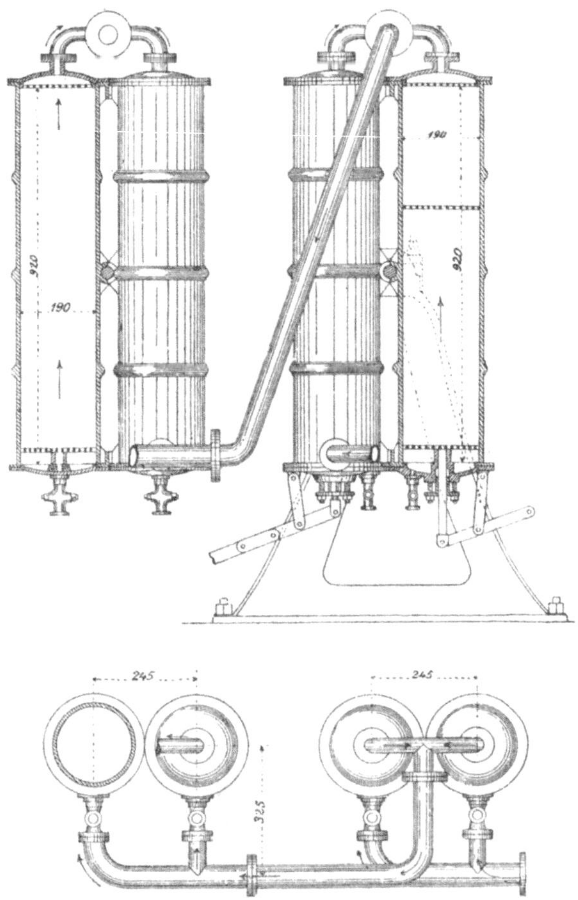

Fig. 32.
Gerson-Filter.

Ein Vor- und Nachfilterpaar unter Hochdruck ($^1/_{18}$ nat. Grösse). Das eine Filter ist im Durchschnitt gezeichnet, um die Bewegung des Siebes zu zeigen, die Dimensionen, die eingezeichnet sind, ersparen weitere Erläuterung.

Die seinerzeit von Stein und Delbrück über dieses Verfahren angestellten Untersuchungen lauteten günstig. Wenn auch eine Oxydation der organischen Stoffe durch die Filtermasse nicht angenommen werden konnte, so wurde durch die Filtration doch ein klares, keimarmes Wasser erhalten.

In Budapest[1]) hat man vergleichende Versuche mit Sandfiltern und den Gerson'schen Schwamm- und Bimsteinfiltern angestellt und gefunden, dass das durch letztere gereinigte Wasser nicht opalisirte und besser schmeckte, als das durch Sand filtrirte.

5. Verhalten des Trinkwassers in Leitungsröhren.

In verschiedenen Städten sind bei Anwendung von Bleirohren für Hauswasserleitungen nach Genuss des Wassers Bleivergiftungen beobachtet worden, z. B. in Dessau,[2]) Offenbach.[3]) Krossen,[4]) Calau,[5]) Wilhelmshaven[6]) und verschiedenen englischen Städten[2]) (Manchester, Sheffield u. a.), die auf einen Bleigehalt des Wassers zurückgeführt werden mussten.

Man hatte die Erfahrung gemacht, dass namentlich weiche und kohlensäurereiche Wässer das Blei stark angreifen, fand aber auch, dass dies nicht in allen Fällen zutraf und dass auch andere Wässer und sogar solche, die als hart gelten konnten, Blei angriffen. Man glaubte in solchen Fällen dem Luftgehalt des Wassers die Schuld beimessen zu müssen und hat damit eine weitere Ursache der Bleilösung erkannt, aber doch nicht völlig das Richtige getroffen. Erst die eingehenderen Versuche von M. Müller[7]) haben dargethan, dass es auf die gleichzeitige Gegenwart von Sauerstoff und Kohlensäure im Wasser ankommt. Ein Wasser, welches nur das eine dieser Gase enthält, greift Blei nur wenig an, erst das Hinzutreten des anderen Gases vermehrt die Wirkung. Verhalten sich die Volumina von Sauerstoff und Kohlensäure wie 1 : 2, so erfolgt der stärkste Bleiangriff, während eine völlige Abwesenheit oder ein grosser Ueberschuss an Kohlensäure die Wirkung wieder abschwächt; die sichtbare Korrosion des Bleies bleibt völlig aus, wenn Wasser von normalem Sauerstoffgehalt etwa $1^1/_2$ oder mehr Volumprocente Kohlensäure enthält. Sehr grosse Mengen Blei werden gelöst, wenn Bleiplatten abwechselnd der Luft und kohlensäurehaltigem, destillirtem Wasser ausgesetzt werden, das sich bildende Bleioxyd wird dann durch die Kohlensäure des Wassers gelöst.

Dass in England häufig Bleivergiftungen nach Genuss von Leitungswasser aufgetreten sind, wird darauf zurückgeführt, dass dort vielfach unterbrochen betriebene Wasserversorgungen vorhanden sind, bei welchen die inneren Bleirohrwandungen abwechselnd mit Wasser und Luft in Berührung kommen.

Bezüglich der anderen in natürlichen Wässern enthaltenen Stoffe fand M. Müller, dass geringe Menge Ammoniak nicht, viel Ammoniak aber —

[1]) Zeitschr. f. Nahrgsm.-Unters. u. Hygiene 1890, **4**, 43.

[2]) Wolffhügel: Arbeiten a. d. Kaiserl. Gesundh. 1887, **2**, 484.

[3]) Pullmann: Deutsche Vierteljahrsschr. f. öffentl. Gesundheitspflege, **19**, 255.

[4]) Deutsche med. Wochenschr. 1888, 936.

[5]) Proskauer: Zeitschr. f. Hyg. 1893, **14**, 292.

[6]) E. Reichardt: Arch. d. Pharm. 1887, **225**, 858.

[7]) Ueber die Ursachen des zerstörenden Angriffs verschiedener Wässer auf Bleiröhren. Journ. f. prakt. Chem. 1887, **36**, 317.

also etwa Wässer, die durch Zuflüsse aus Kloaken verunreinigt sind — bei Gegenwart von Luft bleilösend wirkt. Doppeltkohlensaures Natron wirkt selbst in geringen Mengen ausserordentlich schützend auf Bleiröhren, und ähnlich wirken auch die in natürlichem Wasser enthaltenen doppeltkohlensauren Erdalkalien, wie doppeltkohlensaurer Kalk. Diese Thatsache ist schon früher erkannt worden, weshalb man in vielen Fällen, so auch bei der Massenvergiftung in Dessau, dem Wasser kohlensauren Kalk zusetzte, um die Bildung von doppeltkohlensaurem Kalk zu fördern. (In dem Dessauer Falle hatte zur Lösung des Bleies auch der Sauerstoff der Luft mitgewirkt, deren Zutritt man zuerst durch entsprechend andere Einrichtungen verhinderte.)

Von gipshaltigem Wasser glaubte man bisher, dass es eine schützende Decke von Bleisulfat bilde, es verhält sich aber genau so wie anderes Wasser; die massgebenden Faktoren sind auch hier Sauerstoff und Kohlensäure. Wasser mit viel organischen Stoffen kann auch viel freie Kohlensäure enthalten, welche in Gemeinschaft mit dem Sauerstoff des Wassers die Lösung des Bleies bewirkt. So berichtet Power[1]) über Bleivergiftungen durch stark saures, aus Mooren stammendes Wasser.

An der Nordwestküste Deutschlands enthält nach des Verf.'s Untersuchungen das Grundwasser — wahrscheinlich infolge Verdunstung von Regenwasser in dem basenarmen Quarzsande — mitunter freie Salpetersäure. Dass diese stark bleilösend wirkt, braucht kaum hervorgehoben zu werden.[2])

Um die bleilösende Kraft eines Wassers zu vermindern, hat man, wie bereits bemerkt, bisher immer schon einen Zusatz von Kalksteinen angewendet, um das Wasser härter zu machen bezw. um die freie Kohlensäure zu binden. Dass auch vor allem der Zutritt von Luft in die Röhrenleitung zu verhindern ist, geht aus den Untersuchungen M. Müller's hervor, sowie aus dem Erfolg der diesbezüglichen Anordnungen gelegentlich des Dessauer Falles.

Die Kieselsäure scheint sehr schützend auf die Bleiröhren zu wirken. Crocker, Olding und Tidy[3]) schlagen vor, bleilösendes Wasser durch ein Gemisch von Calciumkarbonat und kieselsauren Verbindungen (ein Sandfilter aus Kalksteinen und Flint) zu filtriren; Frankland[4]) dagegen behauptet, dass er bei einem weichen Wasser durch Zusatz von Calciumkarbonat gar keinen und durch Erhöhung des Kieselsäuregehaltes nur einen vermindernden Einfluss bemerken konnte. Dagegen fand auch er, dass ein geringer Zusatz von Natriumkarbonat Blei sofort unlöslich macht. Seine weiteren Versuche über die Wirkung von Kohlensäure und Sauerstoff mit einem sehr weichen Wasser, das aber keine bleilösende Wirkung hatte, scheinen zu ergeben, dass jedes Gas für sich selbst unter Druck gar keine oder nur eine sehr geringe Lösung bewirkt.

---

[1]) 23. Annual report of the Local Governement Board 1893/94, 332.

[2]) Vergl. auch L. Liebrich in Zeitschr. für angew. Chem. 1898, 703, und ferner Tergast in Zeitschrift f. Medizinalbeamte 1899, Heft **6**.

[3]) Gesundh.-Ing. 1887, **10**, 402.

[4]) Chem. Centrbl. 1889, **60**, I, 815 u. 817.

Aus all diesen Versuchen und Beobachtungen scheint hervorzugehen, dass man eine Lösung von Blei durch Wasser verhüten kann, wenn man verhindert, dass Luft in die Leitung eintritt und dass man gleichzeitig die im Wasser enthaltene freie Kohlensäure an Natrium- oder Calciumkarbonat bindet und dadurch, vielleicht auch durch Vermehrung des Kieselsäuregehaltes des Wassers, eine schützende Decke auf der Innenseite der Rohrmasse herzustellen sucht.

Nicht selten werden Bleiröhren von aussen durch die Einwirkung von Mörtel, Cement und anderem, Aetzkalk enthaltendem Baustoff geätzt oder korrodirt. Solche Korrosionen kommen aber nur bei Gegenwart von Luft und Feuchtigkeit zu Stande: man muss, um sie zu verhüten, die betreffenden Stellen im Mauerwerk oder Erdreich trocken halten.

In Kellerräumen werden Bleirohre zuweilen von Ratten angenagt, in Wänden mit Holzbekleidung von der Larve des Bohrkäfers durchbohrt.

Mehrfach hat man versucht, die Bleirohre im Innern mit einem schützenden Ueberzug zu versehen oder sie durch andere Röhren zu ersetzen.

So hat man namentlich den Bleiröhren durch Einwirkung von Schwefelnatrium eine Schutzdecke von Schwefelblei gegeben, oder man hat innen verzinnte Bleiröhren oder Zinnrohre mit Bleimantel genommen, jedoch ohne Erfolg; im letzteren Falle hält die Löthung und Verbindung schwer und wurde nicht selten der Bleigehalt vermehrt, weil an irgend welchen verletzten Stellen eine galvanische Wechselwirkung zwischen Zinn und Blei zu Stande kam.

Am geeignetsten und gesundheitlich unbedenklich würden gusseiserne Rohre sein; letztere werden aber nur von grösserem Durchmesser angefertigt; schmiedeeiserne Rohre von kleinerem Durchmesser rosten leicht und ertheilen dem Wasser leicht einen geringen Eisengehalt. Auch lassen sich Eisenrohre in Häusern nicht so leicht hin- und herleiten wie Bleirohre.

Um die Rostbildung in Eisenrohren zu verhüten, hat man dieselben auch verzinkt oder galvanisirt. Aber das Zink löst sich alsbald auf, und wenn auch die gelösten Zinksalze in den hierbei in Betracht kommenden Mengen nicht schädlich wirken, so schützt der Zinküberzug doch nur kurze Zeit, und haben die Erfahrungen in amerikanischen Städten ergeben,[1]) dass beide Arten von schmiedeeisernen Rohren, sowohl die verzinkten wie unverzinkten, infolge des starken Rostens sich meistens nur während einer kurzen Betriebszeit brauchbar erhalten.

Sehr widerstandsfähig und fest sind Rohre aus Messing; sie sind aber ebenso wie reine Zinnrohre zu theuer. Man wird daher im allgemeinen auf Bleirohre angewiesen sein, und werden sich diese auch ohne Gefahr anwenden lassen, wenn man die obigen Vorsichtsmassregeln beobachtet.[2])

---

[1]) Vergl. H. Bunte: Journ. f. Gasbel. u. Wasserversorg. 1887, 61 u. 168.

[2]) Vergl. Carl Heyer: Ursache u. Beseitigung des Bleiangriffs durch Leitungswasser. Dessau 1888.

Jedenfalls empfiehlt es sich, das Wasser aus den Zapfhähnen bei Bleirohrleitungen erst kurze Zeit frei ausfliessen zu lassen, ehe man Wasser für den häuslichen Gebrauch zum Kochen oder Trinken entnimmt.

II. Reinigung des Trinkwassers im Kleinen durch Hausfilter.

Dort, wo keine centralen Wasserleitungen vorhanden sind, oder wo man die Filtration im grossen noch unterstützen will, werden Hausfilter angewendet. Sie haben durchweg nicht Sand, sondern andere Stoffe als Filtermasse.

Zu den ältesten Filtern dieser Art gehören:

1. Die Kohlenfilter.

Als Kohle ist Holz- und Thierkohle angewendet worden, die als grobe und feine Kohle besonders zubereitet wird. Die Art der Anwendung ist vielseitig; die einfachste ist die eines Cheaving-Taschenfilters[1]) (vergl. Fig. 33). Die zubereitete Kohle bei demselben wird in ein cylindrisches, unten durchlöchertes Gefäss von Eisenblech gefüllt, der wasser- und luftdicht schliessende Deckel mit einer Tülle versehen,

Fig. 33.
Kohlen-Taschenfilter nach Cheaving.

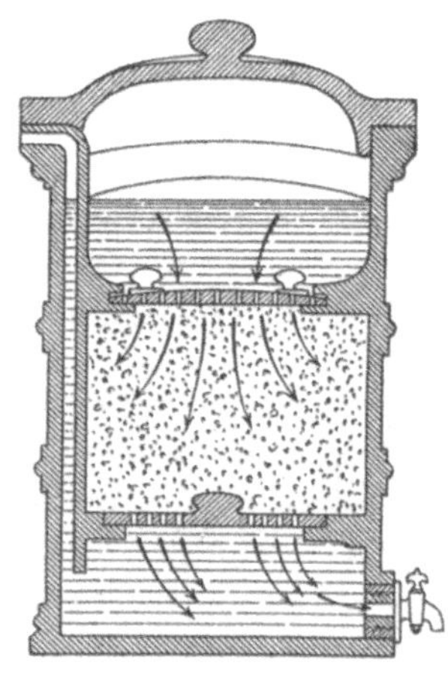

Fig. 34.
Kohlen-Hausfilter nach Cheaving.

diese mit Kautschukschlauch verbunden und das Gefäss in das zu filtrirende Wasser gehängt; nach Ansaugen des Wassers durch den Kautschukschlauch wirkt letzterer als Heber.

Durchweg wird die Kohle in erbsengrossen Stücken oder als feiner Grus in ein Gefäss gefüllt und das Wasser durch die Kohlenschicht filtrirt, wie Fig. 34, eine andere Art von Cheaving's Filter, zeigt.

---

[1]) Diese Filter werden von der Firma E. A. Knop in Minden (Westf.) geführt.

Der obere Theil des Deckels des inneren Einsatzes enthält eine Lage Badeschwamm.

Sonstige verbreitete Kohlenfilter sind das von C. Bühring & Co. in Hamburg, von Möller in Hamburg-Barmbeck, das Patentfilter mit Gegenspülungen von Richard Gerville in Hamburg und das Filter von P. A. Maignen in London. Letzteres Filter bestand ursprünglich nur aus Kohle; später verwendete Maignen als Grundlage des Filters ein grobes Asbesttuch, liess auf dieses zunächst ein feines Kohlenpulver sich niederschlagen und brachte darauf Kohle in gröberen Stücken.

Die Fabrik plastischer Kohle von A. Rogge früher Lorenz in Berlin stellt einen mittelgrossen Filterblock her, versieht denselben mit Kautschukschlauch und lässt letzteren als Heber wirken (vergl. Fig. 35).

Die Urtheile über die Wirkung der Kohlenfilter lauten verschieden, einige günstig, die meisten aber ungünstig. Plagge[1]) spricht denselben fast jeglichen Werth ab; dieselben lassen nach seinen Versuchen die Keime fast ungehindert durchtreten und liefern auch für ein mit Thon trübe gemachtes Filter meistens kein klares Filtrat.

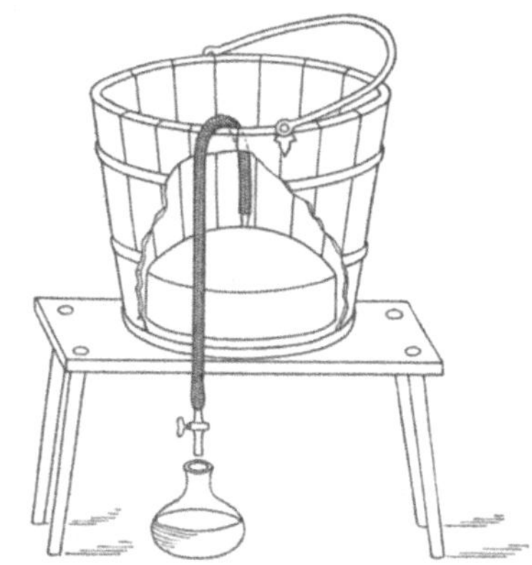

Fig. 35.
Filter von Presskohle nach Alexander Rogge in Berlin.

Wenn daher die Kohlenfilter nicht häufig gereinigt und ausgeglüht werden, so werden sie leicht zu einer Brutstätte der Zersetzung und wirken eher nachtheilig als günstig.

Auch übt das Kohlenfilter ebensowenig als andere Filtermassen, wie früher angenommen wurde, eine wesentliche oxydirende Wirkung auf gelöste organische Stoffe aus. Aus dem Grunde werden die Kohlenfilter jetzt kaum mehr angewendet.

In Buenos Ayres will man gefunden haben, dass fein gepulverte Thierkohle in Verbindung mit Sand die Schwebestoffe besser zurückhält, als Sand allein. Die fein gepulverte Thierkohle lagerte in ungefähr 8 cm dicker Schicht auf einer 30 cm starken Sandschicht und lieferte bei einer Filtrationsgeschwindigkeit von 240 mm in der Stunde ein zufriedenstellendes Ergebniss.

A. J. C. Snyders[2]) will gefunden haben, dass das Chamberland-Pasteur'sche Filter (vergl. S. 169) besser reinigend wirkt, wenn der hohle Raum mit Kohle gefüllt wird. Auch ist komprimirte Holzkohle in Verbindung mit Kalkstein als wirksam bezeichnet.

---

[1]) Veröffentl. a. d. Gebiet d. Militär-Sanitätswesens. Herausgegeben von der Med. Abtheil. d. Kgl. Preuss. Kriegsministeriums. Heft 9. Untersuchungen über Wasserfilter von Dr. Plagge, Berlin bei Aug. Hirschwald 1895.

[2]) Vierteljahrsschr. über die Fortschritte auf dem Gebiete der Chem. d. Nahrungsmittel etc. 1888, **3**, 308.

Statt Kohle ist auch vereinzelt Koks vorgeschlagen;[1]) indess dient letzterer mehr als Filtermasse für die Enteisenung des Wassers nach C. Piefke und für Filtration von Schmutzwasser (vergl. weiter unten).

2. Eisenschwamm-Filter von Bischoff.

Bischoff hat zuerst schwammiges Eisen in erbsengrossen Stücken und als Grus für die Filtration von Wasser vorgeschlagen und bereits 1880 für die Antwerpener Wasserwerke in Anwendung gebracht. Auf eine 90 cm starke Schicht von Eisenschwamm und Kies folgte eine 60 cm starke Schicht von feinem Sand. Das sich bildende Ferrioxyd wurde durch weitere Sandfiltration wieder abgeschieden. Neben dem Schlamm, der sich auf der Sandoberfläche festsetzte, lagerte sich auch auf dem Eisenschwamm mit der Zeit Schlamm, bestehend aus Erdalkalikarbonaten und organischen Stoffen, ab, und verstopfte denselben vollständig. Deshalb wurden die Eisenschwammfilter in Antwerpen wieder aufgegeben und durch das Andersen'sche Verfahren (vergl. S. 144) mit metallischem Eisen ersetzt.

Das Eisenschwammfilter ist aber vielfach als Hausfilter empfohlen und hat für den Zweck eine ähnliche Einrichtung wie die Kohlenfilter (vergl. Fig. 34 S. 162). Von ihrer Wirkung gilt nach Plagge (l. c.) auch dasselbe, was von den Kohlenfiltern gesagt ist.

3. Spencer's Magnetic-Carbide- und das Polarite-Filter.

Die Filtermasse „Magnetic Carbide" soll magnetisches Eisenoxyd (Fe_3O_4) in Verbindung mit Kohlenstoff sein und wird durch Glühen von Rotheisenstein mit granulirter Holzkohle bis zu schwacher Rothgluth während 12—16 Stunden gewonnen.

Die Masse zum Polarite-Filter scheint in ähnlicher Weise gewonnen zu werden und soll neben gewöhnlichem Eisenoxyd auch sog. magnetisches Eisenoxyd enthalten.

Beide Filtermassen sollen in Gemeinschaft mit Sand und Kies angewendet werden und sind dafür folgende Anordnungen von oben nach unten folgend angegeben:

Magnetic-Carbide-Filter		Polarite-Filter	
Sand (oben)	30 cm	Sand	23 cm
Carbide und Sand . . .	30 „	Polarite und Sand	26 „
Sand	8 „	Sand	15 „
Kies (Erbsengrösse) . .	8 „	Kies	20 „
„ (Bohnengrösse) . .	8 „		
„ (grobkörnig, unten)	15 „		

Offenbar liegt beiden Filtern derselbe Gedanke zu Grunde; es wird angenommen, dass der gebundene Sauerstoff des Eisenoxyds zur Oxydation

[1]) Die Firma H. Koch in Halle a. d. S. hat solche Filter aus präparirtem Kokspulver hergestellt.

der organischen Stoffe im Wasser verwendet wird. Es wird aber weiter unten unter Reinigung von Schmutzwässern, für deren Reinigung diese Filter vorwiegend in Vorschlag gebracht sind, gezeigt werden, dass dies nicht der Fall ist.

4. Kieselguhr-Filter von Nordtmeyer-Berkefeld.

Diese Filter werden aus gebrannter Infusorienerde hergestellt und haben wie die Porcellanfilter die Form von Cylindern, die inwendig hohl sind, deren eines Ende durch die gebrannte Infusorienerde wie die Seitenwände geschlossen ist, deren anderes Ende offen ist und durch mit einem Ansatzrohr (Mundstück) versehene Metallhülsen geschlossen wird (vergl. Fig. 36).

Das Wasser filtrirt durch die Poren der Wandung von aussen in den Hohlraum und fliesst durch das Ansatzrohr ab.

Diese Filtercylinder lassen sich

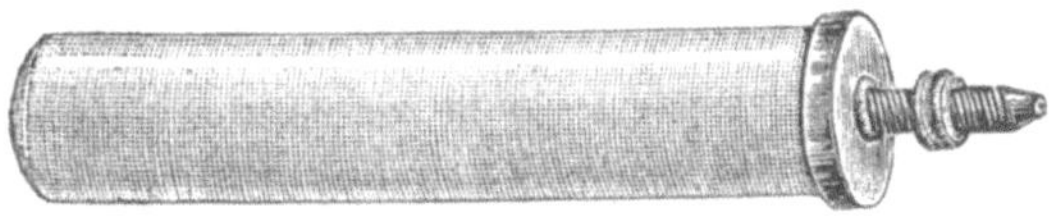

Fig. 36.
Berkefeld-Nordtmeyer-Filter.

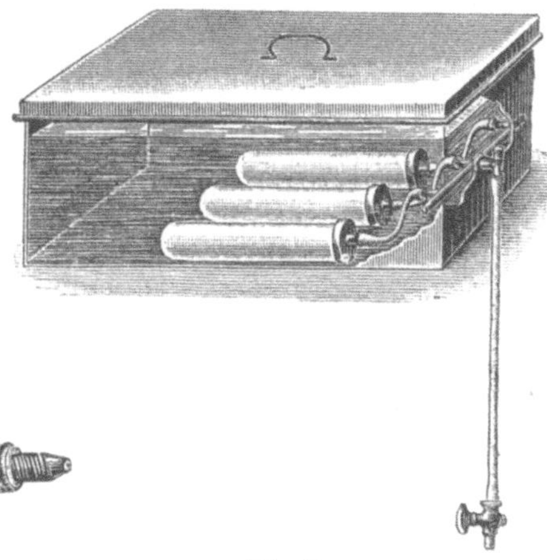

Fig. 37.
Saugfilter von Berkefeld-Nordtmeyer.

wie die Porcellanfilter in der mannigfachsten Weise als Tropffilter (vergl. Fig. 44 S. 175) oder als Druckfilter für Wasserleitungen (vergl. Fig. 38 u. 39 S. 169) etc. anwenden.

Fig. 37 giebt ihre Anordnung als Saugfilter wieder. Drei oder mehr Filter-Cylinder werden mittelst Gummischläuche mit einem gemeinsamen Abfluss- und Heberrohr verbunden und wagerecht in das zu filtrirende Wasser, welches sich in einem entsprechend grossen Gefäss von Zink etc. befindet, gelegt.

Vor der Anwendung stellt man die Cylinder 6 Std. lang aufrecht bis an das Mundstück in das zu filtrirende Wasser, bis alle im Hohlraum befindliche Luft verdrängt und der Hohlraum ganz mit Wasser gefüllt ist. Darauf verbindet man die vollen Cylinder mittelst der kleinen Gummischläuche mit dem Abflussrohr und füllt den Kasten mit Wasser bezw. der zu filtrirenden Flüssigkeit. Um die Luft zu entfernen, schliesst man den Abflusshahn des nach unten hängenden Schlauches oder Rohres, öffnet den Lufthahn, welcher erst dann geschlossen wird, wenn die ersten Tropfen der Flüssigkeit aus ihm hervordringen. Durch Oeffnen des unteren Hahnes tritt die Vorrichtung in Thätigkeit, wobei man das Filtrat der ersten Stunde fortlaufen lässt.

Ueber die Wirkung des Berkefeld-Kieselguhrfilters haben H. Nordtmeyer und H. Bitter[1]) Versuche angestellt, welche günstig lauten.

[1]) Zeitschr. f. Hyg. 1891, **10**, 145 u. 155.

Nordtmeyer fand, dass der Filterkörper für 4—7 Tage keimfreies Wasser liefert und dass die quantitative Leistung der 26 cm langen, 5 cm im Durchmesser und 1 cm in der Wandstärke fassenden Filter beim Druck der Breslauer Wasserleitung (ungefähr $3^1/_2$ Atm.) für die dichteste Sorte 0,75 l, für die Mittelsorte 2 l und für die poröseste 3,45 l in der Minute betrug. Die Abnahme der Filtrationsgeschwindigkeit ist wie bei allen Filtern abhängig von der Menge der im zu filtrirenden Wasser vorhandenen Schwebestoffe und der Menge des filtrirten Wassers. Ein versagendes Filter lässt sich aber nach Nordtmeyer durch Abreiben unter Wasser wieder leicht filtrationsfähig machen.

H. Bitter erhielt selbst bei einer sehr bakterienreichen Flüssigkeit (fauler Bouillon) ein keimfreies Filtrat; er rühmt die grössere Leistungsfähigkeit und die leichtere und vollkommenere Reinigungsfähigkeit gegenüber den Chamberland-Pasteur'schen Filtern.

In Magdeburg[1]) wurden die Berkefeld-Filter im Vergleiche zu den Bühring'schen Kohlenfiltern geprüft und für 1 ccm gefunden:

	Leitungswasser	Filtrat von Berkefeld-Filtern	Filtrat von Bühring's Kohlenfiltern
21. Juni	82	0	1860 Keime
22. „	190	3	2100 „
23. „	36	—	158 „
24. „	30	2240	unzählbar „
25. „	130	2170	desgl. „

Hiernach ist beim Filtriren des Leitungswassers im Bühring'schen Kohlenfilter stets eine Vermehrung der Keime eingetreten; beim Berkefeld-Filter anfänglich eine Verminderung, später aber gleichfalls eine erhebliche Vermehrung.

Aehnliche Ergebnisse erhielt Sev. Jolin[2]) in Versuchen mit verhältnissmässig reinem Stockholmer Leitungswasser. Die ursprünglich befriedigende Filtrationsgeschwindigkeit nahm ziemlich schnell ab, dieselbe liess sich aber durch Reinigung mittelst Bürstens und Auskochens wieder herstellen. Ein bakterienfreies Filtrat wurde nur kurz nach vorheriger Sterilisation erzielt, während bei nicht sehr häufigem Reinigen das Filtrat an Bakterien vielfach reicher war, als das ursprüngliche Wasser und bei einem sehr unreinen Wasser ein bakterienfreies Filtrat überhaupt nicht erzielt werden konnte. Ein einmal gründlich inficirtes Kieselguhrfilter vermochte lange Zeit hindurch das hindurchgehende Wasser zu verschlechtern.

Zu ganz denselben Ergebnissen gelangte M. Kirchner.[3]) Er zeigt noch weiter, dass pathogene Bakterien nicht länger von den Filtern zurückgehalten werden, als nichtpathogene. Die Filter sind nach Kirchner für die Filtrationen im grossen nicht geeignet.

---

1) Magdeb. Ztg. 1893, Nr. 384.
2) Zeitschr. f. Hyg. 1894, **17**, 517.
3) Ebendort 1893, **14**, 299.

J. Koettstorfer[1]) erhielt dagegen in Fiume mit diesen Filtern wiederum günstigere Ergebnisse. Ein Filtertopf mit 3 Cylindern lieferte beim Druck von $4^1/_2$ Atm. täglich 200—300 l Wasser und selbst nach 52 Tagen ein bakterienfreies Wasser; der Keimgehalt des unfiltrirten Wassers schwankte von 32—349 für 1 ccm Wasser. Koettstorfer hält statt der wöchentlichen Reinigung und Sterilisation eine solche nach jedesmal zwei Monaten für ausreichend.

In ähnlicher günstiger Weise urtheilt H. Schöfer[2]) über die Berkefeld-Filter. Bei niedrigen Temperaturen liefern dieselben wochenlang ein keimfreies Wasser, bei höheren Temperaturen erfolgt ein Durchwachsen der Keime; sind die Bedingungen für eine Vermehrung von pathogenen Bakterien im Wasser nicht gegeben, so findet auch kein Durchwachsen derselben durch die Filter statt.

Nach Dachujewski[3]) hängt aber das Durchwachsen dieser und der Chamberland-Pasteur'schen Filter nicht von der Temperatur und der Menge des filtrirten Wassers ab, sondern scheint eher in Beziehung zu den Druckschwankungen und Stössen zu stehen, in der Weise, dass diese Stösse ein schnelleres Eindringen der Bakterienkeime, die sich an der Oberfläche der Filterkerzen abgesetzt haben, in die Wandungen und den Innenraum begünstigen; auch scheint nach Dachujewski das Durchwachsen von dem Grade der Verunreinigung des Wassers durch organische und unorganische Stoffe abhängig zu sein, wie Schöfer gefunden hat. Auf die Menge der im Wasser gelösten organischen wie unorganischen Stoffe üben beide Filterarten keinen Einfluss aus. Dachujewski giebt aber den Berkefeld-Filtern für den Hausgebrauch wegen ihrer leichteren Handhabung, grösseren Dauerhaftigkeit, leichteren Reinigung und Sterilisation und besonders auch wegen der grösseren (2fachen) Leistungsfähigkeit vor den Chamberland-Pasteur'schen Filtern den Vorzug.

Derschgowski[4]) hat die Berkefeld-Filter auf ihre Durchlässigkeit für Bakterien von Typhus, grünen Eiern, Cholera, Prodigiosus und Mäuseseptikämie bei hohem Druck geprüft und gefunden, dass die 7—10fach mit Wasser verdünnten Bouillonkulturen dieser Bakterien bei einem Druck von 3—5 Atm. in den ersten 10—45 Minuten ein keimfreies steriles Filtrat lieferten, dass aber die Durchlässigkeit für diese Flüssigkeiten schnell abnahm und in der 3. Stunde auf 15—20 Proc. der ursprünglichen Wassermenge gesunken war.

Plagge[5]) unterwarf die sämmtlichen, jetzt in Gebrauch befindlichen Kleinfilter einer vergleichenden Prüfung und hält unter allen jetzt gebräuchlichen Filtern das Berkefeld-Filter zum häuslichen Gebrauch als das

---

[1]) Zeitschr. f. Nahrgsm., Hygiene, Waarenk. 1895, **9**, 117.

[2]) Centrbl. f. Bakteriol. 1893, I. Abth., **14**, 749.

[3]) Ebendort 1895, I. Abth., **16**, 664.

[4]) Ebendort 662.

[5]) Veröffentl. a. d. Gebiet d. Sanitätswesens. Herausgegeben v. d. Med.-Abth. d. Kgl. Preuss. Kriegsministeriums. Heft 9.

verhältnissmässig beste. Die Versuche wurden mit 48 verschiedenen Kieselguhr-Cylindern und mit verschiedenem Wasser, auch mit solchem angestellt, welches eine Gartenerde-Aufschwemmung erhalten hatte. In letzterem Falle war das Filtrat nicht nur für das blosse Auge vollkommen farblos und klar, sondern auch völlig keimfrei.

Die Haltbarkeit anlangend, so waren die einzelnen Cylinder vor ihrem Bruch:

a) in Betrieb,	b) gereinigt,	c) gekocht
5—200 Tage	12—164 mal	2—107 mal.

Auch die Ergiebigkeit ist zufriedenstellend. Neue Filter liefern in vielen Fällen — je nach der dichteren Beschaffenheit der einzelnen Cylinder — 3 bis 4 Tage lang ein keimfreies Filtrat; bei recht schmutzigem Wasser, hoher Sommertemperatur und besonders nach längerem Gebrauch des Filters und bereits eingetretener stärkerer Abnutzung ist jedoch die Dauer der Keimdichtigkeit eine erheblich geringere. Plagge empfiehlt daher eine tägliche Reinigung und Sterilisirung der Filter und für den Hausgebrauch von vorneherein 2 Filter aufzustellen, die wechselweise gebraucht werden, von denen das eine in Gebrauch ist, das andere während dessen gereinigt wird, indem man das gebrauchte Filter am Abend auskocht, über Nacht im Kochtopf abkühlen lässt und am nächsten Morgen wieder verwendet.

5. *Die Porcellanfilter.*

In ähnlicher Weise wie aus gebrannter Infusorienerde, werden durch Brennen von gereinigtem Thon eine Reihe von Porcellanfiltern hergestellt, die in der verschiedensten Weise Anwendung finden.

Das älteste Filter dieser Art ist (vergl. Fig 38 u. 39):

a) Das von Pasteur-Chamberland.

Die Filter bestehen aus kleinen Cylindergefässchen von reiner, sehr hart gebrannter Kaolinmasse, die eine bestimmte Porosität besitzt. Die Porcellancylinder sind von einem grösseren Metallcylinder umgeben, in welchem sie von unten durch eine Schraubenmutter wasserdicht befestigt werden. Das Wasser fliesst oben in den Metallcylinder und wird bei $1^1/_2$—$2^1/_2$ Atmosphärendruck durch den Porcellancylinder gepresst, aus welchem es unten zum Abfluss gelangt.

Die nachstehende Abbildung veranschaulicht diese Filtrireinrichtung.

Bei einem Druck von $1^1/_2$—$2^1/_2$ Atmosphären liefert jeder Filtercylinder 2—3 l Wasser in 1 Stunde, oder 5 Cylinder 240—360 l in 24 Stunden. Um auch an Orten, wo keine Wasserleitung ist, den zur Lieferung erheblicher Filtratsmengen erforderlichen Druck zu beschaffen, werden dem Filterapparat besondere tragbare Druckpumpen beigegeben, welche mit demselben zu verbinden sind.

Für Fälle, in denen es an dem nöthigen Wasserdruck fehlt, kommen Filter mit grösseren und mehr (20) Kerzen zur Verwendung, welche in einem auf Füssen stehenden Behälter untergebracht sind.

Die Pasteur-Chamberland'schen Filter sind zuerst auf der Antwerpener Weltausstellung von der Jury für Hygiene und Medicin auf ihre Wirksamkeit geprüft¹) und dabei sehr günstige Ergebnisse erzielt worden.

Unfiltrirtes, der Schelde entnommenes Wasser ergab z. B. auf den Koch'schen Nährgelatineplatten 5—6000 entwicklungsfähige Keime von Mikrophyten für 1 ccm Wasser; dagegen hatte das Wasser nach der Filtration durch diese Cylinder seinen Gehalt an Keimen vollständig verloren; auch blieb das Ergebniss das gleiche, als anstatt neuer Porcellancylinder solche verwendet wurden, die bereits monatelang Dienste gethan hatten.

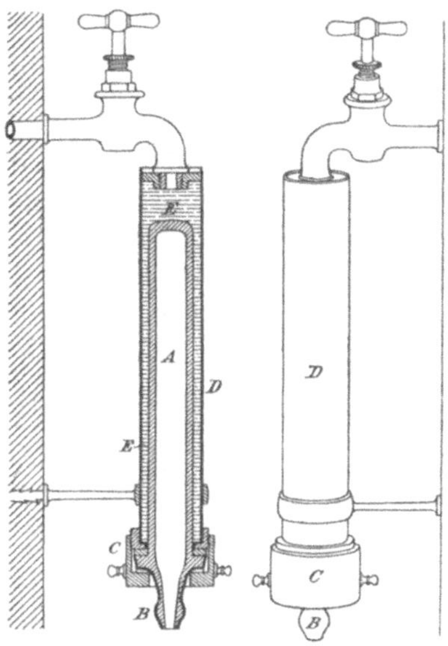

Durchschnitt des Filters. Fig. 38. Umriss des eingesetzten Filters. Fig. 39.
Pasteur-Chamberland-Filter.

A Porcellancylinder, durch welchen das Wasser (von aussen nach innen) filtrirt.
B Oeffnung des Cylinders, durch welche das filtrirte Wasser abläuft.
C Schraubenmutter, durch welche der Porcellancylinder im Metallmantel befestigt wird.
D Cylindrischer Metallmantel, welcher den Porcellancylinder umschliesst.
E Zwischenraum, welchen das zu filtrirende Wasser ausfüllt.

Gleichzeitige Versuche, welche die Jury mit anderen Filtern, z. B. mit den schon eine Zeit lang arbeitenden Kohlen-, Eisenschwamm- und Asbestfiltern anstellte, lieferten dagegen ein unbefriedigendes Ergebniss; ja bei einem der untersuchten Kohlenfilter erwies sich das ablaufende Wasser sogar bakterienreicher, d. h. die Gelatinelösung rascher in Fäulniss versetzend, als das unfiltrirte Wasser.

¹) Vergl. Finkelnburg in Centrbl. f. öffentl. Gesundheitspflege. Bonn 1886, **5**, 24.

W. Hesse[1]) prüfte ebenfalls verschiedene Filtermassen auf ihre bakterienbeseitigende Eigenschaft, nämlich eine Filtermasse aus komprimirten Faserstoffen, ferner verschiedene andere Stoffe, deren wasserreinigende Wirkung allgemein anerkannt ist, z. B. feiner Sand, verschiedene Sorten Thierkohle, Maignen's Patent „Carbo-Calcis" und ein Patentfilter bester Güte. Als zu filtrirende Flüssigkeit wurde zunächst Jauche verwendet, um die ungünstigsten Verhältnisse zu schaffen.

Die Versuche ergaben Folgendes: „Komprimirte Watte, komprimirte Cellulose, Sand und das Patentfilter liessen alsbald Massen von Keimen durchtreten. Thierkohle, Carbo-Calcis und komprimirter Asbest hielten in der Regel anfangs sämmtliche Keime zurück. Erst nach Stunden und Tagen traten Bakterien durch das Filter und zwar zunächst nicht etwa die feinsten und kleinsten Formen, sondern gewöhnlich eine mit lebhafter Eigenbewegung begabtere kleinere Bakterie, welche die zur Prüfung verwendete Gelatine in Fäulniss versetzte. Dieser Befund deutete darauf hin, dass jene Keime weniger durch den Filtrationsvorgang fortbewegt waren, als vielmehr wesentlich sich selbständig durch das Filter durchgearbeitet hatten. Sobald einmal Keime durch das Filter gedrungen waren, nahm die Zahl und der Formenreichthum der Mikroorganismen im Filtrat in der Regel schnell zu. Mitunter schien schliesslich sogar das Filtrat keimreicher zu sein als die zugeleitete Flüssigkeit, so dass an eine Vermehrung der Keime innerhalb und an der unteren Fläche des Filters gedacht werden musste. Am besten bewährte sich Asbest, und zwar kam es bei diesem Stoffe viel weniger auf die Dicke der Schicht als auf die Kraft an, mit welcher er zusammengepresst war."

In weiteren Versuchen[2]) findet W. Hesse, im Gegensatz zu obigen Ergebnissen der Jury, dass Asbestfilter[3]) auch besser wirken, als das Pasteur-Chamberland'sche Thonfilter, indem sie stets keimfreies Wasser lieferten, was bei den Thonzellen nicht der Fall war. Die Asbestfilter ergaben für den Anfang sowohl bei der Filtration unter hohem als niedrigem Druck eine grössere Menge Filtrat, nahmen dann aber in ihrer Leistung erheblich und schnell ab; dagegen war die Leistung der Thonzellen für den Anfang eine geringere, hielt sich aber längere Zeit, Monate hindurch beständig und unverändert.

Jedes Porcellanfilter muss erst mindestens 14 Tage keimfrei filtrirt haben, ehe behauptet werden kann, dass es dauernd keimfrei filtriren wird. Die Thonzellen müssen daher vor dem definitiven Gebrauch während genannter Zeit geprüft werden. Filter, welche aus solchen geprüften keimdichten Elementen zusammengesetzt sind, liefern vergleichsweise geringe Wassermengen, z. B. nur 1—2 l für den Tag und ein Element von 270 qcm Fläche.

---

[1]) Aus Deutsche medic. Wochenschr. in: Deutsches Wochenbl. f. Gesundheitspflege und Rettungswesen. Berlin 1885, Nr. 7.

[2]) Zeitschr. f. Hyg. 1886, **1**, 178.

[3]) Ueber solche Filter vergl. S. 176 u. ff.

Kübler[1]) findet das Chamberland-Pasteur'sche Filter nur höchstens 4 Tage lang wirksam, d. h. steriles Wasser liefernd. Auch vom praktischen Standpunkt aus empfiehlt sich das Filter nicht, da nur durch eine häufige, umständliche und die Gefahr der Verunreinigung bedingende Vorrichtung genügende Wassermengen aus ihm zu erhalten sind.

Nach E. Lacour[2]) sind dagegen diese Filter wirksam, wenn 1. der zur Filtration angewendete Druck den einer Atmosphäre nicht wesentlich überschreitet, 2. jeden dritten Tag eine gründliche Reinigung und Sterilisirung des Filters vorgenommen wird. Wenn letzteres nicht geschieht, so erfolgt starke Vermehrung der Mikroben im Filter und ist ein Durchwachsen derselben zu gewärtigen. Letztere Bedingung ist wichtiger als die erste; eine Zunahme des Druckes vermehrt die Zahl der hindurchgehenden Keime nicht wesentlich.

M. Kirchner[3]) hält die Chamberland-Pasteur'schen Filter, was Leistungsfähigkeit anbelangt, für geringwerthiger, dagegen was Keimdichtigkeit anbelangt, für wirksamer als die Berkefeld'schen Kieselguhr-Filter.

Auch M. W. Beyerink[4]) erklärt nach vergleichenden Versuchen die Chamberland-Pasteur'schen Filter für die brauchbarsten von allen Filterapparaten, wenn man von denselben nicht mehr erwartet, als Filterapparate überhaupt zu leisten vermögen.

Ed. v. Freudenberg[5]) konnte ein Hindurchwachsen von Typhusbacillen durch die Wandungen der Porcellanfilter nicht beobachten,[6]) wohl aber war dieses bei den gewöhnlichen Wasserbakterien der Fall. Die Filter lieferten 8 Tage lang ein keimfreies Filtrat.

E. Lacour[7]) wendete in weiteren Versuchen das Bacterium coli commune in Wasser an und filtrirte unter einem Druck von 2 Atm. Das ursprüngliche Wasser enthielt für 1 ccm 1620 Keime, das Filtrat war vom 1.—3ten Tage einschl. keimfrei, am 4ten Tage hatte es 116, am 5ten 216, am 6ten 376, am 7ten 880 und am 12ten Tage 1860 Keime. Die Reinigung der Kerzen ist nach Lacour unter allen Umständen häufig zu wiederholen. Aber die Ergebnisse werden selbst bei öfterer Reinigung keine günstigen sein, wenn nicht die Struktur der Kerzen eine gleichmässige ist. Grobporige Kerzen lassen naturgemäss mehr Keime durch als feinporige.

Die vorstehenden Ergebnisse werden ferner von Plagge (l. c.) bestätigt. Auch er findet, dass die Pasteur-Chamberland-Kerzen nach einigen Tagen von Keimen durchwachsen werden, und zwar um so schneller, je höher die Temperatur und je schmutziger (keimreicher) das Wasser ist.

---

[1]) Zeitschr. f. Hyg. 1890, **8**, 48.

[2]) Revue internat. des falsific. **2**, 33.

[3]) Zeitschr. f. Hyg. 1893, **14**, 299.

[4]) Hyg. Rundsch. 1891, **1**, 209.

[5]) Centrbl. f. Bacteriol. 1892, I. Abth., **12**, 240.

[6]) Dieses hat vielleicht darin seine Ursache, dass Nährflüssigkeiten, welche schon einmal Typhusbacillen ernährt haben, für dieselben steril sind.

[7]) Nach Journ. Pharm. Chim. [5], **29**, 159 in Chem. Centrbl. 1894, **65**, I, 688.

Die Kerzen sollen mindestens 1 mal, höchstens 2 mal die Woche gereinigt werden.

Bei $2^1/_2$ Atm. Druck liefern 6 Filterkerzen durchschnittlich 120 ccm Wasser in der Minute.

Man hat versucht, die „Pasteur-Chamberland-Filter" nach dem „nettoyeur-mécanique système O. André" dadurch zu verbessern, dass an dem Gummistreifen ein hohles, bewegliches Gestänge befestigt wird, welches zur bequemeren und besseren Reinigung der Filterkerzen dienen soll. Auch ist, um ein Festkleben der Staubtheilchen zu verhindern, vorgeschlagen, die Kerzen bei Neubeschickung eines Filters mit einem aus feinem Kieselguhrpulver bestehenden sogen. „poudre d'entretien" zu überziehen, indem man dieses Pulver in Wasser aufschwemmt und beim Anlassen des Filters auf die Kerzen sich ablagern lässt. Die aufgetragene Kieselguhrschicht soll die Reinigung der Kerzen erleichtern.

Nach den Untersuchungen von Plagge (l. c.) hat sich jedoch die Verbesserung nach dem „nettoyeur-mécanique système O. André" nicht bewährt bezw. ihren Zweck nur wenig erfüllt.

b) Porcellanfilter von der Sanitäts-Porcellan-Manufaktur W. Haldenwanger-Charlottenburg.

Diese Filter sind den Pasteur-Chamberland-Filtern völlig ähnlich und eine Nachahmung derselben; sie bestehen aus poröser, im Porcellan-Glatt-Ofen gebrannter Porcellanmasse, deren oberes Mundstück glasirt ist.

Nach den Versuchen von Plagge (l. c.) haben diese Filter, sowohl was Ergiebigkeit wie Keimdichtigkeit anbelangt, bis jetzt vor den Pasteur-Chamberland-Filtern keine Vorzüge.

c) Thonrohrfilter von Möller-Hesse.

K. Möller und W. Hesse geben, trotzdem Hesse gefunden hat, dass Asbestfilter eher ein keimfreies Filtrat liefern als Thonrohrfilter, doch den letzteren, wenigstens für Hausfilter, den Vorzug, weil sie, sobald ein gewisser Beharrungszustand (geringer Druck und vorfiltrirtes Wasser vorausgesetzt) eingetreten ist, dauernd nahezu gleiche keimfreie Wassermengen liefern und sich leichter durch Abputzen und Kochen reinigen lassen als Asbestfilter.

Das von ihnen vorgeschlagene Filter besteht (vergl. Fig. 40 und 41) aus einem Obertheil *F* und Untertheil *A*, welche durch die Rohrwand *B* von einander abgeschlossen sind; in die Rohrwand *B* sind die unten geschlossenen röhrenartigen Zellen *C* (Filterröhren) wasserdicht eingesetzt; jede Filterzelle lässt sich durch Lösen einer Schraube leicht einzeln auswechseln. In das Gehäuse *A* tritt das zu filtrirende Wasser durch A^1 ein; die Schraube *D* dient zum Ablassen des Wasserinhaltes aus *A*, das Dampfhähnchen *E* zum Abströmen des sich beim Auskochen bildenden Dampfes.

Das Filter soll so aufgestellt werden, dass es behufs Tödtung der Keime ausgekocht werden kann, was mittelst einer darunter gestellten Gasflamme bewirkt wird.

Der Obertheil *F* des Filters soll einen so grossen Fassungsraum haben, dass man demselben, um nicht auf das durchzufiltrirende Wasser warten zu müssen, den Höchstbetrag des auf einmal gebrauchten Wassers entnehmen kann.

Der Behälter *F* ist mit einem Zapfhahn *G* versehen, der am Auslauf eine Haube besitzt, welche verhindern soll, dass Keime aus der Luft in das filtrirte Wasser gelangen. Zu dem Zweck soll auch das für den Luftzutritt bestimmte Rohr *H* entweder mit einem keimdichten Luftfilter versehen oder mit einem Behälter voll komprimirter reiner

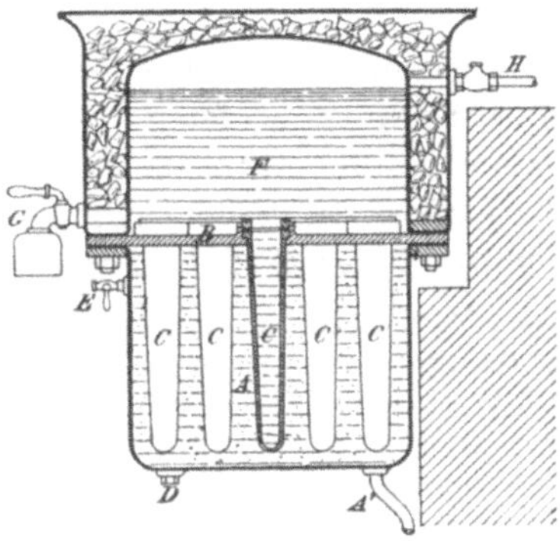

Längsschnitt
Fig. 40.

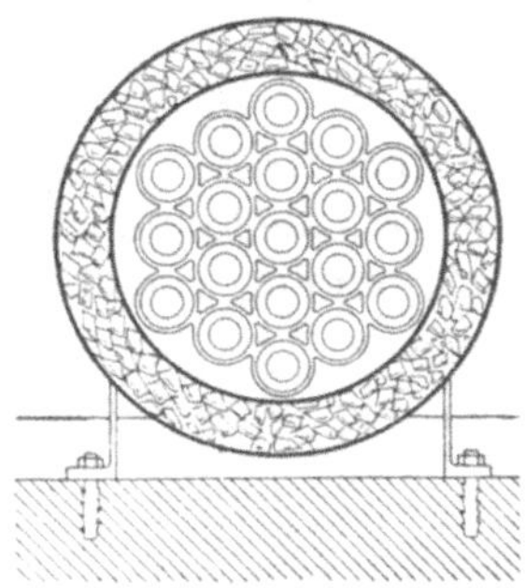

Querschnitt
Fig. 41.

Filter von K. Möller und W. Hesse.

Kohlensäure verbunden werden. Letztere ertheilt dem Wasser einen frischeren Geschmack und vermindert bei Anschluss an Wasserleitungen den Druckunterschied über und unter den Filterzellen.

Möller und Hesse empfehlen, das Wasser behufs Entfernung von vorhandenen Schlammbestandtheilen durch ein anderes Filter vorzufiltriren und das Filter in einem kühlen Raum (Keller) oder in einem Eisbehälter aufzustellen.

d) Porcellanfilter von J. Stavemann-Berlin.

Dasselbe enthält, wie Fig. 42 darstellt, einen aus Porcellanmasse bestehenden Cylinder *C*, der nach Entfernung des Deckels leicht in das Filtergehäuse *A* eingesetzt und durch die röhrenförmige Stange *B* befestigt werden kann, indem sie mit ihrem Kopf den Cylinder fest anzieht und auf den Gehäuseboden presst, wenn die Stange durch die Mutter *A* angezogen wird. Die Dichtung wird durch Gummiring und Gummischeibe bewirkt.

Das zu filtrirende Wasser wird am Deckel eingeleitet, dringt durch den Cylinder *C* und fliesst durch seitliche Löcher in das Ausflussrohr *B*.

Der Porcellan-Cylinder soll nach 6—8tägigem Gebrauch ausgewechselt, abgebürstet, getrocknet und bei Rothgluthhitze ausgebrannt werden, um wieder gebrauchsfähig zu sein.

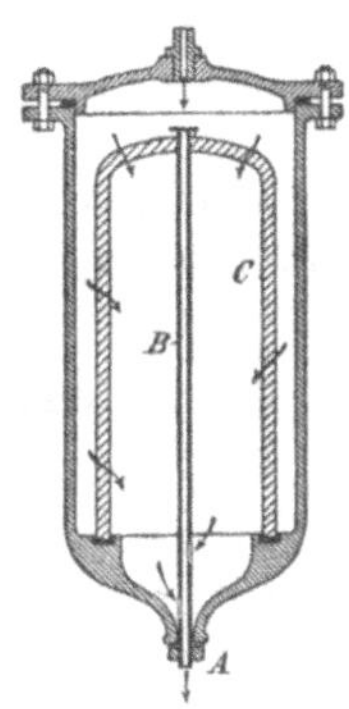

Fig. 42.
Filter von Stavemann

e) Thonfilter von H. Olschewsky (Karl Maass & Cohnfeld) in Berlin.

H. Olschewsky[1]) vermischt zur Darstellung von Thonfiltern feinstgeschlämmten Thon mit feinst-gepulvertem kohlensaurem Kalk,

[1] Gesundh.-Ing. 1886, 9.

und bei Körpern, die stark durchlässig werden sollen, mit fein gepulverten verbrennlichen Stoffen, macht das Gemisch mit Wasser plastisch, verarbeitetet auf einer Drehscheibe zu den Filterhohlkörpern, trocknet und brennt stark im offenen Feuer bei möglichst hoher Temperatur, aber ohne dass eine Sinterung der Masse eintritt.

Die Thonkörper besitzen schon infolge Entweichens von Kohlensäure beim Brennen eine gewisse Porosität; um diese noch zu erhöhen, werden sie mit verdünnter Salzsäure ausgelaugt, und weil der Kalk in der verschiedensten Feinheit und Menge angewendet werden kann, hat man es in der Hand, Thonfilter von geringer und grosser Durchlässigkeit herzustellen.

Das nebenstehende Haushaltungs-Thonfilter (Fig. 43) hat 20 cm Höhe und etwa 12 cm Durchmesser. In dem Gehäuse *aa* ist ein Filterhohlkörper vermöge eines in demselben eincementirten Stutzens bei b^1 eingeschraubt. Wird das Ende *b* des Gehäuses mit der Wasserleitung verbunden und öffnet man den Zuflusshahn zum Filter, so wird das Wasser wie bei den vorstehenden Filtern durch die poröse Wand gedrückt und fliesst im Innern des Körpers bei b^1 aus.

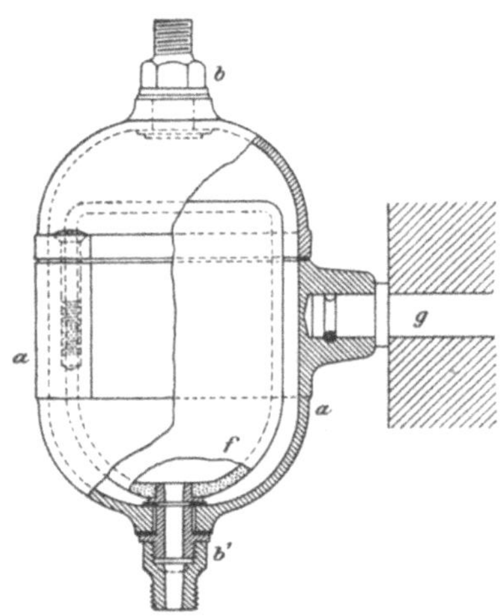

Fig. 43.
Filter von Olschewsky.

Olschewsky hat den Zwischenraum zwischen dem Gehäuse *aa* und dem Filterkörper *f* einerseits mit Holz- und Knochenkohle, anderseits mit Eisenspähnen gefüllt und gefunden, dass Eisenspähne und Knochenkohle die reinigende Wirkung des Thonfilters noch erhöhen, Holzkohle dagegen nicht.

Maass und Cohnfeld verwenden ein ähnliches Thonfilter, pressen aber das Wasser nicht von aussen nach innen durch, sondern leiten das zu filtrirende Wasser aus der Leitung mittelst eines Gummischlauches in den in einem Gefäss befindlichen Filterhohlkörper, aus welchem es in das Gefäss dringt.

Behufs Reinigung werden die Filterkörper gekocht und ausgeglüht.

f) Steinfilter von Wilh. Schuler in Isny (Württ.).

Die Filter bilden Kunststeine, die in der Zusammensetzung den künstlichen Bimsteinen ähnlich sind, weder Thon noch Cement oder Gips enthalten, sondern aus grobem oder feinem Sand bezw. Quarz, Kalk- und Magnesia-Silikat bestehen und bei hoher Temperatur gebrannt werden. Bei den Filtern, die ohne Druck arbeiten, pflegt gröberer Sand oder Quarz, bei den unter Druck arbeitenden feinporigen Filtern feinst gepulverter Quarz angewendet zu werden.

Als bemerkenswerth für diese Steinfilter werden die ausserordentliche Feinheit der Masse und der Poren sowie der geringe Durchmesser der

Hohlcylinder hervorgehoben. Während bei losen Sandfiltern und grobkörnigen Filtersteinen Stoffe in das Innere der Filtermasse dringen, sollen bei diesen Filtern alle, auch die feinsten Schwebestoffe des Wassers auf der Aussenfläche der Filtercylinder abgelagert werden. Auch sollen dieselben, wenn das Wasser oder die Flüssigkeit nicht zu sehr verunreinigt ist, bei geringem Druck reichliche Mengen Wasser durchlassen. Fig. 44 giebt ein Tischtropffilter, Fig. 45 ein Reisefilter dieser Art wieder.

Bei dem Reisefilter befindet sich der auf einer Aluminiumplatte wasserdicht angeschraubte Filtercylinder von 15 cm Länge in einem wasserdichten, keinen Neben

Tisch-Tropffilter.
Fig. 44.

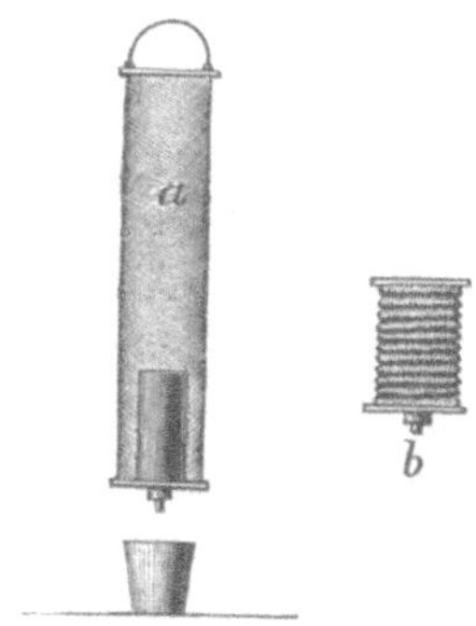

Reise-Filter.
Fig. 45.

Steinfilter von Wilh. Schuler.

geschmack verursachenden, Leinenstoff-Schlauch. Die sonstigen Anwendungsweisen dieser Filter sind genau wie bei den Kieselguhr- und Thonfiltern.

E. v. Esmarch[1]) unterwarf 6 aus Lavatuff bezw. Sandstein hergestellte Filter einer Prüfung auf Keimdichtigkeit, Ergiebigkeit und klärende Wirkung. Als Anzeiger für die Keimdichtigkeit verwendete er den Kieler rothen Bacillus. Sichtbare Trübungen von schmutzigem Flusswasser, Torfwasser und mit Tusche gefärbtem Wasser wurden zwar zurückgehalten, jedoch zeigte sich keines der Filter keimdicht; mehrfach traten die Bakterien im Filtrat nach 4—5 Stunden, spätestens aber am 3. Tage in reichlicher Menge auf; wiederholt trat sehr bald eine Ueberwucherung der rothen Bacillen durch andere auf und wurde das Filtrat durch die Menge derselben zuweilen makroskopisch getrübt. Das filtrirte Wasser enthielt mehr Keime als das unfiltrirte, woraus geschlossen werden muss, dass die Vermehrung der Keime im Filter selbst vor sich geht. v. Esmarch hält die Leistung der Steinfilter vom hygienischen Standpunkt für ungenügend und für gleichwerthig mit dem der Kohlenfilter.

---

[1]) Centrbl. f. Bakteriol. 1892, I. Abth., **11**, Nr. 17.

g) Filter aus Asbestporcellan.

Vor einiger Zeit wurden in Paris Filter aus gebranntem Asbest (porcelaine d'amiante) hergestellt, indem fein gemahlener Asbest mit Wasser zu einem dicken Teig angerührt, geformt, getrocknet und bei 1200 ° gebrannt wurde. Die Filter scheinen aber wegen ihrer Zerbrechlichkeit keine weitere Verbreitung gefunden zu haben.

6. *Asbest-Filter.*

Der Asbest (vereinzelt auch Cellulose) ist wegen seiner Eigenschaft, bei grosser feinfaseriger Beschaffenheit Wasser durchzulassen und ein völlig klares Filtrat zu liefern, ohne dass er selbst Stoffe an das Wasser abgiebt, vielfach für Wasserfiltrationszwecke im kleinen wie im grossen vorgeschlagen.

Für den Zweck wird nur der beste, wollartige und seidenglänzende Asbest benutzt. Um daraus einen feinen Brei zu erhalten, wird derselbe nach dem Vorschlage Friedr. Breyer's[1]) einige Tage in Wasser eingestampft, dann mit krystallinischem kohlensaurem Kalk von Erbsen- oder Hirsekorngrösse vermischt und auf einer eigenthümlich eingerichteten Mahlmühle im nassen Zustande zu einem Brei so oft vermahlen, bis die Masse die gewünschte Feinheit hat. Die vermahlene Masse wird mit soviel Salzsäure versetzt, dass aller Kalk gelöst wird, und bleibt mit letzterer 1—2 Tage stehen, nach welcher Zeit das gebildete Chlorcalcium auf einem gewöhnlichen Papierstoff-Holländer mit Wasser ausgewaschen wird.

Um die so gewonnene feine Asbestfaser (von Breyer „Mikrofaserstoff" gen.) zu einer Lamelle umzuwandeln, wird ein hohler Metallrost zu beiden Seiten mit feinem Drahtgewebe oder Baumwolletüll überzogen, in ein Gefäss mit Wasser, in welchem der Asbeststoff aufgeschwemmt ist, eingesetzt und darauf durch ein Rohr, welches mit dem zwischen den Geweben eingeschlossenen Hohlraum in Verbindung steht, das Wasser abgeleitet.

Hierbei schlagen sich die Asbestfasern auf die Gewebeflächen nieder und bilden eine Lamelle, welche nach dem Trocknen fest zusammenhängt und eine Dicke von ca. 1—2 mm hat. Der mit dieser Asbestlamelle zu beiden Seiten überzogene Rost bildet ein Filterelement, welches selbstverständlich je nach seiner Grösse eine entsprechende Leistungsfähigkeit besitzt; Breyer berechnet auf 1 qcm Fläche ca. $2^1/_4$ Millionen Filterporen.

Von anderen Fabrikanten mag die Verarbeitung des Asbestes in anderer Weise geschehen; jedenfalls ist die feine Beschaffenheit des Asbestes eine wesentliche Bedingung für die filtrirende Wirkung dieser Art Filter.

a) Asbest-Filter von C. Piefke.[2])

Es ist eines der ältesten Asbestfilter.[3]) Der Asbest (bezw. Cellulose) wird entweder in Form von Brei oder gepressten Scheiben angewendet.

---

1) Fried. Breyer: Das Mikromembranfilter. Wien 1885. 3. Aufl. Zu beziehen durch die Membranfilter-Fabrik von Friedr. Breyer & Weyden. Wien V. Margarethenhof 10.

2) Vertrieben von der Firma G. Arnold & Schirmer in Berlin.

3) Gesundh.-Ing. 1882, **5**, 696 u. 1885, **8**, 254.

Fig. 46 giebt eine Art der Anwendung dieser Filter. In einem druckdicht verschlossenen Aussengefäss befindet sich eine Anzahl gleichzeitig wirkender Filterkammern (Einzelfilter) übereinander, die einen Boden von Messingdrahtgaze haben. Diesen Filterkammern wird aus einem 1—3 m höher stehenden Gefäss und durch eine Druckpumpe die in Wasser stark verdünnte Filtermasse durch den Hahn *b* zugeführt; dieselbe lagert sich auf den einzelnen Gazeböden ab, während das Verdünnungswasser durch den Hahn *c* abfliesst.

Der Raum über den durch starke Siebbleche unterstützten Kammerböden steht mit dem äusseren Gefässraum in freier Verbindung. Unter den Filterböden sind zur Ableitung der filtrirten Flüssigkeit bestimmte Hohlräume gebildet, welche nach aussen dicht geschlossen sind und nach innen mit einem cylindrischen Sammelraum für das

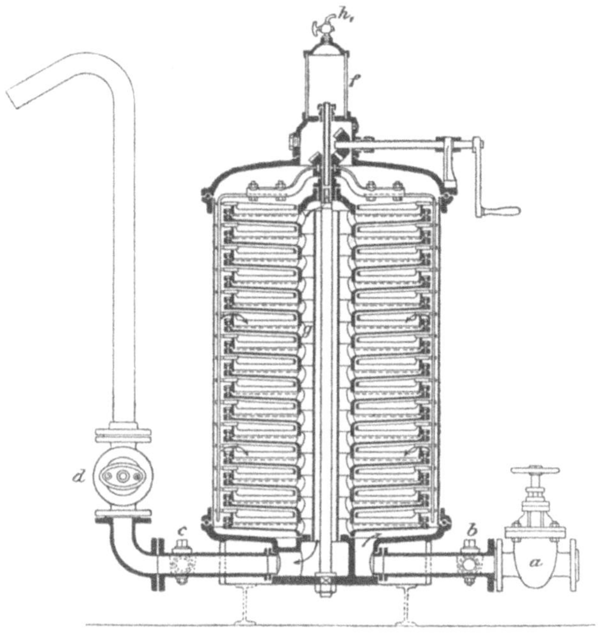

Fig. 46.
Asbest-Cellulose-Schnellfilter nach C. Piefke.

aus sämmtlichen Kammern abgehende Filtrat in Verbindung stehen. In dem cylindrischen Sammelraum ist ein Standrohr angebracht, durch welches eine gleichmässige Wirkung sämmtlicher Filter herbeigeführt werden kann. Die sämmtlichen Filterkammern werden durch einen inmitten des Standrohres angebrachten Bolzen mit einer Mutter zusammengezogen. Für jede Kammer ist ein Rührarmpaar auf den cylindrischen Aussenrändern aufgelagert, welches durch einen Bügel, der die Enden sämmtlicher Arme umfasst und mit einem Kurbelwerk in Verbindung steht, in Bewegung gesetzt werden kann.

Das zu filtrirende Wasser tritt bei *a* ein und bei *d* aus. Sollen die Filterkammern gereinigt werden, so lässt man unter Drehung der Kurbel durch den Hahn *c* einen Wassergegenstrom ein- und auf der Eingangsseite durch den Hahn *b* austreten Die beschmutzte Filtermasse wird ausgespült; sie kann in einem besonders eingerichteten Stofffänger gereinigt und abermals verwendet werden.

Eine andere Anordnung dieser Asbestfilter ist diejenige als Saugfilter ohne Aussengefäss, wie Fig. 47 zeigt. Bei diesen kommt die Filtermasse (Asbest-

Cellulose) in Form von Scheiben zur Anwendung. Die Saugfilter können in einen Senkbrunnen gesenkt oder in Heberform, ähnlich wie es Fig. 37 S. 165 zeigt, angewendet werden. Die Anordnung für einen Senkbrunnen erhellt aus Fig. 47.

a ist eine kleine Saugpumpe, *b* desgl. an der Wand, *c* ein Saugwindkessel, *d* das Asbestfilter mit Schlauchverschraubung, *e* das Hänggestell für das Filter, *ff* Saugeschlauch, *g* Rohr-Schlauchverschraubung, *h* frostsichere Rohrleitung von der Wandpumpe bis zum Brunnen.

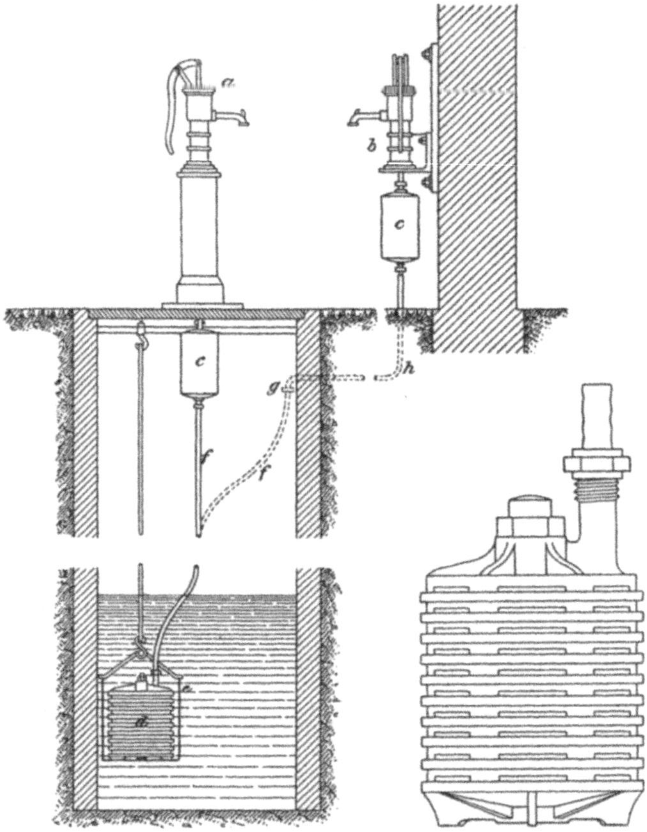

Fig. 47.
Asbest-Saugfilter für Cisternen, Wasserbehälter auf Schiffen, Kesselbrunnen, Sammelbrunnen nach C. Piefke.

Die von Plagge (l. c.) mit diesen Filtern angestellten Versuche haben ergeben, dass dieselben die Bakterienkeime ziemlich vollkommen zurückhalten, dass aber die Ergiebigkeit ziemlich schnell nachlässt, z. B. für Spreewasser bei Filtration mit 3 Atm. Druck in $^1/_2$ Stunde auf $^1/_5$ der Anfangsleistung zurückgeht. Dieses bedingt für die Praxis einen recht häufigen Wechsel der Asbest-Filterscheiben und eine ebenso häufige Sterilisation des ganzen Apparates, die nicht vorgesehen und nur mit Hülfe grosser Mengen von Desinfektionsflüssigkeit (etwa Karbolsäure) möglich ist.

b) Das Mikromembranfilter von Friedr. Breyer.[1])

Die Zubereitung des Asbestes für Herstellung der Filtermembran ist schon vorstehend S. 176 angegeben.

Der feinst zerkleinerte Asbest wird in einen mit Wasser gefüllten Trog gegossen und durch ein Tüllgewebe filtrirt, welches auf ein in einem Spannrahmen befindliches Messingdrahtgewebe ausgebreitet wird. Die Flüssigkeit filtrirt unter einem Druck von 1—10 m; hat die Asbestlamelle auf dem Tüllgewebe die gewünschte Dicke erlangt, so wird dieselbe mit dem Spannrahmen aus dem Gefäss genommen, bei 150⁰ getrocknet, vom Drahtnetz mit dem Tüllgewebe abgenommen, in entsprechend grosse Stücke geschnitten und auf einen Metallrost gelegt.

Der Träger der Lamelle, der sog. Mikromembranlamelle, ist nämlich ein poröser Metallrost, der dadurch gewonnen wird, dass Messingblech von entsprechender Stärke rostartig geprägt wird. Die Messingrostplatten werden erst auf galvanischem Wege

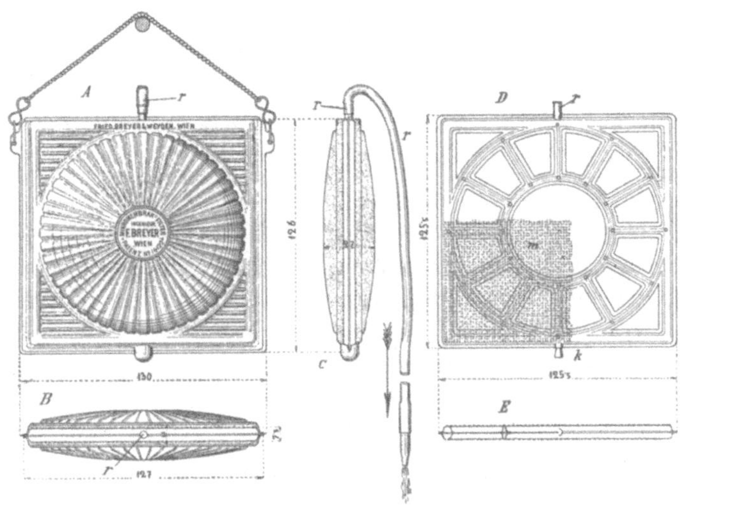

A Seitenansicht, *B* Ansicht von oben, *C* senkrechter Schnitt des Gehäuses, *D* Ansicht, *E* Querschnitt der Elementeinrichtung.

Fig. 48.

Einrichtung der sogenannten Taschenfilter in $^1/_4$ Naturgrösse.

stark vernickelt, dann zu zweien von gleicher Grösse mit der Rückseite aneinander gelegt, an den Rändern dicht verlöthet mit Auslauföffnungen von entsprechendem Lumen nach oben und unten, auf beiden Seiten mit Messingdrahtgeweben, welche sehr stark gespannt und an den Rändern mit Weichloth festgelöthet sind, überzogen und schliesslich das Ganze nochmals stark mit galvanischem Nickel überzogen.

Ein solches Metallrostgitter nennt Breyer „Doppel-Membranelement".

Dasselbe ist so eingerichtet, dass es auf beiden Seiten die mobilen Mikromembranlamellen aufnehmen kann. Die Befestigung derselben auf die Drahtgewebe geschieht in der Weise, dass die Ränder der Messingroste vermittelst eines Pinsels mit in Alkohol gelöstem Schellack und Siegellack oder Kautschukkitt bestrichen werden. Hierauf wird die Asbestlamelle so aufgelegt, dass die Tülltheile auf das Drahtgewebe und die Asbeststoffseite nach aussen zu liegen kommen.

---

[1]) Zu beziehen durch die Membranfilter-Fabrik von Friedr. Breyer & Weyden. Wien V, Margarethenhof 10.

Dieselbe wird mit dem Falzbein oder dem Fingernagel an den bestrichenen Lackrändern angedrückt und darauf der Rand dicht und gut mit Lack überzogen.

Der Filtrationsvorgang verläuft in der Weise, dass, wenn ein Membranelement in eine beliebige Flüssigkeit getaucht wird, der Raum zwischen den Drahtgeweben bezw. Asbestlamellen nur dadurch mit Flüssigkeit angefüllt werden kann, dass die Flüssigkeit die Asbestmembran durchdringt. Dieses geschieht schon bei dem geringen Wasserdruck von 20 mm. Die Membranelemente werden stets in stehender Lage verwendet. Fig. 48 S. 179 zeigt die Einrichtung dieses Filtersystems bei der Anwendung als sog. Taschenfilter. Dasselbe besteht aus einem gut vernickelten Gehäuse (in der Seitenansicht bei *A*, in der Ansicht von oben bei *B* dargestellt) aus Messingblech, in welchem ein Doppel-Membranelement der Grössentype I eingeführt ist und welches nach abwärts, bei *k* in Fig. *D* mit einem Kautschukpfropf verschlossen ist und nach aufwärts einen Kautschukschlauch *r* besitzt. Diesen Apparat kann man zur Filtration auf Reisen (für Touristen etc.) in der Weise verwenden, dass man denselben mit Wasser füllt und das Rohr in ein Glas leitet. Nach etwa 7—9 Minuten der Füllung mit Wasser saugt man an dem Rohrende, klemmt mit den Fingern ab, hält das Rohr nach abwärts und öffnet die Fingerklemme erst nach der Senkung des Rohrendes. Fliesst dann noch kein Wasser in einem gleichmässigen Strahl heraus, so wiederholt man dasselbe Spiel nach einigen Minuten wieder. Ein solches Filter leistet 4—5 l Wasser in der Stunde.

Durch Verbindung mehrerer Membranelemente untereinander lässt sich die Leistungsfähigkeit beliebig erhöhen. Der Erfinder stellt im ganzen 5 Grössen Rostplatten her, von denen die grösste 2 m hoch und 1 m breit ist. Ein Filterapparat der Grössentype III B (eine Elementenbatterie mit 5 Membranelementen) für industrielle Zwecke liefert z. B. bei zweckmässiger Handhabung 250—500 l Wasser in der Stunde.

Statt der ursprünglichen unbequemen Aufleimung hat der Erfinder dieser Filter später eine Abdichtung durch Kautschuk angewendet.

Fig. 49 giebt den Querschnitt eines solchen Elementes, welches eine wirksame Filterfläche von 0,056 qm besitzt (Seitenlänge 0,23 × 0,16); zur Abdichtung desselben sind 8 Messingschrauben nöthig, welche die Schutzplatten der Elemente dicht zusammenziehen. An jedem Element sind Schutzplattenränder und Rinnen angebracht, in welche letztere der Kautschuk eingelegt und mit Kautschukkitt so dicht und dauerhaft be-

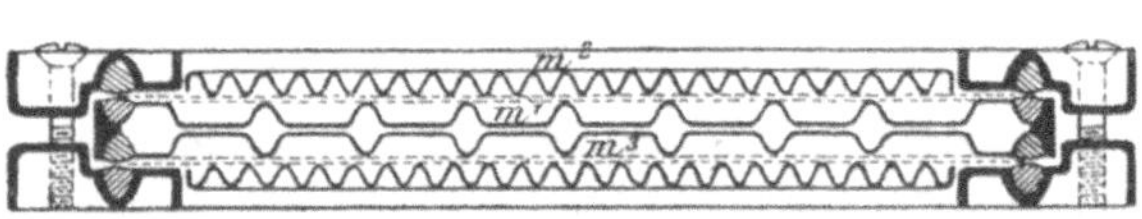

Fig. 49.
Querschnitt eines Breyer'schen Mikromembranfilters.

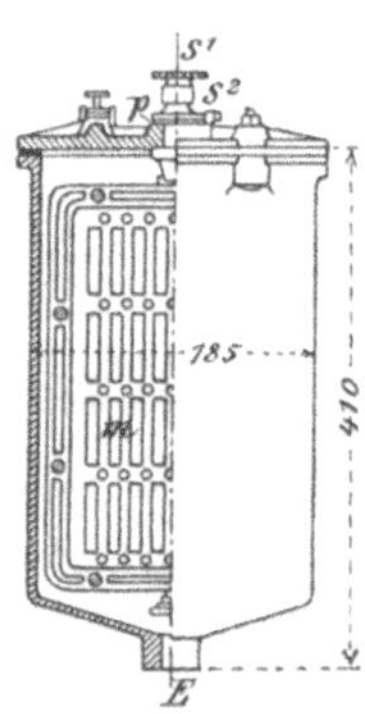

Fig. 50 a.
Flächenschnitt

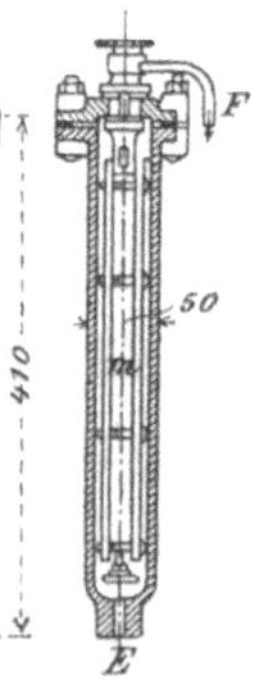

Fig. 50 b.
Querschnitt

eines Mikromembrandruckrohrfilters.

estigt wird, dass die zwischengelegten Asbestlamellen von dem Kautschukrahmen nach aussen vollständig dicht geschlossen werden.

In Fig. 49 ist m^1 die Schutzplatte, m^2 die Verbindungsschraube, *K* der Kautschuk und auf der punktirten Linie m^3 liegt die Mikromembranlamelle.

Diese Filterelemente lassen sich zu Druckrohr- oder Brunnendruckfilter vereinigen, da sie selbst bei einem Druck von 10 Atm. die sog. Thon- oder Ultramarinprobe aushalten, d. h. bei einem letztere Stoffe enthaltenden Wasser ein klares Filtrat liefern.

Fig. 50 a stellt einen Flächenabschnitt, Fig. 50 b einen Querschnitt von einem Druckrohrfilter in $^1/_{10}$ natürlicher Grösse dar. Bei *E* findet die Verbindung mit dem Druckrohr statt, wobei selbstverständlich ein Absperrhahn zwischenzuschalten ist; *m* ist das Filterelement, *p* die Elementglocke, welche das Wasser ausserhalb des Gehäuses führt, *F* der Filtratauslauf.

Eine weitere Verbesserung seiner Asbestfilter hat F. Breyer[1]) dadurch angebracht, dass die eigentlich filtrirende Asbestschicht nach Belieben und selbstthätig im geschlossenen Gefäss mit starkem Druck einer vollständigen und feststehenden Filterbatterie aufgelagert und die mittlere Dichtheit wieder selbstthätig durch ein Manometer mit voller Sicherheit festgestellt werden kann. Diese Filter dienen auch für Filtrationen im grossen. Dieselben wirken so gut, dass sie die färbenden Bestandtheile der Rübenzuckersäfte zurückhalten.[2])

Ueber die Wirkung der Asbestfilter liegen verschiedene Beobachtungen vor. Fr. Renk[3]) hält das Breyer'sche Mikromembranfilter für das leistungsfähigste aller Wasserfilter, sowohl was Beschaffenheit wie Menge des filtrirten Wassers anbelangt. Auch H. Wichmann[4]) äussert sich im allgemeinen günstig über dasselbe. Die Leistung war bedeutend grösser als die von einem Sandfilter. Bei einem künstlich mit Bakterien bereicherten Wasser lieferte dasselbe noch nach 24 Stunden ein keimfreies Wasser. Die besten Leistungen wurden bei einem gleichmässigen Druck erhalten. Für Abhaltung von Sand und sonstigen Schwebestoffen empfiehlt sich die Anwendung eines Vorseihers.

Die von Plagge (l. c.) angestellten Versuche haben ergeben, dass das Breyer'sche Filter, wie auch der Erfinder selbst zugiebt, nicht völlig keimdicht ist, sondern etwa 10 Proc. der im Wasser vorhandenen Bakterien durchlässt.

c) Asbestfilter von Julius Trenkler in Wien.

Diese Filter haben mit den vorhergehenden in ihrer Anordnung grosse Aehnlichkeit, indem die Filterelemente eine glatt schaufelförmige Gestalt besitzen und auf beiden Seiten mit dem aus ziemlich grobem, dichtem Asbestgewebe bestehenden Filterstoff überzogen sind. Der Filterstoff soll nach den Angaben der Fabrik eine Imprägnirung mit einer keramischen Masse (nach Pasteur), die ausserordentlich porös ist und alle Schwebestoffe, auch die Bakterien, zurückhält, erhalten haben.

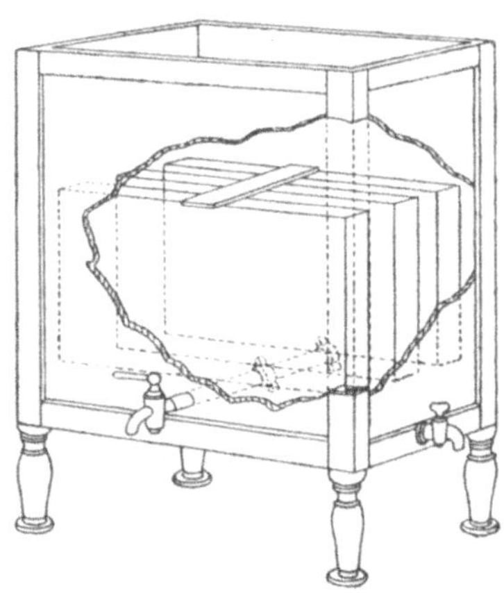

Fig. 51.
Asbest-Filter von Trenkler.

Die Anordnung dieses Filters erhellt aus vorstehender Fig. 51.

---

[1]) Gesundh.-Ing. 1890, **13**, 417. (Vergl. auch die Schrift des Erfinders, Ingenieur Friedrich Breyer in Wien: Die Gewinnung von sterilem Wasser in grösster Menge.)

[2]) Oesterr. Ungar. Zeitschr. f. Zuckerindustrie u. Landw. 1897, Heft II.

[3]) Vierteljahrsschr. üb. d. Fortschritte a. d. Gebiet d. Nahrgs.- u. Genussm. 1886, **1**, 139.

[4]) Ebendort 1893, **8**, 60.

Die Filtration wird nicht mittelst der Saugpumpe, sondern durch den Niveauunterschied des Schmutzwasserbehälters und des Reinwasserauslasses bewirkt.

Das Filter liefert nach den Versuchen Plagge's (l. c.) für Fluss- und selbst für ein mit Lehm oder Gartenerde angeschlämmtes Wasser ein klares Filtrat; die Bakterien werden aber, wie auch der Fabrikant selbst angiebt, nur zu etwa $^9/_{10}$ zurückgehalten.

d) Asbest-Feinfilter von Sellenscheidt in Berlin.

Als Filtermasse diente ursprünglich feine, weisse und langfaserige Baumwolle, neuerdings aber Asbest.

Das Filtrirgehäuse *B*, geschlossen durch den Deckel *C*, umschliesst die „Rahmen". Diese bestehen aus den mit *cc* bezeichneten Filterkörpern, deren jeder aus einer Folge von einem Siebboden, einem Gazeboden, der Filtermasse, wiederum Gaze- und Siebboden

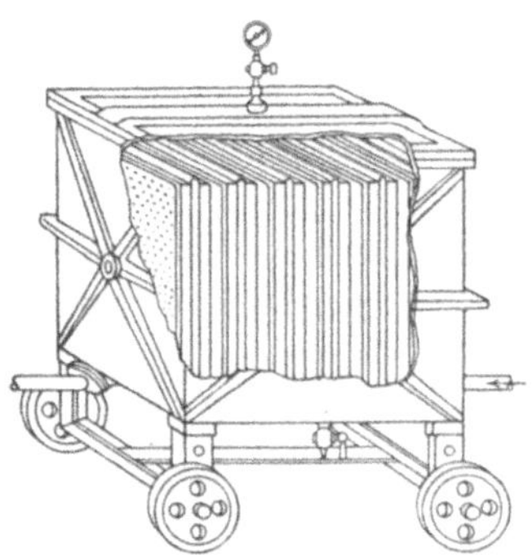

Fig. 52.
Asbest-Feinfilter von Sellenscheidt.

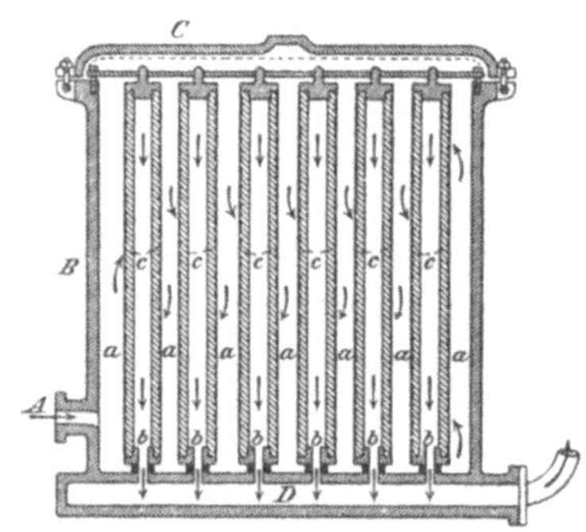

Fig. 53.
Filter von Sellenscheidt (Durchschnitt).

zusammengesetzt und oben dicht geschlossen ist. Zwei solche Körper umschliessen den Hohlraum *b*. Jeder so gebildete Rahmen steht von allen Seiten frei im Gehäuse und wird oben und unten an bestimmten Stellen durch sinnreiche Vorrichtungen gehalten.

Die zu filtrirende Flüssigkeit tritt nun bei *A* in das Filtergehäuse ein, füllt die Räume *a*, umspült somit sämmtliche Rahmen, welche die Filterkörper enthalten, dringt von allen Seiten, wie die Pfeilrichtungen andeuten, durch die „Filtermasse" nach dem Hohlraum *b* und fliesst als Filtrat durch die Röhrchen, in die die Pfeile hineingezeichnet sind, in das Sammelrohr *D* und von dort an die Verwendungsstelle.

Sellenscheidt hat für die Herstellung der Filter eine besondere Presse und zum Reinigen derselben einen Waschapparat eingerichtet.

Bei Verwendung von nur Baumwolle zu diesen Filtern fand Plagge (l. c.), dass dieselben bei Gartenerde-Aufschwemmung und Thontrübungen zwar ein klares Filtrat lieferten, aber Bakterien ungehindert zu Tausenden durchliessen. Bei Verwendung von langfaserigem Asbest wurden günstigere Ergebnisse erzielt, wenngleich noch immer 5—10 Proc. der vorhandenen Bakterien durch das Filter gingen. Bei gut hergestellten Filtern wurde aber mit Gartenerde-Aufschwemmung nicht nur ein völlig klares, sondern auch ein keimfreies Filtrat erhalten. Ein Vorzug dieser Filter vor anderen ist nach Plagge die jederzeit leicht und sicher auszuführende Sterilisirung derselben.

e) Wasserfilter „Puritas" von Sonnenschein.

Das Wasserfilter „Puritas" von Sonnenschein hat mit dem vorstehenden grosse Aehnlichkeit; es besteht nach M. Jolles[1]) aus einem offenen Kasten, in welchem sich eine Reihe von senkrecht stehenden Rahmen befindet, die mit Filztuch überspannt sind. Die Rahmen sind miteinander durch ein Flanschenrohr verbunden, das als Heber bezw. als Saugrohr dient. Die Filtrirschicht wird durch Asbest erzeugt, welcher nach vorangegangener Sterilisirung in den Apparat gegeben wird und sich durch die Wirkung des Saugrohres an das Filzgewebe anlegt. Das zu filtrirende Wasser läuft in den offenen Kasten und wird ebenfalls mittelst des Saugrohres durch den Asbest hindurch gesaugt.

Zur Prüfung dieses Filters verwendete Jolles Wasser ohne und mit Zusatz einer bestimmten Bakterienart (Micrococcus prodigiosus); im Anfange arbeitete dasselbe vollständig keimdicht, später aber nicht mehr, was aber nicht auf ein Durchwachsen der Bakterien, sondern auf eine Verletzung der Asbestschicht zurückzuführen sein dürfte.

f) Armee-Asbestfilter von Frhr. v. Kuhn in Wien.

Das sog. Armee- oder Soldaten-Asbestfilter von v. Kuhn besteht in seiner als „Schwarmfilter" bezeichneten grösseren Form (Fig. 54) nach Art und Grösse der Feuereimer aus einem cylindrischen Gefäss von Segeltuch, welches nach oben in einen mit Holzeinlage versehenen bequemen Handgriff, nach unten in einen sich kegelförmig zuspitzenden Metallansatz übergeht, an dessen Spitze sich die fingerdicke, durch eine Schrau-

Fig. 54.

Fig. 55.

Asbestfilter von Frhr. v. Kuhn in Wien.

benkapsel verschliessbare Ausflussöffnung befindet. An der Grenze zwischen dem cylindrischen Segeltuch- und dem trichterförmigen Metalltheile ist ein Drahtsieb ange-

[1]) Vierteljahrsschr. üb. d. Fortschritte a. d. Gebiete der Chemie d. Nahrungs- u. Genussmittel 1892, **7**, 490.

bracht, auf dem beim Gebrauch der Asbest sich ablagert. Ein anderes, in der Mitte befindliches Sieb wird beim Beschicken des Apparates herausgenommen und später wieder eingesetzt; es hat den Zweck, gröbere Schwebestoffe zurückzuhalten und ein Aufrühren der abgelagerten Asbestschicht zu verhindern Bei Inbetriebsetzung wird also erst das obere Sieb herausgenommen, die Ausflussöffnung geschlossen, Wasser und die Asbestfüllung (60 g) hineingegeben und solange gerührt, bis die Asbestfasern frei im Wasser schwimmen, ohne Klumpen zu bilden. Dann wird der Ausfluss geöffnet, das obere Sieb eingesetzt und das zu filtrirende Wasser eingefüllt. Der neue Zufluss muss so geregelt werden, dass der Wasserspiegel nicht unter das obere Sieb sinkt.

Das kleine „Taschenfilter“ (Fig. 55) ist in derselben Weise eingerichtet, nur ruht das obere Sieb auf einer metallenen Auflage und der obere Theil erweitert sich kragenartig und lässt sich mittelst einer Schnur zusammenziehen.

Diese in der Herstellung sehr einfachen Filter liefern nach Versuchen von Bogdan[1]) wie von Plagge (l. c.) für Gartenerde-Aufschwemmung zwar ein mehr oder weniger klares, aber selbst für den Anfang kein keimfreies Filtrat, was nach den Erfahrungen mit anderen viel sorgfältiger eingerichteten Filtern nur erwartet werden konnte. Ausserdem sind sie wenig ergiebig.

g) Patent-Schnellfilter von H. Jensen & Co. in Hamburg.

Das früher von der Firma angewendete Papierfilter scheint jetzt durch Asbest ersetzt zu sein.

Die Art der Einrichtung erhellt aus nachstehenden Zeichnungen.

Man schüttet ein Packet Filtermasse in ein Gefäss und schüttelt es mit ungefähr $^1/_2$ l Wasser recht tüchtig durch, öffnet Schraube *F* und löst Luftschraube *L*, setzt den

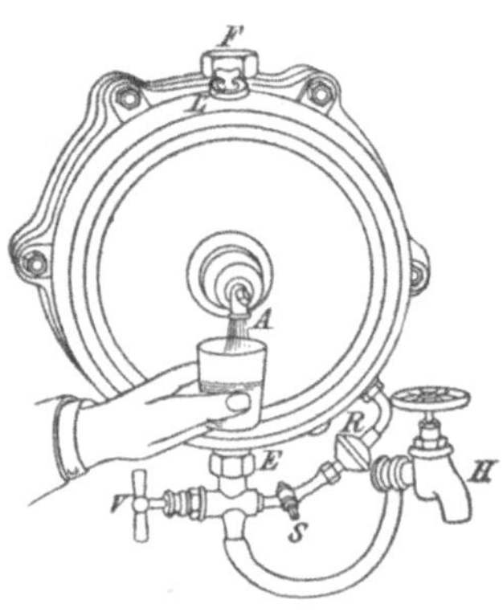

Fig. 56.

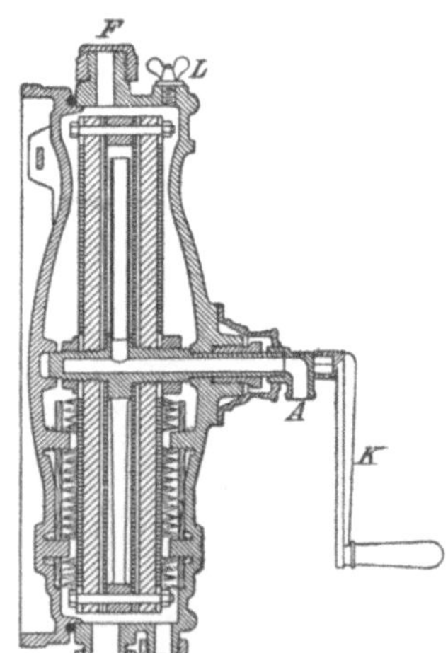

Fig. 57.

Patent-Schnellfilter von H. Jensen & Co.

Trichter in die Füllöffnung *F*, giesst die aufgeschwemmte Filtermasse hinein, schliesst alsdann Füllschraube *F* und lässt durch den Zuflusshahn *V* solange Wasser in das Filter

[1]) Centrbl. f. Bakteriol. 1894, I. Abth., 15, 878.

laufen, bis dasselbe aus der Luftschraubenöffnung heraussteigt. Sobald das Wasser beim Füllen aus dem Auslauf *A* heraustritt, hält man diesen zu, um die Luft nach oben schneller entweichen zu lassen; dann werden Zuflusshahn *V* und Luftschraube *A* geschlossen.

Jetzt wird die Kurbel auf Ausflusshahn *A* gesteckt und 10—12mal schnell nach rechts umgedreht, darauf der Zuflusshahn *V* wieder geöffnet. Nachdem das Wasser einige Minuten gelaufen ist, damit sich die Filtermasse selbstthätig gegen die Filterscheibe legt, ist der Apparat zum Gebrauch fertig, und das Wasser klar.

Behufs Reinigung wird die Kurbel *K* auf Ausflusshahn *A* gesteckt und ungefähr 20mal schnell nach rechts umgedreht, dann Luftschraube *L* und Reinigungsschraube *E* geöffnet, um die verbrauchte Filtermasse abfliessen zu lassen, Zuflusshahn *V* geöffnet, Reinigungsöffnung *E* zugehalten und so unter häufigem Umdrehen mit der Kurbel das Filter einigemal ausgespült, bis aus der Reinigungsöffnung *E* klares Wasser fliesst; hierdurch ist die Reinigung besorgt und kann der Apparat aufs neue gefüllt werden.

Ausser den Hausfiltern fertigt die Firma auch grössere Fabrikfilter an, die auf ähnliche Art beschickt werden und wobei die Filtermasse wie bei anderen Filtern auf feine Metallsiebe niedergeschlagen wird.

Von der Wirkung dieser Filter gilt nach den Versuchen Plagge's (l. c.) dasselbe, was von den anderen Asbestfiltern gesagt ist.

7. Papier- und Cellulose-Filter.

An Stelle von Asbest wird auch vielfach Papier oder Cellulose bezw. Baumwolle für Filter benutzt. Die Firma L. A. Enzinger[1]) in Worms hat z. B. solche Filter aus zwischen Rahmen zusammengepresstem Filtrirpapier hergestellt, während die Firma Möller & Holberg in Grabow bei Stettin Cellulose unter Zusatz von 10% Asbest verwendet. Diese werden in Wasser aufgeschwemmt, gepresst und als Scheiben dem Apparat beigegeben. Letztere werden beim Gebrauch zerzupft, in Wasser aufgeweicht, durch ein Rührwerk zu einem feinen Brei verarbeitet und letzterer auf die Oberfläche von feinen Metallsieben aufgespült.

Aehnliche Filter fertigen die vorhin genannten Fabrikanten von Asbestfiltern an.

Die Papier- und Cellulose-Filter pflegen wohl Mikroorganismen, wie Hefe, nicht aber Bakterien zurückzuhalten; aus dem Grunde sind sie mehr für die Filtration von Bier, Wein, Essig, Sprit, auch für Filtration von Wasser zu gewerblichen Zwecken (Brauerei, Gerberei, Färberei, Wollwäscherei etc.) geeignet, aber für die Filtration von Trinkwasser im allgemeinen nicht zu empfehlen.

H. Koch (Halle a. S.[2]) hat ein Kleinfilter „Korrektor“ (D.R.P. 100893) eingerichtet, welches aus einem unteren Vor- und oberen Haupt- oder Feinfilter besteht. Als Filtermasse dient ein Klärpulver, von dem Nr. 1 nur gewaschen, Nr. 2 gewaschen und mit Säure behandelt und Nr. 3 mit Chemi-

---

[1]) Gesundh.-Ing. 1886, **9**, 659.

[2]) Ebendort 1889, **12**, 10.

kalien behandelt ist. Ueber die Natur des Klärpulvers wird nichts angegeben; da auch noch keine einwandfreie Versuche mit diesem Filter angestellt sind, so sei auf dasselbe nur verwiesen.

Schlussbemerkungen zu den Kleinfiltern.

Im Vorstehenden habe ich eine Uebersicht über die bisher in Vorschlag gebrachten und zum grössten Theil noch in Gebrauch befindlichen Kleinfilter und über deren verschiedenste Formen gebracht, von denen auch mehrere zu Filtrationen im grossen Verwendung finden. Ich habe von den verschiedenen Filterarten jedesmal nur die eine oder andere Anwendungsform angegeben und beschrieben; selbstverständlich lassen die einzelnen Filterstoffe die verschiedenartigste Anwendungsweise zu.

Die Kleinfilter sollen in erster Linie ein keimfreies, d. h. von Infektionsstoffen freies, klares und helles Filtrat liefern und verdienen diejenigen den Vorzug, welche dauernd oder doch thunlichst lange grosse Mengen keimfreies Wasser am bequemsten und billigsten liefern. Neben der Keimdichtigkeit hat man daher auch noch Rücksicht auf die Ergiebigkeit, Haltbarkeit, leichte Reinigung und Handhabung zu nehmen und sind Filter bei gleicher Keimdichtigkeit im allgemeinen um so besser, je günstiger die letzteren Eigenschaften sind.

Die vielen vorstehenden Versuche mit den verschiedensten Filtern haben ergeben, dass es ein dauernd keimdichtes Filter nicht giebt. Man kann daher praktisch die Forderung nur so stellen, dass die Filter wenigstens für den Anfang und eine gewisse Zeit sicher ein keimfreies, klares und helles Filtrat liefern sollen.

Am ungünstigsten verhalten sich die Filter aus Kohle, Koks, Eisenschwamm und ähnlichen grobkörnigen Stoffen; sie geben auch für den Anfang vielleicht wohl ein klares und helles, aber kein keimfreies Filtrat und werden bei einiger Benutzung, wenn sich Schwebestoffe in ihnen angesammelt haben, zu einem Heerde von Zersetzungen, sodass das filtrirte Wasser leicht eine schlechtere Beschaffenheit besitzen kann als das Rohwasser.

Die aus sonstigen Stoffen hergestellten Filter, die Porcellan-, Kieselguhr-, Stein- und Asbest-Filter der verschiedensten Art können sämmtlich für den Anfang ein keimfreies, helles und klares Filtrat liefern, wenn sie richtig angefertigt sind und richtig gehandhabt werden.

Ihre Keimdichtigkeit hängt ab:

1. Von der Dichtigkeit und gleichmässigen Beschaffenheit der Filtermasse selbst. Von einer gewissen Oeffnungsweite (Porosität) der Filtermasse an, sei es nun Porcellan, Stein, Kieselguhr oder Asbestfaser, hört natürlich die Zurückhaltung von Keimen und Schwebestoffen auf; es ist weiter erforderlich, dass die Filterschicht überall gleichmässig dick und dicht ist.

2. Von der Stärke und Art des Druckes, unter dem das Wasser filtrirt. Je höher der Druck ist, um so leichter können Keime und Ver-

unreinigungen durch das Filter treten; der Druck soll thunlichst 1—2 Atm. nicht übersteigen. Weniger aber als die Stärke scheint die Art des Druckes von Einfluss zu sein, insofern, als ein stoss- oder ruckweise wechselnder, bald grösserer, bald kleinerer Druck das Durchwachsen der Filter befördert.

3. Von der Menge und dem Gehalt des Wassers an organischen und unorganischen Stoffen. Je grösser die Menge des filtrirenden Wassers und je höher der Gehalt desselben an organischen und unorganischen Stoffen ist, um so eher hört die Keimdichtigkeit auf, wie nicht anders erwartet werden kann.

4. Von der Temperatur des zu filtrirenden Wassers. Je höher diese ist, um so schneller lassen die Filter Keime durchtreten.

Was die Ergiebigkeit der Filter anbelangt, so steht dieselbe im allgemeinen im umgekehrten Verhältniss zur Keimdichtigkeit derselben, d. h. je besser und länger dieselben Keime zurückhalten, um so weniger Filtrat pflegen sie naturgemäss zu liefern. In dieser Hinsicht scheinen die Kieselguhr-Filter gegenüber den Porcellanfiltern die günstige Mitte einzuhalten und wird auch an ersteren die leichtere Reinigung und grössere Haltbarkeit gerühmt. Bezüglich letzterer Eigenschaften übertreffen diese und die Steinfilter wiederum die Asbestfilter.

Alle Filter und Filterstoffe bewirken nur eine Beseitigung der Schwebestoffe einschliesslich der Bakterienkeime; auf die gelösten organischen und unorganischen Stoffe, sei es durch mechanische Zurückhaltung oder durch Oxydation, sind sie ohne Einfluss.

Da bis jetzt kein Filter ein dauernd keimfreies Filtrat liefert, so ist die häufige Reinigung derselben eine wesentliche Bedingung für die sichere Wirkung derselben. Die Reinigung und Sterilisirung derselben soll bei allen Filtern thunlichst jeden Tag, mindestens aber 2—3 mal in der Woche erfolgen und empfiehlt sich 2 Filter vorräthig zu halten, von denen das eine in Gebrauch ist, während das andere gereinigt und sterilisirt wird. Zwar findet nach den bisherigen Beobachtungen ein Durchwachsen der Filter vorwiegend nur für die gewöhnlichen Wasser-Bakterien, nicht aber oder doch nur selten für die pathogenen Bakterien statt; die Möglichkeit eines Durchwachsens der letzteren mit ersteren ist aber unter geeigneten und günstigen Entwicklungsbedingungen nicht ausgeschlossen, und ist ein Kleinfilter als unbrauchbar oder nicht mehr sicher wirkend anzusehen, wenn im Filtrat derselben überhaupt Bakterien auftreten.

Wird bei denselben, auch wenn sie anfänglich an sich keimdicht sind, nicht für eine öftere und genügende Reinigung und Sterilisirung Sorge getragen, so kann das Filtrat, weil die Schlickschicht auf oder in den Filtern einen guten Nährboden für Bakterien bildet, leicht schlechter beschaffen sein als das Rohwasser. Die Reinigung und Sterilisirung der Filter stösst aber in der Praxis vielfach auf Schwierigkeiten, und so haben die Kleinfilter im allgemeinen nur einen sehr bedingten Werth.

III. Reinigung des Trinkwassers durch Kochen.

Zur Entkeimung, bzw. Sterilisirung, des Wassers hat man in der letzten Zeit auch das Kochen des Wassers vorgeschlagen und sind verschiedene Kochapparate in Vorschlag gebracht, welche sämmtlich auf dem von W. v. Siemens empfohlenen Grundsatz des Gegenstromes beruhen, d. h. das kalte Wasser zum Abkühlen des gekochten und damit zugleich das heisse Wasser zum Vorwärmen des letzteren benutzen.

Ein solcher Apparat war zuerst einer französischen Firma „Rouart frères" 1890 patentirt (D.R.P. 58829) und als fahrbarer Apparat mit $6\,^2/_3$ l Leistung in der Minute für die Armee eingerichtet. Die in Deutschland gebräuchlichsten Apparate sind:

1. Kochapparat von Fr. Siemens-Berlin.

Derselbe besteht aus einem etwa 3 l fassenden, offenen Kochgefäss *b* (Fig. 58), in welchem das Wasser durch Gas oder eine sonstige Heizquelle beständig im Sieden

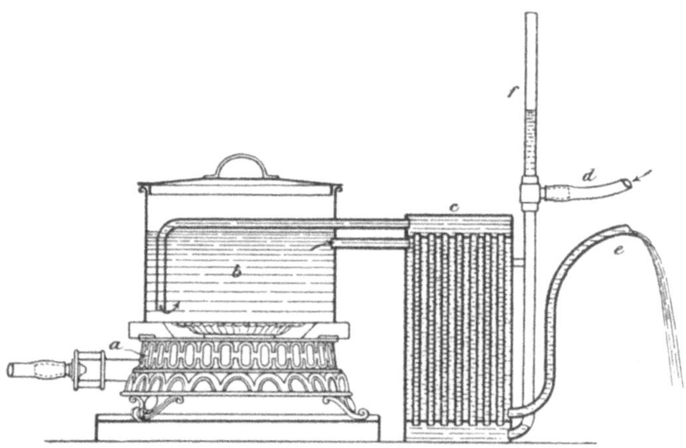

Fig. 58.
Kochapparat von Siemens.

erhalten wird; das Gefäss steht mit einem Kühler *c* in Verbindung, der mittelst Gegenstromes wirkt, d. h. das gekochte Wasser fliesst durch ein Schlangenrohr, um welches sich kaltes, bei *d* eintretendes Wasser entgegenbewegt; das gekochte und abgekühlte Wasser tritt bei *e* aus, während das vorgewärmte Wasser von oben bis auf den Boden des Kochgefässes wieder zugeführt wird.

Der Druck im Kochgefäss darf 20—30 cm nicht übersteigen; zur Messung des Druckes dient das Standrohr *f*.

Der Apparat liefert nach den Versuchen von Plagge[1]) 400—500 ccm ablaufendes Wasser in der Minute, welches 8—10° wärmer ist, als das

[1]) Veröffentl. a. d. Gebiet d. Militär-Sanitätswesens. Untersuchungen über Wasserfilter 1895. Berlin bei Aug. Hirschwald. Heft 9, 172—179.

zufliessende Wasser. Die Temperatur des 5—6 Minuten lang kochenden Wassers geht nicht über 100°; hierdurch wurden alle Keime des Rohwassers (Spreewasser) getödtet, aber gegen Gartenerde-Sporen war diese Erhitzung nicht genügend. Dasselbe fanden Rubner und Davids,[1] die auch noch besonders nachwiesen, dass Cholera- und Typhusbacillen, die schon bei 70—80° absterben, durch den Apparat sicher vernichtet werden. Auch nach H. Schultz[2] können Cholera und Typhusbastserum dem Apparat, wenn das Wasser im Kochgefäss ununterbrochen siedet, nicht lebend durchfliessen, mit Sicherheit auch dann nicht, wenn es einmal zur kurzen Unterbrechung des Siedens kommt. Für andere Bakterien liefert der Apparat kein völlig keimfreies Wasser.

In der Ruhe wie während der Nacht durchwachsen die Bakterien die Reinwasserwege und können nach mehrtägigem (5—6 tägigem) Gebrauch im abfliessenden Wasser viele Bakterien auftreten. Es empfiehlt sich daher, den Apparat wenigstens wöchentlich einmal, im Sommer zweckmässiger zweimal durch fliessendes siedendes Wasser oder durch Wasserdampf zu reinigen, wozu man eines besonderen Kochkessels bedarf.

2. *Kochapparat von Grove-Berlin.*

Dieser Apparat unterscheidet sich von dem vorstehenden dadurch, dass er ein Durchdämpfen mit eigens erzeugtem Dampf gestattet.

Das Wasser durchfliesst erst ein Schlangenrohr *K* (Fig. 59a u. 59b S. 190), in welchem es nach der erwärmten Art des Gegenstromes vorgewärmt wird, gelangt von dort in den Rippenheizkörper (Schnellkocher *S*), wo es stark erhitzt wird, darauf in einen kleinen, zur Regelung von Druckschwankungen bestimmten, mit einem Thermometer versehenen kesselförmigen Behälter *R*, und durchströmt von hier in umgekehrter Richtung die Kühlrohrschlange *K*, worin es abgekühlt wird, um mit einer nur um 5° wärmeren Temperatur als beim Eintritt den Apparat zu verlassen. Der Apparat soll an die Wasserleitung angeschlossen werden, und da das Kochgefäss nicht offen ist, sondern unter dem Druck der Leitung steht, so steigt die Temperatur im Schnellkocher über 100° nämlich auf 110—115°, wodurch trotz verhältnissmässig kurzer Dauer der Erhitzung (etwa $^1/_2$—1 Min.) eine grosse Wirkung auf den Keimgehalt erzielt wird. Der Apparat liefert 1100—1200 ccm Wasser in der Minute und gebraucht in derselben Zeit 6—7 l Gas.

Berliner Leitungswasser und Spreewasser wurden durch diesen Apparat nach Plagge's Versuchen stets sicher sterilisirt; bei Anwendung von Gartenerde-Aufschwemmung verblieben jedoch in dem abgekochten Wasser noch zahlreiche Keime (Sporen).

Auch bei diesem Apparat wachsen während der Ruhe leicht Keime in die Kühlschlange hinein und muss letztere daher thunlichst oft sterilisirt werden, was mit demselben Apparat dadurch ausgeführt werden kann, dass durch Umschaltung eines Verbindungshahnes der Wasserzufluss abgesperrt und ein Dampfstrom 5—10 Minuten durch die Reinwasser-Kühlschlange durchgeschickt wird.

---

[1] Berliner klin. Wochenschr. 1893, Nr. 36.

[2] Zeitschr. f. Hyg. 1893, **15**, 206.

Gegenüber den keimdichten Filtern haben die Kochapparate folgende Nachtheile:

1. Die Kochapparate lassen sich nur anwenden für reines und klares bereits filtrirtes Wasser; gegen Schwebestoffe (Trübungen gröberer und feinerer Art) sind sie unwirksam.

2. Dieselben vernichten nur mit Sicherheit die Bakterienkeime, nicht aber die Sporen, während keimdichte Filter wie die Schwebestoffe, so auch die Sporen zurückhalten.

3. Dieselben wirken nur völlig sicher bei beständigem Betriebe und

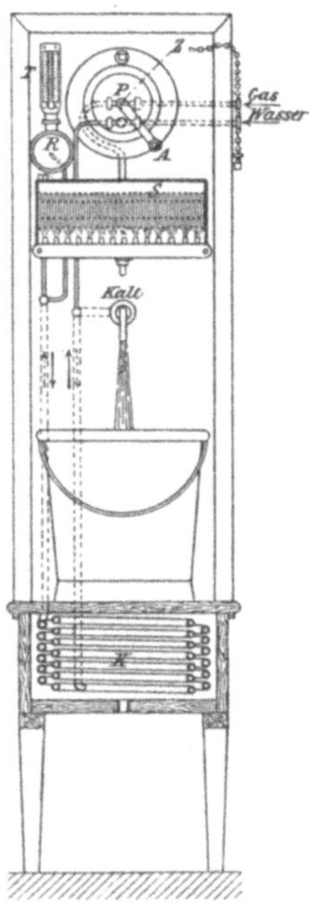

Fig. 59a.

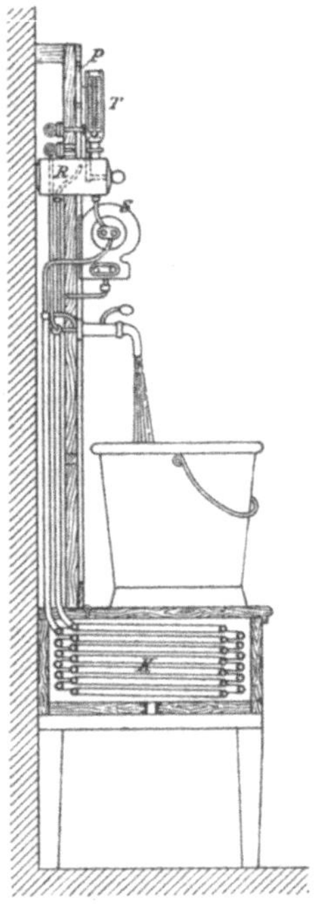

Fig. 59b.

Kochapparat von Grove.

sind im Heizbedarf bei längerer Dauer verhältnissmässig theuer in der Unterhaltung.

Andererseits haben sie vor den Filtern den Vorzug, dass ihre Ergiebigkeit stets gleich bleibt und nicht wie bei den Filtern allmählich nachlässt.

Auch bedeutet das Abkochen des Wassers in geschlossenen Apparaten der vorstehenden Art einen wesentlichen Fortschritt vor dem Abkochen in offenen Gefässen, wie es vielfach in Zeiten von Epidemien gehandhabt wird.

3. Gewinnung von Trinkwasser durch Destillation.

Da, wo Meerwasser die einzige Wasserversorgungsquelle bildet, wie z. B. auf Seeschiffen, muss dasselbe vorher durch Destillation trinkbar gemacht werden. Derartige Anlagen bestehen aus dem Verdampfer und Verdichter (Kondensator); in ersterem wird das Wasser verdampft, in letzterem nach dem Grundsatz der Gegenströmung, wie bei den Siemens'schen Kochapparaten, verdichtet.

Ein bekannter, jetzt vielfach gebräuchlicher Destillationsapparat ist der Yaryan'sche, der von der Mirless Watson und Yaryan Company Lim. in London und Glasgow erbaut wird.[1] Ein neuerer Apparat ist der von Pape & Henneberg in Hamburg.[2]

IV. Reinigung des Trinkwassers durch Chemikalien.

Zur Reinigung bezw. Beseitigung oder Abtödtung von Keimen im Trinkwasser hat man auch Zusatz von Chemikalien empfohlen. Man kann die vorgeschlagenen chemischen Zusatzmittel eintheilen:

1. In solche, welche bloss eine chemische Wirkung äussern, ohne die Bestandtheile des Wassers als solche wesentlich zu verändern. Hierzu gehören z. B.:

a) Eisenchlorid
b) Alaun
c) Eisensulfat
d) Kreide

} mit und ohne Anwendung von Kalk oder Natriumbikarbonat.

e) Kalk allein, sowie auch Kochsalz.

Die Wirkung dieser Zusatzmittel besteht darin, dass sie in dem Wasser einen Niederschlag erzeugen, der wegen seines höheren specifischen Gewichtes schneller als die vorhandenen Schwebestoffe zu Boden sinkt und letztere, besonders auch die Bakterien, zum grossen Theil mit einschliesst und niederreisst.

Wenn der Zusatz von Kalk allein eine Wirkung haben soll, so muss ein Wasser schon genügend doppeltkohlensaure Salze enthalten, damit sich genügend unlöslicher Kalk bilden kann, der die Schwebestoffe mit entfernt; auf diese Weise wird das Wasser auch gleichzeitig kalkärmer. Die Menge des zuzusetzenden Kalkes muss dem Gehalt an Calciumbikarbonat angepasst werden.

Bei Zusatz von Eisenchlorid, Alaun, Eisensulfat, Kupferchlorid mit und ohne Anwendung von Kalk oder Natriumbikarbonat werden die Hydroxyde von Eisen, Aluminium und Kupfer ausgeschieden, welche die

---

[1] Vergl. auch Lüger: Die Wasserversorgung der Städte. Darmstadt 1895, 441.

[2] Vergl. C. Busley in Zeitschr. des Vereins deutscher Ingenieure 1897, 34.

besagte Wirkung äussern, während die Chloride bezw. Sulfate von Calcium oder Natrium gebildet werden und in Lösung bleiben.

Babes[1]) hat für den Zweck einen Zusatz von 0,15 g Alaun, oder 0,25 g Eisensulfat oder 0,25 g Kreidepulver für 1 l Wasser empfohlen und behauptet, dass auf diese Weise das Wasser klar und bakterienfrei werde.

Nach Kirchner[2]) ist vom Preuss. Kriegsministerium ein Zusatz von 0,45—0,675 g Eisenchlorid und 0,20—0,30 g Natriumbikarbonat für 1 l vorgeschlagen und hat Plagge[3]) hiervon günstige Wirkungen beobachtet.

In manchen Gegenden ist es üblich, einem schlechten trüben Brunnenwasser Kochsalz zuzusetzen, ein Gebrauch, der ebenfalls nur den Zweck verfolgt, ein klares Wasser zu erhalten; denn eine Flüssigkeit, welche verhältnissmässig viel Kochsalz gelöst enthält, bringt Schwebestoffe wie Thon etc. eher zur Abscheidung als ein an Salzen armes Wasser. Eine sonstige Wirkung übt das Kochsalz nicht aus.

2. In solche, welche eine Oxydation der organischen Stoffe und gleichzeitige Desinfektion bewirken sollen.

Als solche chemische Mittel haben van Hattinga-Tromp[4]) Wasserstoffsuperoxyd, Berdas & Giraud[5]) Calciumpermanganat empfohlen, oder statt letzterem Andere Kaliumpermanganat.

Auch werden beide (Wasserstoffsuperoxyd und Permanganat) zusammen benutzt und die ausgeschiedenen Manganoxyd-Flocken durch Filtration entfernt.

Fr. Blatz[6]) empfiehlt Natriumsuperoxyd an Stelle von Wasserstoffsuperoxyd; das Natriumsuperoxyd soll sich mit dem Wasser zu Wasserstoffsuperoxyd und Natriumhydroxyd umsetzen, welches letztere die kohlensauren Erdalkalien fällt. Da auf diese Weise das Wasser infolge eines Gehaltes an Natriumkarbonat leicht einen laugenhaften Geschmack annehmen kann, so empfiehlt Blatz vor dem Zusatz von Natriumsuperoxyd eine dem letzteren letzteren aequivalente Menge Citronensäure — nämlich auf 234 Theile Na_2O_2 420 Theile $C_6H_8O_7$ — zuzusetzen.

Ueber Erfolge hiermit liegen genügende Beobachtungen noch nicht vor.

3. In solche chemische Zusätze, welche eine Vernichtung der Keime oder eine Verhinderung des Wachsthums derselben bewirken sollen.

Dieser Zweck lässt sich auch durch Zusatz von Kalk allein erreichen; man muss dann aber so viel überschüssigen freien Kalk zusetzen, dass das entkeimte Wasser ungeniessbar ist. Auch Wasserstoffsuperoxyd wirkt in derselben Weise.

---

[1]) Centrbl. f. Bakterol. 1892, I. Abth., **12**, 132.

[2]) Kirchner: Grundriss d. Militärgesundheitspflege 1891, 152.

[3]) Veröffentl. a. d. Gebiet d. Militär-Sanitätswesens. Untersuchungen über Wasserfilter von Dr. Plagge. Heft 9, 1895, 185.

[4]) Van Hattinga-Tromp: Waterstoffsuperoxyd to Desinfection van Drinkwater. Groningen 1887.

[5]) Revue d'hygiène et de police sanitaire 1895, **17**, 328.

[6]) Apotheker-Ztg. 1898, **13**, 728.

Als weitere Desinfektions- oder Sterilisationsmittel sind empfohlen:

a) Chlorkalk,
b) Calcium- oder Natriumsulfit,
c) Kupferchlorür,
d) Organische Säuren, wie Citronensäure, Weinsäure und Essigsäure.

Der Chlorkalk in Verbindung mit Natriumsulfit ist von M. Traube[1]) vorgeschlagen worden. Ein Zusatz von 4,3 mg Chlorkalk (= 1 mg freies Chlor) für 1 l Wasser soll genügen, um ein völlig keimfreies Wasser zu erzielen. Der Ueberschuss von Chlor soll durch nachherigen Zusatz von Natriumsulfit beseitigt werden. Traube giebt an, dass zur Vernichtung aller Keime auf 1000000 cbm Wasser nur ungefähr 85 Ctr. Chlorkalk und 40 Ctr. Natriumsulfit nöthig sind.

A. Lode[2]) findet aber, dass obiger Zusatz nicht genügt, dass mindestens die 30fache Menge, also 30 mg freies Chlor für 1 l Wasser erforderlich sind, um völlig steriles Wasser zu erzielen. Er empfiehlt für die völlige Freimachung des Chlors etwa $^1/_4$ g Citronensäure auf 1 l Wasser.

Bassenge[3]) fordert zur sicheren Wirkung innerhalb 10 Minuten sogar einen 90mal höheren Zusatz von Chlorkalk als M. Traube (nämlich 97,8 mg freies Chlor für 1 l Wasser), während zur Neutralisation tropfenweise flüssiges Calciumbisulfit zugesetzt werden soll.

Die Versuchsansteller beurtheilen dieses Verfahren zwar günstig; wenn man aber die unangenehmen Eigenschaften des Chlorkalks in Betracht zieht, so erscheint derselbe von vornherein für die Trinkwasserreinigung wenig geeignet.

Von B. Kröhnke[4]) ist statt des Chlorkalks zur Verbesserung und Sterilisirung eines Wassers Kupferchlorür empfohlen worden. Die Kosten sollen nur 0,03—0,08 Pf. für ein 1 cbm Wasser betragen. Da bei diesen Verfahren aber eine Entkupferung des Wassers und wohl auch eine Filtration eintreten muss, so erscheint dasselbe ebenfalls wenig aussichtsvoll.

Von den zur Sterilisirung vorgeschlagenen organischen Säuren: Weinsäure, Citronensäure (nach Pick) und Essigsäure erscheint letztere nach Plagge (l. c.) am ersten empfehlenswerth. Ein Zusatz von 4 ccm 6 %igen Essigs zu 100 ccm Wasser (= 0,24 % Essigsäure im Wasser) bewirkte nach 2stündiger Einwirkung eine Herabminderung der Bakterien im Spreewasser von 2500 auf 40—60, eine solche von 2000000 Typhusbacillen auf 5000 und eine vollständige Vernichtung von 3500000 Cholerabacillen; die Typhusbacillen waren erst nach 24stündiger Einwirkung vernichtet. Das stimmt mit Beobachtungen von Kitasato[5]) überein, der die Wirkungsgrenze der Essigsäure gegen Cholerabacillen bei 0,2 % Essigsäure fand.

---

[1]) Zeitschr. f. Hyg., 1894, **16**, 149.
[2]) Wiener Zeitschr. f. Nahrungsmittel-Untersuchung u. Hygiene 1895, **8**, 185.
[3]) Zeitschr. f. Hyg., 1895, **20**, 227.
[4]) Chem.-Ztg. 1893, **17**, Repertorium 256.
[5]) Zeitschr. f. Hyg., 1888, **3**, 204.

In dem Spreewasser nahm die Anzahl der Bakterien vom 2. Tage an wieder zu und stieg bis zum 10. Tage wieder auf 600000—800000.

Hiernach kann man von dem Zusatz von Essigsäure, wenn auch nicht für die allgemeine Trinkwasserversorgung, so doch unter Umständen, im Haushalt z. B. zu Cholerazeiten, wegen der leichten Ausführbarkeit vortheilhaften Gebrauch machen.

Im übrigen gilt, wenn schon die Anwendung von Chemikalien zur Reinigung von Schmutzwasser (vergl. weiter unten) als ein Nothbehelf angesehen werden muss, dieses besonders für Reinigung von Trinkwasser. Die Wirkung ist eine unsichere und sind die Verfahren in der praktischen Ausführung um desswillen schwierige, weil die Menge der Zusätze jedesmal genau dem zu reinigenden Wasser angepasst werden muss. Setzt man zu wenig Chemikalien zu, so bleibt die reinigende oder sterilisirende Wirkung mehr oder weniger ganz aus, setzt man aber etwas zu viel zu, so wird das Wasser leicht ungeniessbar.

V. Reinigung des Trinkwassers durch Elektricität.

Ausser den eigentlichen Schmutzwässern hat man auch die Trink- und Gebrauchswässer durch Elektricität zu reinigen und zu sterilisiren versucht. Ein solches Verfahren, verbunden mit Filtration, hat 1888 K. E. Philipps vorgeschlagen und in neuerer Zeit Gronier Collins,[1]) der die Reinigung durch Einleiten von Sauerstoff in Verbindung mit dem elektrischen Strom bewirken will. Der Apparat, in welchem das Wasser behandelt wird, besteht aus einem langen Gefäss, welches eine Reihe von Kohle- und Platin-Elektroden enthält, die abwechselnd mit dem positiven und negativen Pol einer Elektricitätsquelle verbunden werden. Auf diese Weise soll sowohl aus dem durch den elektrischen Strom erzeugten, als dem eingeleiteten Sauerstoff eine sehr grosse Menge von Ozon erzeugt werden, durch welches Verunreinigungen des Wassers entweder zerstört oder unlöslich ausgeschieden werden sollen.

G. Oppermann[2]) schlägt zur Reinigung der Gebrauchs- und Trinkwässer eine doppelte Elektrolyse vor. Auf das Wasser wirkt zunächst ein Strom von 25 Volt Spannung unter Anwendung von Platinelektroden in Form flacher Spiralen, von welchen aus sich die Gasblasen in feinster Vertheilung durch das Wasser verbreiten. Auf diese Weise sollen neben etwas Chlor — aus den Chloriden des Wassers — und Wasserstoffsuperoxyd 3 bis 6 % Ozon entstehen, welches die organischen Stoffe, Ammoniak und salpetrige Säure oxydiren, ausserdem die sämmtlichen Bakterienkeime vernichten soll.

[1]) Chem.-Ztg. 1893, **17**, Repertorium 60; daselbst nach Lond. Elektr. Rev. 1892, **31**, 700.

[2]) Hyg. Rundsch. 1894, **4**, 865.

Da durch diese Behandlung das Wasser nicht ganz klar bleibt und einen widerlichen, Erbrechen erregenden Geschmack annimmt, so lässt Oppermann zum zweiten Male einen elektrischen Strom auf das Wasser einwirken, aber unter Anwendung von Aluminium-Elektroden. Das Ozon soll das Aluminium unter Bildung von Aluminiumhydroxyd oxydiren, welches gleichzeitig Schwebestoffe aller Art (auch Bakterien) mit einschliesst, so dass das auf diese Weise behandelte Wasser nicht nur frei von Ozon, sondern nach der Filtration auch vollständig keimfrei, klar und vom besten Geschmack ist.

Die Platin- und Aluminiumelektroden sind gleichzeitig in demselben Gefäss angebracht und sollen sich nach Oppermann bei Umschaltung des Stromes gegenseitig nicht stören. Oppermann hat zu dieser Art Behandlung des Wassers verschiedene Apparate,[1]) auch fahrbare eingerichtet, jedoch hat das Verfahren bis jetzt keine Nachahmungen gefunden.

Um durch Ozonisirung eine vollständige Sterilisation des Wassers zu erzielen, müssen nach E. Andreoli[2]) alle im Wasser vorhandenen Schwebe- und sonstige bedenklichen Stoffe der Einwirkung des oxydirenden Gases zugänglich sein, wozu ein blosses Durchleiten desselben nicht genügt. Mit einer Pferdekraft will Andreoli mindestens 100 g Ozon in der Stunde darstellen können und diese sollen 9000 l Wasser von mittlerer Unreinigkeit zu desinficiren im Stande sein. Der Erfolg würde noch grösser sein, wenn es gelänge, die oxydirende Wirkung des Ozons im Wasser vollkommener auszunutzen.

VI. Lüftung und Enteisenung von Trinkwasser.

Mitunter wird zur Verbesserung oder Haltbarmachung eines Wassers eine Lüftung oder Sauerstoffzuführung angewendet, und zwar entweder dadurch, dass man das Wasser an der Luft stehen lässt oder in dünner Schicht bezw. feinem Strahl in der Luft vertheilt oder herabfallen lässt, oder indem man Luft hineinbläst.

Die Wirkung dieser Lüftung besteht nicht etwa in einer direkten Oxydation organischer Stoffe, sondern darin, dass den aëroben Bakterien genügend Sauerstoff zur Verfügung steht und keine Fäulniss eintritt. (Vergl. weiter unten unter Reinigung von Schmutzwässern durch Lüftung).

Dieser Zweck kann aber bei Wasserversorgungen nur eine beschränkte Bedeutung haben. Denn wenn ein Wasser so viel organische Stoffe enthält, dass eine Sauerstoffzufuhr behufs Zersetzung durch Bakterien nothwendig wird, so ist es überhaupt für Wasserversorgungen nicht anwendbar.

Wichtiger und im grossen ausführbar ist aber die Lüftung des Wassers behufs Entfernung des Eisens, der sogen. Enteisenung.

[1]) Chem.-Ztg. 1894, **18**, 1856 u. 1895, **19**, 604.

[2]) Nach Lond. Electr. Rev. 1897, 498 in Vierteljahrsschr. f. Nahrgs.- u. Genussm. 1897, **12**, 600.

Das Grundwasser der Alluvial- und Diluvial-Schichten der norddeutschen Tiefebene enthält durchweg mehr oder weniger Eisen in Form von kohlensaurem oder humussaurem Eisenoxydul, zuweilen neben etwas Schwefelwasserstoff.

Frisch geschöpft erscheint derartiges Wasser meist hell und klar; beim Stehen an der Luft verliert sich der faulige Geruch alsbald, während zu gleicher Zeit unter Entweichen von Kohlensäure in Folge des Zutrittes von Luftsauerstoff eine Trübung des Wassers und zuletzt ein gelbflockiger Niederschlag (und Bodensatz) auftritt, indem das gelöste Eisenoxydul in unlösliches Oxyd- bezw. Oxyduloxydhydrat umgewandelt wird.

Diese Verunreinigung des Wassers ist zwar hygienisch unbedenklich, doch macht sie das Wasser unappetitlich, und daher ist es nothwendig, dass das Eisen dem Trinkwasser möglichst vollständig entzogen wird, ehe es zur Verwendung kommt.

Nach neueren Untersuchungen von Lübbert[1]) über die freiwillige Eisenausscheidung aus dem Grundwasser, scheint die oben beschriebene Oxydation bei einigen Grundwässern selbst in Gegenwart reichlicher Mengen von Sauerstoff erst dann einzutreten, wenn der Kohlensäuregehalt unter eine gewisse Grenze gesunken ist, so dass bei dieser die Ausscheidung der Kohlensäure eine Vorbedingung für die Eisenausfällung bildet.

Verschiedene Verfahren zur Enteisenung des Wassers sind vorgeschlagen worden und zur Ausführung gekommen; sie beruhen meist auf dem Gedanken, die Ausfällung des Eisens durch Ermöglichung eines schnellen Gasaustausches herbeizuführen und das so ausgeschiedene Eisen in Klärbehältern oder durch Sandfiltration zurück zu halten. In Kiel z. B. ist es auf diese Weise gelungen, den Eisengehalt des Wassers, welcher vor der Behandlung im Durchschnitt 3,3 mg FeO im Liter betrug, auf 0,1 mg im Liter zu vermindern.

Salbach[2]) war wohl der Erste, welcher sich eingehender mit der Eisenausscheidung beschäftigte, und nach seiner Aussage gelang es ihm versuchsweise bereits im Jahre 1868 das Leitungswasser der Stadt Halle a/S. „mittels Durchlüftung desselben in einem mit grob geschlagenen Kies ausgefüllten, auf seiner Sohle mit einem Siebe versehenen Kasten, unter welchem ein Sandfilter angebracht war," zu reinigen.

Im Jahre 1886 sellte Anklam am Tegeler See Versuche über die Eisenausfällung an, und gelang es ihm, die Enteisenung herbeizuführen, wenn er das Wasser in einem dünnen Schleier über treppenartig zusammengefugte Bretter 60 cm hoch laufen liess, ehe es durch feinen Sand filtrirt wurde. Da aber dieser Vorgang eine sehr häufige Filterreinigung bedingte und ihm auch sonst anderweitige Bedenken im Wege standen, bediente

---

[1]) Zeitschr. f. Hyg. 1895, **20**, 397.

[2]) Salbach: Bericht üb. die Erfahrungen bei Wasserwerken u. Grundwasserversorgung. Dresden 1893.

man sich seiner weiter nicht, sondern gab die Versorgung mit Grundwasser ganz auf und ging zum Oberflächenwasser über.

Das erste Verfahren, welches eine weitere Ausdehnung fand, ist das Oesten'sche, welches durch die von Oesten und Proskauer[1]) im Jahre 1888—89 angestellten Versuche ausgebildet wurde.

Ungefähr ein Jahr später (1891) schlug C. Piefke[2]) ein weiteres Verfahren vor, welches ebenfalls vielfach in Anwendung gekommen ist.

Beim Oesten'schen Verfahren wird die Durchlüftung des Wassers durch freien Regenfall und seine Filtration durch Kies von Graupenkorngrösse bewirkt, während beim Piefke'schen Verfahren ein Rieseln über faustgrosse Koksstücke und ein Feinsandfilter in Anwendung kommt. Ein noch gröberes Filter als das Oesten'sche wird von Thiem angewendet, welcher Steine bis zu einer Korngrösse von 4—10 mm benutzt.

1. Das Oesten'sche Verfahren (durch freien Regenfall).

Die Höhe des freien Regenfalls, welcher durch eine Feinbrause erzeugt wird, beträgt nach Oesten ungefähr 2 m, die Stärke der filtrirenden Kiesschicht gegen 30 cm

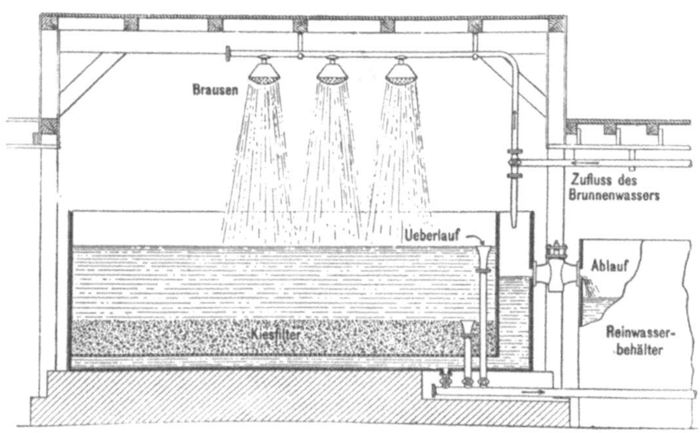

Fig. 60.
Enteisenungsapparat nach Oesten.

und die Filtrirgeschwindigkeit 1000 mm in der Stunde. Bei einer Anlage für eine Papierfabrik in Berlin beträgt die Grösse der Kiesfläche 10 qm, mithin können in einer Stunde 10 cbm Wasser von seinem Eisengehalt von nicht ganz 2 mg FeO für 1 Liter befreit werden. Der Filtrationsüberdruck kann hier nicht über 40 cm ansteigen, was durch die relative Höhenlage des Reinwasserabflusses und des Ueberlaufs erreicht wird. Alle 4 Wochen wird die Reinigung des Filters nothwendig, welche durch Gegenstrom bewirkt wird, wozu ein Mann nicht ganz eine Stunde gebraucht. Die Einrichtung und Handhabung des Apparates erhellt aus vorstehender Zeichnung, Fig. 60.[3])

---

[1]) Vergl. B. Proskauer: Zeitschr. f. Hyg. 1890, **9**, 148.
[2]) Journ. f. Gasbel. u. Wasserversorg. 1891, **34**, 61 u. 85.
[3]) Gesundh.-Ing. 1895, **18**, 49.

Nach Dunbar[1]) ist das Oesten'sche Verfahren nur bei einem schwach eisenhaltigen Wasser genügend wirksam, bei einem stark eisenhaltigen und kohlensäurereichen Wasser dagegen nicht.

2. Das Piefke'sche Verfahren (Rieselung durch Koks).

Nach dem Piefke'schen Verfahren (Rieselung durch Koks) sind eine Reihe von Enteisenungsanlagen erbaut worden — z. B. in Beelitzhof (Charlottenburger Wasserwerke), Lichtenberg, Pankow, Trier und Kiel — von denen diejenige in Kiel ohne Frage die grösste und bedeutendste ist. Dieselbe wurde im Jahre 1893 in der Nähe des Schulensees erbaut und ist ausführlich in der Festschrift zur 21. Versammlung des deutschen Vereins für öffentliche Gesundheitspflege zu Kiel beschrieben, welcher die folgenden Angaben entnommen sind.[2])

Die Koksrieseler befinden sich hier in einem besonderen Gebäude (Fig. 61), welches in 8 Abtheilungen mit je rund 25 qm Fläche zerlegt ist, von denen eine jede

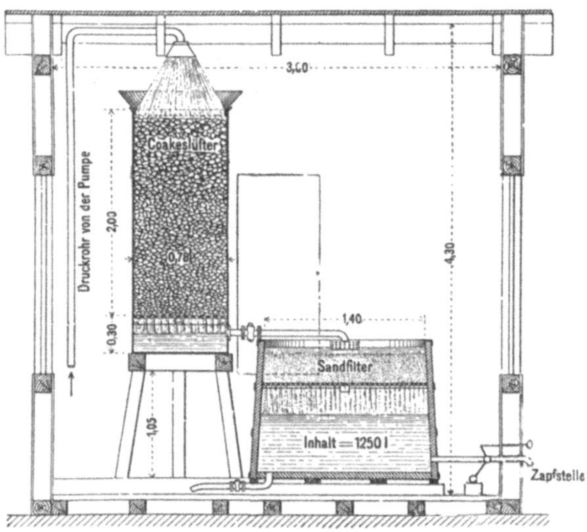

Fig. 61.
Enteisenungsapparat nach C. Piefke.

selbstständig ein- und ausgeschaltet werden kann. Die Stärke der Kokschicht beträgt 2,5 bis 3 m, und unter den Rieselern befinden sich Absetzbecken.

Das Wasser, welches auf die Rieseler gehoben wird, steigt durch die Koksstücke nach unten in die Absetzbecken und gelangt aus denselben durch die Vorkammer auf die Filter. Letztere sind als überwölbte Filter erbaut und jedes derselben hat eine freie Sandfläche von 309 qm (21 m lang und 15 m breit). Die Stärke der Sandschicht

[1]) Zeitschr. f. Hyg. 1896, **22**, 108.

[2]) Vergl. auch „Die Grundwasserversorgung mit besonderer Berücksichtigung der Enteisenung“ von A. Thiem u. B. Fischer. Deutsche Vierteljahrsschr. f. öffentl. Gesundheitspflege 1897, **19**.

(feiner Sand) beträgt 70 cm, unter welcher die 48 cm starke Kiesschicht liegt; im übrigen sind die Filter gerade so wie die bei der Filtration von Oberflächenwasser benutzten Sandfilter eingerichtet.

Für gewöhnlich wird mit einer Geschwindigkeit von 300 bis 450 mm in der Stunde gearbeitet, und was den grössten zulässigen Filtrationsüberdruck anbelangt, so ist derselbe auf 1 m festgesetzt. Je nach der angewendeten Geschwindigkeit beträgt die Laufzeit des Filters 20 bis 30 Tage, worauf die Reinigung durch Abkratzen einer 1 bis $1^1/_2$ cm starken Schmutzschicht erfolgt.

Auf diese Weise ist es, wie schon gesagt, gelungen, den Eisengehalt des Wassers von 3,3 mg FeO im Liter auf 0,1 mg zu vermindern. Leider enthält die angeführte Quelle keine Angaben über die Betriebskosten, welche nicht ganz gering sein können.

Da die Thätigkeit der Koksrieseler erst einige Zeit nach ihrer Inbetriebsetzung eine befriedigende ist, ist die Vermuthung ausgesprochen worden, dass die Eisenausscheidung kein chemischer, sondern ein biologischer Vorgang ist. Weiter hat man ihnen vorgeworfen, dass sie unter Umständen pathogenen Keimen einen geeigneten Aufenthaltsort bieten können, doch hat man bis jetzt noch keine darin gefunden. Der Ueberzug der Koksstücke besteht aus Crenothrix und einer grossen Anzahl von Bakterien, was zur Folge hat, dass der Keimgehalt des Wassers durch die Rieselung erhöht wird.

Auf den Charlottenburger Wasserwerken in Beelitzhof wird mit einer Geschwindigkeit von 150 mm in der Stunde filtrirt, weshalb ungefähr alle 8 Tage eine Reinigung der Filter nöthig wird. Die Filtermasse ist hier gröberer Sand; seine Erneuerung erfolgt jährlich einmal. Anstatt der Koksstücke werden seit kurzem Mauersteine verwendet, wodurch die Leistung der Rieseler um 50% erhöht werden soll; doch ist in Kiel durch Ziegelsteine eine bessere Wirkung des Rieselers nicht erzielt worden. Was noch die Ergiebigkeit der Rieseler anbelangt, so werden in Beelitzhof 5 cbm Wasser auf den Quadratmeter der Querschnittsfläche für die Stunde aufgebracht, was eine Geschwindigkeit von 5000 mm in der Stunde entspricht; hiernach verbleibt das Wasser nur ungefähr 37 Sekunden im Rieseler.

Was schliesslich noch die Reinigung der ungefähr 3 m hohen Koksrieseler anbelangt, so erfolgt dieselbe selbstthätig, indem Spülwasser von unten unter dem gewöhnlichen Druck eingelassen wird. Dies erhöht die Betriebsdauer eines Rieselers und soll seine Neufüllung nur ein- bis zweimal im Jahre nöthig machen.

Der Piefke'sche Apparat bewährte sich nach Dunbar[1]) in Hamburg bei 15 Brunnen auch bei hochgradigem eisenhaltigem Wasser, wenn die Koksschicht nicht unter 2 m und die Sandschicht, bei einer Korngrösse des Sandes von 1 mm, 30 cm hoch genommen wurde. Die Reinigung erfolgte durch Abtragung der obersten 5—8 cm dicken, stark verschlammten Schicht alle 12 Tage.

---

[1]) Zeitschr. f. Hyg. 1896, **22**, 115.

O. Smrecker[1]) hat die Durchlüftung des Wassers in den Piefke'schen Koksrieselern dadurch erhöht, dass er über letzteren Siebe anbringt, durch welche das Wasser hindurch treten muss, ehe es auf den Lüfter gelangt.

3. Das Thiem'sche Verfahren.

Thiem[2]) empfiehlt die Anwendung eines noch gröberen Filtersandes, als Piefke, nämlich eines solchen von 4—10 mm Korngrösse in 1,4 m hoher Schicht. Durch solches Grobfilter wird die Filtration erheblich gesteigert und soll dasselbe besonders dann Vortheile gewähren, wenn neben Eisen auch Huminsubstanzen in reichlicher Menge vorhanden und abzuscheiden sind.

4. Das Kurth'sche Verfahren.

Kurth[3]) verlegt den Oesten'schen Apparat in den Boden, um ihn vor Frost zu schützen. Die Einrichtung erhellt aus nachstehender Zeichnung Fig. 62. Wesentlich dabei sind zwei ganz gleiche Pumpen, die in geeigneter Weise mit einander verbunden sind und gleichzeitig in Betrieb gesetzt werden. In demselben Masse, wie die eine Pumpe aus dem Reinwasserbehälter das Wasser für den Bedarf liefert, fördert die andere das Wasser aus dem Tiefbrunnen auf die Lüftungsanlage. Zwei derartige in bezw. bei Bremen eingerichtete Anlagen haben sich nach Kurth bei stark eisenhaltigem Wasser (20 mg in 1 l) gut bewährt, was durch die nachstehenden Versuche eine Erklärung findet.

Dunbar und Kryck[4]) haben nämlich nachgewiesen, dass ausser der Sauerstoffzufuhr noch ein anderer Umstand an der möglichst weitgehenden Enteisenung mitwirkt, nämlich der gleichmässige Ueberzug der Sandkörner mit Eisenschlamm. Denn die Filter liefern erst nach einiger Zeit, wenn sich der Sand mit Eisenschlamm überzogen hat, ein klarbleibendes Filtrat; dabei kommt es weniger auf die Menge des abgelagerten Schlammes, als auf die gleichmässige Vertheilung desselben an. Es ergab sich ferner, dass die älteren Filter deshalb besser wirken, weil der Sauerstoff durch den besagten Schlammüberzug in erhöhtem Masse zurückgehalten wird, und zwar bindet dasselbe Filter mit stärker eisenhaltigem Wasser mehr Sauerstoff, als ein Wasser mit geringem Eisengehalt.

Bei dem Salbach-Piefke'schen Lüfter mit nachfolgender Filtration enthielt das Filtrat kaum merklich weniger Sauerstoff, als dasjenige Wasser, das aus dem Lüfter auf das Filter gelangte. Im Filter wird daher in diesem

---

[1]) Gesundh.-Ing. 1894, **17**, 221.

[2]) Hyg. Rundsch. 1894. **4**, 1036.

[3]) Bericht üb. die Versammlung d. Deutschen Vereins f. öffentl. Gesundheitspflege in Kiel 1896, 42.

[4]) Journ. f. Gasbel. u. Wasserversorg. 1898, **41**, 528 u. 544.

Falle kein Sauerstoff zurückgehalten, weil die Oxydation des Eisens schon beendet ist, ehe das Wasser in das Filter eintritt.

Während man früher für die Enteisenung die Austreibung der Kohlensäure für sehr wichtig hielt (vergl. S. 196), kommt es nach Dunbar und Kryck[1]) praktisch nur auf die reichliche Sauerstoffzufuhr an, die Kohlensäure-Entziehung kann dabei ausser Acht gelassen werden.

Die vorstehenden Enteisenungsverfahren werden in der Weise gehandhabt, dass das auf dem Filter stehende Wasser, nachdem es vorher gelüftet ist, ununterbrochen zu- und abfliesst. Die Enteisenung würde bei diesen An-

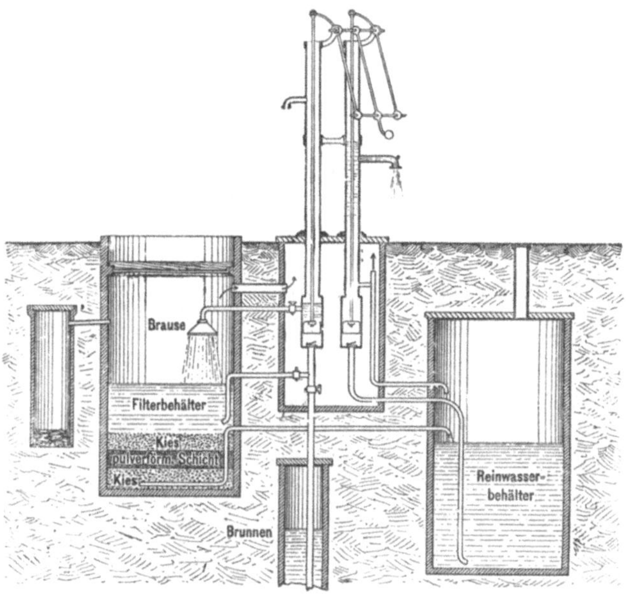

Fig. 62.
Enteisenungsvorrichtung für Brunnen nach Kurth.

lagen ohne vorhergehende Lüftung nicht erreicht werden. Man kann aber nach Dunbar und Kryck die Enteisenung durch ein bereits eingearbeitetes Filter, d. h. wenn die Sandkörner genügend mit Eisenschlamm überzogen sind, allein dadurch erreichen, dass man das Filter bis zur Oberfläche mit Wasser füllt und dann sich entleeren lässt. Beim Entleeren füllt sich das Filter sofort wieder mit Luft, welche für die nächste Füllung den erforderlichen Sauerstoff liefert. Diese Art unterbrochener Filtration beruht auf demselben Grundsatz, der mit Erfolg zur Reinigung städtischer Abwässer durch Bodenfiltration angewendet wird und ist sehr der Prüfung werth, weil sie die vorherige Lüftung umgeht und einfacher in der Ausführung

[1]) Vergl. B. Fischer: Bericht üb. d. 21. Versammlung d. Vereins f. öffentl. Gesundheitspflege in Kiel 1896, 42.

ist. Das bei der unterbrochenen Filtration gewonnene Filtrat zeigte noch 6,5 ccm Sauerstoff, mithin annähernd so viel, als bei enteiseneten Wässern der Salbach-Piefke'schen Enteisenungsanlagen festgestellt werden konnte.

Dunbar und Kryck schlagen ferner eine doppelte Filtration vor. Man kann nämlich selbst aus einem sehr stark eisenhaltigem Grundwasser ein klar bleibendes Trinkwasser erzielen, wenn man das Filtrat des ersten Filters durch ein zweites schickt. Das Wasser durchfliesst zunächst eine 30 cm hohe Schicht gewaschenen Flusssandes von etwa 1 mm Korngrösse und wird dann auf ein zweites Filter von derselben Höhe und Sandkorngrösse geleitet. Da das Wasser im ersten Filter sauerstoffarm wird, so wird ihm, bevor es auf das zweite Filter tritt, durch ein Lüftungsrohr Luft zugeführt.

5. Enteisenung durch chemische Fällungsmittel und durch das Kröhnke-Filter.

Ausser durch Lüftung und Filtration ist vorgeschlagen, das Eisen im Grundwasser durch chemische Fällungsmittel zu beseitigen. Das hygienische Institut in Hamburg hat für den Zweck Eisenchlorid und Kalk und Beseitigung des Niederschlages durch das Pressfilter von Kröhnke (S. 156) vorgeschlagen.[1])

Bei den meisten eisenhaltigen Wässern soll man mit einem Zusatz von 10 g Eisenchlorid und 50 bis 100 g Kalk — je nach dem Kohlensäuregehalt des Wassers — für 1 cbm auskommen. Erst wird das Eisenchlorid zugesetzt, umgerührt, dann der Kalk und wieder gerührt. Nach 15—30 Minuten hat sich ein dicker Niederschlag gebildet und kann das obige Pressfilter angewendet werden.

Weniger empfehlenswerth ist ohne Zweifel die Enteisenung nach Steckel[2]) mittelst Kalk allein. Steckel mauert aus grossen Backsteinen Behälter (Brunnen) in zwei koncentrischen Kreisen auf und lässt zwischen beiden Cylindern einen Zwischenraum von 10 cm. Letzterer wird mit nussgrossen Kalkhydratstücken bis über das Niveau des höchsten Grundwasserstandes angefüllt, ebenso die Brunnensohle 10 cm damit bedeckt und darauf mit 20 cm Sand überschichtet. Der Kalk soll sich mit Eisenocker überziehen, das Wasser keine alkalische Beschaffenheit, wohl aber einen höheren Kalkgehalt annehmen.

Da Kesselbrunnen nur selten hygienisch einwandfrei sind, so hat Lübbert das Verfahren für Röhrbrunnen eingerichtet, indem er den doppeltheiligen Filterkasten oberirdisch anlegt und das Wasser von unten nach oben durch eine Filtrirschicht von Kies, Kalkhydratstücken und Sand steigen lässt.

---

[1]) Vergl. Dunbar: Zeitschr. f. Hyg. 1896, **22**, 118.
[2]) Vergl. Lübbert: Ebendort 1895, **20**, 397.

Nach Ansicht des Verf.'s wird sich hierbei aber kaum vermeiden lassen, dass das Wasser wenigstens nicht zeitweise eine alkalische Beschaffenheit annimmt. Auch mit dem von Lübbert,[1]) zur Fällung des Eisens weiter empfohlenen unlöslichen 3-basisch phosphorsauren Kalk haben Dunbar und Orth keine günstigen Ergebnisse erzielt.

Den Enteisenungsverfahren durch Lüftung und Filtration ist, wie gesagt, der Vorwurf gemacht worden, dass das Wasser leicht einen erhöhten Keimgehalt und durch Berührung der Bedienungspersonen auch Infektionskeime aufnehmen kann. Wenngleich letztere Gefahr nur unbedeutend oder doch nicht bedeutender zu sein pflegt, als bei anderen Filtern, so empfiehlt sich doch, die Reinigung so vorzunehmen, dass die Berührung der Filtermasse vermieden wird. Das ist überall da der Fall, wo die Reinigung durch Spülung bewirkt wird, z. B. beim Grobfilter, bei Verwendung der künstlichen Filtersteine, den sog. Wormser Filterplatten (S. 142) und den neuerdings von Dunbar für die Enteisenung empfohlenen und von Kröhnke verbesserten Filtern.

6. Das Dunbar'sche Pressfilter.

Das Kröhnke'sche Pressfilter[2]) ist schon S. 156 beschrieben; das Dunbar'sche Pressfilter[3]) hat folgende Einrichtung (vergl. Fig. 63):

In einem cylindrischen Gefäss von 60 cm Höhe und 30 cm Breite mit trichterförmigem Boden ist eine 30 cm hohe Sandschicht von 1 mm Korngrösse zwischen zwei Metallsieben eingeschlossen, von denen das obere mittelst einer Schraube auf und nieder bewegt werden kann. Das Wasser mit dem durch Lüftung oder durch Chemikalien ausgeschiedenen Eisen tritt unten ein und fliesst oben gereinigt ab. Ein grosser Theil des ausgeschiedenen Eisens setzt sich schon in dem Trichterboden ab. Ist das Filter verstopft, so genügen einige Drehungen an der Stellschraube und eine Durchspülung während etwa einer 1/2 Minute, um es wieder betriebsfähig zu machen. Zwei- bis viermal im Jahre müssen auch die Metallsiebe gereinigt werden.

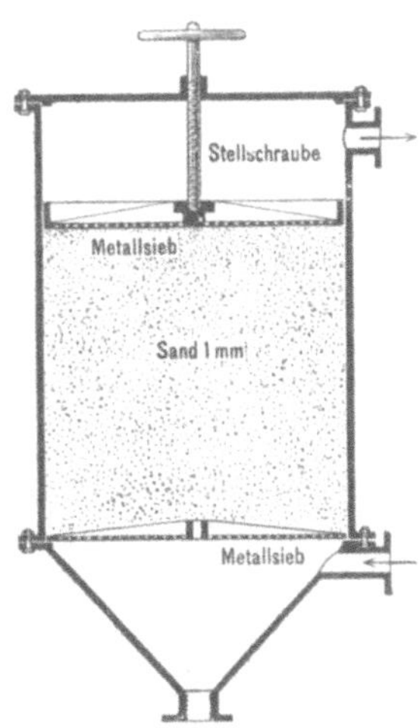

Fig. 63.
Pressfilter von Dunbar.

7. Das Dunbar'sche Tauchfilter.

Dunbar und Orth[4]) haben gefunden, dass sich die Enteisenung des Grundwassers durch eine noch einfachere Einrichtung erreichen lässt, als sie vor-

[1]) Zeitschr. f. Hyg. 1896, **22**, 398.

[2]) Kröhnke (vertreten durch die Allgem. Städtereinigungs-Gesellschaft in Wiesbaden) bedient sich zum Lüften entweder der einfachsten staubartigen Vertheilung an der Luft oder der Koksthürme. Ausserdem hat er selbstthätige Mischapparate eingerichtet, um den Wässern auch Chemikalien beimischen zu können.

[3]) Zeitschr. f. Hyg. 1896, **22**, 117.

[4]) Journ. f. Gasbel. u. Wasserversorg. 1898, **41**, 285.

stehend Kurth angiebt. Sie schlagen für den Zweck das sogen. Tauchfilter vor, welches in den Kesselbrunnen eingehängt wird (vergl. Fig. 64).

In ein Holzfass *a* von ca. 80 cm Höhe und ca. 50 cm Durchmesser wird ein Metallcylinder *b* mit dem geschlossenen Ende nach oben gerichtet, eingesetzt und unten an dem Boden des Fasses befestigt. In die Wandung des Cylinders werden rund herum eine Anzahl kleiner Löcher *c* geschlagen, um das Wasser durchtreten zu lassen. Der zwischen Fass und Cylinder bleibende Raum wird unten mit einer 15 cm hohen Schicht von Steinen und Kies *d* angefüllt, darüber wird eine 58 cm hohe Schicht Filtersand *e* (1 mm Korngrösse) gebracht und diese oben mit Kies *f* bedeckt. Durch den Deckel des Cylinders reicht das Steigrohr *g* einer Pumpe, ausserdem ein Entlüftungsrohr *h*. In dem erwähnten Cylinder steht ein zweiter Cylinder *i*, der aber oben offen und unten geschlossen ist.

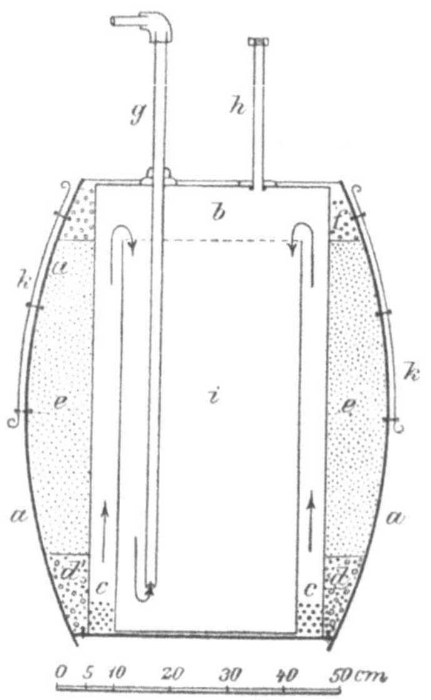

Fig. 64.
Tauchfilter von Dunbar.

Versenkt man einen solchen Apparat mittelst der an der äusseren Wandung angebrachten Haken *k* in einen Kesselbrunnen, dessen Wasser über den oberen Fassrand hinwegreicht, so füllt er sich allmählich mit Wasser, indem die Luft aus dem Entlüftungsrohre, das über den höchsten Wasserstand des Brunnens hinausragen muss, entweicht. Das eintretende Wasser filtrirt durch die Sand- und Kiesschichten, tritt in den äusseren Cylinder ein und muss erst bis zum oberen Rand des inneren Cylinders steigen, ehe es in diesen überläuft. Der innere Cylinder hat den Zweck, zu verhüten, dass sich beim Pumpen Strömungen direkt von der Kiesschicht nach dem Steigrohr bilden.

Nachdem sich der innere Cylinder gefüllt hat, kann er in beliebigen Zeitabschnitten leer gepumpt werden. Die Pumpe saugt infolge des Einflusses des Entlüftungsrohres nicht direkt durch den Kies hindurch, sondern entleert erst nur den inneren Cylinder; letzterer füllt sich allmählich wieder, mit einer Geschwindigkeit, die lediglich von dem Wasserstande im Brunnen abhängig ist.

Die Ergebnisse, welche Dunbar und Orth mit dieser einfachen Enteisenungsvorrichtung erhalten haben, werden als sehr zufriedenstellend bezeichnet. Auch glauben sie, dass nur eine seltene Reinigung des Filters nothwendig werden dürfte. —

Wo Sand als Filtermasse nicht ausreicht, wird an seiner Stelle Thierkohle in Vorschlag gebracht.

Krüger[1]) hat beobachtet, dass man das Eisen aus einem Wasser mittelst Thierkohlenfilter allein, z. B. durch die Bühring'schen Kohlenfilter (vergl. S. 163) entfernen kann. Das Filter entzieht Kohlensäure und hält das Eisen zurück. Für eine Reinigung des Filters kann man die Kohlensäure durch Alkali, das Eisen durch Säuren entfernen und das Filter durch Glühen wieder beleben.

---

[1]) Vergl. Dunbar: Zeitschr. f. Hyg. 1896, **22**, 132.

Nach vorstehenden Verfahren, die je nach der Beschaffenheit des Wassers ausgewählt werden müssen, gelingt es somit leicht, nicht nur das Eisen aus einem Grundwasser zu entfernen, dasselbe wohlschmeckend und appetitlich zu machen, sondern daraus auch ein von Krankheitserregern freies und an Keimen armes Wasser zu gewinnen, gerade so gut, wie durch Filtration von Oberflächenwasser. Dann aber hat die Versorgung mit Grundwasser vor der mit Oberflächenwasser sogar Vorzüge, insofern als Grundwasser aus gewisser Tiefe und gut filtrirendem Boden an sich frei von Infektionskeimen ist, eine gleichmässige kühle Temperatur besitzt, die sich durch die Reinigungsverfahren nur unwesentlich ändert, und insofern, als ferner die Versorgung mit Grundwasser sich durchweg sogar billiger stellt, als die mit Oberflächenwasser.

VII. Das Weichmachen des Wassers.

1. Allgemeine Fällungsmittel.

Das Weichmachen des Wassers kommt weniger für Trinkwasser als für Kesselspeisewasser in Betracht, ist aber auch vereinzelt für ersteres in Gebrauch.

Die Art des Weichmachens hängt ganz von der Art und Grösse der Härte eines Wassers ab. Wir unterscheiden zwischen vorübergehender oder temporärer und bleibender oder permanenter Härte; erstere wird vorwiegend durch die Karbonate von Kalk und Magnesia, die durch Kohlensäure in Lösung gehalten werden, also durch Bikarbonate, letztere durch die Nitrate, Sulfate und Chloride der Erdalkalien bedingt.

Die Karbonate der Erdalkalien (oder die vorübergehende Härte) lassen sich entfernen und werden für gewöhnlich entfernt:

a) durch Lüftung (zum Theil),
b) durch Kochen,
c) durch Zusatz von Kalk (vereinzelt auch Magnesia) oder Natriumhydroxyd bezw. Natriumkarbonat.

Durch Lüftung, d. h. dadurch, dass das an Bikarbonaten reiche Wasser in dünner Schicht oder in feinem Sprühregen in der Luft herunterfällt, entweicht ein Theil der halbgebundenen Kohlensäure, infolgedessen die Monokarbonate, weil unlöslich, ausfallen.

Dasselbe wird durch Kochen bewirkt und können durch anhaltendes Kochen die Karbonate der Erdalkalien vollständig abgeschieden werden. Deshalb verdient dieses vor allem anderen den Vorzug.

Durch den Zusatz von Kalkhydrat nach dem ursprünglichen Clark-schen Verfahren soll die halbgebundene Kohlensäure des Bikarbonats nach der Gleichung:

$$Ca(CO_3H)_2 + Ca(OH)_2 = 2\,CaCO_3 + 2\,H_2O$$

in Monokarbonat übergeführt werden, welches mit dem aus dem Bikarbonat gebildeten unlöslich abgeschieden wird.

In derselben Weise zersetzt sich Magnesiumbikarbonat mit Kalkhydrat nach der Gleichung:

$$Mg(CO_3H)_2 + Ca(OH)_2 = MgCO_3 + CaCO_3 + 2\,H_2O$$

in unlösliches Magnesium- und Calciumkarbonat und Wasser.

Wenn gebrannte Magnesia statt Kalkhydrat angewendet wird, so findet eine ähnliche Umsetzung statt:

$$Ca(CO_3H)_2 + MgO = CaCO_3 + MgCO_3 + H_2O.$$

Das gebildete Magnesiumkarbonat wirkt dann weiter umsetzend auf etwa vorhandenes Calciumsulfat und Calciumchlorid nach folgenden Gleichungen:

$$MgCO_3 + CaSO_4 = CaCO_3 + MgSO_4 \text{ und}$$

$$MgCO_3 + CaCl_2 = CaCO_3 + MgCl_2.$$

Die bleibende, permanente, durch die Sulfate, Nitrate oder Chloride der Erdalkalien bedingte Härte kann jedoch auf diese Weise nicht oder nicht vollständig beseitigt werden; hierzu wird Soda angewendet.

Das Natriumkarbonat setzt sich mit Calcium- oder Magnesiumsulfat, -nitrat oder -chlorid in derselben Weise um, wie vorstehend Magnesiumkarbonat mit diesen Salzen, nur rascher und vollständiger.

Statt Kalkhydrat und Soda oder statt Magnesia und Soda pflegt auch Natriumhydroxyd angewendet zu werden. Hierdurch können sowohl die Salze, welche die vorübergehende, als die, welche die bleibende Härte bedingen, entfernt werden, indem zunächst Natriumkarbonat unter Abscheidung von Calciumkarbonat gebildet wird und das Natriumkarbonat weiter Calcium- etc. Sulfat zersetzt, wie folgende Gleichungen zeigen:

$$Ca(CO_3H)_2 + 2(NaOH) = CaCO_3 + Na_2CO_3 + 2H_2O \text{ und}$$

$$Na_2CO_3 + CaSO_4 = CaCO_3 + Na_2SO_4.$$

Die Menge der chemischen Zusatzmittel richtet sich daher ganz nach dem Gehalt des Wassers an Kesselstein-bildenden Salzen; es muss desshalb für jedes Wasser, ehe man zu einem solchen Weichmachen schreitet, eine Bestimmung der vorübergehenden und bleibenden Härte, oder eine Bestimmung einerseits der an Kohlensäure und andererseits der an Schwefelsäure, Salpetersäure und Chlor gebundenen Erdalkalien im Wasser vorhergehen und darnach die Menge der Zusatzmittel berechnet werden.

Ueber die Bestimmung der genannten Bestandtheile des Wassers vergl. die analytischen Lehrbücher über Wasseruntersuchung.[1]) Der Zusatz berechnet sich dann wie folgt (s. nachfolgende Tabelle):

---

[1]) Vielfach wird die vorübergehende und bleibende Härte bestimmt und darnach die Berechnung ausgeführt; das ist aber strenge genommen nicht richtig, weil die Härtegrade Kalk- und Magnesiasalze in wechselndem Verhältniss angeben. Am sichersten bestimmt man in einem Wasser Gesammt-Kalk und Gesammt-Magnesia, darauf scheidet

Auf je 1 Gewichtstheil:	Kalk oder Kalkhydrat CaO	Kalk oder Kalkhydrat $Ca(OH)_2$	Gebr. Magnesia MgO	Natriumkarbonat Na_2CO_3	Soda (kryst.) $Na_2CO_3 + 10\,H_2O$	Natron Na_2O	Natronhydrat NaOH
1. Kohlensäure (freie oder halbgebundene) kommen Theile .	1,274	1,681	0,918	—	—	1,412	1,821
2. Kalk (CaO) in Form von Karbonat kommen Theile . . .	1,000	1,321	0,721	—	—	1,109	1,431
3. Magnesia (MgO) in Form von Karbonat kommen Theile .	1,386	1,831	1,000	—	—	1,538	2,014
4. Kalk (CaO) in Form von Sulfat oder Nitrat oder Chlorid kommen Theile	—	—	—	1,716	5,112	1,109	1,431
5. Magnesia (MgO) in Form von Sulfat oder Nitrat oder Chlorid kommen Theile	—	—	—	2,628	7,089	1,538	2,014

Ein Ueberschuss von Kalk, Soda oder Natron, besonders von letzterem, ist zu vermeiden, weil durch freies Alkali die Kesselwandungen und Kesseltheile leicht angegriffen werden. Auch hat das Weichmachen oder die Entfernung von Salzen, welche die bleibende Härte bilden, eine Grenze. Zwar lassen sich die Sulfate, Nitrate und Chloride der Erdalkalien durch Soda- und Natronlauge-Zusatz vollständig ausscheiden, aber statt der Erdalkalisalze gehen die entsprechenden Natronsalze in Lösung, und wenn diese auch keinen Kesselstein bilden, so wirken sie doch in grösserer Menge und wenn sie sich im Kesselwasser ansammeln, nachtheilig auf die Kesselwandung und Kesseltheile.[1]) Wenn daher ein Wasser mit grösseren Mengen Salzen der bleibenden Härte weich zu machen ist, so empfiehlt sich ein öfteres Ablassen des rückständigen Kesselspeisewassers. Soll ein solches Wasser für Trinkwasserzwecke weich gemacht werden, so ist zu berücksichtigen, dass grössere Mengen von Natriumsulfat und -nitrat im Trinkwasser ebenfalls nachtheilige Nebenwirkungen (Durchfall etc.) haben können.

Am einfachsten und sichersten gelingt das Weichmachen bei einem Wasser, dessen Härte nur oder doch vorwiegend nur durch Erdalkali-Karbonate bedingt wird. Denn hierbei ist überhaupt ein Zusatz von Kalk oder Natronlauge nicht nothwendig; die Erdalkali-Karbonate lassen sich auch, wie schon gesagt, durch genügendes Kochen aus dem Wasser abscheiden, wenngleich der Zusatz von Kalkwasser und Natronlauge die Abscheidung begünstigt.

---

man durch Einkochen von etwa 1 l Wasser auf 30—40 ccm die Karbonate von Kalk und Magnesia ab, filtrirt und bestimmt im Filtrat wieder Kalk und Magnesia. Letztere Mengen sind an Schwefelsäure, Salpetersäure oder Chlor, die Differenz von der Gesammt- und letzterer Menge Kalk und Magnesia an Kohlensäure gebunden. Will man nur mit Natronlauge weichmachen, so genügt eine Bestimmung des Gesammt-Kalkes und der Gesammt-Magnesia, woraus sich durch Multiplikation mit 1,109 bezw. 1,431 die zuzusetzende Menge NaOH berechnet.

[1]) Vergl. R. Jones: Zeitschr. f. angew. Chemie 1894, 75 u. 102.

In diesem Falle verdient aber Kalkwasser vor Natronlauge den Vorzug, weil es hierdurch gelingt, alle an Kohlensäure gebundenen Erdalkalien unlöslich und das Wasser wesentlich salzärmer zu machen, während bei Anwendung von Natronlauge eine entsprechende Menge von Natriumkarbonat in Lösung bleibt.

Für den Erfolg des Weichmachens ist weiter erforderlich, dass das Wasser ohne oder mit obigen Zusätzen genügend erwärmt und geklärt event. vom Niederschlage und zwar thunlichst[1]) schnell nach dem Klären filtrirt wird. Unter Umständen kann man die Abscheidung der kohlensauren Erdalkalien durch Zusatz von etwas Alaun unterstützen.

Jedenfalls setzen sich die Salze der Erdalkalien, welche die bleibende Härte bedingen, nur langsam um und bedürfen einer längeren Einwirkung von Natriumkarbonat. Von diesen Salzen verdienen Chlorcalcium und Chlormagnesium besondere Beachtung, weil sie sich unter höherem Druck zersetzen und Salzsäure bilden, die für Kessel gefährlich ist. Dasselbe gilt von Chloraluminium, welches aber wohl kaum jemals in einem Wasser vorkommen dürfte.

An Stelle von Kalk, Magnesia, Soda oder Natronlauge sind noch verschiedene andere Salze zum Weichmachen eines Wassers vorgeschlagen; so z. B. Baryumkarbonat mit und ohne gleichzeitige Anwendung von Kalk. Das Baryumkarbonat setzt sich mit den Sulfaten des Wassers um zu unlöslichem Baryumsulfat und kohlensauren Salzen, von denen die der Erdalkalien ebenfalls unlöslich sich abscheiden. Auf die Chloride aber ist Baryumkarbonat ohne Einfluss.

A. Nieschke[2]) hat chromsaure Salze zur Fällung der Kalksalze vorgeschlagen; dieselben erscheinen an sich wenig geeignet und aussichtsvoll; auch hat M. M. Richter[3]) davon in einem Falle keine günstigen Erfolge beobachtet.

Ebenso wenig Aussicht auf Erfolg dürfte die von Ch. A. Doremus[4]) empfohlene Fällung mit löslichen Fluoriden (wie Fluornatrium, Fluorkalium oder Fluorammonium) oder mit Kryolith haben.

Zucker und Gerbstoffe[5]) als vorgeschlagene Fällungsmittel für Erdalkalien im Wasser mögen nur der Merkwürdigkeit halber erwähnt sein.

Andere Mittel wie Paraffin und Stärkemehl (Marcis),[6]) „Kerosinöl“ (hochsiedende Kohlenwasserstoffe), Kresol, Xylenol und Phenol (C. Abel)[7]) oder ein Gemisch von Phenolnatrium mit etwas Phenol-

---

[1]) Lässt man das geklärte Wasser längere Zeit mit dem Niederschlag in Berührung, so kann nach E. L. Neugebauer (Zeitschr. f. angew. Chem. 1890, 103) das Magnesiumkarbonat durch Anziehen von Kohlensäure wieder in lösliches Bikarbonat übergeführt werden.

[2]) Zeitschr. f. angew. Chem. 1895, 168.

[3]) Ebendort 1896, 64.

[4]) Ebendort 1890, 222.

[5]) Vergl. Léo Vignon: Vierteljahrsschr. über d. Fortschritte auf d. Gebiete d. Chem. d. Nahrunsmittel etc. 1890, **5**, 222.

[6]) C. Prüssing: Ebendort 1893, **8**, 298.

[7]) Chem. Centrbl. 1896, **67**, II, 1071.

kalium, Chlornatrium, Soda, Ammoniak und Theer (Knülle)[1]) sollen das ausgeschiedene Calciumkarbonat entweder mechanisch einhüllen und in der Schwebe oder als Phenolcalcium in Lösung halten.

M. Gläsener (D.R.P. Nr. 94494) mischt das zu reinigende Wasser in einem mit Rührwerk versehenen Behälter mit der erforderlichen Menge Oelsäure und bringt während des Rührens die entsprechende Menge Aetzkalilösung hinzu. Die ölsauren Salze der Erdalkalien scheiden sich bald als teigige und unlösliche Masse ab, die sich an der Oberfläche des Wassers ansammelt und abgeschöpft werden kann. Das nur schwache Opalescenz zeigende untere Wasser soll direkt verwendet werden können. Hat man einen Ueberschuss von Alkalioleaten zugesetzt, so tritt eine stärkere Opalescenz auf, und diese soll durch Zusatz einer geringen Menge neutraler Salze, wie von Eisenoxyd- oder Aluminiumoxydsalzen beseitigt werden.

Alle diese Mittel sind bis jetzt entweder wenig erprobt oder können doch die altbewährten, durchaus sachgemässen Mittel (Kalk, Magnesia, Soda oder Natronlauge), die sich dazu auch noch im allgemeinen viel billiger stellen, nicht ersetzen.

Nach diesen Vorbemerkungen mögen einige Einrichtungen beschrieben werden, wie das Weichmachen vorgenommen zu werden pflegt.

2. *Vorrichtungen zum Weichmachen von Kesselspeisewasser.*

Zum Weichmachen von Kesselspeisewasser sind, wie eine Anzahl von chemischen Mitteln, so auch von Apparaten und Einrichtungen empfohlen worden, so z. B. der Apparat von A. Dervaux[2]) (D.R.P. 84660), angefertigt und verbessert von Hans Reisert[3]) (vergl. weiter unten), der E. Pollacsek'sche Wasserreiniger, angefertigt von der Firma G. Arnold & Schirmer in Berlin; der Apparat von E. Petersen (D.R.P. 91012), von E. Hübner (D.R.P. 85638), von W. Clark (D.R.P. 93960), von Durand & Co. in Paris (D.R.P. 72052), der Speisewasserreiniger (D.R.P. 74673, 79641 und 79334) der Maschinenfabrik Grevenbroich (vorm. Langen & Hundhausen) in Grevenbroich, die Apparate von der Maschinenfabrik A. L. G. Dehne in Halle a. S. (D.R.P. 34415 u. 43825), P. Kyll in Köln (D.R.P. 57082), Hans Reisert in Köln, Louis Schröter in Reppen u. A. Da letztere vier Einrichtungen weit verbreitet zu sein scheinen, so mögen sie hier kurz beschrieben werden.

a) Vorrichtung von A. L. G. Dehne in Halle a. d. S.

α) Kesselspeisewasser-Reinigung auf kaltem Wege.

Die Pumpe *P*, aus nachstehender Abbildung (Fig. 65) ersichtlich, saugt das Wasser aus einem Brunnen — oder aus dem Flusse — an und drückt dasselbe in den

[1]) C. Prüssing: Vierteljahrsschr. übcr die Fortschritte auf d. Gebiete d. Chem d. Nahrungsmittel etc. 1890, **5**, 222.

[2]) Das illustrirte Blatt d. Erfindungen. Essen a. d. R. 1892, Nr. 23.

[3]) Chem.-Ztg. 1894, **18**, 332.

Mischkessel des Fällgefässes *G*, wo es sich mit der hier eintretenden Lauge (Natronlauge) mischt und im Fällgefäss die Kesselsteinbildner als Schlammflocken ausscheidet. Vom Fällgefäss wird das Wasser in geschlossener Rohrleitung weiter gedrückt durch die Filterpresse *F*, wo die Schlammtheilchen sich zu festen Kuchen anhäufen, während das klare Wasser vom Filter weiter in geschlossener Leitung nach dem oben liegenden Reinwasserbehälter *H* geführt wird. — Die Anlage lässt sich auch so anordnen, dass das

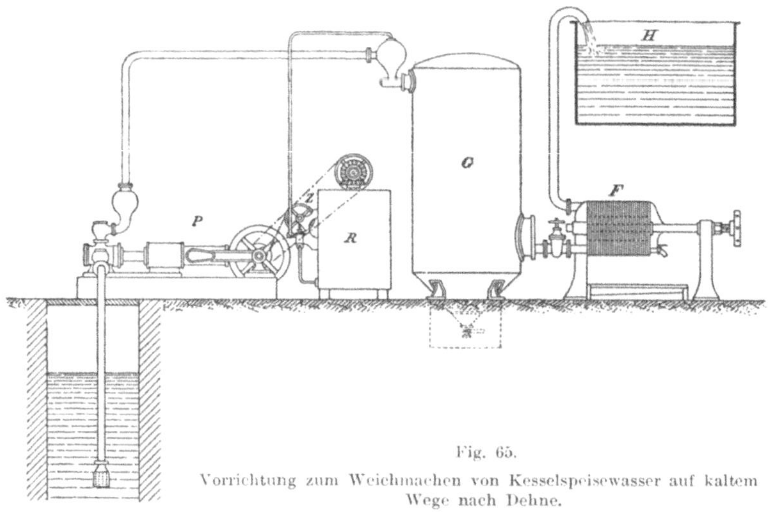

Fig. 65.
Vorrichtung zum Weichmachen von Kesselspeisewasser auf kaltem Wege nach Dehne.

Wasser von einem Hochbehälter kommend mit eigenem Gefälle durch Fällgefäss und Filterpresse der Pumpe zuläuft, die es dann direkt in den Kessel drückt.

Die Kesselspeisewasser-Reinigung auf kaltem Wege kommt überall da in Betracht, wo die Reinigung auf warmem Wege unthunlich erscheint, wie z. B. auf den Wasserstationen für Lokomotiven, weil hier das Wasser nur kalt durch den Injektor gespeist werden kann, und ferner da, wo der Dampf zum Anwärmen des Wassers schwer beschafft werden kann.

β) Kesselspeisewasser-Reinigung auf warmem Wege.

Das zu reinigende Wasser läuft (vergl. Fig. 66) von einem Hochbehälter *H* oder einer Wasserdruckleitung aus zunächst in den Vorwärmer *A*, zu dessen Heizung in den meisten Fällen Abdampf vorhanden ist. Aus dem Vorwärmer tritt das 70—80° heisse Wasser in den Fällapparat *B*. In diesem vollzieht sich die Mischung des Wassers mit der von der Laugepumpe *E* zugeführten Lauge und das Ausfällen der Kesselsteinbildner. Filterpresse *C*, durch welche nunmehr das Wasser fliesst, hält die Schlammtheile zurück, welche sich im Verlauf eines Tages darin zu ziemlich festen Kuchen anhäufen. Wasserpumpe *D* nimmt dann das gereinigte und klare Wasser auf und drückt es in den Dampfkessel oder in einen offenen Behälter, aus welchem die Speisevorrichtungen ihren Bedarf entnehmen. Laugepumpe *E* wird von der Wasserpumpe aus angetrieben und drückt bei jedem Hube derselben eine aus dem Mischkasten *F* entnommene, genau abgemessene, der Zusammensetzung des Wassers gemäss gemischte Menge Lauge in den Fällapparat *B*. — Wenn die Wasserpumpe das zu reinigende

Wasser ansaugen muss, werden die Apparate in der Druckleitung derselben eingeschaltet. — Der ganze Vorgang vollzieht sich also in geschlossener Leitung und wird von der Wasserpumpe selbstthätig betrieben und geregelt, indem nur bei deren Gange und genau der von ihr geförderten, beliebig einzustellenden Wassermenge entsprechend die Laugezuführung stattfindet.

Dem Dehne'schen Verfahren wird nachgesagt, dass sich bei einem schmutzigen Wasser das Filtertuch leicht verstopft, häufig gereinigt und aus-

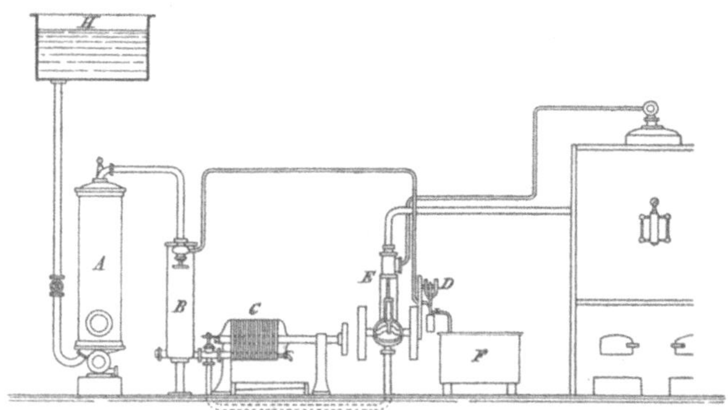

Fig. 66.
Vorrichtung zum Weichmachen von Kesselspeisewasser auf warmem Wege nach Dehne.

gewechselt werden muss, was als störend und kostspielig bezeichnet wird. Auch die Anwendung der Natronlauge gilt als unangenehm, weil man durchweg mit einem Ueberschuss arbeiten muss.

b) Vorrichtung von P. Kyll in Köln a. Rh.

Aus letzterem Grunde werden neuerdings auch die Verfahren von H. Reisert, P. Kyll oder L. Schröter[1]) vielfach vorgezogen. P. Kyll bringt das „System Desrumaux", bei welchem die Fällung durch Kalk und Soda selbstthätig geschieht und der Kalkniederschlag bloss mechanisch abgeschieden wird, in Anwendung (vergl. Fig. 67 S. 212).

Das zu reinigende Wasser fliesst in den oberen Behälter *B* des Apparates ein, welcher behufs Regelung des Wasserzuflusses mit einem Schwimmerventil versehen ist.

Aus diesem Behälter fliesst ein kleiner Theil des Wassers, welcher zur Bereitung des Kalkhydrates erforderlich ist, dem Kalksättiger *J* (D.R.P. 57727) zu und der Rest auf das unter dem Behälter befindliche Schaufelrad *E*, setzt dasselbe in Bewegung und dient zunächst als Betriebskraft des im Kalksättiger befindlichen Mischwerkes, welches die Kalklösung in steter Bewegung erhält; es wird hiermit eine vollständige Auslaugung des Kalkes erzielt.

Die Soda- oder event. die Eisenchloridlösung befindet sich in dem Behälter *G*, versehen mit einer Vorrichtung, welche deren Ausfluss selbstthätig regelt.

[1]) Hergestellt von der Fabrik P. Kyll, Köln-Bayenthal.

Das zu reinigende Wasser fliesst, nachdem es das Schaufelrad in Bewegung gesetzt hat, zusammen mit dem Kalkhydrat und der Sodalösung in den centralen Cylinder ***M*** ein, in welchem die Ausscheidung der Stoffe sofort vor sich geht. Das nunmehr getrübte Wasser sinkt langsam abwärts und tritt, am unteren Ende bei ***P*** angekommen

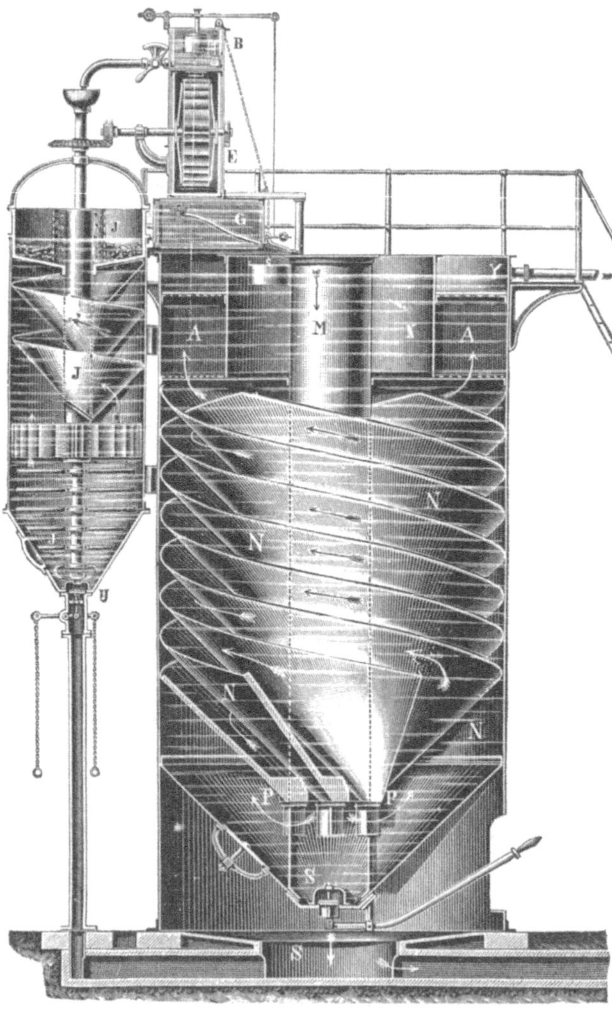

Fig. 67.

Vorrichtung zum Weichmachen des Wassers nach Kyll.

in den äusseren Absatz und Klärcylinder *N* ein; von hier aus, wo es einen etwa zehnfach erweiterten Durchgangs-Querschnitt findet, steigt es mit entsprechend verminderter Geschwindigkeit, den schraubenförmigen Kanälen folgend, aufwärts, während die Schlammtheilchen sich auf deren Flächen absetzen, jedoch sofort abwärts gleiten und sich unten auf dem Entleerungsventil *S* ansammeln.

Das gereinigte und geklärte Wasser fliesst am oberen Ende des Cylinders durch den Stutzen Y ab.

Falls sich jedoch in dem gereinigten Wasser etwa noch Stoffe schwebend vorfinden sollten, deren specifisches Gewicht geringer ist, als das des Wassers, und sich daher nicht absetzen können, so durchfliesst es ein vor der Ausflussöffnung vorgesehenes Filter A; dieses ist jedoch nur in den seltensten Fällen erforderlich.

Der Apparat arbeitet selbständig und ist dessen Regelungs-Vorrichtung so eingerichtet, dass beim Abstellen der Wasserentnahme auch der Zufluss von Wasser, Kalkmilch und Sodalösung selbstthätig aufhört, und umgekehrt der Betrieb auch wieder selbstthätig beginnt; vermöge dieser Selbstregelung ist ein Verlust an Reagentien bei Stillstand des Apparates ausgeschlossen.

Der ausgeschiedene Schlamm und die in dem Kalksättiger zurückgebliebenen fremden Bestandtheile werden täglich einmal durch Oeffnen der Ventile S und U entfernt, sodass eine besondere Reinigung des Apparates niemals erforderlich wird. — Die Reagentien, als Kalk, Soda und event. Eisenchlorid, werden dem Apparate je alle zwölf Stunden zugeführt, und ist dies die einzige Bedienung, welcher er täglich bedarf.

Ganz ähnliche Klärcylinder und Verfahren haben Sedlacek[1]), Hans Reisert in Köln und Louis Schröter in Reppen eingerichtet. Auch bei diesen wird die Reinigung durch Soda und Kalkmilch sowie durch aufsteigende Bewegung des mit den Zusätzen versehenen Wassers in aufrechtstehenden Cylindern vorgenommen. Die Maschinenbauanstalt Humboldt in Kalk bei Köln sucht die unlöslichen Kalkverbindungen mit Hülfe einer anderen Vorrichtung durch eine wagerechte Bewegung des Wassers in wagerecht liegenden offenen Rinnen zu erreichen.

3. *Das Weichmachen von Trinkwasser.*

Die Stadt Southampton mit 65325 Einwohnern (1891) verwendet zur Wasserversorgung Grundwasser aus der Kreideformation, welches 14,4 deutsche Härtegrade besitzt und wegen dieser bedeutenden Härte nach dem Clark-Atkin'schen Verfahren weich gemacht wird, d. h. es wird das Wasser mit Kalkwasser versetzt und durch Filter mit besonders eingerichteten runden Scheiben filtrirt, welche das Filtertuch so tragen, dass sie ohne Entfernung auf mechanischem Wege gereinigt werden können.

Die Anlage hat unter Weglassung des Maschinen- und Kesselhauses folgende Anordnung[2]) (s. Fig. 68a u. b S. 214):

Die Speisepumpen drücken das harte Wasser durch ein gemeinschaftliches Rohr von 61 cm Durchmesser, welches in einem Tunnel unter der Anlage liegt, in den Mischapparat im Kalkhaus. Hier erhält das Wasser die nöthige Menge von gesättigtem (1,25 g CaO für 1 l) Kalkwasser — ungefähr 10 % — zugesetzt und fliesst dann nach gehöriger Mischung in den Vertheilungsapparat, aus welchem es in den Weichmachungs- oder Klärungsbehälter tritt.

---

1) Chem.-Ztg. 1895, **19**, 267.

2) The Southampton Waterworks and Softening Plant, Proceedings Institution of Civil Engineers 1891—1892, **108**, II, 285. Engineering **11**. März 1892.

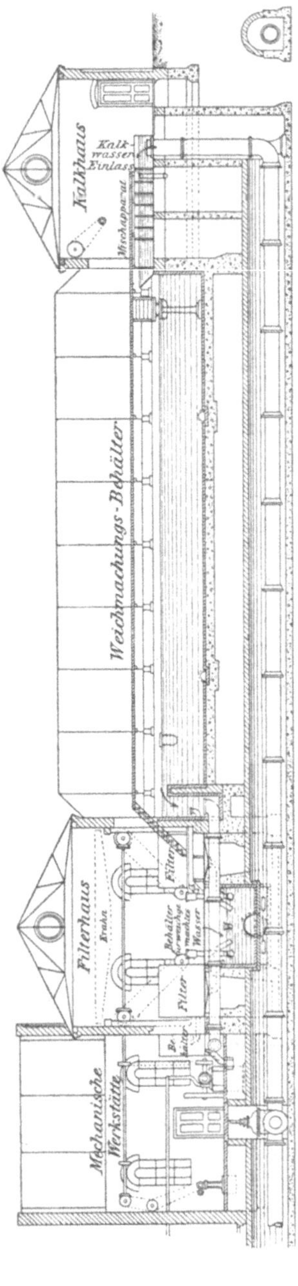

Fig. 68a.

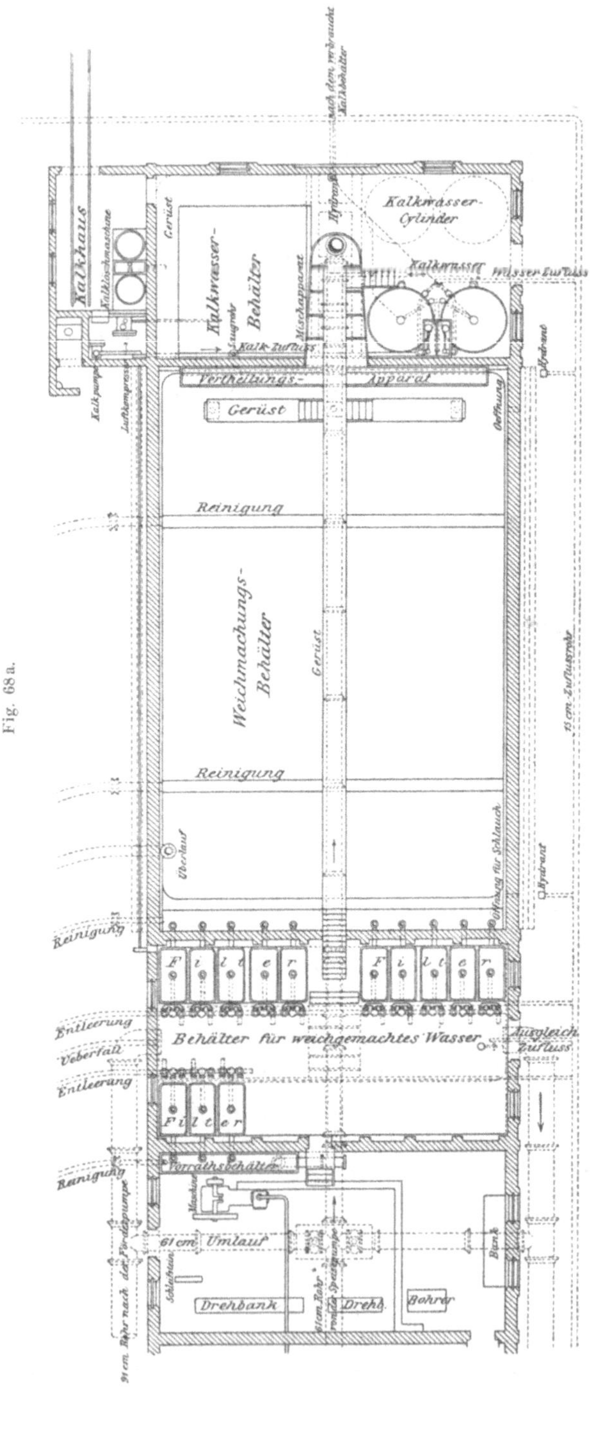

Fig. 68b. Southamptoner Wasserwerke.

Letzteren durchfliesst das Wasser in etwa 1 Stunde, tritt dann in die Filter, aus denen es durch ein gemeinschaftliches Rohr von 91 cm Weite nach den Förderpumpen gelangt, um von hier in die Stadt gedrückt zu werden.

Die zum Weichmachen nöthige Kalkmenge anlangend, so wurden 1890 für 10223 cbm täglich 500 kg Kalk = 0,05 kg für 1 cbm angewendet. Diese Menge reicht in vorliegendem Falle nicht aus, um alles Calciumbikarbonat auszufällen; aber man vermeidet die völlige Ausfällung, weil ein völlig kohlensäurefreies Wasser schal schmeckt. — Aus dem Grunde und um einer Alkalescenz vorzubeugen, ist vielfach empfohlen worden, dem weichgemachten Wasser wieder Kohlensäure zuzuführen. — Das Löschen des gebrannten Kalkes, die Behandlung mit Wasser und die Herstellung der gesättigten Lösung — 1,25 g CaO in 1 l — geschieht durch besondere maschinelle Einrichtungen.

Der Weichmachungs- oder Klärungsbehälter ist überdeckt und hat eine Länge von 232 m, eine Breite von 13,5 m; auf der einen Seite ist er 1,828 m, auf der anderen 2,133 m tief. Die in demselben sich absetzende Schlammmenge von Calciumkarbonat beträgt 0,8281 g für 1 l oder für 10223 cbm täglich 1861 kg.

Die Filter — zur Zeit 13 — sitzen in U-förmigen, gusseisernen Kästen, welche mit den nöthigen Ein-, Auslass- und Reinigungsschiebern versehen sind. Das Wasser tritt meist trübe in dieselben ein, weshalb es durch Filtertücher, die aus dickem baumwollenen Tuch bestehen und auf durchlöcherten Zinkscheiben sich befinden, filtrirt wird. Die Filter müssen recht häufig — alle 7 bis 8 Stunden — gereinigt werden, jedoch lässt sich dies durch eigenartige Vorrichtungen leicht bewirken.

Die Kosten des Weichmachens stellen sich in Southampton annähernd denen der Sandfiltration gleich. Die Zusammensetzung des Wassers vor und nach dem Weichmachen war nach einer Untersuchung von Frankland für 1 l folgende:

	Abdampf-rückstand	Kalk	Magnesia	Natron	Kohlensäure (gebundene)	Schwefelsäure	Chlor	Salpetersäure
	mg	mg	mg	mg	mg	mg	mg	mg
Vor dem Weichmachen	316,9	145,3	2,5	12,1	106,4	3,9	16,0	14,1
Nach dem Weichmachen	140,1	44,2	2,8	11,2	26,4	4,5	16,0	14,7

Die Härte war von 14,4 auf 4,8 deutsche Härtegrade heruntergegangen. Selbstverständlich muss das Verfahren auch auf eine Verminderung der Bakterienkeime wirken, indem diese mit dem Kalkschlamm niedergeschlagen werden.

In England ist das Weichmachen von Trinkwasser noch in verschiedenen anderen Städten mit Erfolg ausgeführt, wie folgende Uebersicht zeigt (siehe umstehende Tabelle):

	East Surrey-Gesellschaft	Canterbury-Gesellschaft	Colne Valley-Gesellschaft	South Stauts-Gesellschaft	Stenley-Gesellschaft	Wellingborough	Southampton	Taff Vale Eisenbahn-Gesellschaft	Saffron Walden	Stroud Gloucester
Ort der Anlage	Caterham u. Kewley	Canterbury	Bushey	Mottisfont	Stenley	Wellingborough	Otterbourne	Penarth Dock	Saffron Walden	Stroud
Jahr der Inbetriebsetzung .	1861	1869	1876	1879	1882	1886	1888	1889	1890	1890
Verfahren nach	Clark	Clark	Clark	Clark	Atkins	Atkins	Atkins	Porter	Atkins	Clark
Grösste Ausdehnung des Werkes } cbm in 24 Std.	3400	4500	9000	2200	2200	2700	13500	500	1000	3400
Kosten der Anlage Mark	—	—	—	65000	49000	70000	212800	22000	56000	110000
Grösste Leistung für 20 M. Auslage. Liter	—	—	—	672	891	777	1068	500	391	619
Ausdehnung der Anlage qm	920	1017	4350	1756	652	334	960	75	160	1400
Grösste Leistung für 1 qm der Anlage. Liter	3696	4424	2069	1253	3374	8084	14063	6666	6250	2428
Tägliche Leistung der Anlage. Kubikmeter	2272	1820	4100	1636	820	754	10223	545	363	1363
Kosten des Weichmachens für 1 cbm in Pfennigen . . .	1,76	0,58	0,52	0,54	0,60	1,37	0,44	1,11	—	1,32
Härte in deutschen Härtegraden } vor d. Behndlg.	19,2	13,6	14,6	14,4	17,2	29,6	14,4	14,4	20,0	13,6
Härte in deutschen Härtegraden } nach d. „	2,8	2,8	3,2	6,4	0,4	16,4	4,8	4,8	10,4	4,0
Härte in deutschen Härtegraden } entfernte Grade	16,4	10,8	11,4	8,0	13,2	19,2	9,6	9,6	9,6	9,6

Vorwiegend ist aber, wie gesagt, das Weichmachen von Wasser für industrielle Zwecke in Gebrauch und kann dasselbe hier gute Dienste leisten, wenn die vorstehend S. 208 angegebenen Vorsichtsmassregeln beachtet werden.

Reinigung der Schmutzwässer.

Für die Reinigung der Schmutzwässer und Abgänge aller Art sind eine Reihe von Verfahren vorgeschlagen, die zwar vielfach nur bei einem bestimmten Schmutzwasser in Anwendung gekommen sind, die aber auch für andere Schmutzwässer ähnlicher Art Anwendung finden können. Aus dem Grunde möge hier zunächst eine Uebersicht über das Wesen der verschiedenen Reinigungsverfahren und Einrichtungen zur Reinigung und Unschädlichmachung der Schmutzwässer gegeben werden, während deren Wirkung bei dem betreffenden Schmutzwasser, wobei es angewendet und erprobt worden ist, beschrieben werden soll.

Zum Glück hat die Natur von selbst für eine gewisse Reinigung der schmutzigen Abgänge gesorgt, nämlich durch die selbstreinigende Kraft der Flüsse; daher möge diese vorab eine Besprechung erfahren.

A. Die Reinigung der Schmutzwässer in den Gewässern selbst, die Selbstreinigung der Flüsse.

Unter Selbstreinigung der Flüsse verstehen wir die völlige Unschädlichmachung verunreinigender Bestandtheile, sei es dadurch, dass die letzteren mit den natürlichen Bestandtheilen des Wassers eine Verbindung eingehen, die bleibend und für alle Fälle unschädlich ist, sei es dadurch, dass die verunreinigenden Stoffe in unschädliche Umsetzungsprodukte, z. B. in unschädliche Salze oder in sich verflüchtigende Gase umgewandelt werden.

Das erstere ist z. B. der Fall, wenn die freien Säuren eines Abganges, wie freie Schwefelsäure oder Salzsäure etc. durch das im Wasser vorhandene Calciumbikarbonat in Calciumsulfat bezw. Chlorcalcium umgewandelt werden.

Das letztere findet z. B. bei der Zersetzung der organischen Stoffe im Wasser statt, wobei der Kohlenstoff in flüchtige Kohlensäure, Stickstoff und Schwefel in Salpetersäure bezw. Schwefelsäure übergeführt werden, welche letztere sich wieder mit dem vorhandenen Calciumbikarbonat zu unschädlichen Salzen umsetzen etc. Vielfach wird als Selbstreinigung der Flüsse die einfache Niederschlagung (Sedimentation) von Schwebestoffen, besonders von Bakterien angesehen. So sagt z. B. Georg Frank:[1])

„Nicht jene chemischen Umsetzungen, die Oxydation oder Mineralisirung der organischen Substanz genannt werden, mögen sie nun ihre Ursache in der Einwirkung des Sauerstoffs oder in der Thätigkeit von Mikroorganismen finden, dürfen unseren heutigen Kenntnissen gemäss als die wesentlichen Momente der Selbstreinigung angesehen werden; nur solche Vorgänge und Processe, die zu einer Verminderung der im Wasser vorhandenen Bakterien führen, können als massgebend für das Zustandekommen derselben gelten. Für das stark verunreinigte Havel- bezw. Spreewasser haben wir in der Sedimentirung den wesentlichen Faktor der Selbstreinigung kennen gelernt."

Solche Ansicht kann nur jemand aussprechen, der die Ursache aller Verunreinigungen in Bakterien erblickt. Eine solche Anschauung ist aber nicht stichhaltig. Denn:

1. sind die Schwebestoffe und Bakterien, die sich abscheiden können, nicht immer die einzig verunreinigenden Bestandtheile; ich erinnere z. B. an Harnstoff-, Sulfate- und Sulfide-, sowie an freie Säuren-enthaltende Wässer, die ganz klar sein können;
2. ist die Sedimentation (Schlammablagerung) höchstens eine vorübergehende oder gar keine Selbstreinigung zu nennen, weil
   a) der Schlamm bei Hochfluthen wieder aufgerührt, mit fortgeführt und nun wieder schädlich werden kann. Das ist z. B. der Fall, wenn sich durch Zusammenfliessen von einem fauligen, d. h. Schwefelwasserstoff enthaltenden Wasser mit einem solchen, welches Metallsalze enthält, Schwefelmetalle niedergeschlagen haben und diese auf Wiesen oder Aecker gespült oder auch direkt im Wasser von Fischen und Thieren genossen werden. Selbst die Schlammablagerung, die z. B. entsteht, wenn Calciumbikarbonat durch Verlust von Kohlensäure als Calciumkarbonat oder Eisenbikarbonat, Eisensulfat etc. als Ferroferrihydroxyd niedergeschlagen werden, kann unter Umständen wieder schädlich werden;
   b) der Schlamm, welcher vorwiegend aus organischen, stickstoffhaltigen Stoffen besteht, besonders in der wärmeren Jahreszeit sehr leicht in Fäulniss übergeht und zu einer dauernden Quelle der Verunreinigung des Wassers werden kann.

Die Bakterien sind für gewöhnlich nicht die Ursache, sondern die Folge der Verunreinigung und bewirken unter Umständen sogar die Reinigung der Flüsse. Nur die pathogenen Bakterien wirken vorübergehend schädlich in einem Wasser, und wenn diese mit anderen, ebenfalls nicht indifferenten Bakterien im Schlamm der Flüsse niedergeschlagen werden, so können sie beim Aufspülen des Schlammes wieder in erhöhtem Maasse schädlich wirken (vergl. unter Milzbrand S. 69).

---

[1]) Zeitschr. f. Hyg. 1888, **3**, 398.

Als Belag hierfür mag unter vielen anderen eine Beobachtung von Adolf Gasch[1]) hier angeführt werden.

Die Bialka nimmt aus den Schwesterstädten Bielitz-Bialka die verschiedensten Fabrikabwässer auf und erscheint unterhalb dieser Städte gänzlich verunreinigt, während sie oberhalb völlig klar und rein ist, wie folgende Untersuchung bestätigt:

Bialka:	Schwebestoffe	Gelöste Stoffe Gesammt-	Organische Stoffe	Kalk	Magnesia	Kupferoxyd	Schwefelsäure	Chlor	Kieselsäure	Ammoniak	Salpetersäure
In 1 l:	mg	mg	mg	mg	mg	mg	mg	mg	mg	mg	mg
1. Oberhalb vor Aufnahme der Fabrikabwässer	0	75,8	8,7	15,3	3,7	0	7,3	20,1	4,1	0	0 (?)
2. Unterhalb der Städte Bielitz-Bialka	1143,5	264,3	139,5	61,9	15,2	Spur	42,7	28,6	17,3	3,1	1,2

Wenn die Bialka eine deutsche Meile geflossen ist, haben sich die Schwebestoffe auf dem reichen Geschiebe und Steingerölle abgesetzt und erscheint der Fluss wieder wesentlich gereinigt.

Der auf der Strecke von 1 Meile abgesetzte Fabrikschlamm wird aber, wie Gasch erwähnt, bei dem nächsten starken Regen und dem dadurch erzeugten höheren Wasserstande aufgerührt, wieder mit fortgeführt und wirkt nun bis weit in die die Bialka aufnehmende Weichsel hinein verheerend auf die Fische, wiewohl die Weichsel bedeutend mehr Wasser führt als die Bialka.

Also nicht in der Bildung von unlöslichen Verbindungen und in der Ablagerung von diesen und sonstigen Schwebestoffen kann das Wesen der Selbstreinigung der Flüsse gesucht werden, sondern nur in der dauernden Ueberführung schädlicher Bestandtheile in unschädliche.

Die ersten Beobachtungen und experimentellen Untersuchungen über die Selbstreinigung der Flüsse lieferte die englische Flussverunreinigungskommission[2]) unter Leitung von M. Frankland.

Wenngleich die Ergebnisse dieser Untersuchungen sowohl für, als gegen das Vorhandensein einer Selbstreinigungskraft der Flüsse angeführt sind, so mögen dieselben dennoch hier Platz finden, da sie zuerst die Aufmerksamkeit auf diesen Gegenstand gelenkt haben.

Aus dem Berichte,[3]) den die englische Kommission der Pariser „Akademie der Wissenschaften" vorlegte, entnehmen wir Folgendes:

„Der Fluss Mersey durchläuft, nachdem er oberhalb der Brücke von Stradford-Road die Abfallstoffe mehrerer Städte und Fabriken aufgenommen hat, von dieser Brücke an bis zu seiner Vereinigung mit dem Irwel einen Weg von 13 englischen Meilen, ohne dabei weiteren unreinen

[1]) Adolf Gasch: Noch etwas über Fabrikabwässer. Wien 1889.

[2]) The Commission to inquire into the best means of preventing the pollution of rivers.

[3]) Compt. rend. 1870, **70**, 1054; vergl. Jahresbericht für Agric.-Chemie 1870/71, 173.

Zufluss zu erhalten; dagegen wird seine Wassermenge durch Zufluss reinen Wassers ein wenig vermehrt. Der Fluss Irwel fällt, nachdem er Manchester durchflossen hat, bei Throstlenest über ein Wehr und läuft von da ab bis zu seiner Vereinigung mit dem Mersey 11 englische Meilen und empfängt auf diesem Lauf nur einige Zuflüsse ohne Bedeutung und ohne Schmutz. Der Fluss Darwen endlich vereinigt sich, nachdem er durch die Kanäle von Ower-Darwen, Lower-Darwen und Blackburn sehr verunreinigt worden ist, mit dem Blackwater gleich unterhalb der letzteren Stadt und durchläuft alsdann bis zu seiner Vereinigung mit dem Ribble einen Weg von 13 englischen Meilen. Durch den Zutritt des Flusses Roddlesworth und mehrerer kleinen Flüsschen wird seine Wassermenge um das Doppelte vermehrt, dagegen empfängt er weiter keine Schmutzwässer. . . .“

Von diesen drei Flüssen wurden zum Zweck der Untersuchung Wasserproben geschöpft und mit folgendem Ergebniss untersucht:

Fluss und Stelle der Probenahme	Entfernung in engl. Meilen	Zeit der Untersuchung	Temperatur des Wassers	Gesammtmenge d. gelösten Stoffe	Kohlenstoff in organischer Verbindung	Stickstoff in organischer Verbindung	Ammoniak	Stickstoff in Form v. Nitraten und Nitriten	Gesammtmenge des Stickstoffs	Chlor	Schwebestoffe: Mineralische Stoffe	Organische Stoffe	Insgesammt
			° C.	mg	mg	mg	mg	mg	mg	mg	mg	mg	mg
1. aus der Mersey													
a) an der Brücke von Stratford-Road . .	—	12. 3.	4,3	198	7,20	0,95	0,66	0,22	1,71	23	9,4	3,0	12,
b) gleich vor seiner Vereinigung mit d. Irwel	13	„	4,8	228	5,70	0,78	0,43	0,19	1,32	25	8,4	2,6	11,
2. aus dem Irwel													
a) am Wehr zu Throstlenest	—	„	6,2	446	21,04	2,48	2,30	—	4,37	74	18,4	9,6	28,
b) gleich vor seiner Vereinigung mit der Mersey[1]	11	„	6,8	431	20,09	3,04	3,38	—	5,82	68	9,6	4,8	14,
a) wie oben	—	13. 5.	12,2	391	21,56	2,38	1,40	—	3,53	49	11,8	18,6	30,
b) „ „	11	„	13,3	430	23,74	2,10	2,50	—	4,16	64	18,8	24,0	42,
a) „ „	—	11. 6. 8,30 Uhr	17,8	635	21,34	2,39	3,75	—	5,48	130	26,6	27,2	53,
b) „ „	11	11. 6. 6,10 Uhr	17,8	615	15,02	2,41	4,13	—	5,81	129	22,8	18,8	41,
3. aus dem Darwen													
a) $^1/_3$ Meile unterhalb seiner Vereinigung mit dem Blackwater	—	10. 3.	10,7	415	21,27	2,95	2,19	—	4,75	36	17,8	17,8	35,
b) 50 Meilen oberhalb der Brücke von Walton-le-Dale	13	„	6,8	330	12,89	1,41	1,37	0,45	2,99	29	6,2	1,8	8,

Diese Zahlen geben ein ungefähres Bild der Veränderungen, welche die Bestandtheile der drei Flusswässer auf einem Laufe von 11—13 engl.

[1]) Zwischen den beiden Punkten der Probenahme von dem Wasser der Irwel befinden sich 6 Wehre in einer Gesammthöhe von $34^1/_2$ Fuss. Durch den Fall des Wassers über dieselben wird eine reichliche Luftaufnahme bewirkt. Hinter jedem Wehre ist der Fluss auf eine Länge von mehreren hundert (engl.) Ellen mit Schaum bedeckt.

Meilen erleiden, und der Verbesserungen, welche das verunreinigte Wasser auf dieser Entfernung erfährt. Sieht man ab von einer Berichtigung für die Zuflüsse bei den Flüssen Mersey und Irwel und nimmt man für die Zuflüsse des Darwen eine Verdoppelung seiner Wassermenge an, so ergiebt sich eine Verminderung des ursprünglich vorhanden gewesenen, in organischer Verbindung befindlichen Kohlenstoffes und Stickstoffes, sowie der organischen und unorganischen Schwebestoffe wie folgt:

Wasser des Flusses	Zeit der Untersuchung	Wassertemperatur	Abnahme des ursprünglich in organ. Verbindung vorhandenen		Abnahme an Schwebestoffen					
			Kohlenstoffes	Stickstoffes	Mineralstoffe	Organische Stoffe	Im ganzen	Mineralstoffe	Organische Stoffe	Im ganzen
		° C.	mg in 1 l		mg in 1 l			%	%	%
Mersey . . .	12. 3.	4,3—4,8	1,5	0,17	1,0	0,4	1,4	10,6	13,3	12,0
Irwel	"	6,2—6,8	0,95	—	8,8	4,8	13,6	47,4	50,0	48,6
"	13. 5.	12,2-13,3	—	0,28	—	—	—	—	—	—
"	11. 6.	17,8	6,32	—	3,8	8,4	12,2	14,3	50,9	22,7
Darwen . . .	10. 3.	6,8—10,7	—	0,09	5,4	14,2	19,6	30,3	79,8	55,1

Die englische Kommission kommt auf Grund dieser Zahlen und ihrer experimentellen Untersuchungen zu dem Schluss: „Dass die Oxydation der organischen Stoffe, selbst bei einer sehr grossen Verdünnung durch reines Wasser, sehr langsam vor sich geht und dass es unmöglich ist, die Entfernung zu bestimmen, welche das Wasser durchlaufen muss, ehe die organische Substanz vollkommen oxydirt ist.“ Sie fügt hinzu, dass es in ganz Grossbritannien keinen Fluss giebt, der lang genug wäre, eine vollständige Zersetzung der Schmutzwässer durch freiwillige Oxydation zu bewirken. Die Kommission ist daher der Ansicht, dass eine Selbstreinigung der Flüsse nicht oder kaum angenommen werden kann. Das Absetzen einer grösseren Menge in der Schwebe befindlicher, organischer und mineralischer Verunreinigungen sei ohne Zweifel die Art der Klärung, welche mit Schmutzwässern verunreinigte Flüsse während ihres Laufes erfahren.

Seit den Untersuchungen der englischen Kommission ist von zahlreichen Forschern bei Untersuchung von durch Schmutzwässer, namentlich durch städtische Abwässer verunreinigten Flüssen zweifellos eine mehr oder minder starke Selbstreinigung festgestellt worden. Ich gebe hier zunächst die wichtigsten dieser Untersuchungen wieder und schliesse daran die experimentellen Untersuchungen, welche zur Erklärung dieser Erscheinung angestellt sind.

Den ersten wesentlichen Beitrag zur Selbstreinigung der Flüsse lieferte Fr. Hulva[1]) durch Untersuchung des Wassers der Oder vor und nach Aufnahme der Sielwässer von Breslau; die Ergebnisse sind in folgender Tabelle enthalten:

[1]) Beiträge zur Schwemmkanalisation und Wasserversorgung der Stadt Breslau. Ergänzungshefte z. Centrbl. f. allg. Gesundheitspflege. Bonn 1884, **1**, 59.

Laufende Nr.	Ort der Entnahme des Wassers	Allgemeine Beschaffenheit des Wassers	Chemischer						
			Chemischer Befund						
			Rückstand			Oxydirbarkeit			
			Gesammtrückstand	Glühverlust	Glührückstand	Bedarf an Sauerstoff	Bedarf an Kaliumpermanganat	Berechnet auf organische Stoffe	Ammoniak
			mg	mg	mg	mg	mg	mg	mg
		Durchschnittsbefunde des Oderwassers oberhalb, innerhalb und unter-							
1	Durchschnitt des Wassers vom oberen Laufe der Oder unterhalb der Stadt Ohlau.	Getrübt mit schwachem fremdartigen Geruch, schwach alkalisch.	155,0	29,0	126,0	2,68	10,58	52,9	0,07
2	Am Wasserwerk, unmittelbar vor Eintritt in die Stadt Breslau.	Im allgemeinen wenig getrübt, beim Stehen bald klar werdend, geruchlos, alkalische Reaktion.	168,9	37,8	131,1	4,22	16,66	83,30	0,076
3	Innerhalb Breslau vor Einmündung der Kanäle.	Meist ziemlich getrübt mit grösserem Bodensatz, alkalische Reaktion, Geruch zuweilen fremdartig.	172,3	39,0	136,7	4,42	17,46	87,3	0,203
4	Unmittelbar hinter der Einmündung der Kanäle, innerhalb der Stadt Breslau.	Im allgemeinen sehr trübe durch Schwebestoffe, alkalisch; sehr widerlichen Geruch zeigend.	532,8	179,2	353,6	24,87	98,25	491,25	10,34
5	In einiger Entfernung unterhalb der Kanäle, wo die Mischung des Kanalinhalts mit dem Strome noch nicht vollständig erfolgt ist.	Im allgemeinen trüb durch reichliche Schwebestoffe, meist faulig riechend je nach dem Wasserstande; alkalisch.	196,1	57,8	138,3	5,77	22,79	113,95	1,12
6	Nach Austritt aus der Stadt Breslau und nach bereits erfolgter Mischung der Sielwässer mit dem Strome.	Von wechselndem Aussehen je nach dem Wasserstande; meist fremdartig riechend; alkalisch.	185,6	42,8	142,8	5,799	22,90	114,5	1,124
7	Bei Masselwitz, 9 km unterhalb der Einmündung der Kanäle.	Im allgemeinen etwas reicher an Schwebestoffen als das Wasser oberhalb der Stadt. Geruchlos; schwach alkalisch.	179,0	43,3	135,7	4,35	17,19	85,95	0,48
8	Bei Herrnprotsch nach Einmündung der Nebenflüsse Weide und Weistritz, ca. 14 km unterhalb Breslau.	Getrübt und schwach opalisirend; geruchlos; schwach alkalisch.	194,0	28,0	166,0	5,84	23,068	115,34	0,175
9	Bei Dyherrnfurth 32 km unterhalb Breslau.	Im allgemeinen etwas stärker getrübt als das Wasser am Wasserwerk oberhalb Breslau, sonst nichts Abnormes.	185,4	34,2	151,2	4,32	17,06	85,30	0,154
	Durchschnittliche Zusammensetzung der Breslauer Sielwässer.	Sehr trübe, fauliger Geruch. Reaktion alkalisch.	729,2	—	—	16,90	66,75	333,77	30,32

Befund.						Mikroskopischer Befund.				
in 1 Liter							Saprophile:			
Albuminoid-Ammoniak mg	Salpetersäure mg	Salpetrige Säure mg	Chlor mg	Gesammt-Härte mg	Bemerkungen	Saprogene: Bakterien	Pilze	Infusorien	Algen und Diatomeen	Zufällige Beimengungen
halb Breslau zur Zeit der Einleitung von Sielwässern.										
0,047	1,00	Spuren	8,87	49,8	—	Wenige Mikrokokken.	Selten Leptothrixfäden.	Amoeben u. vereinzelte Monaden, Actinophrys, Difflugia.	Zahlreiche Algen und Diatomeen in verschiedenen Formen.	—
0,24	0,89	Spuren	8,78	50,8	—	Wenige Mikrokokken.	Vereinzelt Leptothrix.	Einzelne Monaden.	Zahlreiche Diatomeen und Algen in verschiedenen Forman.	—
0,24	0,72	Spuren	8,01	46,7	—	Bacterium termo; seltener andere Formen.	Ziemlich reichlich Leptothrix, auch Sphärotilus natans.	Paramäcien, Monaden, Amoeben.	Protococcus, Rhaphidium, Diatomeenpanzer.	Einzelne thierische und pflanzliche Fasern.
2,98	0,85	0	29,76	60,6	Beim Veraschen entwikkelt der Rückstand stets den Geruch nach versengenden Haaren. Harnstoffreaktion.	Zahlreiche und lebhafte Bakterien in verschiedenen Formen.	Leptothrix, Cladothrix, Beggiatoa, alle sehr reichlich vertreten.	Zahlreiche Monaden u. Fäulnissinfusorien.	Diatomeen und Algen selten.	Wollhaare; pflanzliche und thierische Reste sehr häufig.
0,535	0,67	Stärkere Spuren	9,29	54,5	Auch hier beim Veraschen des Rückstandes Geruch nach verbrennenden Haaren. Zuweilen Harnstoffnachweis.	Zahlreiche und lebhafte Bakterien in verschiedenen Formen.	Leptothrix, Cladothrix und andere Pilzfäden.	Vielfache Fäulnissinfusorien.	Algen und Diatomeen hin und wieder vorhanden.	Mineralischer und organischer Detritus.
0,422	0,985		10,99	57,3	Beim Veraschen des Rückstandes noch deutlicher Geruch nach versengenden Haaren.	Häufig Bact. termo und andere Formen.	Leptothrix, Sphärotilus ziemlich reichlich vertreten.	Antinophrys, Monaden u. andere Fäulnissinfusorien.	Auch hier Algen und Diatomeen in geringer Zahl.	Vielfach Detritus.
0,33	0,87	Stärkere Spuren	10,411	54,1	Beim Veraschen des Rückstandes schwacher Geruch nach versengenden Haaren.	Bacterium termo und andere Formen häufig beobachtet.	Leptothrix und andere Pilzfäden seltener vorhanden.	Auch hier Fäulnissinfusorien in verschiedenen Formen.	Diatomeen und Algen reichlicher auftretend.	Detritus.
0,30	1,50	Spuren	11,36	78,4	Veraschen des Rückstandes ohne sonderlichen Geruch.	Bakterien selten.	Selten Leptothrix und andere Pilzfäden.	Infusorien verhältnissmässig selten.	Zahlreiche Algen und Diatomeen.	—
0,226	1,28	Spuren	11,31	57,5	—	Bakterien treten ganz zurück.	Pilzvegetation fast ganz verschwunden.	Monaden.	Sehr zahlreiche Algen und Diatomeen in verschiedenen zierlichen Formen.	—
2,58	0	0	78,59		Schwebestoffe = 210,84, Gesammt-Stickstoff = 40,49					

Die Oder führte während der Untersuchungszeit (1877—1881) 37—230 cbm Wasser in der Sekunde und nahm das Abwasser von ca. 250 000 Menschen auf. Sie hat eine durchschnittliche Geschwindigkeit[1]) von 0,6 m in der Sekunde und durchläuft demnach den Weg von 32 km (bis Dyherrnfurth) in ca. 15 Stunden (vergl. S. 16).

H. Fleck[2]) hat (vergl. oben S. 45—47) in derselben Weise eine Selbstreinigung bei drei kleineren Flüssen im Königreich Sachsen, nämlich der Luppe, der Röder und der Wesenitz, welche nicht unwesentliche Mengen von industriellen Abwässern aufnehmen, festgestellt, indem z. B. das Wasser bei längerem Fliessen ab- bezw. zunahm an:

	I. Luppe	II. Röder	III. Wesenitz
Organischer Substanz	von 38,2 mg auf 32,8 mg	von 36,8 mg auf 35,3 mg	von 16,1 mg auf 15,5 mg
Ammoniak	„ 1,1 „ „ 0,8 „	„ 0,9 „ „ 0,7 „	„ 0,3 „ „ 0,2 „
Salpetersäure . . .	„ 1,5 „ „ 5,2 „	„ 1,2 „ „ 2,5 „	„ 5,9 „ „ 6,3 „

H. Fleck sagt dazu: „Eine Selbstreinigung durch Oxydationsvorgänge ist dann anzunehmen, wenn sowohl eine Abnahme der organischen Substanz, wie auch des Ammoniaks in reinem Flusswasser unter gleichzeitiger Vermehrung oder Erzeugung von salpetriger Säure oder Salpetersäure, aber nicht eine Verminderung der normalen Wasserbestandtheile (Kalk und Magnesiaverbindungen) also nicht eine Verdünnung des Wassers stattgefunden hat.“

Durand-Claye[3]) untersuchte das Wasser der Seine, welche bei niedrigstem Wasserstande in der Sekunde ca. 45 cbm Wasser führte und 260 000—320 000 cbm Pariser Kanalwasser im Tage erhielt, ober- und unterhalb Paris und fand in 1 l folgenden Gehalt an Sauerstoff und Stickstoff:

Seine-Wasser:	Sauerstoff	Stickstoff
Oberhalb Paris	5,34 ccm	1,9 mg
Unmittelbar unterhalb Paris	1,02 „	98,0 „
An der Brücke bei Maisons, ca. 30 km unterhalb Paris	3,74 „	2,5 „

E. Moser[4]) untersuchte den Einfluss der Würzburger Sielwässer auf den Main und die Selbstreinigung desselben und fand für:

Mainwasser:	Kaliumpermanganat-Bedarf für 1 l Wasser
Oberhalb Würzburg	88,5 mg
Unterhalb Würzburg nach Einmündung der Siele . .	235,4 „
16 km unterhalb Würzburg	117,0 „

[1]) Nach den Angaben des Rathsgeometers Hoffmann in Breslau. Vergl. W. Prausnitz: Einfluss der Münchener Kanalisation auf die Isar etc. Hygienische Tagesfragen, **9**. München 1890, 82.

[2]) 12. u. 13. Jahresbericht der Kgl. chem. Centralstelle in Dresden **1884**.

[3]) Assainissement de la Seine 1885, 1, nach W. Prausnitz. Hyg. Tagesfragen, **9**, München 1890, 72.

[4]) Ueber die organischen Substanzen des Mainwassers bei Würzburg. Inaug. Diss. Würzburg 1887, nach W. Prausnitz, l. c. 76.

J. H. Long[1]) stellte Untersuchungen über die Selbstreinigung in dem Kanal an, welcher die Abwässer von Chicago aufnimmt und bei Joliet in den Illinois mündet. Danach hat sich der Gehalt des Wassers von Bridgeport, wo der Kanal beginnt, bis Joliet im Mittel von 10 Untersuchungen in folgender Weise für 1 l geändert:

Entnahmestelle	Entfernung von Bridgeport (engl. Meilen)	Freies Ammoniak mg	Albuminoid-Ammoniak mg	Zur Oxydation erforderl. Sauerstoff (nach Kubel) mg
Im Sommer:				
Bei Bridgeport	—	17,44	1.195	20.58
„ Lockport	29	10,23	0,669	11.30
„ Joliet	33	6,93	0,408	7,79
Im Winter:				
Bei Bridgeport	—	9,7	3,7	22,4
„ Lockport	29	—	—	—
„ Joliet	33	6,5	2,2	11,3

Demnach betrug im Sommer für eine englische Meile bezogen auf den Gehalt in Bridgeport bezw. Lockport die Abnahme an:

	Freiem Ammoniak	Albuminoid-Ammoniak	Zur Oxydation erforderl. Sauerstoff
von Bridgeport bis Lockport	1,44 %	1,52 %	1,55 %
„ Lockport bis Jolietz	8,06 %	9,74 %	7,76 %

Long bemerkt hierzu, dass eine Verdünnung des Wassers durch Zuflüsse und eine weitere Verunreinigung durch Abwässer von Bridgeport bis Joliet nicht stattfindet und dass die grössere Abnahme zwischen Lockport und Joliet der häufigeren Berührung des Wassers mit der Luft zuzuschreiben sei, die durch die hier vorhandenen Schleusen und den Wasserfall bedingt sei.

Verf. hatte Gelegenheit, die Selbstreinigung der Emscher nach Aufnahme des Abwassers der Stadt Dortmund — das Abwasser wurde durch Zusatz von Thonerdesulfat und Kalk in Tiefbrunnen gereinigt — auf einer Strecke von 14 km, auf welcher die Emscher nur zwei kleine Seitenbäche mit wenig Wasser aufnimmt, zu verfolgen und fand im Mittel von 3 Probenahmen für 1 l Emscherwasser nach Aufnahme des gereinigten[2]) städtischen Abwassers (s. umstehende Tabelle):

[1]) Zeitschr. f. angew. Chem. 1888, 477; nach Chem. News **57**, 256 u. Biedermann's Centrbl. f. Agr.-Chem. 1891, **20**, 289; nach Chem. News **62**, 1613.

[2]) Durch den chemisch-mechanischen Reinigungsvorgang werden im allgemeinen nur die Schwebestoffe, nicht die gelösten organischen Stoffe beseitigt.

Entfernung nach Einführung des Kanalwassers.	Schwebestoffe mg	Zur Oxydation erforderlicher Sauerstoff in alkalischer Lösung mg	in saurer Lösung mg	Stickstoff (organischer und Ammoniak-) mg	Keime von Mikrophyten in 1 ccm Wasser
Ca. 1 km unterhalb	60,0	12,2	11,9	17,0	1453000
„ 7 „ „	32,5	11,1	10,5	14,3	124000
„ 14 „ „	6,3	8,9	9,4	12,7	220600[1])

Während bei vorstehenden Untersuchungen fast nur die chemische Seite der Selbstreinigung in Betracht gezogen wurde, ist bei den nun folgenden Untersuchungen vorzugsweise die Abnahme an Bakterien in den durch Kanalwasser verunreinigten Flussläufen berücksichtigt worden.

G. Frank[2]) hat das Wasser der Spree bezw. Havel in und unterhalb Berlin während eines ganzen Jahres ein- bis zweimal im Monate chemisch und bakteriologisch untersucht. Aus den ausführlich mitgetheilten Ergebnissen sind die nachfolgenden Mittelzahlen[3]) berechnet:

No.	Ort der Probenahme	Abdampfrückstand	Kalk	Ammoniak	Zur Oxydation erford. Permanganat	Chlor	Anzahl der aus 1 ccm Wasser in Gelatine entwickelten Keime
		mg für 1 l					
1	Oberbaumbrücke (Eintritt d. Spree in Berlin)	188,8	63,1	0,25[3])	19,6	22,5	8951
2	Ruhlebener Schleuse unterh. Charlottenburg	203,1	64,2	0,79	23,0	25,4	243581
3	Spandau unterhalb des Zusammenflusses von Havel und Spree . .	198,4	65,1	0,92	21,4	24,8	343332[4])
4	Pichelsdorf	196,9	59,0	0,75	21,3	24,2	170143
5	Gatow	201,8	65,2	0,54	20,4	24,7	130700
6	Cladow	198,3	62,5	0,30	20,8	24,3	175048[4])
7	Sacrow	194,1	62,2	0,28	19,6	23,9	9190

Etwas anders gestalten sich die Ergebnisse der Untersuchungen Frank's, wenn wir die Mittelzahlen aus den im Sommer (April—Oktober) und im Winter (Oktober—April) genommenen Proben berechnen. Dieselben sind in der nachfolgenden Tabelle für die hauptsächlich in Betracht kommenden Bestandtheile zusammengestellt:

[1]) Die Erhöhung an Bakterien rührt wohl daher, dass das Wasser vor einem Mühlenstauwerk zur Ruhe gelangte und wieder Fäulnisserscheinungen zeigte.

[2]) Zeitschr. f. Hyg. 1888, **3**, 355.

[3]) „Spuren" sind bei Berechnung der Mittelzahl = 0 gesetzt.

[4]) Ausserdem war einmal die Platte vollständig verflüssigt.

No.	Ort der Probenahme	Im Sommer April—September 1886				Im Winter Oktober 1886—März 1887			
		Ammoniak (mg für 1 l)	Zur Oxydation erfordrl. Permanganat (mg für 1 l)	Chlor (mg für 1 l)	Anzahl der aus 1 ccm Wasser in Gelatine entwickelten Keime	Ammoniak (mg für 1 l)	Zur Oxydation erfordrl. Permanganat (mg für 1 l)	Chlor (mg für 1 l)	Anzahl der aus 1 ccm Wasser in Gelatine entwickelten Keime
1	Oberbaumbrücke	0,09	20,1	21,0	6771	0,44	19,1	24,9	12100
2	Ruhlebener Schleuse	0,89	22,3	23,9	267300	0,69	22,9	27,3	150844
3	Spandau	0,93	21,5	23,6	451826	0,91	22,0	26,5	162163
4	Pichelsdorf	0,86	20,9	23,1	224126	0,61	20,6	25,8	145944
5	Gatow	0,38	20,9	23,1	197592	0,76	19,3	27,0	34078
6	Cladow	0,31	21,2	22,3	289125[1]	0,52	19,6	26,7	20947
7	Sacrow	0,10	20,6	21,6	7858	0,51	17,9	27,2	10956

	Im Sommer	Im Winter
Temperaturmittel an den Untersuchungstagen	15,2° C	6,2° C
Mittlerer Spreewasserstand an der Oberbaumbrücke	2,45 m	2,36 m

Aus diesen Zahlen geht hervor, dass die Selbstreinigung im Sommer (bei 15,2°C. Temperaturmittel) bedeutend stärker vor sich geht, als im Winter (bei 6,2° C.), obwohl bei ungefähr gleichem durchschnittlichen Wasserstande die Verunreinigung des Wassers im Sommer grösser war, als im Winter.

Veranlasst durch die geplante vollständige Durchführung der Schwemmkanalisation in München hat W. Prausnitz[2]) auf Anregung von M. v. Pettenkofer die Selbstreinigung der Isar einer eingehenden Untersuchung unterzogen.

Aus der grossen Zahl der mitgetheilten Untersuchungen, welche durchweg die grosse Selbstreinigungskraft der Isar erkennen lassen, sollen hier nur zwei bei trockenem Wetter im Januar 1889 von München bis Freising (33 km unterhalb München) ausgedehnte Untersuchungen angeführt werden.

Den grössten Theil der Verunreinigungen erhält die Isar durch den Hauptauslass hinter der Bogenhauser Brücke und 0,9 km weiter durch den Eisbach, die letzten von München herrührenden Verunreinigungen durch den 12,5 km unterhalb München einmündenden Schwabingbach (vergl. die nächstfolgende Tabelle):

---

[1]) „Spuren“ sind bei der Berechnung der Mittelzahl = 0 gesetzt.

[2]) Der Einfluss der Münchener Kanalisation auf die Isar mit besonderer Berücksichtigung der Frage der Selbstreinigung der Flüsse. Hygienische Tagesfragen 9, München 1890.

Stunde der Entnahme	Ort der Entnahme	Entfernung von München	Verbrauch an Sauerstoff	Verbrauch an Kaliumpermanganat	Organische Substanz	Chlor	Abdampf-Rückstand	Ammoniak	Salpetrige Säure	Bakterien in 1 ccm
		km	mg für 1 l							
I. Am 12. und 13. Januar 1889 oberhalb München Wasserstand 4,19 m, Geschwindigkeit 1,48 m und Wassermenge 35,57 cbm in der Sekunde, Temperatur der Luft — 4,5°, des Wassers + 2,5°.										
2^{00}	Isar oberhalb München .	—	0,76	3,02	15,10	3,3	208,8	0	0	134
8^{30}	Hinter der Bogenhauser Brücke vor Einmündung der Hauptsiele	1,0	3,20	12,64	63,20	4,38	250,4	0	0	10420
9^{00}	Hinter der Einmündung des Eisbaches	3,1	2,69	10,64	53,20	5,1	260,0	0	Spur	14850
11^{30}	Ismanning	13,0	2,78	10,99	54,95	4,5	256,8	Spur	0	9396
2^{00}	Erching	22	1,43	5,66	28,30	4,5	252,4	0	0	4863
3^{30}	Freising	33	1,47	5,82	29,10	3,9	—	0	0	3221
II. Am 26. und 27. Januar 1889 an der Bogenhauser Brücke: Wasserstand 4,21 m, Geschwindigkeit 1,30 m und Wassermenge 30,6 cbm in der Sekunde. Temperatur der Luft ± 0°, des Wassers + 2°.										
2^{30}	Isar oberhalb München .	—	0,78	3,09	15,45	4,5	210,0	0	0	303
8—9	Kanalwasser des Hauptsieles Königinstrasse .	—	60,06	239,4	1197,0	48,0	732,4	+	+	—
8^{50}	An d. Bogenhauser Brücke vor Einmündung der Hauptsiele	1,0	2,1	8,30	41,50	5,4	248,6	0	0	10830
9^{30}	Hinter der Einmündung des Eisbaches	3,1	2,91	11,50	57,50	5,7	255,2	Spur	0	17210
11^{00}	Ismanning	13,0	2,26	8,98	44,90	4,8	256,0	0	0	8691
1^{30}	Erching	22	—	—	—	—	—	—	—	7765
3^{00}	Freising	33	1,37	5,42	26,10	4,5	262,8	0	Spur	6891

Für die Abnahme der Bakterien in der Isar fand W. Prausnitz nach 10 Untersuchungen zu verschiedenen Jahreszeiten folgende Mittelzahlen:

Ort der Wasserentnahme:	Entfernung von München km:	Bakterien in 1 ccm Wasser:
Oberhalb München	—	305
Bogenhauser Brücke	1	9387
Hinter dem Eisbach	3,1	15232
Oberföhring	4,4	13503
Unterföhring	7	12607
Ziegelstadel	10	8764
Ismanning	13	9111
Erching	22	4796
Freising	33	3602

Es hat somit der Bakteriengehalt von der Einmündung des Eisbaches bis Freising um 76% abgenommen.

C. Schlatter[1]) hat den Einfluss des Abwassers der Stadt Zürich auf

[1]) Zeitschr. f. Hyg. 1890, 9, 56.

den Bakteriengehalt der Limmat untersucht. Die Menge des Abwassers beträgt an regenfreien Tagen 17000—20000 cbm., die Wassermenge der Limmat ca. 9000000 cbm. Grössere Zuflüsse sind auf der Strecke bis Dietikon nicht vorhanden, desgleichen sind wesentliche Verunreinigungen durch Fabrikabgänge nicht festzustellen.

Für die Abnahme der Bakterien nach Einführung der Sielwässer ergeben sich im Mittel aus 8—15 Untersuchungen folgende Zahlen:

Ort der Wasserentnahme:	Entfernung von der Wipkinger Brücke km	Anzahl der aus 1 ccm Wasser entwickelten Keime
Stadtmühle (vor Einfluss des Abwassers)	—	1667
Wipkinger Brücke 40 m nach Einmündung des Abwassers: linker Schmutzwasserstreifen	—	58000
mittlerer Schmutzwasserstreifen	—	141171
rechter Schmutzwasserstreifen	—	138519
Hardmühle	0,45	18709
Hardfähre	0,75	13336
Honger Brücke	1,5	8333
Engstringer Brücke	6,5	6045
Kloster Fährli	7,1	4925
Dietikon (Fähre)	10,5	3263

A. Stutzer und O. Knublauch[1]) stellten den Bakteriengehalt des Rheinwassers ober- und unterhalb Köln fest. Ihre Untersuchungen geben ein anschauliches Bild über die Verunreinigung des Rheines durch das Kölner Kanalwasser und durch die Wupper, welche oberhalb Rheindorf in den Rhein mündet, und über die sich schnell vollziehende Selbstreinigung des Rheines.

Stutzer und Knublauch haben zur Veranschaulichung der Untersuchungsergebnisse ausser dem absoluten Gehalt an Bakterien auch die relativen Zahlen für denselben berechnet, wobei sie den Gehalt oberhalb Köln (Marienburg) als Einheit wählten und nur die Ergebnisse an demselben Tage genommener Proben berücksichtigten. Die nachfolgende Tabelle enthält die Mittelzahlen des absoluten und relativen Bakteriengehaltes in 1 ccm Wasser:

Ort der Wasserentnahme	Entfernung von Köln km	Anzahl der Untersuchungen	Absoluter Bakteriengehalt in 1 ccm Wasser			Relativer Bakterien-Gehalt		
			Linkes Ufer	Mitte	Rechtes Ufer	Linkes Ufer	Mitte	Rechtes Ufer
Marienburg (oberhalb Köln	—	53	4786	4299	4080	100	100	100
Mülheim	8	22	30432	3323	3926	1295	197	175
Stammheim-Niehl	11	8	22264	3544	2866	615	162	136
Wiesdorf-Merkenich	17	30	12460	4323	3782	418	215	182
Rheindorf (auf der rechten Seite ist die Wupper aufgenommen)	19,5	12	9979	3783	25342	315	198	1265
Langel	22	24	9595	4250	7506	354	214	283
Zons	34	10	5120	3535	3290	186	174	251
Volmerswerth	47,5	19	7689	6889	6613	122	125	143

[1]) Centrbl. f. allgem. Gesundheitspflege. Bonn 1894, **13**, 123 u. 165.

Ausser diesen liegen noch eine Reihe von Untersuchungen über die mehr oder minder starke Selbstreinigung verschiedener Wasserläufe vor, von denen erwähnt sein mögen die Arbeiten von:

Lortet und Despeignes[1]) über die Rhone unterhalb Genf.

Cramer-Zürich,[1]) über die Grellinger (Baseler) Wasserleitung.

J. Uffelmann,[2]) über die Nebel.

Niedner,[3]) über die Elbe bei Dresden.

Ohlmüller,[4]) über die Nebel und Warnow, zwischen Güstrow und Rostock.

C. Fränkel,[5]) über die Lahn bei Marburg.

R. Blasius und H. Beckurts,[6]) über die Oker bei Braunschweig.

L. Mutschler[7]): Das Aare-Wasser bei Bern. Ein Beitrag zur Kenntniss der Selbstreinigung der Flüsse.

W. Kruse,[8]) über Verunreinigung und Selbstreinigung der Flüsse.

H. Classen[9]) leugnet, abgesehen von der Sedimentation und Verdünnung, jegliche Selbstreinigung der Flüsse und behauptet, indem er die Gesammtwassermengen und die darin enthaltenen absoluten Mengen Stoffe in Betracht zieht, dass infolge des beständigen Zuflusses von Fäkal- und anderen Unrathstoffen die Flussfauna und -Flora sich stetig vermehren und dass die gesammten Schmutzstoffe in einem Wasser in einem höheren Maasse zunehmen, als die Wassermenge selbst anwächst. Er glaubt, dass alle über die Selbstreinigung der Flüsse erhaltenen Ergebnisse auf eine fehlerhafte Probenahme zurückzuführen sind.

Obgleich es wegen der ungleichmässigen Vertheilung der Verunreinigungen in einem Flusse und der verschiedenen Geschwindigkeit, mit der sich die einzelnen Theile und Schichten eines Flusses vorwärts bewegen, sehr schwierig ist, vollkommen vergleichbare Proben zur Erkennung der Selbstreinigung eines Flusses zu erhalten (vergl. S. 13—17[10]), so ist doch nach den oben aufgeführten Untersuchungen an dem Vorhandensein derselben durchaus nicht mehr zu zweifeln. Ebenso allgemein, wie diese Thatsache anerkannt worden ist, ebenso unsicher war lange Zeit und ist noch jetzt die Erklärung des Vorganges.

---

[1]) M. v. Pettenkofer: Die Verunreinigung der Isar durch das Schwemmsystem von München. Hygienische Tagesfragen **10**, 17 u. 18. München 1890.

[2]) Vierteljahrsschr. f. öffentl. Gesundheitspflege 1890, **22**, 382.

[3]) Stutzer u. Knublauch: Centrbl. f. allgem. Gesundheitspflege 1894, **13**, 127; nach Vierteljahrsschr. f. öffentl. Gesundheitspflege, **24**, Suppl. v. Uffelmann 143.

[4]) Arbeiten a. d. Kaiserl. Gesundheitsamte 1891, **7**, 255.

[5]) Vierteljahrsschr. f. gerichtl. Medicin u. öffentl. Sanitätswesen 1894, **7**, 321; Referat in Centrbl. f. allgem. Gesundheitspflege 1894, **13**, 269.

[6]) Deutsche Vierteljahrsschr. f. öffentl. Gesundheitspflege 1895, **27**, Heft 2.

[7]) Forschungsberichte über Lebensmittel etc. 1896, **3**, 399.

[8]) Centrbl. f. allgem. Gesundheitspflege 1899, **18**, 16.

[9]) Gesundheit 1898, **23**, 375.

[10]) Vergl. auch Th. Köhn: Ueber die Untersuchungsmethoden zur Feststellung der Selbstreinigung des Flusswassers. Chem. Centrbl. 1894, I, 913; nach: Vierteljahrsschr. f. öffentl. Gesundheitspflege, 1893. **25**, Heft 4.

I. Selbstreinigung durch Verdünnung.

Als die wesentlichste Bedingung für das Zustandekommen der Selbstreinigung eines Flusses ist die hinreichende Verdünnung des eingeleiteten Schmutzwassers durch das Flusswasser anzusehen. Tritt diese nicht ein, so versagt nach den bisherigen Erfahrungen die selbstreinigende Kraft des Flusses stets, und es tritt mehr oder minder schnell eine vollständige Verjauchung desselben ein. Dies ist z. B. bei den Flüssen Irwel, Darwen und Mersey, wie überhaupt bei der Mehrzahl der englischen Flüsse der Fall, bei denen die Menge der Abwässer zu gross ist, gegenüber der des Flusswassers.

Da bei hinreichend grosser Wassermenge, aber zu geringer Geschwindigkeit des verunreinigten Flusses die Schwebestoffe des Schmutzwassers sich am Boden des Flusses anhäufen und, soweit sie organischer Natur sind, sich in diesen Ablagerungen zersetzen, kommt es unter derartigen Verhältnissen stets zu einer starken Verunreinigung der betreffenden Flüsse, wie dies z. B. bei der Seine durch die Abwässer von Paris auf kurze Strecken der Fall gewesen ist.

Bezüglich des erforderlichen Verdünnungsgrades des Schmutzwassers und der nothwendigen Geschwindigkeit des Flusses kommt v. Pettenkofer[1]) auf Grund seiner Erfahrungen zu dem Schlusse, dass gewöhnliches Sielwasser mit menschlichen Auswürfen keinen Fluss auf eine längere Strecke verunreinigen kann, welcher (bei niedrigstem Wasserstande) mindestens die 15fache Wassermenge von der des Sieles führt und keine geringere Geschwindigkeit als das Wasser in den Sielen, nämlich mindestens 0,6 m in der Sekunde, hat. Bei der Isar, für welche v. Pettenkofer einen besonders starken Selbstreinigungsvorgang in Anspruch nimmt, ist die Wassermenge selbst bei niedrigstem Wasserstande mehr als die 45fache und die Geschwindigkeit mehr als die doppelte des Sielwassers.

Im Falle einer genügenden Verdünnung von städtischem Kanalwasser will M. v. Pettenkofer[2]) sogar die Einleitung in stehende Gewässer, in Seeen gestatten. Er erinnert daran, dass z. B. im Starnberger See sich seit Jahrhunderten die Auswürfe der Fische angesammelt haben, ohne dass sie schädlich oder verunreinigend auf das Wasser gewirkt haben, und vergleicht die Vertheilung der Jauchestoffe in einem Seewasser mit der dünnen Ausbreitung auf den Aeckern, wo sie ebenfalls nicht schädlich wirken. Da die Abgänge (Fäkalien) von Tutzing bei einer Kanalisation und Ableitung in den Starnberger See eine Verdünnung von 1 : 100000, der Harn eine solche von 1 : 10000 erfahren würde, so hält v. Pettenkofer die Einleitung für unbedenklich, und Bruno Hofer ist der Ansicht, dass die

---

[1]) Hyg. Tagesfragen **10**, 27; auch Hyg. Rundsch. 1892, 2, 633; nach Deutsche med. Wochenschr. 1891, Nr. 47.

[2]) v. Pettenkofer u. Br. Hofer: Kanalisation u. Entwässerung von Ortschaften an Binnenseeen. München 1898.

menschlichen Abgänge in dieser Verdünnung auch nicht für die Fische nachtheilig wirken würden.

Indess erscheint die Einleitung von menschlichen Ausscheidungen in stehende Gewässer, wenn keine ausserordentlich starke Verdünnung stattfindet, zum mindesten sehr bedenklich.

R. Baumeister[1]) hat, um vorher sagen zu können, ob die Einleitung städtischer Abgänge in einen Flusslauf zulässig ist oder nicht, zur Berechnung des sog. „Verunreinigungs-Koefficienten" folgende Formel in Vorschlag gebracht:

$$\frac{Q\,v}{E(1+c)},$$ worin bedeutet:

Q = Wassermenge des Flusses beim niedrigsten Wasserstande in cbm für 24 Stunden = 86400 q, wenn q die Wassermenge für die Sekunde ist;
v = mittlere Geschwindigkeit des Flusses in Metern für die Sekunde (also mindestens 0,6 m für die Sekunde in Fluss und Kanälen);
E = Einwohnerzahl (wobei es weniger auf die Menge des Kanalwassers, als auf die Menge der in demselben vorhandenen Unrathstoffe ankommt);
c = 1, wenn sämmtliche menschlichen Absonderungen nach dem Schwemmsystem eingeschlossen sind;
c = 0 bei reiner Abfuhr, wenn also das Kanalwasser gar keine menschlichen Absonderungen einschliesst.

Der so berechnete Koefficient stellt sich bei verschiedenen Städten und Flüssen wie folgt:

Stadt	Fluss	Q	v	E	c	Koefficient
Breslau	Oder	20	0,7	335000	1	1,8
Paris	Seine	45	0,13	2000000	0,3	1,9
Kassel	Fulda	12	0,4	72000	0,8	3,2
Stuttgart	Neckar	13	0,6	140000	0	4,8
Prag	Moldau	30	1,2	283000	0,9	5,8
Neisse	Bielearm	2	0,97	13000	1	6,5
Dresden	Elbe	50	0,5	276000	0,1	7,1
München	Isar	42	1,05	345000	0,5	7,4
Frankfurt	Main	47	0,6	177000	0,7	8,1
Magdeburg	Elbe	120	0,58	203000	0,9	15,6
Würzburg	Main	30	0,8	60000	0,8	19,2
Budapest	Donau	700	1,0	420000	1	72
Basel	Rhein	385	1,08	70000	0,3	395
Mainz	Rhein	500	0,7	72000	0	420
Linz	Donau	520	1,1	40000	1	617
Heidelberg	Neckar	32	0,7	32000	0	60,5

Nach Baumeister's Ansicht ist 5 die niedrigste Grenze, welche von dem Koefficienten erreicht werden muss, um Kanalwasser unmittelbar in die Flüsse ableiten zu dürfen. Jedoch muss die Formel noch durch weitere

[1]) Deutsche Vierteljahresschr. f. öffentl. Gesundheitspflege 1893, **24**, 405 (vergl. auch H. Classen in Gesundheit 1898, **23**, 375).

Erfahrungen ergänzt bezw. durch Heranziehung noch anderer Umstände verbessert werden.

In welcher Weise nun aber die Selbstreinigung vor sich geht, dafür hat man die verschiedensten Ursachen angeführt, und offenbar kommen auch bei der Verschiedenheit der Flussverhältnisse (Uferbeschaffenheit, Flussvegetation, Wassertemperatur u. s. w.) nicht bei allen Flüssen die gleichen Umstände zur Geltung. Die Ursachen der chemischen Seite der Selbstreinigung sind offenbar andere, als die für die gleichzeitig erfolgende Abnahme der Bakterien in Betracht kommenden, die jenen geradezu entgegengesetzt zu sein scheinen.

Da über die verschiedenen möglicherweise in Betracht kommenden Ursachen neuerdings zahlreiche experimentelle Untersuchungen angestellt sind, sollen dieselben hier nacheinander besprochen werden.

II. Mechanisch-chemische Wirkung bei der Selbstreinigung.

Für den Nachweis dieser Art Selbstreinigung ist zu berücksichtigen, dass die bis auf den beseitigten Bestandtheil übrigen Wasserbestandtheile, keine Veränderung erlitten haben dürfen, da dies für eine Vermischung mit anderem Wasser sprechen würde. Als kennzeichnender Bestandtheil für Entscheidung der Frage, ob ein Wasser durch anderweitige Zuflüsse eine Veränderung erfahren hat, kann dort, wo städtische Abwässer in Frage kommen, vorwiegend der Chlorgehalt dienen. In anderen Fällen wird man einen sonstigen unterschiedlichen Bestandtheil wählen können.

Für das Zustandekommen mechanisch-chemischer Veränderungen des Flusswassers sind vorwiegend folgende Ursachen angeführt worden:

1. Die Sedimentation.

Zweifellos findet, wie schon oben erwähnt wurde, bei Flüssen mit schwacher Strömung, welche durch Schwebestoffe verunreinigt sind, namentlich beim Eintritt derselben in Seeen oder bei seeartiger Erweiterung des Flussbettes eine Sedimentation der Schwebestoffe statt. Wenn hierdurch auch das Wasser an der Oberfläche klarer wird, so ist dies aus den bereits oben S. 217 angegebenen Gründen als eine eigentliche Selbstreinigung dennoch nicht anzusehen.

Die oben erwähnte englische Kommission fand, dass bei den von ihr untersuchten Flüssen die Art der Klärung, die das Flusswasser auf seinem Laufe erfahre, in der Sedimentation bestehe (vergl. die Tabelle auf S. 220). Auch Percy F. Frankland[1]) glaubt dureh seine Untersuchungen bei der

[1]) Gesundh.-Ing. 1891, **14**, 627.

Themse und Onse nur in der Niederschlagung der Schwebestoffe die einzige Reinigung erblicken zu müssen, während eine Selbstreinigung von gelösten organischen Stoffen nicht festgestellt werden konnte.

Bei der Isar, die sich durch ein sehr kräftiges Selbstreinigungsvermögen auszeichnet, kann aber nach v. Pettenkofer[1]) von einer Selbstreinigung durch Sedimentation überhaupt nicht die Rede sein, da durch die starke Strömung sogar Gerölle und Kies vom Grunde aufgewühlt werden. Nach v. Pettenkofer sollen neuere in München angestellte Versuche „es wahrscheinlich machen, dass Adhäsion und Capillarattraktion bei der Veränderung der Schwebestoffe eine Rolle spielen.“ Wollte man mit H. Classen[2]) u. A. in der Sedimentation die einzige Ursache der Beseitigung von Verunreinigungstoffen erblicken, so müssten die meisten Flüsse alsbald völlig verschlammt sein.

2. *Selbstreinigung durch rein chemische Umsetzungen.*

Zu den Vorgängen dieser Art gehört, wie schon S. 217 gesagt, die Neutralisation von freien Säuren (Schwefelsäure, Salzsäure, Salpetersäure etc.) durch die im Flusswasser vorhandenen Bikarbonate oder Karbonate; da die entstehenden Sulfate, Chloride, Nitrate etc. bleibend unschädlich geworden sind, so gehört diese Umsetzung zu den wirklichen Selbstreinigungsvorgängen. Das kann auch in gewisser Hinsicht von jener Umsetzung gesagt werden, welche stattfindet, wenn sich aus dem Ferrosulfat, Zink- oder Kupfersulfat eines Abgangwassers mit dem Calciumkarbonat Ferrokarbonat, Zink- oder Kupferkarbonat und Calciumsulfat bilden, weil die Karbonate der Schwermetalle entweder dauernd ausgefällt werden oder doch nicht so schädlich sind, als die Sulfate derselben. Auch das aus Ferroverbindungen sich bildende Ferrihydroxyd kann unter Umständen so fest auf Gesteine und Gerölle eines Flussbettes niedergeschlagen werden, dass es dauernd für das fliessende Wasser unschädlich gemacht ist.

Anders aber ist es mit Sulfiden, die sich in den Flüssen bilden, wenn z. B. faulige, schwefelwasserstoffhaltige Abwässer mit solchen zusammenfliessen, die lösliche Chloride oder Sulfate von Schwermetallen (Eisen, Kupfer, Zink etc.) enthalten. Das erstere Abwasser wird dann geruchlos und die Schwefelmetalle schlagen sich als unlöslich nieder; aber dieser Vorgang kann nur eine vorübergehende Selbstreinigung genannt werden; denn wenn die Sulfide bei Hochfluthen oder durch Aufrühren wieder mit fortgespült werden, so können sie für Fische, Boden und Pflanzenwachsthum entweder als solche oder nach ihrer Oxydation zu Sulfaten wieder schädlich wirken.

---

[1]) Hyg. Rundsch. 1892, 2, 633; nach Deutsche med. Wochenschr. 1891, Nr. 47.

[2]) Gesundheit 1898, 375.

3. *Die direkte Oxydation im Wasser.*

Hierzu gehört die Oxydation von Schwefelwasserstoff oder von Schwefelalkali (vergl. auch vorstehend), z. B. von Schwefelcalcium aus den Rückständen der Potasche- und Soda-Fabrikation, die auf diese Weise durch Entstehung von Calciumsulfat unschädlich gemacht werden; ferner die Oxydation schädlicher Ferrosalze in unschädliche Ferriverbindungen.

Die englische Flussverunreinigungskommission nahm auch anfänglich eine direkte Oxydation der organischen Stoffe, vorzugsweise, wenn nicht ausschliesslich durch den im Wasser gelösten Sauerstoff an, der viel mehr chemisch aktiv sei als der Sauerstoff der Luft. Versuche, welche sie dann nach dieser Richtung anstellte, zeigten aber, dass in mit Kanalwasser verunreinigtem Wasser beim Stehen in verschlossenen Flaschen eine Abnahme des Sauerstoffes beruhend auf einer Oxydation organischer Stoffe zwar erfolge, dass sie aber namentlich bei Temperaturen unter 17^0 C. so langsam vor sich gehe, dass sie für die Selbstreinigung der Flüsse nicht in Betracht kommen könne.

W. N. Hartley[1]) fand bei Wasserproben, welche er aus mehreren Flüssen einmal oberhalb und dann unterhalb bedeutender Wasserfälle, durch die eine starke Lüftung des Wassers stattfand, geschöpft hatte, keine wesentlichen Unterschiede hinsichtlich ihres Gehaltes an organischer Substanz. Hartley glaubte, dass die organischen Stoffe durch Thone ausgefüllt würden und auf diese Weise eine Abnahme erführen.

Eine direkte Oxydation der organischen Stoffe im Wasser durch den Sauerstoff des Wassers und der Luft ist bisher nicht bestimmt oder nur in beschränktem Maasse nachgewiesen worden. Wenn die Sauerstoffzufuhr oder Lüftung eines an organischen Stoffen reichen Wassers günstig auf die Vergasung bezw. Beseitigung der organischen Stoffe gewirkt hat, so beruht das im wesentlichen darauf, dass der Sauerstoff bei einer weiteren Zersetzung der organischen Stoffe durch Mikroorganismen die Oxydation begünstigt und das Auftreten von giftigen und übelriechenden Fäulnissstoffen verhindert.

Dennoch mögen die hierauf bezüglichen Versuche hier mitgetheilt werden.

Als wenig erfolgreich hat sich erwiesen, die Luft direkt in das betreffende Wasser einzuleiten bezw. einzupressen. So behandelte Percy F. Frankland[2]) ein unreines Wasser mit atmosphärischer Luft und fand unmittelbar nach der Mischung:

	17. Febr.	18. Febr.	19. Febr.	24. Febr.	25. Febr.	28. Febr.
Kohlenstoff	2,82	2,89	2,44	2,25	2,14	2,14
Stickstoff	2,43	2,51	2,55	2,53	2,59	2,76

[1]) Chem.-Zeitg. 1883, **7**, 750.

[2]) Hoffmann: Chem. Industrie 1875, 66.

W. Wallace[1]) behandelte ebenfalls verschiedene Abfallwässer einige Zeit mit atmosphärischer Luft und fand, dass zur Oxydation der gelösten organischen Stoffe folgende Mengen[2]) Sauerstoff erforderlich waren:

	Brennerei-Abflusswasser A	Brennerei-Abflusswasser B	Spülwasser
Ohne Behandlung mit Luft	7,66	3,02	1,06
Nach „ „ „ 15 Minuten lang	7,82	3,14	0,99
„ „ „ „ 30 „ „	7,26	3,19	1,10
„ „ „ „ 60 „ „	7,35	3,19	1,12

John Storer[3]) hat zur Sättigung derartiger Schmutzwässer mit Luft bezw. Sauerstoff folgenden Apparat eingerichtet:

In einem senkrechten cylindrischen Behälter ist axial ein zweiter oben und unten offener Cylinder angebracht, bis zu dessen oberem Rande die Flüssigkeit reicht. Innerhalb des Cylinders befindet sich eine mit Schraubenflügeln besetzte Welle, durch deren rasche Drehung (1400—1500 Umdrehungen in der Minute) die Flüssigkeit diesen Cylinder rasch durchströmt und dabei Luft oder andere Gase ansaugt und sich innig damit vermischt. Die Gase können durch besondere Röhren in die Nähe der Flügelwellen geleitet werden etc.

Wallace[4]) hat eine Reihe von Spülwässern, die mit verschiedenen Fällungsmitteln gereinigt und dann durch diesen Apparat mit Luft behandelt waren, untersucht und unter anderem gefunden, dass zur Oxydation der gelösten organischen Stoffe folgende Mengen Sauerstoff für 1 l erforderlich waren:

	Mit Kalkmilch gefällt mg	Mit Kalkmilch und Thonerdesalz gefällt mg
Wasser ungereinigt	14,7	13,8
„ gereinigt	13,5	8,9
„ desgl. nach Behandlung mit Luft:		
nach 15 Minuten	13,5	9,9
„ 30 „	13,5	8,9
„ 60 „	13,5	10,0

In anderen Fällen trat die direkt oxydirende Wirkung der Luft noch in viel geringerem Maasse auf und zeigte sich, dass die ungeklärten Spülwässer durch die Behandlung mit Luft zwar auf einige Tage geruchlos gemacht wurden, dass aber später wieder eine mit Geruchsentwicklung verbundene Zersetzung eintrat. Dagegen wurden die geklärten Wässer durch die Behandlung mit Luft vollständig geruchlos

[1]) Die Abwässer von Ch. Heinzerling, Halle 1885, 8.

[2]) Die Zahlen bedeuten wahrscheinlich „grains" für eine gallone; durch Multiplikation mit 14,1 erhält man alsdann Milligramm für 1 l.

[3]) Engl. Patent vom 9. Juni 1880 Nr. 2323, vergl. Berichte der deutschen chem. Gesellschaft 1881, **14**, 2081.

[4]) Vergl. Ch. Heinzerling: Die Abwässer, Tabelle A.

gemacht und nahmen die so behandelten Wässer bei dreiwöchentlichem Stehen weder Geruch an, noch schieden sie organische Stoffe ab.

Zu ähnlichen Ergebnissen gelangte Ch. Lauth[1]) mit Pariser Kanalwasser; dasselbe ging, sich selbst überlassen, bald in Fäulniss über; wenn es dagegen mit atmosphärischer Luft gesättigt wurde, so faulte es nicht. Ein solches Wasser enthielt z. B. vor und nach der Behandlung mit Luft folgende Stickstoffmengen:

	I. Vor der Behandlung	II. Nach mit Luft
Unlöslicher Stickstoff	14,70	8,05
Löslicher „	20,65	26,95
Stickstoff als Nitrat	1,17	1,12
„ „ Ammoniak	8,40	14,00
Gesammtstickstoff	38,00	38,00

Die Löslichmachung des Stickstoffes und die Ueberführung in Ammoniak ohne Nitrirung wird durch Kalk noch beschleunigt. Die Entwicklung der im Kanalwasser enthaltenen Algen, Pilze (Penicillium) und Infusorien (Euglena, Paramecium) wird durch das Einleiten von Luft ungemein begünstigt; stinkende Gase treten hierbei nicht auf. Fäulniss tritt nur ein, wenn das Kloakenwasser von der Luft abgeschlossen bleibt.

Alb. R. Leeds[2]) hat gefunden, dass die reinigende Wirkung der Luft auf das Wasser bedeutend vermehrt wird, wenn die Mischung von Luft und Wasser unter Druck stattfindet. Bei einem in Philadelphia im grossen Massstabe angestellten Versuch ist eine Fairmount-Turbine in eine Luftpumpe umgewandelt und wurden 20 % Luft, als das günstigste Mengen-Verhältniss in die Wasserleitung gepresst. Die Analyse ergab 17 % mehr freien Sauerstoff und 53 % mehr Kohlensäure nach der Lufteinpressung als vor derselben, während sich überhaupt 16 % gelöste Gase mehr in dem mit Luft gemischten Wasser befanden.[3]) Der Procentsatz freien Sauerstoffs giebt den Ueberschuss über die Menge desselben an, welche für die Oxydation der organischen Unreinigkeiten im Wasser erforderlich war.

Ich habe gefunden,[4]) dass ein sauerstoffarmes Wasser sich überraschend schnell mit Sauerstoff sättigt, wenn man dasselbe in äusserst feinem Strahl oder in einer äusserst dünnen Schicht an der Luft ausbreitet; so ergab sich für 1 l Wasser (s. Tabelle umstehend):

---

[1]) Compt. rendus **84**, 617.

[2]) Nach Engineering, Jan. 1885 in Repertorium f. analyt. Chemie 1884, 190.

[3]) Die weitere Angabe, dass durch die Lufteinführung der Procentsatz von freiem Ammoniak auf $^1/_5$ seiner ursprünglichen Menge herabgedrückt worden sein soll, lasse ich dahingestellt; die direkte Oxydation des Ammoniaks nach vorstehendem Verfahren erscheint sehr unwahrscheinlich.

[4]) Preuss. Landw. Jahrbücher 1882, **11**, 206 und 1883, **12**, 841.

Zeit des Versuchs	Natürliches Leitungswasser		Dasselbe, nachdem es in Staubregen durch eine 3—4 m hohe Luftschicht gefallen war.	
	Temperatur des Wassers °C.	Sauerstoff ccm	Sauerstoff ccm	Temperatur des Wassers °C.
1. Versuch 17. September 1881	14,7	4,41	7,21	16,1
2. „ 20. „ 1881 (Morg.) . . .	14,5	3,02	6,84	16,0
3. „ 20. „ 1881 (Nachm.) . .	14,8	3,75	6,51	17,8
4. „ 21. „ 1881	15,0	3,38	6,51	18,9

Noch wirksamer ist es, wenn man das Wasser an einem Drahtnetze in äusserst dünner Schicht herunterrieseln lässt; das zu nachstehenden Versuchen verwendete verzinkte Drahtnetz war ca. $3^1/_2$ m hoch und unter einem stumpfen Winkel hin- und hergebogen, um die wirkende Oberfläche thunlichst zu vergrössern. An einem solchen Drahtnetz tropft das Wasser nicht, sondern läuft bei einigermassen stumpfem Winkel des Drahtnetzes in den Längsmaschen in äusserst dünner Schicht herunter.

I. Versuch im September 1881. Zum Rieseln diente einmal sauerstoffarmes Brunnenwasser für sich allein und dann solches unter Zusatz von Abflusswasser aus einer Strohpapierfabrik, sowie unter Zusatz von Schwefelwasserstoff-Wasser.

Der Gehalt des Wassers vor und nach dem Herabrieseln war für je 1 l folgender:

Art des Wassers	Vor dem Herabrieseln		Nach dem Herabrieseln	
	Temperatur des Wassers °C.	Sauerstoff ccm	Temperatur des Wassers °C.	Sauerstoff ccm
1. Reines Brunnenwasser	13,3	2,8	12,2	7,2
2. Desgl. unter Zusatz des Abflusswassers .	16,7	3,8	12,7	7,6
3. Reines Brunnenwasser	12,0	2,9	14,4	7,1
4. Desgl. zum zweiten Male herabgerieselt .	14,4	7,1	16,4	7,1
5. Desgl. unter Zusatz des Abflusswassers und Schwefelwasserstoff-Wassers	15,5	2,2	18,0	6,4

Dabei war in Versuch I Nr. 2 die durch Chamäleon oxydirbare organische Substanz von 508,7 mg auf 448,7 mg für 1 l heruntergegangen, und bei Versuch I Nr. 5 konnte in dem Wasser, welches vorher stark nach Schwefelwasserstoff roch, nach dem Herabrieseln letzterer nicht mehr nachgewiesen werden.

II. Versuch am 24. Januar 1882. Fauliges Abflusswasser aus einer Strohpapierfabrik wurde unter gleichzeitigem Zusatz von wechselnden Mengen Schwefelwasserstoff-Wassers herabgerieselt. und zwar zweimal, um zu sehen, ob beim zweiten Herabrieseln noch eine wesentliche Veränderung statthabe (s. nachfolgende Tabelle).

Es wurde für 1 l gefunden:

Bestandtheile	Vor dem Herabrieseln	Nach dem Herabrieseln 1 mal	Nach dem Herabrieseln 2 mal
1. Sauerstoff . . . . O	3,0 ccm	4,0 ccm	6,3 ccm
2. Schwefelwasserstoff-Wasser a H_2S	22,1 mg	2,4 mg	0,7 mg
„ „ b „	54,4 „	10,2 „	5,1 „
„ „ c „	20,4 „	0,9 „	0,0 „
3. Vorhandene bezw. gebildete Schwefelsäure unter 2b	48,5 „	72,0 „	77,6 „

Zum sicheren Nachweise, dass die gebildete Schwefelsäure, wenn auch nicht ganz, so doch zum Theil von der Oxydation des Schwefelwasserstoffs herrührte, wurde gleichzeitig ein Versuch mit destillirtem Wasser unter Zusatz von frischem Schwefelwasserstoff-Wasser gemacht. Das Wasser enthielt vor dem Rieseln 20,1 mg Schwefelwasserstoff in 1 l, aber keine Spur Schwefelsäure; nach dem Herabrieseln ergaben sich 5,0 mg Schwefelsäure (SO_3) für 1 l.

Da das herabrieselnde Wasser bei einem ursprünglichen Gehalt von ca. 20 mg H_2S für 1 l, keinen oder nur mehr Spuren Schwefelwasserstoff enthält, so wird auf diese Weise ein Theil desselben in die Luft verdunstet und dort oxydirt, ein Theil direkt im Wasser oxydirt und verbleibt demselben als Schwefelsäure.

III. Versuch am 19. Februar 1882. In einen grösseren Teich bei Münster war fauliges Wasser gerathen, infolgedessen an einem Tage sämmtliche Fische in demselben zu Grunde gingen. Das Wasser enthielt in 1 l:

Abdampfrückstand	873,2 mg
Organische Stoffe (durch Chamäleon oxydirbar) . .	546,7 „
Chlor	83,5 „

Dasselbe hatte einen stinkenden Geruch und enthielt nur sehr wenig Sauerstoff; nach dem Herabrieseln am Drahtnetz war jeder üble Geruch verschwunden und das Wasser wieder mit Sauerstoff gesättigt, nämlich in 1 l:

	Vor dem Herabrieseln	Nach dem Herabrieseln
Sauerstoff	1,3 ccm	6,4 ccm.

IV. Versuch am 9. März 1882. Zu diesem Versuche wurde Abflusswasser aus einer Strohpapierfabrik mit verhältnissmässig viel organischer Substanz genommen und demselben gleichzeitig Schwefelwasserstoffwasser zugesetzt, das Wasser ergab in 1 l:

	Vor dem Herabrieseln	Nach dem Herabrieseln
Sauerstoff	3,7 ccm	6,0 ccm
Schwefelwasserstoff	4,8 mg	0,3 mg
Zur Oxydation erforderlichen Sauerstoff .	110,6 „	99,5 „
Schwefelsäure	44,6 „	56,3 „

Auch hier war der faulige Geruch des Wassers vollständig verschwunden.

V. Versuch am 2. Oktober 1885. In derselben Weise wie vorstehend wurde städtisches Kanalwasser, das durch Fällen mit Kalk und einem Thonerdesalz gereinigt war, an dem Drahtnetz gelüftet und gefunden in 1 l:

	Vor dem Herabrieseln	Nach dem Herabrieseln
Sauerstoff	0,55 ccm	4,8 ccm
Zur Oxydation der organischen Stoffe erforderlicher Sauerstoff	70,8 mg	68,0 mg
Schwefelsäure	85,1 „	92,7 „
Dasselbe am 23. Oktober 1885 nach 3wöchentlichem Stehen:		
Zur Oxydation erforderlicher Sauerstoff	69,6 mg	64,0 mg
Schwefelsäure	89,3 „	98,1 „
Ausgeschiedenes kohlensaures Calcium	175,7 „	179,7 „

VI. Versuch mit gereinigtem Abgangwasser der Arbeiter-Kolonie Kronenberg bei Essen.

	Vor dem Hinabrieseln	Nach dem Hinabrieseln
Am 16. November 1885:		
Sauerstoff	4,9 ccm	7,3 ccm für 1 l
Zur Oxydation erforderlicher Sauerstoff	163,2 mg	163,2 mg
Schwefelsäure	125,8 „	140,4 „
Dasselbe am 18. December 1885 nach 32tägigem Stehen:		
Zur Oxydation erforderlicher Sauerstoff	160,0 „	156,8 „
Schwefelsäure	133,2 „	143,7 „

Eine direkte Oxydation der organischen Stoffe durch den Sauerstoff- bezw. Luftzutritt ist hiernach nicht anzunehmen,[1]) wohl aber eine solche des Schwefelwasserstoffes bezw. der Schwefelverbindungen, wobei der Sauerstoff-Gehalt des Wassers gleichzeitig nicht unerheblich zunimmt.

J. J. Coleman[2]) weist durch Versuche nach, dass Eiweiss weder durch gewöhnlichen Sauerstoff, noch durch Ozon angegriffen und zersetzt wird; das Eiweiss muss, wie schon A. Smith vermuthete, erst eine Spaltung durch Mikroorganismen erfahren haben, ehe die Lüftung eine Wirkung äussern kann; aber die Luft wirkt nach ihm dann als natürlicher Reiniger des Wassers indirekt günstig, indem sie die Wirksamkeit der Organismen erhöht, welche, nachdem sie ihre Oxydationsfunktionen verrichtet haben, aus Mangel an Nahrung absterben.

Dass der in Wasser gelöste Sauerstoff,[3]) sei es mit oder ohne Mithülfe von Mikroben, wirklich oxydirend auf die organischen Stoffe wirkt, erhellt noch aus folgenden Versuchen:

---

[1]) Wenn die Menge des zur Oxydation erforderlichen Sauerstoffs in dem gelüfteten Wasser geringer ist als in dem ungelüfteten, so ist das ohne Zweifel durch Oxydation und Verflüchtigung von Schwefel- und sonstigen flüchtigen Verbindungen bedingt worden.

[2]) Journ. Soc. Chem. Ind. 1886, **5**, 650.

[3]) Der aufgenommene Sauerstoff übersteigt unter Umständen sogar die Menge, welche sich nach den Absorptions-Koefficienten von Bunsen ergiebt. Letztere sind aber von Bunsen berechnet und nicht experimentell festgestellt; auch habe ich (Zeitschr. f. analyt. Chem. 1880, **19**, 250) nachgewiesen, dass die von Bunsen berechneten Absorptions-Koefficienten nicht als Normzahlen angesehen werden können.

A. Gérardin[1]) untersuchte Regenwasser in einer gewissen Höhe (auf einer Terrasse und unten im Hofe); er liess das Wasser alsdann in ganz gefüllten und gut verschlossenen Flaschen einige Tage stehen und fand so in 1 l Regenwasser Sauerstoff:

	Terrasse	Hof
1. Regen vom 20. Oktober untersucht am 21. Oktober	7,40	7,20
Desgl. „ „ 1. November	6,76	6,44
Verlust in 10 Tagen	0,64	0,76
2. Regen vom 6. November untersucht am 11. November	7,29	4,43
Desgl. „ „ 25. „	6,70	3,60
Verlust[2]) in 14 Tagen	0,59	0,85
3. Regen vom 10. November untersucht am 11. November	7,45	7,27
Desgl. „ „ 25. „	7,00	6,75
Verlust[2]) in 14 Tagen	0,45	0,52

Hieraus folgt, dass zu gleicher Zeit der Regen auf der Terrasse nicht nur sauerstoffreicher ist als der durch eine an organischen Stoffen reichere Luft gefallene Regen auf dem Hofe, sondern auch, dass das Regenwasser bei längerem Stehen an Sauerstoff abnimmt, ohne dass letzterer gasförmig entweichen konnte.

Diese Abnahme ist wiederum unter denselben Bedingungen bei dem durch eine staubreiche Luftschicht auf dem Hofe gefallenen Regen grösser als bei dem auf der Terrasse in grösserer Höhe gesammelten Regen. Es kann hiernach wohl nur angenommen werden, dass der im Regenwasser gelöste Sauerstoff zur Oxydation der organischen Stoffe gedient hat.

Noch deutlicher geht dieses aus einer Untersuchung von E. Reichardt[3]) hervor.

Derselbe bestimmte den Sauerstoffgehalt des Regenwassers und brachte letzteres mehr oder weniger lange mit organischer Substanz (Torf) in Berührung; dabei fand er eine stetige und schnelle Abnahme des im Wasser gelösten Sauerstoffs, dagegen eine Zunahme an Kohlensäure; die Ergebnisse waren folgende:

1 l Wasser enthielt:

	Sauerstoff	Kohlensäure
1. Regenwasser (frisch)	6,71 ccm	2,18 ccm
a) Dasselbe, nachdem es 5 Stunden bei 15 bis 20° C. auf Torf gestanden	1,84 ccm	3,53 ccm
b) Dasselbe, nachdem es 22,5 Stunden bei 15 bis 20° C. auf Torf gestanden	2,42 „	10,77 „
c) Wasser 1 b, nachdem es 5 Stunden bei 15 bis 20° C. auf Torf gestanden	0,47 „	3,54 „
d) Wasser 1 b, nachdem es 22,5 Stunden bei 15 bis 20° C. auf Torf gestanden	Spur	15,11 „

[1]) Compt. rendus 1875, **81**, 989.

[2]) Nach dem Text ist die zweite Untersuchung am 15. November ausgeführt, während es heisst „Verlust in 14 Tagen“. Entweder muss es daher heissen, wie ich angenommen habe „am 25. November“ oder wenn 15. November richtig ist „Verlust in 4 Tagen“. (Vergl. Jahresbericht f. Agric.-Chemie 1875—1876, **1**, 105.

[3]) Landw. Centralbl. 1875, 167 u. Archiv f. Pharm., **206**, 193.

1 l Wasser enthielt:

	Sauerstoff	Kohlensäure
2. Regenwasser (frisch)	5,28 ccm	1,93 ccm
a) Desgl., nachdem es 72 Stunden im offenen Gefäss über Torf gestanden	Spur	30,80 „

Aus diesen, wie noch anderen Versuchen Reichardt's geht deutlich hervor, dass der Sauerstoff des Wassers in Berührung mit organischer Substanz allmählich unter Bildung von Kohlensäure verschwindet.

Auch M. Märcker (siehe II. Bd. unter „Abgangwasser aus Zuckerfabriken“) fand, dass durch Gradiren (Lüften) des nach dem Verfahren von Knauer gereinigten Abgangwassers ein Theil der gelösten organischen Stoffe, des Ammoniaks und des organischen Stickstoffs oxydirt wurde und dass die Schwefelsäure eine schwache Zunahme erfuhr.

Von grosser Bedeutung ist die Lüftung des Wassers auch für manche Wasserversorgungen geworden, nämlich dort, wo das zur Leitung bestimmte Wasser Eisenoxydulverbindungen (z. B. in Kiel und an anderen Orten, vergl. S. 195 u. ff.) oder schwachen Schwefelgeruch (z. B. auf der Insel Norderney) besitzt.

In Konstantinopel wurde die Wasserleitung regelmässig durch hochgemauerte Thürme unterbrochen, um so das Wasser thunlichst oft mit Luft in Berührung zu bringen.

G. Wolffhügel urtheilt in seiner Schrift („Wasserleitung“, Leipzig 1882, S. 216) über diese Frage wie folgt: „Zu den Oxydationsmitteln haben wir auch die Behandlung des Wassers mit atmosphärischer Luft zu rechnen; sie ist ein Verfahren, das schon Plinius bekannt war. Durch Schütteln mit Luft oder durch deren Einleitung nimmt das Wasser Bestandtheile derselben auf, wird schmackhafter, auch findet eine Oxydation von organischen Stoffen statt.“

Ch. B. Brush[1]) theilt mit, dass das Leitungswasser der Stadt Hackensack in New-Jersey im Sommer 1884 einen unangenehmen Geruch und Geschmack sowie einen grünen Schaum an der Oberfläche angenommen hatte; als Ursache dieser Erscheinungen sei der Mangel an Sauerstoff erkannt worden, der nur 60 $^0/_0$ des normalen Gehaltes ausgemacht habe; deshalb habe man sich entschlossen, das Wasser (durch Kompressoren unter einem Druck von $8^1/_2$ Atm.) zu lüften und dadurch seien die üblen Eigenschaften verschwunden.

H. Fleck[2]) will sogar gefunden haben, dass auch Ammoniak durch den Sauerstoff des Wassers direkt ohne Mitwirkung von Mikroben oxydirt werden kann. Er bediente sich zum Nachweise dieses Vorganges des nebenstehenden Apparates:

---

[1]) Gesundh.-Ing. 1892, 15, 673.

[2]) 12. u. 13. Jahresbericht d. Königl. chem. Centralstelle f. öffentl. Gesundheitspflege. Dresden 1884, 54.

Zwei Bechergläser *a* und *b* waren in verschiedener Höhe übereinander gestellt und wurden durch zusammengelegte Papierstreifen miteinander verbunden. Diese Papierstreifen, von ungefähr 3 cm Breite und 50 cm Länge, wirkten, sobald in das Becherglas *a* eine Flüssigkeit eingeführt war, als Heber und bedingten einen langsamen, tropfenweisen Uebergang der letzteren aus *a* nach *b*. H. Fleck beobachtete auf diese Weise, dass Ammoniak in einer Verdünnung von 1 : 1000 verhältnissmässig schnell zu salpetriger Säure und zu Salpetersäure oxydirt wurde.

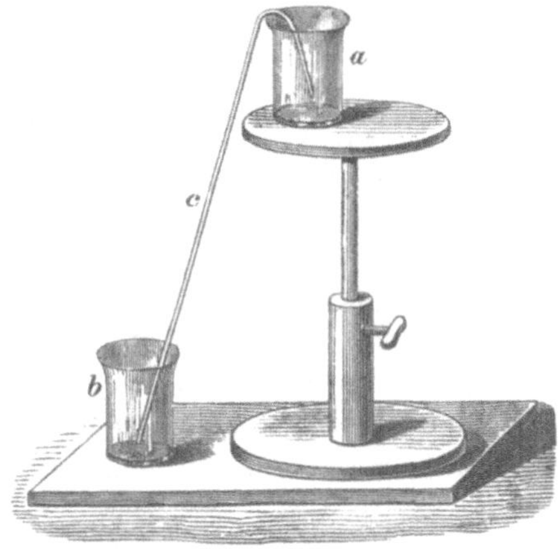

Fig. 69.

J. Uffelmann[1]) hat diese Versuche von H. Fleck, welche er für nicht einwurfsfrei hält, mit allen möglichen Vorsichtsmassregeln wiederholt und kommt zu dem Schluss, dass zwar Ammoniak in sterilisirtem Wasser als solchem bei ungehindertem Luft- (d. h. Sauerstoff-) Zutritt nicht direkt oxydirt wird, dass dasselbe dagegen bei starker Flächenattraktion, z. B. auf Filtrirpapier, Watte, Glaswolle in starker Verdünnung — 0,7 Ammoniak : 1000 Wasser — allein durch den Luftsauerstoff bezw. durch das bei der Verdunstung sich bildende Ozon ohne Mitwirkung von Mikroben zu salpetriger Säure oxydirt werden kann.

Mag man daher dem freien Sauerstoff des Wassers keine, oder nur eine untergeordnete direkt oxydirende Wirkung zuschreiben, so kann doch die indirekte Wirkung desselben auf die Zerstörung der organischen Stoffe keinem Zweifel unterliegen. Denn ebenso wie im Boden durch die Vermittelung der Mikroorganismen nach den weiter unten zu besprechenden Versuchen von Schlössing, Müntz, Warrington, sowie von Wollny die Oxydation der organischen Stoffe und dementsprechend die Kohlensäure-Bildung bezw. die Nitrifikation um so energischer verläuft, je mehr Sauerstoff vorhanden ist bezw. zutreten kann, ebenso muss auch im Wasser die Oxydation der organischen Stoffe unter Vermittelung von Mikroben mit der Menge des vorhandenen Sauerstoffs steigen und fallen.

Vielleicht aber auch giebt es noch eine andere Art Oxydation im Wasser ohne Mitwirkung von Bakterien.

Schon im Jahre 1874 hat Arm. Müller[2]) zu begründen gesucht, dass das Licht ebenso wie die Elektricität das Wasser in seine Elemente Wasserstoff und Sauerstoff zu spalten oder loszulösen im Stande ist. Es soll aber keine vollständige Loslösung oder Spaltung wie bei der Elektrolyse des Wassers eintreten, sondern die beiden Atome Sauerstoff und Wasserstoff sollen in ihrer Bindung nur gelockert werden, so dass sie in diesem Zu-

[1]) Arch. f. Hyg. 1886, **4**, 82.
[2]) Arm. Müller: Ueber die Einwirkung des Lichtes auf das Wasser. Zürich 1874.

stande eine grössere Fähigkeit erlangen, sich mit anderen Elementen zu verbinden. Hieraus erklärt Arm. Müller eine Reihe Vorgänge, die sonst schwer erklärlich sind, so z. B. die Zersetzung vieler Metallchloride unter dem Einfluss des Sonnenlichtes, die nur bei Gegenwart von Wasser erfolgt und welche Arm. Müller durch folgende Gleichung wiedergiebt:

$$MCl_{(a+a^1)} + H_2O = MCl_a + a^1HCl + \frac{a^1}{2}O.$$

Hierbei tritt Wasserstoff des in seiner Bindung gelockerten Wassers an Chlor unter Abspaltung von Sauerstoff, der aber nicht frei wird, sondern sich mit dem neu gebildeten Metallchlorür zu Oxychlorür verbinden soll. Weitere Erwägungen von Thatsachen führen Arm. Müller zu dem Satz: Jedes organische Salz, dessen Säure nicht sehr schwer oxydirbar und dessen Basis entweder theilweise (z. B. Eisensalze) durch nascenten Wasserstoff reducirbar ist, wird am Licht bei Gegenwart von Wasser (dem durch Belichtung gespaltenen Wasser) zersetzt, indem der Sauerstoff dieses letzteren das Säureradikal oxydirt, während gleichzeitig durch den Wasserstoff die Basis reducirt wird.

Das Rosten des Eisens findet nur bei Gegenwart von Wasser, Stickstoff und unter dem Einflusse des Lichtes statt, wobei sich sogar Ammoniak nach folgender Gleichung bilden soll:

$$Fe_2 + 3H_2O + N_2 = Fe_2O_3 + 2NH_3.$$

Auch der Bleichvorgang mit reinem Wasser findet nur in der Annahme von durch Licht verändertem, leicht zersetzlichem Wasser seine ungezwungene Erklärung und kann hierauf sogar nach Arm. Müller die Anhäufung von Stickstoff in den Pflanzen zurückgeführt werden.

Vorstehende Annahmen könnten in das Gebiet der reinen Spekulation verwiesen werden, wenn nicht neuerdings O. Berg und K. Knauthe[1]) eine ähnliche Wasserzersetzung unter dem Einfluss hoher elektrischer Spannungen ebenfalls annähmen. Unter dem Einfluss hoher elektrischer Spannungen verschwindet der Sauerstoff des Wassers, indem sich anfänglich Wasserstoffsuperoxyd und später salpetrige Säure bildet. Die Versuchsansteller nehmen an, dass hohe elektrische Spannungen in der Umgebung dauernde, schwach elektrische Ströme in einem Wasser erzeugen, und dass, wenn, wie sonst immer, Alkalisalze im Wasser gelöst sind, sich zunächst Alkalihydrate und Säuren und weiter einerseits negative OH-Ionen (Anionen), andererseits Alkalimetall- oder Wasserstoff-Ionen als Kationen bilden. Alkalimetall wird erst Wasser zerlegen und der nascirende Wasserstoff, den im Wasser gelösten Sauerstoff binden, so dass wieder Alkalihydrate und Wasser entstehen, während die OH-Ionen zu je zwei zu H_2O_2 zusammentreten. Wenn gleichzeitig Stickstoff im Wasser vorhanden ist, so oxydirt das H_2O_2 denselben zu Stickstoffoxyd nach der Gleichung:

$$H_2O_2 + N = H_2O + NO.$$

---

[1]) Naturw. Rundschau 1898, **13**, Nr. 51 u. 52.

Wenn aber erst NO im Wasser vorhanden ist, dann werden die aktivirten OH-Ionen sich nicht mehr zu Wasserstoffsuperoxyd zusammenschliessen, sondern die beständigere salpetrige Säure ($OH + NO = NOOH$) bilden, woraus durch weitere O-Aufnahme Salpetersäure entstehen kann.

In einem stark mit organischen Stoffen verunreinigten Wasser tritt kein H_2O_2 und keine NO_2H auf, aber die Sauerstoffzehrung in demselben unter dem Einfluss hoher elektrischer Spannungen wie eines Gewitters lassen doch auf Oxydationsvorgänge schliessen, und fassen die Verfasser das Ergebniss ihrer Versuche, die noch fortgesetzt werden sollen, wie folgt zusammen:

1. Unter dem Einfluss elektrischer Spannungen, wie sie sich mit einer Elektrisirmaschine erzeugen lassen, findet in organisch verunreinigtem und in reinem Wasser eine starke Zehrung des aufgelösten Sauerstoffs statt.

2. Diese Zehrung erklärt sich durch die Annahme von elektrolytischen Vorgängen sowie von Bindung des Stickstoffs der atmosphärischen Luft. Durch den letzteren Vorgang werden einerseits leicht oxydable Verbindungen geschaffen, andererseits können die Lebensbedingungen der Mikroorganismen im günstigen Sinne verändert werden.

Diese Versuche geben eine Erklärung für die bekannte Erscheinung, dass Fische in Teichen während eines Gewitters nicht selten unter Anzeichen von Erstickung sterben; andererseits wird man nicht leugnen können; dass Licht und Elektricität unter Umständen eine direkte Oxydation von in Wasser gelösten organischen Stoffen zu bewirken im Stande sind.

4. Selbstreinigung durch Verdunstung.

Um den Einfluss der Belichtung und Verdunstung auf die Selbstreinigung festzustellen, hat Verfasser in Gemeinschaft mit H. Grosse-Bohle Versuche in der Weise angestellt, dass er Jauche bezw. städtisches Abwasser nach 10—15 facher Verdünnung einerseits in einer offenen Zinkrinne (Zutritt von Luft und Licht), andererseits in Glasröhren (Zutritt von Licht, Beschränkung von Luftzutritt) und in Zinkröhren (Abhaltung von Licht- und Luftzutritt) eine gewisse Strecke (2—4 km) fliessen liess. Die Rinne wie Röhren hatten eine Länge von je 60 m; um die Länge von 2—4 km zu erreichen, wurde der Durchfluss durch die Rinnen und Röhren mit schwachem Gefälle 33—66 mal wiederholt, indem die Flaschen (von je 10 l Inhalt) nach jedesmaligem Durchfliessen und Sammeln des unten abfliessenden Wassers wieder hochgestellt und der Inhalt in die oberste Rinne entleert wurde.

Die Versuche wurden im Sommer angestellt, wo theilweise in der offenen Rinne eine starke Wasserverdunstung statt hatte. Das verdunstete Wasser wurde zeitweise durch destillirtes Wasser ersetzt, um eine thunlichst gleichmässige Verdünnung zu behalten. Gleichzeitig wurde eine Probe desselben Wassers in offenen Flaschen durch ein Schüttelwerk während annährend derselben Zeit, in welcher die anderen Proben in den Rinnen bezw. Röhren flossen, stark geschüttelt. Die Ergebnisse stellen sich im Mittel von je 8 Versuchen wie folgt:

Bestandtheile in 1 l:	Natürliches Wasser mg	In offenen Flaschen geschüttelt mg	Geflossen in offener Zinkrinne mg	Geflossen in Glasröhre mg	Geflossen in Zinkröhre mg
1. Stickstoff in Form von:					
a) Organischen Verbindungen	5,4	6,3	4,7	5,7	5,3
b) Ammoniak	45,1	41,8	12,2	37,5	42,9
c) Salpetersäure	6,5	6,8	7,2	5,6	5,9
2. Zur Oxydation erforderlicher Sauerstoff:					
a) In saurer Lösung	46,9	46,6	48,0	50,8	44,6
b) In alkalischer Lösung	50,4	51,2	52,9	55,5	51,4
3. Schwefelsäure	41,6	50,2	58,1	49,1	36,5
4. Keime von Mikrophyten in 1 ccm	357 820	392 212	durchweg am meisten[1])	310 700	222 460

Ohne auf kleine Unterschiede in diesen Versuchen Rücksicht zu nehmen, geht eines aus denselben mit voller Gewissheit hervor, nämlich, dass das Ammoniak in der offenen Zinkrinne sehr erheblich infolge Verdunstung von Wasser abgenommen hat. Dass es vorwiegend die Wasserverdunstung gewesen ist, welche die Abnahme an Ammoniak bewirkt hat, schliessen wir daraus, dass im allgemeinen die Grösse der Abnahme an Ammoniak der Menge des verdunsteten Wassers parallel ging. Eine etwaige zersetzende Mitwirkung von Bakterien scheint ausgeschlossen zu sein, weil die Abnahme an Ammoniak nach Abtödten der Bakterien durch Zusatz von genügenden Mengen Karbolsäure keine Einbusse erlitt, und weil die Abnahme nach Impfen des Wassers mit Flusswasser unterhalb Münsters, worin die reinigenden Bakterien vorausgesetzt werden konnten, keine grössere war.

Von der Verdunstung scheint vorwiegend nur das freie Ammoniak oder das Ammoniumkarbonat betroffen zu werden. Denn bei einem Versuch, bei welchem destillirtem Wasser 0,33 g Ammoniumkarbonat ($NH_2 \cdot CO_2 \cdot NH_4$) und 5 g Karbolsäure für 1 l zugesetzt waren und in welchem (10—12. Okt.) nur 0,4 l Wasser nach rund 4 km langem Fliessen verdunstet waren, war das Ammoniak in der offenen Zinkrinne von 77,9 mg für 1 l des ursprünglichen Wassers auf 44,5 mg für 1 l heruntergegangen; es hatte also das Wasser in der offenen Rinne trotz geringer Wasserverdunstung 33,4 mg Ammoniak für 1 l Wasser oder $^3/_7$ der ursprünglichen Menge verloren. Der Verlust an Ammoniak ist bei der grossen Flüchtigkeit sowohl des freien Ammoniaks als des Ammoniumkarbonats sehr wohl erklärlich, und findet hierin ohne Zweifel die Thatsache mit ihre Erklärung, dass ein Flusswasser, welches verhältnissmässig viel organischen oder Am-

[1]) In zwei Fällen waren unzählbare Mengen in dem 10fach verdünnten Wasser vorhanden und konnte die Anzahl aus dem Grunde nicht festgestellt werden.

moniak-Stickstoff aufzunehmen pflegt, nach vollzogener Selbstreinigung weder erheblich mehr Salpetersäure, noch wesentlich mehr organischen Stickstoff enthält.

Ob mit der Verdunstung unter dem Einfluss des Lichtes etwa gleichzeitig eine Dissociation statthat, sollen noch weitere Versuche zeigen.

III. Selbstreinigung durch biologisch-chemische Vorgänge.

1. Die oxydirende Wirkung der Bakterien und Wasserfadenpilze.

Der Erste, welcher in dem organischen Leben im Flusse die Hauptursache der Selbstreinigung erkannte, war Alex. Müller[1]); derselbe äussert sich nach Versuchen aus dem Jahre 1869 über die Selbstreinigung der Spüljauche wie folgt:

„Die Bestandtheile der Spüljauche sind wesentlich organischen Ursprungs, und demzufolge greift in der Spüljauche ein kräftiger Fäulnissprocess Platz, durch welchen die organischen Stoffe allmählich in mineralische aufgelöst oder kurz „mineralisirt“ und zu Ernährung einer neuen Pflanzengeneration geschickt gemacht werden. Dem oberflächlichen Beobachter erscheint der Vorgang als chemische Selbstentmischung; in Wirklichkeit aber ist sie vorwaltend ein Verdauungsprocess, in welchem die verschiedenartigsten, meist mikroskopisch kleinen thierischen und pflanzlichen Organismen die organisch gebundene Kraft für ihre Lebenszwecke ausnutzen“, und weiter:

„Die Fäulniss der Spüljauche in ihren verschiedenen Stadien charakterisirt sich durch massenhaftes Auftreten von Spirillen, dann von Vibrionen (Schwärmsporen?), endlich von Schimmelpilzen — von da ab beginnt ein Wiederaufbau organischer Substanz mit der Ansiedelung des chlorophyllführenden Protococcus“ etc.

Diese Versuche A. Müller's erstreckten sich auf 100fach verdünnten Harn; sie ergaben, dass die Harnsubstanz vielleicht infolge ihrer eigenthümlichen Konstitution, vielleicht infolge der im Harn oder dem Verdünnungswasser enthaltenen unorganischen Verbindungen oder vielleicht infolge beider Faktoren verhältnissmässig schnell zersetzt wird, dass dagegen Zucker, Alkohol und Essigsäure den Selbstreinigungsvorgang und die Nitrifikation beeinträchtigen. Letztere Beobachtung konnte A. Müller auch durch spätere Versuche[2]) bestätigen. Ferner tritt nach ihm[3]) die biologische Selbstreinigung im Flusse unter sonst gleichen Bedingungen um so kräftiger auf, je mehr die Spüljauche vor dem Eintritt in den Fluss in den Kanälen oder Behältern fault.

[1]) Landw. Versuchsstationen 1873, **16**, 263.
[2]) Ebendort 1885, **32**, 285.
[3]) Gesundh.-Ing. 1891, **14**, 155.

W. Wallace[1]) beobachtete ebenfalls in mit Flusswasser verdünntem Kanalwasser eine bedeutende Abnahme des Ammoniaks, wenn er dasselbe in abgesetztem bezw. in mit Kalk oder schwefelsaurer Thonerde gefälltem Zustande nach Verdünnung mit 12 Theilen Flusswasser in offenen oder verschlossenen Gefässen 5 Wochen stehen liess.

Unabhängig von A. Müller hat Fr. Emich[2]) in seiner Arbeit „Zur Selbstreinigung natürlicher Wässer“ nachgewiesen, dass auch im Wasser, welches durch organische, stickstoffhaltige Stoffe verunreinigt ist, die Abnahme der „organischen Substanz, sowie die Oxydation des Stickstoffes der Einwirkung von Mikroorganismen zuzuschreiben ist. Emich stellte Versuche an über das Verhalten des Wassers beim Stehenlassen an der Luft und beim Schütteln mit Luft, ferner Versuche mit sterilisirtem Wasser und endlich solche über den Einfluss von Ozon und Wasserstoffsuperoxyd. Er fand für ein mit organischen Stoffen verunreinigtes Teichwasser und für ein mit Kloakenflüssigkeit versetztes Leitungswasser beim Stehenlassen in lose verschlossenen Flaschen an der Luft bei Zimmertemperatur folgende Veränderungen im Gehalte an organischer Substanz, Ammoniak, salpetriger Säure und Salpetersäure für 1 Liter:

	Zur Oxydation erforderl. $^1/_{100}$ N. Kaliumpermanganatlösung	Ammoniak	Salpetrige Säure	Salpetersäure
I. Teichwasser:				
Beim Beginn des Versuches	120 ccm	5 mg	Kaum nachweisbare Spuren	
Nach 2 Monaten	—	0 „	61 mg[3])	—
„ 4 „	27 „	0 „	0 „	202 mg
II. Mit Kloakenflüssigkeit verunreinigtes Leitungswasser:				
Beim Beginn des Versuches	128 „	7 „	Kaum nachweisbare Spur	1 „
Nach $2^1/_2$ Monaten	—	—	75 mg[3])	—
„ $4^1/_2$ „	62 „	0 „	0 „	100 „

Die Wässer waren zwar vollständig klar geworden, aber am Boden der Gefässe hatten sich in Form eines braunen, grünen oder weissen Schlammes die verschiedensten Organismen abgesetzt.

Aus diesen und den übrigen von Emich angestellten Versuchen geht hervor, dass eine Selbstreinigung des Wassers nur dort eintrat, „wo dasselbe nicht durch Kochen sterilisirt und beim Aufbewahren gegen das Eindringen von Keimen geschützt worden war. Wenn dagegen ein sterili-

[1]) Chem. News 1881, **43**, 1106.

[2]) Sitzungsber. der mathem.-naturw. Klasse der Kais. Akad. d. Wiss. zu Wien 1885, **91**, II. Abth., 67.

[3]) Neben salpetriger Säure etwa vorhandene Salpetersäure wurde aus der gefundenen Menge Stickoxyd (nach Tiemann) gleichfalls auf salpetrige Säure berechnet.

sirtes Wasser inficirt wird, so erleidet es ganz dieselben Veränderungen, wie die an der Luft stehen gelassenen Wässer: die Oxydirbarkeit und der Ammoniakgehalt nehmen ab, und salpetrige bezw. Salpetersäure werden gebildet. Also dort, wo die Entwickelung von Organismen unmöglich gemacht wird, dort ist auch eine Selbstreinigung unmöglich. Eine direkte Oxydation durch den Luftsauerstoff findet bestimmt nicht statt; Ozon und Wasserstoffsuperoxyd vermögen bei dem sich im Haushalte der Natur abspielenden Reinigungsprocess vielleicht mitzuwirken, jedenfalls spielen sie aber nur eine untergeordnete Rolle."

Auch nach den Versuchen von A. Serafini[1]) soll die fortwährende Lüftung der Wässer zur Beschleunigung des Oxydationsvorganges durch die Bakterien nicht beitragen. Dieses ist nicht recht verständlich; wenn im Boden durch den biologischen Vorgang die Oxydation und Nitrifikation wesentlich durch erhöhten Luftzutritt beschleunigt wird, der Selbsreinigungsvorgang im Boden und Wasser aber von gleichen Ursachen bedingt wird, so kann derselbe Einfluss und Umstand, der im Boden günstig wirkt, im Wasser nicht gleichgültig sein. Ausserdem wissen wir durch zahlreiche Beobachtungen, dass die Selbstreinigung um so schneller verläuft, je stärker die Stromgeschwindigkeit und Lüftung des Flusswassers durch Gerölle etc. ist (vergl. vorstehend S. 228 u. 234).

Zu wesentlich denselben Ergebnissen gelangten auch E. Salkowski[2]) und A. Wernich[3]); ferner bestätigt J. Uffelmann[4]) die biologische Ursache bei der Oxydation des Ammoniaks zu Salpetersäure im Wasser.

H. Munro[5]) kommt auf Grund seiner Untersuchungen zu dem Schlusse, dass bei den Nitrifikationsvorgängen im Boden, wie im Quell- und Flusswasser zwei Fermente eine Rolle spielen, „von denen das eine die Eigenschaft besitzt, stickstoffhaltige Stoffe in Ammoniak zu verwandeln, und dem anderen die Fähigkeit zukommt, das gebildete Ammoniak in Nitrit und Nitrat umzuformen. Das Ammoniak-bildende Ferment verursacht durchaus keine Nitrifikation, selbst nicht in Gegenwart einer Basis." Ferner folgert Munro aus seinen Versuchen mit Fluss- und Quellwasser, „dass es auch Fermente geben muss, welche namentlich in Gegenwart von viel organischer Materie die Fähigkeit haben, vorhandene Nitrate und Nitrite in Ammoniak zu verwandeln."

Zu ungefähr denselben Ergebnissen führten ferner die Untersuchungen von W. Heraeus[6]) über das Verhalten der Bakterien im Brunnenwasser, sowie über die reducirenden und oxydirenden Eigenschaften der Bakterien: „Es giebt unter den Bakterien Arten, welchen reducirende, und Arten, welchen oxydirende Eigenschaften zukommen. Wenn beide nun, wie es in

---

[1]) Centrbl. f. allgem. Gesundheitspflege. Bonn 1893, **12**, 184.
[2]) Verhandl. der deutschen Gesellsch. f. öffentl. Gesundheitspflege. Berlin 1886, 93.
[3]) „Humboldt" 1887, 209.
[4]) Arch. f. Hyg. 1886, **4**, 82.
[5]) Chem. Soc. 1886, 632 ref. nach H. Plath a. a. O.
[6]) Zeitschr. f. Hyg. 1886, **1**, 193.

der Natur regelmässig der Fall sein wird, zusammen in irgend ein Substrat gelangen, so wird es von der Beschaffenheit desselben abhängen, welche von den beiden Arten die Oberhand gewinnt. Ueberall da, wo die Bakterien einen guten Nährboden finden in koncentrirtem oder nicht zu stark verdünntem Harn, in zuckerhaltigen Flüssigkeiten, in Fleischsäften, überhaupt überall da, wo grössere Mengen organischer Stoffe sind, werden die reducirenden Bakterien überhand nehmen, und nur da, wo letztere nicht mehr den hinreichend günstigen Nährboden finden, um sich rasch vermehren zu können, werden die oxydirenden Bakterien die Oberhand gewinnen."

Es mag hier auch noch daran erinnert werden, dass, wie C. Piefke[1]) hervorgehoben hat, auch bei den Sandfiltern für die Herstellung von Trinkwasser die Abnahme der organischen Stoffe auf einer „Aufnahme" durch die in den oberen Filtrirschichten angesammelten Bakterien beruht.

Wenn hiernach die Selbstreinigung der Flüsse in derselben Weise wie die Oxydation des Kohlenstoffs und die Nitrifikation im Boden — vergl. weiter unten — auf biologische Vorgänge, nämlich auf das Wachsthum von Mikroorganismen zurückzuführen ist, so glaubt doch W. Prausnitz auf Grund der Untersuchungen Frank's[2]) und seiner eigenen[3]) beide Vorgänge nicht für völlig gleich halten zu dürfen, da von dem Zeitpunkt der stärksten Verunreinigung an stets eine langsame, fast beständige Abnahme der vorhandenen Mikroorganismen erfolgt, „welche ziemlich sicher ein Nichtbetheiligtsein derselben bei dem sich hier abspielenden Vorgang der Selbstreinigung der Flüsse andeutet," da wir wissen, „dass die Mikroorganismen überall da, wo sie in Wirksamkeit treten, sich alsbald ins Unendliche vermehren, während wir hier ein regelmässiges Absterben bemerken."

Als weiteren Unterschied zwischen den oben beschriebenen Oxydationsvorgängen im Wasser bezw. Boden und dem bei der Selbstreinigung verunreinigter Flüsse sich abspielenden Vorgang führt Prausnitz an, dass der letztere eine „allmähliche Rückkehr zur ursprünglichen Zusammensetzung mit fast spurlosem Verschwinden der eingeleiteten Verunreinigungen" sei, „während wir bei den zur Erklärung des Vorganges herangezogenen Versuchen nur eine Umsetzung, eine langsame Oxydation finden, deren Enderzeugnisse die salpetrige Säure und Salpetersäure, natürlich nachzuweisen sind."

Prausnitz übersieht bei diesem scheinbaren Widerspruche, dass im Flusse die gebildete Salpetersäure, als ein wichtiger Nährstoff, jedenfalls von den im Wasser lebenden höheren Pflanzen aufgenommen werden kann, ein Umstand, auf den auch bereits Emich und Hulva hingewiesen haben. H. Fleck konnte übrigens eine Zunahme der Salpetersäure bei der Selbstreinigung festsellen. Auch auf den Unterschied im zeitlichen Verlauf

---

[1]) Zeitschr. f. Hyg. 1889, **7**, 115.

[2]) Ebendort 1888, **3**, 355.

[3]) Hygienische Tagesfragen **9**. München 1890 u. Hyg. Rundsch. 1898, **8**, 161.

beider Vorgänge weist Prausnitz hin. Die Selbstreinigung im Flusse erfolgt nach Prausnitz[1]) bei der

Isar, nach 30 km Lauf, also bei einer Schnelligkeit von 1 m in der Sek. in 8 Stunden.
Oder, „ 32 „ „ „ „ „ „ „ 0,6 m „ „ „ „ 15 „
Seine bei hohem Wasserstand nach 110 km Lauf, also bei einer Schnelligkeit von 0,3—0,5 m in der Sek. in 20—100 Stunden,
Seine bei niedrigem Wasserstand nach 110 km Lauf, also bei einer Schnelligkeit von 1,3—1,5 in der Sek. in 20—100 Stunden,
Main (n. Moser) nach ca. 18 km Lauf, also bei einer Schnelligkeit von 0,82 m in der Sek. in 6 Stunden,

während bei den Laboratoriumsversuchen von Müller, Emich etc. die Oxydation Wochen, ja Monate erforderte.

W. Prausnitz[2]) hat diese in den Jahren 1887/89 ausgeführten Untersuchungen in den Jahren 1892/94 bei der Isar gemeinschaftlich mit E. Goldschmidt, A. Luxemburger, Fr., H. und L. Neumayer fortgesetzt und die vorstehenden Ergebnisse im wesentlichen bestätigt gefunden. Er schliesst aus den letzten Untersuchungen:

1. Die Selbstreinigung der Flüsse, d. h. das Verschwinden der eingeleiteten leblosen Verunreinigungen wird durch die Thätigkeit der Mikroorganismen nicht beeinflusst.

2. Das Verschwinden der durch das Gelatineverfahren nachweisbaren Mikroorganismen in verunreinigten Flüssen erfolgt während der Tages- und Nachtstunden, ist also durch die Belichtung des Wassers nicht bedingt; diese scheint jedoch das Absterben der Mikroorganismen zu befördern.

3. Das Absterben der Mikroorganismen verläuft sehr schnell, und zwar gehen durchschnittlich nach einem Laufe von ca. 20 km in 8 Stunden 50% der eingeschwemmten Keime zu Grunde.

4. Durch diesen Nachweis des Absterbens der Bakterien findet die alte Erfahrung, dass Epidemien nicht flussabwärts ziehen, eine genügende, für die Praxis der Städtereinigung sehr wichtige Erklärung.

Nach den Untersuchungen von L. Pfeiffer und L. Eisenlohr[3]) bei der Isar, von H. Schenk[4]) beim Rhein, von B. Schorler[5]) bei der Elbe (Dresden) scheinen jedoch neben den Bakterien vor allem die höheren Wasserfadenpilze bei der Selbstreinigung im Flusse eine Rolle zu spielen. Sowohl in der Isar bei München, als auch im Rhein bei Köln finden sich unterhalb der Einmündung der Siele von diesen Pilzen namentlich Beggiatoa alba Vauch. (seltener — bei der Isar — auch Beggiatoa roseopersicina Zopf) in grosser Menge vor, während Cladothrix dichotoma und die Saprolegnie Leptomicus lacteus Ag. jener gegenüber an Zahl zurücktreten. In der Elbe finden sich nach Schorler die 3 Fadenpilze: Cladothrix

[1]) l. c. 82.
[2]) Hyg. Rundsch. 1898, **8**, 161.
[3]) Zur Frage der Selbstreinigung der Flüsse. Arch. f. Hyg. 1892, **14**, 190.
[4]) Ueber die Bedeutung der Rheinvegetation für die Selbstreinigung des Rheines. Centrbl. f. allgem. Gesundheitspflege 1893, **12**, 365.
[5]) Zeitschr. f. Gewässerkunde 1898, 251.

dichotoma Cohn, Beggiatoa alba Trev. und Beggiatoa roseo-persicina Zopf, sowie sonstige zu den Algen, Flagellaten, Diatomeen, Desmidiaceen und Konfervoideen gehörenden Wasserpflanzen sowohl unterhalb wie oberhalb Dresden überall recht gleichförmig verbreitet vor. Die Beggiatoa bildet auf dem Untergrunde der Flüsse, an Pfosten, Steinen etc. grosse Kolonien, die sich als graue fluthende Rasen kennzeichnen, kurz unterhalb der Einmündung der Siele ihre grösste Ausdehnung erreichen, allmählich abnehmen, um schliesslich fast vollständig zu verschwinden.

Bei der Isar erstreckt sich dieser Pilz nur bis Garching, etwa $14^1/_2$ km unterhalb München, während er sich im Rhein von Köln an nur etwa 6 km flussabwärts bis ungefähr zur Mülheimer Schiffsbrücke hinzieht.

Diese Fadenpilze, welche sich leicht extremen Temperaturen anzupassen vermögen, schöpfen aus dem über ihre sich stark ausdehnenden Kolonien hinstreichenden durch Sielwasser verunreinigten Flusswasser die zu ihrer Vermehrung nothwendigen Stoffe, die sie theils verathmen, theils assimiliren, um selbst wiederum niederen Wasserthieren als Nahrung zu dienen. Ihr Auftreten und allmähliches Verschwinden giebt demnach einen deutlichen Fingerzeig für die Stärke der Verunreinigung und die allmähliche Abnahme derselben in einem Flusse. Nach allen diesen Beobachtungen kann an einer wesentlichen Mitwirkung der Bakterien und Wasserfadenpilze bei der Selbstreinigung wohl kaum gezweifelt werden.

Neuerdings hat man endlich auch auf die Bedeutung des höheren pflanzlichen und thierischen Lebens im Wasser für die Selbstreinigung hingewiesen, von welchem namentlich in Betracht kommt:

2. Die Thätigkeit der Algen und sonstiger Wasserpflanzen.

Müller und Emich haben bereits auf die Betheiligung der chlorophyllführenden Pflanzen an der Selbstreinigung der Flüsse hingewiesen. Wie es allgemein bekannt ist, dass gewisse höhere Pflanzen, die sogen. fleischfressenden, im Stande sind, ihnen von aussen gebotene organische Substanz zu assimiliren, so ist dies namentlich durch die neueren Untersuchungen von O. Loew[1]) und Th. Bokorny[2]) auch für die Algen nachgewiesen; für Euglena hatte bereits Klebs[3]) eine Ernährung durch Fäulnissstoffe bei Lichtabschluss beobachtet, wie ebenso E. Debes,[4]) dass die freien, beweglichen Arten der Bacillariaceen einen Nährboden verlangen, welcher mit pflanzlichen Abfällen, wenn auch nur in dünner Lage, bedeckt und durchsetzt ist.

L. Mutschler[5]) zeigte, dass im Aare-Wasser durch die Aufnahme des

[1]) Arch. f. Hyg. 1891, **12**, 261; O. Loew u. Th. Bokorny: Journ. f. prakt. Chemie 1887, **36**, 272.

[2]) Arch. f. Hyg. 1892, **14**, 202; 1894, **20**, 181; Chem.-Ztg. 1894, **18**, 21.

[3]) Ueber die Organisation einiger Flagellatengruppen. Untersuchungen aus dem Bot. Institut zu Tübingen, **1**, 62, Leipzig 1893 nach H. Schenk l. c.

[4]) Zeitschr. f. wissensch. Mikroskopie 1886, **3**.

[5]) Forschungsberichte über Lebensmittel etc. 1896, **3**, 399.

Abwassers der Stadt Bern, obschon letzteres eine 125 bis 600fache Verdünnung erfährt, die Anzahl der Diatomeen im Mittel von 3 vergleichenden Bestimmungen von 89 auf 853 im Liter anstieg und die vermehrte Anzahl bis 40 km unterhalb Bern anhielt. Die Zahl der Algen nahm mit der kälteren Jahreszeit ab.

Mit diesen Beobachtungen steht auch die günstige Wirkung der Düngung der Karpfenteiche im Einklange. Durch die Zuführung von organischem Dung (Jauche) tritt eine wesentliche Vermehrung der niederen Pflanzenwelt ein, welche wiederum eine Vermehrung derjenigen Mitglieder der Kleinfauna zur Folge hat, welche vorwiegend von Bacillarien und anderen Algen leben, während sie selbst wieder den Fischen zur Nahrung dient.

Th. Bokorny hat vor allen von einer grossen Zahl organischer Verbindungen experimentell nachgewiesen, dass sie grünen Algen zur Nahrung dienen können, wenn letztere sich längere Zeit in einer 0,2 — 0,05% Lösung der organischen Stoffe, bei Lichtzutritt, Kohlensäureabschluss und unter Fernhaltung von Spaltpilzen befinden. Die grünen Algen sind alsdann im Stande, aus den organischen Stoffen Stärke zu bilden, während die Diatomeen, die Kieselalgen unter gleichen Verhältnissen Fett erzeugen.

Verf. hat diese Frage in Gemeinschaft mit H. Grosse-Bohle auch bei höheren Wasserpflanzen in der Weise zu prüfen gesucht, dass die Pflanzen in Nährlösungen gezogen wurden, welche den Stickstoff einerseits in Form von Salpetersäure, Ammoniak, Harnstoff, Asparagin und Albumose, andererseits den Kohlenstoff in Form von Calciumbikarbonat oder Dextrin enthielten. Die Pflanzen befanden sich in Glasgefässen (Nutschenfiltern) mit durchlöcherten aufgeschliffenen Deckeln, in welchen Glasröhren, die mit Natronkalk und mit Schwefelsäure durchtränkte Bimssteinstückchen enthielten, befestigt waren, um Kohlensäure, Ammoniak und Salpetersäure aus der zutretenden Luft zu entfernen. Die Gewichtszunahme von Ceratophyllum demersum betrug z. B. in einem Versuch für die feuchte Pflanze:

	Reihe I	II	III	IV	V
Stickstoff in Form von:	Salpetersäure	Ammoniak	Ammoniak	Asparagin	Albumose
Kohlenstoff als . . .	Calciumbikarbonat		Dextrin	Dextrin	Dextrin
Gewichtszunahme . .	34,9%	35,0%	34,7%	46,0%	47,6%

Andere Wasserpflanzen, wie Elodea canadensis, Potamogeton crispus, Myriophyllum proserpinacoides zeigten durchweg in den Nährlösungen I und II kein Wachsthum oder gingen gar ein; auch Harnstoff erwies sich als ungeeignet für die Ernährung mit Stickstoff; in den Nährlösungen IV und V dagegen gediehen sie fast ausnahmslos üppig; besonders war dieses auch der Fall für die Wasserfarne Salvinia natans Willd., Azolla carolineana, sowie auch für 2 Lemna-Arten, während diese in den Lösungen I und II ebenfalls mehr oder weniger rasch eingingen; Chara fragilis wollte in keiner der Lösungen wachsen.

Wenn sich hiernach die Wasserpflanzen auch verschieden verhalten, so glauben wir doch aus diesen Versuchen, die noch fortgesetzt werden sollen, schliessen zu dürfen, dass auch höhere Wasserpflanzen sich von fertig gebildeten organischen Stoffen ernähren können.

Aus der grossen Zahl der Verbindungen, aus denen Bokorny unter obigen Verhältnissen bei grünen Algen Stärkebildung nachweisen konnte, seien hier nur diejenigen angeführt, die als Bestandtheile der Kanalwässer oder als Fäulnisserzeugnisse derselben bei der Selbstreinigung der Flüsse durch Algen in Betracht kommen können, nämlich: Essigsäure, Milchsäure, Buttersäure, Valeriansäure, Harnstoff, Glycocoll, Leucin, Tyrosin, Trimethylamin, Pepton.

Loew und Bokorny[1]) nehmen an, dass die grünen Algen bei der Selbstreinigung der Flüsse die organische Substanz direkt als Nahrung aufnehmen, v. Naegeli glaubt dagegen, dass dieselben theils durch nascenten Sauerstoff, den die Algen ausscheiden, theils durch Bakterien mineralisirt werden und erst dann den Algen als Nahrung dienen. Wir konnten in den Lösungen IV und V am Schluss der Wachsthumsperiode kein oder nur Spuren Ammoniak oder Kohlensäure, wohl aber eine Abnahme der organischen Stoffe nachweisen.

Auch v. Pettenkofer[2]) ist nach den Untersuchungen von Loew und Bokorny der Ansicht, dass die Algen eine bedeutende Rolle bei der Selbstreinigung der Flüsse spielen, von denen bei der Isar namentlich Diatomeen, Spirogyren, Zygnemen, Oscillarien, Euglenen etc. sowie die weit verbreitete Alge Hydrurus penicillatus Ag. in Betracht kommen.

Für die Elbe liefern nach Schorler (l. c.) nur zwei Familien, die Chroococcaceen und die Oscillariaceen, Wasserpflanzen und diese nur wenige Arten, aber zeitweilig in reicher Massenentwickelung. Die Chroococcaceen bilden mit anderen Algen und Lyngbya dunkel- bis blaugrüne Decken auf Ufersteinen und finden sich unterhalb und oberhalb der Schleusen. Von den Oscillariaceen ist Lyngbya membranacea Thv. in bemerkenswerther Menge vorhanden; sie findet sich besonders im Sommer auf den Ufersteinen, dem Holzwerk der Brücken zu dunkel- bis blaugrünen Häuten verfilzt mit Diatomeen und anderen kleinen Algen eingelagert; sie kommt an den Schleusen in direkter Berührung mit den Schmutzwässern vor.

Von den Flagellaten, über deren Stellung im System der Algen noch keine volle Uebereinstimmung herrscht, findet sich in der Elbe nur Euglena viridis Ehrb.; dieselbe tritt im Winter mehr zurück.

J. Uffelmann[3]) und H. Schenk[4]) glauben, dass die Rolle der Algen bei der Selbstreinigung überschätzt würde; besonders glaubt Schenk, dass dieselben gegenüber den Bakterien und Wasserfadenpilzen beim Rhein keine Rolle spielen, da sich grüne Algen nur in der Uferzone fänden, während die Mitte des Stromes fast pflanzenlos sei.

Bokorny[5]) weist die Angriffe Schenk's zurück und hebt die Bedeutung der im Flusse freischwimmenden Diatomeen hervor, deren Masse

---

[1]) Nach M. v. Pettenkofer: Zur Schwemmkanalisation in München. Münchener medicin. Abhandlgen. 1891, **5**, 7.

[2]) Arch. f. Hyg. 1891, **12**, 269.

[3]) Berliner klinische Wochenschr. 1892.

[4]) Centrbl. f. allgem. Gesundheitspflege. Bonn 1893, **12**, 365.

[5]) Arch. f. Hyg. 1894, **20**, 181.

die der Bakterien bedeutend überrage. Loew und Bokorny fanden, dass das Isarwasser fern vom Ufer ungefähr 800 Diatomeen-Individuen in 1 l enthielt, deren Masse ca. 9mal so gross sei, als die der Bakterien bei der Annahme von 3863 der letzteren in 1 ccm Wasser.

Auch B. Schorler (l. c.) fand in der Elbe bei Dresden die Diatomeen in der grössten Formenfülle und Individuenzahl. Nitschia acicularis Sm. fand sich besonders häufig im Frühjahr unterhalb der Schleuse in dem noch wenig verdünnten Schmutzwasser, gewöhnlich mit Beggiatoa zusammen. Die Desmediaceen wurden in der Elbe nur vereinzelt gefunden. Von den Confervoideen waren nur wenige Arten aber an manchen Stellen in grosser Individuenanzahl vertreten, besonders an dem Flossholz der Badeanstalten, an den Fährenbrücken und anderen schwimmenden Holztheilen, an den festliegenden Ufersteinen und hier besonders an porösen Sandsteinen.

Ebenso widerlegt Bokorny die Behauptung Schenk's, dass der bei der Kohlensäure-Assimilation der grünen Algen ausgeschiedene Sauerstoff oxydirend wirke, durch die Untersuchungen von Cloëz und Huizinger, von denen ersterer feststellte, dass der von den Pflanzen ausgeschiedene Sauerstoff nicht anders wirke, als der übrige im Wasser vorhandene Sauerstoff, während letzterer nachwies, dass die Pflanzen kein Wasserstoffsuperoxyd ausscheiden.

W. C. Young[1]) weist die Abnahme der organischen Substanz in Flusswasser beim Stehen an der Luft nach und führt dieselbe auf die Thätigkeit der Algen zurück, die sich in grosser Menge in dem Wasser entwickelt hatten.

Nach verschiedenen Untersuchungen besonders von O. Zacharias[2]) sind Flora und Fauna der Süsswasserbecken im Sommer bedeutender und mannigfaltiger an Arten der pflanzlichen wie thierischen Lebewesen.

Schon gegen den Herbst hin pflegt eine erhebliche Anzahl von Species zu verschwinden, und schliesslich bleibt nur ein artenarmer Rest zurück, der grösstentheils aus Crustaceen (namentlich Copepoden) und einer kleinen Anzahl von Rotatorien besteht. Die Protozoën sind darin entweder nur sehr schwach vertreten, oder sie fehlen gänzlich.

Auch auf die meisten Mitglieder der planktonischen Pflanzenwelt erstreckt sich diese Verminderung (insbesondere auf Asterionella und Fragilaria crotonensis unter den Bacillariaceen), wogegen andere, z. B. die Melosiren, selbst während der kältesten und lichtärmsten Monate fortfahren, ein ziemlich üppiges Wachsthum zu entfalten.

Diese Erscheinung hängt nach O. Zacharias weniger mit der niederen Temperatur der Gewässer als mit der geringeren Lichtstärke im Winter zusammen; denn sowie im März und April die Stärke des Sonnenlichtes zunimmt, vermehren sich auch wieder die Lebewesen im Wasser sowohl der Arten wie der Menge nach, während die Temperatur des Wassers dieselbe sein kann wie im December bis Februar.

---

[1]) Chem. Centrbl. 1894, **1**, 1086; nach J. Soc. Chem. Ind. 1894, **13**, 318.

[2]) Zoolog. Anzeiger vom 15. Jan. 1899.

Wir haben hier also die umgekehrte Erscheinung wie bei Bakterien; während Licht den Bakterien-Reichthum im Wasser vermindert, werden die chromophyllführenden Algen unter dem Einfluss des Lichtes vermehrt.

O. Zacharias hat aber noch eine andere, für vorstehende Frage wichtige Beobachtung gemacht, nämlich dass in kleineren Seeen, die eine Grösse von 20—25 ha besitzen, die Winter-Flora wie -Fauna nicht abnimmt; er fand z. B. in den 3 kleineren Seeen (Edebergsee und den Madebröckenseeen) bei Plön auch im Winter von den Algen besonders folgende Species Bacillariaceen, welche man zur kalten Jahreszeit in den grossen Seen entweder gar nicht oder doch nur äusserst spärlich antrifft, wie z. B. Asterionella gracillima Heib., Fragilaria crotonensis Edw., Synedra delicatissima W. Sm., Diatoma tenue, var. elongatum und Synedra ulna var. longissima.

Hierzu gesellen sich noch viele Melosira-Fäden und Rhizosolenia in grosser Häufigkeit. Ausserdem kommt noch zahlreich Coelosphaerium Kützingianum, Closterium pronum var. longissimum, Sphaerocystis Schroeteri Chod. und Botryococcus Brauni in den Fängen vor. Diese bunte Algenflora liefert den gleichzeitig vorhandenen Räderthieren und Krebsen — hauptsächlich Diaptomus graciloïdes, Daphnia galenta, Bosmina longirostris — äusserst günstige Daseinsbedingungen und bewirkt, dass die einzelnen Arten derselben mit hohen Individuenzahlen vertreten sind.

Von Protozoën und Räderthierchen wurden jahraus jahrein während des Winters (von November bis Ausgang Februar) folgende Species angetroffen:

Protozoa:

* Acanthocystis turfacea Carter.
* Acanthocystis Lemani Penard.
* Mallomonas acaroides Zach.
* Uroglena volvox Stein.
* Dinobryon sertularia Ehrb.
* Dinobryon stipitatum Stein.
* Dinobryon elongatum Imhof.
* Peridinium tabulatum Ehrb.
Peridinium bipes Stein.
Volvox minor Stein.
* Eudorina elegans Ehrb.
Coleps hirtus Ehrb.
* Dileptus trachelioides Zach.
Stentor sp.
* Codonella lacustris Entz.
Bursaria truncatella O. F. M.
* Epistylis rotans Švec.

Rotatoria:

* Conochilus unicornis Rousselet
* Floscularia mutabilis Bolton.
* Asplanchna priodonta Gosse.
Synchaeta pectinata Ehrb.
Synchaeta tremula Ehrb.
Polyarthra platyptera Ehrb.
* Triarthra longiseta Ehrb.
* Notholca longispina Kellic.
* Notholca acuminata (Ehrb.)
* Notholca striata (Ehrb.)
Anuraea cochlearis Ehrb.
Anuraea aculeata Ehrb.
Brachionus angularis Gosse.
Brachionus amphiceros Ehrb.
* Hudsonella pygmaea (Calm.)

Die mit einem Sternchen (*) bezeichneten Species in obiger Liste sind solche, die zwar auch im Plöner See und anderen grossen Becken Holsteins vorkommen, daselbst aber zu Beginn der kälteren Jahreszeit immer seltener werden und spätestens Ende November vollständig als Komponenten des Planktons erlöschen. Einige davon (z. B. Uroglena und die Dinobryen) verschwinden noch viel früher. In den drei genannten (und zahlreichen anderen) kleineren Seeen gehören aber ganz dieselben Arten zum perennirenden Plankton und sind während des Winters ebenso häufig zu finden wie im Sommer.

Die gleiche Beobachtung ist von R. Lauterborn[1]) sowohl in einigen Altwässern des Rheins als auch in mehreren Tümpeln und Teichen bei Ludwigshafen gemacht worden. Auch hier bleibt eine grosse Anzahl von Arten während der Wintermonate im Plankton sichtbar, die zur selbigen Zeit in unseren grösseren Seebecken fehlen.

Dieser Unterschied der Winterflora und -Fauna der grossen und kleinen Süsswasserbecken liegt nach O. Zacharias in dem verschiedenen Gehalt des Wassers an organischen und unorganischen Nährstoffen für die pflanzlichen Lebewesen. Während die grösseren Wasserbecken (Seeen) äusserst arm an solchen Stoffen zu sein pflegen, gestalten sich diese Verhältnisse bei kleineren Seeen und Teichbecken ganz anders.

„Diese sind meistens reich an organischen (d. h. stickstoff- und kohlenstoffhaltigen) Verbindungen und bieten der gesammten in ihnen vorhandenen Mikroflora eine Fülle von Nährstoffen dar. Als Hauptquelle desselben sind die am Ufer wachsenden und alljährlich absterbenden Makrophyten (Schilf, Binsen, Riedgras etc.) anzusehen, deren vermodernde Reste vom Wasser ausgelaugt werden. Dasselbe geschieht mit dem abgefallenen Laub von Bäumen und Sträuchern, die am Rand solcher Seeen ihren Standort haben. Die auf den Wasserspiegel verschlagenen und dort ertrinkenden Insekten sind gleichfalls Lieferer von gebundenem Stickstoff. Eine direkte Zufuhr von Nitraten und Nitriten erfolgt auch durch die atmosphärischen Niederschläge, namentlich durch Regengüsse, wenn auch nur in der geringen Menge von 0,7 mg im Liter Meteorwasser. Besitzt der betreffende See humosen Untergrund, so ist dieser gleichfalls als ein Spender von organischen Stoffen zu betrachten. Und bei alledem ist zu bedenken, dass die den kleineren Seebecken zufliessenden Nährstoffe sich stets nur innerhalb einer geringen Wassermasse zu vertheilen hat, wodurch dieselbe dazu geeignet wird, eine verhältnissmässig grössere Organismenmenge — vornehmlich Mikrophyten — hervorzubringen, als ein bei weitem mächtigeres Becken mit wenig Vorrath an Nährstoffen.

Aber Voraussetzung für diesen Schluss bleibt immer, dass den Bacillariaceen und den übrigen chromophyllführenden Algen das Vermögen innewohnt, sich zeitweise saprophytisch, d. h. von vorgebildeten organischen Stoffen zu ernähren. Dieses Vermögen ist nun in der That, wie vorstehende Versuche gelehrt haben, bei vielen grünen Pflanzen (höheren sowohl wie niederen) unleugbar vorhanden, und insbesondere hat sich auch bei den Kieselalgen die Befähigung zu einer derartigen Lebensweise herausgestellt.

Es dürfte hiernach, so schliesst Zacharias weiter, als hinlänglich er-

[1]) Biolog. Centrbl. 1894, **14**, Nr. 11.

wiesen gelten, dass namentlich das reichliche Vorhandensein von gelösten Stickstoffverbindungen in einem Gewässer dessen ernährende Kraft hinsichtlich der in ihm befindlichen Mikroflora erhöht und dass dieser Vortheil in erster Linie den Planktonalgen zu gute kommen muss, welche frei im Wasser schwimmen und sozusagen ganz von Nährlösung umgeben sind. Die Kohlensäureernährung geht hier wahrscheinlich Hand in Hand mit einer ununterbrochenen Nahrungszuleitung auf dem Weg der Endosmose. Wenn nun im Winter Lichtmangel herrscht und die Assimilationsthätigkeit der Chromatophoren in's Stocken geräth, so bleibt den glücklicher beschaffenen Algen, welche stickstoff- und kohlenstoffhaltige Verbindungen stets in beliebiger Menge zur Verfügung haben, die saprophytische Ernährung als naheliegende Auskunft übrig. Diese letztere hat übrigens noch den Vortheil, dass sie ganz unabhängig vom Licht ist, und somit auch des Nachts im Gange bleibt."

H. Classen[1]) dagegen verneint die Wirkung der Algen bei der Selbstreinigung der Flüsse ganz oder hält sie doch nur für gering. Er berechnet z. B., dass die Isar bei München bei mittlerem Wasserstande 98,89 Sekundenkubikmeter Wasser mit 1,8 m Geschwindigkeit führt, oder im Tage auf einer Strecke von 155,52 km 8 544 096 cbm Wasser. Nach mehreren Analysen enthält das Isarwasser 22,9 mg organische Stoffe für 1 l; also sind in vorstehender Wassermasse 195 660 kg organische Stoffe vorhanden. Da nach Bokorny's Versuchen 10 g Algen 0,01 g organische Stoffe, oder 1 kg Algen 1 g organische Stoffe verbrauchen, so müssten, um die organischen Stoffe von 22,9 mg auf die Hälfte 11,49 mg für 1 l herabzumindern, auf fraglicher Flussstrecke von 155,52 km Länge 97 830 000 kg Algen, oder bei einer Normalbreite von 70 m für 1 qm Flussbett je 9 kg Algen allenthalben gleichmässig vorhanden sein. Da aber ein üppiges Algenwachsthum in der Isar nur stellenweise vorhanden ist und die Algen nur in einer schmalen Zone das Ufergestein überziehen, also nur mit einem geringen Theil des Wassers in Berührung kommen, so hält Classen die Bedeutung der Algen für die Selbstreinigung der Flüsse für belanglos. Hierbei übersieht derselbe indess, dass bei diesem Vorgang ohne Zweifel eine Reihe von Einflüssen mitwirken, unter denen die Algen nur ein Glied bilden.

IV. Die Selbstreinigung der Flüsse von Bakterien.

Auch für die stets auftretende Erscheinung, dass in einem durch Schmutzwässer verunreinigten Flüsse nach kurzem Laufe eine wesentliche Verminderung der Bakterien eintritt (vergl. oben S. 226—229 die Beobachtungen von G. Frank bei der Spree, W. Prausnitz bei der Isar, A. Stutzer und

---

[1]) Gesundheit 1898, 377.

Knublauch beim Rhein etc.), sind verschiedene Gründe angeführt und auch experimentell zu bekräftigen versucht worden. Die Mehrzahl der Versuchsansteller glaubt in der

1. *Sedimentation der Bakterien*

den wesentlichsten Grund für die Verminderung derselben im Flusse zu erblicken. Als klarer Beweis hierfür wurde der stets niedrige Bakteriengehalt tiefer Seeen angesehen. Die Versuche, in reinem Wasser beim ruhigen Stehen in cylindrischen Gefässen ein Absetzen der Bakterien herbeizuführen, sind theils positiv, theils negativ ausgefallen.

Fol und Dunant glauben zwar unter diesen Bedingungen eine Niederschlagung der Bakterien nachgewiesen zu haben, aber schon W. Heraeus[1]) hat darauf hingewiesen, dass jene keinen Beweis für ihre Behauptung beigebracht haben, da es sich bei ihren Versuchen ebenso gut um ein Absterben, nicht um ein Niedersinken der Bakterien gehandelt haben könne. Die eigenen Versuche von Heraeus widersprechen einer Niederschlagung.

Bolton[2]) konnte nur in einigen Fällen einen beträchtlichen Unterschied im Raumgehalt und am Boden des Versuchsgefässes feststellen, Hüppe[3]) wiederum eine zweifellose Absetzung nachweisen. Während die vorgenannten Forscher mit Bakteriengemischen arbeiteten, wodurch möglicher Weise die Widersprüche in den Ergebnissen erklärt werden könnten, hat Gärtner[4]) mit Reinkulturen von Bakterien gearbeitet. Aber auch er fand, dass unter diesen Verhältnissen sowohl bei einem grünen beweglichen Bacillus aus Wasser, wie auch bei einem gelben unbeweglichen Coccus aus der Luft ein Absetzen derselben nicht erfolgte. Gärtner kommt in Bezug auf die Niederschlagung der Bakterien zu dem Schlusse, dass für lebenskräftige bewegliche Bakterien ein passives Niedersinken nicht anzunehmen, während ein aktives Niedergehen bei Mangel an Nährstoffen in den oberen Schichten zuzugeben ist; dass bewegungslose Mikroben und Dauerformen beweglicher Bakterien in stehendem Wasser zu Boden sinken können, ist keineswegs ausgeschlossen, dass sie aber nicht zu Boden sinken müssen, haben die angestellten Versuche bewiesen. W. Prausnitz[5]) hat gleichfalls durch seine Versuche nachgewiesen, „dass in reinem Wasser eine Sedimentation von Bakterien gar nicht oder nur in sehr geringem Grade stattfindet.“ Den experimentellen Beweis dafür, dass niedersinkende anorganische, wie organische Stoffe mechanisch Bakterien mit sich niederreissen können, hat P. Frankland durch seine Schüttelversuche erbracht. Andererseits sind aber auch die niedersinkenden organischen Stoffe Nähr-

---

[1]) Zeitschr. f. Hyg. 1886, **1**, 209.

[2]) Ebendort 76.

[3]) Citirt nach [2]).

[4]) Tiemann-Gärtner: Untersuchung des Wassers. Braunschweig 1889, 540.

[5]) Hygienische Tagesfragen 1890, **9**, 89 u. Hyg. Rundsch. 1898, **8**, 161.

mittel für die Bakterien, in deren nächster Nähe sich dieselben ansammeln und so mit niedergehen.

Br. Krüger[1]) bestätigt in seiner Arbeit über die „physikalische Einwirkung von Sinkstoffen auf Mikroorganismen" die obigen Untersuchungen von Frankland und fügt hinzu, dass die Sedimentation der Bakterien durch niedersinkende indifferente Stoffe um so grösser ist, je langsamer bis zu einer gewissen Grenze das Niedersinken erfolgt und je mehr Masse eingebracht wird, dass ferner die Wirkung noch erhöht wird, wenn zu der mechanischen Wirkung die chemische durch Bildung unlöslicher Verbindungen hinzutritt.

M. Rubner[2]) ist der Ansicht, dass die in beschmutzten Wässern eintretenden Änderungen des specifischen Gewichtes den Auftrieb, wie das Absetzen der Bakterien wesentlich beeinflussen können, dass letztere aber ein bedeutendes specifisches Gewicht haben müssen, wenn sie schnell sinken sollen. Er fand das spec. Gew. für Micrococcus prodigiosus zu 1,054, für verschiedene Stäbchenformen zu 1,038—1,0651. Dass Sporen eher sinken als die gewöhnlichen Formen der Mikroorganismen, ist wahrscheinlich, jedoch noch nicht festgestellt worden.

G. Frank[3]) hat zuerst bei seinen bakteriologischen Untersuchungen des Spreewassers die rasche Abnahme der Bakterien in demselben nachgewiesen. Er fand, dass der Bakteriengehalt der Spree, welcher bei der Ruhlebener Schleuse seinen Höchstbetrag erreicht, diesen Verunreinigungsgrad über Spandau, wo sich die Spree mit der Havel vereinigt, bis Pichelsdorf beibehält und von hier ab bedeutend abnimmt, und dass an der Sacrower Fähre, wo sich das vorher seeartig erweiterte Havelbecken wieder verengt, der Bakteriengehalt in den meisten Fällen wieder auf dieselbe Stufe oder auch noch tiefer gesunken ist, die das Spreewasser bei dem Eintritte in Berlin einnahm. Zur Erklärung der Abnahme der Bakterien in dem Havelbecken glaubt Frank vorwiegend die Niederschlagung heranziehen zu müssen; er sagt:

„Während bei Pichelsdorf der Strom im engen Bette noch eine solche Geschwindigkeit und Kraft besitzt, um die reichlich im Wasser suspendirten Keime zu tragen und fortzuschleppen, nimmt diese seine Kraft ab, sobald mit dem Eintritte in das weite Seebecken die Stromgeschwindigkeit herabsinkt. In dem langsam strömenden Wasser macht sich die Eigenschwere der Bakterien wieder mehr geltend, sie sinken allmählich nieder und setzen sich auf dem Boden des Seebeckens fest. Infolge dieser Absetzung auf den Boden vermindert sich die Zahl der auf der Oberfläche des Wassers mit fortgeschleppten Bakterien von Entnahmestelle zu Entnahmestelle."

---

[1]) Zeitschr. f. Hyg. 1889, **7**, 86.

[2]) Arch. f. Hyg. 1890, **11**, 365.

[3]) Zeitschr. f. Hyg. 1888, **3**, 355 (siehe oben S. 226); vergl. auch Hyg. Rundsch. 1893, **3**, 429.

Auch C. Schlatter[1]) nimmt bei der Limmat die Niederschlagung als Hauptursache für die Selbstreinigung von Bakterien in Anspruch. Eine Unterstützung seiner Ansicht sieht Schlatter in zwei bei höherem Wasserstande und grösserer Stromgeschwindigkeit ausgeführten Untersuchungen, bei denen die Selbstreinigung nicht so schnell und in dem Maasse vor sich ging, als unter gewöhnlichen Verhältnissen. Die Geschwindigkeit der Limmat, die gewöhnlich 0,5 m für eine Sekunde betrug, war auf das Doppelte und Dreifache gestiegen und das Selbstreinigungsgebiet hat sich dementsprechend vergrössert. Wie dies als Beweis für die Sedimentirung bei der Selbstreinigung anzusehen ist, scheint nicht einleuchtend, da die Selbstreinigung abgesehen von der Länge des Flusslaufes ebenso sehr abhängig sein kann von der Zeit, während welcher die übrigen bakterienvermindernden Einflüsse auf das Wasser einwirken, die weiter unten besprochen werden sollen. Schlatter glaubt, dass im Sommer und Herbst die Selbstreinigung weniger stark erfolge, als im Winter und Frühjahr, da bei den warmen Sommertemperaturen die Vermehrung leichter vor sich gehe und andererseits durch die Schneeschmelze in den Bergen der Wasserstand ein höherer, daher die Stromgeschwindigkeit eine grössere und dadurch die Sedimentation beeinträchtigt werde. Was die Vermehrung der aus dem Kanalwasser stammenden Bakterien betrifft, so dürfte eine solche nach der Vereinigung mit dem Flusswasser sowohl im Sommer, wie im Winter ausgeschlossen sein.

Auch nach W. Prausnitz, Lissauer[2]), und P. Frankland[3]) beruht die Abnahme der Bakterien im Flusse auf der Sedimentation derselben.

Sofern man wie schon öfters hervorgehoben wurde, überhaupt eine Sedimentation von Bakterien als Selbstreinigung ansehen kann, kommt (nach Gärtner[4]) bei der Spree) in Betracht:

1. Das Niedersinken von bewegungslosen Mikroben oder von Dauerformen beweglicher Bekterien,
2. ein freiwilliges Niedergehen der Bakterien mit den festen Stoffen, welche Nahrungs-Mittelpunkte bilden,
3. ein mechanisches Mitgerissenwerden der Mikroorganismen durch die Sinkstoffe.

Für letztere Möglichkeit bringt Bruno Krüger[5]) experimentelle Beweise bei, indem er durch chemisch indifferente Stoffe wie Thon, Calciumkarbonat, Thonerde, Kieselguhr, Ziegelmehl, Sand, etc. das Niedersinken der Bakterien unterstützen konnte und ein noch stärkeres Niedersinken erzielte, wenn durch einen chemischen Vorgang ein Niederschlag (z. B. aus Kalk allein oder Thonerdesulfat und Kalk) im Wasser erzeugt wurde.

---

[1]) Zeitschr. f. Hyg. 1890, **9**, 56 (siehe oben S. 228).

[2]) Zeitschr. f. angew. Chem. 1889, 688.

[3]) Gesundh.-Ing. 1891, **14**, 627.

[4]) Gärtner: Die chem. u. mikroskop.-bakteriol. Untersuchung des Wassers.

[5]) Zeitschr. f. Hyg. 1889, **7**, 86.

2. *Absterben durch Veränderung der Wachsthumsbedingungen.*

Als weitere mögliche Ursache für die Abnahme der Bakterien im Spreewasser führt Gärtner an das „Absterben derjenigen Bakterien, welche nicht zu den anspruchslosen Arten, zu den sog. Wasserbakterien gehören". Mit anderen Worten:

In der ungünstigsten Veränderung der Wachsthumsbedingungen der Bakterien der Kanalwässer beim Eintritt in das Flusswasser kann eine Ursache für die Selbstreinigung der Flüsse von Bakterien liegen. Die Bakterien gelangen aus dem an Nährstoffen reichen Kanalwasser durch Eintritt des letzteren in das Flusswasser in ein schlechtes, an Nährstoffen relativ armes Nährmittel; sie können in diesem ihre reducirende Thätigkeit nicht fortsetzen und unterliegen im Kampfe mit den oxydirenden Wasserbakterien. Hierfür sprechen die oben (S. 259) angeführten Untersuchungen von W. Heraeus und diejenigen von B. Rosenberg[1]) „über die Bakterien des Mainwassers". Rosenberg glaubt nach seinen Versuchen, „dass die Anspruchslosigkeit an den Gehalt an Nährstoffen zwar nicht bei allen Pilzen gleich gross ist, aber auch zugleich, dass es nicht die Verdünnung (des Kanalwassers) durch das Mainwasser sein kann, die den durch die Kanäle zugeführten Pilzen den Untergang bereitet. Keine der Bakterien würde zu Grunde gehen, wenn sie allein aus der koncentrirten in die verdünnte Nährlösung käme; aber vor allem ist die Gegenwart einer anderen Bakterienart auf die erste Species nicht gleichgültig." Auch v. Pettenkofer[2]) ist der Ansicht, dass die Wasserbakterien für die aus den Kanälen in den Fluss gelangenden Bakterien, namentlich die pathogenen, die Ursache der Vernichtung sind, und „dass es daher gut ist, dass die Isar überhaupt Bakterien enthält, und dass es sogar nicht gut wäre, wenn die Isar sterilisirtes Wasser führte und Reinkulturen von pathogenen Bakterien hineingelangten. Im sterilisirten Wasser hätten diese keinen Kampf ums Dasein mit den nicht pathogenen Wasserbakterien zu bestehen." Nach A. Stutzer und O. Knublauch[3]) kann die Ursache für die Abnahme der Bakterien des Kanalwassers im Flusse auch liegen in der Ausscheidung von Stoffwechselprodukten (der Wasserbakterien), welche entweder für andere Bakterien als toxische Gifte wirken, oder die Beschaffenheit des Mediums, in welchem die Bakterien leben, durch Ausscheidung von Säure und dergl. ungünstig beeinflussen." Auch dürfte der vom Wasser absorbirte Sauerstoff der Luft nicht ohne Einfluss auf die Bakterien des Kanalwassers sein.

---

[1]) Arch. f. Hyg. 1886, **5**, 446.

[2]) „Zur Verunreinigung u. Selbstreinigung der Flüsse." Vortrag auf d. 30. Jahresversammlung des deutschen Vereins der Gas- u. Wasserfachmänner in München 1890. Chem.-Ztg. 1890, **14**, 855; ferner Vortrag im ärztlichen Verein zu München am 7. Mai 1890, München bei M. Rieger 1890, 56 u. Münchener medicinische Abhandlungen. V. Reihe, 1. Heft, München 1891.

[3]) Centrbl. f. allgem. Gesundheitspflege 1894, **13**, 177.

Als eine Ursache für die Abnahme der Bakterien im Flusswasser nach erfolgter Verunreinigung durch Abwässer ist endlich neuerdings angesehen worden:

3. Die Wirkung des Lichtes auf die Bakterien.

Dass das Licht, besonders das direkte Sonnenlicht, auf Bakterien tötend oder wenigstens entwicklungshemmend wirkt, ist zuerst von Downes und Blunt[1]) nachgewiesen und seitdem durch zahlreiche Forscher (Duclaux, Tyndall, Arloing, Nocard, Roux, Pansini, Dieudonné und Andere[1]) bestätigt worden (vergl. auch S. 59 u. 62).

Besonders hat H. Buchner[2]) den schädigenden Einfluss des Lichtes auf die Bakterien bei der Selbstreinigung der Flüsse, auf welchen bereits J. Uffelmann[3]) hingewiesen hat, betont und durch experimentelle Untersuchungen an der Isar zu bekräftigen gesucht. Buchner suspendirte bei seinen Versuchen, die er vorwiegend mit Bact. coli, Bac. pyocyaneus, Typhus- und Cholerabacillen anstellte, die Bakterien theils in sterilisirtem, theils in natürlichem Leitungswasser unter Zusatz von sterilisirter Fleischextraktlösung, setzte sie dem direkten Sonnen- oder diffusen Tageslicht aus und bestimmte zu Anfang und zu Ende des Versuches durch Plattenkultur die Anzahl der vorhandenen lebenden Bakterienkeime. Bei dem stets gleichzeitig angestellten Kontrollversuche wurde das Versuchsgefäss denselben Bedingungen nur unter Ausschluss des Lichtes ausgesetzt. Nach 1—4 Stunden waren die Keime in den belichteten Gefässen fast stets vernichtet, während sich ihre Zahl in den verdunkelten Gefässen fast ausnahmslos nicht unbedeutend vermehrt hatte. Aehnliche Ergebnisse erhielt Buchner bei Bakterien aus faulendem Fleischaufguss und faulenden Fäkalien, ferner auch bei Anwendung von Agar-Agar in runden Deckelschalen. Unter Benutzung der letzteren stellte er im Starnberger See ähnliche Versuche in grösseren Wassertiefen an und fand, „dass bei ziemlich klarem Wasser der Lichteinfluss sich noch bis 2 m Tiefe vollkommen kräftig auf die Bakterien äussert. Bei den in grösseren Tiefen angestellten Versuchen ergab sich kein deutlicher Einfluss mehr, wahrscheinlich infolge der trüben Beschaffenheit des Wassers, die ein Hinderniss für das Eintreten der Lichtstrahlen bildet.“ Bei verunreinigtem Flusswasser kann dieses Hinderniss durch den fortwährenden Wechsel der Wasserschichten zum Theil wieder beseitigt werden. Sind diese Erfahrungen bei dem Selbstreinigungsvorgange des Flusses von Bedeutung, so müsste sich dies in der Weise geltend machen, dass zu Beginn der Tagesperiode das Minimum des Keimgehaltes vorhanden wäre. Dies bestätigen Versuche Fr. Muck und L. Neumayer an der Isar oberhalb

---

[1]) Eine ausführliche Besprechung der Litteratur über die Einwirkung des Lichtes auf Bakterien findet sich in den Arbeiten von J. Raum: Zeitschr. f. Hyg. 1889, **6**, 312 u. A. Dieudonné: Arbeiten a. d. Kaiserl. Gesundheitsamte 1894, **9**, 405.

[2]) Arch. f. Hyg. 1893, **17**, 179.

[3]) H. Buchner l. c. 180, nach Berliner klinische Wochenschr. 1892, 423.

München. Dieselben nahmen von 6 Uhr abends bis 6 Uhr morgens in Zwischenräumen von 1—2 Stunden aus $^1/_4$ m Tiefe Wasserproben und setzten hiervon Plattenkulturen an. Sie fanden am 28./29. September 1892 bei einer Wassertemperatur von 7—8° R um

6^{15}	8^{45}	11^{00}	12^{00}	1^{45}	3^{00}	4^{00}	5^{00}	6^{15}	Uhr
160	5	8	107	380	460	520	510	250	Keime

in 1 ccm Wasser.

Fernere Versuche stellten L. und Fr. Neumayer oberhalb München und bei Freising, 33 km unterhalb München, an; es fanden sich.

Am 24. December 1892, bei leichtbewölktem Himmel und theilweisem Sonnenschein an der

		Wassertemperatur,	Keime in 1 ccm Wasser
Isarbrücke bei Freising:	9^{00} Vorm.	+1° C.	19382
	4^{00} Nchm.	+1,5° C.	2520

Am 3. Jan. 1893, bei trüber Witterung mit abwechselndem Schnee- und Regenfall an der Eisenbahnbrücke oberhalb München

		Wassertemperatur,	Keime in 1 ccm Wasser
	9^{00} Vorm.	—0,5° C.	94
	4^{00} Nchm.	0° C.	54
Isarbrücke bei Freising:	9^{00} Vorm.	+1,0° C.	10104
	4^{00} Nchm.	+2,0° C.	188

Bei diesen Zahlen für das Isarwasser in Freising ist zu berücksichtigen, dass nach den Untersuchungen von W. Prausnitz[1]) gerade in den Nachtstunden von 1—7 Uhr morgens der Bakteriengehalt des Münchener Kanalwassers eine Mindestzahl erreicht, und da das Isarwasser 8 Stunden gebraucht, um den Weg von München bis Freising zurückzulegen, so wäre, soweit es sich nur um die von München kommenden Keime handelt, von 9 Uhr morgens ab in der Freisinger Isar der geringste Bakteriengehalt zu erwarten. In Wirklichkeit ist aber nach obigen Untersuchungen gerade das Gegentheil der Fall.

Hiernach glaubt Buchner, dass an dem Einfluss des Lichtes auf die Selbstreinigung des Flusses von Bakterien nicht zu zweifeln sei und dass namentlich die hygienisch wichtigsten Bakterienarten (Typhus, Cholera, Fäulnisserreger) durch die Einwirkung des Lichtes unschädlich gemacht werden.

Da aber bei dieser Art der Selbstreinigung die Nachtzeit, die im Winter bis zu 15 Stunden dauert, hindernd wirkt, so kann natürlich von einer durchgreifenden Wirkung des Lichtes erst nach einem längeren Laufe des Flusses die Rede sein.

H. Buchner hat bei seinen obigen Versuchen nachgewiesen, dass eine Veränderung des Nährmittels nicht die Ursache der bakterientödtenden Kraft des Sonnenlichtes ist, während Richardson[2]) dieselbe auf die Bildung von Wasserstoffsuperoxyd und damit in Beziehung stehende Oxydationsvorgänge zurückführt.

---

[1]) Hyg. Tagesfragen **9**. München 1890, 31.

[2]) Chem. Centrbl. 1893, **64**, I, 61 u. 690.

Die neueren Arbeiten von A. Dieudonné[1]) und Duclaux[2]) bestätigen ebenfalls die tödtende Wirkung des Lichtes auf Bact. fluorescens, Microc prodigiosus, Typhus- und Milzbrandbacillen; nach Kotljar[3]) werden nicht pathogene Bakterien nicht in dem Maasse durch Sonnenlicht gehemmt, als pathogene nach den Beobachtungen anderer Forscher.

A. Dieudonné weist weiter nach, dass nur die Licht- und chemischen Strahlen des Sonnenlichtes, nicht die Wärmestrahlen keimtödtend wirken. Unter denselben Bedingungen lassen die rothen und gelben Strahlen des Spektrums keine schädigende, die grünen eine leicht entwickelungshemmende, die blauen, violetten und ultravioletten Strahlen eine sehr stark tödtende Wirkung, wenigstens auf den Bac. fluorescens und den Microc. prodigiosus erkennen.

Auch L. Mutschler[4]) konnte im Aare-Wasser bei Bern eine Beziehung zwischen Abnahme an Bakterien und Lichtwirkung feststellen.

Im übrigen ist der Zusammenhang zwischen Selbstreinigung der Flüsse und Einfluss von Sonnenlicht und Bakterien noch nicht genügend aufgeklärt. Wenn Sonnenlicht die Selbstreinigung begünstigt und, woran weiter gar nicht zu zweifeln ist, die Bakterien unter dem Einfluss von Licht mehr oder weniger rasch absterben, so können Bakterien nicht die eigentliche Ursache der Selbstreinigung der Flüsse sein.

Man kann dann höchstens annehmen, dass die an den organischen Stoffen haftenden Bakterien eine erste Spaltung derselben vornehmen, und alsbald absterben, während höhere Lebewesen die weitere Verarbeitung der ersten Spaltungserzeugnisse übernehmen.

A. Stutzer und Knublauch konnten z. B. beim Rhein eine Beziehung zwischen Abnahme an Bakterien und Lichtwirkung nicht feststellen, sondern sind der Ansicht, dass bei der Selbstreinigung der Flüsse stärkere Einflüsse (wie Stromgeschwindigkeit, Verdünnung etc.) mitspielen, welche den Einfluss des Lichtes unter Umständen nicht zum Ausdruck gelangen lassen.

Dass ausser diesen Lebewesen auch noch andere Ursachen bei der Selbstreinigung mit thätig sein können, ist schon S. 235 u. ff. auseinandergesetzt.

Schlussergebnisse.

Fassen wir den Inhalt des vorigen Abschnittes kurz zusammen, so kommen wir bezüglich der Selbstreinigung der Flüsse zu folgenden Ergebnissen:

1. Unter Selbstreinigung der Flüsse ist die dauernde Unschädlichmachung von verunreinigenden Stoffen zu verstehen.

---

[1]) Arbeiten a. d. Kaiserl. Gesundheitsamt 1894, **9**, 405.

[2]) Chem. Centrbl. 1894, **65**, I, 1007; nach Ann. Inst. Pasteur 1894, **8**, 178.

[3]) Biedermanns Centrbl. f. Agric. 1894, **23**, 66; nach Centrbl. f. Bakteriol. 1892, **12**, 836.

[4]) Forschungsberichte über Lebensmittel etc. 1896, **3**, 399.

2. An dem Vorhandensein einer selbstreinigenden Kraft der Flüsse ist nicht zu zweifeln.

3. Die einfache Sedimentation ist in den meisten Fällen keine Selbstreinigung, nämlich dann nicht, wenn die dadurch verunreinigenden Stoffe nur vorübergehend beseitigt werden.

4. Die Selbstreinigung kann unter Umständen besonders für unorganische Stoffe ein rein chemischer Vorgang sein; für organische Stoffe kommt sie anscheinend vorwiegend nur zu stande durch das organische Leben im Wasser und ist demnach ein biologischer Vorgang. Vielleicht auch spielen hierbei Licht und elektrische Spannungen eine Rolle. Unter Umständen wird auch durch Verdunstung ein Theil der schädlichen und flüchtigen Stoffe beseitigt.

Die Abnahme der Bakterien im Flusse scheint auf die ungünstige Veränderung der Lebensbedingungen der Bakterien des Kanalwassers beim Eintritt in den Fluss einschliesslich der Wirkung des Lichtes zurückzuführen zu sein.

5. Die Selbstreinigung tritt aber nicht ohne weiteres bei jedem Flusse ein, sondern nur, wenn

a) das Kanalwasser eine hinreichende (nach v. Pettenkofer 15-fache) Verdünnung im Flusse erfährt,

b) der Fluss eine hinreichende, und der des Sielwassers mindestens gleichkommende Stromgeschwindigkeit besitzt (nach v. Pettenkofer mindestens 0,6 m für die Sekunde),

c) der Fluss keine Zuflüsse (aus chemischen Fabriken etc.) erhält, die das organische Leben desselben zerstören.

6. Der Grad der Selbstreinigung und die Schnelligkeit mit welcher dieselbe erfolgt, ist von den örtlichen Verhältnissen des Flusses abhängig, von denen namentlich in Betracht kommen: Art und Menge der Verunreinigungen, fördernde oder hemmende Wirkung anorganischer Stoffe, Temperatur, Beschaffenheit der Flussufer, freier Lauf oder Unterbrechung desselben durch Schleusen etc.

B. Die Reinigung durch Berieselung.

I. Vorbemerkungen über die Grundsätze der Berieselung.

Die Reinigung der Schmutzwässer durch Berieselung ist nur für solche Wässer ausführbar, welche keine pflanzenschädlichen Stoffe enthalten, und besonders für solche angezeigt, welche die Pflanzennährstoffe: Stickstoff, Phosphorsäure, Kali etc. in grösserer oder geringerer Menge enthalten.

Zu letzteren Abwässern gehören die aus: Städten, Schlachthäusern, Bierbrauereien, Brennereien, Zucker- und Stärkefabriken, Leimsiedereien etc.

Da für alle diese Abwässer die Berieselung als das zur Zeit wirksamste Reinigungsverfahren anzusehen ist, so möge hier die Art der Wirkung der Bodenberieselung, sowie die Art der Anlagen der Rieselfelder allgemein auseinandergesetzt werden, wiewohl die bisherigen Erfahrungen sich vorwiegend auf städtische Abwässer beziehen. Im II. Theil sollen dann bei den einzelnen Abwässern die mit der Berieselung wirklich erzielten Ergebnisse mitgetheilt werden.

Als Vorbild der Reinigung der fauligen und fäulnissfähigen Abwässer durch Berieselung hat ohne Zweifel die gewöhnliche Berieselung der Ländereien mit Flusswasser, die schon im Alterthum (besonders in Aegypten) bekannt war, gedient, wie ferner die altbekannte Thatsache, dass Jauche oder ein ähnliches Schmutzwasser, auf den Boden gebracht, nicht nur alsbald den fauligen Geruch verliert, sondern bei der Filtration durch den Boden auch mehr oder weniger hell und klar wird. Der Boden bindet also üble Gerüche wie auch Farbstoffe. Diese Eigenschaft des Bodens lässt nach und hört schliesslich ganz auf, wenn man anhaltend und zu grosse Mengen Schmutzwasser durchfiltrirt, sie äussert sich aber aufs neue, wenn man dem Boden einige Zeit Ruhe lässt.

Hieraus kann schon geschlossen werden, dass ausser der mechanischen Wirkung des Bodens, welche sich in der Zurückhaltung der Schwebestoffe äussert, chemische Vorgänge in ihm sich abspielen müssen, welche eine Umsetzung und Zerstörung der eingedrungenen und festgehaltenen Schmutzstoffe bewirken.

Ueber diese Vorgänge Licht verbreitet zu haben, ist ebenfalls eine Errungenschaft der neuesten Zeit und mögen diese als die Grundbedingungen einer erfolgreichen Reinigung der Schmutzwässer durch Berieselung hier zunächst kurz auseinandergesetzt werden.

1. Die Vorgänge der Zersetzung und Unschädlichmachung der organischen Stoffe durch die Bodenberieselung.

Ausser der vorhin erwähnten entfärbenden und desodorienden Kraft und der Zurückhaltung von Schwebestoffen besitzt der Boden auch die Eigenschaft, gewisse gelöste Stoffe eines Schmutzwassers chemisch zu binden und festzuhalten. Dieses ist z. B., wie schon lange bekannt, für Kali, Ammoniak und Phosphorsäure der Fall; aber auch organische Verbindungen wie Indol, Thymol, die Alkaloide, Strychnin, Nikotin, die ungeformten Fermente werden nach Falck[1]) vom Boden absorbirt und festgehalten.

---

[1]) Vierteljahrsschr. f. gerichtl. Medicin u. öffentl. Sanitätswesen, **27** u. **29**.

J. Soyka[1]) bestätigt diese entgiftende Eigenschaft des Bodens für Strychnin und ferner für Chinin in Form von schwefelsauren, salzsauren und essigsauren Salzen.

Aber während Falck und Otto[2]) die entgiftende Wirkung des Bodens in erster Linie auf einen Absorptionsvorgang, F. Hoppe-Seyler[3]) auf eine Reduktion durch nascirenden Wasserstoff zurückführen, weist J. Soyka für Strychnin und Chinin eine Zersetzung zu Ammoniak und eine weitere Oxydation zu Salpetersäure nach.

Falck und Otto finden aber weiter, dass das Entgiftungsvermögen des Bodens durch gleichzeitige Bepflanzung bedeutend gesteigert wird.

Merkwürdiger Weise besitzt der Boden für einen Hauptbestandtheil städtischer Abwässer, nämlich für den Harnstoff, der ebenfalls als Base aufzufassen ist, nach O. Kellner's Untersuchungen[4]) kein Absorptionsvermögen; erst das Umwandlungsprodukt desselben, das kohlensaure Ammon, welches sich in den oberen Bodenschichten bis 0,5 m Tiefe aus ihm bildet, tritt in Wechselwirkung zum Boden.

Die absorbirende Wirkung des Bodens tritt aber zurück gegen seine zersetzende und oxydirende Wirkung.

Was die Ursache dieser Zersetzungsvorgänge im Boden anbelangt, so ist nach den neuesten Forschungen kaum mehr einem Zweifel unterworfen, dass die Ueberführung der organischen, durch Wasser in den Boden übertragenen Stoffe in Kohlensäure, Wasser, Ammoniak, Salpetersäure und salpetrige Säure durch die Thätigkeit von Mikroorganismen vermittelt wird.

Die ersten massgebenden Versuche hierüber sind von Schlösing und A. Müntz sowie von R. Warrington[5]) ausgeführt.

Während Eiweissstoffe, Harnstoff und sonstige organische Stickstoffverbindungen durch Fäulnissbakterien zunächst in Ammoniak umgewandelt werden, findet, wie zuerst Th. Schlösing und A. Müntz gezeigt haben, die Ueberführung des Ammoniaks in Salpetersäure durch Nitrifikationsbakterien statt. Denn wurden letztere durch Chloroform oder Schwefelkohlenstoff oder durch Erhitzen getödtet, so hörte der Nitrifikationsvorgang auf. Brachten sie in geeignet zusammengesetzte sterilisirte Flüssigkeiten, welche nach der Erhitzung auf 110^0 unbegrenzt lange Zeit unverändert blieben, eine Spur Erde, so trat Salpetersäure-Bildung ein. Sie fanden in den Flüssigkeiten zahlreiche längliche, sehr kleine Gebilde, von

---

1) Arch. f. Hyg. 1884, **2**, 281.

2) Chem. Centrbl. 1892, **63**, I, 227 u. II, 225; 1893, **64**, I, 220 u. Zeitschr. f. Pflanzenkrankheiten 1894, 210.

3) Chem. Centrbl. 1893, **64**, I, 948.

4) Preuss. landw. Jahrbücher 1886, **15**, 712.

5) Eine ausführliche Uebersicht über die einschlägige Literatur, betreffend dieser Frage findet sich in meiner preisgekrönten Schrift: „Wie kann der Landwirth den Stickstoffvorrath im Boden erhalten und vermehren?“ Berlin 1893, 3. Aufl. Anhang [45—48]. Es sei daher wegen des grossen Umfanges der Literatur auf diese Quelle verwiesen.

welchen sie nitrificirende Reinkulturen darstellen konnten. Diese Organismen können daher zweifellos als „Salpeterferment" betrachtet werden; sie sind sehr verbreitet und finden in der Ackererde ihren günstigsten Nährboden; sie sind ferner in Abfallwässern, die viele organische Stoffe enthalten, reichlich vorhanden, dagegen weniger häufig in fliessenden Gewässern. In der Luft scheinen sie unter normalen Verhältnissen gar nicht enthalten zu sein; wenigstens konnten Schlösing und Müntz in sterilisirten Flüssigkeiten durch blosse Berührung mit Luft niemals eine Salpeterbildung hervorrufen.

Zu ähnlichen Ergebnissen führten Untersuchungen von J. Uffelmann, H. Landolt, H. Plath, R. Ulbricht und Anderen.

B. Frank, ebenso Celli und Zucco glaubten zwar gefunden zu haben, dass die Oxydation des Ammoniaks zu Salpetersäure im Boden auch ohne Anwesenheit von nitrificirenden Organismen wenigstens zum geringen Theil zustande komme; indess muss, gegenüber den vielen sonstigen Versuchen hierüber, diese Annahme als sehr unwahrscheinlich bezeichnet werden.

S. Winogradsky[1]) hat den nitrificirenden Mikroorganismus durch Reinkulturen gezüchtet und nennt ihn „Nitromonas"; er zeigt auch, dass die Salpeterbildung die nach A. Müntz auf einer direkten Oxydation durch Bodenluft beruhen soll, durch einen Mikroorganismus bewirkt wird. Auch R. Warrington[2]) nimmt neuerdings für diesen Vorgang die Thätigkeit von zwei Mikroorganismen an, von denen der eine die Ueberführung in salpetrige Säure, der andere die Ueberführung der letzteren in Salpetersäure übernehmen soll.

Den Kohlenstoff sollen die Mikroorganismen aus vorhandenen kohlensauren Salzen, die nöthige Energie aus der bei der Oxydation des Ammoniaks entstehenden Verbrennungswärme schöpfen.

E. Godlewsky[3]) glaubt, dass die Nitromonaden den nöthigen Kohlenstoff ausser den doppeltkohlensauren Salzen — nicht den einfachen — trotz Abwesenheit von Chlorophyll der freien Kohlensäure entnehmen können.

Noch genauer wie die Nitromonaden selbst sind ihre Lebensbedingungen erforscht. Sie sind wesentlich abhängig von:

Luftzufuhr, Feuchtigkeit, Wärme, Licht und Beschaffenheit des Bodens.

Schlösing zeigte schon 1873, dass die Salpeterbildung von der Grösse der Luftzufuhr d. h. des zugeführten Sauerstoffs abhängt, dass bei beschränktem bezw. bei gänzlich gehemmtem Zutritt von Sauerstoff die Nitrifikation aufhört und die verschiedenen Nitrate vollständig verschwinden.

---

[1]) Nach Extrait des Ann. de l'Institut Pasteur 4. Ser. 1—10 in Chem. Centrbl. 1890, **61**, I, 1064, II, 110; 1891, **62**, I, 327.

[2]) Chem. News **68**, 175.

[3]) Nach dem Anzeiger d. Akad. d. Wissenschaften in Krakau 1892, in Centrbl. f. Agr.-Chem. 1893, **22**, 848.

Diese Beobachtung ist durch weitere Untersuchungen von J. v. Fodor, Boussingault, Millon und Soyka bestätigt worden; sie fanden z. B., dass die Oxydation der stickstoffhaltigen Stoffe in demselben Maasse abnimmt, als das Wasser den Luftzutritt hemmt.

In demselben Maasse verhindert nach Schlösing und Müntz ein völliges Austrocknen des Bodens die Entwickelung der nitrificirenden Organismen; ein mittlerer Feuchtigkeitsgehalt ist für ihre Entwickelung am günstigsten.

Was den Einfluss der Temperatur anbelangt, so geht die Nitrifikation nach Schlösing und Müntz sowie nach Warrington unter 5° nur äusserst langsam vor sich, bei 12° ist sie deutlich wahrnehmbar, erreicht bei 37° ihr Optimum und hört bei 55° völlig auf.

Soyka und Warrington zeigten ferner, dass das Licht die Salpeterbildung beeinträchtigt, während Dunkelheit dieselbe befördert.

Die Salpeterbildung ist endlich von einer gewissen Alkalität des Bodens abhängig, besonders von der Gegenwart einer gewissen Menge Calciumkarbonat; auch Gips soll die Nitrifikation befördern.

Nach den Untersuchungen von R. Warrington kommt der nitrificirende Organismus (Bacillus nitrificans) im Boden von Rothamsted stets bis zu einer Tiefe von 23 cm, mitunter bis zu einer solchen von 45 cm vor; in Tiefen von 1—2 m wird derselbe niemals oder doch nur vereinzelt gefunden.

Die Salpeterbildung in den Tropen wurde früher vorwiegend auf die dortigen stärkeren elektrischen Entladungen zurückgeführt; indess ist nach den Untersuchungen von A. Müntz und B. Maccano auch dort die Nitrifikation an die Lebensthätigkeit eines Mikroorganismus gebunden; die betreffenden Erden sind, so verschieden auch ihre Zusammensetzung ist, sämmtlich reich an stickstoffhaltigen organischen Stoffen, Calciumkarbonat und Calciumphosphat.

Dass die Oxydation auch des Kohlenstoffs der organischen Stoffe im durchlüfteten Boden ebenso wie die des Stickstoffs unter dem Einfluss von niederen Organismen stattfindet, haben J. Fodor[1]), E. Wollny[2]) und Th. Schlösing[3]) nachgewiesen.

Wird Boden mit Chloroformdämpfen behandelt, oder mit fäulnisshemmenden Stoffen wie Karbolsäure, Borsäure, Thymol versetzt, oder auf 120° erhitzt oder einem höheren Druck ausgesetzt, so wird die Kohlensäurebildung, wenn auch nicht völlig gehemmt, so doch ganz wesentlich eingeschränkt. Neben der an die Lebensthätigkeit niederer Organismen gebundenen Oxydation des Kohlenstoffs in der Erde verläuft demnach eine einfache langsame direkte Verbrennung der organischen Stoffe; jedoch ist letztere gegenüber dem ersteren Vorgang von nur untergeordneter Bedeutung.

---

[1]) Jos. Fodor: Hyg. Untersuchungen über Luft, Boden und Wasser. Braunschweig 1882.

[2]) Deutsche landw. Presse 1883 u. 1884 und Centrbl. f. Agr.-Chem. 1884, **13**, 796.

[3]) Compt. rendus 1873, **77**, 203 u. 353.

Dieselben Umstände, welche bei der Nitrifikation die Leistungen der Mikroorganismen beherrschen, äussern auch bei der Kohlensäureerzeugung ihren Einfluss, doch obwalten hier in mancher Hinsicht andere Verhältnisse.

Auch hier hält die Kohlensäure-Entwickelung innerhalb gewisser Grenzen gleichen Schritt mit der Luft- bezw. Sauerstoff-Zufuhr, jedoch in der Weise, dass nach E. Wollny die Kohlensäure-Bildung nur bei einem geringen Gehalt der Bodenluft an Sauerstoff mit der Sauerstoffzufuhr gleichen Schritt hält, dagegen von der Sauerstoffmenge unabhängig ist, wenn letztere mehr als 8% des Luftgemisches beträgt.

Da die Kohlensäurebildung selbst dann nicht ganz aufhört, wenn der Boden mit einem, bei dem Zerfall der organischen Substanz nicht betheiligten Gase (Stickstoff, Wasserstoff) oder mit Wasser vollständig erfüllt ist, also keinen Sauerstoff enthält, so muss man hieraus schliessen, dass unter dem Einfluss der Mikroorganismen auch gebundener Sauerstoff auf den Kohlenstoff zur Bildung von Kohlensäure übertragen werden kann. Die Bedeutung des Sauerstoffzutritts für die Oxydation im Boden folgt auch daraus, dass organische Stoffe (Stallmist, Thierleichen etc.) in gut durchlüfteten Böden wie Sand und Kies viel schneller verwesen, als in schwer durchlassenden Böden wie Lehm, Thon etc.

Die Wärme macht sich in der Weise geltend, dass das Optimum für die Kohlensäurebildung zwischen 50—60° liegt, dass dieselbe aber selbst bei unter 0° liegenden Temperaturen nie ganz aufhört.

Unter gleichen äusseren Verhältnissen wird ferner die Oxydation der organischen Stoffe zu Kohlensäure mit steigendem Wassergehalt beschleunigt; v. Fodor hat z. B. nachgewiesen, dass die aus einem 4% Wasser enthaltenden Boden entwickelte Kohlensäure über 16 mal grösser ist, als die aus einem nur 2% Wasser enthaltenden Boden. Steigt der Wassergehalt des Bodens aber über ein bestimmtes Maass hinaus, so dass der verfügbare Sauerstoff zur Oxydation nicht mehr ausreicht, so tritt natürlich eine Verminderung der Kohlensäurebildung ein.

Gewisse Salze im Boden wie Ferrosulfat und Schwefeleisen, ebenso eine zu grosse Koncentration der Bodensalze beeinträchtigen die Kohlensäurebildung wie auch umgekehrt die Wegführung der wasserlöslichen Bodensalze; letzteres vermuthlich desshalb, weil die Bodensalze in gewisser Menge für die Ernährung der Mikroorganismen von Bedeutung sind; auch wirkt die Kohlensäure wegen ihrer antiseptischen Eigenschaft selbst hemmend, wenn sie sich in einer gewissen Menge im Boden angesammelt hat.

Wie die Salpetersäure- und Kohlensäure-Bildung, so wird auch der umgekehrte Vorgang, die Reduktion der Nitrate zu Nitriten etc., nach den Untersuchungen von U. Gayon und G. Dupetit[1]) sowie von Dehérain und Maquenne[2]) durch Mikroorganismen bewirkt.

---

[1]) Compt. rendus, **95**, 644 u. Ann. de la Science Agron. par L. Grandeau. Paris 1886, 256.

[2]) Ebendort, **95**, 691 u. 732.

Erstere vermischten Abfallwasser und faulenden Harn mit Salpeter und beobachteten ein allmähliches Verschwinden desselben. Die Flüssigkeiten verloren ihre denitrificirenden Eigenschaften, wenn der Mikroorganismus, den sie Bacillus denitrificans nennen und der dem Buttersäure-Bacillus (Bac. amylobacter) nahe stehen soll, durch Erhitzen der Flüssigkeit oder durch Zusatz von Chloroform bezw. Kupfersulfat zu derselben abgetödtet war. Die Reduktion der Nitrate zu Nitriten erfolgt in faulenden Flüssigkeiten und im Boden nur dann, wenn die eingeschlossene Luft völlig frei von Sauerstoff ist und gleichzeitig viel organische Stoffe vorhanden sind. Neben Nitrit treten Stickstoffoxydul und freier Stickstoff auf.

Auch Ed. Meusel[1]) fasst die Nitritbildung als einen physiologischen, an die Entwickelung eines Organismus geknüpften Vorgang auf, der überall eintritt, wo Mangel an Sauerstoff herrscht, und wobei der freigewordene Sauerstoff auf den Kohlenstoff der organischen Stoffe übertragen wird. Die bei diesem Vorgang thätigen Mikroben äussern in Berührung mit Luft keine oder nur eine sehr geringe Thätigkeit; die ihnen am meisten zusagende Temperatur liegt zwischen 35—40°.

J. M. H. Munro[2]) hat ebenfalls die Nitrat- und Nitrit-Bildung verfolgt und kommt zu wesentlich denselben Ergebnissen. Neben den Ammonsalzen unterliegen auch salzsaures Aethylamin, Gelatine, Rhodankalium, Rhodanammonium und Harnstoff im Boden der vollständigen Nitrifikation; nach Munro bildet sich stets erst Ammoniak, dann Nitrit und schliesslich Nitrat.

Auch Fluss- und Brunnenwasser besitzt eine nitrificirend wirkende Kraft, welche durch Filtration (schwedisches Filtrirpapier, Kohlenfilter) nicht verschwindet. Alkalitartrat, -acetat oder -oxalat, Zucker oder irgend eine fäulnissfähige Substanz sollen im Brunnenwasser eine Reduktion des vorhandenen Nitrats bewirken, bei welchem Vorgang das Alkalisalz in Alkalikarbonat übergeführt wird. In einigen Tagen ist alles Nitrat in Nitrit übergeführt, worauf bei guten Wässern die Bildung nicht weiter geht. In vielen faulenden Wässern werden indess Nitrat und Nitrit unter Entwickelung von Stickstoff gänzlich zerstört. Dasselbe geschieht durch Zufügen einiger Tropfen Abwässer zu dem Wasser, wenn letzteres irgend einen fäulnissfähigen organischen Stoff enthält. Die Bakterien, welche die Reduktion zu Nitrit in Gegenwart organischer Stoffe bewirken, finden sich in der Luft, im Wasser und im Boden.

Aehnlich wie die Salpetersäure zu Nitrit und freiem Stickstoff kann die Schwefelsäure[3]) durch Bakterien bei mangelndem Luftzutritt zu Schwefelwasserstoff bezw. können die Sulfate zu Sulfiden reducirt werden.

Ausser den vorgenannten Mikroben sind im Boden auch Hefepilze gefunden, welche eine Alkoholgährung hervorrufen.

---

[1]) Berichte d. deutschen chem. Gesellsch. Berlin 1875, **8**, 1653.

[2]) Chem.-Ztg. 1886, **10**, 794.

[3]) Vergl. Holschewnikoff: Fortschritte d. Medicin 1889, Nr. 6, 208.

Im Rieselboden spielt sich daher behufs Umsetzung und Zerstörung organischer Stoffe ein reges organisches Leben ab, welches, wie schon gesagt, von verschiedenen Umständen: Wärme, Licht, Feuchtigkeit, Luftzutritt und besonders von der Bodenart beeinflusst wird. Von diesen Einflüssen möge diejenige der Bodenart hier noch etwas näher begründet werden.

2. *Einfluss der Art des Bodens und des Rieselns auf die Reinigung der Schmutzwässer durch Berieselung.*

Zunächst ist die Grösse der Reinigung eines Abwassers durch Berieselung wesentlich abhängig:

a) von der Art des Rieselns.

Würde man bei der Spüljauchen-Rieselung in derselben Weise vorgehen, wie bei der üblichen Rieselung der Wiesen mit Bachwasser, d. h. mit vielem Wasser rieseln und das Wasser einfach über die Wiesenoberfläche laufen und nur theilweise durch den Boden sickern lassen, so würde die Grösse der Reinigung nur verhältnissmässig gering sein.

Dieses zeigt folgender Versuch, bei welchem dem Rieselwasser Abortjauche zugesetzt und das Gemisch in der üblichen Menge einfach über eine kleine Rieselfläche geleitet wurde; es wurde im Mittel von 3 Versuchen gefunden:

Art des Wassers	1. Für ein gleiches Volumen Wasser				2. Für die wirklich auf- und abfliessenden Wassermengen			
	Organische Stoffe	Ammoniak	Organisch-gebundener Stickstoff	Phosphorsäure	Organische Stoffe	Ammoniak	Organisch-gebundener Stickstoff	Phosphorsäure
	mg	mg	mg	mg	mg	mg	mg	mg
1. Am 25. Mai 1882								
Auffliessendes Wasser	1627,4	134,0	30,9	42,5	1061,1	88,7	20,5	28,8
Oberirdisch-abfliessendes Wasser . .	1347,5	112,4	25,3	33,2	765,9	67,4	14,7	13,4
Abnahme mg	279,9	22,6	5,6	19,3	296,2	21,3	5,8	5,4
do. %	17,2	16,8	18,0	45,4	27,4	24,0	28,3	53,5

Man ersieht hieraus, dass ein fauliges Wasser, wenn es in einer bei der gewöhnlichen Wiesen-Berieselung üblichen Menge aufgeleitet wird, bei einmaliger Benutzung nur höchstens die Hälfte seiner Fäulnissstoffe verliert. Von wesentlichem Belang daher ist bei der Spüljauchen-Rieselung, um eine thunlichst volle Reinigung zu erzielen, dass man nicht nur mit weniger Wasser rieselt, als bei der üblichen Wiesenrieselung, sondern auch das Jauchewasser durch den Boden sickern lässt.

Hierbei spielt weiter:

b) die Art des Bodens eine wesentliche Rolle, wie folgende Versuche[1]) zeigen.

Zu denselben wurden kleine Versuchswiesen mit den vier Bodenarten: Moorboden, Kalkboden, Lehmboden, Sandboden benutzt (vergl. weiter unten unter 3b).

Dabei wurde das durchgesickerte Wasser einmal gleich direkt nach jeder Rieselung, dann auch das durch Regen in der Zwischenzeit gebildete Drainagewasser untersucht, um die Oxydation der Jauchestoffe fortgesetzt zu verfolgen.

Die Ergebnisse dieser Untersuchungen sind im Mittel von 4 Versuchsreihen folgende für 1 l:

Bodenart	Zur Oxydation erforderlicher Sauerstoff mg	Kohlensäure mg	Kalk mg	Magnesia mg	Kali mg	Natron mg	Chlor mg	Salpetersäure mg	Schwefelsäure mg	Phosphorsäure mg	Ammoniak-Stickstoff mg	Organischer Stickstoff mg
I. Auffliessendes Wasser	152,2	490,7	122,4	15,5	66,3	99,2	134,4	18,8	63,2	14,0	119,8	31,0
II. Sickerdrainwasser während der Berieselung:												
Moorboden .	14,2	106,5	121,0	18,5	29,2	56,5	111,9	81,0	55,1	0—1,3	Spur	—12,7
Kalkboden .	13,8	225,7	177,7	13,8	33,5	55,7	91,4	86,0	58,6	0—1,3	„	—12,4
Lehmboden	12,7	236,5	196,2	14,8	23,7	59,0	97,6	85,2	52,0	0—1,0	„	— 7,3
Sandboden .	10,5	107,1	116,4	13,9	20,8	54,1	92,8	114,8	49,2	0—0,5	„	— 9,1
III. Regen-Sickerwasser in der Zwischenzeit zwischen den einzelnen Rieselungen:												
Moorboden .	12,4	81,5	173,9	17,9	37,5	81,0	113,5	272,1	57,2	—	—	—
Kalkboden .	13,1	174,1	291,9	22,9	37,0	76,4	94,0	352,4	59,1	—	—	—
Lehmboden	8,4	197,9	275,0	19,0	29,1	66,9	85,8	277,0	60,5	—	—	—
Sandboden .	7,1	89,3	240,5	30,0	28,2	91,5	85,5	412,9	54,6	—	—	—

Diese Versuche zeigen nicht nur die starke Abnahme der Spüljauche an Kali, Phosphorsäure, organischen Stoffen, an organischem und Ammoniak-Stickstoff beim Durchsickern durch den Boden, sondern auch die verhältnissmässig schnelle Oxydation des organischen und Ammoniak-Stickstoffs zu Salpetersäure. Diese Abnahme tritt am schwächsten bei Moorboden, am stärksten bei Sandboden hervor, während sie bei Kalk- und Lehmboden in der Mitte liegen. Darnach besitzt also der Sandboden die stärkste oxydirende und nitrificirende Wirkung.

Dieselbe Ueberlegenheit des Sandbodens in der Nitrifikation des aufgenommenen Ammoniak- und organischen Stickstoffs, sowie in der Oxydation der organischen Stoffe ergiebt sich auch aus der weiteren Untersuchung des durch Regen in der Zwischenzeit gebildeten Sickerdrainwassers.

[1]) Landw. Jahrbücher 1893, **22**, 832.

Aus dem Grunde muss auch die Drainage die reinigende Wirkung des Bodens wesentlich unterstützen.

Auf Rieselfeldern von Sandböden genügt meist eine 1 m starke Bodenschicht für das Durchsickern des Schmutzwassers, um bis 98 % der organischen Stoffe zu entfernen.

c) Einfluss des zu häufigen Rieselns.

Die reinigende und oxydirende Wirkung des Bodens für die Berieselung mit derartigen Wässern ist jedoch keine unbegrenzte. Wenn schon eine Hauptwirkung der Berieselung mit gewöhnlichem, reinem Grund- bezw. Bachwasser bei Wiesen nach hiesigen Versuchen darauf beruht, dass der im Wasser gelöste Sauerstoff die im Boden sich bildenden Reduktionserzeugnisse oxydirt und den Boden vor Versauerung schützt, so ist für ein Wasser, welches keinen oder nur wenig Sauerstoff und nur Fäulnissstoffe bezw. viel organische Stoffe enthält, von selbst einleuchtend, dass man einen Boden nicht fort und fort mit solchem Wasser berieseln kann, dass man ihm vielmehr nach einer Anfeuchtung mit dem fauligen Wasser eine gewisse Zeit gönnen muss, diese zu verarbeiten und zu oxydiren. Geschieht dieses nicht, so erfolgt auf die Dauer keine Reinigung mehr, und die Bestandtheile des Schmutzwassers gehen in das Sicker-Drainwasser über, wie ebenfalls durch hiesige Versuche festgestellt worden ist. Bei diesen Versuchen erfolgten auf den oben angegebenen Bodenarten die Rieselungen mit jauchehaltigem Wasser schnell aufeinander, nämlich in der Zeit von 2 Monaten, vom 7. Juni bis 31. August 7 mal und wurde — unter Uebergehung des III. Versuchs vom 12.—15. Aug., des IV. Versuchs vom 16.—19. Aug., des V. Versuchs vom 21.—22. Aug. und das VI. Versuchs vom 26.—28. Aug. — für 1 l gefunden:

Bestandtheile	Auffliessendes Wasser (im Mittel der 3 Versuche)	Moorboden			Kalkboden			Lehmboden			Sandboden		
		1. Rieselung 4.—8. Juli 1889	2. Rieselung 4.—8. Aug. 1889	7. Rieselung 30.—31. Aug. 1889	1. Rieselung 4.—8. Juli 1889	2. Rieselung 4.—8. Aug. 1889	7. Rieselung 30.—31. Aug. 1889	1. Rieselung 4.—8. Juli 1889	2. Rieselung 4.—8. Aug. 1889	7. Rieselung 30.—31. Aug. 1889	1. Rieselung 4.—8. Juli 1889	2. Rieselung 4.—8. Aug. 1889	7. Rieselung 30.—31. Aug. 1889
	mg	mg	mg	mg	mg	mg	mg	mg	mg	mg	mg	mg	mg
Zur Oxydation erforderlicher Sauerstoff . .	152,5	17,0	17,1	66,4	12,8	11,2	52,0	13,1	11,7	48,0	10,4	10,7	28,0
Kohlensäure . .	212,2	75,1	52,5	222,9	146,5	175,2	472,2	101,1	199,4	399,9	154,8	163,0	206,1
Salpetersäure .	28,2	118,0	201,3	149,6	220,1	178,7	140,6	169,8	193,5	133,1	203,8	1846	284,3
Salpetrige Säure	0	0	0	viel	0	0	viel	0	0	viel	0	0	viel
Stickstoff als Ammoniak . . .	53,3	0	0	viel	0	0	viel	0	0	viel	0	0	viel
Organischer Stickstoff . .	48,5	0	0	0	0	0	0	0	0	0	0	0	0

Hiernach nehmen also, wenn dem Boden nicht die nöthige Ruhe für die Oxydation der Jauchestoffe gelassen wird, die organischen Stoffe in dem

Sickerdrainwasser immer mehr zu und stellen sich in demselben schliesslich wieder Ammoniak und salpetrige Säure in stetig wachsender Menge ein. Während bei Moorboden die Oxydation der organischen Stoffe und die Nitrifikation am geringsten ist, haben diese Versuche wiederum für Sandboden die grösste Oxydation der organischen Stoffe und auch durchweg die stärkste Nitrifikation ergeben; denn die Sickerdrainwässer desselben enthielten durchschnittlich die grösste Menge Salpetersäure und der Nachweis von Ammoniak gelang hierin erst nach der 7. Aufbringung der Jauche, während letzteres bei Moor- und Kalkboden nach der 5., bei Lehmboden nach der 6. Aufbringung der Jauche auftrat.

Aehnliche Versuche über die Menge der zu reinigenden Schmutzwässer hat J. Soyka[1]) angestellt; er findet, dass die selbstreinigende Wirkung des Bodens an gewisse Bedingungen geknüpft ist, welche er in folgenden Sätzen zusammenfasst.

1. Der Boden muss behufs Filtration hinreichend durchlässig sein, aber wiederum nicht so durchlässig, dass die Flüssigkeit den Boden zu rasch durchdringt und zu wenig von derselben innerhalb der Bodenporen zurückbleibt; der Boden muss also neben der Absorptionsfähigkeit auch eine gewisse Wassercapacität besitzen und andererseits genügend Luft, um die Oxydationsvorgänge zu ermöglichen.
2. Wesentlich scheint auch ein Wechsel in der Durchfeuchtung zu sein, weshalb gerade bei der intermittirenden Filtration die besten Resultate erzielt werden. Hierbei ist darauf zu achten, dass die Intermission auch wirklich ihren Zweck erfülle, dass hierdurch genügend Zeit gewährt wird zur Beendigung des Processes, sodass die nun zugeleitete Flüssigkeit mit die Aufgabe übernehmen kann, die gebildeten Zersetzungsprodukte bereits wieder auszulaugen. Sonst kann ja leicht der Fall eintreten, dass die absorbirten und nicht genügend zersetzten Stoffe allmählich cumuliren und zur **Uebersättigung**, zur **Insufficienz** des Bodens führen.
3. Die Koncentration der zu reinigenden Flüssigkeit muss eine entsprechend geringe sein. „Nicht bloss, dass durch eine grössere Koncentration die Zersetzungsvorgänge verzögert und in der Weise erschwert werden, dass die Intervalle, in denen die Filtration vorgenommen wird, grössere sein müssen, soll nicht alsbald eine Sättigung und Uebersättigung des Bodens eintreten; es kann auch durch eine zu grosse Koncentration die Umwandlung vollständig aufgehoben werden.“

3. *Einfluss der Kulturpflanzen.*

Die von den Mikroorganismen zerlegten und oxydirten, oder wie man sagt mineralisirten Verbindungen werden von den höheren landwirthschaft-

[1]) Arch. f. Hyg. 1887, 2, 281.

lichen Nutzpflanzen aufgenommen und unter dem Einfluss von Sonnenlicht und Sonnenwärme zu Pflanzenstoffen umgearbeitet, welche wiederum den Menschen und Thieren zur Nahrung dienen.

Für gewöhnlich wird angenommen, dass die Bestandtheile des natürlichen oder zersetzten Abwassers vom Boden absorbirt und so unschädlich gemacht werden. Das ist aber nur für die Phosphorsäure, im beschränkten Maasse auch für Ammoniak und Kali der Fall; für die anderen mineralisirten Bestandtheile, besonders für die Salpetersäure, besitzt der Boden kein Absorptionsvermögen. Die Bestandtheile eines Rieselwassers nehmen bei der Filtration durch den Boden weniger durch Absorption seitens des letzteren, als vielmehr durch direkte Aufnahme seitens der Pflanzen ab.

Dieses folgt unter anderem aus folgenden hiesigen Versuchsergebnissen:

a) Die Abnahme von Mineralstoffen im Rieselwasser ist im Sommer bei lebhaftem Wachsthum der Pflanzen grösser als im Winter bei geringem Wachsthum der Pflanzen.

α) So wurde z. B. bei einem mageren Sandboden (in der Boker-Haide i. Westf.) im Mittel einer Anzahl einzelner Versuche für die Summe an gelösten Mineralstoffen (nämlich Kalk, Magnesia, Kali, Natron, Schwefelsäure, Salpetersäure und Chlor unter Abzug einer dem letzteren äquivalenten Menge Sauerstoff) für 1 l Wasser gefunden:

Art des Wassers	Herbst November 1875	Frühjahr 1876 28/2—1/3	Frühjahr 1876 3/5—4/5	Sommer 31/7—1/8 1876	Sommer 29/7 1875
	mg	mg	mg	mg	mg
1. Unbenutztes aufrieselndes Wasser	205,2	185,2	251,1	336,3	429,6
2. Abrieselndes 3—4 mal benutztes Wasser	185,3	177,6	227,3	282,0	270,4
Abnahme	19,9	7,6	23,8	54,3	159,2
desgl. in Procenten	9,7 %	4,1 %	9,5 %	16,1 %	37,0 %

Oder auf wirkliche auf- und abrieselnde Wassermengen umgerechnet für 1 ha und Sek.:

	g	g	g	g	g
1. Aufrieselndes Wasser	—	32,225	40,678	58,516	52,841
2. Abrieselndes Wasser	—	31,790	36,140	43,428	29,744
Abnahme	—	0,435	4,538	15,088	23,097
Oder in Procenten	—	1,3 %	11,2 %	25,8 %	43,7 %

β) Auf der Talle mit ähnlich magerem Sandboden ergaben sich für 1 ha und Sek. bei wiederholter Benutzung:

Art des Wassers	Herbst 2.—3. Novbr. 1877 g	Winter 25.—26. Febr. 1878 g	Sommer 7.—8. August 1878 g
1. Aufrieselndes Wasser	34,580	46,848	23,104
2. Abrieselndes Wasser	29,155	46,984	20,256
Abnahme	5,425	+ 0,136	2,848
Oder in Procenten . . .	15,6 %	+ 0,3 %	13,7 %

γ) Auf einer Versuchswiese in Borghorst mit lehmigsandigem Mittelboden wurde für 1 l auf- und abrieselndes Wasser im Durchschnitt mehrerer Versuchsflächen für die Bestandtheile des Wassers unter anderem gefunden:

Zeit	Temperatur der Luft	Temperatur des Wassers	Temperatur des Bodens	Kalk Abnahme für 1 l		Magnesia Abnahme für 1 l		Kali Abnahme für 1 l		Salpetersäure Abnahme für 1 l		Chlor Abnahme für 1 l	
	° C.	° C.	° C.	mg	%	mg	%	mg	%	mg	%	mg	%
Februar 1880 . . .	2,7	4,1	2,7	3,4	2,2	0,9	9,3	1,9	15,2	1,1	10,3	+0,1	—
März 1881	9,3	5,0	4,4	7,4	5,5	0,9	10,2	1,3	14,4	3,5	34,3	—	—
August 1881 . . .	14,4	15,4	15,0	14,9	12,4	3,4	30,3	14,1	47,0	2,6	24,7	4,9	11,2

Diese und viele andere Untersuchungen ergaben, dass die Pflanzennährstoffe im Rieselwasser in der wärmeren Jahreszeit stärker abnehmen als in der kälteren Jahreszeit; da sich die Absorptionsfähigkeit des Bodens zu beiden Zeiten wesentlich gleich verhält, so kann das verschiedene Verhalten in der Abnahme der Pflanzennährstoffe nur auf die Verschiedenheit des Wachsthums der Pflanzen zurückgeführt werden, welches in der wärmeren Jahreszeit mehr oder weniger lebhaft ist und viel mineralische Nährstoffe nothwendig hat, in der kälteren Jahreszeit aber ruht und solcher Nährstoffe nicht bedarf.

b) Die Abnahme an Nährstoffen im Wasser ist auf den besseren Bodenarten, die durchweg ein höheres Absorptionsvermögen für dieselben besitzen als die mageren Sandböden, trotzdem eine geringere als auf den letzteren.

Im Garten der hiesigen Versuchsstation sind vier gleich grosse und gleich tiefe Versuchskästen von je 3 qm und 1,30 m Tiefe eingerichtet; dieselben sind bis zu 90 cm von unten mit Sand, von da bis oben mit Mutterboden verschiedener Bodenarten, nämlich Sand-, Lehm-, Kalk- und Moorboden gefüllt und mit Gras bewachsen; sie wurden von Zeit zu Zeit mit Leitungswasser der Stadt Münster berieselt, welches als Grund-

Quellwasser gehoben wird und verhältnissmässig reich an Kalk ist. Das Wasser wurde vor der Aufrieselung an einem 2 m hohen Drahtnetz gelüftet, wodurch es mehr oder weniger die Temperatur der Luft annahm und an Sauerstoff bereichert wurde.

Im Mittel von 6 Versuchsreihen wurde für 1 l gefunden:

Bodenart	Organ. Stoffe mg	Sauerstoff ccm	Kohlensäure mg	Kalk mg	Magnesia mg	Kali mg	Natron mg	Chlor mg	Salpetersäure mg	Schwefelsäure mg
Auffliessendes Wasser . .	25,4	5,9	148,0	124,3	14,8	9,5	22,4	35,8	47,3	49,8
Oberirdisch abfliessendes Wasser:										
Moorboden . .	383,4	4,0	104,6	86,9	17,5	9,1	22,4	35,8	40,1	46,7
Kalkboden . .	46,6	4,5	166,8	132,5	12,4	9,3	20,7	36,1	39,0	48,0
Lehmboden . .	58,6	4,4	160,3	132,1	10,8	7,0	21,0	34,9	39,5	48,4
Sandboden . .	60,0	4,3	144,2	116,1	13,5	8,0	21,7	35,2	31,3	48,5
Sicker-Drainwasser:										
Moorboden . .	170,0	2,7	131,7	92,4	14,1	10,6	24,7	34,9	39,3	47,6
Kalkboden . .	47,2	5,9	175,8	132,7	13,6	9,9	18,9	25,1	35,8	46,9
Lehmboden . .	62,2	4,0	163,5	130,3	14,2	7,5	19,7	35,4	39,1	47,1
Sandboden . .	97,2	3,3	133,5	81,2	9,1	5,1	19,3	31,6	31,1	44,9

Hiernach haben alle Nährstoffe auf dem Sandboden ebenso sehr oder mehr abgenommen als auf dem Lehm- und Kalkboden, obschon ersterer ein geringeres Absorptionsvermögen besitzt als letztere.

Nur das Kali unterliegt einer schwachen Absorption. Denn es nimmt beim Durchsickern des Rieselwassers durch den Boden im allgemeinen ab, während der Kalk — durch vermehrte Kohlensäurebildung — gelöst wird und zunimmt.

Entsprechend der grossen Kalkarmuth des Moorbodens ist auch die Aufnahme von Kalk aus dem Wasser sehr bedeutend und auch bei dem kalkarmen Sandboden erheblich grösser, als bei dem kalkhaltigen Lehmboden bezw. kalkreichen Kalkboden, bei welchen das abrieselnde Wasser sogar an Kalk zugenommen hat.

Daraus, dass nur die Salpetersäure im Drainwasser noch etwas abgenommen hat, folgt, dass auch die tiefer gehenden Wurzeln der Pflanzen noch Nährstoffe aus dem Wasser aufnehmen.

Gleichzeitig zeigen die Versuche, dass beim Durchsickern des Rieselwassers durch den Boden der Sauerstoff desselben abnimmt, die organischen Stoffe und die Kohlensäure dagegen und mit ihnen der Kalk im allgemeinen zunehmen.

Dabei erfahren die Basen im Drainwasser eine grössere Abnahme, als die Säuren, d. h. auf 1 Theil Basen kommen im Drainwasser mehr

Säuren, als im oberirdisch abfliessenden und auffliessenden Wasser. Addirt man nämlich Kalk, Magnesia, Kali und Natron einerseits, Kohlensäure, Chlor, Salpetersäure und Schwefelsäure andererseits, so kommen Säuren auf 100 Theile Basen:

Auffliessendes Wasser		Moorboden	Kalkboden	Lehmboden	Sandboden
164	Oberirdisch abfliessendes Wasser . .	167	166	165	169
	Drainwasser	179	168	165	210

Daraus folgt deutlich die entsäuernde, oxydirende Wirkung des Wassers; zugleich aber zeigen uns die Zahlen, dass diese Wirkung beim Sandboden am stärksten, dagegen beim Lehmboden gleich Null ist, und ist hierdurch ein neuer Beweis dafür geliefert, dass Sandboden sich am besten für die Berieselung eignet, dass Lehmboden sich zu leicht festrieselt und undurchlässig wird.

c) Die nicht absorptionsfähigen Bestandtheile eines Rieselwassers nehmen in nicht geringerem Grade ab, als die absorptionsfähigen Nährstoffe.

Dieses zeigen schon die vorstehenden Zahlen über Abnahme von Kali und Salpetersäure. Dasselbe Ergebniss lieferte eine Reihe von Versuchen, bei denen dem Wasser einerseits Chlorkalium, Ammoniaksalz und Superphosphat, andererseits Kalisalpeter zugesetzt war. Bei zweimaliger Benutzung wurde für 1 l gefunden:

Wasser	Düngung mit Chlorkalium, Ammoniaksalz und Superphosphat				Düngung mit Kalisalpeter	
	Kali mg	Chlor mg	Ammoniak mg	Phosphorsäure mg	Kali mg	Salpetersäure mg
Auffliessendes 21,6 l . .	410,4	527,0	170,6	339,1	1550,9	1527,1
Abfliessendes 19,0 l . .	239,4	522,0	45,6	131,1	201,4	456,0
Abnahme in mg . . .	171,0	5,0	125,0	208,0	1349,5	1071,1
„ „ % . . .	41,6	1,0	73,2	61,3	87,0	70,1

Die nicht absorptionsfähige Salpetersäure hat ebenso abgenommen, als die absorptionsfähigen Düngerbestandtheile (Kali, Ammoniak und Phosphorsäure); vom Chlor dagegen, welches sich bezüglich der Absorption durch den Boden der Salpetersäure gleich verhält, ist kaum etwas zurückgehalten, da es für die Pflanzen ein weniger nothwendiger Nährstoff ist als die Salpetersäure.

Man muss demnach aus vorstehenden 3 Thatsachen schliessen, dass die gelösten Mineralstoffe eines Rieselwassers nicht oder nur in untergeordneter Menge durch die Absorptionskraft des Bodens festgehalten, sondern direkt von den Pflanzen aufgenommen werden. Diese Aufnahme durch die Pflanzen ist um so grösser, je grösser das Bedürfniss der Pflanzen an den vorhandenen assimilationsfähigen Nährstoffen ist.

Nur für Kali, Ammoniak und Phosphorsäure kann man nach sonstigen hiesigen Versuchen eine schwache Absorption durch den Boden annehmen, da sie in einem Rieselwasser in sehr geringer Menge auch abzunehmen pflegen, wenn, wie im Winter, kein Pflanzenwachsthum vorhanden ist, und weil sie im Drainwasser in geringerer Menge auftreten wie im oberirdisch abfliessenden Wasser; jedoch ist diese Absorption durch den Boden im Verhältniss zu den direkt von den Pflanzen aufgenommenen Mengen nur gering und kann selbstverständlich bei einem reinen Sandboden, der durchweg zur Berieselung benutzt wird, wegen seines geringen Gehaltes an absorbirenden Stoffen, wie Humus, Zeolithen und Sesquioxyden kaum in Betracht kommen.

4. Einfluss der verschiedenen Kulturpflanzen und des Nährstoffbedürfnisses derselben.

Nach vorstehenden Ausführungen sind es also vorwiegend die landwirthschaftlichen Nutzpflanzen, welche direkt die natürlichen und mineralisirten Nährstoffe der fauligen und fäulnissfähigen Schmutzwässer aufnehmen und dadurch nicht nur wesentlich zur Reinigung und Verwerthung derselben beitragen, sondern auch den Boden fortgesetzt für die Rieselung und Reinigungszwecke geeignet erhalten.

Die einzelnen Kulturpflanzen haben aber ein verschiedenes Nährstoffbedürfniss, d. h. verlangen verschiedene Mengen Nährstoffe für ihr normales Wachsthum, und das Verhältniss der nothwendigen Nährstoffe in den Pflanzen ist verschieden von dem Verhältniss derselben z. B. in dem städtischen Abwasser, welches vorwiegend behufs Reinigung zur Berieselung benutzt wird.

So werden nach E. Heiden[1]) durch die höchsten Ernten der auf den Rieselfeldern angebauten Kulturpflanzen für 1 ha in runder Summe entzogen:

	Stickstoff kg	Phosphorsäure kg	Kali kg	Kalk kg	Magnesia kg	Schwefelsäure kg	Chlor kg	Der Stickstoff ist enthalten in Spüljauche cbm
Italien. Raygras[2]) . . .	326,0	124,0	344,0	86,0	26,0	46,0	90,1	3260
Runkelrüben	244,0	117,4	485,6	96,0	90,8	51,0	202,0	2440
Möhren	140,0	69,7	200,8	89,2	29,3	32,0	140,0	1400
Sommerraps	37,6	26,9	46,6	47,2	12,6	7,9	9,0	376
Winterraps	86,0	61,8	91,6	91,0	26,8	14,6	19,0	860
Oder im Mittel	166,7	79,9	233,9	81,9	37,1	30,3	92,0	1667
Mittleres Verhältniss zu einander, wenn Stickstoff = 100	100 :	48 :	140 :	49 :	22 :	18 :	55	
In dem städtischen Kanalwasser aber ist das Verhältniss	100 :	26 :	45 :	120 :	25 :	30 :	125	

[1]) E. Heiden: Die menschlichen Exkremente etc. Hannover 1882, 39.

[2]) Auf den Berliner Rieselfeldern wurden in den Jahren 1877—1883 auf einzelnen Rieselflächen im Durchschnitt 201 Ctr. Heu von ital. Raygras für 1 Jahr und Hektar geerntet.

Wir sehen hieraus, dass sich die landwirthschaftlichen Nutzpflanzen bezüglich der Auf- und Wegnahme von Nährstoffen aus dem Rieselboden sehr verschieden verhalten. Das grösste Nährstoffbedürfniss haben die Grasarten und Wurzelgewächse und nutzen diese ein Abwasser am meisten aus. Man wird sich aber auf den Anbau dieser Pflanzen nicht allein beschränken können, weil sich dafür nicht überall genügend Absatz finden würde. Der Anbau muss sich vielmehr nach den örtlichen Boden- und Absatzverhältnissen richten und sind die angebauten Nutzpflanzen auf den verschiedenen Rieselfeldern, wie wir noch später sehen werden, sehr mannigfaltig.

Jedenfalls verlangen die landwirthschaftlichen Kulturpflanzen im Durchschnitt die Nährstoffe in einem anderen Verhältniss, als sie im städtischen Abwasser vorhanden sind.

Nach verschiedenen Untersuchungen werden für den Kopf der Bevölkerung im Durchschnitt 5,2 kg Stickstoff im Koth abgegeben; oder wenn man für den Tag und Kopf der Bevölkerung 120 Liter Abwasser, also für das Jahr rund 45 cbm rechnet und im Mittel 100 mg Stickstoff für 1 l Spüljauche annimmt, woraus sich für das Jahr 4,50 kg Stickstoff berechnen, so reichen die Abgänge und Spülwässer schon von rund 60—80 Kopf der Bevölkerung hin, um die höchste dem Boden durch die Ernte entzogene Menge Stickstoff für 1 ha zu liefern und zu ersetzen; dadurch wird aber die höchste erforderliche Menge Phosphorsäure nur zu gut $^1/_2$, die an Kali zu kaum $^1/_3$ gedeckt; oder wenn zur Deckung der nöthigen Menge Stickstoff die Abgänge von 60 Kopf der Bevölkerung erforderlich sind, hat man zur Deckung der erforderlichen Phosphorsäure im Durchschnitt die von etwa 110 und für Kali die von 180—200 Kopf der Bevölkerung nothwendig.

Dieser Umstand verdient aber um so mehr Beachtung, als die erhöhte Menge Salpetersäure, welche sich bei Aufbringung übergrosser Mengen Spüljauche auf die Rieselfelder bildet, nach obigen Versuchen, S. 274, noch eine erhöhte Menge von Basen, wie Kali, Kalk, in der Zwischenzeit zwischen den einzelnen Rieselungen aus dem Boden ausführt, also die zugeführte Menge Kali nicht einmal zur vollen Wirkung gelangen lässt.

Jedenfalls ist die städtische Spüljauche mit Abortinhalt als eine volle Nährstofflösung für die Pflanzen nicht anzusehen. Würde man dem Boden nur soviel Spüljauche zuleiten, um den Stickstoffbedarf zu decken, so müsste man gleichzeitig noch in Form von künstlichen Düngemittel Phosphorsäure und Kali zuführen. Rechnet man aber für 1 ha soviel Spüljauche, dass auch der Bedarf an Kali und Phosphorsäure gedeckt wird, so führt man einen Ueberschuss von Stickstoff zu, der nicht mehr vom Boden bezw. von den Pflanzen verarbeitet werden kann, sondern, sei es als organisch-gebundener Stickstoff, sei es als Ammoniak, sei es als salpetrige Säure und als Salpetersäure im Boden verbleibt oder aber ins Grundwasser übergeht.

Dazu kommt, dass durch eine übermässige Gabe von Spüljauche die Beschaffenheit der geernteten Pflanzen verschlechtert wird; Rüben von Rieselfeldern enthalten weniger Zucker, als die von gewöhnlichen Aeckern, ferner enthält junges Gras von Rieselfeldern mitunter auch soviel Salpeter, dass die Trockensubstanz beim Verkohlen, wie Alex. Müller erwähnt, stellenweise verzischt, wie Feuerschwamm.

O. Kellner[1]) untersuchte Futterrüben, einerseits von normalem Ackerboden (schwerer Thonboden in Hohenheim), andererseits vom Berliner Rieselfelde (Osdorf), mit folgendem Ergebniss für die Trockensubstanz:

	Gesammt-Stickstoff	Stickstoff in Form von Nichteiweiss	Salpetersäure (N_2O_5)
1. Rüben von normalem Ackerboden	2,42 %	1,25 %	0,42 %
2. Desgl. von Berliner Rieselfeldern	3,13 %	1,39 %	3,15 %

Hiernach enthält die Futterrübe vom Spüljauchen-Rieselfelde nahezu 8mal mehr Salpetersäure, als die vom gewöhnlichen Ackerboden.

Dass Gemüse aller Art von zu stark (besonders von zu stark mit Salpeter) gedüngtem Boden sich schlecht aufbewahren lassen und einen schlechten Geschmack annehmen, ist eine den Gärtnern allgemein bekannte Thatsache. Auch bei Zuckerrüben, die zu stark mit Salpeter gedüngt sind, hat man eine geringere Haltbarkeit beobachtet. Zu üppig gewachsenes Wiesenfutter nach starker Düngung soll unter Umständen sogar nachtheilige Wirkungen beim Vieh äussern.

Um daher einerseits eine thunlichst vollständige Ausnutzung der Pflanzennährstoffe der zur Berieselung verwendeten Abwässer, andererseits um normale Pflanzen zu erzielen, soll man theoretisch nur so viel Stickstoff dem Rieselboden im Rieselwasser zuführen, als die Pflanzen im günstigsten Falle aufzunehmen vermögen. Das ist für 1 ha eine Menge, die in den Abgängen von 60—80 Personen enthalten ist. Weil aber ein grosser Theil des Stickstoffs in den städtischen Abwässern entweder bei der Fäulniss verflüchtigt oder bei der Nitrifikation im Boden als freier Stickstoff entbunden wird, so kann man zur thunlichst vollen Ausnutzung des Stickstoffs durch Kulturpflanzen auf 1 ha Rieselfläche die Abgänge von 100 Kopf der Bevölkerung zulassen.

Wenn es sich aber bloss um Unschädlichmachung oder genügende Oxydation der organischen Stoffe in einem Abwasser handelt, und wenn man einen guten, für Luft durchlässigen Boden hat, wenn ferner das abfliessende Drainwasser eine gewisse, nicht unerhebliche Verdünnung erfährt, so wird man dem Boden auch die halbe oder doppelte Menge Stickstoff mehr zuführen dürfen, als die Pflanzen aufzunehmen vermögen. Es kommt dann nur darauf an, die Rieselung so zu leiten, dass der Stickstoff sämmtlich in Salpetersäure übergeführt wird, weil derselbe in dieser Form in den fliessenden Gewässern bei einiger Verdünnung kaum schädlich zu sein pflegt und mit der vollen Oxydation des Stickstoffs auch die anderen stickstofffreien orga-

[1]) Deutsche landw. Presse 1880, 493.

nischen Stoffe, wenigstens in städtischen Abwässern genügend oxydirt zu werden pflegen.

In solchen Fällen also — für eine genügende Reinigung der städtischen Abwässer — wird man auf 1 ha Rieselfläche die Abgänge bis zu 200 Kopf der Bevölkerung zulassen dürfen.

Um normale, gut schmeckende, gut bekömmliche und gut haltbare Pflanzenerzeugnisse auf den Rieselfeldern zu erzielen, ist die Beidüngung von Phosphorsäure (in Form von Thomasphosphatmehl) und von Kali (in Form von Kainit) durchaus zweckmässig. Denn alle Abwässer, die für die Reinigung durch Berieselung in Betracht kommen, sind einseitig reich an Stickstoff, d. h. enthalten denselben gegenüber der Phosphorsäure und dem Kali in einem höheren Verhältniss, als die Pflanzen ihn für ein normales Wachsthum zu verwerthen vermögen.

Der umgekehrte Fall, dass die Abwässer mehr Phosphorsäure und Kali im Verhältniss zum Stickstoff enthalten, als die wachsenden Pflanzen verwerthen können, kommt kaum vor; bei thierischen Abgängen ist dieses nach deren Zusammensetzung an sich ausgeschlossen, und bei pflanzlichen Abfallwässern, wie aus Zucker-, Stärkefabriken, Brauereien etc., sind diese 3 Nährstoffe entweder in dem Verhältniss vorhanden, in welchem sie von Pflanzen aufgenommen werden, oder es geht mehr Stickstoff von den verwendeten Rohstoffen in Lösung, als Phosphorsäure und Kali; ausserdem werden letztere beiden Nährstoffe zum Theil vom Boden absorbirt, während dieses für das Endprodukt des Stickstoffs, die Salpetersäure, nicht der Fall ist. Anderenfalls hat man, bei einem Vorwalten von Phosphorsäure und Kali, Stickstoff, und wenn nur Kali vorwaltet, Stickstoff und Phosphorsäure beizudüngen, um gute Erfolge durch die Berieselung zu erzielen.

5. Einfluss der Jahreszeit.

Aus den unter No. 4, S. 277 angeführten Versuchen folgt, dass, wie nicht anders erwartet werden kann, in der wärmeren Jahreszeit infolge des lebhafteren organischen Lebens eine bessere Reinigung durch die Bodenberieselung statthaben muss, wie in der kälteren Jahreszeit. Ja in letzterer Zeit ist mitunter wegen Frostes eine Berieselung nicht möglich und muss man sich alsdann auf eine Aufstauung und einfache Filtration beschränken, ein Umstand, welcher der Berieselung vielfach zum Vorwurf gemacht wird. Es ist das allerdings ein Nachtheil dieses Reinigungsverfahrens, der aber meistens desshalb keine übelen Folgen hat, weil in der kälteren Jahreszeit die Flussläufe reichliche Mengen Wasser zu führen pflegen, daher auch mehr oder weniger unreines Abwasser aufnehmen können und andererseits alsdann Fäulnissvorgänge nur langsam verlaufen, oder nicht äusserlich hervortreten.

Die Jahreszeiten äussern sich aber auch noch in der Weise, dass im Winter infolge vieler Niederschläge meistens ein Ueberschuss von Wasser auf den Rieselfeldern vorhanden ist, während sich im Sommer. bezw. in warmen, trockenen Zeiten, wo die Kulturpflanzen infolge starken Wachsthums und starker Wasserverdunstung das grösste Bedürfniss nach Wasser haben, meistens ein Mangel herausstellt.

Aus dem Grunde empfiehlt es sich, die Rieselanlage bezw. die einzelnen Anlagen terrassenförmig bezw. so mit Gefälle anzulegen, dass das Wasser wiederholt zur Benutzung gelangen, d. h. dass das von höher gelegenen Rieselfeldern ober- oder unterirdisch abfliessende Wasser auf niedriger gelegene Flächen geleitet und dort nochmals zur Anfeuchtung verwendet werden kann. Das hat auch den Vortheil, dass durch die wiederholte Benutzung des Rieselwassers eine ausgiebigere Reinigung stattfindet.

Um die wiederholte Benutzung des Wassers im Sommer zu ermöglichen, ist ferner nothwendig, dass die anzubauenden Nutzpflanzen auf den verschiedenen Abtheilungen so vertheilt werden, dass sich überall bepflanzte Flächen befinden, welche sich wechselweise den ganzen Sommer hindurch berieseln lassen.

Zusammenfassung der Grundregeln der Berieselung.

Aus vorstehenden Untersuchungen und Erfahrungen ergeben sich folgende Schlussfolgerungen und Regeln für die Berieselung:

1. Die besten Rieselungserfolge werden mit einem gut durchlässigen, gut filtrationsfähigen Boden erzielt; aus dem Grunde ist lockerer, gut durchlässiger Sandboden allen anderen Bodenarten für Berieselungszwecke vorzuziehen. Die Durchlässigkeit des Bodens ist durch Drainage oder sonstige künstliche Hülfsmittel thunlichst zu unterstützen.

2. Die reinigenden Wirkungen der Berieselung bestehen:
   a) in einer mechanischen Zurückhaltung der Schwebestoffe,
   b) in einer Oxydation der organischen Stoffe zu Kohlensäure und Wasser bezw. des organischen und Ammoniak-Stickstoffs zu Salpetersäure und zum geringen Theil zu salpetriger Säure, ferner des Schwefels zu Schwefelsäure unter Vermittelung von Mikroorganismen,
   c) in einer Aufnahme der oxydirten bezw. mineralisirten Stoffe durch die wachsenden Pflanzen.

3. Aus dem Grunde ist die reinigende Wirkung unter sonst gleichen Verhältnissen im Sommer grösser als im Winter, weil bei der höheren Wärme im Sommer einerseits die Oxydation stärker als im Winter verläuft, andererseits durch das Wachsthum der Pflanzen im Sommer die oxydirten Stoffe in grösserer Menge aufgenommen werden.

4. Die Absorption der Bestandtheile der Spüljauche durch den Boden spielt bei der Berieselung nur eine untergeordnete Rolle; sie kann höchstens, abgesehen von dem mechanischen Zurückhalten der Schwebestoffe, nur für Phosphorsäure und zum geringen Theil auch für Kali in Betracht kommen. Die Bestandtheile der Spüljauche, im natürlichen oder oxydirten Zustande, werden vielmehr direkt von den Pflanzen aufgenommen.

5. Die reinigende Kraft des Bodens, sei es durch seine Oxydations- oder Absorptionskraft, ist ebenso wie die Beseitigung (Aufnahme) der oxydirten Stoffe durch die wachsenden Pflanzen, eine begrenzte. Der Boden kann auf die Dauer nur so viel verarbeiten und unschädlich machen, als die in ihm wurzelnden Pflanzen aufzunehmen vermögen; wird dem Rieselboden mehr zugeführt, wird derselbe gleichsam übersättigt, so nimmt seine reinigende Kraft immer mehr ab und hört schliesslich ganz auf.

6. Dasselbe ist der Fall, wenn der Boden zu anhaltend oder zu rasch aufeinanderfolgend mit fauligen und fäulnissfähigen Abwässern berieselt wird, wenn ihm in Zwischenzeiten nicht Ruhe gelassen wird, die auf- oder eingedrungenen Stoffe zu verarbeiten. Es gehen dann organische bezw. Fäulnissstoffe mit ins Drain- bezw. Grundwasser über. Die wechselnde, unterbrochene Rieselung ist ebenso wie die einfache unterbrochene Filtration am wirksamsten (vergl. folgendes Kapitel).

7. Als Massstab für die aufzubringende Menge Spüljauche soll der Stickstoffgehalt derselben dienen. Man soll nur so viel, (oder doch nicht wesentlich mehr) Spüljauche aufbringen, dass die darin enthaltene Menge Stickstoff nicht wesentlich mehr beträgt, als die Pflanzen aufzunehmen vermögen; das sind im Höchstbetrage 350 kg Stickstoff für 1 ha und Jahr, die z. B. in den Abgängen von 80—100 Kopf der Bevölkerung enthalten sind.

Um daher für städtische Abwässer eine thunlichst volle Ausnutzung des Stickstoffs zu erzielen, soll man auf rund 100 Kopf der Bevölkerung 1 ha Rieselfläche rechnen; um eine genügende Reinigung zu erzielen, kann man, wenn das Abrieselwasser in Flussläufen eine entsprechende Verdünnung erfährt, auf 1 ha auch die Abgänge von 200 Personen zulassen.

8. Die für die Berieselung in Betracht kommenden Abwässer, besonders die städtische Spüljauche, bilden keine volle Nährlösung für die Pflanzen; sie enthalten durchweg zu viel Stickstoff gegenüber dem erforderlichen Kali und der Phosphorsäure.

Führt man daher den Rieselfeldern soviel Stickstoff zu, als die Pflanzen aufnehmen können, so mangelt es an Kali und Phosphorsäure, die beide in Form von Kunstdünger noch besonders beigedüngt werden sollen; giebt man aber so viel oder mehr Kali und Phosphorsäure, als die Pflanzen gebrauchen, so führt man zu viel Stickstoff zu, der als Ammoniak oder Salpetersäure ins Drain- oder Grundwasser übergeht und gleichzeitig in letzterer Form Basen (wie Kalk, Kali, Magnesia) aus dem Boden mit wegführt.

8. Aus dem Ueberschuss an Stickstoff gegenüber den anderen Pflanzennährstoffen und aus der Ueberladung der Rieselfelder mit Spüljauche erklärt sich das vielfach beobachtete abnorme Wachstum, der schlechte, eigenthümliche Geschmack sowie die geringe Haltbarkeit der auf den Rieselfeldern gewachsenen Pflanzen und Pflanzentheile.

Auf alle Fälle wird ein zeitweises Mergeln oder Kälken der Rieselfelder von günstigem Einfluss sein, weil es einerseits die Oxydationsfähigkeit des Bodens hebt, andererseits das Missverhältniss zwischen Stickstoff bezw. Salpetersäure und den anderen Pflanzennährstoffen ausgleicht.

9. Von den auf Rieselfeldern anzubauenden Kulturpflanzen nutzen Graspflanzen und Wurzelgewächse die zugeführten Nährstoffe am meisten aus, jedoch richtet sich der Anbau derselben nach den örtlichen Absatz- und Bodenverhältnissen.

10. Unter Berücksichtigung der vorstehenden Bedingungen bildet die Berieselung zur Zeit das beste Verfahren zur Unschädlichmachung und theilweisen Verwerthung von fauligen und fäulnissfähigen Abwässern.

Ueber die gesundheitlichen Verhältnisse auf städtischen Rieselfeldern und die Betriebsergebnisse derselben vergleiche das Kapitel „städtisches Abwasser" im II. Theil dieses Werkes.

II. Vorprüfungen bei der Anlage von Rieselfeldern.

Ehe man zur Anlage von Rieselfeldern schreitet, sind eine Reihe Vorfragen zu erledigen, welche für dieselbe entscheidend sind, nämlich:

1. Die Beschaffenheit des Bodens.

Wenn nach vorstehenden Untersuchungen die fauligen und fäulnissfähigen Schmutzwässer durch die Bodenberieselung um so eher und mehr gereinigt werden, je durchlässiger der Boden für Wasser und Luft ist, so hat diese Durchlässigkeit eine gewisse Grenze, und wird grober Kiessand, der zu schnell filtrirt und zu durchlässig ist, ebenso unbrauchbar für die Berieselung sein, als ein feiner Staubsand, der sich bald ganz verstopft und weder Wasser noch Luft durchtreten lässt.

Sand von mittlerer Korngrösse und etwas Kiesgehalt eignet sich am besten, und kann ein gewisser Lehm- und besonders Kalkgehalt darin sehr vortheilhaft sein.

Lehm- und Thonböden eignen sich im allgemeinen weniger zur Berieselung, einerseits, weil sie sich leicht dichtrieseln und kein Wasser durchlassen, und andererseits bei anhaltender Trockenheit leicht Risse bekommen, welche das Schmutzwasser ungereinigt durchtreten lassen. Wenn in England vielfach Lehmböden mit Vortheil zur Berieselung verwendet worden sind, so kann die Oxydation und Nitrifikation nur an der Oberfläche vor sich gegangen sein und empfiehlt sich in solchen Fällen nicht nur eine flache und nahe zusammengelegte Drainage, sondern auch eine wiederholte 2—3malige Wiederbenutzung des Wassers. Andere mechanische Hülfsmittel ausser Drainage, wie z. B. Brennen des Thons und Unterpflügens der Stücke oder Beimengung von Kies, sind zu theuer.

Reine Kalk- und Moorböden sind nach obigen Untersuchungen S. 274 für die Berieselung ebenfalls nicht geeignet.

Ferner darf der auszuwählende Boden keinen hohen Grundwasserstand haben; denn abgesehen von zu hohen Drainagekosten eines solchen Bodens, würde der Druck des Grundwassers der Filtration des Schmutzwassers von oben nach unten entgegenwirken und damit die Durchlüftung und oxydirende Wirkung des Bodens beeinträchtigen.

2. *Vorfluth und Entwässerungsverhältnisse des Rieselfeldes.*

Von besonderer Bedeutung für die Vorprüfungen sind auch die Vorfluth- und Entwässerungsverhältnisse, weil von letzteren das Gelingen und die Kosten der Anlage wesentlich abhängen.

Das Gefälle des Rieselfeldes soll so sein, dass es sich selbst beim höchsten Wasserstande des Flusslaufes, der als Vorfluth für die Aufnahme des Drainagewassers dient, auf mindestens 1,20—1,50 m Tiefe drainiren lässt. Führt dieser Flusslauf dazu noch, selbst bei kleinem Wasserstande, bedeutend (5—10mal) mehr Wasser, als die gesammte vom Rieselfelde abrieselnde Wassermenge beträgt, und hat er selbst ein gutes Gefälle (vergl. S. 231), so ist dieses um so besser, weil dann bei etwaiger, zeitweise mangelhafter Reinigung um so weniger Verunreinigungen von nachtheiligem Einfluss durch das Rieselwasser zu befüchten sind.

Wenn daher die Behauptung aufgestellt ist, dass der Flusslauf unterhalb der Einlassstelle des behandelten Abwassers den leitenden Gesichtspunkt über den Erfolg oder Misserfolg einer Berieselung bildet, so ist dieses gewiss richtig, und man wird gut thun, bei der Anlage von Rieselfeldern hierauf von vornherein gehörig Rücksicht zu nehmen.

In dem ungenügenden Gefälle und der mangelhaften Vorfluth liegt häufig der Misserfolg der Berieselung, wie z. B. auf den nördlichen Berliner Rieselfeldern, wo das Abwasser zum Theil in kleine grabenartige Bäche mit trägem Lauf abfliesst, oder gar nach dem Ursprungsort zurückkommt oder in die Havelseeen mündet.

Auch ist oben S. 284 bereits auseinandergesetzt, dass man das Rieselfeld thunlichst terrassenförmig mit solchem Gefälle anlegen soll, dass man in wasserarmen Zeiten das Drainagewasser von höher gelegenen Stellen wieder zur Anfeuchtung auf niedrigeren Stellen benutzen kann.

3. *Oberflächengestaltung des Rieselfeldes.*

Am besten eignet sich für die Rieselung ein gleichmässiges, nicht zu stark geneigtes Gelände, welches hier und da auch ganz ebene Flächen besitzt. Am höchsten Punkt desselben befindet sich der Hauptauslass des Schmutzwassers, welches von hier aus mit eigenem Gefälle in offenen Vertheilunggräben über die ganze zu berieselnde Fläche geleitet werden kann. Bei einem solchen Gelände sind nicht nur die ersten Bodenbearbeitungen und Verschiebungen bei der Aptirung des Bodens verhältnissmässig gering, sondern ist auch eine ausgiebige Drainage erleichtert, sowie die Vertheilung des zu rieselnden Wassers einfach und verhältnissmässig billig.

Ist das Gelände stark hügelig (coupirt), so wird man nicht mit einem einzigen Auslass auskommen können, sondern muss eine Reihe derselben künstlich anlegen. Bei einem solchen Gelände sind selbstverständlich die Kosten für Aptirung, Entwässerung etc. sehr hoch; in vielen Fällen muss auch steriler Untergrund an die Oberfläche gebracht werden, der erst später voll ertragsfähig wird; ferner ist auch der Betrieb, weil das Rieselwasser durch Druckrohrleitungen über das Rieselfeld vertheilt werden muss, verhältnissmässig theuer.

Bei einem vollständig ebenen Gelände ist die Durchführung einer eigentlichen Rieselung ebenfalls mit grossen Kosten und Schwierigkeiten verbunden; man wird sich dort am zweckmässigsten auf Stau- und Beetfiltration (vergl. weiter unten) einrichten müssen.

Als Beispiel der ersteren Art Berieselung auf gleichförmig und nicht zu stark geneigtem Gelände können die Rieselfelder in Freiburg i. Br., als solche auf stark hügeligem (coupirtem) Gelände diejenigen von Berlin gelten, während die Rieselfelder von Breslau und Paris auf fast ebenen Flächen liegen (vergl. weiter unten).

4. *Besitz- und Wohnungsverhältnisse auf und bei den Rieselfeldern.*

Da im allgemeinen, wenigstens für grosse Rieselanlagen städtischer Abwässer, der Grunderwerb nur auf dem Wege der Expropriation möglich ist, so wird man Flächen, die in viele einzelne Parzellen mit selbständigen Besitzern zerfallen, thunlichst zu vermeiden suchen; denn der Erwerb von Grossgrundbesitz bereitet durchweg weniger Schwierigkeiten, als der von Kleingrundbesitz. Auch empfiehlt sich, um die Anlagekosten thunlichst niedrig zu halten, durchweg eher Oedländereien als hochkultivirten Ackerboden zu erwerben.

Diese Umstände bringen schon mit sich, dass für die Rieselanlage am zweckmässigsten ein wenig bewohntes Gelände gewählt wird. Die infolge grösserer Entfernung von der Quelle der Schmutzwässer für Druckrohrleitung bedingten Ausgaben pflegen geringer zu sein, als die Ausgaben für Erwerb von theuerem Gelände.

Aus gesundheitlichen Rücksichten braucht man die Rieselanlage nicht in die Einöde zu verlegen und die Nähe bewohnter Orte zu vermeiden. Denn die Erhebungen über die Gesundheit der Arbeiter auf städtischen Rieselanlagen und deren nächster Umgebung haben, wie noch später im II. Bde. näher begründet werden soll, ergeben, dass die allgemeine Gesundheit durch gut geleitete Rieselfelder nicht beeinflusst wird. In der Umgebung der Rieselfelder von Berlin und Paris wohnt eine ziemlich dichte Bevölkerung und haben sich sogar die auf den Berliner Rieselfeldern seit 1887 errichteten Heimstätten für Genesende gut bewährt.

Immerhin wird man zeitweise übele, wenn auch nicht gesundheitsschädliche, so doch unangenehme Gerüche von den Rieselanlagen für städtische und andere faulige bezw. fäulnissfähige Abwässer nicht vermeiden können und empfiehlt sich schon aus diesem Grunde, die Rieselfelder nicht in zu grosser Nähe dicht bewohnter Ortschaften anzulegen.

Auf der anderen Seite hat die grössere Nähe einer Stadt und bewohnter Ortschaften für die Rieselfelder wieder die Vortheile, dass nicht nur die erzielten Pflanzenerzeugnisse besser abgesetzt und verwerthet werden können, sondern dass auch das Rieselwasser durch Abgabe an Einzelbesitzer in der Nähe der Rieselfelder eine ausgiebigere Verwendung finden kann. So haben die nördlichen, in grösserer Nähe von Berlin gelegenen Rieselfelder (Falkenberg und Malchow) bessere Betriebsergebnisse aufzuweisen, als die im entfernten Süden der Stadt gelegenen Rieselfelder.

Bei Erwägung aller dieser Gründe für und gegen die entferntere oder nähere Lage der Rieselfelder von der Stadt oder ihrem Erzeugungsort darf aber ein weiterer Punkt nicht aus den Augen gelassen werden, dass beim Erwerb des Rieselgeländes die Möglichkeit einer Vergrösserung zu angemessenen Preisen gegeben bleibt.

5. Bestimmung der Grösse eines Rieselfeldes.

In den allgemeinen Ausführungen über den Reinigungsvorgang bei der Bodenberieselung, S. 273—284, habe ich schon die Gesichtspunkte entwickelt, welche bei Bemessung der Grösse eines Rieselfeldes massgebend sein sollen, nämlich dass man einem Boden nicht mehr Abwasser zuführen soll, als er verarbeiten kann.

Als Massstab für die zulässige Menge kann uns der Stickstoffgehalt des Abwassers dienen, indem einem Boden nur so viel gebundener Stickstoff zuzuführen ist, als im höchsten Falle eine auf demselben erzielte Ernte von Nutzpflanzen enthalten, d. h. wieder ausführen kann, und das sind 300—350 kg Stickstoff für 1 ha.

Diese Stickstoffmenge ist unter Berücksichtigung unvermeidlicher Verluste in den Abgängen von 100 Einwohnern enthalten und soll man daher, um eine thunlichst vollständige Ausnutzung der Düngstoffe in einem städtischen Abwasser zu erzielen, auf 100 Kopf der Bevölkerung 1 ha Rieselfläche rechnen, während man auch, um eine genügende Reinigung des Abwassers behufs Ableitung in die Flüsse zu bewirken, auf 1 ha Rieselfläche die Abgänge von 200 Kopf der Bevölkerung zulassen kann. Diese Forderung wird aber je nach den örtlichen Verhältnissen eine gewisse Einschränkung oder Erweiterung erfahren müssen bezw. können, und zwar:

a) Je nach Beschaffenheit des zu berieselnden Wassers.

So schwanken z. B. in verschiedenen städtischen Abwässern die Schwebestoffe von 130—1500 mg, die gesammten gelösten Stoffe von 540 bis 2000 mg, der Gesammtstickstoff von 40—185 mg für 1 l im Durchschnitt mehrerer Analysen und sind die Schwankungen an einzelnen Tagen noch viel grösser.

Dass nun bei sehr stark schmutzigen städtischen Abwässern, die ausser den Abgängen aus menschlichen Wohnungen auch noch solche aus Schlachthäusern und industriellen Betrieben einschliessen, die Rieselfläche entsprechend grösser gerechnet werden muss, ist selbstverständlich, wie ebenso, dass der Boden ein stark schmutziges Abwasser verhältnissmässig langsamer zu reinigen vermag, als ein weniger verunreinigtes Wasser. Dabei ist weiter zu berücksichtigen, ob das Wasser nicht Stoffe enthält, welche der Oxydation und Nitrifikation entgegenwirken,[1]) wie das z. B. bei einem hohen Kochsalzgehalt der Fall sein kann. An sich sind Wässer, die über 1,0 g gelöste Salze (unorganische Stoffe) für 1 l enthalten, um desswillen nicht besonders zur Berieselung geeignet, weil die Nutzpflanzen im allgemeinen am besten in Nährlösungen von 1,0 g Salzen in 1 l gedeihen, und wenn ein Abwasser sogar 1,0 g Kochsalz in 1 l enthält, so wird dasselbe, abgesehen davon, dass ein so hoher Kochsalzgehalt eine abnorme Ernährung der Pflanzen bedingt, auch auswaschend auf die werthvolleren Bestandtheile des Bodens wirken und eine Dichtschlemmung bewirken können (vergl. II. Thl. unter Abwasser aus Steinkohlengruben).

b) Je nach der Menge des Abwassers.

Ausser der Beschaffenheit des Abwassers ist auch die Menge desselben in Betracht zu ziehen, und diese ist z. B. je nach dem Wasserverbrauch für häusliche und etwa gleichzeitige industrielle Betriebe in den

[1]) Dass Abwässer, die direkt pflanzengiftige Stoffe (z. B. freie Säuren oder Alkali, Metallsulfate, Chlorkalk, arsenige Säure etc.) enthalten, nicht zur Rieselung verwendet werden können, ist schon oben erwähnt.

einzelnen Städten sehr verschieden; so beträgt z. B. das Abwasser für den Kopf und Tag in:

Berlin	Breslau	Freiburg i. Br.	Frankfurt a. M.	Leipzig	Durchschnitt von 36 englischen Städten
114 l (1896/97)	118 l (1896/97)	250 l	166—200 l	216—253 l	157 l

Wenn die Abwässer von einer gleichen Kopfzahl durch dieselbe Rieselfläche gereinigt werden sollten, so müsste für die Städte Freiburg i. Br., Leipzig und Frankfurt a. M. in derselben Zeit nahezu die doppelte Menge Schmutzwasser durch den Boden filtriren, als bei den Städten Berlin und Breslau, und fragt sich weiter, ob der betreffende Boden bei einer solchen Filtrationsgeschwindigkeit eine genügende Reinigung bewirken kann.

Es wird daher ebenso richtig sein, die auszuwählende Rieselfläche nicht nach der Kopfzahl der Bevölkerung, sondern nach der Menge Abwasser zu bemessen.

Hierbei ist weiter zu berücksichtigen, dass nicht das ganze Rieselfeld für die Berieselung gerechnet werden darf, weil ein Theil durch Umänderungen (Ausbesserungen an Drainage und Gefälle), ferner durch Wege, Gräben etc. in Anspruch genommen wird.

Um hiernach einen Anhalt zu gewinnen, mögen die Leistungen einiger Rieselfelder nach diesen Werthen mitgetheilt werden:

Name der Stadt	Einwohner für 1 ha		Jauchenmenge für 1 ha			
			der wirklich berieselten Fläche		der ganzen Fläche des Rieselfeldes	
	der wirklich berieselten Fläche	d. ganzen Fläche des Rieselfeldes	für 1 Jahr cbm	für 1 Tag cbm	für 1 Jahr cbm	für 1 Tag cbm
Berlin	307	179	13109	35,91	7471	20,47
Breslau	575	491	24648	67,52	21043	57,65
Freiburg i. B.	205	137	20000	54,80	13333	35,53
Braunschweig	220	—	—	25,00	—	—
Paris	—	—	—	—	38888	105,51

Wie hiernach die Durchschnittswerthe auf den verschiedenen Rieselfeldern sehr verschieden sind, so schwanken dieselben auch auf einem und demselben Rieselfelde wieder sehr nach der Jahreszeit, dem Regenfall und der verfügbaren Rieselfläche, wie z. B. folgende Zahlen für das Berliner Rieselfeld in den einzelnen Monaten 1896 zeigen:

Jauchenmenge für den Tag auf 1 ha verfügbarer Rieselfläche	Regenmenge für den ha und Tag	Zusammen:
32,29—78,64 cbm	1,8—32,5 cbm	34,09—111,14 cbm

Nehmen wir also an, dass ein Rieselfeld für die wirklich berieselte Fläche im Durchschnitt, wie in Berlin, 36 cbm städtisches Abwasser für den Tag und ha verarbeiten kann und soll die Abwassermenge im ganzen 180 l für den Kopf und Tag betragen, so würden die 36 cbm dem Abwasser von 200 Einwohnern entsprechen, kann der Boden 45 cbm für den Tag und ha wirklich berieseltes Rieselfeld verarbeiten, so würde man, da 45 cbm = 180 l × 250 ist, 250 Einwohner auf 1 ha zulassen können etc.

Auf jedem Rieselfelde befinden sich aber entweder zeitweilig (durch Veränderungen in der Drainage, Neuaptirung etc.) oder dauernd (durch Gehöfte, Wege, Gräben, Unland etc.) unbestellbare Flächen.

Diese nicht berieselten bezw. nicht zu berieselnden Flächen können zu mindestens 10% vom ganzen Rieselfelde — für Berlin betragen sie 16%, für Breslau 12%, für Freiburg i. Br. 8% — veranschlagt werden; demnach hätte man bei Zulassung der Abwässer von 200 Kopf der Bevölkerung für 1 ha Rieselfeld auf je 10000 Einwohner zu rechnen:

$$\frac{10000}{200} = 50 \text{ ha wirklich berieselte Fläche}$$

$$\text{und } \frac{50 \times 10}{100} = 5 \text{ „ nicht berieselte Fläche.}$$

Zusammen 55 ha Gesammtfläche.

Ist es zulässig, dem Rieselboden täglich 45 cbm Abwasser zu überantworten, so würde man mit 44 ha Gesammtrieselfläche auskommen etc.

Um ganz bestimmte Anhaltspunkte für die Grösse eines Rieselfeldes zu gewinnen, empfiehlt sich, wenn eben möglich, mit dem betreffenden Abwasser auf dem auszuwählenden Boden Rieselungsversuche im kleinen anzustellen, und zu ermitteln, welche Menge Abwasser der Boden zu filtriren und zu reinigen im Stande ist.

Sind solche Versuche nicht möglich, so können obige Zahlen als annähernde Mittelwerthe gelten, d. h. wo es angeht, rechne man auf 1 ha die Abwässer von 100 Kopf, und wo man nur eine genügende Reinigung erzielen will, die Abwässer von 150—250 Kopf der Bevölkerung je nach Beschaffenheit des Wassers und der Oxydationsfähigkeit des Bodens.

In vielen Fällen, wo es an geeignetem und genügendem Boden für die Berieselung fehlt, wird man die Wirkung der Rieselung dadurch unterstützen können, dass man sich die im folgenden Abschnitt besprochenen Ergebnisse mit dem Dibdin-Schweder'schen Verfahren zu eigen macht, nämlich dass man

α) das Abwasser in bedeckten Staubecken einer Vorfäulniss unterwirft, wodurch einerseits die schlickbildenden Stoffe theils niedergeschlagen, theils zersetzt, andererseits die organischen Stoffe gleichsam aufgeschlossen werden, sodass sowohl die lästige Schlickbildung auf den Rieselfeldern vermieden, als auch eine schnellere Oxydation der organischen Fäulnissstoffe bewirkt wird,

β) unterbrochen, d. h. nicht zu lange nach einander rieselt, sondern den Rieselflächen nach vollständiger Durchtränkung wieder genügend Ruhe gönnt, einerseits damit sie die zugeführten

Stoffe genügend oxydiren, andererseits damit sie sich zur Belebung der oxydirenden und nitrificirenden Bakterien genügend mit Luftsauerstoff sättigen können.

Auf alle Fälle empfiehlt es sich, das für absehbare Zeit unter Berücksichtigung der Vermehrung der Bevölkerung oder der Industriebetriebe benöthigte Rieselgelände von vorneherein, d. h. vor Uebergang zur Berieselung auf einmal zu erwerben, weil mit der Werthsteigerung des Bodens durch Berieselung ein späterer Erwerb von benachbartem Boden mit grösseren Grunderwerbskosten verbunden ist.

c) Je nach dem nothwendigen Grade der Reinigung.

Bei der Bemessung der Grösse eines Rieselfeldes ist ferner zu berücksichtigen, bis zu welchem Grade das Abwasser gereinigt werden muss, damit das Drainagewasser nicht mehr verunreinigend auf den dasselbe aufnehmenden Flusslauf wirkt. Wenn letzterer nur wenig Wasser führt und ein träges Gefälle besitzt, so muss, wie schon S. 288 gesagt ist, die Reinigung eine vollkommenere und damit die Rieselfläche behufs langsamer Filtration eine grössere sein, als bei umgekehrten Flusslauf- bezw. Vorfluthverhältnissen.

Das auf die Rieselfelder geleitete Wasser gelangt aber nicht vollständig zum Abfluss, sondern es kann angenommen werden, dass im Durchschnitt des Jahres etwa $^1/_3$ verdunstet, $^1/_3$ im Boden zurückbleibt, $^1/_3$ als Drainwasser direkt abfliesst. Hierzu tritt aber noch das auf die Felder fallende Regenwasser, von welchem eine gleiche Vertheilung durch Verdunstung etc. (vergl. S. 9—11) anzunehmen ist, welches also das Drainagewasser entsprechend vermehrt.

In Berlin wurden z. B. im Betriebsjahre 1896/97 einem Hektar Rieselfläche 13109 cbm Abwasser zugeführt, welche einer Bewässerungshöhe von 1,31 m entsprechen; hierzu kommt eine mittlere Regenhöhe von 0,594 m, also eine gesammte Bewässerungshöhe von 1,90 m; nimmt man hiervon je 0,63 m für Verdunstung und Versickerung, so bleiben 0,63 m der Bewässerungshöhe für den Abfluss aus den Drains, so dass man, da 0,63 nahezu die Hälfte von 1,31 ist, sagen kann, dass unter gleichzeitiger Berücksichtigung des Regenwassers ungefähr die Hälfte des aufgeleiteten Abwassers durch die Drains zum Abfluss gelangen wird.

Dass weiter bei Bemessung der Grösse der Rieselfläche auch die Natur und Oxydationsfähigkeit des Bodens massgebend ist und berücksichtigt werden muss, ist schon S. 273—276 genügend betont worden.

6. *Pacht oder Grunderwerb der Rieselfelder? Kostenanschlag.*

Die Frage, ob Pacht oder Ankauf des Bodens vorzuziehen ist, richtet sich im wesentlichen nach örtlichen Verhältnissen. Wenn der Boden gepachtet wird, so umgeht man allerdings die theueren Grunderwerbskosten und wirthschaftet im allgemeinen billiger, aber die Städte bezw. Fabriken sind bei einer Pachtung beschränkt in ihren Verfügungen, und, da sich ein Pachtvertrag nicht für immer schliessen lässt, dem Verpächter mehr oder weniger in die Hand gegeben. Die Herstellungskosten der Rieselfelder sind aber meistens zu gross, als dass man sie auf fremdem Boden ausführen mag. Denn hierbei werden diese Anlagen event. später in das Eigenthum des Verpächters übergehen, während sie bei Ankauf der Stadt oder Fabrik verbleiben.

Aus dem Grunde wird es sich, wenn der Boden nicht gar zu theuer ist, empfehlen, denselben anzukaufen und nicht zu pachten.

Die Anlagekosten eines ganzen Rieselfeldes lassen sich auch für alle Fälle nicht annähernd angeben; sie richten sich ganz nach den örtlichen Preisen des Bodens wie der Arbeitskräfte, sowie nach der grösseren oder geringeren Schwierigkeit der Aptirung.

So kosteten z. B.:

Name der Stadt	1 ha Boden	Für 1 ha berieselungsfähige Fläche				
		Vertheilung der Jauche und Aptirung	Drainaige	Hoch- und Wegebau	Herstellungs-kosten	Boden- und Herstellungs-kosten
	ℳ	ℳ	ℳ	ℳ	ℳ	ℳ
Berlin . . .	1913	1533	419	310	2262	4175
Breslau . .	2102	1855	1855	146	2001	4103
Freiburg i.Br.	643	2500[1])	1150	575	4225	3868

E. Frankland macht über die Anlagekosten etc. englischer Rieselfelder noch folgende neuere Angaben:

Name der Ortschaft	Zugehörige Bevölkerung	Rieselfläche		Anlage-kosten für Maschinen etc.	Rohe Rieseljauche für 1 Tag	Absorptions-fähigkeit des Bodens
		Ge-sammt	Berieselt			
	Köpfe	ha	ha	ℳ	cbm	%
1. Bedford (Rieselfläche gekauft)	18700	74,1	61,9	139000	4316	33,6—42,3
2. Wrexham „ gepacht.)	10000	42,1	20,1	32710	1363—2272	57 —70
3. Leamington „ „	23000	309,2	102,4	141420	3742	23,3—56
4. Doncaster „ „	21000	123,1	92,7	463000	—	23,8—47,4
5. Birmingham „ (gekauft)	619603	496,6	420	8073900	72700	— —

In Birmingham ist die Berieselung mit einer einfachen Filtration verbunden; auf 1 ha kommen die Abgänge von rund 1500 Einwohnern, 212 ha der Rieselfläche sind mit Zuckerrüben, schwedischen Rüben und Kohlrabi, 110 ha mit Gemüse, 20 ha mit italienischem Raygras, 52 ha mit Getreide bebaut, während 136 ha Weide bilden.

[1]) Diese hohen Aptirungskosten sind dadurch bedingt, dass 200 ha des Freiburger Rieselfeldes auf altem Waldboden liegen, aus welchem Bäume und Wurzeln entfernt werden mussten.

Trotz dieser hohen Kosten für den Boden und seine Aptirung — wozu auch noch die durchweg nicht geringen Kosten für die Zuführung des Abwassers kommen — hat sich, wie eine spätere Zusammenstellung zeigen wird, herausgestellt, dass die Reinigung durch Berieselung sich billiger gestaltet, als z. B. die chemisch-mechanische Reinigung.

III. Die Herstellung der Rieselanlagen.

Die Herstellung eines Geländes für die Berieselung gestaltet sich sehr verschieden, je nachdem dasselbe nicht zu stark und gleichmässig geneigt oder hügelig (coupirt) oder ganz eben ist. Auf alle Fälle ist bei der Einrichtung zu beachten, dass die Rieselflächen wie Drainage thunlichst dem natürlichen Gefälle angepasst und thunlichst wenig Bodenbewegungen nothwendig werden, weil gerade letztere die Anlage wesentlich vertheuern. Auch kann mit einer zu starken Bodenverschiebung, besonders wenn der Untergrund nach oben kommt, die Ertragsfähigkeit des Bodens auf Jahre beeinträchtigt werden.

Auch empfiehlt es sich nicht, Boden mit ganz anderer Bewirthschaftungsweise, z. B. Waldboden, in Rieselanlagen umzuwandeln. Abgesehen von den viel höheren Kosten für Ausroden der Baumstämme und Wurzeln, für Drainage etc. dauert es lange, bis ein solcher Boden wegen des Humus und der vielerlei organischen Stoffe austrocknet und entsäuert wird.

1. Die Aptirung der Rieselfelder.

Die Aptirung, d. h. Anpassung des Bodens der Rieselfelder hängt ausser von den natürlichen Verhältnissen (Gefälle, Oberflächen-Gestaltung) von verschiedenen anderen Umständen ab, nämlich:

α) Ob die Bewirthschaftung eine rein landwirthschaftliche oder rein gärtnerische sein soll. Letztere erfordert mehr einzelne und kleinere Rieselflächen als die allgemein landwirthschaftliche Bewirthschaftung.

β) Ob sie nach den Vorfluthverhältnissen eine thunlichst ausgiebige oder weniger vollkommene zu sein braucht.

Im ersteren Falle wird man kleinere selbständige Rieselflächen wählen, weil sie sich leichter regeln und kontrolliren lassen, im letzteren Falle sind grössere Flächen zulässig. In Breslau z. B., wo eine geringe Mineralisirung, d. h. Entfernung der Schmutzstoffe bis zu etwa 80 % genügt, betragen die kleinsten selbständigen bewässerten Stücke 1,5—4,0 ha, in Berlin dagegen, wo bei mangelhafter Vorfluth eine grössere Reinigung bis zu 90 % der Schmutzstoffe und mehr angestrebt werden muss, 10—30 Ar.

Unter Berücksichtigung dieser Verhältnisse wird man das Gelände entweder durch die eigentliche Berieselung, durch die Stau- oder Beetfiltration ausnutzen.

a) Die Berieselung.

Die Berieselung, d. h. das langsame Rieseln des Abwassers in dünner Schicht, ist zweckmässig für die geneigten Flächen des Geländes geeignet

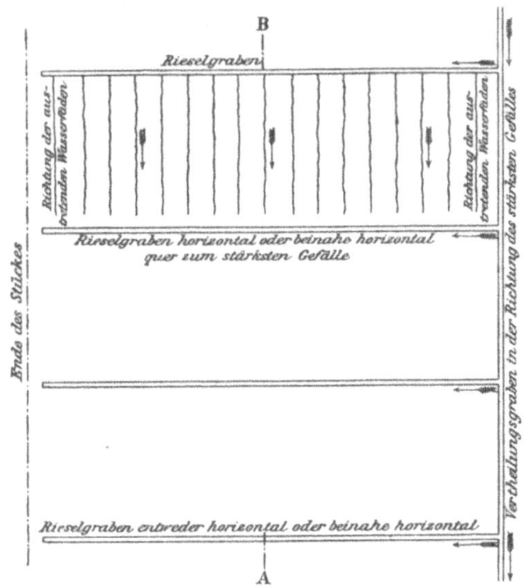

Fig. 70.
Uebersichts-Plan der Bewässerung einer Wiesen- oder Getreidefläche auf stark geneigtem Gelände

Fig. 71.
Schnitt A—B.

und hat den Vortheil, dass das Schmutzwasser durch Ausbreitung in dünner Schicht an der Luft Sauerstoff aus letzterer aufnimmt und dadurch beim Eindringen in den Boden die Zersetzung unterstützt wird.

Fig. 70 und 71 geben eine Umriss-Darstellung einer Rieselfläche.

Die Vertheilungs- oder Rieselgräben können entweder erhöht oder vertieft angebracht werden. Bei Anlage über der Bodenoberfläche können sie gänzlich auf die Rieselflächen entleert werden, jedoch sind ihre Herstellungskosten höher als die im Gelände eingeschnittenen Gräben und entziehen dieselben der Rieselfläche mehr Grund und Boden, indem sie einschliesslich der Dammanlage 14—16 % der gesammten Fläche in Anspruch nehmen, während tiefliegende Gräben mit Zubehör nur 8—10 % des Bodens beanspruchen. Ganz geht dieser Theil der Rieselflächen allerdings nicht verloren, da auch die Dämme und Gräben einen Theil des Abwassers aufnehmen und reinigen.

Selbstverständlich können derartige Rieselflächen in der verschiedensten Art abgeändert und angeordnet werden.

Soll eine Berieselung für ebene Flächen eingerichtet werden, so sind grössere Bodenbewegungen nothwendig.

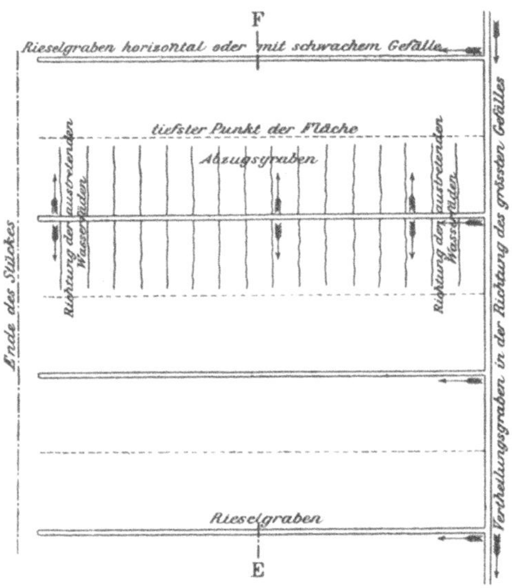

Fig. 72.
Uebersichts-Plan der Bewässerung einer Wiesen- oder Getreidefläche auf wagerechtem Gelände.

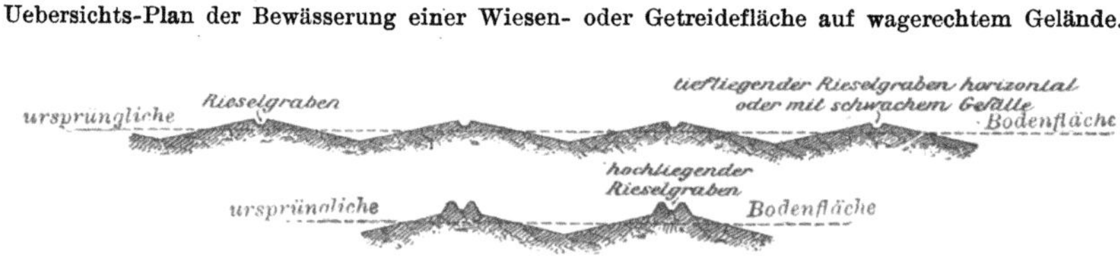

Fig. 73.
Schnitt E—F.

Es müssen, wie Fig. 72 und 73 m in Umrissen zeigen, schwach geneigte Rücken geschaffen werden, in welchen sich die Vertheilungsgräben befinden, während sich das Abrieselwasser an den tieferen Stellen in Abzugsgräben sammelt, dort abzieht oder auch zum Theil versickert. Die Vertheilungsrieselgräben können hoch und niedrig angelegt werden (vergl. Fig. 73), jedoch empfiehlt sich, die geneigten Flächen, um Bodenbewegungen zu sparen, so schwach, als eben möglich, herzustellen.

Die zum Rieseln eingerichteten Flächen pflegen meist rechteckig und gleichmässig geneigt zu sein. Das Abwasser tritt aus den Hauptzubringern in die nahezu wagerechten Vertheilungsgräben von etwa 0,30 m Breite und Tiefe, welche auf der höchsten Stelle der Fläche entlang laufen. Sobald diese Furchen gefüllt sind, tritt das Wasser gleichmässig über die untere Kante über; es muss jedoch darauf geachtet werden, dass nur soviel Jauche eingelassen wird, als die Fläche zu verarbeiten imstande ist; sonst bleibt das überschüssige Wasser am unteren Ende stehen und beeinträchtigt sowohl das Wachsthum der Pflanzen wie die Reinigung des Wassers.

Auch dürfen die geneigten Ebenen der Rieselflächen nicht zu breit sein, weil sonst keine gleichmässige Vertheilung des Wassers auf den Hängen stattfinden und Druckwasser aus den Vertheilungsgräben in der Mitte der Hänge nachtheilig wirken kann. Wenn die geneigten Hänge in der Richtung des stärksten Gefälles eine gewisse Breite überschreiten, so soll man sie durch Dämmchen oder Sammelfurchen in Unterabtheilungen von etwa 10—30 a zerlegen.

Die Reinigung des Abwassers durch eigentliche Berieselung ist jedoch, weil dadurch die oberirdischen Pflanzentheile direkt mit dem Schmutzwasser in Berührung kommen, nicht bei allen Pflanzen anwendbar, sondern vorwiegend nur bei künstlichen Wiesen, wenngleich vereinzelt, so z. B. in Freiburg i. Br. auch Getreide-(Weizen-)felder mit städtischem Abwasser berieselt werden.

Auch wird im Winter wegen der leichteren Eisbildung auf dem dünn-ausgebreiteten Wasser dieser Art Reinigung eher eine Schranke gesetzt, als bei der Stau- und Beetfiltration.

Ferner ist die Reinigung bei der eigentlichen Berieselung, bei welcher das Wasser zum grössten Theile nur flach in den Boden versickert, keine so vollkommene, als bei der vollständigen Filtration durch den Boden. Aus dem Grunde ist bei den Berieselungsflächen, wenn das Wasser nicht vollständig zur Versickerung gelangt, von vornherein darauf Rücksicht zu nehmen, dass das Rieselwasser auf den einzelnen Abtheilungen mehrmals, mindestens 2—3 mal wieder benutzt werden kann.

b) Die Staufiltration.

Die Staufiltration, bei welcher das Abwasser auf der ganzen Fläche aufgestaut wird und durch den Boden in die Drainrohre versickert, eignet sich vorwiegend für ebene Flächen.

Eine Einrichtung dieser Art geben die Uebersichts-Zeichnungen Fig. 74 und 75 S. 300.

Das Gefälle der Vertheilungsgräben muss hierbei künstlich hergestellt werden, was auf verschiedene Weise geschehen kann; dieselben können entweder hoch- oder tiefliegend hergestellt werden. Wird die Staufiltration so eingerichtet, dass am unteren Ende des Stückes ein Ablassschieber oder ein festes Wehr angebracht wird, so kann bei gleichbleibender Tiefe des Staues beständig Wasser zu- und abfliessen. Für das abfliessende Wasser muss dann noch eine weitere Reinigung stattfinden.

Eine Staufiltration auf geneigtem Gelände, wie sie Fig. 76 und 77 S. 301 in Umrissen darstellen, wird wohl nur selten in Anwendung kommen.

Hierbei müssen die Vertheilungsrieselgräben so nahe als möglich wagerecht sein damit eine gleichmässige Ueberstauung stattfindet. Liegen die Rieselgräben unter dem Wasserspiegel der überstauten Fläche, so bleiben nach Einstellung der Bewässerung (Bestauung) feste Stoffe der Jauche in ihnen zurück, welche leicht in Fäulniss und Verwesung übergehen. Liegen die Vertheilungsgräben dagegen über den Stauflächen, so können die Rieselgräben nach Einstellung der Ueberstauung bequemer auf die Flächen entleert oder vertheilt werden. Die zu überstauenden Flächen müssen so eben als möglich sein, auch muss der unterste Damm höher liegen als die übrigen, weil sonst keine Ueberstauung derselben stattfindet.

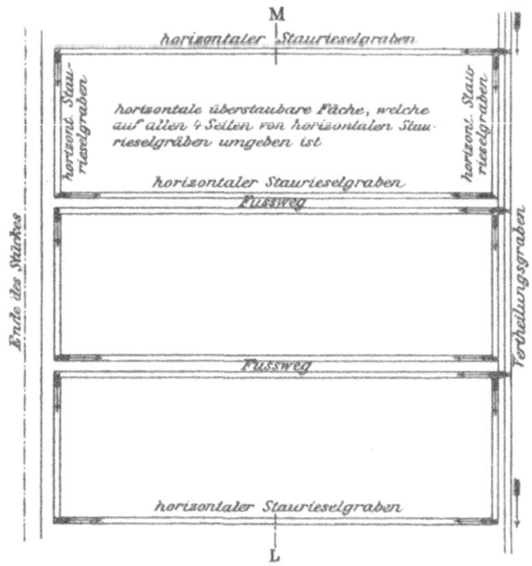

Fig. 74.
Uebersichts-Plan der Staufiltration bei einer Wiesen- oder Getreidefläche auf wagerechtem Gelände.

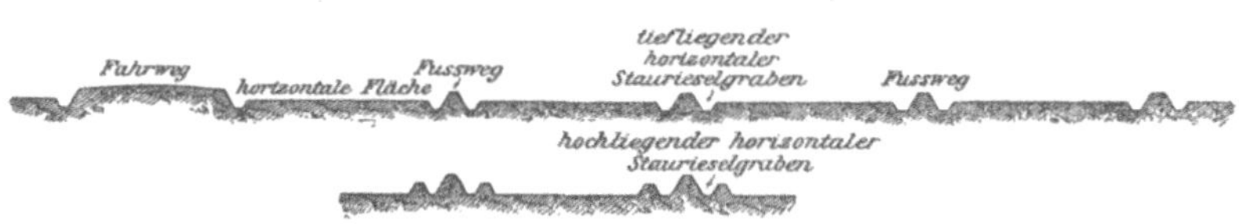

Fig. 75.
Schnitt L—M.

Die Einstaubecken können eine bedeutende Ausdehnung besitzen; sie müssen nur so angelegt werden, dass das aus den Auslassschiebern abströmende Abwasser nicht versinkt, ehe es die von den Schiebern entferntesten Punkte erreicht hat; auch muss noch eine landwirthschaftliche Bestellung mit dem Pflug möglich bleiben. Je nach diesen Verhältnissen und der Anzahl der vorhandenen Auslassschieber umfasst die Staufläche z. B. in Osdorf bei Berlin zwischen 2 und 9 ha.

Jede Staufläche ist auf allen Seiten mit Dämmen von 0,7—1,0 m Höhe und 4—6 m Breite umgeben, welche als Wege dienen, und von welchen aus dieselbe durch kurze, in den Ecken angelegte Rampen im Gefälle von 1 : 12 zugänglich ist. Unmittelbar am Fusse der Dämme und im Becken befindet sich ein Graben, welcher eine raschere und gleichmässigere Vertheilung des Wassers über die Staufläche ermöglichen soll; derselbe ist mittelst Thonrohren durch die Rampen durchgeführt.

Bei der Staufiltration kommen die Pflanzen in direkte Berührung mit dem Abwasser, und zwar stehen dieselben noch tiefer im Abwasser, als bei der Berieselung. Es gilt daher bezüglich dieses Punktes dasselbe, was von der Berieselung als Nachtheil gesagt ist. Ausserdem nimmt das aufgestaute Wasser wegen der dickeren Schicht nur wenig Luft auf, verdrängt

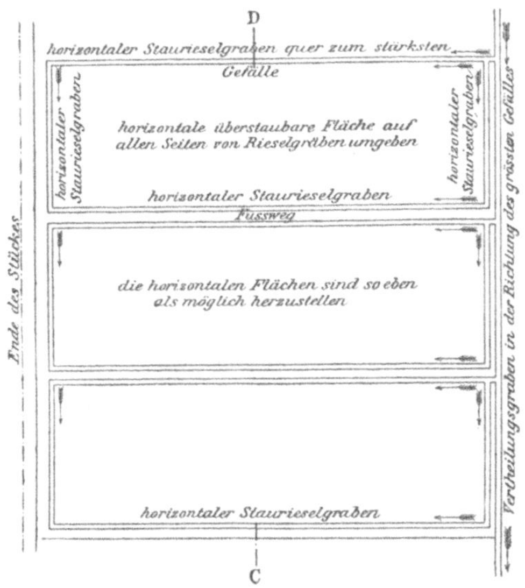

Fig. 76.
Uebersichts-Plan der Terrassenbau-Staufiltration bei einer Wiesen- oder Getreidefläche auf schwach geneigtem Gelände.

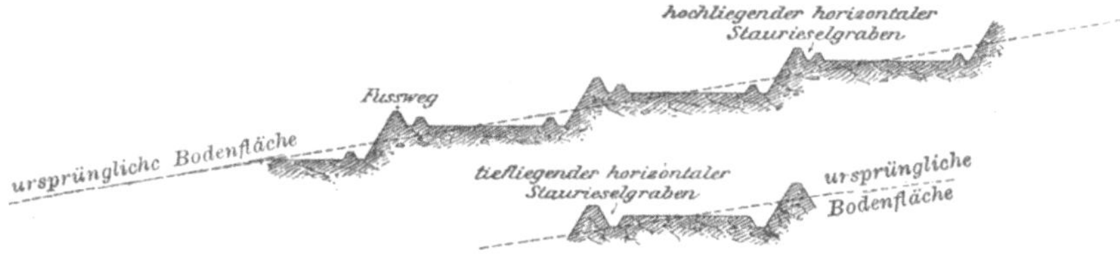

Fig. 77.
Schnitt C—D.

ausserdem beim Versickern im Boden die Luft aus demselben, sodass nach jeder Aufstauung (in etwaiger Höhe der Tiefenlage der Drains) eine Ruhezeit eintreten muss, damit sich der mit organischen Stoffen durchtränkte Boden für die Selbstreinigung wieder mit Sauerstoff sättigen kann. Geschieht dieses und versickert das Wasser nur langsam, so kann hierdurch eine ebenso vollkommene Reinigung bewirkt werden, als durch einfache Berieselung. In der wachsthumslosen Zeit können beide Verfahren, die Berieselung wie die Staufiltration gleich vortheilhaft auf allen Feldern angewendet werden.

c) Die Beetfiltration.

Die Beetfiltration ist ebenso wie die Staufiltration vorwiegend nur für ebene Flächen geeignet und unterscheidet sich von der Staufiltration dadurch, dass das Abwasser nicht auf der ganzen Fläche, sondern in Gräben aufgestaut und zur Versickerung gebracht wird.

Fig. 78 und 79 geben eine Umriss-Darstellung einer Beetfiltration auf ebenem, Fig. 80, 81 und 82 eine solche auf geneigtem Gelände.

Die Vertheilungsgräben müssen künstlich und so eben als möglich hergestellt werden, was auf verschiedene Weise erreicht werden kann.

Bei der Beetfiltration auf schwach geneigtem Gelände liegen die einzelnen Beete

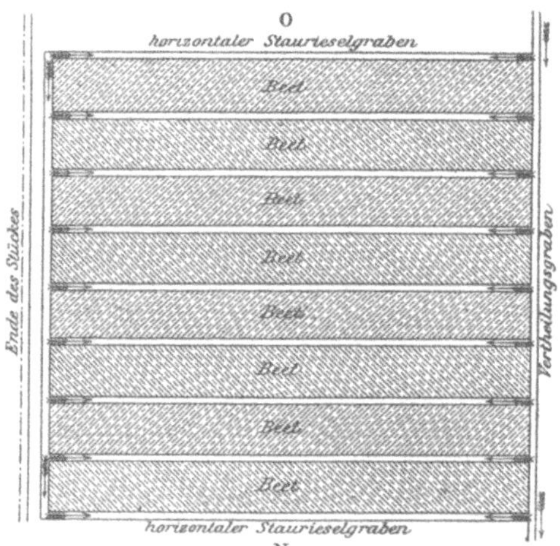

Fig. 78.
Uebersichts-Plan der Beetfiltration bei einer Gemüsefläche auf wagerechtem Gelände.

Fig. 79.
Schnitt N — O

oder Gruppen derselben zweckmässig terrassenförmig übereinander, während die Staurieselgräben ebenfalls thunlichst wagerecht angelegt sind.

Die einzelnen Beete pflegen 1 m breit und je nach dem Gelände verschieden lang, aber nicht über 20—30 m lang zu sein, wenn das Wasser nur von einer Seite her in die Vertheilungsstaugräben treten kann; bei zu grosser Länge können sich nämlich, besonders bei langsamer Vertheilung des Abwassers, in den 0,30 m breiten und ebenso tiefen Vertheilungsgräbchen, welche die Beete trennen, gleich im Anfange derselben Schwebestoffe niederschlagen und eine gleichmässige Vertheilung und Düngung der Beete beeinträchtigen.

Die Wasserzuführung findet in der Weise statt, dass das Schütz eines Zubringers für jede Gruppe solange offen bleibt, bis die die Beete umgebenden kleinen Gräben beinahe gefüllt sind; das Wasser tritt dann seitlich in die Beete hinein und kommt mit den Wurzeln der Pflanzen in Berührung.

Da es vortheilhaft sein kann, die Beete in der wachsthumslosen Zeit vollständig zu überstauen, so wird das letzte Beet jeder Gruppe, welches dieselbe von der nächst-tieferliegenden trennt, 8—10 cm höher angelegt, als die übrigen Beete der Gruppe; es bildet somit einen Damm, welcher das Ueberstauen der Gruppe gestattet.

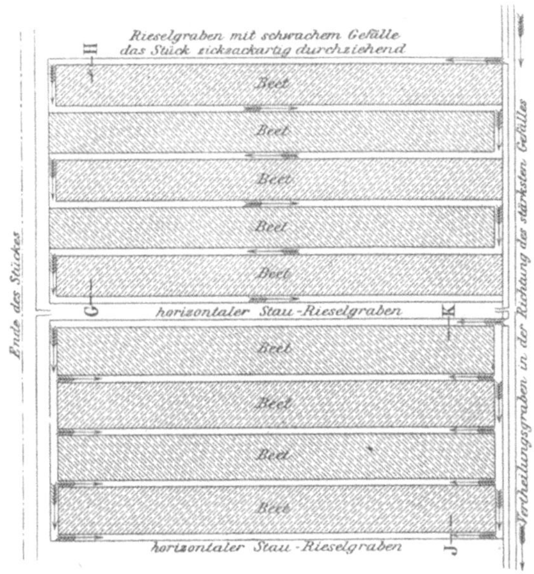

Fig. 80.
Uebersichts-Plan der Terrassenbau-Beetfiltration bei einer Gemüsefläche auf geneigtem Gelände.

Fig. 81.
Schnitt G—H.

Fig. 82.
Schnitt J—K.

Die Beete eignen sich am besten für Gemüsebau (Kohl- und Wurzel-gewächse etc.); sie haben den Vorzug, dass das Schmutzwasser nicht die Pflanzen berührt, aber den Nachtheil, dass sich der Boden auf beiden Seiten der Gräbchen leicht verstopft und keine regelmässige Anfeuchtung der Wurzeln mehr gestattet.

In manchen Fällen, so auf den Berliner Rieselfeldern, hat die Beet-filtration keine so gute Reinigung bewirkt, wie die Berieselung. Auch pflegen die Düngstoffe des Wassers bei der Berieselung, wenn das Rieselwasser mehrmals benutzt wird oder gleichzeitig versickert, am besten ausgenutzt zu werden. Am wenigsten bewährt haben sich im allgemeinen die Staubecken und pflegen diese in letzter Zeit nicht mehr so häufig als früher angewendet zu werden.

Es wird von Interesse sein, hier einen Ueberblick zu geben, wie sich die vorstehenden verschiedenen Rieselanlagen z. B. auf den Berliner Rieselfeldern vertheilen. Nach einer Zusammenstellung vom 1. April 1897 waren von dem aptirten Gelände:

Ausnutzungsweise der Felder	In Selbstbewirthschaftung ha	Verpachtet ha	Dauernd oder vorübergehend ertraglos. ha	Zusammen ha
1. Aptirtes Land. Acker.				
Rieselwiesen	1043,36	175,31	—	1218,67
Beete und Becken	3237,05	945,22	118,69	4300,96
Erlen- u. andere Forstkulturen	18,85	—	10,10	28,95
Baumschule	24,99	0,10	4,34	29,43
Versuchsfeld, Deputatland .	—	—	6,55	6,55
Zusammen: aptirtes Land .	4324,25	1120,63	139,68	5584,56
2. Nicht aptirtes Land.				
Acker	875,81	128,55	12,12	1016,48
Naturwiesen	293,45	206,45	—	499,90
Deputatland, Garten	7,98	15,00	121,23	144,21
Weiden, Erlen	14,55	14,21	8,67	37,43
Forst, Park und Garten . .	77,77	—	647,67	725,44
Hofstellen, Wege, Gräben und Unland	—	—	1035,31	1035,81
Gemüseland für Heimstätten	0,25	—	—	0,25
Nicht bestelltes Land, Brache	186,83	—	351,94	538,77
Zusammen 2: nicht aptirtes Land	1456,64	364,21	2176,94	3997,79
Hierzu 1: aptirtes Land	4324,25	1120,63	139,38	5584,56
Zusammen	5780,89	1484,84	2316,62	9582,35

Mit der Aptirung und Eintheilung des Rieselgeländes in Wiesen, Beete und Staubecken ist auch die Anlage von Wegen verbunden.

Der Betrieb hat ergeben, dass jedes Wiesen- oder Beetstück von 2—2,5 ha von allen Seiten von Fahrwegen umgeben sein muss, welchen man eine Breite von je 6 m zu geben pflegt. Bei kleineren Stücken genügt es, wenn sie von 2 oder 3 Seiten von Wegen umzogen sind.

Die Wege brauchen nur so weit aufgehöht bezw. abgetragen oder geebnet zu werden, dass sie sich annähernd in gleicher Höhe mit den daneben liegenden Rieselflächen befinden, und brauchen auch fürs erste nicht befestigt zu werden.

An den Wegen können zweckmässig Obstbäume angelegt werden.

2. Die Entwässerung der Rieselflächen.

Die Entwässerung oder Drainage hat die Aufgabe, einerseits das gereinigte Wasser ordnungsgemäss abzuführen und den Boden vor Versumpfung zu schützen, andererseits während der Nichtberieselungszeit den Boden gleichmässig zu durchlüften. Sie hat sich auch selbst für losen Sandboden als nothwendig erwiesen.

Für die Wasserabführung sind vorwiegend folgende Umstände wichtig: die Art und Grösse der Drainrohre, ihre Entfernung von einander und ihre Tiefe unter der Bodenoberfläche.

a) Als Drainrohre bis zu 15 cm Durchmesser werden solche aus gebranntem, unglasirtem Thon verwendet, die meistens nur eine Länge von 30 cm haben. Für Rohre über 15 cm Durchmesser als Sammeldrains eignen sich dagegen nur glasirte Thonmuffenrohre.

Das Abwasser darf bei seinem Eintritt in die Drainrohre keinem wesentlichen Widerstande begegnen, weil es sonst leicht feine Bodentheilchen mit in die Rohre reisst und diese verschlammt. Aus dem Grunde verdienen die unglasirten, gebrannten Thonrohre den Vorzug. Man legt dieselben zweckmässig nicht dicht aneinander, sondern umgiebt die Verbindungsstelle mit einer Lehmwulst; um das Hineinwachsen von Pflanzenwurzeln in die Rohre zu verhindern, pflegt man die Verbindungsstellen mit einem Halbrohr zu überdecken.

b) Für die Grössen-Durchmesser der Drainrohre lassen sich kaum bestimmte Werthe angeben, weil sie von sehr vielen Umständen (aufzubringenden Wassermengen und Regen, Bodenbeschaffenheit, Gefälle, Abstand zweier Stränge voneinander, Tiefe unter der Oberfläche etc.), abhängig sind. Wenn es daher möglich ist, soll man die Rohrweite durch eine Probedrainage zu ermitteln suchen.

Als Anhaltspunkt kann dienen, dass man Rohre von einem kleineren Durchmesser als 5 cm oder noch besser 6 cm Durchmesser nicht nehmen sollte. Auf den Rieselfeldern von Berlin, Breslau und Freiburg sind folgende Rohrweiten angewendet:

	Berlin	Breslau	Freiburg i. Br.
Saugdrains . .	5—8 cm	7,5 cm	6 cm Durchmesser
Sammeldrains .	12—12 „	keine	6—18 „ „

c) Die Vertheilung der Drainrohre pflegt auf dreierlei Weise zu geschehen:

α) Die Längs- oder Parallel-Drainage, wie sie in Fig. 83 S. 306 in Umrisslinien dargestellt ist.

Bei derselben liegen die Saugdrains in der Richtung des stärksten Gefälles; sie haben an ihrem oberen Ende einen Durchmesser von 6—8 cm, eine mittlere Tiefenlage von 1—2 m (1,20 und 1,25 m am oberen und 2,0—2,5 m am unteren Ende) und liegen etwa 8—10 m auseinander. Sie münden in einen offenen Graben, der auch nach Ueberdeckung als Sammelkanal dienen kann.

β) Die Querdrainage.

Bei der Querdrainage, die durch die Fig. 84 in Umrisslinien veranschaulicht ist, liegen die Sammeldrains in der Richtung des stärksten Gefälles und die Saugdrains quer zu den ersteren. Auch hier haben, wie vorhin, die Saugdrains an ihrem oberen Ende einen Durchmesser von 6—8 cm, liegen 1—2 m tief in Abständen von 8—10 m. Statt eines offenen Abzugsgrabens kann auch ein überdeckter Abzugskanal in Anwendung kommen.

Die Kosten der Querdrainage werden unter sonst gleichen Bedingungen wohl höher sein, als die der Längs- oder Paralleldrainage, doch wird die

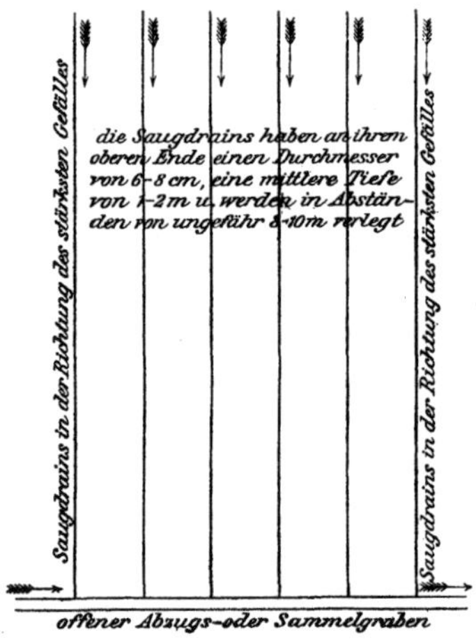

Fig. 83.
Uebersichts-Plan der Längsdrainage (bisweilen auch Parallel-Drainage genannt) einer Rieselfläche.

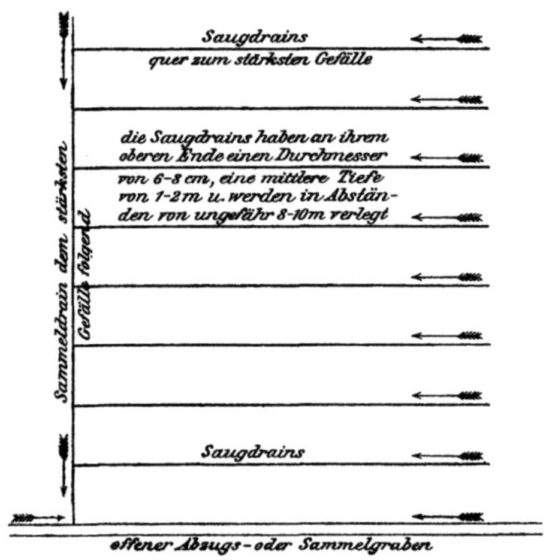

Fig. 84.
Uebersichts-Plan der Querdrainage einer Rieselfläche.

Entwässerung der ganzen Rieselfläche wirksamer und gleichmässiger sein als bei letzterer.

γ) Diagonal-Drainage.

Die Diagonal-Drainage (vergl. Fig. 85) steht in der Mitte zwischen der Längs- und Querdrainage.

Die Saugdrains werden hier diagonal zu den im stärksten Gefälle liegenden Sammeldrains gelegt. Die Weite der Saugdrains, ihre Tiefenlage und Entfernung voneinander ist wie bei den zwei vorstehenden Drainage-Arten. Bleiben die dreieckförmigen Stücke am Abzugsgraben zu gross, so werden sie, wie in der Figur angedeutet ist, selbständig in den Abzugsgraben entwässert.

Die offenen Sammelgräben müssen selbstverständlich so gross sein, dass sie bequem alles Abwasser aus den Drains etc. aufnehmen können. Man kann sie zwar alle durch bedeckte Sammelkanäle ersetzen und so an nutzbarer Fläche gewinnen, aber die bedeckten Sammelkanäle sind in der Herstellung theuer und beeinträchtigen die Durchlüftung des ganzen Drainage-Netzes und des Erdreichs.

Aus dem Grunde ist auch wesentlich, dass die Drainrohre so hoch

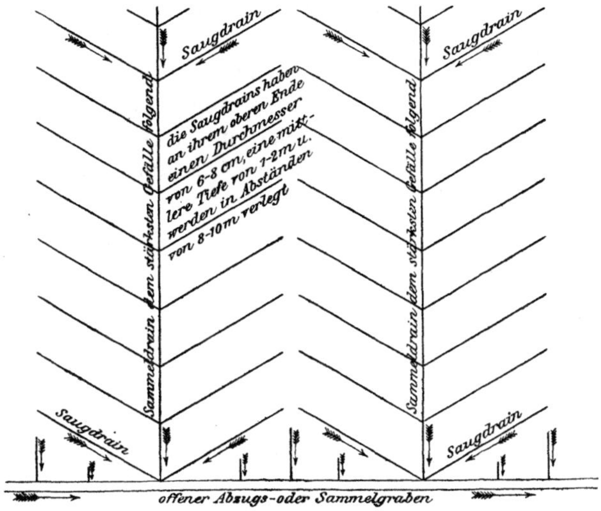

Fig. 85.

Uebersichts-Plan der Diagonal-Drainage einer Rieselfläche.

über Sohlenhöhe münden, dass die Mündungsstelle immer über dem Wasserspiegel der Sammelgräben liegt.

3. *Die Vertheilung des Abwassers auf den Rieselfeldern.*

Das städtische Abwasser wird den Rieselfeldern entweder durch natürliches Gefälle, wie z. B. in Freiburg i. Br., oder wie in Berlin, Breslau, Danzig etc. durch eine eiserne Druckrohrleitung zugeführt, und zwar auf den höchsten Punkt des Rieselfeldes.

In Berlin[1]) endigt das Hauptdruckleitungsrohr in ein offenes Standrohr von gleichem Durchmesser und 7—8 m Höhe.

Dasselbe hat ein Ueberlaufrohr und dient einmal als Sicherheitsventil für die Druckrohrleitung und die Maschinen, im Falle alle auf dem Rieselfelde vorhandenen Auslassschieber geschlossen sein sollten (die Sohle des Ueberlaufrohres muss natürlich höher als die höchsten Auslassschieber liegen), und dient so zu sagen als ein offenes Manometer, indem es den Rieselwärtern den jedesmaligen Druck im Druckrohr anzeigt. Um diesen weithin sichtbar zu machen, befindet sich auf einem Schwimmer im Standrohr, eine auf einer Stange sitzende Signaltafel, welche in der Nacht durch eine Laterne ersetzt wird. Aus der Höhendifferenz zwischen Signaltafel oder Laterne und Rohroberkante kann der Rieselwärter auf den Druck im Hauptdruckrohr schliessen.

---

[1]) Vergl. J. Hobrecht: Die Kanalisation von Berlin. Berlin, Ernst & Korn 1884.

Bevor indess das Abwasser auf den einzelnen Rieselflächen vertheilt wird, unterliegt es durchweg einer Vorreinigung von den gröbsten Schwebestoffen in Klärbecken, in denen die Geschwindigkeit etwa nur 4 mm in der Sekunde beträgt.

In Berlin und Breslau hat man sich mit flachen oder tieferen Gruben und bisweilen durch ein System flacher Gruben beholfen, deren Wirkung noch durch das Einbringen von Hürden, welche wie ein Gitter wirken, gesteigert worden ist. Auf dem Freiburger Rieselfelde hat man am Ende des Kanals (Kreisprofil von 75 cm Durchmesser mit Gefälle 1 : 235), welcher die Jauche aus der Stadt bringt, ein Absatzbecken angelegt. Dasselbe hat 2 Abtheilungen, deren jede eine Länge von 30 m und eine Breite von 15 m hat, und in welchen die Jauche an quer hindurch gezogenen Flechtzäunen in Windungen vorbei — bezw. durchfliesst — und die schwebenden Stoffe ausscheidet. Jede Abtheilung kann einzeln abgestellt werden, worauf dann ihre Entleerung, soweit das zurückgebliebene Wasser in Frage kommt, durch tief liegende Kanäle vor sich gehen kann. Nach Eintrocknung des Schlammes wird derselbe ausgestochen und zu Kompost verarbeitet.

Auf die Vortheile von etwa bedeckten grösseren Klär- oder Schlammbecken, in welchen das Abwasser vor Aufleitung auf die Rieselfelder etwa 24 und mehr Stunden eine Fäulniss durchmacht, habe ich schon S. 293 hingewiesen.

Ausser den grösseren Schlammbecken hat man vielfach auch noch kleinere eingerichtet; wenn nämlich an einem Auslassschieber, wie dieses meist der Fall ist, mehrere Vertheilungsgräben anfangen, so wird um den Schieber herum eine kleinere Absatzgrube von 2—3 m Durchmesser und mehr und 0,6—1,0 m Tiefe angelegt, mit welcher die oberen Enden dieser Gräben durch Drummen mit Schützen in Verbindung stehen, so dass das aus dem Schieber austretende Wasser jedem einzelnen Vertheilungsgraben zugeführt werden kann.

Nach solcher Vorklärung findet dann von den höchsten Stellen der Rieselfläche aus eine Vertheilung des Abwassers, sei es durch offene Gräben, unterirdische Kanäle oder gusseiserne Druckrohre statt. Diese Vertheilungsrinnen müssen so gross sein, dass sie den durch sie zu bewässernden Flächen genügende Mengen Abwasser zuführen können. Es wäre aber nicht richtig, letztere nach den durchschnittlich für etwa 1 ha zugeleiteten Wassermengen zu bemessen; denn diese setzen eine gleichmässige Bewässerung der ganzen Rieselfläche das ganze Jahr hindurch voraus, die nicht zutrifft. Man wird vielmehr hier annehmen müssen, dass meist nur ein kleiner Bruchtheil der gesammten Fläche zu gleicher Zeit berieselt wird, und um für die diesbezüglichen Verhältnisse einen Anhaltspunkt zu gewinnen, mögen die nachfolgenden Zahlen dienen, welche für die Häufigkeit der Berieselung einer Fläche auf den Berliner Rieselfeldern in dem Betriebsjahr 1896—97 als Näherungswerthe gewonnen sind:

Name des des Rieselfeldes	Grösse der Fläche, wenn eine einmalige Berieselung stattgefunden hätte ha	Häufigkeit der Berieselung jeder Fläche im Jahr	Von der Gesammtfläche wurden an einem Tage berieselt Procent
Osdorf	14 525,31	19 mal	19
Falkenberg	29 736,00	28 „	13
Malchow	22 679,23	22 „	17
Blankenfelde	12 280,00	18 „	20
Zusammen	79 220,54	22	17

Hieraus ergiebt sich, dass auf den Berliner Rieselfeldern, unter Ausschluss von Grossbeeren, für welches Rieselfeld ganz aussergewöhnliche Verhältnisse obwalteten, an einem Tag als Jahresdurchschnitt für sämmtliche übrigen Rieselfelder nicht ganz der 20. Theil der aptirten Fläche berieselt wird. Dies ergiebt aber eine durchschnittliche Jauchenmenge für den Tag und Hektar von 35,91[1]) $\times$ 20 = 718,20 cbm oder 8,31 l in der Sekunde. Nun dürfte es gewiss vielfach aber keine 24 Stunden dauern, ehe 1 ha vollständig bewässert worden ist, so dass die oben angegebenen 718,20 cbm in kürzerer Zeit zum Abfluss zu bringen sind. Für Berlin sind diesbezügliche Zahlen nicht angegeben, doch erhält nach Lubberger 1 ha des Rieselfeldes in Freiburg i. Br. bisweilen 1800 cbm in $2^1/_2$ Stunde, welches 200 l in der Sekunde entspricht.

Mit Rücksicht auf diese Thatsachen wird man bei der Planbearbeitung von Vertheilungsgräben, Kanälen oder eisernen Druckrohren wie folgt zu verfahren haben:

Da, wo es sich um die Bewässerung grosser Flächen handelt, wird man die Gräben oder sonstigen Vertheilungsmittel so gross machen müssen, dass sie den ganzen Jauchenzufluss aus der Stadt fortleiten können. Hier ist zu beachten, dass die Jauchenmengen während der 24 Stunden bedeutend schwanken und dass die grösste stündliche Jauchenmenge 7 % der gesammten Tagesmenge beträgt.

Was die Bewässerung der kleinsten Flächen anbelangt, so wird man gut thun, hier im Auge zu behalten, dass unter Umständen 1 ha ungefähr 2000 cbm in 3 Stunden bewältigen muss. Führt diese Annahme zu übergrossem Umfang — und dies dürfte auf ebenem Gelände der Fall sein —, so wird man dementsprechend die Belastungsgrösse eines Hektars vermindern müssen. Da, wo der Zufluss aus der Stadt auch zur Zeit der grössten Menge eine Höhe von 2000 cbm in 3 Stunden nicht erreicht, wird man natürlich nur auf den Stundenhöchstbetrag Rücksicht nehmen.

Für Flächen von mittlerer Grösse wird man einen Mittelweg einschlagen können.

---

[1]) Durchschnittlich zu berieselnde Abwassermenge für den Tag und Hektar.

Man wird natürlich bei Bemessung dieser Grössen gleich auf eine etwaige Vergrösserung des Geländes Rücksicht nehmen müssen, und die Vertheilungsmittel von vornherein so gross anlegen, dass sie für die Bewässerung des ganzen von ihnen beherrschten Gebietes ausreichen, vorausgesetzt, dass hierdurch die Ausdehnungen das praktisch-vernünftige Maass nicht übersteigen.

Ist man gezwungen, die Jauche in eisernen Druckrohren auf den Feldern zu vertheilen, so wird man gut thun, namentlich bei längeren Leitungen, an ihren tiefsten Punkten Reinigungsschieber und an den höchsten Lufthähne oder Luftventile anzubringen. Die Geschwindigkeit der Jauche in ihnen sollte nicht über 1 m für die Sekunde hinausgehen.

Zur Vertheilung der Jauche über die Felder hat man bisweilen auch offene oder überdeckte gemauerte Kanäle, Betonkanäle und Thonröhren (halbkreisrunde und völlig runde) benutzt, doch dürften da, wo es sich um Gravitationsleitungen handelt, offene Gräben in den meisten Fällen genügen.

Diese Gräben können entweder erhöht oder vertieft angelegt werden, d. h. über oder in dem Gelände der Rieselflächen. Die über der Höhenlage der Felder angelegten Gräben haben den Vortheil, dass sie an jeder Stelle völlig auf die Rieselfelder entleert werden können. Die Jauche bleibt in ihnen nicht stehen, und nach Einstellung der Berieselung bleiben keine Schmutzstoffe in ihnen zurück. Dagegen erfordern sie in der Regel grössere Herstellungskosten als tiefliegende Gräben und nehmen auch eine grössere Bodenfläche in Anspruch. Man darf im allgemeinen vielleicht sagen, dass erhöhte, in Dämmen geführte Gräben gegen 15 $^0/_0$ der gesammten aptirten Fläche bedecken. Von einer Betriebsverwaltung dürften im allgemeinen hochliegende Gräben vorgezogen werden.

Tief liegende, in das Gelände eingeschnittene Gräben brauchen weniger Bodenfläche — vielleicht nur 8—10 $^0/_0$ der aptirten Fläche — und können auch billiger als erhöhte Gräben hergestellt werden, dagegen haben sie den grossen Nachtheil, dass das Schmutzwasser in ihnen aufgestaut wird, und dass nach Einstellung der Berieselung Sinkstoffe in ihnen zurückbleiben, welche in Fäulniss übergehen und dadurch dem Graben ein schwarzes unangenehmes Aussehen geben, und unter Umständen auch Geruchbelästigungen hervorrufen können. Dies kann man vermeiden, indem man die todten Enden mit einem besonderen Ableitungsgraben verbindet, welcher nach Einstellung der Bewässerung einer Fläche das im Graben verbliebene Schmutzwasser in eine Sammelgrube führt, aus welcher der getrocknete Schlick zu anderweitiger Düngung der Felder benutzt werden kann. Man hat auch zu Gunsten tiefer in das Gelände eingeschnittener Gräben geltend gemacht, dass aus ihnen das Abwasser mit geringerer Geschwindigkeit auf das zu berieselnde Feld austritt, mithin ein Auswaschen der Ackerfläche an der Auslassstelle nicht stattfinden kann; doch lässt sich ein solcher Vorgang bei hochliegenden Gräben unter anderem leicht durch Einschaltung von Furchen vermeiden, aus welchen das Wasser auf die Fläche tritt.

Will man weder durchgängig hoch- noch tiefliegende Gräben anwenden, so kann man bisweilen einen Mittelweg einschlagen; man wird dann nur darauf sehen müssen, dass die Gräben an einigen Stellen über Geländehöhe zu liegen kommen, aus welchen sie gänzlich auf die Rieselfläche entleert werden können.

Diejenigen Gräben, welche das Abwasser über die Felder vertheilen, hat man vielfach „Vertheilungsgräben" genannt, während man den von diesen ausgehenden seitlichen Gräben, von welchen aus die Berieselung einer Fläche unmittelbar geschieht, den Namen „Rieselgräben" gegeben hat. Aus den Figuren 70, 72, 74, 76, 78 u. 80 werden diese Bezeichnungen deutlich ersichtlich sein, und während man die Vertheilungsgräben soweit als möglich in der Richtung des stärksten Gefälles führt, laufen die Rieselgräben quer zu demselben.

Auf den Berliner Rieselfeldern sind meist tiefliegende Vertheilungsgräben angewendet worden, welche 0,5—1 m tief sind und eine Sohlenbreite von 0,3—0,5 m haben. Seitlich sind sie mit kleinen Dämmen von 0,30 bis 0,50 m Kronenbreite und einfacher Anlage eingefasst worden. An den Anlassschiebern der eisernen Vertheilungsrohre anfangend, sind sie von hier aus bis zum tiefsten Punkte der zu bewässernden Flächen geführt worden und zwar so, dass sie eine möglichst grosse Zahl der einzelnen Flächen an einer Seite oder einer Ecke berühren. Die von diesen Vertheilungsgräben nicht unmittelbar berührten Flächen werden durch Zweigvertheilungsgräben bewässert.

Die Rieselgräben sind ebenfalls ins Gelände eingeschnitten worden. Weiteres lässt sich aus Fig. 72 und 73 ersehen.

Auf den Breslauer Feldern sind die Vertheilungsgräben durch 0,4 m hohe Dämme über Gelände erhöht worden, während dagegen die Rieselgräben in das Gelände eingeschnitten sind; dies dürfte deutlich aus Fig. 75 ersichtlich sein.

Auf den Rieselfeldern von Freiburg i. Br. wurden zuerst Rieselgräben mit Sohlengefälle nach den Vertheilungsgräben angelegt, um die ersteren nach Einstellung der Bewässerung in letztere zurück entleeren zu können. Doch hat dies zu Betriebsschwierigkeiten geführt; daher werden jetzt alle neuen Rieselgräben mit Gefälle nach der zu bewässernden Fläche angelegt Da das Gefälle auf den Feldern beträchtlich ist — 7 bis 8 auf Tausend —, so erhalten die Vertheilungsgräben, welche in der Richtung des stärksten Gefälles die Flächen durchziehen, verhältnissmässig nur kleine Profile; 0,6 m Sohlenbreite und 0,6 m Tiefe würden fast durchweg genügen, die grösste Wassermenge von 750 Sekundenlitern überall hin zu führen. Nur da, wo die Vertheilungsgräben quer zum grössten Gefälle gehen oder wo sie aus sonstigen Gründen geringeres Gefälle enthalten, sind grössere Weiten erforderlich. Die Dammkronen dieser Gräben werden mindestens 20 cm höher als der höchste Wasserstand gelegt und beiderseits als 1 m breite Fusswege ausgebildet.

In Entfernung von je 60 m sind Stauschleusen eingesetzt, welche das Wasser nach beiden Seiten hin auf die Felder zu leiten haben; bei der Einrichtung von Schleusen sind soweit als möglich alle Profilerweiterungen zu vermeiden, weil sie Schlammablagerungen hervorrufen. Wie alle Bauten auf der ganzen Anlage sind die Schleusen aus Cementbeton (1 Theil Portlandcement, 2 Theile Sand und 4 Theile Kies) hergestellt, da Mauerwerk oder Quadern theurer zu stehen kommen; dagegen ist Kies und Sand durchweg in unmittelbarer Nähe vorhanden.

Die Schützen sind einfache Staubretter ohne besondere Aufzugsvorrichtung; dies ist deshalb vortheilhafter, weil eiserne Vorrichtungen im Winter, wo beim Oeffnen der oft eingefrorenen Schleusen rücksichtslos an denselben herumgeklopft wird, sehr leicht leiden würden.

Uebrigens sei hier bemerkt, dass sich die Leitung der Spüljauche in offenen Gräben auch während des Winters bewährt und zu keinen Schwierigkeiten geführt hat. Die Jauche kommt auch während der kältesten Zeit mit einer Temperatur von 5—6° C. auf dem Rieselfeld an und kühlt sich bei ihrem Lauf bis zu 3 km nur um etwa 2° ab.

Die Rieselgräben haben eine Sohlenbreite von 50 cm und eine Tiefe von 60 cm. Die Sohlen der Vertheilungsgräben und die Schwellen der Stauschleusen liegen durchschnittlich auf Geländehöhe, während die Einlassschwelle der Rieselgräben 20 cm höher gelegt worden ist. Hierdurch erreicht man, dass die Sohlen der letzteren, welche ein Gefälle von 20 bis 30 cm in ihrer Länge haben, an ihrem todten Ende ungefähr in Geländehöhe zu liegen kommen.

Durch Rohrdohlen von 20 cm Durchmesser, welche in einer Entfernung von 30—40 m auf Sohlenhöhe des Rieselgrabens angebracht sind, erfolgt seine vollständige Entleerung auf die zu berieselnde Fläche und zwar vermittelst einer am äusseren Fusse des unteren Dammes angelegten Rinne.

Die Rieselflächen sind alle geebnet worden, und zwar sind sie wagerecht in der Richtung der Rieselgräben, und senkrecht zu denselben folgen sie dem durchschnittlichen natürlichen Gefälle der Fläche. Da auf der einen Seite die Vertheilungsgräben in nahezu gleicher Höhe mit den Rieselgräben liegen und auf der anderen auch die Längswege höher als das Gelände angelegt sind, so können die Beete sowohl berieselt wie auch als Becken zum Einstauen des Schmutzwassers verwendet werden.

Die Vertheilung des Wassers innerhalb der Flächen erfolgt verschieden, je nachdem es sich um Wiesen, Beete oder Staubecken handelt (vergl. den folgenden Abschnitt) S. 318.

G. H. Gerson[1]) hat seiner Zeit (1883) vorgeschlagen, das städtische Abwasser ähnlich wie Stalljauche durch fahrbare zwei- oder dreirädrige Spritzvorrichtungen, welche auf dem Felde aufgestellt und durch Röhren oder

---

[1]) Preuss. landw. Jahrbücher 1883, **12**, 227.

Schläuche vom Standrohr aus gespeist werden, zu vertheilen, um eine zweckmässigere Ausnutzung zu bewirken. Der Vorschlag scheint aber bis jetzt noch keine dauernde Anwendung im grossen gefunden zu haben, weshalb ich mich mit dem Hinweis darauf begnüge.

4. Beispiele einiger Rieselungsanlagen mit städtischem Abwasser.

Nachdem vorstehend die allgemeinen Gesichtspunkte entwickelt sind, welche für die Einrichtung von Rieselfeldern massgebend und zu beachten sind, mögen hieran anschliessend einige grössere wirklich ausgeführte Rieselanlagen näher beschrieben werden, und zwar auf hügeligem Gelände (Berlin), auf schwach und gleichmässig geneigtem Gelände (Freiburg i. Br.) und auf fast ebenem Gelände (Breslau und Paris), auf welche Rieselfelder vorstehend schon häufig hingewiesen ist.

a) Die Rieselfelder von Berlin.

Die Rieselfelder von Berlin, mit vorwiegend Sandboden und stellenweise etwas Lehm, hatten bis zum 31. März 1897 eine Gesammtausdehnung von 9582 ha, von denen aber erst 5585 ha aptirt waren.

Tafel I giebt die Lage und Wasserzuführung derselben im allgemeinen an, während die Tafel II die Eintheilung des einen Rieselfeldes (Blankenburg-Malchow) darstellt, welche die Druckrohrvertheilung, die Be- und Entwässerung im einzelnen erkennen lässt. Die Berliner Rieselfelder sind die grössten der Welt, seit 20 Jahren zur Zufriedenheit in Betrieb und gelten vielfach als Muster.

Sie bilden ein gutes Beispiel für die Jauchenberieselung auf hügeligem Gelände. Man hat es daher auf ihnen nicht mit einem einzigen Auslass der Jauche, sondern mit einer ganzen Reihe derselben zu thun, bis zu welchem die Jauche in eisernen Druckröhren fliesst.

Die Art der Kanalisation von Berlin, sowie die Grösse der Rieselfelder erhellt aus folgenden Zahlen (vergl. Tafel I):

Grösse der Systeme.

		qm	Pumpstation
Radial-System	I	= 2727720	Reichenbergerstr. 66.
„	II	= 3492350	Gitschinerstr. 7—11.
„	III	= 3897200	Schönebergerstr. 21.
„	IV	= 8616670	Scharnhorststr. 9—10.
„	V	= 8078020	Holzmarktstr. 31—32.
„	VI	= 3691100	Urbanstr. 177.
Radial-System VII:			
Berliner Gebiet		= 3077000	Genthinerstr. 4.
Charlottenburger Gebiet . .		= 740000	
Schöneberger Gebiet . . .		= 337000	

		qm	Pumpstation
Radial-System	VIII	= 5596500	Alt-Moabit 67—70.
(Schöneberger Wiesen)	VIIIa	= 536500	
Radial-System	IX	= 5178900	Seestr. (Ecke) 10b.
„	X	= 4607800	Bellermannstr. 7.
„	XI	= 4185200	—
„	XII	= 2941000	Strasse 47.

Grösse der Rieselfelder.

Osdorf und Friederikenhof	819 ha
Heinersdorf (R.-S. I, II, VI)	417 „
Grossbeeren (R.-S. III, VII)	954 „
Falkenberg und Bürknersfelde	701 „
Hohen-Schönhausen (R.-S. V)	100 „
Ahrensfelde	162 „
Wartenberg	456 „
Malchow (R.-S. IV)	558 „
Blankenburg	283 „
	4450 ha
Uebertrag	4450 ha
Rosenthal und Blankenfelde	921 „
Möllersfelde (R.-S. VIII, IX, X)	60 „
Lindenhof Fr. Buchholz	469 „
Hellersdorf (R.-S. XII)	447 „
Schenkendorf in Reserve	624 „
Kleinbeeren	484 „
Sputendorf	481 „
Ruhlsdorf	428 „
Gütergotz	686 „
Kaulsdorf und Biesdorf	210 „
Sa.	9260 ha

Länge der Druckrohrleitung.

Radial-System	Länge m	Durchmesser m
I bis Kuppelstück	3600	0,75
II „ „	964	1,00
III „ „	2908	0,75
VI „ „	1273	0,75
VII „ „	1676	0,75
VIII „ „	5536	1,00
X „ „	698	0,75
I, II u. VI bis Standrohr	11542	1,00 u. 0,75
IV „ „	14301	1,00
V „ „	7988	1,00
III u. VII „ „	21534	1,00
VIII u. X „ „	8412	1,00
IX bis Kuppelstück	3350	0,75
XII „ Standrohr	12565	0,75

Während hiernach die Hauptrohre der Druckleitung 0,75 bis 1,00 m Durchmesser im Lichten haben, beträgt der Durchmesser der Vertheilungsdruckrohre 0,70 bis 0,20 m in Abstufungen von je 0,05 m. Die Vertheilungsdruckrohre haben wegen der hügeligen Beschaffenheit des Geländes der Berliner Rieselfelder eine ausserordentlich starke Verzweigung und Gesammtlänge. Dieser Umstand und die grösseren Erdbewegungen haben die Herrichtungs-(Aptirungs-)Kosten auf den Berliner Rieselfeldern wesentlich vertheuert.

Da die sonstigen Einrichtungen auf den Berliner Rieselfeldern schon mehrfach hervorgehoben und für die Besprechung zu Grunde gelegt sind, so kann hier von einer weiteren Beschreibung Abstand genommen werden.

b) Das Rieselfeld von Freiburg i. Br.[1])

Das gleichmässig geneigte Rieselfeld von Freiburg i. Br.[1]) mit 55000 Einwohnern umfasst 498 ha, von denen bis jetzt nur 254 ha berieselt werden; der Boden, ausschliesslich Urgebirgsschutt, besteht aus durchlässigem Kies

[1]) Vergl. Lubberger: Das Rieselfeld von Freiburg i. Br.

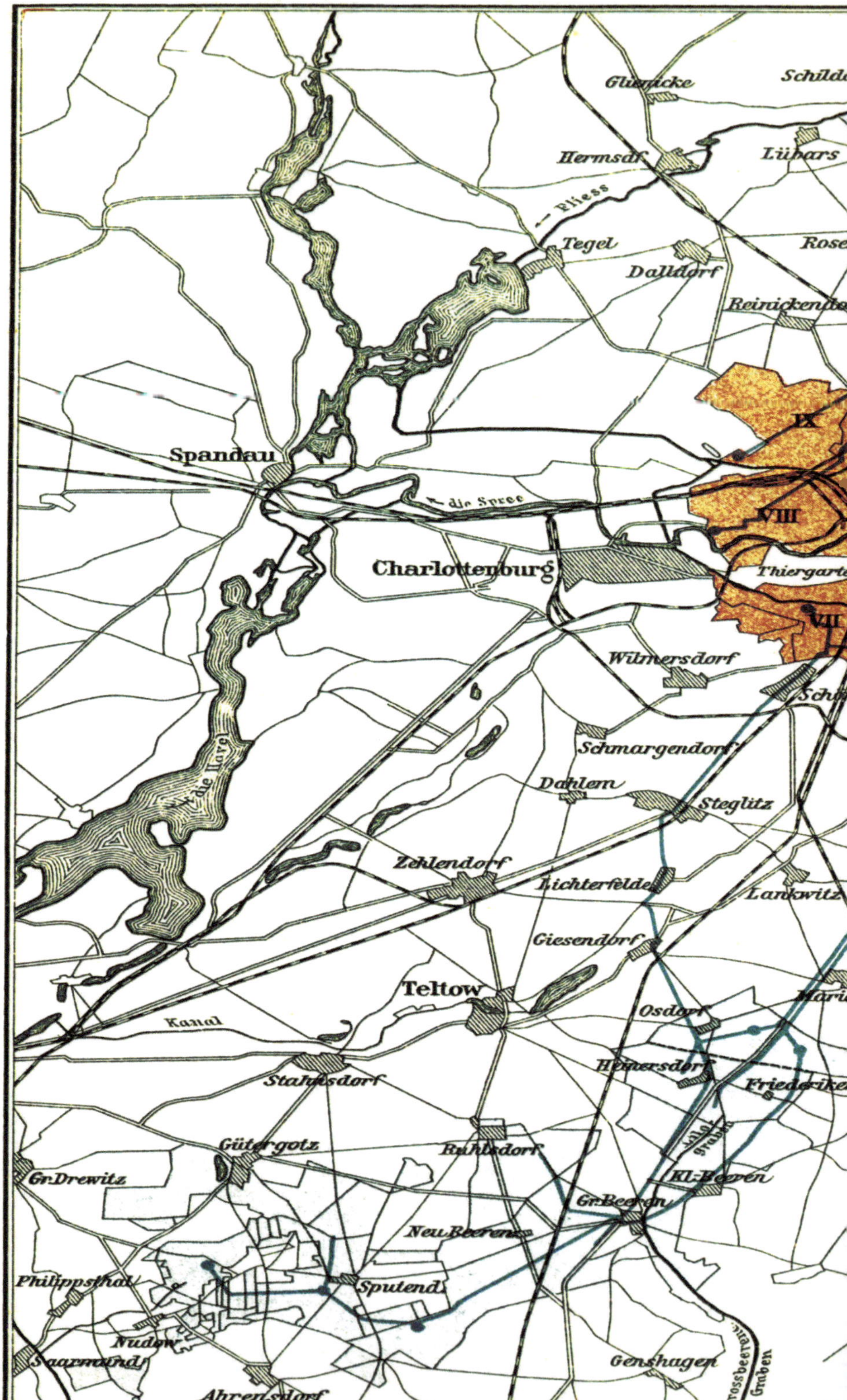

Die 12 Radialsysteme der Stadt Berlin sind durch eine roth schra
Die dicken blauen Linien stellen die Druckrohrleitungen dar.
Die Pumpstationen am Anfang der Druckrohre, und die Standroh

Verlag von Julius Springer in Berlin.

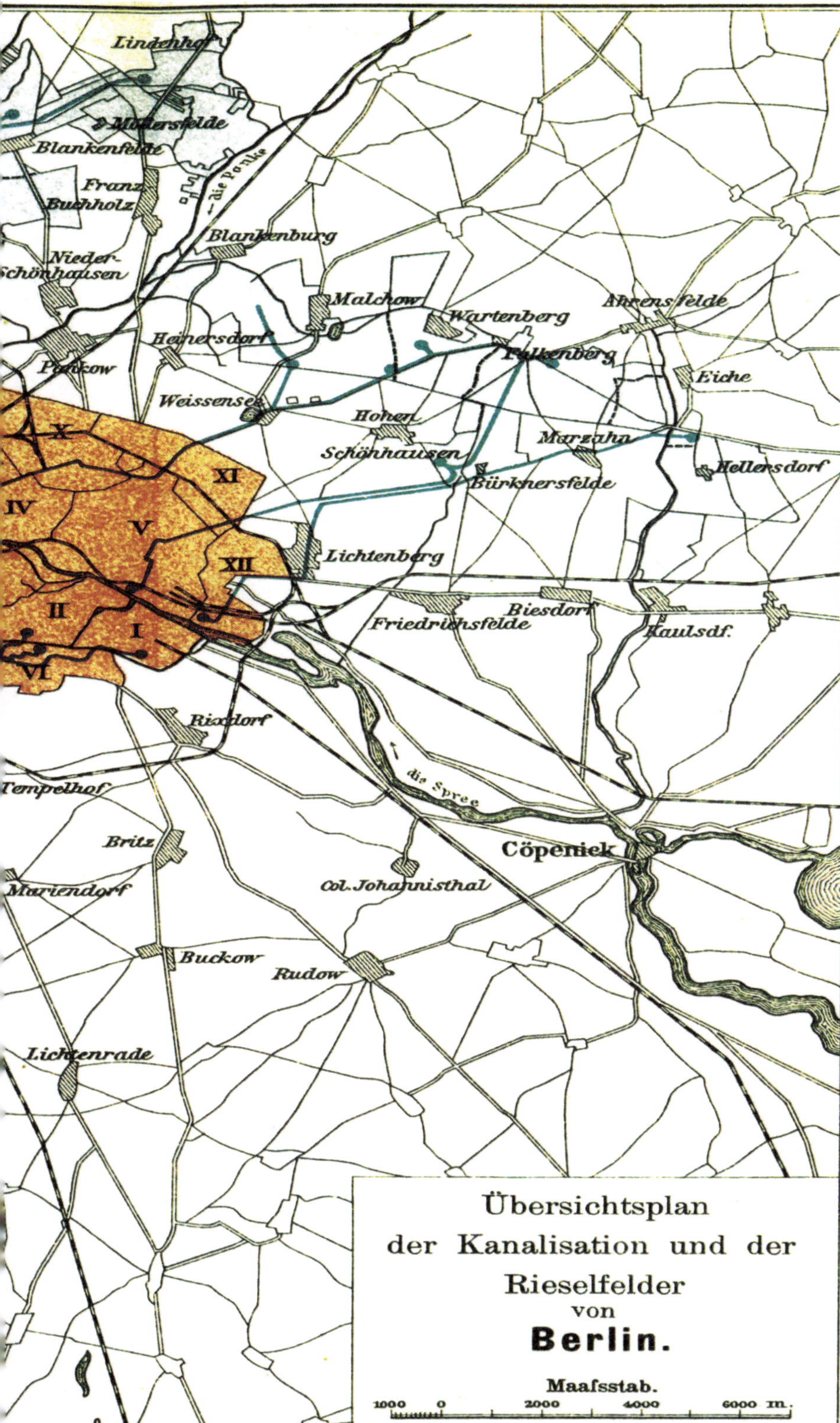

Fläche, die Rieselfelder durch blau schraffirte Flächen bezeichnet.
ihrem Ende sind durch volle blaue Kreise bezeichnet.

Techn. art. Anst. von Alfred Müller in Leipzig.

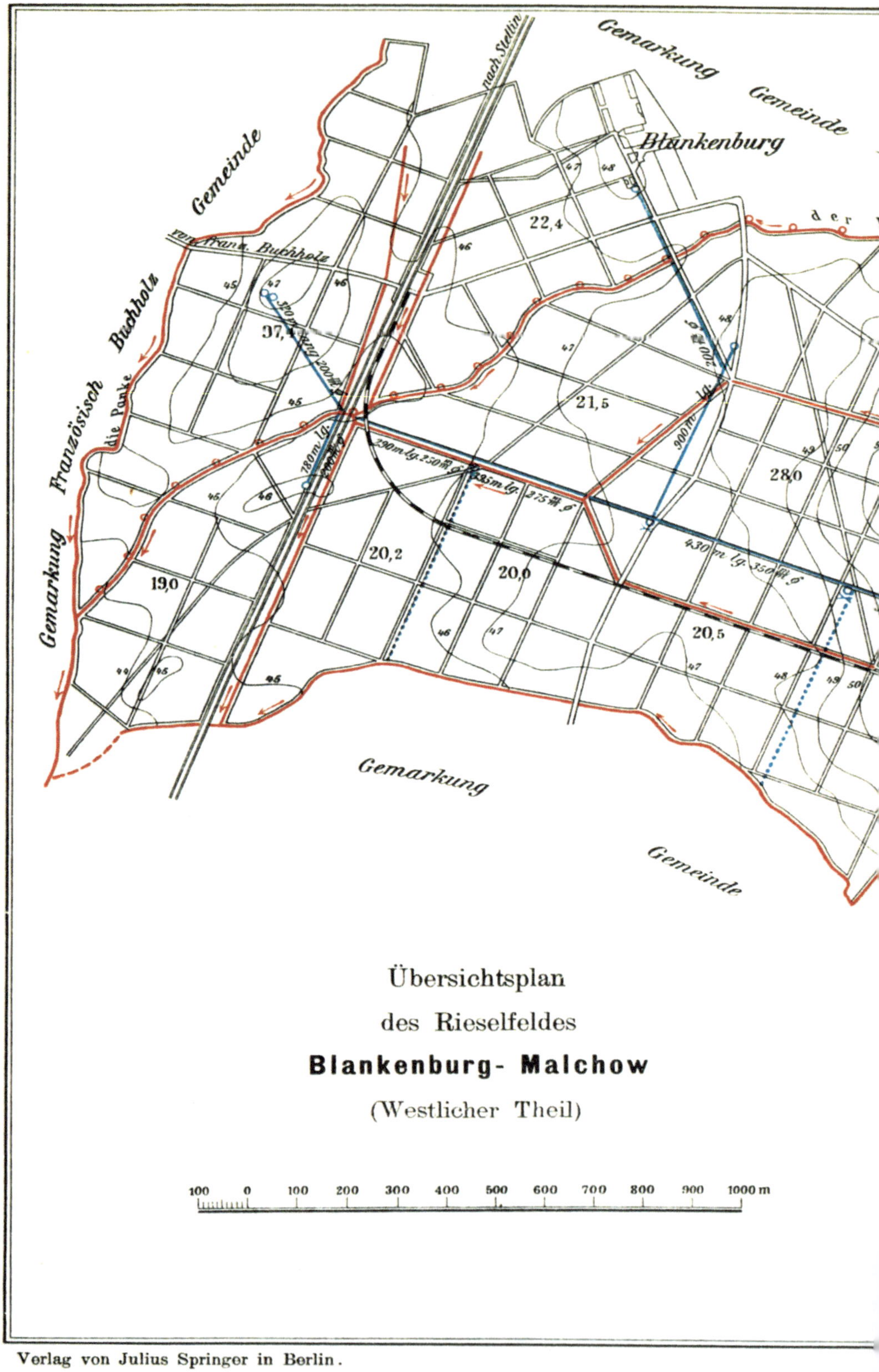

Übersichtsplan
des Rieselfeldes
Blankenburg- Malchow
(Westlicher Theil)

Verlag von Julius Springer in Berlin.

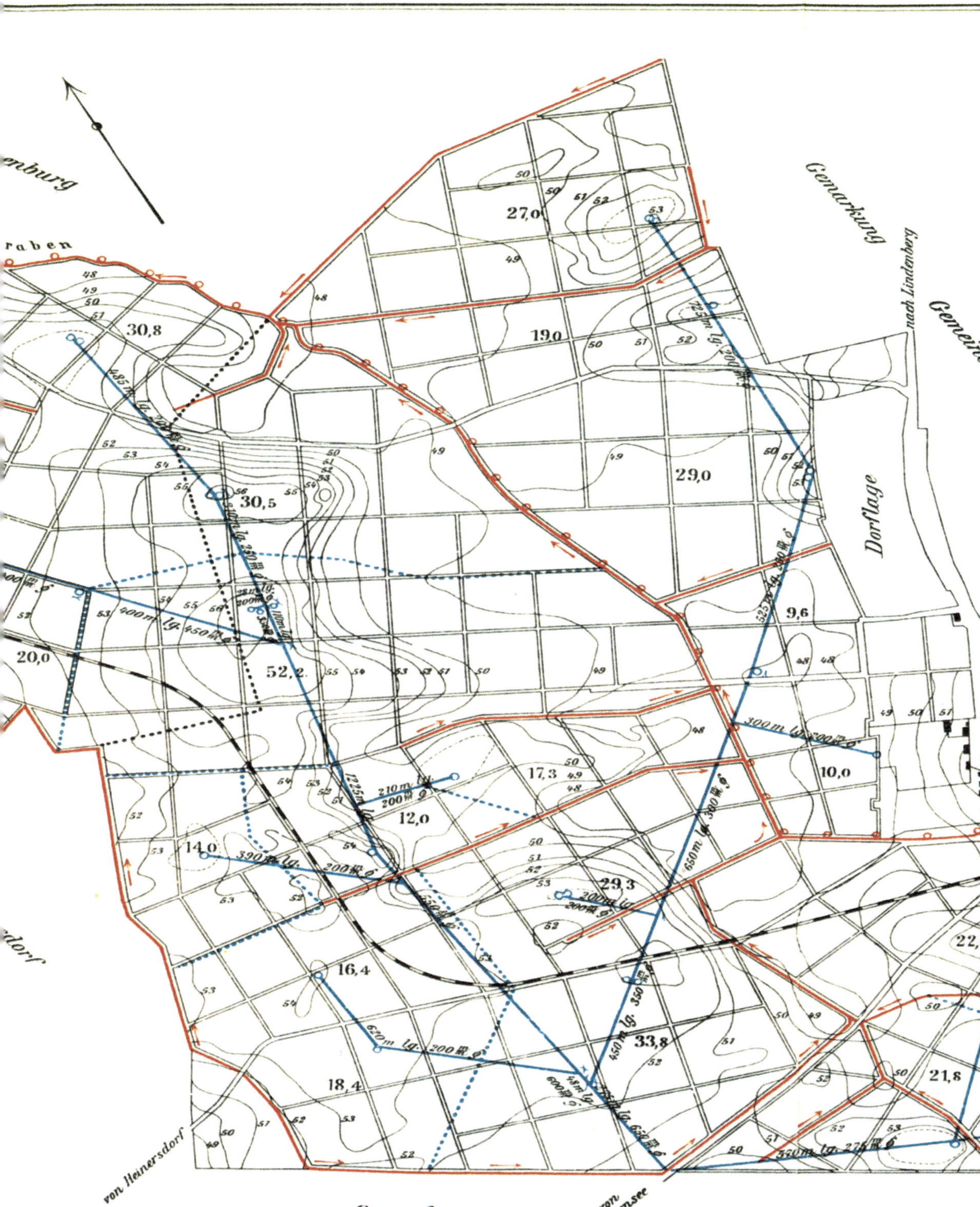
Gemarkung
nach Lindenberg
Dorflage
27,0
19,0
29,0
30,8
30,5
52,2
20,0
9,6
10,0
17,3
12,0
14,0
29,3
16,4
33,8
18,4
22,8
21,8
von Heinersdorf
von Weissensee
Gemarkung
Weissensee

Tafel II.

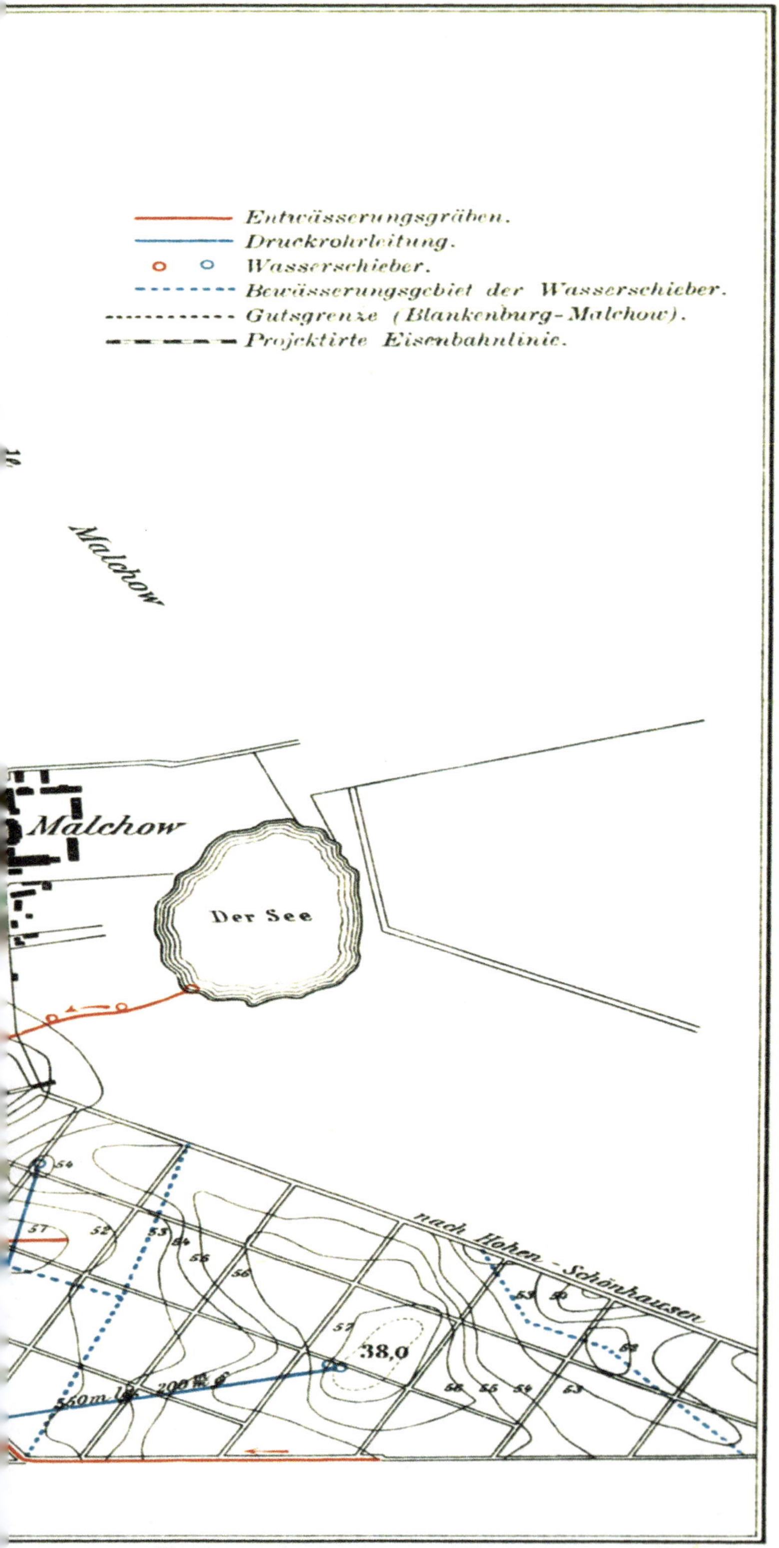

Techn. art. Anst. von Alfred Müller in Leipzig.

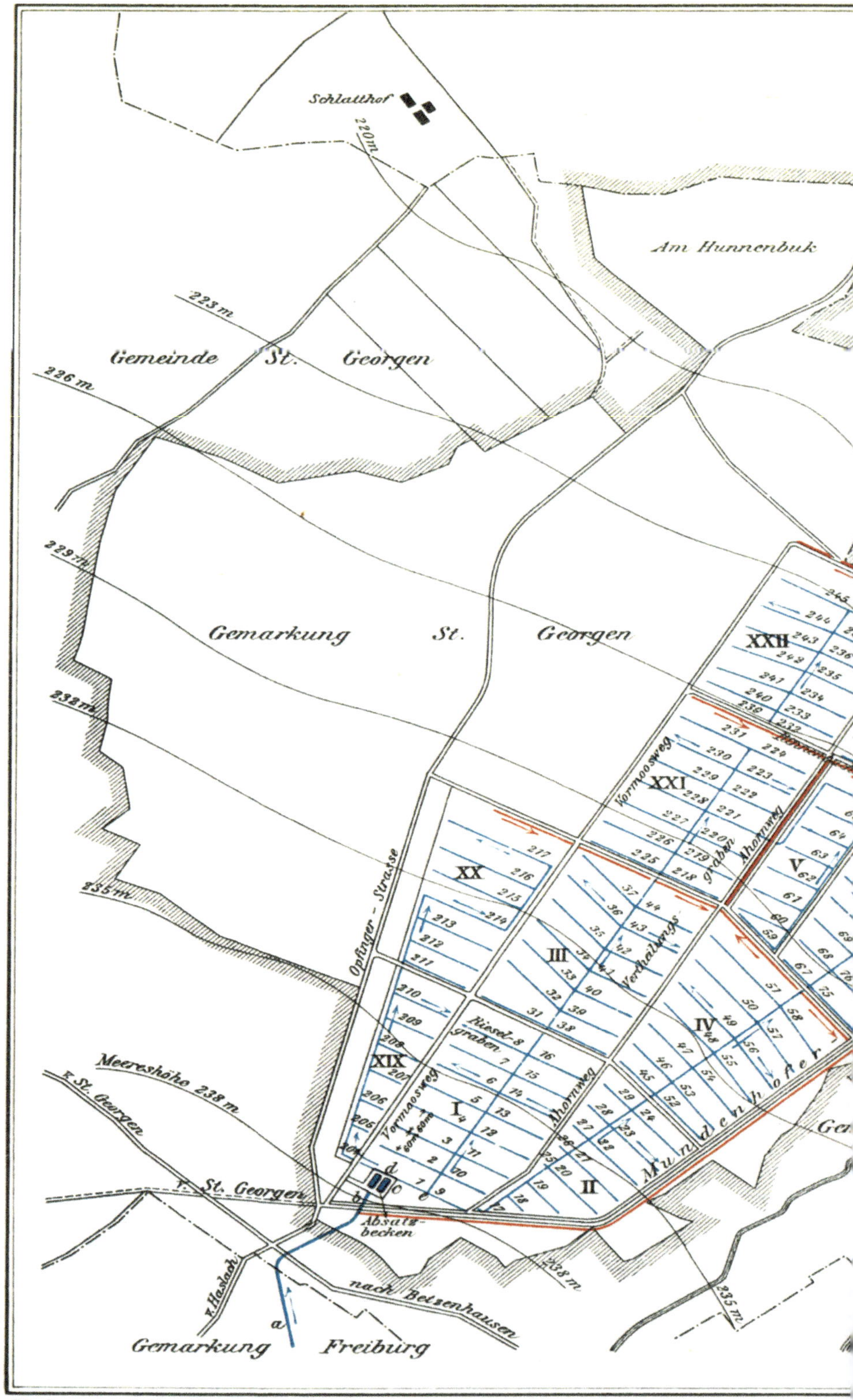

Verlag von Julius Springer in Berlin.

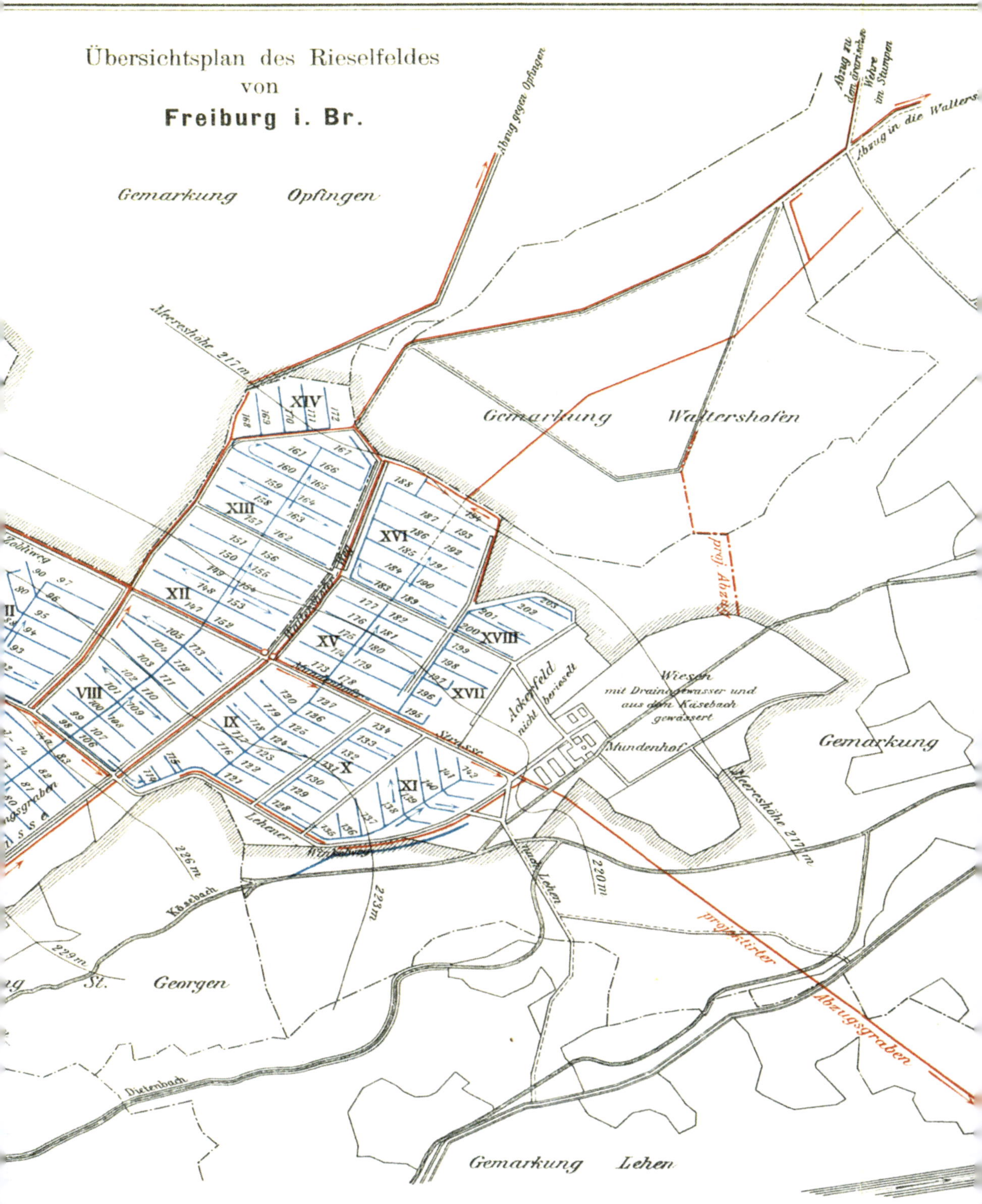
Übersichtsplan des Rieselfeldes
von
Freiburg i. Br.
Gemarkung Opfingen
Abzug gegen Opfingen
Meereshöhe 217 m
Gemarkung Waltershofen
proj. Abzug
Wiesen
mit Drainagewasser und
aus dem Käsebach
gewässert
Ackerfeld
nicht berieselt
Mundenhof
Strasse
Lehener Weg
Gemarkung
Meereshöhe 217 m
220 m
223 m
226 m
229 m
Käsebach
St. Georgen
Dietenbach
projektirter Abzugsgraben
Gemarkung Lehen
XIV
XIII
XII
XVI
XV
XVIII
XVII
VIII
IX
X
XI

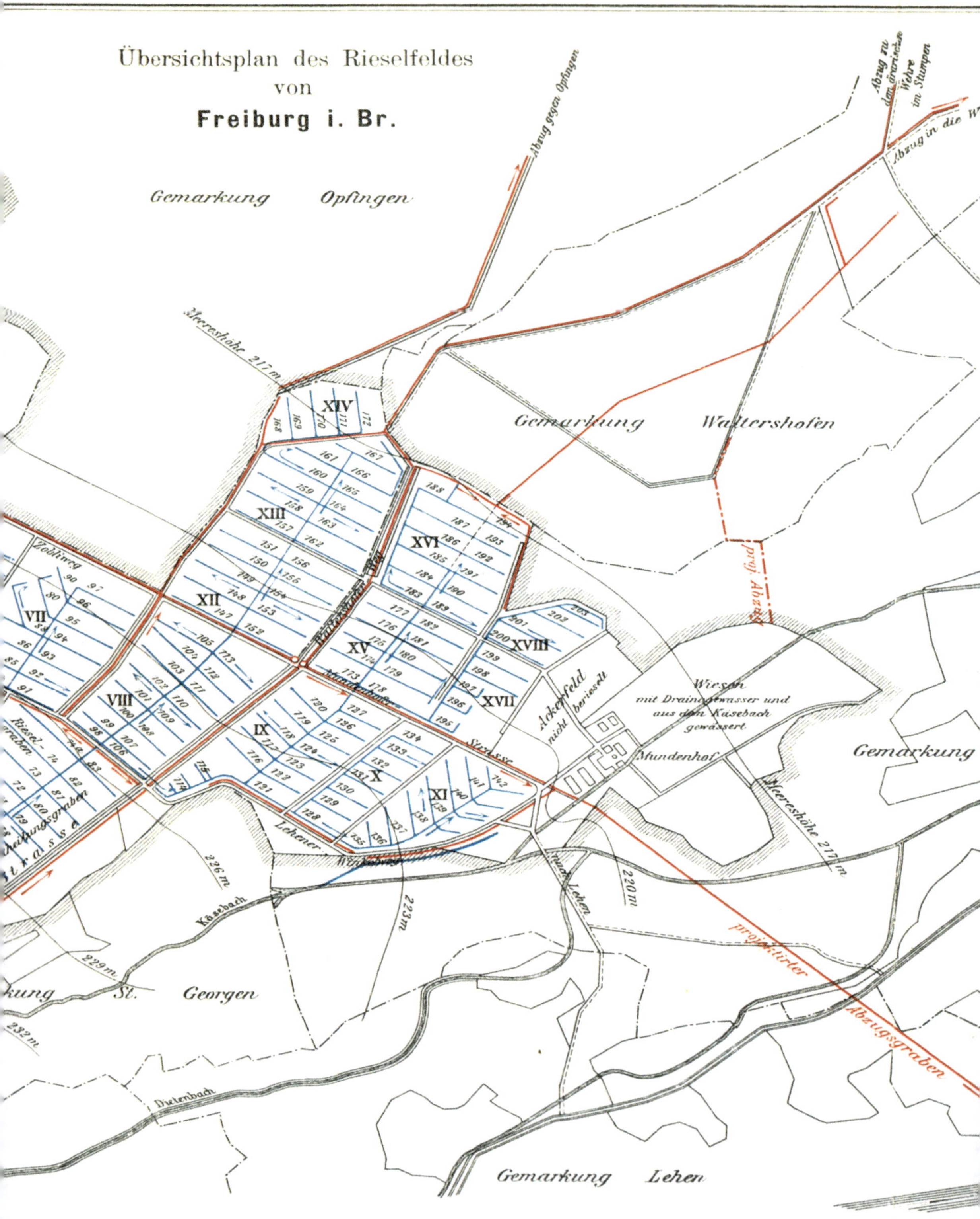

Übersichtsplan des Rieselfeldes
von
Freiburg i. Br.
Gemarkung Opfingen
Abzug gegen Opfingen
Meereshöhe 217 m
Gemarkung Waltershofen
Abzug in die Wa
proj. Abzug
Zollweg
Wiesen
mit Drainagewasser und
aus dem Käsebach
gewässert
Ackerfeld
nicht berieselt
Mundenhof
Gemarkung
Meereshöhe 217 m
Lehener
Strasse
Käsebach
226 m
223 m
220 m
229 m
232 m
projektirter Abzugsgraben
Gemarkung St. Georgen
Dietenbach
Gemarkung Lehen

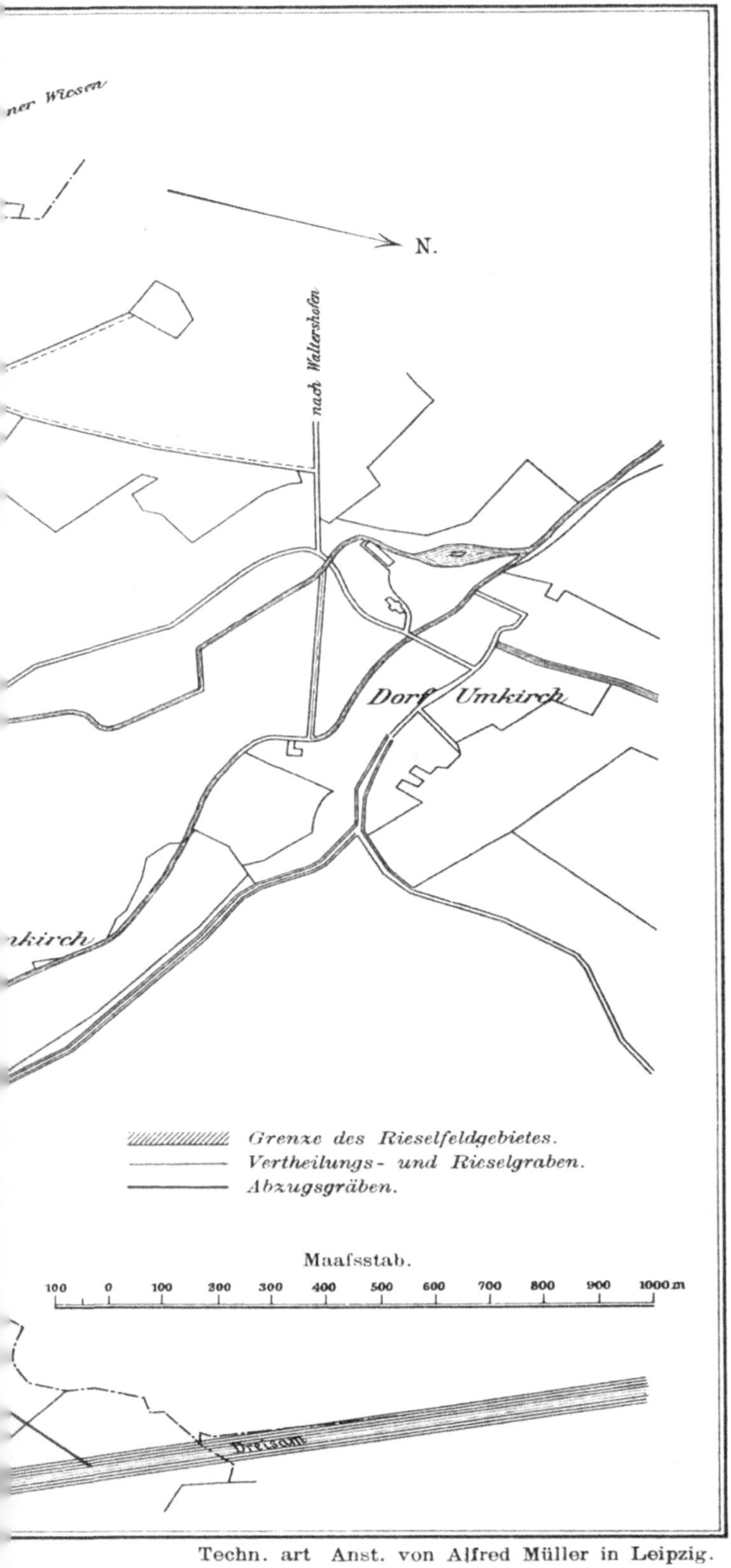

Techn. art. Anst. von Alfred Müller in Leipzig.

und Sand mit zwischengelagerten Letteschichten. Die Rieselung ist seit 1889 im Gange.

Zur Erläuterung des Planes (Tafel III), soweit die Einrichtungen nicht schon vorstehend erwähnt sind, mögen noch folgende Bemerkungen dienen:

Auf dem höchsten Punkte des Rieselfeldes befinden sich die Absatzbecken *c*, in welche der aus der Stadt kommende unterirdische Zuleitungskanal *a b* mündet. Hier können die schwebenden Stoffe der Jauche entzogen werden, welche dann durch die Vertheilungs- und Rieselgräben auf das Rieselfeld gelangt. Von den Absatzbecken aus fällt das Gelände in scheinbar gleichmässigem Gefälle ungefähr 21 m (1 : 126) bis an das entgegengesetzte Ende des Rieselfeldes. Dies hat die Anlage des Feldes bedeutend erleichtert, indem durchweg offene Gräben zur Vertheilung des Wassers benutzt werden können.

Auf obigem Plan sind die verschiedenen Rieselflächen (Gewanne) mit römischen Zahlen I—XXII bezeichnet und die einzelnen Felder mit gewöhnlichen Zahlen 1—245: erstere haben eine Grösse von 4 ha (XVIII) bis 16 ha (I) und letztere eine solche von ungefähr 80—120 a (0,8—1,20 ha). Sämmtliche Rieselflächen sind auf allen Seiten von Wegen umgeben, welche durchweg 0,5 m über Geländehöhe liegen und eine Breite von 0,5 bis 0,6 m haben, sodass ausser Berieselung die ganze Fläche überstaut werden kann.

Soll nun z. B. Feld 5 in der Rieselfläche I berieselt werden, so wird die Jauche beim Verlassen des Absatzbeckens bei *d* in den Vertheilungsgraben *de* eintreten, in demselben bis zur Schütze bei Nr. 6 weiter fliessen und hier nach links in den Rieselgraben zwischen Feld 5 und 6 eintreten, aus welchem sie durch Rohrdohlen von 20 cm Weite auf das Feld 5 gelangt.

Die Vertheilungsgräben, welche als erhöhte Gräben hergestellt sind, verlaufen in der Richtung des stärksten Gefälles und können daher ziemlich kleine Weiten erhalten (Gefälle ungefähr 7—8 auf Tausend); die Kronen ihrer Dämme sind als 1 m breite Fusswege ausgebildet. In Entfernungen von 60 m sind Stauvorrichtungen angebracht, welche das Wasser nach Einsetzung der Schützen nach beiden Seiten in die Rieselgräben führen können. Letztere sind ebenfalls als erhöhte Gräben hergestellt und zwar so, dass sie an ihrem Ende in Geländehöhe ausmünden; sie haben ein durchschnittliches Gefälle von 20 bis 30 cm (ungefähr 1 : 500). In ihnen sind in Entfernungen von 30 bis 40 cm 20 cm weite Rohrdohlen eingebaut, welche auf Sohlenhöhe liegen und die Jauche in eine Rinne am oberen Ende des Feldes leiten. Bei Wiesenbau tritt nach Füllung dieser Rinne die Jauche seitlich auf das Feld über, während sie beim Beetbau in zickzackförmigen Gräben das Feld langsam durchfliesst.

Was die Entwässerung des Rieselfeldes anbelangt; so sollen alle Rieselflächen völlig drainirt werden und zwar nach dem System der Quer-Drainage, bei welchem die Saugstränge quer zum stärksten Gefälle und die Sammler in der Richtung desselben verlaufen. Die Saugdrains haben eine durchschnittliche Tiefe von 1,5 bis 2 m und sind in Entfernungen von 8 bis 10 m verlegt. Die Sammler münden in offene Abzugsgräben, welche 2 bis 2,5 m tief in das Gelände eingeschnitten und auf obigem Plane durch rothe Linien gekennzeichnet sind. Die Mündung der Sammler liegt durchschnittlich 20 cm über der Sohlenhöhe dieser Abzugsgräben, ihr durchschnittliches Gefälle beträgt 0,2 $^0/_0$ und das der Abzugsgräben 0,3 bis 1 $^0/_0$.

c) **Das Rieselfeld von Breslau.**[1])

Das Rieselfeld von Breslau mit rund 360000 Einwohnern hat zur Zeit eine Grösse von 800 ha, soll aber noch um 450 ha vergrössert werden.

---

[1]) Vergl. Kaumann: Die Kanalisation und die Rieselfelder von Breslau. Festschrift zur 13. Versammlung des deutschen Vereins für öffentliche Gesundheitspflege. Breslau 1886.

Der Boden hat eine 0,50 m starke lehmige Oberschicht, die aber vollständig durchlässig ist; darunter befindet sich Sand, der an einzelnen Stellen bis zum Kies übergeht.

Die Betriebskosten (Zinsen, Schuldentilgung, Hebung) stellen sich nur auf 0,44 M. für den Kopf und das Jahr.

Das Rieselfeld dient vorwiegend für eine landwirthschaftliche Benutzung; deshalb sind die einzelnen Rieselflächen ziemlich gross.

Zu den beiden Tafeln IV und V mögen noch folgende Erläuterungen dienen:

Das Breslauer Rieselfeld liegt auf beinahe völlig ebenem Gelände und ist durch Deiche gegen Ueberschwemmungen geschützt. Auf seinem höchsten Punkte ist die Mündung des Druckrohres. *AB* (Tafel V) ist der Hauptzuführungskanal der Jauche, in welchen das Druckrohr mündet, und der ein Gefälle von 1:2500 hat. Er liegt etwa 1,4 m über der durchschnittlichen Oberfläche des Rieselfeldes, hat einen rechteckigen Querschnitt 1,40 × 1,30 m, ist aus Beton hergestellt und mit Granitplatten abgedeckt. Zur Herstellung des Dammes, in welchem er liegt, wurde der Aushub aus dem Hauptentwässerungsgraben *CD* benutzt, welcher parallel und dicht neben ihm herläuft. Der letztere hat nur ein sehr schwaches Gefälle 1 : 6000.

Die einzelnen Felder, welche auf dem Theil-Plan mit Nummern (25, 26 u. s. w.) bezeichnet sind, haben eine Breite von 80—90 m und eine Länge von 200—500 m, mithin eine ungefähre Fläche von 1,5 bis 4 ha oder im Mittel von 2,75 ha. Sie sind auf allen 4 Seiten mit 0,4 m hohen Wällen umgeben, in deren Längsachsen zum Theil die Vertheilungsgräben eingeschnitten sind. Was das Gefälle der Felder anbelangt, so beträgt das Längengefälle ungefähr 1 : 1000 und das Quergefälle 1 : 500.

Sämmtliche Felder — einige tiefliegende Wiesenflächen ausgenommen — sind drainirt. Die kleinsten hierzu verwendeten Drainrohre haben einen lichten Durchmesser von 7,5 cm und sind in Abständen von 12—15 m in einer Tiefe von 1,30 m an ihrem oberen Ende der Neigung der Felder folgend und mit einem Gefälle von nicht unter 1 : 1000 verlegt worden; sie münden meist direkt in die Haupt-Entwässerungsgräben. Die Legung von Sammeldrains ist möglichst vermieden worden, weil durch diese die Kontrolle über etwaige Verstopfungen einzelner Saugdrains fast unmöglich wird. Nur in einzelnen Fällen, wo die Saugdrains keine erhebliche Länge haben und durch das Einschneiden von Gräben grössere Geländeflächen der Nutzung entzogen worden wären, sind sie zur Anwendung gekommen; es sind alsdann Muffenrohre von 20 cm Weite mit Theerstrickdichtung gewählt worden, um die Versandung dieser Leitungen zu verhüten.

Soll nun z. B. Feld 26 berieselt werden, so werden zuerst die Schützen *g* des Rieselgrabens *ck*, welcher ganz in das Gelände eingeschnitten ist, und *i* des Hauptvertheilungsgrabens *EF* eingesetzt und die Schütze *c* gezogen, alsdann wird der Schraubenschieber *a* im Hauptzuleitungskanal *AB* geöffnet, worauf die Jauche hier austritt und durch den Hauptvertheilungsgraben *EF* in den tiefliegenden Rieselgraben *ck* eintritt, diesen füllt, dann auf beiden Seiten desselben austritt und mit einem Gefälle von 1 : 500 über die erste Abtheilung des Feldes fliesst. Hat dieses genug Jauche erhalten, so wird ein Schieber bei *h* eingesetzt und der Schieber *g* gezogen, worauf die Jauche auf die 2te Abtheilung des Feldes übertritt. In dieser Weise wird fortgefahren, bis das ganze Feld eine genügende Jauchenmenge erhalten hat. Der Hauptvertheilungsgraben *EF* ist erhöht; um aber die Jauche, nach Einstellung der Berieselung, aus dem tiefliegenden Rieselgraben zu entfernen, ist sein Ende mit einem Ableitungsgraben verbunden, welcher in ein Stau- bezw. Sammelbecken mündet. Der sich in letzterem ablagernde Schlamm wird zur Düngung nicht aptirter Felder benutzt. Die Entfernung der Schützen in den Rieselgräben beträgt 50 m.

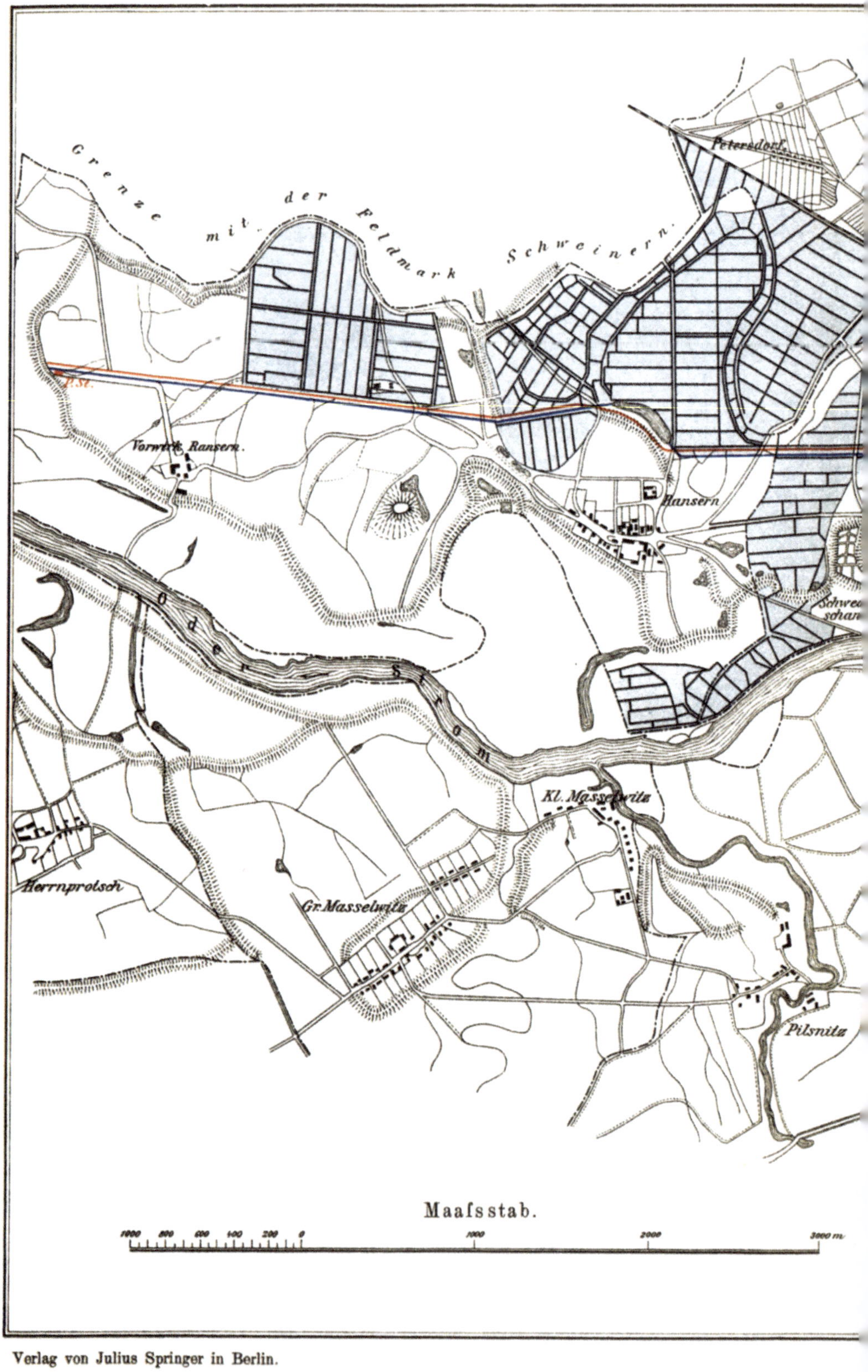

Verlag von Julius Springer in Berlin.

Übersichtsplan des Rieselfeldes

von

Breslau.

führungs Kanal auf dem Rieselfelde.

n deuten die einzelnen Felder an.

chn. art. Anst. von Alfred Müller in Leipzig.

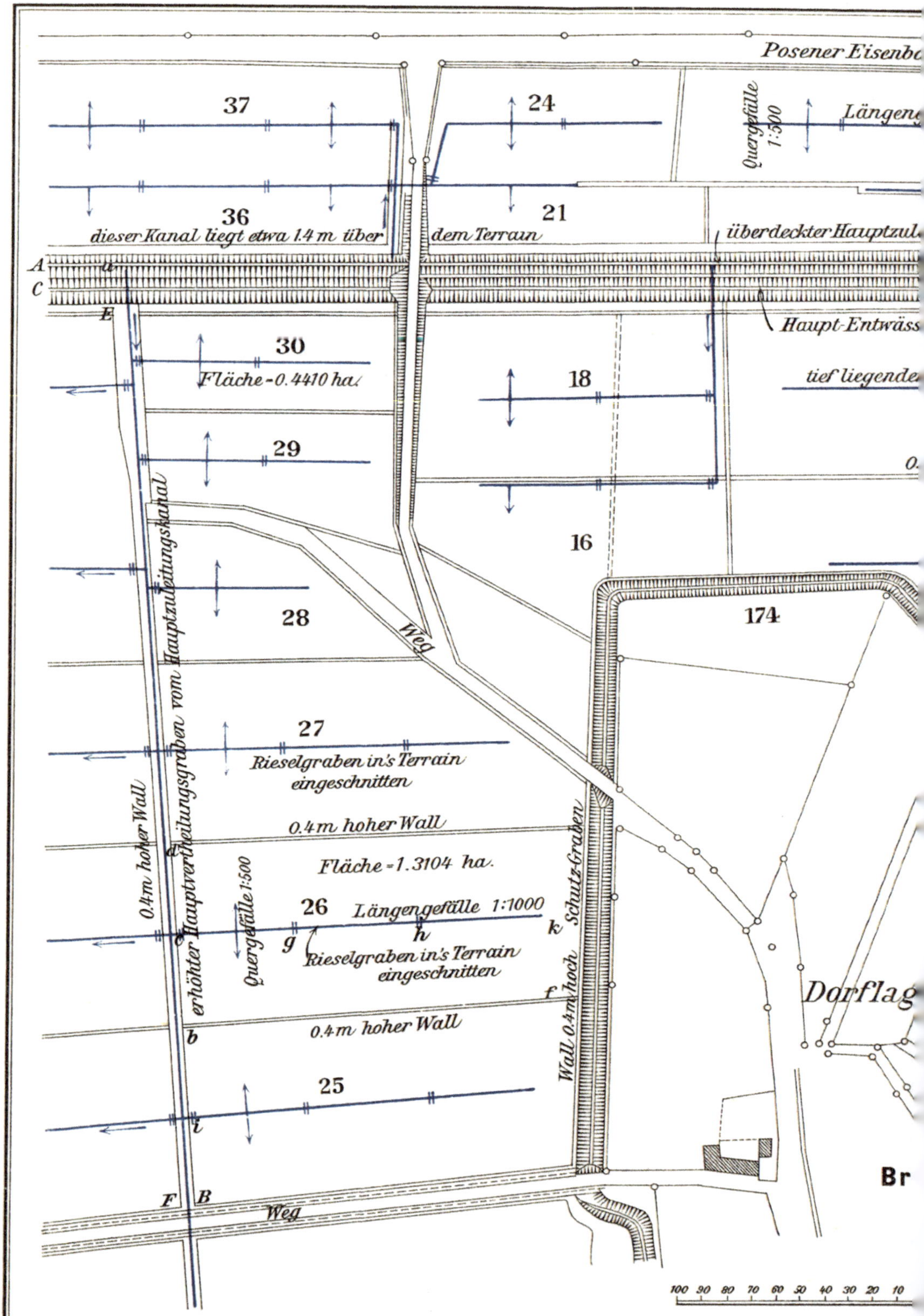

Verlag von Julius Springer in Berlin.

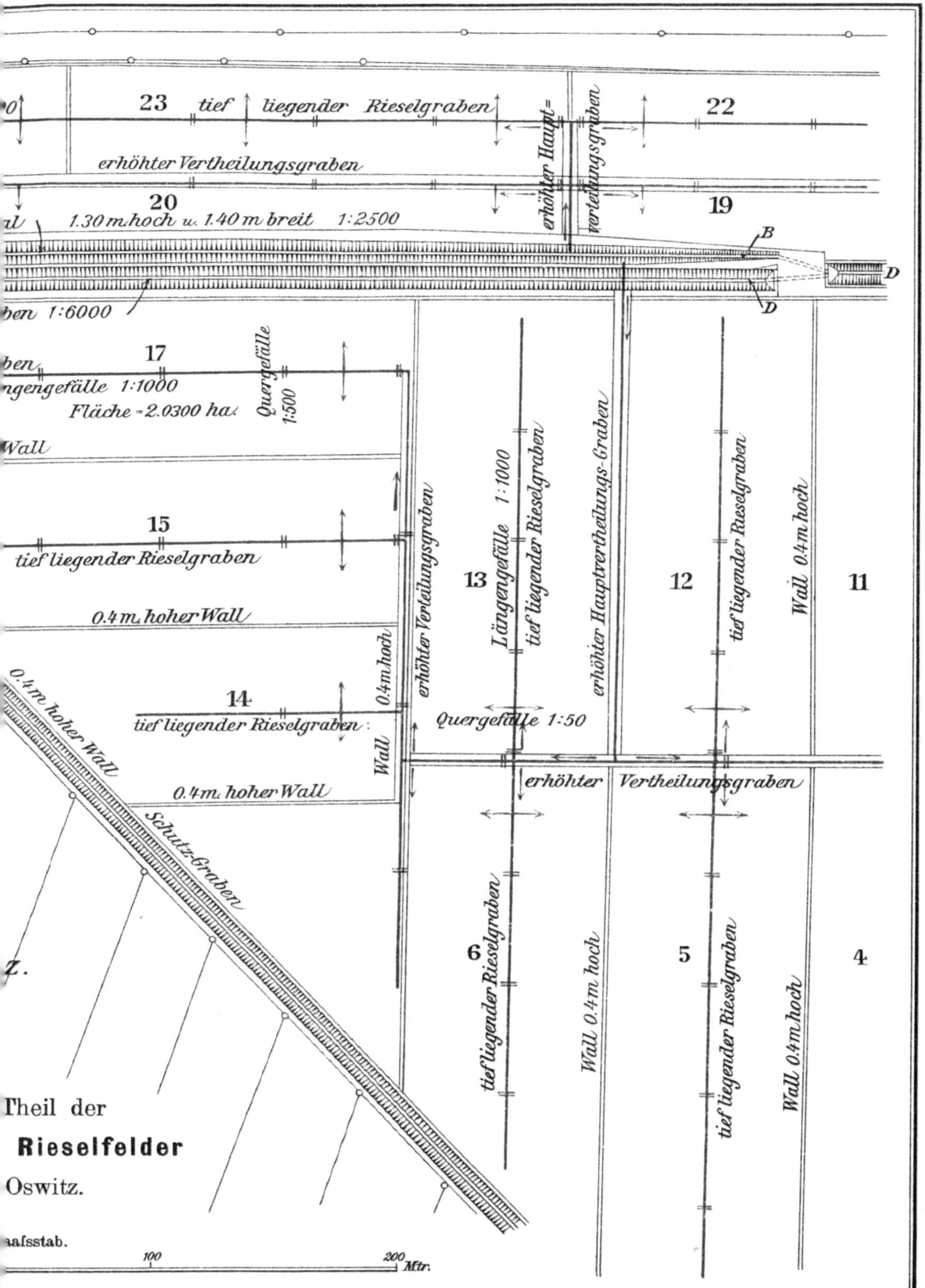

Techn. art. Anst. von Alfred Müller in Leipzig.

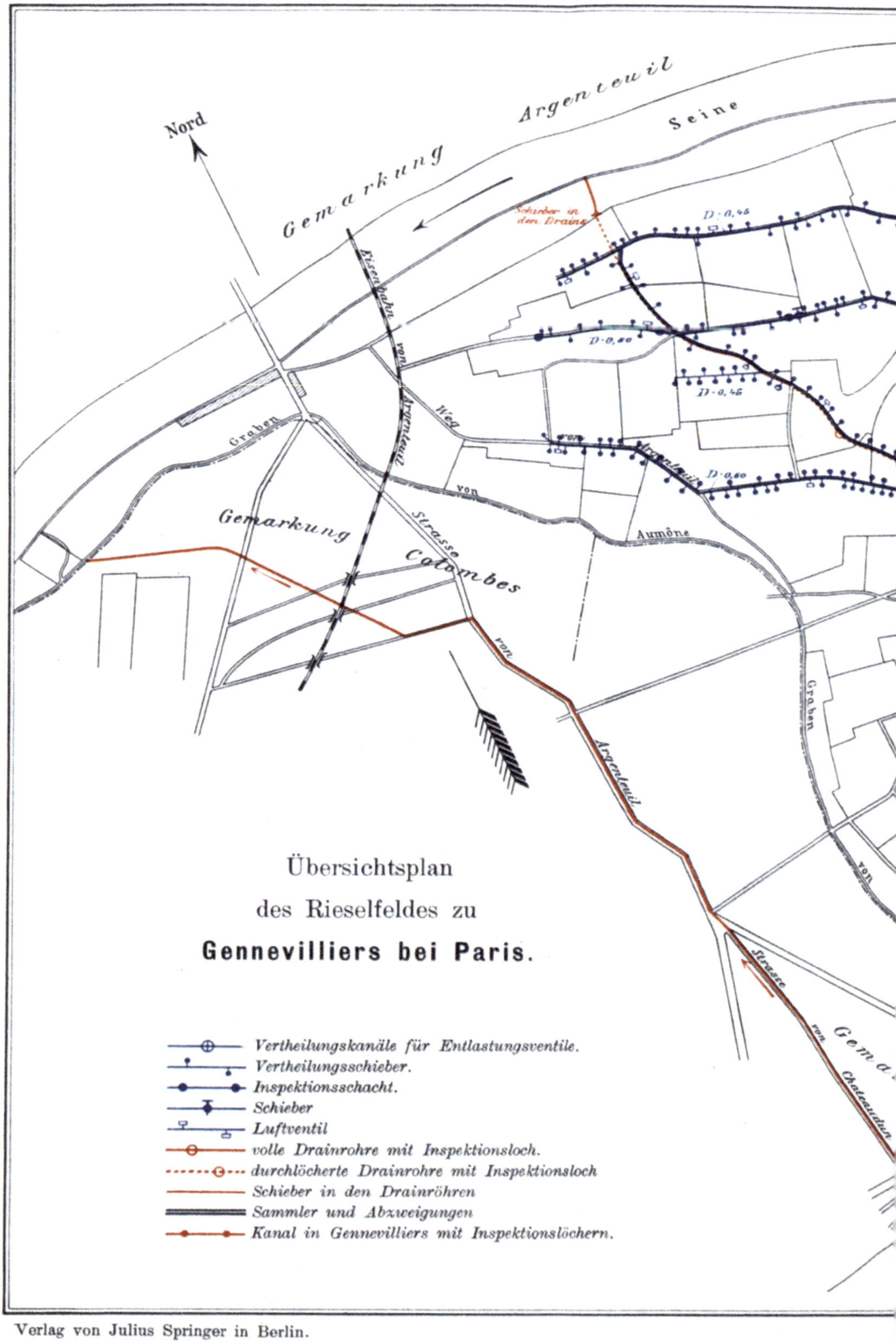

Verlag von Julius Springer in Berlin.

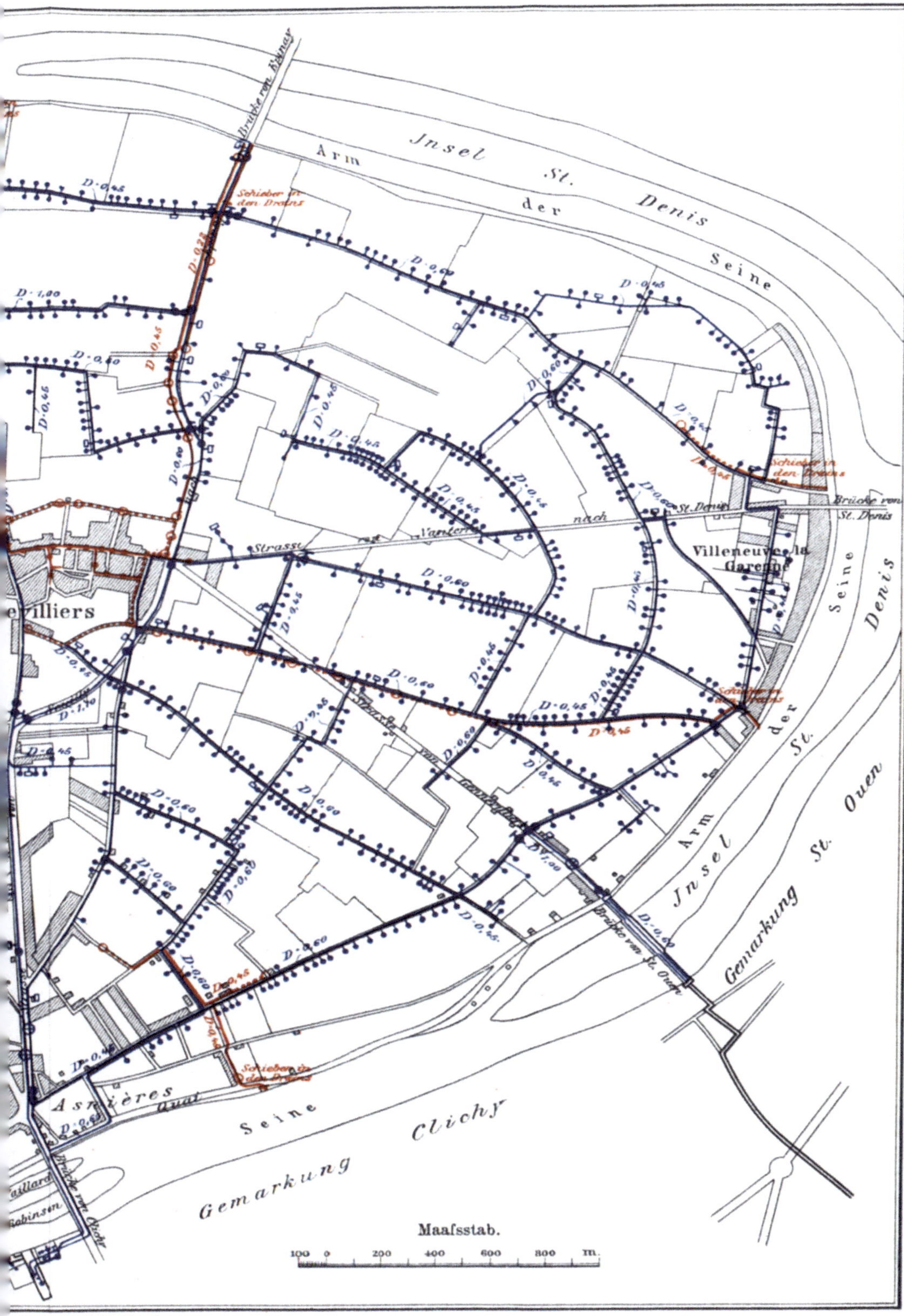

Techn. art. Anst. von Alfred Müller in Leipzig.

Specialplan eines Theiles des Rieselfeldes zu

Gennevilliers bei Paris.

Fig. 1. Auslass für die Vertheilung der Jauche.

Schnitt durch den Vertheilungsschieber

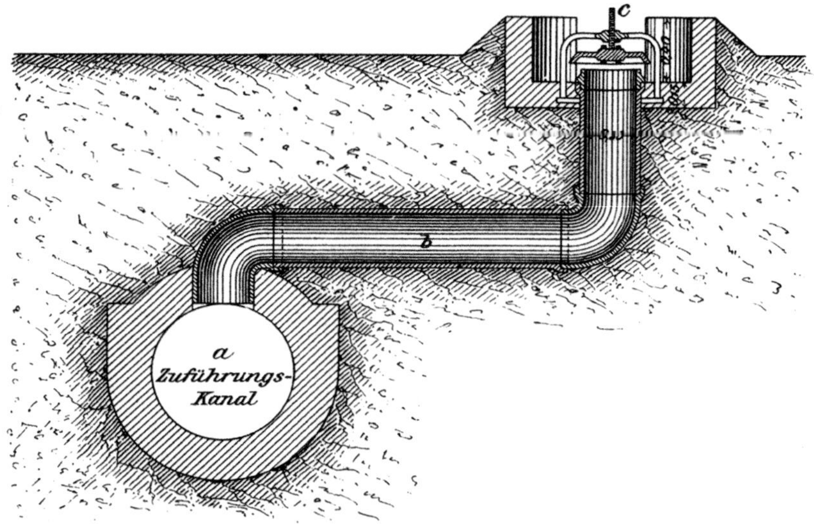

Fig. 2.

Grundriss des Vertheilungsschiebers.

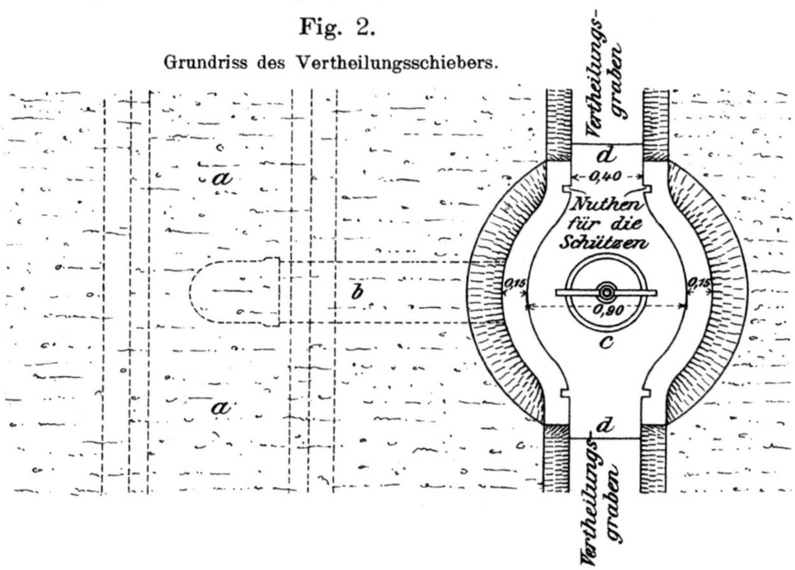

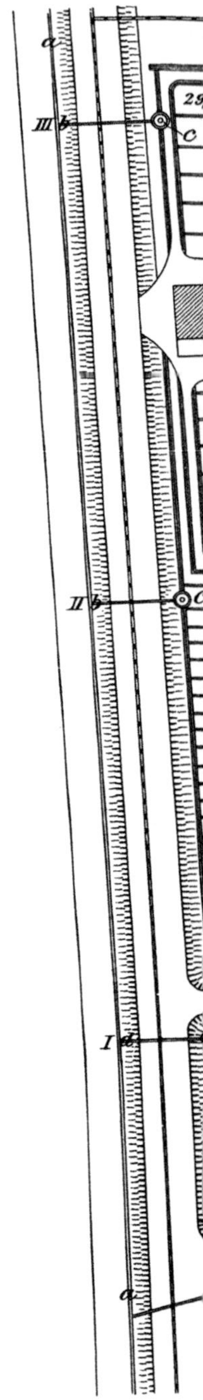

Fig. 4. Schnitt A—

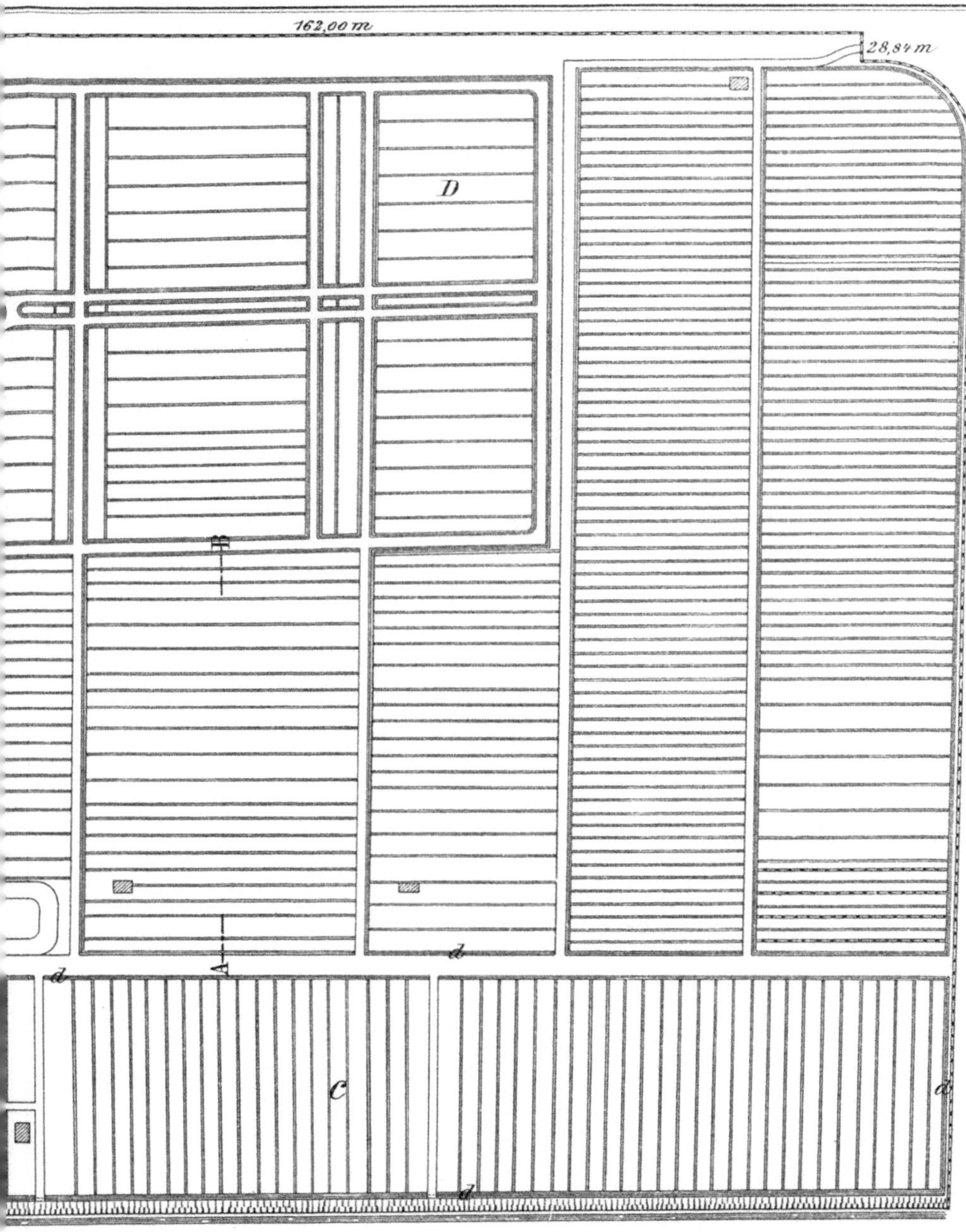

Fig. 3. Vertheilung der Jauche auf den Feldern.

Stück C hat eine Länge von 144 m und eine Breite von 33 m mithin eine Fläche von 4753 qm.
Stück D hat eine Fläche von 29 m × 22 m = 638 qm.

Techn. art. Anst. von Alfred Müller in Leipzig.

d) Die Rieselfelder von Paris.

Paris, welches jetzt über $2^1/_2$ Millionen Einwohner hat, hatte bis vor kurzem das Abfuhrsystem für Abortinhalt; erst durch die Gesetze vom 4. April 1889 und 10. Juli 1894 ist die Stadt in den Stand gesetzt, die Schwemmkanalisation durchzuführen; sie soll bis 1901 fertiggestellt und zwangsmässig sein. Hiermit Hand in Hand geht die Anlage von Rieselfeldern, und zwar so, dass nach der seitens der Regierung gestellten Bedingung 1 ha Rieselfläche im Jahre nur 40000 cbm Abwasser zu reinigen hat. Schon seit 1872 ist ein Theil der Pariser Abwässer auf den Feldern von Gennevilliers, welche Privatbesitzern gehören, gereinigt worden; 1896 betrug diese Rieselfläche 787 ha; dann erwarb die Stadt 1000 ha zu Achères (Parc agricole) hinzu, wofür die 15 km lange Druckleitung seit 1895 dem Betrieb übergeben ist. Augenblicklich wird an Druckleitungen gearbeitet, welche das Pariser Abwasser nach den Gütern von Méry und Grésillons (2400 ha gross) und nach Nachbarländereien im Privatbesitz (2000 ha) bringen sollen, sodass Paris nach Fertigstellung der Kanalisation und Aptirung rund 6200 ha Rieselfelder besitzen wird.

Von den Pariser Rieselfeldern besitzt das von Gennevilliers eine eigenartige Einrichtung, nämlich nur Beetfiltration für Gemüsebau, weshalb dieses Feld auch der Gemüsegarten von Paris genannt wird.

Da hiermit aber gute Reinigungserfolge erzielt sind, so möge das Rieselfeld von Gennevilliers durch die beiden Tafeln VI und VII näher veranschaulicht und beschrieben werden.

Der Theil-Plan, Tafel VII, stellt in Fig. 3 eine Fläche von ungefähr 2,7 ha Grösse des Rieselfeldes von Gennevilliers dar. Dieselbe ist in kleinere Unterabtheilungen zerlegt, von denen die Beetanlagen C eine ungefähre Grösse von 0,4752 ha und diejenigen von D eine solche von 0,0638 ha haben.

Das Rieselfeld liegt auf beinahe völlig ebenem Gelände in einer Biegung der Seine und ist in der Hauptsache im Beetbau für Gemüse angelegt, wie dies aus obigem Schnitt $A\,B$ zu ersehen ist. Bis jetzt sind nur einige Sammeldrains angelegt, welche einen lichten Durchmesser von 0,45 m haben und theils voll, theils durchlöchert aus Beton hergestellt sind.

Sollen nun z. B. die Beetanlagen C berieselt werden, so wird der Auslassschieber bei I (Fig. 3) geöffnet und die Jauche tritt dann aus dem Zuführungskanal a (Fig. 1), welcher unterirdisch aus Beton hergestellt ist, durch das Thonrohr b bei c aus und ergiesst sich hier in den Vertheilungsgraben d, welcher die Fläche C auf allen vier Seiten umschliesst. Aus letzterem tritt dann die Jauche in die kleineren Gräben (Bewässerungsgräben) zwischen den Beeten über, wie das aus Fig. 4 zu ersehen ist. Im Vertheilungsgraben d wird die Jauche durch Schützen vertheilt (siehe Fig. 2). Sobald die Beete eine genügende Jauchenmenge erhalten haben, wird der Schieber bei I wieder geschlossen und es kann nun auf gleiche Weise die Bewässerung anderer Beetanlagen vor sich gehen. Die meisten Vertheilungs- und Bewässerungsgräben sind tief liegend und in das Gelände eingeschnitten hergestellt.

IV. Der Betrieb von Rieselfeldern.

Obgleich der Betrieb der Rieselfelder eigentlich erst dann in Frage kommt, wenn ein Rieselfeld gut für die Aufnahme von Jauche hergerichtet ist, so wird man doch gut thun, diesen Gegenstand gleich von vornherein in den Kreis der Erwägungen zu ziehen; denn sonst kann es vorkommen, dass der für ein bestimmtes Gelände passende Betrieb nur durch Abänderung der Aptirungsarbeiten möglich ist. In dieser Hinsicht kommen noch in Betracht: die Bewässerung der Flächen, die Arbeit auf den Feldern und schliesslich in hervorragender Weise die Bebauung der Felder.

1. Die Bewässerung der Flächen. — Der Rieselbetrieb.

Es dürfte wohl ohne weiteres klar sein, dass die planmässig geordnete Bewässerung der Flächen und ihre Beaufsichtigung von der allergrössten Wichtigkeit ist; denn da, wo sozusagen „wild“ gerieselt wird — und das ist die Erfahrung auf allen Feldern — werden sich nach kürzerer oder längerer Zeit solche Uebelstände einstellen — Versumpfung des Bodens, Verunreinigung der Wasserläufe, Geruchsbelästigungen und Beschwerden etc. —, dass das ganze Fortbestehen eines Rieselfeldes in Frage kommt. Jeder Boden kann, wie schon öfters hervorgehoben, nur eine begrenzte Jauchenmenge aufnehmen, dann muss er Ruhe haben, während welcher Zeit er die organischen Stoffe weiter zersetzt und sich sozusagen wieder erholt und in den Stand setzt, neue Jauchenmengen zu verarbeiten, und erst nach Ablauf dieser Ruhepause kann wieder gerieselt werden. Wird nun „wild“, d. h. ohne jegliche Ordnung gerieselt, so wird das Zersetzungsvermögen des Bodens gleichsam überlastet und die oben beschriebenen Uebelstände werden, als natürliche Folge, auftreten. Weiter muss natürlich auch mit Rücksicht auf den Stand der Pflanzen und ihre Entwicklung gerieselt werden; schliesslich wird bei einer geregelten Rieselung auch auf die Witterungsverhältnisse und vielleicht auch auf sonstige örtliche Verhältnisse Rücksicht zu nehmen sein.

Es dürfte demnach klar sein, dass ohne eine bis ins kleinste geordnete und beständig überwachte Rieselung der Erfolg, sowohl was die Jauchenreinigung wie auch den Pflanzenwuchs anbelangt, ein schlechter sein wird, und ferner, dass ein derartiger Betrieb fortdauernde sorgfältige Beobachtungen nothwendig macht, damit die Jauche dem Boden — an Zeit wie an Menge — in der best möglichen Weise angepasst wird.

Allerdings kennt man unmittelbar nach Inbetriebsetzung eines Rieselfeldes die Eigenheiten des Bodens und die sonstigen hier zu berücksichtigenden Bedingungen noch nicht genau, und daher ist es bis zu einem gewissen Grade auch verzeihlich, wenn im Anfang die Ergebnisse keine ganz befriedigenden sind; man kann aber häufig aus Misserfolgen bessere Lehren ziehen, wie aus Erfolgen.

Wie es sich denken lässt, ist die Bewässerung der Flächen auf den Berliner Rieselfeldern am ausgedehntesten und vielleicht auch am meisten entwickelt. Hier waren im Betriebsjahr 1896/97 178 Rieselwärter angestellt, von welchen im Durchschnitt wohl die eine Hälfte am Tag und die andere Hälfte in der Nacht beschäftigt war; denn es versteht sich von selbst, dass die Rieselung in der Nacht mit der gleichen Vorsicht wie am Tage ausgeführt werden muss, zumal wenn man bedenkt, dass im Durchschnitt etwa 10 Stunden verfliessen, ehe die Jauche von der Pumpstation in der Stadt am Standrohr auf dem Rieselfelde anlangt; man wird daher im allgemeinen sagen können, dass die Tagesjauche der Stadt — und das ist weitaus die grösste Menge — während der Nacht auf den Rieselfeldern anlangt und die städtische Nachtjauche am Tage. Diese 178 Rieselwärter stehen unter 12 Rieselmeistern, die ebenfalls theils am Tage und theils in der Nacht beschäftigt sind, sodass die gesammte Rieselmannschaft im betreffenden Betriebsjahr 190 Personen betrug. Die kleinste von einem Rieselwärter zu bedienende Fläche belief sich auf 23 ha und die grösste auf 38 ha, oder als Durchschnitt sämmtlicher Berliner Rieselfelder kamen 29 ha auf einen Rieselwärter.

Jeder Rieselbezirk hat zwei Rieselmeister, welche die Rieselwärter Tag und Nacht zu beaufsichtigen haben; neben diesen werden letztere auch noch durch die Inspektoren und Administratoren auf ihren Gängen beaufsichtigt. Die Tagesschicht der Rieselwärter tritt um 7 Uhr morgens und die Nachtschicht um 7 Uhr abends auf dem Gutshof an, wo sie vor den Rieselmeister zu erscheinen haben, welcher ihre Namen verliest und ihre Kleidung und Werkzeuge untersucht. Von hier aus gehen sie nach den ihnen zugewiesenen Abtheilungen.

Jeder Rieselwärter trägt in einer Zinnbüchse mittels Riemen über der Schulter ein Buch, welches genaue Dienstanweisungen und Listen enthält, in welchen er verzeichnen muss, welche Auslassschieber er geöffnet hat (jeder Auslassschieber hat eine Nummer), wie lange jeder offen war (Zeit des Oeffnens und Schliessens) und wie viele Umdrehungen er der Schraube gegeben hat (hieraus lässt sich auf die Menge der ausgeflossenen Jauche schliessen); weiter muss er auch genaue Angaben über die Flächen machen, welche er bewässert hat. Ausserdem führt jeder Rieselwärter einen Stock mit Haken und in der Nacht eine Laterne mit sich. Jeder Aufsichts-Beamte muss seinen Namen ebenfalls in diese Listen eintragen und dazu bemerken, wie er die Bewässerung u. s. w. gefunden hat. Am Ende jeden Monats werden diese Listen eingereicht und im Hauptbureau ausgearbeitet; die Verwaltung erhält somit fortlaufende Berichte, welche sozusagen die ganze Lebensgeschichte der Bewässerung eines Rieselgutes von Jahr zu Jahr enthalten.

Da es für Neuanlagen von Werth ist, Anhaltspunkte für den Betrieb von Rieselanlagen zu besitzen, so möge hier die oben erwähnte Dienstanweisung im Wortlaut wiedergegeben werden; dieselben sind am 1. April 1882 von der Verwaltungsbehörde aufgestellt worden und sind, soviel bekannt, auch jetzt noch in Kraft.

Dienstanweisung

für die Rieselmeister und Rieselwärter auf den der Stadtgemeinde Berlin gehörigen Rieselgütern.

§ 1.

Die Vertheilung des Rieselwassers auf einem bestimmten, abgegrenzten Gebiete innerhalb der Rieselgüter, während Tag und Nacht, sowie die Erfüllung verschiedener anderweitiger, nachstehend angegebener Obliegenheiten zur Aufrechterhaltung eines geordneten Rieselbetriebes, sowie der Ordnung in den Wiesen, Beeten und Bassins, den Wegen, Gräben, Brücken, Durchlässen, Drainagen, Pflanzungen und sonstigen Anlagen der Güter, wird unter Anleitung und fortgesetzter Kontrolle der Gutsbeamten und Rieselmeister den Rieselwärtern übertragen.

§ 2.

Die Rieselmeister und Rieselwärter sind im Sinne des § 62 des Feld- und Forstpolizei-Gesetzes vom 1 April 1880 vereidet angestellte Feldhüter, und erfolgt die Bestätigung ihrer Anstellung nach den für Polizeibeamte gegebenen Vorschriften.

Die Anstellung der Rieselmeister ist eine mit festem Gehalt auf vierteljähriger Kündigung beruhende, während die Rieselwärter eine diätarische Anstellung haben. Die Entlassung der letzteren erfolgt auf halbmonatliche Kündigung am 1. oder 15. eines jeden Monats zu Mitte bezw. Ende desselben Monats. Rieselmeister wie Rieselwärter erlangen durch ihre Anstellung keinen Anspruch auf Pension.

§ 3.

Die Rieselmeister und Rieselwärter haben die Verpflichtung, jederzeit in Wort und That das Interesse der Stadt Berlin und insbesondere der ihr gehörigen Rieselgüter zu wahren, Schaden abzuwenden und der Gutsverwaltung in Erfüllung ihrer öffentlichen und privaten Aufgaben förderlich und hilfreich zu sein.

§ 4.

Jeder im Rieselpersonal Angestellte hat sich für das ganze Gebiet der Rieselgüter als Wächter der Ordnung zu betrachten, Diebstähle und Beschädigungen der Anlagen zu verhüten, den Verkehr innerhalb der Anlagen ohne besondere Erlaubniss ausser auf öffentlichen Wegen zu verhindern, vorkommenden Falls Zuwiderhandelnde in den gesetzlichen Grenzen zu pfänden oder festzunehmen und von allen Vorkommnissen stets den im Dienst Vorgesetzten Anzeige zu machen.

§ 5.

Jeder Angestellte erhält eine Dienstmütze, welche bei den Rieselmeistern die metallenen Buchstaben R. M. I. II. u. s. w. und bei den Rieselwärtern R. W. 1, 2, 3 u. s. w. führen und stets im Dienst zu tragen sind.

Wird von der Gutsverwaltung nachgegeben, dass das Rieselpersonal im Sommer Strohhüte oder im Winter warme Mützen (Pelz- oder dergleichen Mützen) tragen darf, deren Beschaffung Sache des Angestellten bleibt, so hat derselbe doch im Dienst jederzeit das oben beschriebene Dienstabzeichen an der Kopfbedeckung sichtbar anzubringen.

Bei dem Dienstaustritt hat der Angestellte die ihm gelieferte Dienstmütze nebst Abzeichen abzugeben.

§ 6.

Vorbehaltlich weiterer Bestimmungen beträgt die Dauer der Dienstzeit eines Rieselwärters in der Regel 12 Stunden, sodass, da Tag und Nacht der Dienst beansprucht wird, auf einem und demselben Reviere zwei Rieselwärter in ihrem Tages- und Nachtdienst sich ablösen. Bei dieser 12stündigen Ablösung findet jeden Sonntag derart ein Dienstwechsel unter den Rieselwärtern statt, dass um 12 Uhr mittags der Tages-Rieselwärter den Nachtdienst und der Nacht-Rieselwärter den Tagesdienst für die folgende Woche übernimmt; hieraus folgt bei den ablösenden Schichten eine 18stündige Wache. An den übrigen Wochentagen erfolgt die Ablösung der Rieselwärter morgens und abends um 7 Uhr. Bei strenger Kälte oder sonstigen besonderen Umständen wird die Gutsverwaltung die Wachen bezw. Ablösungen derartig einrichten, dass, während ein Drittel des Rieselpersonals gänzlich ausser Dienst bleibt, die übrigen zwei Drittel desselben sich in 4- oder 6 stündigen Zeiträumen ablösen, wobei die nicht auf Wache befindlichen Wärter die ihnen auf den bezw. Gutsgehöften angewiesenen Wachlokale zu beziehen und dieselben nicht früher zu verlassen haben, als die nächste ablösende Schicht eintrifft.

§ 7.

Im allgemeinen sollen die beiden zusammengehörigen Rieselwärter auf einem und demselben abgegrenzten Reviere (vergl. § 1) zur Aufsicht und Wartung verwendet werden und für dessen ordnungsmässige Haltung verantwortlich sein, doch erwächst aus dieser Absicht kein Recht für den Rieselwärter, vielmehr ist derselbe verpflichtet, seines Dienstes auch auf jedem anderen Reviere verantwortlich zu warten, welches ihm von der Gutsverwaltung zugewiesen wird.

§ 8.

Abends und morgens $6^1/_2$ Uhr haben sich die in Dienst tretenden Rieselwärter (vergl. § 6) zur Verlesung und Notirung vor der Wohnung desjenigen Rieselmeisters, dem sie zugetheilt worden sind, einzufinden, demnächst mit der von dem resp. Rieselmeister erhaltenen Instruktion von hier aus ohne Aufenthalt ihren Weg zu den ihnen zugewiesenen Revieren zu nehmen und daselbst den bis dahin wachthabenden Wärter, welcher seinen Posten vorher nicht verlassen darf, abzulösen, wobei etwaige Vorkommnisse zu übernehmen sind.

§ 9.

Der jeweilige Tageswärter ist während der Nacht und der jeweilige Nachtwärter während des Tages im allgemeinen dienstfrei; doch beginnt und endigt der Dienst nicht mit der Ablösung, sondern mit dem Betreten beziehungsweise dem Verlassen der Rieselgüter vor und nach der Ablösung, sodass dieselben nicht allein während der genannten Zeit der Gutsverwaltung zur Verfügung stehen, sondern auch verpflichtet sind, die sich gelegentlich ergebenden Obliegenheiten zu erfüllen, Anzeigen von jeder ihrerseits bemerkten Unregelmässigkeit zu machen und helfend und fördernd im Interesse der Gutsverwaltung einzutreten.

§ 10.

Die Rieselmeister und Rieselwärter werden jeder mit einer Laterne von der Gutsverwaltung versehen. Die Vertheilung der Beleuchtungsmaterialien ist unter Kontrolle der Gutsverwaltung den Rieselmeistern übergeben, welche für die sparsame und sachgemässe Verausgabung verantwortlich sind und abgehenden Rieselwärtern die Laternen im brauchbaren Zustand abzunehmen bezw. neu eintretenden Wärtern in diesem Zustand zu übergeben haben.

Die Wärter in der Nähe der Standrohre haben ausserdem für die vorschriftsmässige Instandhaltung der Signallaternen auf jenen Standrohren, sowie deren rechtzeitiges Anzünden und Auslöschen zu sorgen.

Der Rieselwärter hat sich stets mit Spaten, Hacke, Sense, Beil, Hammer und einer Signal-Nothpfeife zu versehen und sich dieses Handwerkszeug selbst zu halten.

§ 11.

Jeder Rieselwärter hat ein ihm von der Gutsverwaltung übergebenes Kontrollbuch (vergl. nachstehendes Schema) bei sich zu führen, in welchem derselbe unter Beihilfe des Rieselmeisters mit kurzen und bestimmten Worten seinen täglichen Dienst berichtet; insbesondere muss aus dem Kontrollbuch die Nummer des bedienten Schiebers, die Zeit der Oeffnung und Schliessung der Schieber, die Zahl der Umdrehungen am geöffneten Schieber und die Bezeichnung der berieselten bezw. eingestauten Anlagen hervorgehen.

Der Rieselwärter hat das Kontrollbuch den revidirenden Beamten und Rieselmeistern bei jedesmaliger Revision zur Einsicht vorzulegen, welche den Revisionsbefund nach Ort und Zeit eintragen und durch Namensunterschrift vollziehen. Die Kontrollbücher sind bei den Lohnauszahlungen vorzulegen.

§ 12.

Der Rieselwärter hat auf dem ihm zuertheilten Revier für das ordnungsgemässe Unterbringen des Rieselwassers zu sorgen und demgemäss im besonderen Folgendes zu beobachten:

1. Es darf niemals unreines Rieselwasser direkt den Entwässerungsgräben zugeführt werden.
2. Wiesenflächen sind nur derartig massvoll zu überrieseln, dass aus den Staugräben (Horizontalen) nicht Schlamm auf die Grasfläche mitgerissen wird oder an der tiefsten Seite der Wiesenfläche eine Wasseransammlung stattfindet.
3. Frisch gegrabene und bestellte Beete dürfen nur bis zu $^2/_3$ der Beethöhe eingestaut werden; völlig abgeerntete und noch nicht wieder gegrabene Beete sowie Himbeer-Plantagen und sonstige Kulturflächen, die nicht in Beete gelegt sind, können im Nothfall ausnahmsweise und nach besonderer Anweisung der Gutsverwaltung überstaut werden.
4. Bassins sollen in der Regel nicht höher als bis 30 cm (= 1 Fuss) gefüllt werden und sind dann erst wieder in Benutzung zu nehmen, wenn das Wasser versickert ist.

   Mit Rüben und dergleichen angebaute Bassins sind nach besonderer Anweisung der Gutsverwaltung zu behandeln.

   Wenn im Winter das Eis auf den Bassins auf Tragstärke gefroren ist, hat der Rieselwärter auf je $^1/_2$ Morgen Oberfläche ein Loch von ca. 1 qm Grösse aufzuhauen und dasselbe täglich frisch zu öffnen.

§ 13.

Der Rieselwärter hat für die Instandhaltung der Schützen und Dämme, wozu ihm die nöthigen Materialien, als Holztheile, Nägel u. s. w. von der Gutsverwaltung geliefert werden, zu sorgen, die Zu- und Ableitungsgräben zu reinigen und in richtiger Sohle zu erhalten; die Dämme zu konserviren und die Beete abzumähen, jeden etwaigen Durchbruch sofort zu repariren, hierzu aber die etwa erforderliche Erde niemals aus den Wegen zu entnehmen, Steine, Holztheile, Glas- und Drainscherben, Unkraut und dergleichen von den Anlagen, wie von den Wegen zu beseitigen und auf bestimmte Stellen zusammenzutragen, die Drainmündungen zu revidiren und etwaige Versandungen zu räumen, die Wege zwischen den Beetanlagen selbst auszumähen und zu bessern, die Geleise zuzuwerfen und grössere Steine aus denselben zu entfernen, die Obstbäume unter sorgfältiger Aufsicht zu halten, für die Baumpfähle und das Befestigen derselben an die Obstbäume zu sorgen, die Baumschützer in Ordnung zu halten und namentlich, sobald als nach dem Antritt der Wache es ihm möglich ist, sein gesammtes Revier zu umgehen, um sich von der Ordnungsmässigkeit desselben Ueberzeugung zu verschaffen.

§ 14.

Der Rieselwärter hat dafür zu sorgen, dass ein Austreten von Rieselwasser aus den Standröhren nicht stattfindet und demgemäss bei vermehrtem Zufluss von Wasser,

(§ 11 d. Instr.)

Datum		Die Nummer		Der Schieber war			
				geöffnet		geschlossen	
Monat	Tag	des Schiebers	der Anlagen	Vormittag Uhr	Nachmittag Uhr	Vormittag Uhr	Nachmittag Uhr
1		2	3	4		5	
	1						
	2						
	3 u. s. w.						
	bis 31						

welches sich durch den Stand des Schwimmers im Standrohr bezw. durch das Steigen der Fahne bei Tag und der oberen Laterne bei Nacht signalisirt, der Stärke des Zuflusses entsprechend, die Zahl der geöffneten Auslassschieber zu vermehren.

§ 15.

Bei Ungehörigkeiten und Dienstwidrigkeiten aller Art der Rieselmeister und Rieselwärter steht der Gutsverwaltung das Recht zu, Ordnungsstrafen bis zu 5 M. für jeden einzelnen Fall zu verfügen, welche der Orts-Armenkasse zufliessen.

Bei der Wiederholung derartiger Dienstverletzungen oder bei gröberen Vergehen, wie Veruntreuung, Widersetzlichkeit, Arbeitseinstellung, Trunkenheit im Dienst, Verlassen des Dienstes, Schlafen während der Dienstzeit und dergleichen, sowie bei Vergehen, welche

1. gegen die Bestimmungen des Gesetzes vom 24. April 1854 (Gesetz-Sammlung S. 214) betreffend die Verletzung der Dienstpflichten der ländlichen Arbeiter,
2. gegen das Reichs-Strafgesetzbuch,
3. gegen das Feld- und Forstpolizei-Gesetz vom 1. April 1880 verstossen,

ist die Gutsverwaltung zur sofortigen Dienstentlassung des Excedenten, vorbehaltlich dessen strafrechtlicher Verfolgung, und ohne jede Entschädigung des Entlassenen, berechtigt. Das Recht der sofortigen Entlassung aus anderen gesetzlich zulässigen Gründen wird hierdurch nicht berührt.

§ 16.

Bei Ungehörigkeiten, welche in einem Reviere vorkommen, werden, wenn nicht erwiesen werden kann, dass die Schuld den Einen oder den Anderen der beiden zusammengehörigen Rieselwärter (vergl. §§ 6 u. 7) trifft, beide Rieselwärter verantwortlich gemacht, und es können demgemäss beide Rieselwärter in Strafe genommen werden.

§ 17.

Für die genaue Befolgung der in dieser Instruktion gegebenen Verpflichtungen seitens der Rieselwärter sind in erster Reihe die Rieselmeister verantwortlich, und machen sich diese schon dadurch strafbar (nach § 15), wenn sie Dienstverletzungen der qu. Wärter bei der Gutsverwaltung zur weiteren Verfügung nicht sofort zur Anzeige bringen. Im übrigen unterliegen die Rieselmeister dem Disciplinarverfahren des § 15 dieser Instruktion. Von dem Ehrgefühl der Rieselmeister wird bestimmt erwartet, dass sie sich in ihren Funktionen und in den ihnen von der Gutsverwaltung zu ertheilenden Special-Instruktionen für den Dienst gewissenhaft, treu und dienstbeflisssen bei Tag und Nacht erweisen werden.

§ 18.

Aenderungen dieser Instruktionen bleiben vorbehalten.

Berlin, den 1. April 1892.

Deputation für die Verwaltung der Kanalisationswerke.
gez. Marggraff.

Das Schema des Kontrollbuches ist folgendes:

Monat .... 18..............

Zahl der Umdrehungen	Zeit und Befund der Revision					Unterschrift des Kontrollirenden
	Vormittag		Nachmittag		Bemerkungen	
	Stunden	Minuten	Stunden	Minuten		
6	7		8		9	10

Es kann nicht in Abrede gestellt werden, dass diese Dienstvorschriften in einigen Punkten sehr weitgehende sind, doch hat sie der Erfolg, welcher, sowohl was die Reinigung der Jauche wie auch die Ertrags- und sonstigen Ergebnisse anbelangt, auf den Berliner Feldern erzielt worden ist, vollständig gerechtfertigt.

Auf den Breslauer Rieselfeldern liegen die Verhältnisse insofern anders, als dort die städtischen Behörden nicht selbst das Rieselfeld bewirthschaften, sondern Pächter, an welche die Felder verpachtet sind. Aus den amtlichen Berichten ist ersichtlich, dass letztere verpflichtet sind, die gesammte Jauchenmenge auf ihren Gebieten aufzunehmen, doch bleibt ihnen die Vertheilung über die zu bewässernden Flächen überlassen.

Die Vertheilung der Jauche auf die getrennt verpachteten Rieselgüter Oswitz-Leipe und Ransern erfolgt nach Massgabe der Grösse der entfallenden aptirten Flächen im Verhältniss zur Gesammtfläche und zur Gesammt-Jauchenmenge. Diese Menge hat jeder Pächter dauernd, dem Betriebe der Pumpstation entsprechend, regelmässig zu derjenigen Zeit, in welcher es die Entnahmestelle erreicht, auf seine Felder aufzunehmen und durch Berieselung und landwirthschaftliche Ausnutzung auf die beste Weise zu reinigen.

Um diesen Zweck zu erreichen, sind die Pächter verpflichtet, für jeden im Betrieb befindlichen Auslassschieber am Hauptzuleitungskanal einen Rieselwärter zu stellen, welcher sowohl am Tage wie in der Nacht die ordnungsmässige Zuführung des Wassers auf die einzelnen Abtheilungen zu überwachen und die Auslassschieber am Hauptzuleitungskanal nach Anweisung des von der Stadt angestellten Rieselmeisters zu bedienen hat.

Dem Rieselmeister fällt es zu, die Stauschütze im Hauptkanal so zu regeln, dass eine richtige Vertheilung des Kanalwassers in Gemässheit des am 1. April jeden Jahres den neu aptirten Flächen entsprechend durch den Magistrat festgestellten Theilungssatzes stattfindet, wobei etwaige Wünsche der Pächter soweit als möglich besondere Berücksichtigung finden.

Nur mit Genehmigung des Rieselmeisters dürfen die Rieselwärter ihre Auslassschieber am Hauptzuleitungskanal öffnen oder schliessen oder verstellen und müssen diese seinen Anordnungen Folge leisten.

Wenn der Magistrat überschüssiges Kanalwasser auf die von der Pacht ausgeschlossenen Feld- oder Forstflächen leiten lässt, oder an benachbarte Landwirthe abgiebt, dürfen die Pächter keine Einwendung erheben, solange ihr eigener Bedarf nicht beeinträchtigt wird. Die Herstellung derartiger Zuleitungen über die Pachtflächen müssen gegen Ersatz des etwa verursachten Schadens gestattet werden.

Ebenso ist der Magistrat berechtigt, zur Zeit des Hochwassers in der Oder, bei Störungen im Maschinenwerke oder in den Zuleitungsanlagen sowie in anderen unvorhergesehenen Fällen den Betrieb der Pumpstation am Zehnelberge oder die Zuleitung des Kanalwassers nach den Rieselfeldern zu unterbrechen, ohne dass den Pächtern ein Anspruch auf Entschädigung hieraus erwächst.

Der Betrieb der Pumpstation am Zehnelberge, die Bedienung und der Betrieb des Pumpwerkes in Ransern, der Schleuse daselbst und der Schleuse im Deich an der Schwedenschanze für den Zuleitungsgraben nach dem Vorlande wird direkt von der Stadt geleitet, und werden sämmtliche Wärter von ihr besoldet.

Gegenwärtig müssen für Oswitz-Leipe 3 und für Ransern 2 Auslassschieber am Hauptzuleitungskanal jederzeit geöffnet sein, und was die Anzahl der Rieselwärter anbelangt, so sind jetzt unter dem Rieselmeister nur 4 angestellt, von denen je 2 am Tage und die andern 2 in der Nacht die Bewässerung sämmtlicher Felder zu überwachen haben. Hiernach kämen ungefähr 170 ha der aptirten Fläche auf 1 Rieselwärter, welche Fläche ungefähr 6mal so gross ist als die, welche im Durchschnitt auf den Berliner Rieselwärter entfällt; allerdings dürften die Ansprüche an einen Wärter auf den Breslauer Feldern, was die Instandhaltung der Be- und Entwässerungsanlagen sowie der Wege anbelangt, wohl kaum so weitgehende sein, wie in Berlin.

Die Mannschaft des Freiburger Rieselfeldes besteht aus einem Rieselmeister und zwei Rieselwärtern, welche das Umstellen der Schleusen, die Vertheilung des Wassers auf die einzelnen Anlagen und die Reinigung der Gräben zu besorgen haben; es enfallen demnach ungefähr 100 ha auf einen Wärter.

Wie gross die Mannschaft für Rieselfelder in einem gegebenen Fall sein muss, wird ganz von den obwaltenden Verhältnissen abhängen, doch ist eine zu grosse Sparsamkeit hier nicht am Platz; denn ohne eine hinreichende und gründlich geschulte Mannschaft, welche mit Verständniss und Sorgfalt die Bewässerung der Flächen besorgt, und die unter beständiger Kontrolle steht, wird der Erfolg eines Rieselfeldes immer ein zweifelhafter und von Zufälligkeiten abhängiger bleiben.

2. *Die Arbeit auf den Rieselfeldern und die Bearbeitung der Bodenoberfläche.*

Da die Arbeit auf den Rieselfeldern einen sehr beträchtlichen Theil der Betriebskosten ausmacht, so versteht es sich von selbst, dass man, wenn irgend möglich, die Handarbeit durch Pflugarbeit oder durch anderweitige maschinelle Einrichtungen zu ersetzen sucht. Bei einer mehr gärtnerischen Bestellung der Flächen wird dies nur in geringem Grade möglich sein, dagegen kann man die Spatenarbeit durch den Pflug überall da ersetzen, wo ein mehr landwirthschaftlicher Betrieb vorherrscht und wo die einzelnen Flächen verhältnissmässig gross sind; weiter hat man auch den Pferdepflug durch den Dampfpflug ersetzt.

Die Aussaat des Getreides kann ebenfalls durch Maschinen geschehen. Bei der Entfernung des Unkrauts ist jedoch die Handarbeit bis jetzt noch immer in zu hohem Masse nöthig. Hauptsächlich infolge der grossen Mengen von Dungstoffen, welche auf die Flächen gelangen, und zum Theil wohl auch infolge der in dem städtischen Abwasser enthaltenen Unkrautsamen wuchert das Unkraut auf Rieselfeldern sehr üppig und erfordert daher eine Entfernung desselben jedes Jahr bedeutende Summen. Auf den Berliner Feldern hat man seit 1888 eine Hacke der Firma Zimmermann & Co. in Halle a. S. mit Erfolg hierzu benutzt, die sich nach dem Magistrats-Bericht für 1887/88 in Gemeinschaft mit der Drillkultur sehr gut bewährt hat.

Bei dem Abernten der Flächen kann man sich der Mäh- und Ernte-Maschinen bedienen; man hat erstere auch auf den künstlichen Wiesen (von Raygras) mit Vortheil verwendet.

Wie sich denken lässt, namentlich bei den verhältnissmässig kleinen Flächen, zu deren Anlage die örtlichen Verhältnisse zwangen, ist die auf den grossen Berliner Rieselfeldern im Laufe eines Jahres zu leistende Arbeit eine sehr beträchtliche, und um dieselbe leisten zu können, haben die Berliner Behörden die Korrigenden aus dem städtischen Arbeitshause zu Rummelsburg mitverwendet. Sie wohnen in Baracken auf den Rieselgütern und arbeiten unter der Aufsicht von Aufsehern; für Ueberdienste werden sie besonders bezahlt, doch wird ihnen die so verdiente Summe erst bei ihrer Entlassung aus dem Arbeitshause überreicht.

Ein freier landwirthschaftlicher Arbeiter leistet allerdings ungefähr dasselbe, wie 3—4 Korrigenden.

Ein pekuniärer Vortheil scheint den Berliner Behörden aus der Beschäftigung der Häuslinge daher nicht zu erwachsen; denn neben der eben erwähnten geringen Arbeitsleistung des Einzelnen müssen die Behörden diesen Leuten freie Wohnung, Licht und Feuerung gewähren und ausserdem an das Arbeitshaus für Beköstigung 0,50 M. und für Ueberverdienste 0,20 M. = 0,70 M. für den Kopf und Tag bezahlen. Weiter muss die Gutsverwaltung den Aufsehern und ihren Familien freie Wohnung gewähren und ihnen auch einen Tageslohn zahlen, sodass alles in allem die Arbeit der Korrigenden wahrscheinlich theurer ist als die der freien Arbeiter und Arbeiterinnen; denn gerade mit den Arbeiten, welche sonst von Arbeiterinnen verrichtet werden, werden die Häuslinge am meisten beschäftigt. Aus diesen Gründen ziehen auch die Behörden die Ausführung der Arbeiten durch freie Arbeiter entschieden vor, und wenn sie trotzdem die Korrigenden beschäftigen (ungefähr 860 im Jahre 1896/97 auf 9583 ha Gesammt-Fläche), so geschieht das namentlich aus dem Grunde, damit bei dem ausgedehnten Anbau von Hackfrüchten und bei dem auf den Rieselfeldern meist nothwendig werdenden Behacken der Halmfrüchte jederzeit die nothwendigen Arbeitskräfte vorhanden sind. Hierdurch allein ist es gelungen, die Berliner Rieselfelder rechtzeitig von Unkraut zu säubern und sauber zu erhalten. Das scheint aber auch der einzige Vortheil zu sein, den die Behörden aus dieser Einrichtung vor anderen Privatbesitzern voraus haben.

Dass die Leitung eines Rieselgutes in der Hand eines Beamten liegen muss, der hierzu eine besondere Vorbildung erhalten hat, versteht sich ganz von selbst; es wird sich in der Regel nicht empfehlen, den eigentlichen Rieselbetrieb und die Bewirthschaftung der Felder von dem kaufmännischen Theil, wie Rechnungsführung u. s. w. zu trennen. Eine Persönlichkeit muss für die Reinigung der Jauche, den Bestand der Felder und die Ertrags-Ergebnisse verantwortlich sein, und da, wo getrennte Verantwortlichkeit herrscht, wird dies nicht mit Segen für den Erfolg der Rieselfelder verbunden sein.

An der Spitze der Berliner Rieselfelder steht „die Deputation für die städtischen Kanalisationswerke und Rieselfelder“, deren Vorsitzender Marggraff sich ein grosses Verdienst um ihre Bewirthschaftung erworben hat und die ein Centralbureau in Berlin selbst hat; auf letzterem werden sämmtliche Berichte, Rechnungen u. s. w. der einzelnen Felder weiter verarbeitet. Unmittelbar unter ihr stehen die 5 Administratoren der einzelnen Güterkomplexe, welche die folgenden Rieselfelder umfassen:

1. Administrationsbezirk Osdorf mit Osdorf-Heinersdorf, Friederikenhof und Lichterfelde; Grösse 1229,05 ha.
2. Administrationsbezirk Grossbeeren mit Gruppe a) Grossbeeren, Kleinbeeren und Ruhlsdorf, 1789,77 ha. b) Sputendorf, Schenkendorf, Gütergotz, 2046,73 ha.
3. Administrationsbezirk Falkenberg mit Falkenberg, Stellersdorf, Burknersfelde, Marzahn, Hohenschönhausen, Ahrensfelde, Eiche, Kaulsdorf u. s. w., 1603,24 ha.
4. Administrationsbezirk Malchow mit Malchow, Blankenburg, Wartenberg, 1295,66 ha.
5. Administrationsbezirk Blankenfelde mit Blankenfelde, Rosenthal, Französisch Buchholz, Schönerlinde, Lindenhof und Mollersfelde, 1617,90 ha.

Jeder Administrator hat zur Verwaltung des Gutes folgende Angestellte unter sich:

1 Hauptgärtner,
2 oder 3 Inspektoren und
1 Buchführer;

diese wohnen alle einschliesslich des Administrators auf dem betreffenden Rieselgut in Häusern, welche von der Stadt gestellt werden. Neben ihren Gehältern haben diese Beamten sonstige Vergütungen.

Die Bewirthschaftung des Freiburger Rieselgutes wird unter dem Stadtrath von einem Gutsverwalter geleitet, dem wohl auch noch 1 oder 2 Unterbeamte zur Seite stehen.

3. *Die Bebauung der Rieselfelder.*

Es ist schon mehrfach darauf hingewiesen worden, dass die Bebauung oder Bestellung der Felder von vornherein bei Aufstellung des Planes in den Bereich der Erwägungen gezogen werden muss, damit das Gelände für diejenige Bestellungsweise angelegt werden kann, welche sich am besten eignet.

Hier unterscheiden wir hauptsächlich zwischen gärtnerischer und landwirthschaftlicher Bestellungsweise und Bewirthschaftung.

Bei einer gärtnerischen Anlegung des Rieselgutes handelt es sich in der Regel um eine grosse Anzahl einzelner kleiner oder wenigstens verhältnissmässig kleiner Flächen, welche meist als Beete hergerichtet und mit Gemüsen bebaut sind.

Bei einer landwirthschaftlichen Bestellungsweise dagegen sind die einzelnen Flächen bedeutend grösser und werden neben den Gemüsen auch noch Halmfrüchte und sonstige Nutzpflanzen angebaut.

Da wo die Marktverhältnisse hierfür günstige sind und wo die Bodenerzeugnisse schnellen Absatz finden, hat man an verschiedenen Orten eine gärtnerische Bestellungsweise mit Erfolg angewendet; wenn jedoch der schnelle Verkauf dieser Erzeugnisse auf Schwierigkeit stösst, so wird man von dieser Betriebsweise absehen müssen. Man muss hier im Auge behalten, dass einmal wegen der Feuchtigkeit und des hohen Stickstoffgehaltes des Bodens die Gemüse in der Regel erst spät zur Verwerthung gelangen, wenn vielleicht schon Konkurrenzwaare in reichlicher Menge angeboten worden ist, und dass ferner dieselben wegen ihres hohen Wassergehaltes ein langes Lagern nicht vertragen, sondern ziemlich schnell in Fäulniss übergehen.

Wenn es sich nun darum handelt, diejenigen Nutzpflanzen zu bestimmen, welche auf einem Rieselfelde anzubauen sind, so wird man meist in der Lage sein, diejenigen wählen zu müssen, welche unter den gegebenen örtlichen Verhältnissen, wie Bodenbeschaffenheit, Lage, Grösse, Klima, Markt- und Arbeitsverhältnisse die besten Reinerträge ergeben. Theoretisch wäre es ja wohl erwünscht, nur solche Nutzpflanzen anzubauen, welche die Dungstoffe in der Jauche mit und ohne Zusätze von mineralischen Düngemitteln am besten ausnützen, doch muss man bei Erwägungen dieser Art im Auge behalten, dass bei der Spüljauchen-Rieselung die Reinigung derselben erster Gesichtspunkt ist und dass, nachdem diese erreicht ist, die Kostenfrage die grösste Berücksichtigung erfahren sollte. Daher wird es auch nicht möglich sein, feste Regeln hier aufzustellen; und hat man keine Zeit zu Versuchen, so kann man sich an das halten, was auf anderen Rieselanlagen in dieser Beziehung geschehen ist.

Was zunächst die Berliner Rieselfelder anbelangt, so enthält die nebenstehende Tabelle[1]) die Einzelheiten über die landwirthschaftlichen Nutzpflanzen, welche im Betriebsjahr 1896/97 auf diesen Feldern angebaut worden sind.

Fassen wir zuerst die Wiesenflächen ins Auge, so hatten die Rieselwiesen eine Ausdehnung von 1043 ha und die Naturwiesen eine solche von 293 ha; erstere betragen mithin 20 $^0/_0$ der gesammten aptirten und berieselten Fläche. Da die künstlichen Wiesen jeden Winter mehr oder weniger leiden, indem ganze Flächen ausfrieren, — im Winter von 1887/88 zerstörte der Frost 864 ha und im Winter von 1891/92 gingen fast sämmtliche Wiesenanlagen zu Grunde, — sind die Behörden schon seit Jahren bemüht, eine kräftige Grasmischung zu erzielen, welche das rauhe Klima im Winter ohne Nachtheile verträgt. Eine Zeit lang wurde ein Gemisch von italienischem Raygras (Lolium italicum Al. Br.) und Timotheegras (Phleum pratense) im Verhältniss von 3 : 1 benutzt, und obschon dasselbe gute Erträge lieferte (meist 5—6 Schnitte von 30—45 cm Höhe), erwies es sich doch wenig frostwiderstandsfähig. Havelmilitz oder Bandgras (Phalaris arundinacea), ferner Lolium perenne, Dactylis glomerata u. s. w. haben sich weniger bewährt; ersteres ist zwar frostwiderstandsfähiger, liefert aber nur unbedeutende Erträge (3 Schnitte von 60—75 cm Höhe). Jetzt scheint

[1]) Die Tabelle gilt nur für die selbst bewirthschafteten Flächen.

hauptsächlich nur italienisches Raygras (Lolium italicum Al. Br.) angebaut zu werden.

Bestellungsweise der Felder	Aptirte Flächen ha	Nicht aptirte Flächen ha
1. Wiesen:		
Rieselwiesen (Lolium italicum Al. Br.)	1043,36	—
Naturwiesen	—	293,45
Zusammen:	1043,36	293,45
2. Oelfrüchte:		
Winterraps (Brassica napus L.)	118,19	—
Winterrübsen	100,96	—
Senf	39,67	8,00
Zusammen:	258,82	8,00
3. Halmfrüchte:		
Winterweizen (Triticum vulgare V.)	179,11	8,02
Sommerweizen	275,27	—
Winterroggen (Secale cereale L.)	987,05	367,94
Sommerroggen	65,94	—
Gerste (Hordeum vulgare L.)	109,91	20,31
Hafer (Avena sativa L.)	660,72	133,77
Pferdebohnen	0,37	—
Peluschken	0,25	—
Erbsen	4,73	—
Gemenge	66,65	62,75
Zusammen:	2350,00	592,79
4. Hackfrüchte:		
Runkelrüben (Beta vulgaris L.)	380,53	—
Möhren (Daucus carota L.)	52,50	2,00
Samenrüben	—	4,16
Kartoffeln	165,98	232,32
Zusammen:	599,01	238,48
5. Sonstige Kulturen:		
Baumschulen und Forstanlagen	24,99	77,77
Weiden (Salix viminalis L.)	43,42	14,55
Gemüseland und verpachtetes Runkelland	—	8,23
Lupinen und Brache	4,65	223,37
Zusammen:	73,06	323,92
Summa 1—5:	4324,25	1456,64

Wegen seines hohen Wassergehaltes kann das italienische Raygras nur bei sehr günstiger Witterung geheut werden, wobei man ungefähr 7 bis 9 Centner Gras auf 1 Centner Heu rechnet, und daher bleibt in der Hauptsache nur seine Verwendung als Grünfutter und Gründüngung, für welche Zwecke — namentlich für den ersteren — es reichen Absatz findet. Bei schlechtem Wetter schimmelt das Gras leicht, während gleichzeitig auch die darunter befindliche Grasnarbe ausfault.

Die Befürchtungen, welche früher gehegt wurden, dass dieses Gras gesundheitsschädlich auf das Vieh wirken würde, haben sich nicht bestätigt. Denn nicht nur ist dasselbe nach dem Ausspruch der Thierärztlichen Hochschule in Berlin ein gutes Futter für Milchkühe, sondern die Erfahrung einer ganzen Reihe von Jahren hat auch bewiesen, dass es bei Mastvieh sowie bei Schafen, Pferden und selbst Schweinen mit Vortheil angewendet werden kann.

Es ist bereits erwähnt worden, dass die Rieselwiesen auch während der Wachsthumsszeit berieselt werden und eine sehr bedeutende Jauchenmenge aufnehmen, dagegen wird es sich empfehlen, sie nicht während des Frostes zu berieseln, weil sie sonst einmal mehr leiden, und weil ferner die Bestellung der Wiesen im Frühjahr durch Eggen und Aufkrümmern erst sehr spät erfolgen kann, sodass das neu eingesäete Gras erst im Monat Juni bezw. Juli zur Geltung und Schnittfähigkeit kommt, wenn die beste und günstigste Verkaufszeit längst vorüber ist.

Die künstlichen Wiesenflächen haben im Durchschnitt eine Lebensdauer von 4—5 Jahren, worauf sie umgepflügt und von neuem mit Gras bestellt werden.

Der Grassamenbau hat sich nicht als lohnend erwiesen.

Was die Oel- und Halmfrüchte anbelangt, so kann hier auf die Angaben der Tabelle S. 329 verwiesen werden und in betreff der Hackfrüchte sei erwähnt, dass, um den Pächtern von Gemüsebeeten keine Konkurrenz zu machen, nur noch solche Gewächse in der Hauptsache angebaut werden, welche theils als Viehfutter, theils durch gewerbliche Verarbeitung einen schnellen Absatz sichern.

Es ist bereits früher erwähnt worden, dass die Oel- und Halmfrüchte während der Wachsthumszeit, wenn überhaupt, so doch nur in sehr unbedeutendem Maasse berieselt werden dürfen, dagegen verarbeiten die Gemüsebeete in dieser Zeit ziemlich grosse Jauchenmengen.

Der Vollständigkeit wegen seien noch die folgenden Pflanzen angeführt, welche jedoch nur in sehr beschränktem Maasse auf den Berliner Rieselfeldern angebaut werden:

	Arzneipflanzen.
Erdbeeren = Fragaria vesca.	Bilsenkraut = Hyoscyamus niger L.
Johannisbeeren = Ribes rubrum L.	Stechapfel = Datura stramonium L.
Stachelbeeren = Ribes grossularia L.	Tollkirsche = Atropa Belladonna L.
Himbeeren = Rubus Idaeus L.	Pfefferminze = Menta piperita L.
Mayoran = Origanum Mayorana L.	Krauseminze = Menta crispa L.
Estragon = Artemisia dracunculus L.	Salbei = Salvia officinalis L.
Oelrosen = Rosa byzanthina. D. D.	Liebstöckel — Levisticum officinale Koch.

Von Pflanzenschädlingen sei erwähnt, dass das Rieselfeld Blankenburg im Jahre 1887 von der bekannten Kohlhernie, welche durch einen Schleimpilz (Plasmodiophora brassicae Wor.) hervorgerufen werden soll, in sehr beträchtlicher Weise litt. Weiter soll das Auftreten eines parasitischen Rundwurmes (Neuratodes), des Wurzelälchens der Zuckerrüben (Heterodera

Schachti Schmidt) festgestellt worden sein. Die Rübenarten haben vielfach von den Larven der verschiedenen Silpha-Arten — Aaskäfer — gelitten, einer Käfergattung, welche eine ganze Reihe von Arten umfasst; hier sind besonders Silpha obscura, opaca und atrata zu erwähnen. Die Vertilgung dieser Silpha-Arten ist schwierig; am besten hat sich hier das Halten von Hühnern bewährt, welche in Osdorf mit Erfolg diese Larven vernichtet haben sollen. Im Bezirk Grossbeeren verschwanden nach dem Bericht 1896/97 auf einer Fläche von etwa 6 ha die üppigen Grashalme in wenigen Tagen. Bei näherer Untersuchung zeigte sich, dass diese Abtheilung von der Wiesenschnake (Tipula graminis) heimgesucht war, die sich sehr schnell vermehrte. Alle Versuche, durch bekannte Mittel dem weiteren Umsichgreifen dieser Plage Einhalt zu thun, scheiterten. Sofortiges Umbrechen der Wiesen und Bestreuen der Schädlinge mit Aetzkalk, sowie Besprengen der Fläche mit einer starken Eisenvitriollösung hatten keinen Erfolg. Erst eine mehrere Tage andauernde Ueberstauung der Fläche mit Kanalwasser tödtete die Maden, und nur durch dieses Mittel gelang es, die Plage zu unterdrücken und weiterer Verbreitung vorzubeugen. Obwohl diese Flächen der vorgerückten Jahreszeit wegen nur noch als Wiesen wieder angesät werden konnten, ist doch die Tipula weder an dieser noch an einer anderen Stelle wieder beobachtet worden.

Was die Schädlinge der Kartoffel anbelangt, so ist der Drahtwurm (Lacon murinus) verschiedene Male beobachtet worden.

In den Obstanlagen und Baumschulen wurden unter anderen zwei Vertreter der Familie der Kernpilze (Pyrenomycetes) festgestellt, nämlich: der Russthau Capnodium salicinum (Fumago salicina) auf Aepfeln, und Stigmatea (Morthiera) Mespili auf Birnwildlingen. Von weiteren Schädlingen sei der Wickler (Tortricina) erwähnt. In den Forstpflanzungen hat bisweilen der Schwammspinner (Ocneria dispar) Schaden angerichtet.

Grandke, welcher die betreffenden Verhältnisse und Vorkommnisse auf den Berliner Rieselfeldern eingehend verfolgt hat, bemerkt hierzu, dass für die Rieselfelder typische Pflanzen-Krankheiten nicht beobachtet worden sind. Die Pflanzenfeinde, welche auf den Rieselgütern beobachtet worden sind, kommen anderwärts auch vor und haben sich auch stets gleichzeitig in der Umgegend gezeigt, doch wäre es vielleicht möglich, dass die Rieselfelder von diesen an sich ja nicht irgendwie besonderen Schäden häufiger und in grösserem Umfange heimgesucht werden, als andere Ländereien.

Schliesslich sei noch erwähnt, dass auf den Berliner Rieselfeldern zu den Obstalleen nur Kernobst und kein Steinobst verwendet worden ist. Am schlimmsten haben diese Alleen durch die unzähligen Scharen von Krähen, welche sich meist auf Rieselfeldern einstellen, zu leiden gehabt, indem diese die jungen Kronen durch Abbrechen der ausreifenden Triebe oft recht erheblich verletzen. Unter den angebauten Aepfeln seien folgende Sorten erwähnt: Alantapfel, Grosser Bohnenapfel, Rother Eifelapfel, Grüner Fürstenapfel, Gravensteiner, Londen Pepping, Winter-Goldparmäne, Grosse Kasseler Reinette, Baumaus-Reinette, Charlamonsky, Karmeliter-

Reinette, Goldreinette von Blenheim, Virginischer Rosenapfel, Gelber Richard, Danziger Kautapfel, Binzenapfel, Landsberger Reinette, Königlicher Kurzstiel. Von den Birnenarten mögen folgende angeführt werden: Williams Christbirne, Clairgeaus Butterbirne, Grosser Katzenkopf, Esperenz Herrnbirne, Liegels Winter-Butterbirne, Forellenbirne, Rothe Herbstbergamotte, Köstliche von Chameux, Baronsbirne, Gute Luise von Avranches, Gute Graue, Colema's Herbst-Butterbirne, Grumkower Butterbirne, Römische Schmalzbirne, Neue Poiteau, Rothe Dechantsbirne, Holländische Feigenbirne, Diels Butterbirne und Kuhfuss.

Was die auf den Breslauer Feldern angebauten landwirthschaftlichen Nutzpflanzen anbelangt, so enthalten naturgemäss die jährlichen Berichte hierüber nur Weniges, denn die Fürsorge für dieselben liegt ganz in den Händen der Pächter; hier sei jedoch Folgendes angeführt:

Auf dem Gute Oswitz-Leipe mit einer aptirten Fläche von 351 ha im Jahre 1892 wurden zur Sommerberieselung 282 ha und zur Winterberieselung 115 ha benutzt. Im Sommer werden in der Hauptsache nur diejenigen Felder berieselt, welche mit Gras, Tabak, Gemüse- und Futterrüben bestellt sind oder solche, welche für die Winterbestellung bestimmt sind, im Winter dagegen nur die für die Frühjahrsbestellung bestimmten Flächen.

Die folgende Zusammenstellung giebt Aufschluss über die im Jahre 1892 angebauten Pflanzen und ihren Umfang. Es waren bestellt:

ungefähr	100	ha	mit	Weiden,
„	60	„	„	Halmfrüchten.
„	138	„	„	Gras.
„	40	„	„	Zucker- und Futterrüben, Cichorien und Möhren.
„	9	„	„	Gemüse.
„	50	„	„	Hülsenfrüchten, Mais, Tabak, Raps, Kartoffeln und Obstwildlingen.

Von den verschiedenen Weidensorten hat sich hier am besten Salix viminalis und Salix amygdalina bewährt. Das starke Wachsthum der Weiden, sowie auch die kräftige Unkrautbildung, welche auf den abgeernteten Flächen eine mehrmalige Bearbeitung nothwendig macht, gestattet einen dreijährigen Umtrieb, soweit diesen die einzelnen Sorten vertragen, vortheilhafter, als einen einjährigen. Wenn die Weiden im ersten Jahre durchforstet werden, erreichen sie im dritten Jahre eine bedeutende Stärke, in welcher sie grün als Fassreifen, geschält für Korbmöbelfabriken u. dgl. geeignet sind. Die einjährigen Ruthen, welche entweder bei der Durchforstung oder bei den alljährlich zu schneidenden Weidenarten gewonnen werden, finden in der eigenen Korbmacherei des Pächters zu Fabrik- und Wirthschaftskörben Verwendung.

Von den Halmfrüchten gedeihen diejenigen Sorten am besten, welche einen besonders steifen und widerstandsfähigen Halm treiben, weil die starke Stickstoffdüngung der Rieselfelder den Blattwuchs sehr befördert und die Getreidesorten deshalb leicht lagern. Es werden deshalb auf den Breslauer Feldern in der Hauptsache englische Weizen- und Gerstesorten sowie Noë-Sommerweizen u. dergl. angebaut. Der Haferbau hat mehrfach so schlechte Erträge gegeben, dass er ganz aufgegeben worden ist.

Auf den künstlichen Wiesen sind anfänglich Mischungen einer grossen Anzahl von Grassorten in Anwendung gekommen, von diesen sind jedoch nur die, welche sich am besten bewährt haben, beibehalten worden, wie Knaulgras (Dactylis glomerata), Timotheegras (Phleum pratense), englisches Raygras (Lolium perenne), Fuchsschwanzgras (Alopecurus pratensis) und italienisches Raygras (Lolium italicum). Besonders gut soll auf den Breslauer Rieselwiesen die Quecke, Triticum repens, gedeihen. Die Lebensdauer der künstlichen Wiesen beträgt hier im allgemeinen 6 Jahre, worauf eine Erneuerung nothwendig wird, in Ausnahmsfällen hat dieselbe sogar 8 Jahre betragen.

Da auf den Breslauer Feldern die Rüben einschliesslich der Cichorien in der warmen Jahreszeit nicht berieselt werden, so wird ihr Gedeihen sehr stark von den mehr oder weniger warmen und trockenen Sommern beeinflusst. Trotz z. B. des sehr üppigen Standes im Frühjahr 1892 haben die Rüben doch sehr im darauffolgenden trockenen Sommer gelitten. Nur die Futterrüben werden in der heissen Jahreszeit mässig berieselt.

Von den Gemüsen ist im Sommer 1892 nur der Spargel in Güte und Menge gerathen, das Kraut war vollständig missrathen.

Tabak, welcher zu jeder Zeit etwas gerieselt werden kann, gedeiht auf den Breslauer Feldern fast am besten. Da jedoch der Tabaksbau sehr viel Handarbeit und umfangreiche Trockenräume erfordert, kann er nicht sehr ausgedehnt werden.

Von den Kartoffeln hat nur Early Rose wohlschmeckende Knollen ergeben.

Was noch die Verwerthung des Grases anbelangt, so werden die künstlichen Wiesen gern von den umliegenden grösseren und kleineren Grundbesitzern gepachtet, und weiter wird ein Theil der Grasernte vom Pächter an eine 60 Stück grosse Kuhheerde, sowie an Zugochsen, Pferde und Fohlen frisch verfüttert. Sämmtliches Vieh nimmt das Gras gern auf und gedeiht dabei gut; die Milch der Kühe ist von normaler Beschaffenheit. Wie auf den Berliner Rieselfeldern, so macht auch die Heuverwerthung auf den Breslauer Rieselfeldern des hohen Wassergehaltes des Grases wegen nicht unbedeutende Schwierigkeiten.

Die Erzeugnisse der Weidenfelder haben einen guten Absatz zum Theil in Breslau, zum Theil werden sie auch nach Hannover und Westfalen versandt.

Ueber die auf den Breslauer Rieselfeldern beobachteten Pflanzen-Schädlinge sei hier Folgendes erwähnt: Raps hat bisweilen vom Glanzkäfer gelitten und die Zuckerrüben, namentlich die jungen Pflanzen, sind vielfach durch den Wurzelbrand vernichtet worden; in einzelnen Jahren, z. B. im Jahre 1888, haben die schwarze Aaskäferlarve (Silpha atrata), sowie andere Silphaarten fast die ganze Rübenernte zerstört. Zahlreich finden sich auch die Larven des nebeligen Schildkäfers (Cassida nebulosa), vor, welche die Rübenblätter zwar beschädigen, aber bei dem üppigen Wachsthum derselben nicht vollständig zu Grunde richten.

In den Weidenfeldern richten seit einigen Jahren die Raupen des Schwammspinners oder Dickkopfes (Ocneria dispar), grosse Verwüstungen an. Zur Bekämpfung dieses Insekts wurde eine grosse Anzahl von Starkästen in der Nähe der Weidenfelder aufgestellt, da der Star ein eifriger Vertilger dieser Raupen ist; der Erfolg ist jedoch bisher nur ein zweifelhafter gewesen. Ferner hat das Besprengen der Pflanzen mit für diese Zwecke empfohlenen Flüssigkeiten ebenfalls wenig genützt. Eine wirkliche Abhilfe bringt nur das direkte Ablesen und Vernichten der Raupen, welches trotz der hohen Kosten vielfach mittels Arbeiterinnen durchgeführt worden ist.

Die auf den Rieselfeldern vorhandenen Kirschbäume sind infolge der Berieselung völlig abgestorben, denn durch die übermässige Ernährung trat Harzfluss ein.

Schliesslich soll noch erwähnt werden, dass den schädlichen Einflüssen der im Boden enthaltenen Eisenverbindungen auf die Pflanzen durch reichliche Kalkdüngungen, welche etwa alle drei Jahre wiederholt werden, entgegengearbeitet wird.

In Ransern — einem Theile der Breslauer Rieselfelder — haben die Halmfrüchte durch Rost und der Weisskohl durch Blattläuse, Mehlthau und Kohlhernie (Kropf) neben den oben erwähnten Schädlingen stark zu leiden gehabt.

Zu der Bestellungsweise des Freiburger Rieselfeldes sei vorerst erwähnt, dass dort die Marktverhältnisse für Getreide, Stroh, Dung, Milch und Fettvieh keine ungünstigen sind; dass dagegen Rüben und Mohrrüben sowie auch Rieselgras in nassen Jahren schwer verkäuflich sind. Aus diesem Grunde werden jetzt nur noch solche Gewächse in grossem Umfang angebaut, welche überhaupt auf dem sauren Waldboden wachsen und die als Viehfutter und im Handel einen schnellen Absatz finden. Hierzu gehören: Runkelrüben, Mohrrüben, Winterrübsen (Raps), Winterweizen, Winterroggen, Badener Mais, Hafer, Gerste, Gras, Kartoffeln und schliesslich Buchweizen als zweite Frucht in demselben Jahr nach früh abgeernteten Winterrübsen und Roggen. Im Jahre 1896 waren 168,87 ha aptirte Fläche wie folgt bestellt:

6,08	ha	mit	Winterweizen.
49,65	„	„	Winterroggen.
11,49	„	„	Gerste.
35,87	„	„	Hafer.
9,43	„	„	Winterrübsen.
8,83	„	„	Runkelrüben.
2,05	„	„	Mohrrüben.
14,81	„	„	Kartoffeln.
30,66	„	„	Gras.

Von Gräsern sind folgende angebaut worden: italienisches Raygras, Knaulgras, Timothee, Fioringras und auf nassen Flächen Havelmilitz oder

Bandgras (Phalaris arund.). Um ein Verfaulen und Ausgehen der Graswurzeln zu verhüten, und um eine frühzeitige Bestellung der künstlichen Wiesen im Frühjahr möglich zu machen, werden dieselben in Freiburg im Winter so wenig als möglich berieselt; dagegen werden dann (in der wachsthumslosen Zeit) die zu Halmfrüchten, Rüben, Möhren u. s. w. bestimmten und in rauher Pflugfurche liegenden Aecker stark düngend vorgerieselt. In der Wachsthumszeit werden neben den künstlichen Wiesen auf dem Freiburger Rieselfeld alle Rübenarten, Welschkorn, Winterrübsen und zeitweise sogar auch Weizen berieselt. Winterrübsen räumt meist schon im Monat Juni das Feld, und sobald dies geschehen ist, stehen neue Flächen zur Aufnahme grosser Jauchenmengen zur Verfügung, an die sich die im Juli abgeernteten Aecker von Winterweizen und Winterroggen anschliessen. Somit soll auf dem Freiburger Rieselfelde die Unterbringung der Jauche im Sommer weniger Schwierigkeiten bereiten als im Winter, wo die Verdunstung des Wassers eine viel geringere ist, als in der heissen Jahreszeit.

Da Rieselgras nur in grünem Zustand verwendet werden kann, und da sich dasselbe zur Heuwerbung wegen seines hohen Wassergehaltes im allgemeinen nicht eignet, so würde die Gutsverwaltung bei dem plötzlichen Abbruch des Grasverkaufs, wie dies im Juli und August in Freiburg der Fall zu sein scheint, ohne Stoppelfelder und ohne eigenen grossen Viehstand als Abnehmer von vielem Rieselgras in arge Verlegenheit gerathen. Von diesem Zeitpunkt ab werden die Wiesen schwächer berieselt, um ein Verfilzen des Grases und Ersticken der Wurzeln zu verhüten.

Der Rübenbau ist auf dem Freiburger Rieselfelde noch unsicher, und daher werden Kartoffeln als ergänzende Frucht angebaut. Letztere werden in der Wachsthumszeit nicht berieselt. Sie werden unter gleichzeitiger Verwendung von Sommerstroh, Kaff und Rapsschalen als Rauhfutter gern zur Fütterung benutzt, da gerade eine nicht zu grosse Beigabe von Kartoffeln auf Vermehrung und Absonderung der Milch einen guten Einfluss ausüben soll. Auch für die Mästung der Ochsen können Kartoffeln zweckmässig verwendet werden.

Für die Bewirthschaftung des Rieselfeldes von Freiburg hat sich als günstiges Verhältniss für den aufgestellten Etat und für die Unterbringung der Jauche herausgestellt, dass ungefähr $^1/_4$ der aptirten Flächen zu künstlichen Wiesen, $^1/_4$ zu Sommerhalmfrüchten, $^1/_4$ zu Rüben, Mohrrüben und Mais (oder überhaupt Früchten, welche ausser den künstlichen Wiesen während der Wachsthumszeit berieselt werden dürfen) und $^1/_4$ mit Winterroggen und Winterweizen angebaut werden.

Was sodann noch die Selbstbewirthschaftung oder Verpachtung von Rieselfeldern anbelangt, so ist erstere im allgemeinen das sicherste Mittel, die Jauche zu reinigen. Da aber, wo die städtische Verwaltung nicht in der Lage oder nicht gewillt ist, die Bewirthschaftung eines Rieselgutes in die eigene Hand zu nehmen, kann man unter Umständen, vorausgesetzt, dass sich Pächter melden, zur Verpachtung greifen. Man wird dann zwischen der Reinigung der Jauche und der Ausnützung der Pflanzennährstoffe eine ziemlich scharfe Grenze ziehen müssen, und erstere soweit als möglich in den Händen der Stadt belassen, während letztere natürlich ganz dem Pächter anheimfällt. Willkürlich darf dann natürlich nicht bei der Bewässerung verfahren werden, sondern es müssen die Wünsche des Pächters so weitgehend als möglich unter Zugrundelegung einer genügenden Reinigung berücksichtigt werden. Ist in dieser Weise das Verhältniss zwischen Stadt und Pächter in zufriedenstellender Weise geordnet, dann kann bisweilen ein günstiges Einnahme-Ergebniss für die Stadt die Folge sein, wie dies z. B. mit den Breslauer Rieselfeldern der Fall ist. Dieselben erzielten nach der öffentlichen Ausschreibung im Jahre 1884 für die nächsten 12 Jahre einen Pachtzins von 110 M. für 1 ha der aptirten Fläche, während sie bei der letzten Ausschreibung im Jahre 1896 für den gleichen Zeitraum nur einen solchen von 68 M. für 1 ha der aptirten Fläche einbringen.

Auch in Berlin sind im ganzen 1159 ha aptirtes Land verpachtet, welche im Durchschnitt einen Pachtzins von 227,58 M. für 1 ha einbringen.

In Gennevilliers bei Paris gehören die Ländereien meist Privaten, welche ihr eigenes Land mit der städtischen Jauche von Paris berieseln.

4. *Die Viehwirthschaft auf Rieselfeldern.*

Des Zusammenhangs und der Vollständigkeit wegen sollen hier auch noch einige Angaben über die auf verschiedenen Rieselfeldern betriebene Viehwirthschaft gemacht werden, doch wollen wir uns hier sehr kurz fassen, da dies Gebiet eigentlich ausserhalb des Rahmens unserer Aufgabe liegt.

Die Viehwirthschaft auf einem Rieselfelde hängt von seiner Bestellungsweise ab, und sind auch hierfür weiter die Marktverhältnisse und sonstige örtliche Bedingungen massgebend, welche von Zeit zu Zeit einen Wechsel durchmachen; daher lassen sich auch hier keine allgemein gültigen Grundsätze aufstellen.

Auf den Berliner Rieselfeldern wird nach dem Bericht über das Betriebsjahr 1896/97 z. B. jetzt nur noch eine sehr geringe Anzahl von Kühen, nämlich 71 Stück, auf den Rieselgütern gehalten, während die Anzahl am 31ten März 1883 454 betrug. Schafe und Schweine werden jetzt gar nicht mehr gehalten, obwohl die Anzahl der ersteren am 31. März 1883 1341 betrug. Alles dies spricht für die Aenderungen, welche die Bebauungsweise und die angebauten Gewächse in den betreffenden Jahren durchgemacht haben und welche im allgemeinen dahin zielten, anstatt eines mehr gärtnerischen Betriebes einen mehr landwirthschaftlichen durchzuführen. Zu Zugochsen wird in der Hauptsache die schwere Simmenthaler Rasse benutzt, und zwar werden meist 4jährige Ochsen angekauft. Eggerländer Ochsen haben sich wohl bei Feldarbeiten, weniger bei Lastfuhren bewährt, doch ist noch nicht erwiesen, ob sie sich zur Fleischwaare eignen. Von Zeit zu Zeit sind die Güter von der Maul- und Klauenseuche heimgesucht worden, welche meist aus der unmittelbaren Umgegend eingeschleppt worden ist.

Erwähnt sei hier noch, dass sich auf einem der nördlichen Rieselgüter — Falkenberg — eine Pferdepension befindet, in welche pflastermüde Pferde aus der Stadt gegen eine Zahlung von ungefähr 1 M. für den Kopf und Tag aufgenommen werden. Dieselbe macht sich gut bezahlt, und sollen sich die Pferde dort schnell erholen.

Auf dem Rieselgut von Freiburg i. Br. werden 50 Kühe, 48 Ochsen und 9 Pferde gehalten.

5. Die Teich-(Fisch-) Wirthschaft auf Rieselfeldern.

G. Oesten[1]) weist auf die Bedeutung der Fischzucht für Rieselfelder hin, mit welcher auf den Berliner Rieselfeldern recht günstige Ergebnisse erzielt sind. Das Drainwasser von Rieselfeldern enthält zwar keine sichtbaren Verunreinigungen mehr, dafür aber noch reichliche Mengen organischer Stoffe, welche noch einer weiteren Ausnutzung fähig sind.

Lässt man das Drainwasser in Teichen sich sammeln, so entwickelt sich in denselben alsbald ein lebhaftes Pflanzen- und Kleinthierleben, zunächst von Bakterien,[2]) und wenn man dann Krustaceen hinzusetzt, so finden diese in den Bakterien reiche Nahrung und vermehren sich in erstaunlichem Maasse. Die Krustaceen sind wiederum die beste Nahrung für die Brut der Forellenfische bis zu einem gewissen Alter, für Coregonen und besonders für Karpfen jeden Alters. Besetzt man solche Drainwasser-Teiche eines Rieselfeldes mit Fischbrut, so beobachtet man ein aussergewöhnlich schnelles Wachsthum derselben.

Auf der Berliner Rieselfeld-Abtheilung Malchow wurden im Frühjahr 1890 sechs Versuchsteiche von 410—820 qm, im ganzen von 3710 qm Fläche und von 0,5—1,0 m Tiefe angelegt, regelrecht mit Zu- und Ablauf, sowie mit Ablassvorrichtung versehen und mit Felchen, Forellen, Bach- und Regenbogenforellen, Karpfen als Brut und mit Zandereiern besetzt, indem gleichzeitig in jeden Teich eine Anzahl kleiner Kruster wie Cyclops und Daphniearten gebracht wurden.

Die Kruster entwickelten sich in dem nahrungsreichen Wasser so stark, dass ihre Masse bereits aus der Entfernung an der Färbung des Wassers erkannt werden konnte und die Brut der Edelfische (Forellen und Felchen) war bis Oktober 1891 so herangewachsen, dass sie auf eine Festtafel gebracht werden konnten; sie hatten in 18 Monaten durchweg ein Gewicht von 250 g, die Karpfen von über 500 g erreicht; die Zander hatten sich am wenigsten entwickelt. Weiter ausgedehnte Versuche lieferten dieselben günstigen Ergebnisse. Um noch besser für die Ernährung der jungen Fische zu sorgen, wurden Giebel, Plötzen und Rothaugen in jeden

[1]) Gesundh.-Ing. 1899, **22**, 117.

[2]) Die hierdurch sich bildende neue Schlammablagerung auf dem Teichboden ist nur gering und von keinem Belang.

Teich gebracht; dieselben laichten auch frühzeitig und reichlich, so dass sich den heranwachsenden Salmoniden eine grosse Zahl von kleinen Futterfischen als Nahrung bot.

Nach dem Verwaltungsbericht des Magistrats von Berlin für 1897/98 sind auch Versuche mit Ostseeschnägelbrut geglückt; Karpfen und Schleien gediehen vortrefflich und brachte der Verkauf von Karpfen 152 M. Einnahme, ohne dass Ausgaben entstanden waren; im Betriebsjahre 1896/97 wird der Reingewinn aus der Karpfenzucht zu beinahe 900 M. angegeben.

Für das Gelingen der Teichwirthschaft ist in erster Linie ein reiner Teichboden, eine gute Durchlüftung und Durchsonnung des Wassers erforderlich, bei einer moorigen, schwammigen Beschaffenheit des Teichgrundes ist abgesehen davon, dass er sich schwer dichten lässt, eine Entwicklung des Kleinthierlebens auf demselben von vorneherein ausgeschlossen und können sich dementsprechend die Nutzfische nicht mit Erfolg entwickeln.

H. Oesten schlägt vor: das vorgereinigte, aber für jedes höhere Lebewesen noch nicht geeignete Abwasser erst in einen Teich zu leiten, in welchem die natürliche Entwicklung der Mikroorganismen vor sich geht und durch künstliche Impfung und Zucht nach Möglichkeit gefördert wird.

Das durch die Lebensthätigkeit der Bakterien umgewandelte, mit Mikroorganismen erfüllte Wasser fliesst in einen zweiten Teich — den Krustaceenteich —, in welchem durch erstere Krustaceen ernährt werden.

Von hier gelangt das Wasser in einen dritten Teich, wo nunmehr die Krustaceen den Nutzfischen zur Nahrung dienen.[1])

Es muss in jedem Falle ermittelt werden, wie lange das Wasser in jedem Teiche verweilen muss, um sich auf diese Weise noch weiter für die Erzeugung von Fischfleisch nutzbar machen zu lassen, gewiss eine Frage, welche unter geeigneten Verhältnissen alle Beachtung verdient.

Der Fischteich ist aber ferner das beste Zeugniss für die genügende Reinigung des Abwassers durch die Berieselung, und schlägt H. Oesten folgende behördliche Vorschrift für den Reinheitsgrad eines Abwassers vor:

„Das in öffentliche Gewässer einfliessende Abwasser muss so beschaffen sein, dass Fische darin leben und gedeihen“, und als Kontrollapparat: „ein vor jeden Abwasserauslauf einzurichtender Fischteich mit lebenden Fischen.“

Dieser Vorschlag hat ohne Zweifel für städtische und alle fauligen bezw. fäulnissfähigen Abwässer seine Berechtigung und wird nach dieser Richtung wohl kein Reinigungsverfahren der Forderung besser standhalten können, als das durch Berieselung.

Eine etwaige Vorschrift dieser Art würde aber wieder nicht für alle Abwässer massgebend sein können, indem solche z. B. mit verhältnissmässig viel Chloriden und Sulfaten, oder mit geringen Mengen Farbstoff etc. für Fische und Fischzucht unschädlich, für landwirthschaftliche und gewerbliche Nutzungszwecke eines Wassers dagegen schädlich sein können (vergl. S. 81, 95 u. ff.).

---

[1]) Das Verfahren ist unter D.R.P. No. 101706 patentirt worden.

C. Reinigung der Schmutzwässer durch Filtration.

Die Reinigung durch alleinige Filtration besitzt für die Schmutzwässer nicht die Bedeutung, wie für die Reinigung von Trinkwasser, wo sie fast ausschliesslich in Betracht kommt (vergl. S. 110). Indess ist die Filtration auch für Schmutzwässer vielfach in Vorschlag gebracht und kann unter Umständen, besonders wenn es sich bloss um Beseitigung von Schwebestoffen aus einem Schmutzwasser handelt, und wenn dieselbe zweckentsprechend ausgeführt wird, einige Dienste leisten.

Als Filtermasse für Schmutzwässer sind verschiedenartige Stoffe angewendet worden, wie Sand bezw. Kies als allgemeine Filtermasse, Sand und Koks bezw. Kohle, Sand und Kalkstein, Thon und Kohle, kohlehaltiger geglühter Thon, Torferde bezw. Torfkohle etc. Die Einrichtung dieser Filter erfolgt nach denselben Grundsätzen, welche Seite 115 u. ff. für den Aufbau der Sandfilter behufs Reinigung von Trinkwasser angegeben sind. Die gröberen Filterstoffe liegen zu unterst und nimmt die Feinkörnigkeit derselben nach oben hin zu. Die Höhe der Filter beträgt auch hier durchweg 1 m. Für ein Torffilter z. B. schlägt G. Frank[1]) folgende Schichtung vor:

40 cm grober Schotter auf der Sohle der Filterkammer, darauf
40 cm grober Sand und zu oberst
1—2 cm luftfreier Torf.

Bei der Anwendung von 6—10 cm Torferde wird das Filter leicht undurchlässig. Dieser Uebelstand muss selbstverständlich bei der Filtration von an Schwebestoffen reichen Schmutzwässern um so eher und mehr sich bemerkbar machen, je feiner die Filtermasse, je schmutziger das Wasser ist und je rascher und andauernder die Filtration vor sich geht. Aus diesen Gründen sind für Schmutzwässer an sich gröbere Filterstoffe erforderlich, als für Reinigung von gewöhnlichem Fluss- oder Tagewasser durch Sandfilter für die Trinkwasserversorgung, und muss ferner die Filtration recht häufig unterbrochen werden, es muss eine Wechselfiltration eingeführt werden.

Bei richtiger Handhabung der Wechselfiltration können sich in den Filtern, besonders wenn man sie mit etwas Ackererde durchsetzt, gleichsam impft, die Oxydations- und Nitrifikations-Bakterien ansammeln, und eine grössere und geringere Oxydation der organischen Stoffe bewirken, so dass durch die Filtration nicht nur die Schwebestoffe, sondern auch ein Theil der gelösten Stoffe beseitigt und unschädlich gemacht werden kann.

Aus dem Grunde soll man den Filtern eine thunlichst häufige, womöglich nach jeder Filtration, eine Ruhezeit gewähren, und muss die Ent-

[1]) Centrbl. f. allgem. Gesundheitspflege 1897, **16**, 380.

wässerung der Filter, die Abführung des Filtrats so ausgeführt werden, dass nach Ablauf des filtrirten Wassers die Luft durch die ganze Filtermasse nachtreten kann.

Hieraus erklärt sich auch, dass die absteigende Filtration, bei welcher fortgesetzt Luft nachtreten kann, im allgemeinen einen besseren Erfolg aufweist, als eine aufsteigende Filtration.

Die Menge des zulässigen Schmutzwassers für die Filtration richtet sich im wesentlichen nach der Grösse der Verunreinigung sowie nach der Art und Einrichtung der Filter.

Die Erfahrungen in England haben gelehrt, dass für städtische Abwässer auf 1 cbm Filter eine zu filtrirende Flüssigkeitsmenge von 33,3 l in 24 Stunden gerechnet werden darf, um bei einer absteigenden Wechselfiltration eine in den meisten Fällen genügende Reinigung zu erzielen.

Ausser für eine ab- und aufsteigende Filtration werden die Filter auch in der Weise eingerichtet, dass man die Filterstoffe (Sand, Koks, Kohle etc.) in rechteckige Behälter von Drahtgitter oder von durchlöcherten Blech- oder Holzwandungen giebt und das Wasser seitlich durchtreten lässt. Derartige Filterbehälter pflegen meistens an den Austrittsöffnungen von Klärteichen oder sonstigen Klärvorrichtungen angebracht zu sein, um die letzten Schwebestoffe aus dem Schmutzwasser zu entfernen; eine oxydirende Wirkung können solche Filter nicht ausüben und müssen, weil sie sich leicht verstopfen und unwirksam werden, recht häufig erneuert werden.

Bei der richtig gehandhabten absteigenden Wechselfiltration können die Filter dagegen unter Umständen recht lange wirksam bleiben.

Versuche über die Reinigung durch verschiedene Filter.

Um die Wirkung der Filtration auf Schmutzwässer klarzulegen, mögen hier einige Versuche mit verschiedenen Filtern mitgetheilt werden, welche vorwiegend die Prüfung des in letzter Zeit viel besprochenen und viel gerühmten Polarite-Filters bezweckten.

Das Ferrozone-Polarite-Verfahren ist ein chemisches Reinigungsverfahren, gleichzeitig verbunden mit Filtration.

Das Abwasser wird zunächst mit Ferrozone (schwefelsaure Thonerde und schwefelsaures Eisenoxyd in wechselnden Mengen) versetzt und das geklärte Wasser durch ein Filter von Sand und Polarite (im wesentlichen Eisenoxyd) filtrirt.

Der Zusatz von Ferrozone soll eine Fällung der Schwebestoffe, die Filtration durch die Sand-Polarite-Schicht eine starke Oxydation bewirken, indem der gebundene Sauerstoff des Eisenoxyds des Polarites zur Oxydation verwendet werden soll.

Was zunächst die Zusammensetzung der beiden Reinigungsmittel anbelangt, so scheint dieselbe nach folgenden Analysen verschieden zu sein:

1. Ferrozone.

	Nach W. Nagler[1])	Alfr. Roechling[2])	hiesiger Analyse
Wasser	20,00 %	20,80 %	33,44 %
Ferrisulfat	6,07 „	24,42 „	27,63 „
Ferrosulfat	16,28 „		
Aluminiumsulfat	22,20 „	3,16 „	19,79 „
Kohle	4,47 „	0,81 „	0 „
Sonstige Stoffe (in Wasser unlöslich etc.)	30,98 „	50,81 „	19,14 „

2. Polarite.

	Nach W. Nagler	Alfr. Roechling	hiesiger Analyse
Eisenoxyd	54,52 %	53,93 %	46,95 %
Eisenoxyd (magnetisches?)		19,19 „	Manganoxydoxydul 0,85 „
Eisenoxydul	— „	7,25 „	16,43 „
Thonerde	6,21 „	— „	—
Kalk	0,98 „	1,43 „	5,08 „
Magnesia	7,24 „	— „	6,70 „
Kieselsäure	24,92 „	15,16 „	(Unlösliches) 24,09 „
Kohle	— „	1,80 „	— „
Wasser	6,13 „	1,44 „	0,57 „

Ueber die Ergebnisse, welche mit diesem Verfahren im grossen bei städtischem Abwasser erzielt sind, soll im II. Bd. dieses Werkes S. 77 berichtet werden.

Wir haben eine Reihe von Versuchen im kleinen mit diesem Verfahren angestellt, um Aufschluss über die Wirkung desselben zu erhalten.

Denn, da nach unseren jetzigen Anschauungen die Oxydation des Kohlenstoffs wie des Stickstoffs der organischen Stoffe zu Kohlensäure bezw. zu Salpetersäure durch Vermittelung von Bakterien erfolgt, welche den freien Sauerstoff der Luft auf die organischen Stoffe übertragen, verdiente die Frage, ob der gebundene Sauerstoff der Polaritemasse (des Eisenoxyds etc.) wirklich eine Oxydation der organischen Stoffe bewirkt oder doch begünstigt, einer erneuten Prüfung.

Zu dem Zweck suchten E. Haselhoff, R. Grossmann und der Verf.[3]) die Wirkung des Polarite-Filters im Vergleich zu einem solchen aus Ackerboden, Koks und Calciumorthoplumbat (Kassner's) zu ermitteln. Letzteres wurde deshalb mit hinzugezogen, weil dasselbe nach den Untersuchungen

[1]) Chem. Centrbl. 1894, **I**, 1086.

[2]) Gesundh.-Ing. 1892, **15**, 585.

[3]) Zeitschr. f. Untersuchung von Nahrungs- u. Genussmitteln 1898, **1**, 171 und Techn. Gem. Blatt 1898, **1**, 227.

G. Kassner's leicht Sauerstoff abgiebt, daher in ähnlicher Weise wirken müsste, wie dieses von dem Polarite behauptet wird. Es wurde in nussgrossen Stücken verwendet, ebenso wie das Polarite und der Koks. Das Ferrozone wie Polarite wurde uns bereitwilligst von der International Water & Sewage Purification in London zur Verfügung gestellt. Als Boden verwendeten wir sandigen Gartenboden in alter Kultur, in welchem nitrificirende Bakterien vorausgesetzt werden konnten.

Die Filter in Blechcylindern von 40 cm Durchmesser hatten nach den in England und Bromberg angewendeten Mustern die nachstehende Anordnung (Fig. 86).

Die Vergleichsfilter hatten für Koks und Calciumplumbat genau dieselbe Anordnung, nur mit dem Unterschiede, dass sie statt der 30 cm hohen Schicht Polarite dieselbe Höhenschicht Koks bezw. Calciumorthoplumbat (letzteres gemischt mit Kies) ent-

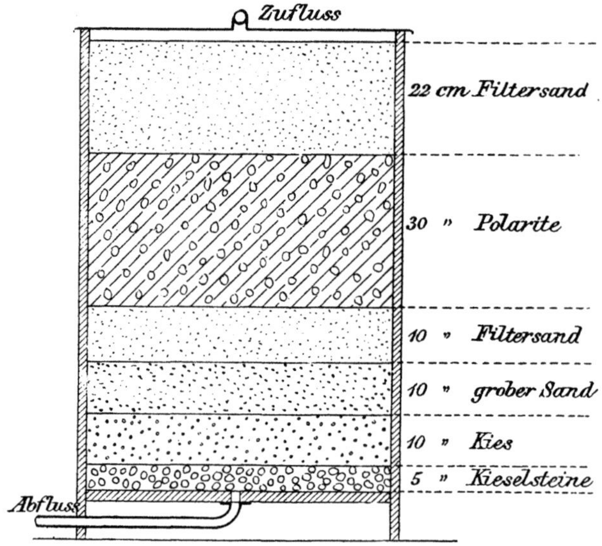

Fig. 86.
Polarite-Filter.

hielten. Nur bei dem Bodenfilter lag die 30 cm hohe Bodenschicht oben, dann folgte Sand, Kies etc. wie bei den anderen Filtern. Als Schmutzwasser wurde verdünnte Abortjauche, Kanal- und Schlachthausabwasser verwendet, das auf etwa je 750 l mit 200 g Ferrozone versetzt, gut durchgerührt und in einem grösseren Bottich behufs Klärung einige Zeit der Ruhe überlassen wurde. Das geklärte Wasser wurde dann gleichmässig und zu gleicher Zeit tropfenweise oder in dünnem Strahl durch die Filter filtrirt, das Filtrat in kleinen Behältern gesammelt und nach dem Durchmischen gleichmässig mit der geklärten Jauche untersucht. Zwischen den einzelnen Filtrationsversuchen lag meistens eine Ruhepause von mehreren Tagen bis Monaten. Die Untersuchung lieferte folgende Ergebnisse für 1 l (vergl. nebenstehende Tabelle):

Aus nachstehenden Untersuchungen ersehen wir, dass die filtrirten Wässer an gesammten löslichen Stoffen, unorganischen wie organischen, d. h. Glührückstand und Glühverlust im Anfang zwar weniger, nachher aber — mit Ausnahme bei dem Calciumplumbatfilter — erheblich mehr enthalten,

Filtrations-Versuche	Gesammte anorganische Stoffe (Glührückstand) mg	Gesammte organische Stoffe (Glühverlust) mg	Zur Oxydation erforderlicher Sauerstoff in alkalischer Lösung mg	Zur Oxydation erforderlicher Sauerstoff in saurer Lösung mg	Stickstoff in Form von organischen Verbindungen mg	Stickstoff in Form von Ammoniak mg	Stickstoff in Form von Salpetersäure mg	Gesammtstickstoff mg	Schwefelsäure mg	Chlor mg
1. Verdünnte Abortjauche.										
a) Mittel aus 7 Winterversuchen:										
Schmutzwasser	377,1	201,8	50,1	43,2	9,9	88,2	5,6	103,8	61,4	103,7
Polarite-Filtrat	374,3	261,8	28,5	27,8	2,4	54,5	23,5	80,4	60,1	93,5
Gartenerde-Filtrat	521,4	340,4	35,5	33,8	1,3	55,8	36,2	93,3	65,8	98,6
Koks-Filtrat	470,0	316,4	32,1	31,5	0,7	61,9	35,6	98,0	67,8	99,6
Calciumplumbat-Filtrat . .	1197,6	137,1	29,0	27,2	8,1	95,2	7,9	111,9	20,7	102,5
b) Mittel aus 3 Sommerversuchen:										
Schmutzwasser	608,3	697,5	195,2	199,1	25,3	192,2	14,0	231,4	179,0	188,8
Polarite-Filtrat	998,3	773,3	45,1	46,9	10,3	12,0	116,5	138,8	189,8	162,8
Gartenerde-Filtrat	877,3	660,0	36,1	38,1	8,9	23,9	96,7	129,5	173,2	162,8
Koks-Filtrat	633,3	559,2	40,3	42,5	9,9	41,0	61,9	112,8	185,5	160,5
Calciumplumbat-Filtrat . .	1000,8	296,7	33,1	34,1	13,3	118,9	24,8	157,0	90,9	161,7
2. Städtisches Kanalwasser.										
Mittel aus 2 Versuchen:										
Schmutzwasser	632,8	612,5	115,2	120,8	15,4	56,5	6,7	78,6	47,7	159,3
Polarite-Filtrat	811,3	407,5	35,2	32,8	3,1	20,0	26,7	49,8	111,5	177,0
Gartenerde-Filtrat	756,3	264,5	40,8	36,4	9,7	17,4	31,3	58,4	100,2	194,7
Koks-Filtrat	699,5	496,3	37,6	35,2	5,6	21,0	44,6	71,2	108,9	177,0
Calciumplumbat-Filtrat . .	1124,8	288,3	34,4	30,4	6,7	80,5	16,9	104,1	90,6	212,4
3. Schlachthausabwasser.										
1 Versuch:										
Schmutzwasser	515,0	272,5	51,5	56,5	10,3	42,0	2,1	54,4	70,3	123,9
Polarite-Filtrat	770,0	415,0	25,7	20,2	2,3	4,1	23,6	30,0	86,3	120,4
Gartenerde-Filtrat	560,0	320,0	29,0	25,9	3,1	3,1	20,5	26,7	85,8	120,4
Koks-Filtrat	552,5	215,0	28,2	26,1	6,4	21,5	10,3	38,2	67,7	127,4
Caliumplumbat-Filtrat . .	750,0	245,0	24,8	22,4	1,0	50,2	7,2	58,4	85,1	134,5

als das ursprüngliche, geklärte Schmutzwasser. Das erklärt sich daraus, dass die trockenen oder die in der Ruhezeit austrocknenden Filter einerseits Schmutzwasser, bezw. dessen Bestandtheile zurückhalten, die sich bei einer späteren Filtration wieder lösen, dass andererseits die Filter an sich lösliche Stoffe enthalten, oder dass die gebildeten Oxydationserzeugnisse (Kohlensäure, Salpetersäure etc.) lösend auf Bestandtheile der Filter wirken. Der Verbrauch an Kaliumpermanganat oder an zur Oxydation erforderlichem Sauerstoff nimmt in allen Versuchen mehr oder weniger ab, ein Beweis, dass bei der Filtration eine Oxydation der organischen Stoffe stattgefunden hat. Auch die Salpetersäure hat in allen Versuchen im Anfang eine geringere, später eine grössere Zunahme erfahren. Dasselbe gilt in geringerem Maasse von der Schwefelsäure; im allgemeinen kann auch hier eine geringe Zunahme festgestellt werden. Die Wirkung ist in der wärmeren Jahreszeit stärker als im Winter. Eine Ausnahme bildet nur das Filter mit der Calciumplumbatschicht; hierin nimmt die Salpetersäure im Winter gar nicht und im Sommer nur unerheblich zu, die Schwefelsäure sogar ab; letztere Abnahme kann nur dadurch erklärt werden, dass das Calciumplumbat zersetzt und unlösliches schwefelsaures Blei gebildet wurde.

Die Bildung der Salpetersäure muss ohne Zweifel auf eine Bakterienwirkung zurückgeführt werden, und spielt hierbei der gebundene Sauerstoff des Eisenoxyds im Polarite keine besondere Rolle; denn in dem Polaritefilter ist die gebildete Salpetersäure im Durchschnitt nicht grösser als bei den Filtern aus Gartenerde und Koks. Dass die Salpetersäurebildung wesentlich von nitrificirenden Bakterien bedingt wird, kann daraus geschlossen werden, dass diese mit der Länge der Gebrauchszeit der Filter, also nachdem sich die Bakterien mehr und mehr in den Filtern entwickelt haben, zunimmt, ferner daraus, dass in dem Filter von Calciumplumbat die Salpetersäurebildung gleich Null oder nur eine ganz geringe ist, obschon dieses noch leichter den gebundenen Sauerstoff abgiebt als das Eisenoxyd des Polarite. Es ist anzunehmen, dass durch die geringen in Lösung gegangenen Mengen Blei die Nitrifikationsbakterien vernichtet worden sind. Auch haben wir in dem Polaritefilter keine Reduktion des Eisenoxyds zu Eisenoxydul nachweisen können. Man kann hiergegen vielleicht einwenden, dass das gebildete Eisenoxydul in den Filtern durch Luftzutritt alsbald wieder in Eisenoxyd übergeführt wird. Wir haben aber in luftdicht verschlossenen Flaschen Jauche mit Polaritemasse unter öfterem Umschütteln längere Zeit stehen lassen, aber auch hier haben wir keine Reduktion feststellen können. Eine solche ist allerdings im Boden bei Abschluss von Luft unter dem Einfluss von Bakterien anzunehmen; indess fragt es sich, ob das Eisenoxyd hierbei nicht vorher durch eine Säure gelöst, bezw. gelockert werden muss, oder ob sich Eisenoxydhydrat, wie es im Boden vorhanden zu sein pflegt, nicht anders verhält als das Eisenoxyd des Polarite.

Dass fein vertheilter oder auf der rauhen Oberfläche eines Körpers mechanisch verdichteter Sauerstoff die Nitrifikation unterstützt, dürfte daraus zu folgern sein, dass das Filter von Koks eine im Durchschnitt gleiche Menge Salpetersäure gebildet hat wie das mit Gartenerde. Diese Art Sauerstoff kann aber mit dem chemisch gebundenen des Eisenoxyds zur Befriedigung des Sauerstoffbedürfnisses der nitrificirenden Bakterien nicht verglichen werden.

Die Menge des Gesammtstickstoffs in den Filtraten aus Polarite, Gartenerde und Koks ist geringer, bei dem Filter aus Calciumplumbat aber nahezu gleich oder sogar etwas höher[1]) als der des unfiltrirten Jauchewassers für gleiches Volumen (nämlich für 1 l). Daraus folgt, dass bei der Nitrifikation des Stickstoffs auch freies Stickstoffgas entstehen muss, was mit anderweitigen Versuchen übereinstimmt.

Da die Abnahme im Verbrauch an Kaliumpermanganat oder dem zur Oxydation erforderlichen Sauerstoff in den Filtraten von den Polarite- und Calciumplumbatfiltern eine gleiche und im Durchschnitt der sieben Versuche sogar eine etwas grössere ist als bei dem Boden- und Koksfilter, so scheint die Oxydation von leicht oxydirbaren organischen Kohlenstoffverbindungen nicht allein von Mikroben abhängig zu sein, sondern auch in gewissem Grade bei Anwesenheit von fein vertheiltem, bezw. leicht abspaltbarem Sauerstoff vor sich gehen zu können bezw. hiervon begünstigt zu werden.

Dieses stimmt auch mit Versuchen von E. Wollny[2]) überein, wonach die Oxydation des Kohlenstoffs zwar im wesentlichen auf die Lebensthätigkeit von Mikroorganisman zurückgeführt werden muss, hierbei aber nebenher sich ein rein chemischer Vorgang abspielt.

Von der grössten Bedeutung bei der oxydirenden Wirkung der Filter aber ist, dass denselben zeitweise Ruhe gewährt wird, dass eine unterbrochene Filtration statthat; bei fortgesetzter Benutzung nimmt die Wirkung ab.

Wie dem Verfasser mitgetheilt wird, hat man in England das Ferrozone-Polarite-Verfahren zur Reinigung von Schmutzwässern bereits wieder aufgegeben.

Und was die Anlagekosten von Filtern anbelangt, so ist zu berücksichtigen, dass die Filter keine fortwährende Wirkungsdauer haben, dass sie öfters erneuert werden müssen, oder um sie unterbrechend wirken zu lassen, eine verhältnissmässig grosse Ausdehnung haben müssen. Wenn innerhalb 24 Stunden nicht mehr als 33 l Flüssigkeit für 1 cbm Filter aufgelassen werden sollen, so würde zur Reinigung der Abwässer von 10000 Einwohnern mindestens eine 2 m tiefe, drainirte Filterfläche von 2 ha erforderlich sein.

Ferner aber fragt es sich, wo die nicht flüchtigen Oxydationserzeugnisse, wie Salpetersäure, Schwefelsäure bleiben sollen, die, wenn auch gebunden an Kalk und Magnesia, unter Umständen unschädlich sein mögen, in den meisten Fällen aber neben anderen Auslaugungsbestandtheilen eine Verunreinigung von Grund- und Flusswasser bewirken müssen, besonders aber eine abnorme Algenbildung in letzterem befördern.

Jedenfalls sind von einer einfachen Filtration städtischer Abwässer nicht die Erfolge zu erwarten, wie von der Berieselung, bei welcher, wenn sie richtig gehandhabt wird, die oxydirten

---

[1]) Die Differenz muss wohl auf Ungleichheit einer oder einiger Proben des Filtrats infolge zurückgehaltener Stoffe von den vorhergehenden Versuchen liegen.

[2]) Landw. Versuchsstationen 1880, **25**, 373 u. Deutsche landw. Presse 1883, Nr. 47, 84, 85 u. 87.

Stoffe von den Pflanzen aufgenommen und nicht nur völlig unschädlich gemacht, sondern auch mit Vortheil ausgenutzt werden.

Die blosse Filtration, die vorwiegend in England angewendet wird, ist nur da angezeigt, wo die chemisch gereinigten und geklärten Abwässer noch etwa verbessert werden sollen, und wo geeigneter und genügender Boden für die Berieselung nicht vorhanden ist.

D. Reinigung auf biologischem Wege.

Das Dibdin-Schweder'sche Verfahren.

Schon vor 25 Jahren hat Alex. Müller auf die Bedeutung der biologischen Vorgänge (der cellularen Reinigung) für die Reinigung der Schmutzwässer hingewiesen (vergl. 247) und sich ein Verfahren patentiren lassen, wonach die mit organischen Stoffen versetzten Abwässer (vorwiegend Zuckerfabrikabwässer) in Erdgruben nach Erwärmen auf 25—40^0 unter Zusatz von hefeartigen Organismen der Gährung bezw. Fäulniss überlassen und dann durch Filter von Sand, Kohle etc. filtrirt werden sollten.

Walter East empfahl ebenfalls um dieselbe Zeit, die Kloakenwässer durch Zusatz von stark faulenden Flüssigkeiten in eine beschleunigte Fäulniss zu versetzen, die hierbei auftretenden Fäulnissgase durch eine Eisenoxydschicht nach einem Schornstein abzuführen, in die gefaulte Flüssigkeit Luft zu pressen, alsdann dieselbe nach der Filtration zur Berieselung zu verwenden.

Eine praktische Bedeutung aber haben diese Vorschläge erst in der letzten Zeit durch die Versuche von W. J. Dibdin in London und V. Schweder in Grosslichterfelde erlangt.

Das Wesen dieses Reinigungsverfahrens besteht darin, dass das zu reinigende Abwasser zunächst eine längere Zeit (bei städtischem Abwasser mindestens 24—48 Stunden) der Fäulniss überlassen, dann gelüftet und in Kies-Koks-Filtern der Oxydation durch Bakterien unterworfen wird.

W. J. Dibdin hatte derartige Versuchsanlagen in Exeter und Sutton, V. Schweder in Grosslichterfelde bei Berlin eingerichtet, welcher bald weitere, z. B. in Landeck (O/Schl.) für Kurhaus-Abwässer, in Marienwerder für Zuckerfabrikabwässer von 6000 cbm täglich, u. a. gefolgt sind.

Die in Grosslichterfelde von V. Schweder eingerichtete Anlage[1]) war den englischen Anlagen in Exeter und Sutton nachgebildet, aber in der Ausführung vollkommener, so dass diese hier beschrieben werden möge.

Das Wasser tritt aus dem städtischen Kanal bei *a* in den Raum I (vergl. Fig. 87), welcher in halber Höhe mit einer Mauer durchsetzt ist, vor welcher das unter Druck eintretende Wasser behufs gleichmässiger Durchmischung und besserer Sedimentirung

---

[1]) Zeitschr. f. Untersuchung d. Nahr.- u. Genussmittel 1898, **1**, 171.

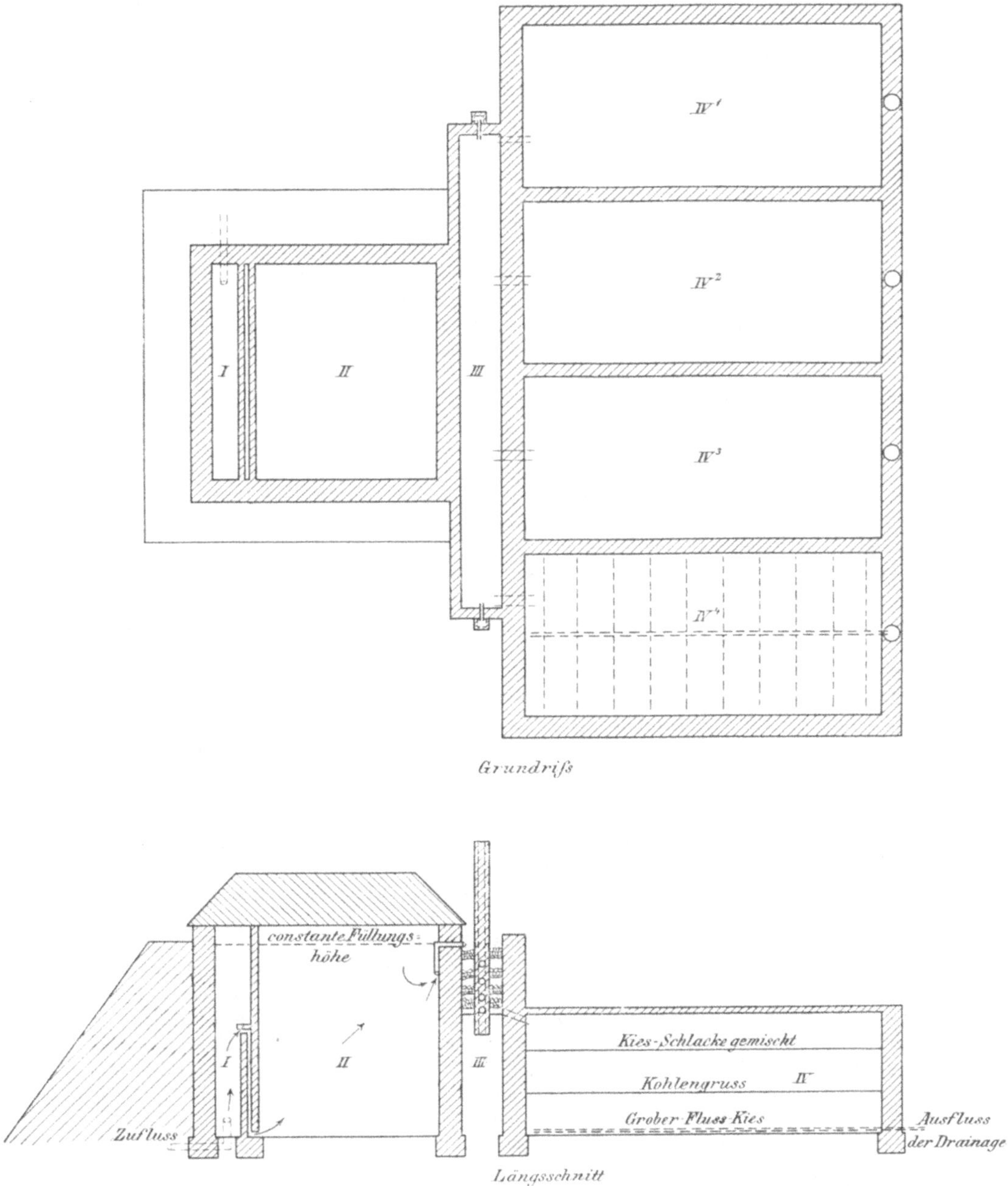

Fig. 87.

Reinigungsanlage von V. Schweder in Grosslichterfelde.

I und II Räume für Klärung und faulige Gährung.
III Raum für Lüftung (Gradirwerk).
IV¹—⁴ Oxydations-Filterraum.
IV⁴ derselbe mit Ansicht der Untergrunddrainage.

hochgestaut wird, und die an ihrer Oberkante eine Reihe eingemauerter kleinkalibriger Drainrohre enthält, durch welche das Wasser in den Leerraum zwischen I und II übertritt. Die korrespondirende Mauer ist bis unter die Bedachung hochgeführt, enthält dagegen am Boden eine Anzahl Drainrohre eingemauert, wodurch die Jauche in der Richtung der Pfeile in den Raum II tritt und aus diesem das vom vorigen Tage aufgespeicherte Wasser von unten auf verdrängt.

Die Räume I und II sind bedacht, um Licht- und Luftzutritt abzuhalten, ausserdem mit starken Mauern und einem Erdwall umgeben, um sie vor grossem Temperaturwechsel zu schützen; ferner sind sie mit einer Decke von Torfmull auf einem engmaschigen, unter den Balken ausgespannten Drahtnetz abgedeckt, welche Decke nicht nur einen schlechten Wärmeleiter bildet, sondern auch schlechte Gerüche beseitigt.

In Raum II findet eine lebhafte Fäulniss statt und werden die Schwebestoffe, die schon theilweise in Raum I zurückgehalten werden, theils niedergeschlagen, theils gelöst (verflüssigt). Um eine Fortführung der Schwebestoffe (sei es der niedergeschlagenen, sei es der schwimmenden) zu vermeiden, sind in der dem Eintritt gegenüberliegenden Seitenwand Knierohre angebracht, deren wagerechter Schenkel in der Höhenschicht der Jauche liegt, während der senkrechte Schenkel etwa 1 m tief in die Jauche eintaucht, sodass weder die obenaufschwimmenden noch die am Boden befindlichen Schwebestoffe beim Austritt des Wassers aus der Faulkammer mitfortgeführt werden können.

Die aus dem Raum II austretende Jauche hat eine stark faulige Beschaffenheit. Um die Oxydation in den Filtern zu fördern, wird sie in Raum III dem Einfluss frischer Luft ausgesetzt oder gelüftet. In demselben sind mehrere Lochbleche stockwerkartig über einander angebracht, in einem senkrechten Abstande von 0,30 m von einander und jedes 15 cm mit Kies beschüttet, sodass zwischen jedem Lochblech ein freier Luftraum von 0,15 m Höhe verbleibt. Diese Lufträume sind durch die in die Umfassungswand eingesetzten Drainrohre mit einem schornsteinähnlichen Lüftungsschacht verbunden; die aus dem Raum II abfliessende gefaulte Jauche durchrieselt in vielen dünnen Fäden regenförmig die einzelnen Luftkammern und wird in diesen einer lebhaften Lüftung ausgesetzt. Während in der Faulkammer II nach den bakteriologischen Untersuchungen vorwiegend nur anaërobe Bakterien thätig sind, stellen sich in Raum III nach Aufnahme von Luftsauerstoff aërobe Bakterien ein und findet hier auch schon eine schwache Nitrifikation statt.

Die gelüftete Jauche sammelt sich unten in Raum III und kann zur weiteren Oxydation beliebig auf die einzelnen 4 Filter (Oxydationsraum IV) geleitet werden. Diese bestehen von unten nach oben schichtweise aus 0,30 m Kies, 0,75 m Koksgruss und 0,30 m Gemisch von feinem Kies und gekörnter Steinkohlenschlacke (vergl. Fig. 87). Die unterste Lage von Kies ist mit einer schwachen Beimengung von Muschelkalk vermengt.

Am Boden der Filter befindet sich eine einfache Ackerdrainage, deren Hauptsammelstränge (vergl. Fig. 87) durch ein Petersen'sches Ventil geschlossen werden können. Die Füllung der Filter wird bei geschlossener Drainage vorgenommen und dauert bis zur vollen Sättigung 2 Stunden. Während der Füllung steigt die in den Filtern, besonders in dem porösen Kohlengruss eingeschlossene Luft durch die Jauche nach oben und erhöht die oxydirende Wirkung der Bakterien. Mit dem Vollfüllen der Filter nach 2 Stunden hat die Oxydation bezw. die Mikroben-Thätigkeit ihren Höhepunkt erreicht; das Wasser wird dann nach Oeffnen des Petersen'schen Ventils abgelassen und soll stets klar, geruchlos und frei von Schwefelwasserstoff sein.

Wenn das Filterabwasser als frei von Ammoniak bezeichnet wird, so trifft das für die von uns untersuchten Proben nicht oder nur ausnahmsweise zu.

Der Ammoniak- und organische Stickstoff wird aber grösstentheils in Salpetersäure und salpetrige Säure — das Verhältniss der letzteren ist schwankend — übergeführt. Seitdem die Filter (Oxydationsraum IV) ähnlich wie bei Mistbeeten mit Matten, welche die Abkühlung bei Frostwetter verhindern, die direkten Sonnenstrahlen abhalten, aber den Luftumlauf nicht beeinträchtigen, bedeckt sind, soll die Nitratbildung das Uebergewicht haben.

Eine merkbare Erwärmung findet im Faulraum II nicht statt, wohl aber in den Filtern, dem Oxydationsraum. Selbst bei einer Aussentemperatur von -6^0 hat hier die Wärmesteigerung in 4—5 Stunden $2-3^0$ betragen.

Das von den Filtern abfliessende Wasser enthält naturgemäss zahlreiche Bakterien, vorwiegend nitrificirende neben anderen (u. A. Bacterium coli commune). Ein Versuch, diese durch Sandfiltration zu entfernen, ist missglückt, weil das Drainwasser keine Schwebestoffe enthält, um eine Schlickschicht auf den Filtern bilden zu können.

V. Schweder hat aber das Drainwasser mit Vortheil zur Berieselung einer Grasfläche benutzt, ausserdem gefunden, dass es, in einen Feldtümpel geleitet, dem Gedeihen von Fischen durchaus nicht nachtheilig gewesen ist.

V. Schweder hebt die geringe Schlammablagerung in dem Faulraum I und II hervor; von Mai 1897 bis Mitte Januar 1898 haben ungefähr 20000 cbm Jauche die Anlage durchlaufen, jedoch dürfte nach Schweder's Schätzung die Menge des abgeschiedenen Schlammes höchstens 1 cbm betragen.

Auch der Oxydations-Filterraum zeigt, wie V. Schweder berichtet, keine wesentliche Veränderung und Schlammablagerung.

An der Oberfläche ist sie zwar nach jedesmaliger Benutzung bemerkbar, jedoch verschwindet dieselbe alsbald nach dem Abtrocknen der Oberfläche, was bei dem durchgeführten unterbrochenem Betrieb täglich vorkommt.

Die Handhabung der 4 Filterräume ist nämlich folgende:

Filterraum	I. Füllung und Entleerung am Tage (vormittags)			II. Füllung und Entleerung am Tage (nachmittags)		
	Füllung	Verbleib im Oxydations-Filterraum	Entleerung	Füllung	Verbleib im Oxydations-Filterraum	Entleerung
IV_1	6—8 Uhr	8—10 Uhr	10—$10^1/_2$ Uhr	2—4 Uhr	4—6 Uhr	6—$6^1/_2$ Uhr
IV_2	8—10 „	10—12 „	12—$12^1/_2$ „	4—6 „	6—8 „	8—$8^1/_2$ „
IV_3	10—12 „	12—2 „	2—$2^1/_2$ „	6—8 „	8—10 „	10—$10^1/_2$ „
IV_4	12—2 „	2—4 „	4—$4^1/_2$ „			

Die 14stündige Betriebszeit in dem Oxydations-Filterraum ist mit Rücksicht darauf berechnet, dass in der Zeit von 8 Uhr abends bis 6 Uhr morgens nur wenig Spüljauche gefördert wird. Es hat daher jedes Filter zwischen der jedesmaligen Füllung am Tage $3^1/_2$ Stunden und von der Zeit der Abendentleerung bis zur Füllung am nächsten Morgen $13^1/_2$ Stunden, also im ganzen 17 Stunden Ruhe, die sich für die Erneuerung und Füllung mit Luft als ausreichend erwiesen hat.

Der Faulraum II kann nach den angegebenen Maassen rund 82 cbm fassen, während täglich 100—120 cbm gereinigt werden, so dass die rohe

Jauche unter Hinzurechnung des Vorraumes I ungefähr 24 Stunden aufgespeichert werden kann, ehe sie, durch nachtretende Jauche verdrängt, wieder austritt. Jeder Oxydations-Filterraum fasst 15—20 cbm; es können daher durch diesen bei 7maliger Füllung 105—140 cbm gefaulte Jauche fliessen. Im ganzen hat der Raum 128 qm Fläche, so dass bei 140 cbm Jauche auf 0,9 qm 1 cbm Jauche entfällt. Auffallender Weise läuft aus den Drains kaum die Hälfte der Flüssigkeit ab, als in den Oxydations-Filterraum eintritt. Wenngleich während des Aufenthaltes des Wassers in diesem Raum und besonders während der Ruhezeit der Filter eine erhebliche Wasserverdunstung statthat, so kann doch hieraus allein wohl schwerlich ein solcher Wasserverlust erklärt werden; ein Theil des Verlustes muss wohl auch durch Versickerung verursacht sein.

Dass sich in dem Fäulniss- (auch Verflüssigungs-) Raum infolge der Thätigkeit von anaëroben Bakterien lebhafte Zersetzungen vollziehen, ist daraus zu schliesen, dass in der Reinigungsanlage in Exeter bei London, wie H. Alfr. Boeckling berichtet, sich brennbare Gase — ohne Zweifel Sumpfgas — entwickeln, die sich in einem Auer'schen Gasglühlichtbrenner anzünden lassen.

In Sutton ist der Fäulnissraum offen; selbstverständlich kann in offenen Fäulnissräumen die Fäulniss nicht so stark um sich greifen, als in bedeckten Räumen.

Bei neueren Anlagen, z. B. in Landeck, hat V. Schweder den theueren Lüftungsraum III ganz fehlen lassen, während er ihn bei der Anlage in Marienwerder für Zuckerfabrikabwasser mit Kalksteinschotter ausgefüllt und den Faulraum II in drei bedachten Abtheilungen angeordnet hat. Auch werden die Faulräume jetzt mit Kleine'scher Decke abgedeckt, die Oxydationsfilter durch eine 2. Reihe vermehrt.

Die Versuche mit diesem Reinigungsverfahren sind bis jetzt mit verhältnissmässig nur kleinen Mengen Abwässern angestellt worden; aber diese haben in vielen Fällen bei städtischem Abwasser entschieden gute Erfolge gezeigt, indem unter Umständen eine fast vollständige Nitrifikation des Stickstoffs und eine weitgehende Oxydation der organischen Stoffe statthatte. Auch findet im Faulraum nur eine verhältnissmässig geringe Ablagerung von Schlamm statt, weil auch die organischen Schwebestoffe ohne Zweifel durch starke Fäulniss (durch Ammoniak- und Sumpfgas-Gährung) allmählich gespalten, gelöst und dann im Oxydations-Filterraum oxydirt werden können.

Über die bisherigen Versuchsergebnisse vergl. Bd. II S. 83.

Es erübrigt aber noch festzustellen:

1. Ob das Verfahren für grössere Mengen Abwasser, z. B. von über 20000 oder 30000 Einwohnern durchführbar ist?

2. Ob es sich für alle fauligen oder fäulnissfähigen Abwässer eignet? Bis jetzt ist es nur bei Abwasser aus Städten oder aus Anstalten, also bei solchem Abwasser geprüft, welches schon in starker Fäulniss ist bezw. rasch in Fäulniss übergeht und scheint die Oxydation nur genügend zu verlaufen, wenn die organischen Stoffe vorher durch eine starke Fäulniss eine hinreichende Zersetzung erfahren haben. Städtisches Abwasser muss daher min-

destens 24 Stunden im Faulraum verbleiben, während zur Oxydation im Filterraum sich ein Aufenthalt von 2—4 Stunden als ausreichend erwiesen hat.

Wenn ein Abwasser sich nicht genügend schnell und stark in Fäulniss versetzen lässt, so scheint nach einem — allerdings nur einem — Versuch bei einem Zuckerfabrikabwasser die Oxydation nur unvollkommen zu verlaufen.

3. Ob nicht eine Nachrieselung mit dem oxydirten Abwasser stattfinden muss? Diese wird sich unter allen Umständen empfehlen, da es kaum stets gelingen wird, eine vollständige Oxydation besonders des sämmtlichen Stickstoffs zu Salpetersäure zu bewirken, und selbst wenn dieses gelingen sollte, wird solche Nachrieselung oder Ausnutzung des oxydirten Abwassers in Fischteichen dann angezeigt sein, wenn kein genügend grosses Vorfluthwasser zur Verfügung steht, durch welches das Abwasser eine hinreichende Verdünnung erfährt. Ist die Nachrieselung aber nothwendig, dann kann man auch, wenn ein geeigneter Boden in genügend grosser Ausdehnung und zu mässigen Preisen zur Verfügung steht, gleich die Bodenberieselung anwenden, und die Kosten für diese Anlage sparen.

Ist aber für eine Stadt oder Fabrik mit ähnlichen Abgängen kein gut filtrirender Boden und kein genügend grosses Rieselgelände zu haben, so kann das Verfahren von Dibdin-Schweder als theilweiser Ersatz dienen, indem es ermöglicht, einerseits einen weniger gut durchlässigen Boden für die Berieselung zu verwenden, andererseits mit einer geringeren Bodenfläche auszukommen.

Für die Richtigkeit dieser Behauptung kann z. B. angeführt werden,[1]) dass die Stadt Leicester durch die Einführung des biologischen Verfahrens neben Berieselung bedeutend an Rieselfläche gespart hat. Dort ist seit 8 Jahren die Berieselung auf thonigem Boden (vergl. II. Bd. S. 52) eingeführt; in den letzten 4 Jahren hat die Bevölkerung jährlich um etwa 6000 Einwohner zugenommen; man war daher gezwungen, entweder mehr Boden anzukaufen oder eine Vorreinigung vorzunehmen. Man wählte letztere, indem man ein Geröllbecken, ein Ablagerungsbecken und ein Grobfilter einführte. Nach Inbetriebsetzung dieser Anlage fand man, dass zur endgültigen Reinigung des städtischen Abwassers wenig mehr als die Hälfte des früheren nothwendigen Geländes erforderlich war.

Eine wesentliche Bedingung für das Gelingen der biologischen Reinigung der Abwässer aber ist die, dass dieselben nicht solche Fabrikabwässer einschliessen, welche Bestandtheile enthalten, die der Entwickelung von Bakterien schädlich sind. Zwar werden in den meisten Fällen etwaige Fabrikabwässer durch das städtische Kanalwasser eine genügende Verdünnung erfahren, so dass sie nicht mehr schädlich wirken; das beweisen z. B. Erfahrungen in Manchester, wo das städtische Kanalwasser die Abflüsse von vielen chemischen Fabriken (auch Färbereien) aufnimmt, in Bilston, wo das Kanalwasser viel Eisensalze und auch die Abwässer von

---

[1]) Vergl. Gesundh.-Ing. 1899, **22**, 142.

Galvanisirungswerken einschliesst; in beiden Fällen war der Gehalt an Albuminoid-Ammoniak in 1 l auf 4,0 bezw. 0,4 mg durch das biologische Verfahren heruntergegangen.

In anderen Fällen aber können Fabrikabwässer das städtische Abwasser für das biologische Reinigungsverfahren ungeeignet machen, wie dieses einige Erfahrungen[1]) ebenfalls in England gezeigt haben, z. B. in Leeds mit den Abwässern aus Gerbereien, Galvanisirungs- und Kupferwerken sowie mit festen Rückständen von Lumpen, in Maidstone mit Abwässern aus Gerbereien und Brauereien, in West Bromwich mit Abwässern aus Galvanisirungswerken, in Yeovill mit Abwässern von Fellhandlungen und Lederzurichtereien, ausserdem in anderen Fällen, wo die Abwässer stark mit Rückständen von Gasanstalten und Margarinefabriken, Molkereien und Destillationen durchsetzt waren.

Von wesentlichem Belang, besonders für die Wirkungsdauer der Oxydationsfilter, ist das vorherige Abfangen des Sandes aus den Abwässern. Dort, wo das Abwasser genügend lange in den Faulräumen verweilt, wird der Sand hinreichend abgeschieden; wo aber eine Vorfäulniss nicht mehr erforderlich ist und das Wasser nur kurze Zeit einer Vorklärung unterworfen wird, muss in erster Linie auf Beseitigung des Sandes durch geeignete Sandfänge Bedacht genommen werden.

In England werden jetzt ebenso, wie auch V. Schweder vorschlägt, durchweg zwei Filter eingerichtet, ein Grob- und ein Feinfilter, von denen jedes ebenso wie das Sammelbecken, der Faulraum, gross genug ist, um die Gesammtabwassermenge für 24 Stunden aufzunehmen. In Radley College ist z. B. für die Reinigung des Ablaufes aus einer Senkgrube das Sammelbecken durch Ausheben des Bodens, die Sohle aus Thonschlag und die Seitenwände aus Backsteinmauerwerk hergestellt; das Grobfilter, 5×4 m gross und 1 m tief, wurde aus Koksstücken gebildet, welche durch ein Sieb von $^1/_2$ zölligen Maschen zurückgehalten wurden, während das Feinfilter in derselben Grösse wie das Grobfilter aus Koksstückchen hergestellt wurde, welche durch ein Sieb von $^3/_8$ zölligen Maschen gegangen waren, unter Entfernung des feineren Staubes.

Ueber die Wirkungsdauer der Oxydationsfilter wie auch des Faulraumes liegen bis jetzt noch keine genügenden Erfahrungen vor; jedoch kann sie selbstverständlich nicht für immer anhalten; sowohl die Sammelbecken als Faulbehälter müssen gelegentlich einmal gereinigt, als auch die Filter ohne Zweifel über kurz oder lang erneuert werden. Für die Filter hat sich auch herausgestellt, dass ihr Wasseraufnahme vermögen einerseits infolge Eindringens von, wenn auch nur geringen Mengen, Schwebestoffen, andererseits infolge des Wachsthums der Mikroorganismen mit der Zeit abnimmt.

Auf diese Verhältnisse ist daher bei Bemessung des Umfanges einer solchen Reinigungsanlage von vornherein Rücksicht zu nehmen.

---

[1]) Vergl. eine Mittheilung über eine Abhandlung in Engineering Record vom 31. Dec. 1898: „Sewage disposal by bacteria beds and septic tank“ in Gesundh.-Ing. 1899, **22**, 140.

E. Reinigung der Schmutzwässer auf chemisch-mechanischem Wege.

Unter den künstlichen Reinigungsverfahren, welche im Gegensatz zu der natürlichen Reinigung durch Boden-Berieselung eine Reinigung und Unschädlichmachung der Schmutzwässer anstreben, nehmen die chemisch-mechanischen Verfahren bis jetzt den grössten Umfang ein.

I. Die chemischen Fällungsmittel und ihre Wirkung.

1. Die chemischen Fällungs- und Reinigungsmittel.

Zur Reinigung der mit stickstoffhaltigen organischen Stoffen beladenen Schmutzwässer sind eine ganze Anzahl chemischer Fällungsmittel vorgeschlagen worden, unter anderen:

1. Kalk bezw. Kalkmilch als allgemeines Fällungsmittel.
2. Kalk und Glaubersalz (Fulda).
3. Kalk und Lehm (Smith).
4. Kalk und phosphorsaures Calcium (Lupton).
5. Kalk, Eisenvitriol und Kohlenstaub (Holder).
6. H. Lockwood-Manchester will als Kalk den Abfallkalk von der Ammoniak-Destillation, als Eisenvitriol eine Lösung von Eisenabfällen in erhitzter Schwefelsäure verwenden.
7. Kalk, Eisenchlorid bezw. Eisenchlorürchlorid (angewendet in Northampton).
8. Kalk, Chlormagnesium und Theer (Süvern).
9. Kalk und Heringslake (The Amines-Syndicate limited London).
10. Kalkmilch und Trimethylamin oder Isomere desselben.
11. Kalk-, Eisen- und Thonerdesalze (Scott).
12. Kalk, Aluminium- und Ferrosulfat (H. Robinson und J. Ch. Melis).
13. Kalkmilch, Calciummonophosphat und Magnesiasalze (Prange und Withread).
14. Kalkmilch und Manganchlorür (Knauer).
15. Kalk bis zur Alkalität mit darauffolgender Lüftung des einen Theils des Abwassers, und nachheriger Zufluss dieses Theils zu dem übrigen Abwasser (R. Landgraf).
16. Kalk oder Säure bis zur Neutralisation und danach Permanganat.
17. Kalk, Chlor und Karbolsäure.
18. Kalksalze und 3-basisch phosphorsaures Natrium (G. E. Davis).

19. Kalkmilch bis zur schwach alkalischen Reaktion und nachfolgender Zusatz von Alkaliferrit oder Alkaliferritaluminat.
20. Kalk und Koks, dann Zusatz von Eisen- oder Thonerdesalzen und nachfolgende Filtration durch eine Koksschicht (C. F. Kingzett).
21. Alaun, Blut, Kohle und Thon (Alum, Blood and Charcoal or Clay, woher der Name A-B-C-Process), wozu noch Magnesiumsalze, Eisen- und Aluminiumsulfat etc. kommen (Silar u. Wigner).
22. Blut, Holzkohle, Lehm und Alaun (Native Guano Comp. limited London).
23. Phosphate aufgelöst in schwefeliger Säure nach C. Liesenberg und F. Staudinger. Dabei soll eine Umsetzung nach folgender Gleichung statthaben, z. B.:

$$Ca_3(PO_4)_2 + 2SO_2 + 2H_2O + xH_2SO_3 =$$
$$CaH_4(PO_4)_2 + 2CaSO_2 + xH_2SO_2.$$

Durch Zusatz von Kalk oder Metalloxyden soll sich dann unlösliches Monocalciumsulfit und wieder 3-basisches Phosphat bilden etwa in folgender Weise:

$$CaH_4(PO_4)_3 + CaH_2(SO_2)_2 + 3Ca(OH)_2 =$$
$$Ca_3(PO_4)_3 + 2CaSO_2 + 6H_2O.$$

24. Alkaliferritaluminat und Kalk (C. Liesenberg). Bauxit oder Thoneisenstein werden mit Soda geschmolzen, wodurch sich Natriumferrit und Natriumaluminat bilden. Dieselben werden dem Wasser entweder direkt, oder nachdem vorher mit Kalk alkalisch gemacht ist, oder ein Zusatz von Chloriden stattgefunden hat, zugesetzt (vergl. Nr. 20).

Bei Anwendung von Natriumferrit allein findet folgende Umsetzung statt:

$$Na_2F_2O_4 + 4H_2O = Fe_2(OH)_6 + 2NaOH$$

oder bei Zusatz von Magnesiumchlorid:

$$Na_2Fe_2O_4 + MgCl_2 + 4H_2O = Fe_2(OH)_6 + Mg(HO)_2 + 2NaCl.$$

Julius Wolfmann empfiehlt, dem Abwasser nach Liesenberg noch Superphosphat und Kalk zuzusetzen, um eine stärkere Ausfällung und einen besseren Schlamm zu erzielen.

25. Aluminiumsulfat und Natriumaluminat (Fr. Maxwell Lyte).

Die Umsetzung verläuft hierbei für das gewöhnliche Natriumaluminat nach folgender Gleichung:

$$Na_6Al_2O_9 + Al_3(SO_4)_3 . 18\,H_2O = 3\,Al_2(OH)_6 + 3\,Na_2SO_4 + 9\,H_2O.$$

Auf diese Weise kann nicht nur jegliche alkalische Beschaffenheit des Wassers vermieden werden, sondern gelangt auch nicht, wie bei der üblichen Anwendung von Kalk, Calciumsulfat in das gereinigte Wasser, welches eine grosse Härte desselben bedingt.

26. Eisenreiche Schlacke,[1]) z. B. Puddelschlacke mit 40 % Eisen, 10 bis 12 % Kieselsäure, 3—4 % Phosphorsäure oder Schweissschlacke mit 45 % Eisen und 25—28 % Kieselsäure nach Aufschliessen mit Schwefelsäure (Wolff).
27. Natriummanganat (30—75 mg für 1 l), Aluminiumsulfat (100 mg für 1 l), Natriumnitrat (30—40 mg für 1 l), die dem durch Absetzen von festen Bestandtheilen befreiten Wasser nach einander zugesetzt werden sollen; darauf wird das Wasser der Einwirkung von Bakterien und anderen Mikroorganismen unterworfen; die Rückstände werden abgepresst, getrocknet und zur Düngung verwendet. Die gewonnenen Niederschläge von Manganhydroxyd dienen zur Wiedergewinnung von Aluminiumsulfat (W. E. Adeney und W. K. Parry).

    Oder man neutralisirt die Abwässer mit Kalk bezw. Schwefelsäure und setzt dann Permanganat oder Manganat zu. Es scheidet sich Mangansuperoxyd oder Hydroxyd aus, welche durch die Mikroorganismen zu Hydroxydul reducirt und dann wieder durch den Luft-Sauerstoff oxydirt werden sollen. Die Manganoxyde sollen als Sauerstoffquellen für die Sauerstoff-übertragenden Mikroorganismen dienen und die Bildung von Fäulnisserzeugnissen verhindern (W. E. Adeney).
28. Mangansaures Natrium in folgender Weise: Zunächst wird das Abwasser mit 14,25 g Eisenvitriol und 52,75 g Kalk für 1 cbm gefällt und zu dem geklärten Wasser, wenn es, wie im Sommer, einen fauligen Geruch hat, 7,125—21,375 g des im Handel vorkommenden mangansauren Natriums zugesetzt, indem man auf $^1/_3$ des letzteren $^2/_3$ Schwefelsäure beimischt.

    Braunstein wird mit soviel sehr fein vertheiltem Pyrit vermischt, als zur Umwandlung des Mangans in Sulfat nothwendig ist, das Gemisch wird dann mit fein vertheiltem Thon im Verhältniss von 5 Theilen Thon auf 1 Theil Braunstein versetzt und das ganze Gemenge in einem Muffelofen erhitzt, wobei anfangs gelinde und später bis zur beginnenden Rothgluth erhitzt wird. Nach 3—4 Stunden ist die Oxydation beendet und alles Mangan, sowie ein Theil des Eisens in Sulfat verwandelt. Die erkaltete Masse wird mit Wasser besprengt und eine Woche oder länger feucht erhalten.

Diesem Fällungsmittel wird bei seiner Verwendung event. noch Thon zugesetzt, oder Holzkohle, wenn die Abwässer stark gefärbt sind. Sind letztere sauer, so muss etwas Kalk zugegeben werden.

---

[1]) Wolf empfiehlt auch Thomasschlacke für den Zweck zum Aufschliessen. Dieselbe ist aber wegen ihres hohen Kalk- und geringeren Eisengehaltes hierfür weniger geeignet; auch würde man sich unnütze Kosten bereiten, da die Thomasschlacke direkt als basisches Fällungsmittel Verwendung finden könnte.

In der Regel sind indess die Wässer hinreichend alkalisch, um die Fällung des Mangans und Eisens zu bewirken (A. Donalt Graham).

29. Die Kloakenwässer etc. werden mit oxydirtem Pyrit mit oder ohne Zusatz von Zinksulfat versetzt oder man setzt Thon, Schwefelsäure und Ferrisulfat und eventuell Braunstein zu. Dieses Gemisch wird vorher getrocknet, zerkleinert und mit Kieselfluorwasserstoffsäure versetzt. Den Abfallstoffen werden 5 % davon zugesetzt. Die gelatinösen und eiweissartigen Stoffe coaguliren und steigen mit den festen Schwebestoffen als Schaum an die Oberfläche. Auch durch Wasserglas mit Zink oder Eisensulfat und Schwefelsäure soll der Schaum hervorgebracht werden. Die davon getrennte saure Flüssigkeit enthält Stickstoff in Form von Ammoniaksalzen. Dieselbe wird durch Kalk neutralisirt. Durch Zusatz von Dolomit oder Kieserit wird dann Ammoniummagnesiumphosphat (? d. Verf.) gefällt (Henry Collet).

30. Eisenchlorid und Gips (Barrow).

31. Eisenchlorid, übersättigt mit Eisenoxydhydrat — genannt Clarine — (J. Barrow).

32. Eisenchlorid oder ein anderes Ferrisalz und Erdalkali, Alkalirückstände oder Kalk, wie Gaskalk (C. H. Harvey).

33. Ferrisulfat (A. und B. Buisine).

34. Basisch schwefelsaures Eisenoxyd d. h. Eisensulfat versetzt mit einem Ueberschuss von Eisenoxyd, „Ozonine" genannt (Standard Sewage and Water Purification Company Galighling).

35. Ferrozone (bestehend aus 20 % Wasser, 16,28 % Ferrosulfat, 6,07 % Ferrisulfat, 22,20 % Aluminiumsulfat, 4,47 % Kohle) mit nachfolgender Filtration durch Sand und Polarite (bestehend aus 54,52 % Eisenoxyd, 6,21 % Thonerde, 7,24 % Magnesia, 24,92 % Kieselsäure, 6,13 % Wasser und 0,98 % Kalk, Alkalien, Kohle) (W. Naylor).

36. Ferro- und Ferrisulfat (durch Auflösen von Rasenerz in Kammersäure von 50° Bé. erhalten), dazu Wasserglaslösung von 30° Bé. und schliesslich Kalkmilch vermischt mit 5—10 % des Kalkgemisches an Ockererde (Prager Reinigungs-Verfahren).

37. Ferro- oder Ferrisulfat oder Ferrochlorür in Schwefelsäure oder Salzsäure gelöst und Mangansuperoxyd oder Eisenhydroxyd (Candy).

38. Eisenchlorid, Eisenvitriol, Karbolsäure und Wasser als saures und als alkalisches Präparat: Karbolsäure, Thonerdehydrat, Eisenoxydhydrat, Kalk und Wasser (M. Friedrich & Co., Leipzig).

39. Schwefeleisen (als Sauerstoffüberträger, erhalten durch Mischen von 1 Th. Schwefelnatrium und 10 Th. Eisenchlorür in 800 Th. Wasser) und Magnesia, welche folgende Zersetzung bewirkt:

$$FeCl_2 + MgO + H_2O = Fe(OH)_2 + MgCl_2$$ (P. Beuster).

40. Aluminiumsulfat, Eisenchlorid oder Eisensulfat und Natriumsulfat; die Masse kann auch bereitet werden aus Bauxit oder Schieferthon, fein gemahlenem Eisenoxyd, Kochsalz und Schwefelsäure (C. A. Burghardt).
41. Aluminiumsulfat, Zinkchlorid, Eisenchlorid und Soda (Lenk).
42. Aluminium-, Eisen-, Mangan- und Kupfersalze unter Zusatz einer wässerigen Mischung von Thon und Kohle oder kohlenstoffhaltigen Stoffen (W. C. Siller und Native-Guano Co.-London).
43. Aluminiumsulfat unter Zufluss von Chlorcalciumlösung mit nachheriger Filtration durch Eisenkarbonat (T. B. Wilson).
44. Abfallsäure der Theer- und Oeldestillation wird mit thonerdehaltigem Rohstoff erhitzt und werden mit dieser Masse direkt die Abwässer gefällt. Thonerdesulfat wirkt fällend, der Theer desinficirend (H. Stier).
45. Alaun, Thierkohle, Soda, Gips (Manning).
46. Alaun, etwas Wasserglas und Tannin (Leigh).
47. Magnesiumphosphat (Blanchard).
48. Magnesiummonophosphat und Kalkwasser (Blyt).
49. Magnesiumchlorid oder Calciumchlorid mit Ferrichlorid oder Alaun oder einer Mischung derselben, dazu Kalkwasser und nöthigenfalls Karbolsäure (F. Hille-Chiswick).
50. Magnesiakohle, erhalten durch Glühen von Magnesiumlauge und Raspelholz oder groben Sägespähnen, wobei Salzsäure gewonnen wird. Die Magnesiakohle soll zur Reinigung von Abfallwässern, Kesselspeisewasser und von gefärbten Flüssigkeiten dienen (Ed. Bohlig).
51. Gebrannte Magnesia an Stelle von Kalk soll die Algenbildung im geklärten Wasser verhindern. Die Abwässer werden erst mit Kalk neutralisirt, dann mit Eisenchlorürlösung, die einen Zusatz von 1 % Schwefelnatrium — zur Bildung von Schwefeleisenhydrat — erhalten hat, versetzt und schliesslich mit Magnesia — erhalten durch Brennen von Dolomit — alkalisch gemacht (H. Oppermann).[1])

    Anfänglich verwendete H. Oppermann Magnesiumkarbonat und Kalk; Magnesiumkarbonat zersetzt sich nach dessen Angaben durch Kalk, wenn die Alkalität mehr als 0,01—0,05 g CaO für

[1]) H. Oppermann hat, die stark desinficirende Wirkung von Magnesia benutzend, ein Desinfektionspulver von folgender Zusammensetzung hergestellt:

Ferrosulfat	7,13 %	Calciumkarbonat	8,75 %
Calciumsulfat	19,62 „	Hydratisches Schwefeleisen	2,42 „
Magnesiumsulfat	14,17 „	Magnesia	15,17 „
Calciumphosphat	5,59 „	Chlornatrium	1,75 „
		Wasser und Verlust	25,40 „

Ferner empfiehlt H. Oppermann: Ozonisirte Magnesia, hydrat. Schwefeleisen und aktives Terpentinöl als Desinfektionsmittel.

1 l beträgt — bei nur 0,01—0,05 g CaO für 1 l soll Magnesiumhydroxyd gelöst bleiben — und das Magnesiumkarbonat die richtige Beschaffenheit besitzt; er gewann solches durch Vertheilen von gebranntem Dolomit (40% MgO und 59% CaO) in 5 Th. Wasser und durch Einleiten von Kohlensäure in diese genau auf 25 bis 30° erwärmte Dolomitmilch unter einem Druck von ca. 1 Atmosphäre.

52. Sulfite und Hyposulfite (von Alkalirückständen oder Gaskalk) für sich oder vermischt mit Mineralsäuren (J. Hanson).
53. Lösliche Phosphat- und Magnesiumverbindungen (Tessi du Motay).
54. Zinkchlorid, Borax, Wasserglas, isländisches Moos, Asbest etc. (Hansen).
55. Fluorsilicium, Chlorsilicium und ein alkalisches Silikat (Brobownicki).
56. Kieselfluor- und Borfluorverbindungen von Eisen, Mangan, Aluminium oder Zink etc. (Rawson und Schlater).
57. Aluminiumsulfat und Knochenkohlepulver (Le Voir).
58. Holzkohle, Eisenvitriol und Zinksulfat (Siret).
59. In Salzsäure gelöste phosphorsaure Thonerde (Forbes).
60. Eine salzsaure Lösung von Bauxit unter Zusatz von Calciumphosphat (Guenantin).
61. Lösliche Kieselsäure, Aluminiumsulfat und Kalkmilch (Nahnsen-Müller).
62. Lösliche Kieselsäure, Aluminiumsulfat und Thomasschlacke mit oder ohne Zusatz von Kalkmilch (Nahnsen-Müller).
63. Aluminiumsulfat und lösliche Kieselsäure neben Sulfonsäure, Sulfonen und einigen anderen Bestandtheilen in kleiner Menge (H. Stier in Zwickau i. S.).
64. Lösung von Kupferschlacke in Salzsäure in Verbindung mit einer Lösung von Eisenschlacke oder Aluminiumchlorid oder Manganchlorid (J. W. Stater und The Native Guano Company limited London).
65. Thonemulsion (J. de Mollens).
66. Schwefelsäure mit nachfolgender Filtration durch Sägemehl, Koks und Kies-Schwefeleisen (Beuster).
67. Gips mit Salz, Bleinitrat, Borax, Alaun und Salpeter unter Zusatz von Salicylsäure, Salzsäure oder Kali (J. Hardwiek und L. A. Newton).
68. Basische Alkalischmelzen mit Phosphorit, Feldspath, Zeolith, Schlakken, Manganerzen und Manganverbindungen (Fr. Hulwa-Breslau).
69. Ein Salzgemisch von Eisen-, Thonerde- und Magnesiapräparaten, dessen Zusammensetzung je nach dem Abwasser verschieden ist, dazu Kalk und besonders präparirte Zellfaser etc. (Fr. Hulwa-Breslau).

Oder nach einem anderen Vorschlage von Fr. Hulwa-Breslau:

70. Basische Alkalischmelze, erhalten durch Zusammenschmelzen von Alkalien (Soda, Aetznatron, Potasche, Aetzkali) mit Phosphorit, Feldspath, Zeolith, Schlacken, Thomasschlacke, Manganerzen oder Manganverbindungen. Die Wirkung dieses Fällungsmittels kann durch Zusatz kaustischer Erdalkalien, von mit Aetzerdalkalien behandeltem Zellstoff (Holzfasern, Papierbrei etc.) oder von löslichen Thonerde- und Magnesiasalzen erhöht werden. Zur Entfernung des überschüssigen Kalkes aus den so behandelten Abwässern und um die Reinigung derselben zu vervollständigen, können dieselben noch einer Nachbehandlung mit gasförmiger Kohlensäure oder schwefeliger Säure unterworfen werden.

Durch Anwendung der Alkalischmelzen und durch Zusatz von Phosphaten soll der Düngerwerth des Schlammes erhöht werden.

71. Pflanzenfaser (Cellulose, Torf, Mist, Papierabfälle und dergl.) wird anstatt mit Kalk, wie im Hauptpatent angegeben ist, mit starken Säuren, z. B. Schwefelsäure, Salzsäure, Phosphorsäure oder Kieselfluorwasserstoffsäure behandelt, dadurch in einen aufgequollenen gelatinösen Zustand übergeführt und so zur Erzielung eines dichten, sich schnell absetzenden Niederschlages geeignet gemacht. Die Benutzung dieses Fällungsmittels kann stattfinden neben einem vorangehenden oder nachfolgenden Zusatz von Kalk. Die freie Säure im Fällungsmittel kann auch durch Magnesia-, Thonerde-, Eisen- und Manganpräparate neutralisirt werden. Gleichzeitig mit demselben können auch Oxydations- oder Reduktionsmittel, wie Kaliumpermanganat, Wasserstoffsuperoxyd, Brom, Chlor, unterchlorige Säure und deren Salze oder schweflige Säure, unterschweflige Säure und deren Salze zur Desinfektion und Geruchlosmachung der betr. Flüssigkeiten angewendet werden (D.R.P. No. 42071 vom 2. März 1887 Zus.-Pat. zu No. 29564. W. Regener, Braunschweig).

72. Eine Mischung aus zwei Gemengen, welche bestehen:

A. aus 100 Th. Lehm, Thon oder kalkarmer Erde, 100 Th. Halbtorf, 10 Th. basischer Eisenschlacke, Redonda- oder anderen Phosphaten und 10 Th. Kohle, mit Wasser zu einem Brei vermengt;

B. aus 100 Th. einer gesättigten Lösung von Aluminiumchlorid oder einer äquivalenten Menge Sulfat, einer Lösung von Kupferschlacke in Salzsäure, so dass darin 1 Gewichtstheil Kupfer enthalten ist, oder 80 Th. Mangansulfat oder -chlorid in 40 Th. Wasser.

A. und B. werden je nach der Art des Abwassers in verschiedenen Mengen mit einander gemischt (J. W. Stater und The Native Guano Co.).

73. Geschwelte aus dem Schlamm der Abwässer selbst hergestellte Kohle.

Dieselbe wird nach dem Vorschlage von M. Friedrich und Glass[1]) gesiebt; die fein abgesiebte Kohle dient zur Fällung und Geruchlosmachung der Abwässer; die Stückkohle dagegen zur Füllung von Filtern, durch welche das Wasser nach der Fällung hindurchfliesst.

74. P. Degener schlägt Torfbrei oder Braunkohle im fein zermahlenen und aufgeschlemmten Zustande unter gleichzeitigem Zusatz von Eisensalzen vor.

Nach einem ersten Vorschlage sollen auf 1 cbm städtisches Abwasser 1—2 kg Torf (10—20 l Torfbrei) und 120 g Ferrisulfat, nach einem späteren Vorschlage 1,5 kg Braunkohle und 200—300 g Ferrisulfat sowie wenn nöthig noch Kalk verwendet werden.

Die Verwendung der Braunkohle verfolgt in erster Linie mit den Zweck, den erhaltenen und sonst schwer verwendbaren Schlamm nach Umwandlung in Briquettes brennbar zu machen.

75. Mit Schwefelsäure aufgeschlossenes Müll. Haus- und Strassenmüll wird gesiebt und das Abgesiebte je nach dem Gehalt an Karbonaten mit Schwefelsäure versetzt, einige Tage an der Luft gelagert und dieses Pulver oder auch die Lauge hiervon von 25^0 Bé. in einer Menge von 0,5—3,5 g Trockensubstanz für 1 l Abwasser zugesetzt. Das Fällungsmittel wird „Sulfatasche“ oder „Securin“ genannt (L. Tralls).

Für gewöhnlich dienen Aetzkalk, Ferro- und Ferrisulfat, Eisenchlorid, schwefelsaure Thonerde, aufgeschlossener Thon (mit löslicher Kieselsäure), Magnesiumchlorid oder -sulfat zur Fällung.

2. Die Wirkung der chemischen Fällungsmittel.

Durch die meisten dieser Fällungsmittel wird in erster Linie in den Schmutzwässern ein Niederschlag erzeugt, der specifisch schwerer ist, als die vorhandenen Schwebestoffe, der infolgedessen rascher niederfällt und weil er die Schwebestoffe des Abwassers mit niederreisst, eine Klärung des letzteren bewirkt; durch die meisten Fällungsmittel wird ein fauliges Abwasser auch mehr oder weniger geruchlos gemacht; aber auf die gelösten Stoffe sind alle Fällungsmittel mehr oder weniger ohne Einfluss; unter Umständen werden besonders bei Anwendung von überschüssigem Kalk sogar die Schwebestoffe zum Theil in Lösung übergeführt.

Ueber die Art der Wirkung der chemischen Fällungsmittel können folgende Versuche im kleinen, die später durch zahlreiche Versuche im grossen bei den einzelnen Abwässern im II. Bande ergänzt werden, Aufschluss geben:

Zwei Arten Abflusswasser, nämlich aus einer Strohpapierfabrik und Jauche-Spülwasser wurden einmal mit Kalkmilch und dann gleichmässig mit

[1]) Gesundh.-Ing. 1896, **19**, 244 u. 309.

Kalkmilch unter Zusatz von Eisenvitriol und Aluminiumsulfat nebst löslicher Kieselsäure versetzt und die Filtrate der natürlichen wie mit Fällungsmitteln versetzten Schmutzwässer einer vergleichenden Untersuchung unterworfen mit folgendem Ergebniss für 1 l des Wassers:

Art des Abwassers und Bestandtheile	Ohne Zusatz mg	Mit 1,0 g CaO für 1 l versetzt mg	Mit 1,0 g CaO + 0,5 g Eisenvitriol für 1 l versetzt mg	Mit 1,0 g CaO + 0,25 g Eisenvitriol + 0,25 g Aluminiumsulfat nebst löslicher SiO_2 für 1 l mg
I. Abwasser aus einer Strohpapierfabrik.				
Mineralstoffe (Glührückstand)	1055,0	1620,5	1882,5	1842,5
Organische Stoffe + Wasser (Glühverlust) .	1670,0	1812,5	1357,4	1444,0
Zur Oxydation der gelösten organischen Stoffe erforderlicher Sauerstoff	824,0	844,0	812,0	812,0
Organisch gebundener Stickstoff	20,0	17,9	15,8	15,8
Kalk	475,0	807,5	980,0	957,8
	Ohne Zusatz mg	Mit 2,0 g CaO für 1 l versetzt mg	Mit 2,0 g CaO + 0,5 g Eisenvitriol für 1 l versetzt mg	Mit 2,0 g CaO + 0,5 g Aluminiumsulfat nebst löslicher SiO_2 für 1 l mg
II. Jauche-Spülwasser.				
Mineralstoffe (Glührückstand)	2434,0	2586,5	2526,0	2601,0
Organische Stoffe + Wasser (Glühverlust) .	1716,5	1843,0	1809,0	1704,0
Zur Oxydation der gelösten organischen Stoffe erforderlicher Sauerstoff	360,0	332,0	268,0	288,0
Organischer + Ammoniak-Stickstoff	271,6	209,8	209,8	199,3
Kalk	264,0	503,5	549,5	618,5

Ferner leitete ich durch die mit überschüssigem Kalk versetzten und stark alkalischen Schmutzwässer einige Minuten einen Strom von Kohlensäure, um zu ermitteln, welchen Einfluss die erhöhte Bildung von Kalkkarbonat auf die Reinigung hat; selbstverständlich wurde nur soviel Kohlensäure durchgeleitet, dass die Filtrate noch mehr oder weniger alkalisch reagirten; es wurde für 1 l der filtrirten Wasser gefunden (vergl. hierzu Tabelle umstehend S. 362).

Wir sehen aus diesen Zahlen, dass, wie noch im II. Bde. mehrfach bestätigt werden wird, einerseits ein mit überschüssigem Kalk versetztes Schmutzwasser unter Umständen mehr organische Stoffe in Lösung enthält als das natürliche Schmutzwasser ohne Kalkzusatz im filtrirten Zustande,[1]) dass andererseits die Fällung der organischen Stoffe durch solche mineralische Zusätze erhöht wird, welche die erhöhte Bildung eines Niederschlages zur Folge haben; denn in allen Fällen sehen wir, dass die gleichzeitig mit

[1]) Vergl. u. a. A. Stift: „Beitrag zur Kenntniss der Reinigung von Abfallwasser der Zuckerfabriken in Oesterreich-Ungarn. Zeitschr. f. Zuckerindustrie u. Landw. 1891, II. Heft.

Bestandtheile	I. Strohpapierabflusswasser		II. Jauche-Spülwasser					
	mit 1,5 g CaO für 1 l versetzt		mit 2,0 g CaO für 1 l		mit 2,0 g CaO + 0,5 g Eisenvitriol für 1 l		mit 2,0 g CaO + 0,5 g Aluminiumsulfat nebst löslicher SiO_2 für 1 l	
	ohne	mit	ohne	mit	ohne	mit	ohne	mit
	Kohlensäure theilweise gesättigt		Kohlensäure theilweise gesättigt					
	mg	mg	mg	mg	mg	mg	mg	mg
Mineralstoffe (Glührückstand)	1406,5	610,0	2586,5	1717,0	2526,0	1896,0	2601,0	1683,5
Organische Stoffe ∣ Wasser (Glühverlust)	1204,0	934,0	1843,0	1479,0	1809,0	1684,0	1704,0	1440,0
Zur Oxydation der gelösten organischen Stoffe erforderlicher Sauerstoff	608,0	580,0	332,0	248,0	268,0	232,0	288,0	244,0
Stickstoff	15,6	13,9	209,8	233,6[1]	209,8	223,1[1]	199,3	223,1[1]
Kalk	673,0	272,5	503,5	196,5	549,5	211,0	618,5	176,5

Eisenvitriol und einem löslichen Thonerdesalz versetzten Proben weniger organische Stoffe und Stickstoff in Lösung enthalten, als die, welche nur mit Kalkmilch versetzt waren; die Bildung der Niederschläge von Eisenoxydoxydulhydrat oder Eisenoxydhydrat bezw. von Thonerdehydrat und einem Kalk-Thonerde-Silicat hat die Ausfällung der organischen Stoffe begünstigt.

Dasselbe ist, wenn auch hier in geringerem Grade, der Fall, wenn man durch Zuführung von Kohlensäure zu dem, überschüssigen Kalk enthaltenden Schmutzwasser die Bildung von kohlensaurem Kalk unterstützt.

Die Bildung einer grösseren Menge unorganischer Niederschläge hat aber wegen ihres grösseren specifischen Gewichtes die weitere nicht zu unterschätzende Wirkung, dass sich der Gesammtniederschlag in dem Schmutzwasser viel rascher absetzt. Wenn demnach die Entstehung von kohlensaurem Kalk in den mit überschüssigem Kalk versetzten Schmutzwässern eine vollkommenere Ausfällung der organischen Stoffe zur Folge hat, so muss durch die Neutralisation des überschüssigen Kalkes mit Kohlensäure eine weitere Fällung und Reinigung des Abwassers bewirkt werden.

Um dieses nachzuweisen, leitete ich in obige mit überschüssigem Kalk sowie mit Eisenvitriol bezw. Thonerdesalz versetzte Schmutzwässer 20 bis 30 l Schornsteinluft für 1 l Wasser und fand in den filtrirten Wässern für je 1 l (s. Tabelle nebenstehend S. 363).

Hieraus ist wiederum ersichtlich, dass die Abstumpfung des überschüssigen Kalkes mit Kohlensäure durchgehends günstig auf die Ausfällung nicht nur des überschüssigen Kalkes, sondern auch der gelösten organischen Stoffe und des Stickstoffs gewirkt hat.

[1]) Dass in diesem Falle das mit Kohlensäure behandelte Wasser mehr Stickstoff als das ohne Kohlensäure behandelte enthält, rührt ohne Zweifel von einer Verflüchtigung des reichlich vorhandenen Ammoniaks infolge des starken Ueberschusses an Kalk während des Stehens in den Proben her, in welche keine Kohlensäure geleitet wurde, während durch theilweise Sättigung des Kalkes mittelst Kohlensäure die Verflüchtigung von Ammoniak abgeschwächt wurde.

Art des Abwassers und Bestandtheile	1. mit Kalkmilch gefällt		2. mit Kalkmilch + Eisenvitriol gefällt		3. mit Kalkmilch + Thonerdesalz gefällt	
	a) ohne Rauch mg	b) mit Rauch mg	a) ohne Rauch mg	b) mit Rauch mg	a) ohne Rauch mg	b) mit Rauch mg
I. Abwasser aus einer Strohpapierfabrik.						
Mineralstoffe	1602,5	1460,0	1882,5	1765,0	1842,5	1712,5
Glühverlust	1812,5	1450,0	1357,5	1242,5	1440,0	1317,5
Zur Oxydation erforderlicher Sauerstoff	844,0	820,0	812,0	792,0	812,0	780,0
Organischer Stickstoff	17,9	14,7	15,8	14,7	15,8	15,8
Kalk	807,5	742,5	980,0	852,5	957,5	852,5
II. Jauche-Spülwasser.						
Mineralstoffe	2586,5	1423,0	2526,0	1521,5	2601,0	1651,5
Zur Oxydation erforderlicher Sauerstoff	332,0	308,0	268,0	280,0	288,0	288,0
Organischer + Ammoniak-Stickstoff	209,8	199,3	209,8	201,9	199,3	197,5
Kalk	503,5	361,0	549,5	367,5	618,5	414,5

Eine derartige 2. Fällung ist oder wird auch schon vereinzelt im grossen angewendet. In Rusin bei Prag benutzt man für die Reinigung von Zuckerfabrik-Abwasser die Schornsteinluft und mag diese neben der neutralisirenden Wirkung auf den Kalk auch noch den Vortheil haben, dass die Bestandtheile des Rauches (Phenol, Kreosot etc.) desinficirend wirken und die grössere Haltbarkeit des Abwassers, welche durch Ausfällen des überschüssigen Kalkes abgeschwächt ist, wieder hergestellt wird (vergl. II. Bd. unter Abwasser aus Zuckerfabriken).

In anderen Fällen (in Zuckerfabriken bezw. in der Nähe von Kalköfen oder Cement-Fabriken) wird und kann die hier abfallende Kohlensäure dazu verwendet werden.

H. Schreib[1]) hat bei einigen Abwässern durch Laboratoriumsversuche gefunden, dass bei denselben durch die Anwendung von Kalk allein nicht nur eine vollständige Fällung der Schwebestoffe, sondern auch eine theilweise Beseitigung der gelösten organischen Stoffe bewirkt wurde. Beides ist unter Umständen möglich, aber nach vielen anderweitigen Versuchen sehr selten. Spätere Versuche von H. Schreib[2]) haben denn auch die lösende Wirkung des freien Kalkes auf die organischen Stoffe bestätigt, indem er eine grössere Reinigung erzielte, wenn er die Abwässer erst durch Filtration von Schwebestoffen befreite und dann erst mit Kalk fällte, als wenn er die Fällung direkt in dem unfiltrirten Wasser vornahm. Auch weist H. Weigmann[3]) darauf hin, dass der abgesetzte, erst nach einiger Zeit entfernte Schlamm leicht in Fäulniss übergeht, wodurch wieder ein Theil der gefällten orga-

[1]) Zeitschr. f. angew. Chem. 1890, 167.
[2]) Ebendort 1894, 233.
[3]) Gesundh.-Ing. 1890, **13**, 317.

nischen Stoffe gelöst wird und der Gehalt an löslichen organischen Stoffen in dem geklärten Wasser wieder erhöht werden kann.

Durch Anwendung von chemischen Fällungsmitteln, besonders von überschüssigem Kalk, werden mit den Schwebestoffen auch die Mikroorganismen mit niedergeschlagen, und das wird von den Bakteriologen als ein besonderer Vorzug der chemischen Klärung mit Kalk angesehen.

Die Mengen Kalk aber, die nothwendig sind, um alle Bakterien abzutödten, sind nicht gering und werden von den Bakteriologen verschieden angegeben.

Paul Liborius[1]) giebt an, dass Typhusbacillen schon durch eine wässerige Kalklösung von 0,074 g freiem CaO in 1 l Wasser innerhalb einiger Stunden, Cholerabacillen aber erst durch eine Lösung von 0,246 g CaO in 1 l Wasser völlig abgetödtet werden.

Nach Pfuhl[2]) dagegen sterben Cholerabacillen eher als Typhusbacillen ab; nämlich erstere durch einen Zusatz von 0,5 g, letztere erst durch einen Zusatz von 1,0 g CaO für 1 l nach je 1 Stunde. In unverdünnten menschlichen Auswürfen findet erst durch Zusatz von 2—4 g Kalk für 1 l eine vollständige Desinfektion statt, während Kitasato[3]) für 1 l unverdünnte Bouillon zur völligen Abtödtung 0,96 g Kalk fordert.

Noch grössere Mengen verlangt G. Grether[4]); nach ihm reicht ein Zusatz bis zu $0,1\,^0/_0$ oder 1 g Kalk für 1 l nicht aus, um ein Abwasser dauernd steril zu machen; nach 2—3 Tagen zeigten sich darin wieder entwickelungsfähige Bakterien und waren es in dem Berliner Kanalwasser besonders vier Bakterienarten, die sich als sehr unempfindlich gegen Kalk erwiesen, denen jedoch eine pathogene Bedeutung nicht zukam. Durch fraktionirten Zusatz des Kalkes zu Kanalwasser liess sich allerdings die desinficirende Wirkung desselben steigern. Indess dürfte diese Anwendungsweise im grossen wohl kaum durchführbar sein. Auch werden mit dem nach Zusatz von Kalk sich niederschlagenden Stoffen viele Bakterien und deren Dauerformen mit niedergerissen, die sich in dem Niederschlage lebensfähig erhalten.

Dunbar und Zirn[5]) haben über diese Frage ebenfalls Untersuchungen angestellt und gefunden, dass ein Zusatz von 1 Th. Kalkhydrat ($Ca(OH)_2$) auf 1000 Th. städtisches Abwasser nicht genügt, um eine sichere Abtödtung der Choleravibrionen innerhalb 6—12 Stunden zu bewirken und dass unter Umständen selbst von 1 Th. $Ca(OH)_2$ auf 500 Th. Abwasser eine Abtödtung innerhalb der genannten Zeit nicht erfolgt. Durch Chlorkalk lässt sich in weit bequemerer Weise eine sichere Desinfektion mit weit geringeren Kosten

---

[1]) Zeitschr. f. Hygiene 1887, **2**, 15.

[2]) Ebendort 1892, **12**, 509.

[3]) Ebendort 1889, **6**, 97.

[4]) Arch. f. Hygiene 1896, **27**, 189.

[5]) Vierteljahrsschr. f. gerichtl. Medicin u. öffentl. Gesundheitspflege. 3. Folge. XVI. Suppl.-Heft.

als durch Kalkhydrat und andere bislang geprüften Chemikalien erzielen.[1]) Auch geklärte Abwässer lassen sich nach den Versuchsanstellern durch weit geringere Chemikalienzusätze desinficiren als rohe, nicht geklärte Abwässer.

Die grossen Mengen Kalk, welche hiernach für die Desinfektion roher städtischer Abwässer nothwendig sind, bedingen grosse Ausgaben und lassen die Forderung der Bakteriologen kaum ausführbar erscheinen; Dunbar und Zirn berechnen z. B., dass ein Zusatz von 1 Promille Aetzkalk zu den gesammten Hamburger Abwässern täglich 3000—4000 M. kosten würde.

Dazu kommt, dass sich die mit überschüssigem Kalk versetzten Abwässer nicht lange bakterienfrei halten, wie folgende Versuche zeigen:

Zu denselben wurde städtisches Kanalwasser verwendet, welches in beiden Fällen durch Zusatz von Ferrosulfat bezw. Aluminiumsulfat und von Kalk im Ueberschuss gereinigt war. In beiden Fällen wurde das Wasser filtrirt und wurden je 3 Reihen gebildet:

Reihe a) wurde in einer verkorkten, luftdicht schliessenden Flasche aufbewahrt,

Reihe b) wurde an offener Luft aufbewahrt,

Reihe c) wurde mit Kohlensäure zur Abstumpfung des freien Kalkes neutralisirt und dann ebenfalls an freier Luft aufbewahrt.

Nach 3—4 wöchentlichem Stehen wurden die 3 Reihen vergleichend nach dem Koch'schen Verfahren auf entwickelungsfähige Keime von Mikroorganismen geprüft und für 1 ccm Wasser gefunden:

Versuch	Reihe a) ohne Luftzutritt		Reihe b) mit Luftzutritt		Reihe c) nach Neutralisation mit Kohlensäure und bei Luftzutritt	
	Reaktion	Anzahl der entwickelten Keime	Reaktion	Anzahl der entwickelten Keime	Reaktion	Anzahl der entwickelten Keime
No. 1	Stark alkalisch	0	Schwach alkalisch	3700	Neutral	25 000 000
„ 2	desgl.	0	desgl.	72000	desgl.	534 800

Man sieht hieraus, dass sich in dem mit überschüssigem Kalk versetzten und geklärten Schmutzwasser wieder und um so mehr Mikroorganismen entwickeln, wenn und je mehr der freie Kalk durch Kohlensäure abgestumpft ist.

---

[1]) In einem städtischen Abwasser vermag man nach Dunbar und Zirn eine annähernd gleiche Desinfektionswirkung zu erzielen mit:

	Chlorkalk	Kalkhydrat	Sublimat	Karbol-Schwefelsäure	Kresol	Formalin
im Werthe von . . .	0,86 ₰	4,2—8,4 ₰	$12^1/_2$ ₰	0,72 ₰	0,60 ₰	400 ₰

für 1 cbm Abwasser.

Auch M. Märcker, P. Degener und F. Cohn (vergl. II. Bd. unter Abwasser aus Zuckerfabriken) fanden, dass z. B. das nach Knauer's Verfahren gereinigte Abwasser aus Zuckerfabriken bei starker alkalischer Beschaffenheit keinen lästigen Geruch und nur Spuren organischen Lebens zeigte, dass dagegen ein fauliger Geruch und eine sehr lebhafte Entwickelung von Fäulnissfermenten eintrat, sobald die Alkalität fast oder ganz verschwunden war. Dasselbe hat bereits 1872 Croce Calvert nachgewiesen; auch er fand, dass nur grosse Mengen Kalk hindernd auf die Fäulniss wirken, dass dagegen geringe Mengen dieselbe sogar unterstützen. Dazu kommt, dass nach den Versuchen von C. Weigelt (vergl. II. Bd. unter „Abgängen aus Gerbereien") freier Kalk in einer Koncentration von 0,03 g $Ca(OH)_2$ für 1 l auf Fische (Forellen) schädlich und ein Gehalt von 0,07 g $Ca(OH)_2$ für 1 l tödtlich wirkt, dass ferner freier Kalk ein Bachwasser für Viehtränke, für gewerbliche Zwecke, für Waschen und Spülen etc. unbrauchbar macht.

Es ist daher nicht richtig, derartig geklärte und klar aussehende Wässer unter allen Umständen für unschädlich zu halten. Denn ergiessen sich die auf diese Art gereinigten Abwässer in Bäche oder Flüsse, so wird der überschüssige, konservirend wirkende Kalk mit dem stets mehr oder weniger in den Flüssen vorhandenen doppeltkohlensauren Calcium nach der Gleichung:

$$Ca(CO_3H)_2 + Ca(OH)_2 = 2\,CaCO_3 + 2\,H_2O$$

in einfach kohlensaures Calcium umgewandelt, der sich als unlöslich abscheidet, und sind alsdann noch gelöste organische Stoffe in dem Wasser in genügender Menge vorhanden, welche den überall vorhandenen Fäulnisskeimen als Nährboden dienen können, so kann in einem solchen Wasser von neuem Fäulniss eintreten.[1])

Hiervon hat sich Verfasser wiederholt überzeugen können.

Die Stadt Dortmund z. B., die jetzt zur Spüljauchenrieselung übergegangen ist, reinigte bis dahin das Abwasser, welches keinen oder nur vereinzelten Abortinhalt einschloss, unter Zusatz von aufgeschlossenem Thon und Kalk in Tiefbrunnen. Um dem Wasser ein schönes, blankes Aussehen zu ertheilen und es bakterienfrei zu machen, befolgte man den Rath eines Bakteriologen, „den Kalküberschuss nicht zu scheuen", und setzte grosse Mengen Kalk zu. Das Wasser, welches im Mittel von 3 Probenahmen 111,5 mg freien Kalk enthielt, wurde dadurch sowohl geruchlos wie bakterienfrei und hatte an der Ausflussstelle ein so klares Aussehen, dass Revisionsbeamte es sogar für genussfähig hielten. Einige hundert (meistens etwa 300—400) Meter unterhalb des Zuflusses aber nahm die Emscher, welche das Abwasser aufnahm, mit einem Male eine milchig weisse Trübung an; Bakterien waren wieder in grösster Anzahl vorhanden (vergl. S. 225 und 226); an den Ufern des Baches lagerte eine grosse Menge Kalkschlamm — viel kohlensauren Kalk und organische Stoffe enthaltend —, und noch weiter unterhalb, vor Mühlenstauwerken, roch das Bachwasser wieder so stark, wie früher vor Einführung der Reinigung.

---

[1]) Die Forderung mancher Verwaltungsbehörden, nämlich, dass ein chemisch gereinigtes Wasser sich 8 oder 14 Tage in einer verschlossenen Flasche halten soll, hat hiernach kaum eine Bedeutung. Ein mit überschüssigem Kalk gereinigtes Wasser kann sich in verschlossenen Flaschen jahrelang geruchlos halten, wenn der Ueberschuss nur recht gross gewählt ist. Für die natürlichen Verhältnisse in Flusswässern aber hat diese Eigenschaft keine Geltung.

Die Untersuchung des in der Emscher an verschiedenen Stellen abgelagerten Schlammes vor und nach Aufnahme des gereinigten Abwassers ergab für die Trockensubstanz:

Schlamm	Organische Stoffe %	Stickstoff %	Phosphorsäure %	Kalk %
1. Aus dem Graben d. gereinigten städtischen Abwassers etwa 400 m unterhalb der Reinigungsanlage	19,65	0,501	0,409	9,720
2. Aus dem Bach:				
a) Vor Aufnahme des gereinigten Abwassers	18,81	0,390	0,322	0,917
b) Nach Aufnahme desselben:				
α) Etwa 1 km unterhalb	18,98	0,609	0,362	7,240
β) „ 7 „ „	43,47	0,752	0,607	5,769
γ) „ 14 „ „	37,76	0,712	0,609	3,211

Hiernach ist nach Aufnahme des mit überschüssigem Kalk gereinigten städtischen Abwassers der Gehalt des im Bach gebildeten Schlammes an Kalk, wie nicht minder an Phosphorsäure und Stickstoff nicht unwesentlich vermehrt.

Dabei ist auch die Zunahme von organischen Stoffen in dem Bachschlamme nach unten hin bemerkenswerth, aber leicht verständlich. Zunächst schlägt sich vorwiegend das specifisch schwerere kohlensaure Calcium nieder, und weiter unterhalb, wo das Wasser vor Stauwerken etc. eine langsamere Bewegung annimmt, werden auch die specifisch leichteren organischen Stoffe mit niedergerissen. Und hier vollzieht sich in dem alkalisch beschaffenen Schlamm eine ebenso starke Fäulniss als im Schlamm aus ungereinigtem städtischen Abwasser. Es ist auch einleuchtend, dass sich diese erneute Schlammbildung in einem Bachwasser um so mehr und auf umso grössere Strecken hin geltend machen muss, je höher die zugesetzte Menge des überschüssigen Kalkes ist. In vorstehendem Falle betrug die Menge des gereinigten Abwassers an der Einmündungsstelle etwa $^1/_6$, 7 km unterhalb $^1/_8$ und 14 km unterhalb etwa $^1/_{10}$ der Menge des dasselbe aufnehmenden Bachwassers.

Die chemische Fällung unter Anwendung von viel überschüssigem Kalk kann daher unter Umständen eher nachtheilig als vortheilhaft wirken; wenigstens würde man durch einfache Abklärung oder Filtration — wenn es gelingt, hierdurch allein die Schwebestoffe zu entfernen — dasselbe erreichen.

Im Gegensatz zu der Reinigung mit überschüssigem Kalk wird neuerdings allen Ernstes vorgeschlagen, die städtischen Abwässer — wenigstens zu Cholerazeiten — mit Schwefelsäure zu desinficiren, nachdem von Stutzer und Burri[1]) nachgewiesen ist, dass die Cholerabakterien in einem Wasser mit 0,05 % Schwefelsäure in $^1/_4$ Stunde absterben, während M. Ivanoff[2]) fand, dass hierzu 0,08 % Schwefelsäure nöthig ist.

Ein solches Verfahren mag für einzelne Krankenhäuser und Kliniken durchführbar sein; es ist aber nicht abzusehen, wie dasselbe im grossen bei den Abgängen ganzer Städte anwendbar sein soll. Da diese Abwässer meistens eine sehr schwankende Zusammensetzung besitzen, und vielfach in mehr oder weniger grosse Wasserläufe fliessen, so müssten durchweg sehr erhebliche Mengen überschüssiger Schwefelsäure zugesetzt werden, die dann aber nach verschiedenen anderen Richtungen hin wieder schädlich wirken können.

Dazu kommt, dass durch den Zusatz von Schwefelsäure verschiedene Verbindungen des Abwassers zerlegt werden, dass vor allem Kohlensäure und Schwefelwasserstoff ausgetrieben würden, die, wenn keine abnorm grosse Abzugsschornsteine vorhanden wären, wieder verpestend und schädlich auf die Umgebung wirken müssten.

Durch derartige Vorschläge kann die Wasserreinigungsfrage nicht gefördert werden.

3. Beseitigung des Schlammes von der chemischen Fällung.

Eine wichtige Frage bei der chemischen Reinigung bildet auch die Verwerthung bezw. Unterbringung des Schlammes. Denn wenn auch die Reinigung des Abwassers eine einigermassen befriedigende ist, so bleibt die Schwierigkeit für die Unterbringung des Schlammes bestehen.

Ein städtisches Abwasser enthält zwischen 250—1000 g Schwebestoffe in 1 cbm; nimmt man an, dass der ausgeschiedene Schlamm 95 % Wasser bezw. 5 % Trockensubstanz enthalten würde, so liefern städtische Abwässer zwischen 5—20 l, im Mittel etwa 8—10 l dünnflüssigen Schlamm für 1 cbm. Wenn sich dieser Schlamm auch durch Trocknen an der Luft allmählich auf 40—50 % Wassergehalt, also auf $^1/_{10}$ seines Volumens bringen lässt, so kann man auf 1 cbm Abwasser doch rund durchschnittlich 1 l stichfesten Schlamm rechnen. Das macht also für 10000 Einwohner mit durchschnittlich 1000 cbm Abwasser 1 cbm stichfesten Schlamm für den Tag oder 365 cbm für das Jahr.

Da der Schlamm an der Luft wegen der seifig-schmierigen Beschaffenheit nur schwer austrocknet, so gehören zum Austrocknen an der Luft umfangreiche thunlichst bedachte Trockenräume auf poröser Unterlage, und kann man rechnen, dass auf je 10000 Einwohner mindestens 1 Fuhre Schlamm im Tage abgefahren werden müsste.

---

[1]) Zeitschr. f. Hygiene, 1893, **14**, 9 u. 116.

[2]) Ebendort, 1893, **15**, 86.

Der Schlamm hat allerdings einen gewissen Düngewerth; er enthält bei 40—50 % Wasser:

Stickstoff	Phosphorsäure	Kali
0,3—1,5 %	0,2—1,0 %	0,1—0,5 %

ferner, je nachdem man ohne oder mit Kalk fällt, zwischen 1,0—20 % Kalk.

Der Düngergeldwerth berechnet sich hiernach für einen stichfesten Schlamm mit 40—50 % Wasser zu höchstens 2,5—10,0 M. für 1 cbm und wird man daher froh sein können, wenn man ihn umsonst loswerden kann. In den seltensten Fällen wird man auf einen Erlös aus demselben rechnen können, in vielen Fällen wollen ihn die Landwirthe auch nicht einmal umsonst abfahren.

Zwar lässt sich der Schlamm unter Umständen durch Pressen oder Vermengen mit Kehricht und durch weiteres Trocknen auf einen geringeren Wassergehalt bringen, aber hiermit sind einerseits mehr oder weniger Verluste an Stickstoff als dem werthvollsten Bestandtheil verbunden, und ist andererseits die Durchführung solcher Verfahren mit weiteren Unkosten verbunden, sodass man nach J. Brix[1]) zur Beseitigung des Schlammes im günstigsten Falle 12—15 Pf., im ungünstigsten Falle 55 Pf. Unkosten für das Jahr und den Kopf der Bevölkerung rechnen kann.

Die Frankfurter Kläranlage verschifft ihren jährlich 14000 cbm betragenden dünnflüssigen Schlamm durch ein Reservoirschiff nach dem zwischen Frankfurt und Mainz am Main gelegenen Gut Mönchhof, wo derselbe in Lowrys (Rollwagen) umgeladen wird, aus welchen er durch Auslaufröhren (vergl. Fig. 88) vermittelst Feldbahngeleisen auf das Feld vertheilt wird.

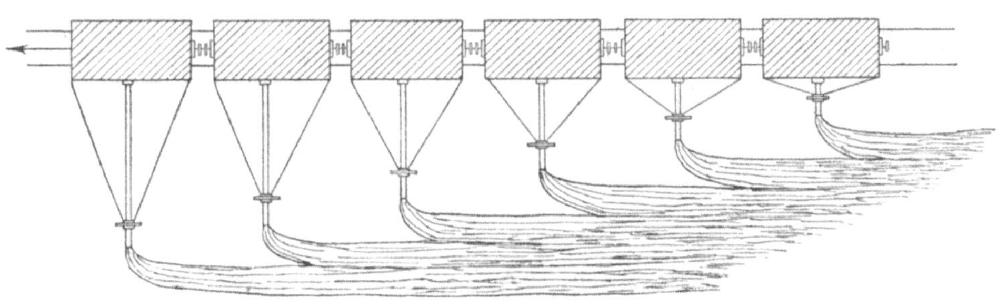

Fig. 88.
Vertheilung von flüssigem Schlamm auf Aecker.

Auf 1 ha wird jährlich eine bis zu 50 cbm steigende Schlammmenge aufgebracht; die gesammten Verfrachtungskosten betragen etwa 45 Pf. für 1 cbm.

In anderen Fällen wird der Schlamm auf Feldbahngeleisen nach einer abgelegenen Gegend befördert und dort ebenfalls, wenn Bedürfniss vorliegt,

[1]) Vierteljahrsschr. f. gerichtl. Med. u. öffentl. Sanitätswesen. 3. Folge, 16. Suppl.-Heft u. Centrbl. f. allgem. Gesundheitspflege 1898, 17, 1.

zur Düngung oder, wenn hierfür keine Verwendung möglich ist, zur Erhöhung von Gelände benutzt (wie in Wiesbaden). Selbstverständlich dürfen solche Abladeplätze nicht in der Nähe menschlicher Wohnungen liegen und muss der Schlamm mit Erde bedeckt werden, wodurch die Kosten der Unterbringung wesentlich erhöht werden und bis zu 1,20 M. für 1 cbm betragen können.

Ferner hilft man sich in der Weise, dass man bei den städtischen Abwässern rein mechanisch durch Sedimentation die gröbsten Schmutzstoffe, die einen doppelten Dungwerth gegenüber dem Kalkschlamm besitzen und daher eher abgesetzt werden können, als der Kalkschlamm, ausscheidet und dann die Kalkklärung vornimmt, den Kalkschlamm unter vor- oder nachherigem Zusatz von Ziegellehm zu Kuchen presst und nach dem J. Brix'schen, dem Scott'schen ähnlichen Verfahren in Kalk- oder Ringöfen zu hydraulischem Kalk brennt.

Selbstverständlich lässt sich auch der bei einer einheitlichen Kalkklärung gewonnene gesammte Schlamm in derselben Weise verwenden.

Die Verarbeitung des Schlammes in Filterpressen zu festen Kuchen von etwa 60 % Wassergehalt wird in Halle a. d. S. ausgeführt.

In Ealing bei London werden die Rückstände der Kläranlage gemeinschaftlich mit dem Haus- und Strassenkehricht verbrannt, wie dieses auch seiner Zeit allein für die Rückstände der Abwässer aus dem Ausstellungsgebiet von Chicago geschah.

P. Degener setzt, wie schon oben S. 360 gesagt ist, dem Abwasser, um einerseits eine stärkere, koagulirende und desinficirende Wirkung zu erzielen, andererseits die Verbrennlichkeit des erzielten Schlammes zu erhöhen, Braunkohlenbrei zu, und wird man behufs Beseitigung des Klärschlammes wie bei dem Haus- und Strassenkehricht in der Verbrennung desselben eine wesentliche Aushülfe suchen müssen.

Jedenfalls harrt bei den chemisch-mechanischen Kläranlagen die wichtige Frage der Schlamm-Verwerthung bezw. -Beseitigung zur Zeit noch der völligen Lösung.

II. Mechanische Hilfsmittel behufs Klärung der Schmutzwässer.

Schon S. 105 ist beschrieben worden, wie Trinkwasser vielfach durch Klärbecken von den beigemengten Schwebestoffen befreit zu werden pflegt. Als solche Hilfsmittel sind auch die verschiedenen Arten Filter (S. 110 u. 162—185), ferner die Apparate für die Enteisenung des Wassers (S. 195 bis 204) und für das Weichmachen desselben (S. 209—215) anzusehen.

Für die ausgesprochenen Schmutzwässer sind aber noch andere Vorrichtungen behufs mechanischer Klärung in Gebrauch, die hier ebenfalls übersichtlich aufgeführt werden mögen. Die meisten und wesentlichsten derselben sind allerdings, sofern nicht die besondere Zusammensetzung der Industrie-Abwässer dem entgegensteht, für die Klärung der städtischen Abwässer versucht worden; dieselben lassen sich aber auch ebenso gut für andere ähnlich beschaffene Schmutzwässer verwenden, weshalb ich sie ebenso wie die Reinigung durch Berieselung etc. in den allgemeinen Theil aufgenommen habe.

Die Klärung der Schmutzwässer auf mechanischem Wege, d. h. die Befreiung derselben von Schwebestoffen in Klärvorrichtungen, wird ausnahmslos, wenn man von Gitter- oder Rechenvorrichtungen, welche grobe Schwebetheile entfernen, absieht, durch Verlangsamung der Stromgeschwindigkeit des Schmutzwassers erreicht, indem man dasselbe entweder in wagerechter oder in senkrechter Ausdehnung einen grösseren Raum durchlaufen lässt, wodurch die Geschwindigkeit des Wasserstromes verlangsamt wird und die specifisch schwereren Schwebestoffe Zeit gewinnen, sich niederzuschlagen.

Durchweg kann die Abscheidung der Schwebestoffe erreicht werden, wenn die Geschwindigkeit des Wassers nur 2—4 mm in der Sekunde beträgt; falls Stoffe vorhanden sind, welche annähernd dasselbe specifische Gewicht als das Wasser besitzen, so pflegt man, wie vorstehend begründet ist, künstliche Zusätze zur Erzeugung eines Niederschlages zu machen, welcher die leichten Schwebestoffe mit niederreisst. Hiernach muss die Ausdehnung der Klärräume der Menge und Beschaffenheit des betreffenden Schmutzwassers angepasst werden; Schwebestoffe mineralischer Art setzen sich infolge des höheren specifischen Gewichtes schneller ab, als solche pflanzlicher Art und erfordern keine solche Verlangsamung des Wasserstromes als letztere; die organischen Schwebestoffe scheiden sich weiter umso schneller ab, je grobfaseriger sie sind etc.

Andere mechanisch beigemengte Schwebestoffe sind, wie Oele und Fette, specifisch leichter als Wasser und scheiden sich daher bei Verlangsamung des Wasserstromes an der Oberfläche ab; hier erfolgt die Abscheidung umgekehrt durchweg umso rascher, je geringer das specifische Gewicht derselben gegenüber dem des Wassers ist.

Alle diese Umstände sind bei Bemessung der Grösse und Art der Klärvorrichtungen für ein Wasser zu beachten.

Wie die erforderliche Grösse einer Klärvorrichtung im allgemeinen zu berechnen ist, ist schon oben S. 109 angegeben.

Die Abscheidung der Schwebestoffe ist, so einfach sie grundsätzlich erscheinen mag, vielfach verwickelter, als angenommen wird. Denn A. Seddon[1]) hat nachgewiesen, dass die Strömungen eines Wassers sich in Wirbel verwandeln und dass die mit wagerechter Axe begabten, in senkrechter Ebene die Drehung vollziehenden Wirbel die Fallbewegung der kleineren Sinkstoffe verhindern oder beeinträchtigen. Erst wenn die Wirbel sich in immer kleinere getheilt und schliesslich verloren haben, können die

[1]) Journ. f. Gasbeleuchtung u. Wasserversorgung 1890, **33**, 8 u. 30.

Sinkstoffe, welche durch die Wirbel emporgeschnellt werden, durch diese hindurchfallen und sich auf dem Boden des Klärbehälters niederschlagen.

Man kann die Klärvorrichtungen in zwei grosse Gruppen theilen, nämlich solche, bei denen sich das Wasser in wagerechter Richtung, und solche, bei denen es sich in senkrechter bezw. auf- und absteigender Richtung bewegt. Erstere Klärvorrichtungen bilden die flachen Klärbecken, letztere die Klärbrunnen, Klärthürme oder denen ähnliche Einrichtungen.

In den flachen Klärbecken gelangt das Wasser nur an den Seiten und in den Ecken zur grösseren Ruhe, wenn man nicht dafür sorgt, dass der Ein- und Austrltt des Wassers an je einer ganzen Querseite gleichmässig erfolgt, was vielfach mit gutem Erfolge durchgeführt ist; in der Mitte bleibt durchweg eine grössere oder geringere Bewegung mit Wirbeln, und müssen infolgedessen solche Klärbecken naturgemäss eine grosse Ausdehnung haben. Das Einsetzen von Zwischenwänden in die in wagerechter Ausdehnung erweiterte Stromrinne des Wassers, um dasselbe schlangenförmig hin- und her zu führen, ist ohne Zweifel nicht von Vortheil, weil dadurch die Bewegung des Wassers und die Wirbelbildung an den beengten Stellen wieder beschleunigt wird.

Die flachen Klärbecken haben aber nach J. Brix[1]) den Vortheil, dass die zulässige Durchflussgeschwindigkeit des Wassers grösser sein darf, als die Ausfallgeschwindigkeit des Schlammes, weil es den langsamer sinkenden Theilchen bei ausreichender Länge der Becken doch möglich ist, den Boden vor dem Austritt des zu klärenden Wassers zu erreichen. Aus dem Grunde haben auch nicht übermässig grosse Schwankungen der Durchflussgeschwindigkeit keinen wesentlich ungünstigen Einfluss auf das Klärergebniss. Um diese Vortheile der Klärbecken, und um die chemischen Fällungsmittel gut auszunützen, empfiehlt J. Brix, die Länge der Becken so zu bemessen, dass das Abwasser durchschnittlich 4 bis 6 Stunden in denselben verbleibt Wenn daher die Durchflussgeschwindigkeit durchschnittlich 3 mm in der Sekunde betragen soll, ergäbe sich eine Beckenlänge von 43,2—64,8 m, bei einer Durchflussgeschwindigkeit von 2 mm eine solche von 28,8—43,2 m.

Die Bemessung des Umfanges der Klärbecken hängt wesentlich von örtlichen Verhältnissen ab; im allgemeinen macht man sie 30—100 m lang, 5—10 m breit und 2—3 m tief; die Sohle besitzt zweckmässig ein starkes Gefälle von 1 : 25 bis 1 : 75 nach einem tiefsten Punkt hin, von welchem aus der niedergeschlagene Schlamm abgepumpt oder nach tiefer liegenden Schlammbehältern abgeleitet werden kann. Der zur Aufnahme des Schlammes vorgesehene untere Querschnitt von etwa 0,75 m Höhe muss ausser Ansatz bleiben.

Um die Bewegung des Wassers in den langen Klärbecken thunlichst gleichmässig zu vertheilen, wird das Kanalwasser in möglichst gleichmässiger Schicht durch breite Ueberfälle von einem Vertheilungskanal aus in die

---

[1]) Centrbl. f. allgem. Gesundheitspflege 1898, **17**, 1.

Klärbecken eingeführt und am anderen Ende derselben, am besten mittelst einer Eintauchplatte je nach den Temperaturdifferenzen des Wassers im Klärbecken mehr oder weniger nahe der Oberfläche, in ebenso gleichmässiger breiter Schicht zum Abfluss gebracht (vergl. Fig. 89).

Ein Uebelstand bei den Klärbecken mit wagerechter Bewegung des Wassers bleibt aber, dass der Schlamm nicht während des Betriebes entfernt werden kann und derselbe bei längerem Lagern in demselben in Fäulniss und Gährung übergeht und auf diese Weise die Reinigung beeinträchtigt (vergl. vorstehend S. 363). Die Klärbecken müssen für die Schlammentleerung alle 6—10 Tage oder bei warmer Witterung und stark verunreinigtem Abwasser noch öfter ausgeschaltet werden und auf diese Weise 1—2 Becken mehr, als für gewöhnlich in Betrieb sind, vorräthig gehalten werden, um diese an Stelle der ausgeschalteten Becken benutzen

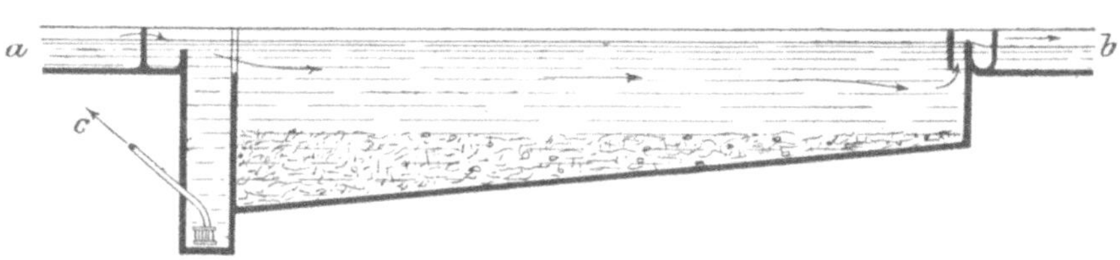

Fig. 89.
Flaches Klärbecken.

zu können. Auf diese Weise erfordern flache Klärbecken einen verhältnissmässig grossen Platz.

Aus dem Grunde wird in der Regel den Klärvorrichtungen mit aufsteigender Bewegung des Wassers, wie in Klärbrunnen oder Klärthürmen etc. der Vorzug gegeben.

Die Klärbrunnen oder Klärthürme haben entweder eine cylindrische, quadratische oder rechteckige Form und eine Querschnittfläche von 15 bis 50 qm. Der untere Theil der Behälter, wo sich der Schlamm ansammelt, läuft meistens trichterförmig zu. Das zu klärende Wasser tritt gewöhnlich im unteren Drittel der Behälter ein und fliesst oben ab.

Um eine gleichmässige Strömung in dem gesammten Querschnitt der Behälter zu bewirken, fällt entweder das Wasser an der ganzen Seitenwandung von oben nach unten und steigt in einem inneren Trichter aufwärts, oder das Wasser wird durch ein centrales Rohr eingeführt, welches unten an seiner Mündung trichterförmig erweitert ist und über dessen Rand das Wasser gleichmässig austritt, oder aber es sind besondere Vertheilungsschirme angebracht.

Im Gegensatz zu den flachen Klärbecken muss die Geschwindigkeit des aufsteigenden Wassers bei Klärbrunnen und Klärthürmen geringer sein, als die Ausfallgeschwindigkeit des grössten Theiles der Schwebestoffe, damit diese in der für das Mitreissen der feineren Stoffe genügenden Menge ausfallen, oder ein für diese Stoffe hinreichend dichtes Filter bilden. Deshalb kann die Durchflussgeschwindigkeit in den Kläreinrichtungen mit aufsteigender Bewegung des Wassers keine so grosse sein, als in den Klärbecken, etwa nur 1,5—2,0 mm gross. Dagegen kann die gesammte Dauer des Durchflusses durch die Klärbrunnen mit Rücksicht auf die bessere Ausnutzung der Fällungsmittel eine kürzere als für Klärbecken sein; jedoch soll man nach J. Brix nicht unter $1^1/_2$—2 Stunden Durchflussdauer bei Bemessung der Brunnenweiten hinuntergehen. Hiernach ergeben sich etwa folgende Verhältnisse:

Geschwindigkeit des Wassers in 1 Sekunde	Klärdauer des Wassers im Behälter	Nothwendige Höhe des Theiles im Behälter für den Aufstieg des Wassers	Gesammttiefe mit Schlammraum etwa
1,5 mm	1,5 Stunden	8,1 m	10,5 m
1,0 „	1,5 „	5,4 „	7,0 „
1,5 „	2,0 „	12,5 „	15,0 „
1,0 „	2,0 „	9,0 „	11,5 „

Hieraus ist ersichtlich, dass sich Klärvorrichtungen mit aufsteigender Wasserbewegung in Form von Tiefbrunnen nur bei sehr günstigen Grundwasserverhältnissen ausführen lassen. Wo diese Verhältnisse ungünstig sind, schaltet man entweder mehrere Klärbrunnen hintereinander oder bedient sich der oberirdischen Klärthürme (von Rothe-Roeckner u. A.), in welchen die aufsteigende Wasserbewegung dadurch erzielt wird, dass man in dem Behälter mittelst einer Luftsaugepumpe eine Luftverdünnung herstellt.

Mit Recht aber weist J. Brix darauf hin, dass für die Klärung städtischer Abwässer das Abwasser, bevor es in eine Kläranlage tritt, von den groben und schweren Sinkstoffen (wie Korken, Glas- und Porzellanscherben, Pflanzenresten, Knochen, Sand etc.) befreit werden muss. Denn diese Stoffe würden nicht nur für die Klärung selbst, sondern auch für das Pumpen sowohl des Wassers als des Schlammes hinderlich sein.

Zur Entfernung dieser Stoffe hat man besondere Sandfänge mit Siebvorrichtungen (von verschiedenen Lochweiten) angebracht; die sich hier abscheidenden Sinkstoffe betragen je nach den Gefällen der Kanäle und je nach der Art des Strassenpflasters $\frac{1}{10000}$ bis $\frac{1}{50000}$ der Kanalwassermenge.

Die Siebe werden behufs Reinigung entweder wie in Frankfurt hoch gezogen, oder wie in Wiesbaden aufgekippt, oder sind wie in Halle als Drahtgitter angeordnet, sodass sie so oft als nothwendig von den an ihnen haftenden Massen befreit werden können. Vielfach sind vor den Sieben Eintauchplatten angebracht, welche die groben, schwimmenden Körper zurückhalten; nach dem Patent Queva werden dieselben durch selbstthätig wirkende Rechen entfernt, nach einem Vorschlage von Berger-Köln abgesaugt.

Jedenfalls sind Aushelfsiebe in Bereitschaft zu halten, damit während der Reinigung der einzelnen Siebe andere in Thätigkeit treten, und während dieser Zeit keine Schwimmkörper in die Kläranlage gelangen können.

Was die Kosten von Kläranlagen anbelangt, so schwanken dieselben je nach den örtlichen Verhältnissen innerhalb weiter Grenzen. Im allgemeinen kann man die ersten Anlagekosten zu 4—10 M., im Mittel etwa zu 6 M. für den Kopf der Bevölkerung veranschlagen, während die jährlichen Betriebskosten (Ausgaben für chemische Fällungsmittel, Verzinsung und Amortisation) je nach der Grösse der Anlage, der Natur des Abwassers und der Zusätze zwischen 0,70—2,00 M. schwanken und im Durchschnitt rund 1,00 M. betragen.

Nach diesen Vorbemerkungen mögen aus der grossen Anzahl von vorgeschlagenen Klärvorrichtungen diejenigen hier beschrieben werden, welche bereits irgendwo eingeführt sind und sich mehr oder weniger bewährt haben.

1. Klärung durch einfache flache Klärbecken mit vorwiegend wagerechter Bewegung des Wassers.

a) Klärvorrichtung nach E. Reichardt.

E. Reichardt[1]) hat bei kleinen Abläufen von trübem Wasser mit nachstehender Klärvorrichtung (Fig. 90) vielfach gute Erfolge erzielt:

Die gemauerten, cementirten oder mit Lehm wasserdicht gemachten Gruben erhalten das trübe Wasser durch die Einlaufröhren (aus gebranntem Thon), welche etwas nach unten umgebogen sind; der Strahl des einlaufenden Wassers wird aber durch den unter demselben angebrachten Stein gebrochen, sodass unter letzterem die Flüssigkeit

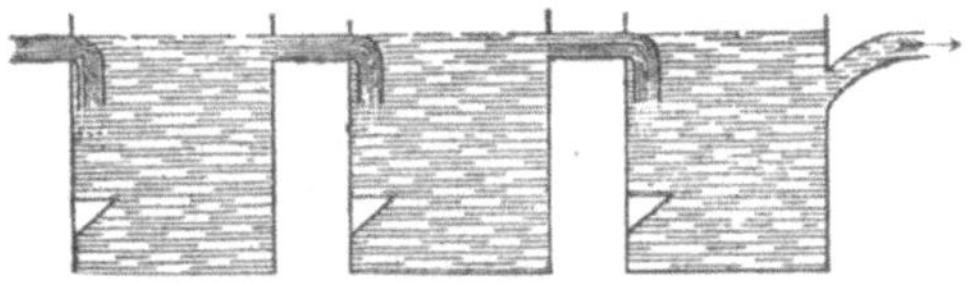

Fig. 90.

Klärvorrichtung nach E. Reichardt.

möglichst ruhig steht. Der Ablauf der letzten Grube ist mit einer nach aufwärts gebogenen Röhre versehen, um dadurch auf dem Wasser aufschwebende Theile, Oel und dergl. in der Grube zu behalten, wo dieselben gelegentlich entfernt werden, jedenfalls aber nicht mit in die öffentlichen Wasserläufe gelangen. Diese aufschwimmenden Theile sind namentlich deshalb den Fischen sehr schädlich, weil diese Thiere nach allem auf dem Wasser Schwimmenden zu schnappen pflegen, so dass die Theeröle, Petroleum, Solaröl und dergl. in gesteigertem Maasse giftig wirken können.

---

[1]) Arch. d. Pharm. 1879, **12**, Heft 3.

b) Klärvorrichtung mit durchsetzten Wänden.

In dem Bericht der Fabrikinspektoren von 1882 ist S. 461 eine Klärgrube abgebildet, welche, wie dort angegeben ist, mit Vortheil zur Klärung für Abwässer aus Gerbereien, Wollwäschereien etc. unter Zusatz von Kalk als Fällungsmittel angewendet und durch nebenstehende Zeichnung (Fig. 91) veranschaulicht wird:

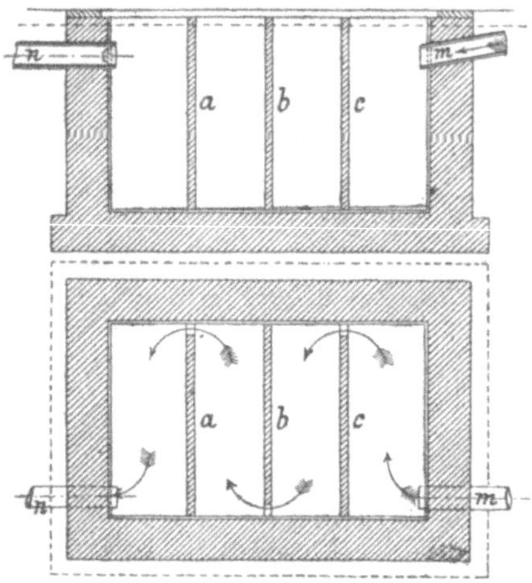

Fig. 91.
Klärvorrichtung mit Zwischenwänden.

Die Gruben sind in Cement gemauert und mit einem einige Centimeter dicken Cementputz versehen. Das Wasser fliesst durch das Chamotterohr *m* zu und durch *n* ab: die Grube ist mit Holzeinsätzen *a*, *b*, *c* durchsetzt, welche sich je nach der Grösse der Grube beliebig vermehren lassen und das Wasser zwingen, einen thunlichst langen Weg zurückzulegen, um Zeit zum Absetzen des Schlammes etc. zu gewinnen (vergl. S. 372). Die Einsätze sind so eingerichtet, dass sie bei der Reinigung der Gruben herausgenommen und alsdann wieder eingesetzt werden können.

Auch müssen für beständig fliessende Abgänge mehrere solcher Gruben eingerichtet werden, damit, wenn die einen gereinigt werden, die anderen in Betrieb gesetzt werden können.

c) Reinigungs-Vorrichtungen für das Verfahren von Fr. Hulwa in Breslau.

Die S. 359 und 359 angegebenen Fällungsmittel von Fr. Hulwa lassen sich für die verschiedensten Schmutzwässer anwenden.

Die mechanischen Vorrichtungen für die Abklärung des Abwassers bieten zwar keine besonderen Eigenthümlichkeiten, jedoch mögen zwei derselben hier aufgeführt werden, weil sie zeigen, dass sich die Klärung nach diesem Verfahren auf einfache Weise erreichen lässt (vergl. Fig. 92 u. 93 nebenstehend und Fig. 94 u. 95 auf S. 379).

α) Einrichtung für eine Zuckerfabrik in Strehlen.

Von der Anwendung des Reinigungs-Verfahrens auf Zuckerfabrik-Abwässer bleiben zweckmässig ausgeschlossen die Kondensations-Wässer und die Osmose-Abwässer.

Jedoch vermag man auch durch das vorliegende Verfahren während der Betriebszeit das Osmose-Abwasser gemeinsam mit dem übrigen Abwasser erfolgreich zu reinigen.

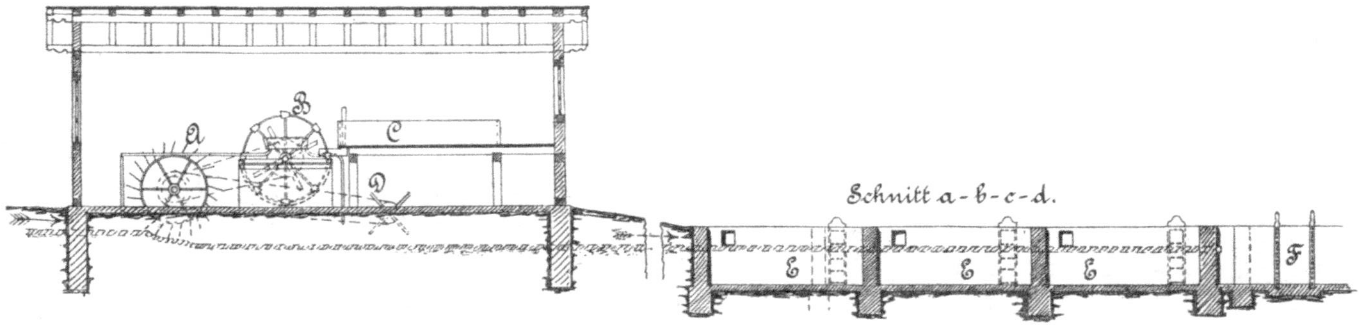

Fig. 92.

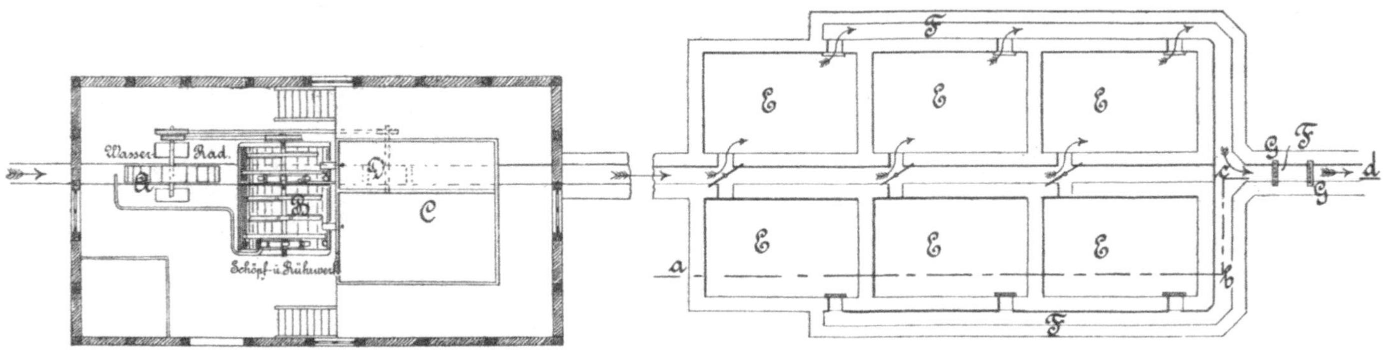

Fig. 93.

Klärvorrichtung für das Verfahren von Fr. Hulwa auf der Zuckerfabrik Strehlen.

Mit Beendigung der Betriebszeit sind die Osmose-Wässer gesondert zu verarbeiten.

Das Abwasser durchläuft das Wasserrad *A* (vergl. Fig. 92 u. 93 S. 377), welches die Schöpfräder *B* und die an denselben befindliche Rühr-Vorrichtung in Bewegung setzt. Durch die Schöpfräder *B* wird aus zwei getrennten Behältern *C* die Reinigungs-Masse dem Abwasser in bestimmt abgemessenen Mengen zugeführt, am Schlusse nochmals durch die Rühr-Vorrichtung *B* gemischt, und gelangt die Mischung in die Klärbecken *E*, welche derartig eingerichtet sind, dass durch Etagenschieber das geklärte Wasser vom Schlamm getrennt werden kann. Dieses geklärte Wasser gelangt durch den Hauptkanal *F*, an dessen Ende zwei einfache Filter zur Abscheidung der noch etwa im Wasser befindlichen schwebenden Unreinigkeiten angebracht sind, in den öffentlichen Wasserlauf.

Eine Nachbehandlung des geklärten Wassers mittelst Kohlensäure bis zur verschwindenden Alkalität ist hier bis jetzt ebenso wenig nothwendig geworden, wie die weitere Behandlung mit Oxydationsmitteln oder schwefeliger Säure behufs Desinfektion und Haltbarmachung des Abwassers.

Dagegen wird das in vorstehender Weise geklärte Abwasser auf der Zuckerfabrik Strehlen einer Nachreinigung durch Berieselung unterworfen.

Falls eine mit oder ohne vorherigen Zusatz von Oxydationsmitteln vorzunehmende Sättigung des abgeklärten alkalischen Abwassers nothwendig wird, sollen zur weiteren Klärung des von neuem entstehenden Niederschlages Pouvrez'sche Rinnenfilter und Filter von besonderem Gewebe angewendet werden.

Der durch die erste Fällung erhaltene Schlamm kann zur Reinigung neuer Mengen Abwasser wieder benutzt werden, wodurch nicht nur die Ausgaben verringert, das Abbaggern und Behandeln in Filterpressen erleichtert, sondern auch der Düngerwerth des Schlammes erhöht wird.

β) Einrichtung für eine Färberei in Ernsdorf (Schlesien).

Dass die von Fr. Hulwa zur Reinigung mit vorgeschlagene Zellfaser für Färberei-Abwässer durch Bindung des Farbstoffs unter Umständen eine besondere Wirkung äussern kann, liegt auf der Hand. Jedoch gestaltet sich hier die Ausführung des Verfahrens naturgemäss etwas anders und auch theurer als bei Abwasser aus Zuckerfabriken.

In der Schlesischen Türkischroth-Färberei Suckert, Rosenberger & Hilbert in Ernsdorf bei Reichenbach in Schlesien gelangen seit 1887 nach diesem Verfahren zur Reinigung:

1. Sodalauge vom Abkochen der Garne,
2. deren Spülwässer,
3. Spülwässer der Beize,
4. Spülwässer der Kreidebäder,
5. Farbbad (Alizarin),
6. Spülbäder (Alizarin),
7. Spülbäder von der Avivage.

Im ganzen sind täglich ca. 375 cbm solchen Abgangwassers zu reinigen, wovon ca. $^2/_3$ Wasch- oder Spülwässer sind.

Die Handhabung der Reinigung gestaltet sich nach Fig. 94 und 95 wie folgt:

Die Abwässer gelangen noch innerhalb der Fabrik in einen eisernen Trog von 3 m Länge und 1 m Breite, erhalten dort durch das Schüttelwerk *A* den nöthigen Zusatz von Chemikalien und werden mittelst eines zweckmässig eingerichteten Rührwerkes *B* aufs innigste mit der hineingeschütteten oder hineinfliessenden Reinigungsmasse gemischt.

Die in solcher Weise behandelte Flüssigkeit fliesst darauf durch eine Rohrleitung *C* in eine Reihe ausserhalb des Fabrikgebäudes im Hofraum belegener, schon von früher

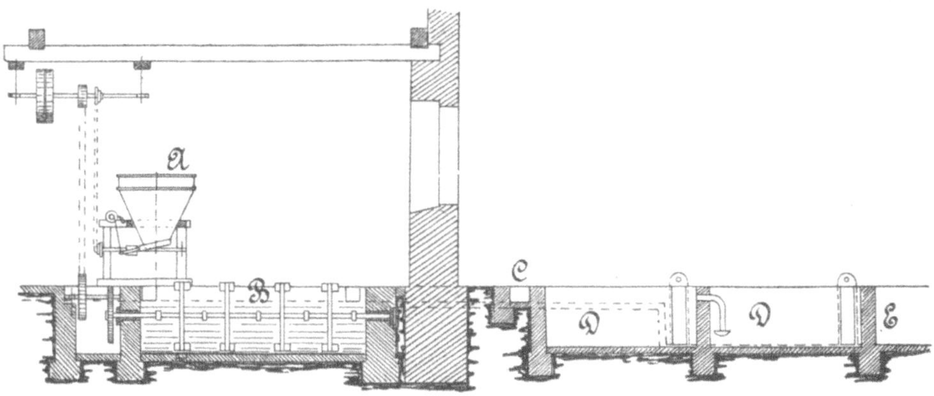

Fig. 94.

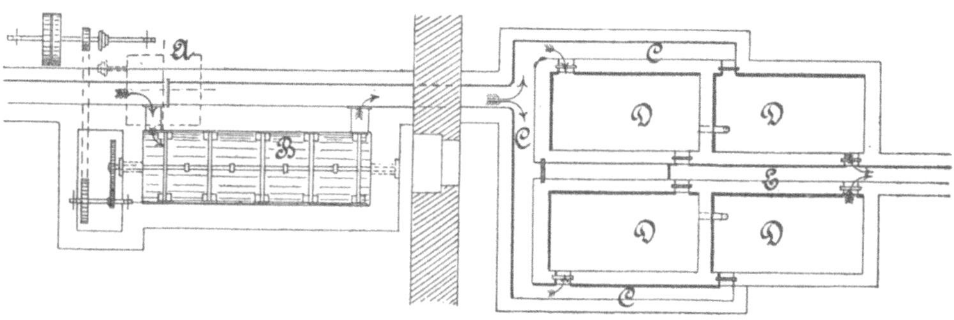

Grundriss.

Fig. 95.

Klärvorrichtung für das Verfahren von Fr. Hulwa in der Färberei in Ernsdorf.

her bestehender grösserer, ausgeschachteter und mit Holzkohlen verkleideter offener Becken *D* ab, welche, vier an der Zahl, durch doppelte, innen mit Schlacke ausgefüllte, durchlöcherte Scheidewände getheilt und mit Schiebervorrichtungen versehen sind.

Sofort nach Zusatz des Reinigungsmittels und bereits im ersten Klärbecken scheidet sich das stark braunroth bis gelbroth gefärbte Abwasser in dichte gefärbte Flocken und in eine geklärte Flüssigkeit, welche letztere durch die Scheidewände in die Klärbecken filtrirt, dabei immer vollständiger die ausgeschiedenen, noch in der Schwebe verbliebenen, feinsten Theilchen absetzt und endlich aus dem letzten Klärbecken völlig klar, farb- und geruchlos mit schwach alkalischer bis neutraler Reaktion durch eine Schütze und den Kanal *E* in den Klinkenbach austritt.

d) Kläranlage auf der Arbeiterkolonie Kronenberg bei Essen a. d. Ruhr.

Diese Kläranlage, welche für die Reinigung der Abwässer sämmtlicher Arbeiterkolonien der Krupp'schen Werke, nämlich von 2000—3000 cbm täglich bemessen ist, vereinigt mehrere Anordnungen, welche zur Niederschlagung der Schwebestoffe angewendet werden, in sich und hat daher in einem thunlichst kleinen Raume gute Leistungen aufzuweisen.

Die Einrichtung ist folgende (vergl. nebenstehend Fig. 96):

In der Anlage gelangt der Kalk als Hauptfällungsmittel zunächst für sich allein zur Wirkung; das Ferrosulfat wird erst später zugesetzt, nachdem der Kalk Zeit hatte, seine volle zersetzende Wirkung auszuüben.

Die Kläranlage setzt sich daher aus folgenden Theilen zusammen:

1. Dem Schlammfang *A*.
2. Dem Vertheilungsapparat für die Chemikalien *B*.
3. Dem Behälter zur Aufnahme des nur mit Kalk gesättigten Wassers *C*.
4. Dem Behälter, wo die Fällung mittelst Eisenvitriol erfolgt *D*.
5. Einem Apparat zur Zurückhaltung der im geklärten Wasser noch enthaltenen Flocken etc. etc. *E*.
6. Dem Abflusskanal *F*.
7. Dem Schlammablass und dessen Sammelbekälter *G*.
8. Dem Wassersammelbehälter *H*.

Der Schlammfang *A* nimmt das zu reinigende Wasser zuerst auf und sollen darin vorab die schweren Sinkstoffe und auf dem Wasser schwimmenden Gegenstände, wie Früchte, Korke, Holz etc. zurückgehalten werden. Durch die beiden Seitenkanäle wird das Wasser den Vertheilungsapparaten B^1 und B^2 für die Chemikalien zugeführt; es sind deren stets zwei erforderlich, um eine Auswechselung ermöglichen zu können.

Die Vertheilungsvorrichtung besteht aus einem kleinen oberschlächtigen Wasserrade, an dessen verlängerter Axe zwei Drehkreuze mit Schöpfgefässen und je einem Rührer angebracht sind, die in die beiden Behälter für Kalk und Eisenvitriol eintauchen. Durch das zufliessende Schmutzwasser wird das Rad in Bewegung gesetzt und je nach dem Zuflusse der Wassermenge schneller oder langsamer umlaufen, daher auch durch die seitlich ausgiessenden Schöpfgefässe mehr oder weniger Chemikalien dem zu reinigenden Wasser zuführen. Die Zuführung der Chemikalien ist also selbstthätig und erfordert nur die zeitweise Füllung der Behälter mit Kalk und Eisenvitriollösung. Durch Versuche lässt sich leicht die erforderliche Anzahl wie Grösse der Schöpfgefässe ermitteln, um den nöthigen Zusatz von Chemikalien zur Fällung der zu reinigenden Wässer zu erhalten. Der Kalk wird gleich unterhalb des Wasserrades zugesetzt; während der Eisenvitriol in einer besonderen Leitung den Behältern D^1, D^2, D^3 u. D^4 zugeführt wird und hier erst zur Wirkung gelangt.

Nachdem der Kalk durch den Vertheilungsapparat zugesetzt ist, tritt das damit vermengte Wasser durch einen Kanal in die beiden Behälter C^1 und C^2 (es sind deren zwei erforderlich, um bei einer Reinigung den Betrieb nicht zu unterbrechen); das Wasser nimmt seinen Lauf nach Richtung der Pfeile und wird durch die eingesetzten Wehre und Schützen zur Ruhe gebracht, wodurch sich schon ein grosser Theil der im Wasser enthaltenen und durch den Kalk gefällten Sinkstoffe in diesen Behältern abscheidet und niedersinkt.

Durch eine Vertheilungsrinne wird dann das mit Kalk gesättigte Wasser aus den Behältern C^1 und C^2 nach den Klärbecken D^1, D^2, D^3, D^4, (vier für sich getrennte Becken) übergeleitet und bei seinem Eintritt mit Eisenvitriol versetzt; dadurch entsteht ein dunkelgrüner, dickflockiger Niederschlag von Eisenoxydulhydrat und Gips, der im weiteren Verlauf der Klärbecken schnell zu Boden sinkt und alle vorhandenen Trübungen mit sich niederreisst. Zur Ruhe wird das Wasser hier gleichfalls durch Wehre gebracht, und um eine bessere Rückhaltung der Flocken zu erreichen, sind hier statt der Schützen Torffilter angewendet. Ein kleines Rührwerk bewirkt die innige Vermengung des zugesetzten Eisenvitriols mit dem die Kalklösung enthaltenden Wasser; die Triebkraft hierzu kann entweder direkt von den Vertheilungs-Apparaten entnommen werden oder ist auch durch ein besonderes Triebrad, welches durch das abfliessende geklärte Wasser getrieben wird,[1]) zu erreichen; jedoch wird letzteres nur da möglich sein, wo ein grösseres Gefälle zur Verfügung steht.

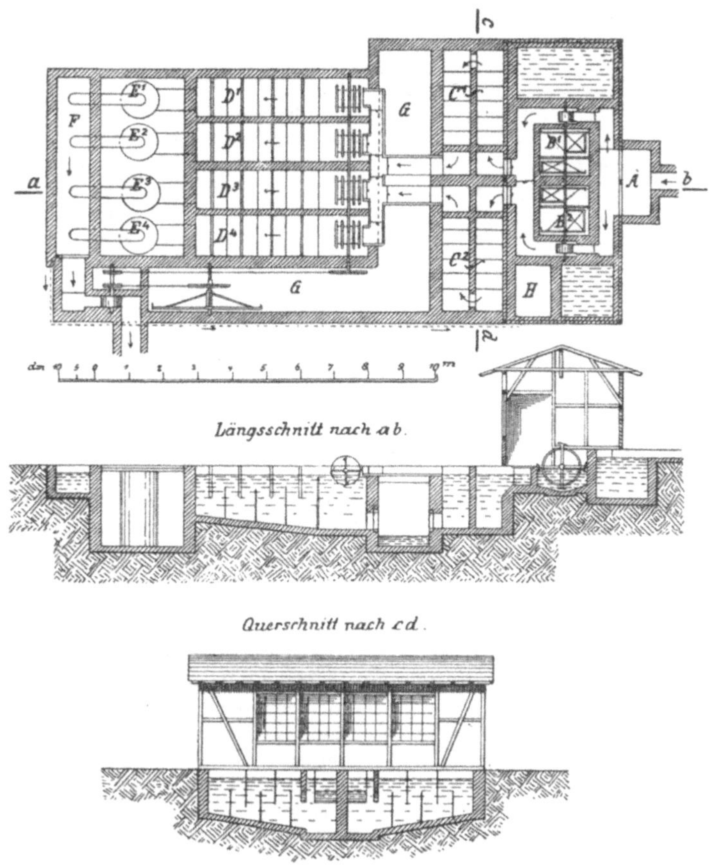

Fig. 96.

Klärvorrichtung der Krupp'schen Werke in Essen a. d. Ruhr.

Da zur Rückhaltung und gänzlichen Fällung der Flocken sehr lang gestreckte Klärbecken D erforderlich sind, so wurde es zum Bedürfniss, diese auf irgend eine andere Weise zurückzuhalten. Ein einfacher selbstthätiger Apparat E^1, E^2, E^3, E^4, durch welchen das Wasser aus dem Klärbecken D noch geleitet wird (vergl. umstehend Fig. 97 S. 382), erfüllt den Zweck vollständig, so dass das Wasser in dem dahinterliegenden Abflusskanal F klar zum Abfluss gelangt.

---

[1]) Dieses ist bei der neuen grösseren Anlage zur Durchführung gebracht.

Eine weitere Behandlung des abfliessenden Wassers wird noch durch Zuführung von Sauerstoff nothwendig, da dieser, bei dem chemischen Reinigungs-Vorgange dem Wasser entzogen wird; da, wo, wie in der Skizze ersichtlich, das geklärte Wasser noch als Triebkraft benutzt werden kann, wird die Zuführung des Luft-Sauerstoffs durch den Fall über das Triebrad ausreichend sein, andernfalls sich aber die Anlage eines kleinen Gradirwerks mit möglichster Vertheilung des Wassers empfehlen.

Die Beseitigung des Schlammes erfolgt aus den einzelnen Behältern C^1 und C^2, D^1, D^2, D^3, D^4, abwechselnd und nach Bedürfniss bei vorheriger Herausnahme der Wehre und Oeffnen der Verschlussöffnungen, wie solche im Längenschnitt ersichtlich (vergl. Fig. 96) ist, in den Schlammablasskanal und aus diesem mit Gefälle in den Sammelbehälter *G*. Von hier kann bei genügender Wasserkraft der Schlamm durch ein Schöpfrad oder Paternosterwerk bis auf die erforderliche Höhe gehoben werden. Der noch wasserhaltige Schlamm ist durch Gerinne, drainirte oder auf sonstige Art durchlässig hergestellte Behälter zur Abtrocknung zuzuleiten und gelangt von da zur Abfuhr bezw. späteren Verwendung.

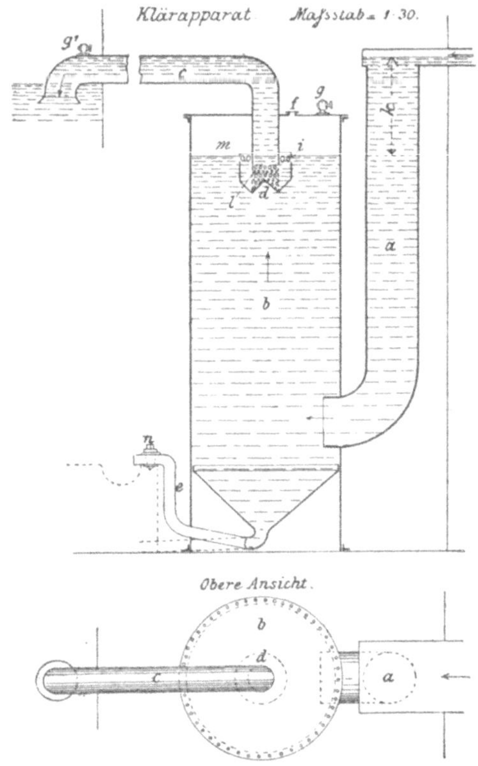

Fig. 97.

Klärcylinder.

Der gewonnene Schlamm ist von verschiedener Beschaffenheit, und ist es möglich, die verschiedenen Arten getrennt für sich zu beseitigen, namentlich wird der Schlamm aus dem Behälter *C* (nur mit Kalk vermischt) für die Landwirthschaft der werthvollste sein.

Zur Anmengung der Kalk- und Eisenvitriollösungen ist das schmutzige Wasser nicht verwendbar, sondern bedarf es einer besonderen Zuleitung reinen Wassers. Diese ist in den meisten Fällen unschwer zu beschaffen; denn Orte oder Fabriken, die einer Kläranlage bedürfen, haben auch Reinwasserleitungen. Auch zum Reinigen der Apparate und der ganzen Anlage ist zeitweise reines Wasser erforderlich.

Eine aus dem Abflusskanal *F* nach dem Behälter *H* angelegte Rohrleitung stellt eine Verbindung zwischen beiden Behältern her, und das im Behälter *H* stets angesammelte reine Wasser kann mittelst einer Pumpe zu den Verbrauchsstellen je nach Bedürfniss gefördert werden.

Die am Ende der Kläranlage befindlichen Klärcylinder E_1, E_2, E_3 und E_4 haben die obenstehende Einrichtung und bestehen aus folgenden Theilen: dem Zufluss- bezw. Druckrohr *a*, dem Behälter *b*, dem Abflussrohr *c* nebst Korb *d*, sowie dem Schlammablassrohr *e*, einer Stopfschraube *f* und zwei Lufthähnen *g*, g^1. Die Abmessungen des Klärapparats sind abhängig von der Zusammensetzung und Menge des zu klärenden Wassers oder der sonstigen Flüssigkeiten.

Bei Inbetriebstellung des Klärapparats ist zuerst durch die Stopfschraube *f* der Korb *d* mit Wasser zu füllen, dann die Stopfschraube *f* und Lufthahn *g* zu schliessen und so ein Abschluss der Luft im Behälter *b* herzustellen. Zur Erreichung eines gleichmässigeren Abflusses ist es erforderlich, dass das Abflussrohr *c* bei *h* in einen Behälter mit Ueberlauf eintaucht. Durch Oeffnen des Lufthahnes g^1 ist ein Ausgleich der durch das Aufsteigen des Wassers im Abflussrohr *c* zusammengepressten Luft nach Bedürfniss herbeizuführen.

Nach Einleitung des Wassers etc. durch das Zuflussrohr *a* wird die Luft in dem Behälter *b* allmählich zusammengepresst, bis das Wasser die Abflussöffnungen *i* im Korb *d* erreicht; durch den Druck der Wassersäule *k* im Zuflussrohr *a* und die zusammengepresste Luft im Behälter *b* muss das Wasser in dem Abflussrohr *c* langsam durch die Oeffnungen *l* aufsteigen und gelangt schliesslich klar zum Abfluss.

Die Wassersäule *k* im Zuflussrohr *a* bewirkt einen gleichmässigen dauernden Druck auf die Luftschicht *m* und diese auf die Oberfläche des zu klärenden Wassers im Behälter *b*. Der Druck wächst auch bei vermehrter Zuführung durch die vergrösserte Druckhöhe *k*.

Die Pressung der Oberfläche des Wassers im Behälter *b* bringt das durchgeleitete Wasser gleichmässig zum Abfluss und vollständig zur Ruhe und sinken vermöge der Pressung alle im Wasser enthaltenen Flocken u. s. w. zu Boden; durch die Einrichtung des Abflusskorbes *d* am Abflussrohr *c* gelangt aber nur das in der oberen gepressten Schicht befindliche klare Wasser durch die Oeffnungen *i* bezw. *l* zum Abfluss.

Der Apparat wirkt, nachdem er einmal in Gang gesetzt ist, selbstthätig und bedarf nur eines zeitweiligen Ablassens des Schlammes bezw. Niederschlages durch das Rohr *e*.

Der Schlamm, welcher sich in den unteren trichterförmigen Abschluss des Cylinders *b* ablagert, wird durch den Druck der darüber stehenden Wassersäule im Behälter *b* und dem Zuflussrohr *a* mit Leichtigkeit herausgedrückt; auch ist der beständige Abfluss des Schlammes durch Abflussrohr *e* mittelst des Hahnes *n* zu bewerkstelligen. Bei zeitweisem Ablassen des Schlammes ist vorher der Zufluss abzustellen und der Lufthahn *g* zu öffnen.

Die Herstellung des Klärapparats kann in Metall, Mauerwerk in Verbindung mit Metall und Porcellan auch Glas und Holz erfolgen.

Ein nicht zu unterschätzender Vortheil der ganzen Kläranlage besteht darin, dass alles selbstthätig vor sich geht und durch Benutzung des Wassers als Triebkraft nur geringe Betriebskosten verursacht.

Zur Bedienung einer Anlage von 2—3000 cbm täglicher Wassermengen genügt ein Arbeiter. Die Kosten für den bisher ermittelten Verbrauch an Chemikalien betragen für 1 cbm zu klärendes Wasser ca. 0,9 Pf.; wird jedoch bei Beschaffung grösserer Mengen auf etwa 0,8—0,7 Pf. oder noch mehr zu ermässigen sein; hierbei sei bemerkt, dass dieser Verbrauch sich auf ein ausschliesslich aus Hauswasser ohne jede Vermischung bestehendes Wasser bezieht.

Selbstverständlich kann statt des Eisenvitriols auch Aluminiumsulfat oder ein sonstiges Fällungsmittel verwendet werden: thatsächlich lieferte die Anwendung von Aluminiumsulfat an Stelle des Eisenvitriols dieselben günstigen Ergebnisse (vergl. II. Bd. S. 100).

e) Die Kläranlage in Frankfurt a. M.

Die Anlage ist für die Reinigung von täglich 18000 cbm Schmutzwasser einschliesslich Wasserspülaborte berechnet. Das anzuwendende Verfahren ist eine Klärung auf mechanischem Wege, unterstützt und wirksamer gemacht durch den Zusatz chemischer Fällungsmittel; als solche wurden bis jetzt durchweg Aluminiumsulfat und Kalk angewendet.

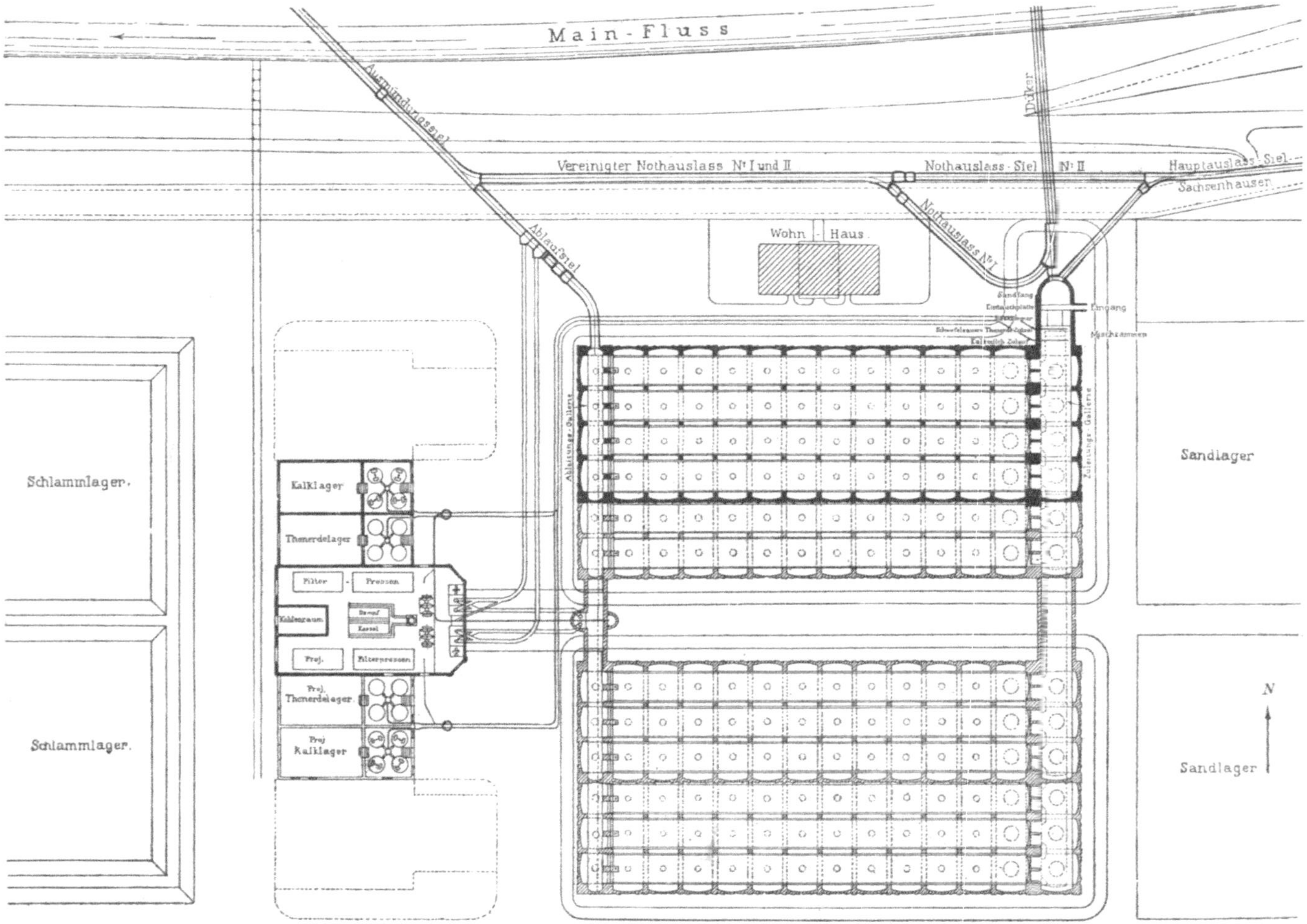

Fig. 98. Kläranlage in Frankfurt a. M.

Die allgemeine Einrichtung[1]) erhellt aus Fig. 98, während Fig. 99 den Entwurf der überwölbten tiefliegenden Klärbecken durch Längen- und Querschnitte veranschaulicht.

Hierbei sei ausdrücklich betont, dass sich die nachstehenden Angaben auf die erste Anlage und Klärung beziehen. Ob die Angaben noch für die jetzigen Verhältnisse des Abwassers der Stadt Frankfurt a. M. Gültigkeit haben, muss dahingestellt bleiben.

Wie aus der Zeichnung ersichtlich ist, zieht das Sachsenhäuser Hauptauslasssiel längs der Uferstrasse hin. Dasselbe hat von der Main-Neckar-Eisenbahnbrücke ab das Gefälle 1 : 2200, bei einer Höhe von 1,71 m auf eine Breite von 1,14 m und leitet sein

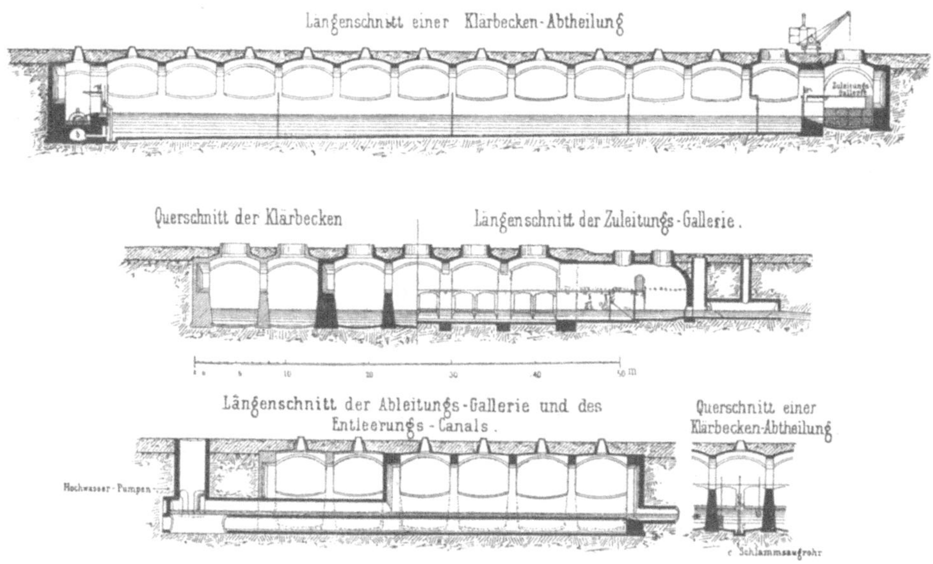

Fig. 99.
Kläranlage in Frankfurt a. M.

Schmutzwasser durch einen nach Süden abgehenden Strang von 1,00 m Durchmesser in den, das nördliche Ende der Zuleitungsgallerie bildenden halbkreisförmigen Sandfang. In gerader Fortsetzung erhält dieses Hauptauslasssiel einen Nothauslass (mit No. II bezeichnet) von 1,20 m Durchmesser, der parallel der Uferstrasse nach dem Ausmündungssiel führt.

Von Norden kommend kreuzen die zwei das Frankfurter Abwasser führenden und vom Mainbette hier am linken Ufer aufsteigenden Dükerröhren unter diesem Nothauslasssiel hindurch und vereinigen sich dann in einem runden Siel von 1,20 m Durchmesser, das in gerader Linie in vorerwähnten Sandfang einmündet. Vor Eintritt desselben in den Sandfang zweigt ein Nothauslass (No. I bezeichnet) mit 1,20 m Durchmesser nach Westen ab, der mit dem Nothauslass No. II vereinigt, als Siel von 1,40 m

[1]) Siehe „Die Klärbeckenanlage für die Sielwässer von Frankfurt a. M. von Stadtbaurath W. H. Lindley" in Deutsche Vierteljahrsschrift f. öffentliche Gesundheitspflege 1884, **16**, Heft 4.

Durchmesser zur Ausmündung führt. Für gewöhnlich findet durch diese beiden Nothauslässe kein Abfluss statt, sondern das gesammte Abwasser zieht durch die betreffenden Siele nach den Klärbecken.

Bis an den Sandfang werden alle Abwässer mit unverminderter Geschwindigkeit durch die Siele geführt. Dieselbe schwankt zwischen 0,5 m und 0,7 m in der Sekunde. Beim Eintritt in den Sandfang wird die Geschwindigkeit zunächst auf etwa $^1/_{10}$ der obigen verlangsamt und die schwersten mitgeführten Stoffe, besonders Sand und dergleichen, sinken zu Boden.

Die Sohle des Sandfangs ist auf — 1,8 m projektirt. Am Ende des Sandfangs ist eine Eintauchplatte angebracht, die quer über die ganze 6,0 m breite Gallerie reicht und 0,40 m, d. h. bis auf — 1,25 m in das Wasser eintaucht und alle schwimmenden Stoffe auffängt. Dieselben werden hier abgeschöpft.

Die Eintauchplatte ist bis auf + 1,5 m., d. h. 3,65 m über dem örtlichen Nullpunkt der Ausmündungsstelle, hinaufgeführt und der Gang zu dessen Handhabung liegt auf dieser Höhe; deren Wirksamkeit ist demnach selbst bei Hochwasser im Main bis zu + 3,5 m gesichert. Hochwässer über + 3,5 m kommen nur etwa einmal alle drei Jahre vor.

Hinter der Eintauchplatte sind die Siebe angebracht, und zwar schräg gelegt, damit sie dem Wasser eine grössere Fläche bieten und leichter behufs Reinigung mit den sich darauf ansammelnden Stoffen herausgehoben werden können.

Die ganze Breite der Gallerie von 6,0 m ist in vier Theile getheilt, sodass jedes Sieb eine Breite von 1,45 m erhält. Die eisernen Theilungswände zwischen den einzelnen Sieben, sowie die Stirnplatte, gegen welche die Oberkanten der letzteren schliessen, sind bis auf + 1,5 m hinaufgeführt; ein ebenfalls bis auf + 1,5 m hinaufreichender Schieber kann vor jedem Siebe in Schlitzen, welche zu diesem Behufe an den Vorderkanten der Theilungswände angebracht sind, eingesetzt werden.

Auf diese Weise lässt sich der Zufluss zu irgend einer Siebabtheilung (selbst bei Wasserständen bis zu + 3,5 m) absperren, das Sieb behufs Reinigung herausnehmen und durch ein frisches ersetzen, ohne dass eine freie Verbindung von dem Sandfang nach dem Mischraum und demnach nach dem Klärbecken eröffnet wäre.

Das Wasser, von seinen gröbsten und schwersten Sinkstoffen befreit, tritt nun in die Mischkammer, wo die Lösung von Aluminiumsulfat und dann die Kalkmilch zugesetzt und innig durch die Mischvorrichtungen damit vermengt wird.

Die Maschinen zu deren Bereitung sind im Anschluss an das Maschinengebäude errichtet.

Aus dem Maschinenraume tritt das Wasser in die Zuleitungsgallerie, welche dasselbe den parallel mit dem Main, d. h. von Osten nach Westen gelegten Klärbecken, an ihren oberen östlichen Enden zuführt. Ausserdem dient diese Zuleitungsgallerie dazu, dem Wasser, bevor dasselbe in die einzelnen Klärbeckenabtheilungen eintritt, weitere Gelegenheit zur Ablagerung der schwereren mineralischen Stoffe zu bieten.

Die Sohle der Zuleitungsgallerie liegt in der Mitte auf — 2,3 m und hat bei 6,0 m Breite 0,3 m Stich, sodass deren Querschnitt unter dem auf — 1,0 m liegenden Wasserspiegel 7,2 qm beträgt. Die Geschwindigkeit wird zu normalen Zeiten, beim damaligen Zufluss weniger als 3 mm in der Sekunde, betragen und bei dem für die fernste Zukunft in Aussicht genommenen Ausbau etwa 7 mm in der Sekunde. Hier wird sich hauptsächlich Sand absetzen, der dann ausgebaggert wird.

Längs der westlichen Seite der Zuleitungsgallerie sind die Schützen angebracht zur Regelung und etwaigen Abstellung des Zuflusses in den einzelnen Klärbecken. Diese Schützen sind so angeordnet, dass der Eintritt des Wassers in die Becken mit möglichst geringer Bewegung verbunden ist, damit die Ausscheidung und Ablagerung der Schwebestoffe sofort vor sich gehen kann. Dieses wird erfahrungsgemäss am besten durch lange wagerechte und noch unter dem Wasserspiegel gelegene Schützenöffnungen erreicht. Jedes Becken erhält zwei durch eine Winde bewegliche Schützen von 2,07 m Breite und 0,20 m Höhe.

Die Oberkante der Oeffnung liegt — 1,05 m, demnach 5 cm unter dem Wasserspiegel im Becken. Die Windevorrichtung ist von einem Gang aus zu handhaben, der auf + 1,5 m gelegt ist.

Der Zweck der Klärbecken ist, den in dem Sielwasser enthaltenen, in der Schwebe befindlichen sowie den durch den chemischen Zusatz sich abscheidenden Stoffen durch eine längere Ruhe Gelegenheit zu bieten, sich abzulagern und das geklärte Wasser zum Abfluss gelangen zu lassen.

Die Klärbeckengruppe I besteht aus sechs, 82,4 m langen, oben 6,0 m, unten (infolge des Anzuges der Seitenwände) 5,4 m breiten Abtheilungen.

Die Sohle ist mit 0,3 m Stich gewölbt und liegt am Einlaufende auf — 3,0 m, am Ausflussende auf — 4,0 m, hat demnach auf 82,4 m Länge 1,0 m Gefälle. Der Ausfluss findet über ein festes Wehr statt, dessen scharfe Kante auf — 1,03 m liegt, sodass der Wasserspiegel, im regelmässigen Betriebe und wenn kein Aufstau vorhanden ist, auf — 1,0 gehalten wird.

Die Tiefe der Becken, von diesem Wasserspiegel gemessen, beträgt am oberen Ende 2,0 m, am unteren Ende 3,0 m.

Der Querschnitt unter dem Wasserspiegel beträgt am Einlaufende der Becken 10,5 qm, am Ausflussende 16,1 qm, im Durchschnitt 13,3 qm.

Der Inhalt eines jeden Beckens auf — 1,0 m gefüllt, ist 1100 cbm und ist jede Abtheilung auf die Reinigung von täglich 4000 bis 5000 cbm unter normalen Verhältnissen berechnet.

Der Inhalt entspricht demnach 25 % des Tagesdurchflusses und beträgt der durchschnittliche Aufenthalt des Wassers im Becken sechs Stunden.

Die Wirksamkeit der Ablagerung hängt in grossem Maasse von diesem Verhältniss des Rauminhalts der Becken zu der täglich durchfliessenden Menge und dem Grade der Verdünnung des Abwassers ab; deshalb dürfte zu erwähnen sein, dass dieses Verhältniss in

Leeds	22½ %
Coventry	30 „
Aylesbury	26 „
Burnley	16 „

beträgt; in Bradford beträgt der Beckeninhalt nur 5 % des täglichen Durchflusses, aber dort ist das unterbrochene oder Wechselsystem angewendet, wonach die Becken abwechselnd gefüllt und entleert werden und dem Wasser eine Zeit lang vollständige Ruhe gegeben wird. Während in den vorgenannten Städten die Becken offen sind, sind die in Frankfurt überwölbt, damit in denselben die Ablagerung, vollständig vor den Einflüssen des Windes, der Stürme, und vor der Störung durch den Frost geschützt, bedeutend günstiger vor sich geht.

Die seiner Zeit ausgeführten vier Abtheilungen entsprachen nach vorstehenden Zahlen dem damaligen normalen Abfluss von 18000 cbm für den Tag.

Die durchschnittliche Geschwindigkeit, mit der das Wasser die Becken durchzieht, betrug etwa 4 mm in der Sekunde. Infolge der Einrichtung der Becken mit geringerer Tiefe am Einlaufe und grösserer Tiefe am Ausflussende, nimmt die Geschwindigkeit des Wassers auf dessen Durchzug ständig ab; sie beträgt am Einlaufende ca. 5 mm, am Ausflussende ca. 3 mm in der Sekunde. Hierdurch wird gewissermaassen eine Scheidung in dem Niederschlag bewirkt, das Schwerere am oberen Ende abgelagert, das Feinere am unteren Ende.

Das Wasser fliesst, am unteren Ende angelangt, geklärt über das Ausflusswehr; dieses ist zweitheilig und mit Schützen versehen, damit, wenn auch das Wasser in der Abtheilungsgallerie durch den Main über die Höhe — 1,03 m aufgestaut ist, die Ausschaltung und Reinigung der einzelnen Klärbeckenabtheilungen dennoch erfolgen kann.

Die Ableitungsgallerie zieht längs den unteren Enden der Klärbeckenabtheilungen und empfängt von jeder das abfliessende geklärte Wasser. Dieselbe hat eine Breite von 3,0 m.

Um, so oft der Wasserstand im Main dies gestattet, vor Reinigung einer Klärbeckenabtheilung einen möglichst grossen Theil des Inhalts direkt, d. h. ohne vorherige Hebung ablassen zu können, ist diese Gallerie mit ihrer Sohle auf 2,4 m und wagerecht angelegt, so dass bei einer Abflusstiefe in derselben von 0,3 m die ausgeschaltete Abtheilung bis auf den niedrigsten Wasserstand des Mains (Null am Pegel), d. h. bis auf die Wasserspiegelcote — 2,1 m abgelassen werden kann.

Zu diesem Behufe ist, wie in der Zeichnung angedeutet, in jeder Abtheilung ein Entleerungsschieber von 30 cm Durchmesser angebracht, der es gestattet, das Oberwasser der Klärbecken nach der Ableitungsgallerie abzulassen.

Nachdem der Wasserspiegel in der ausgeschalteten Abtheilung bis auf die Wasserhöhe in der Ableitungsgallerie gesunken ist, muss das im Klärbecken bleibende Wasser durch eine Pumpe herausgeschafft werden.

Unter der Ableitungsgallerie ist zu diesem Zwecke ein Entleerungskanal angelegt mit 2,0 m Breite und 1,62 m Höhe; dessen Sohle liegt auf — 4,5 m. Das im Becken verbleibende Wasser wird durch die Entleerungsvorrichtung für das Unterwasser, wie sie in der Zeichnung dargestellt ist, in diesen Kanal abgelassen und zwar durch drei Schieber von je 50 cm Breite und 20 cm Höhe, wovon zuerst der oberste, dann der mittlere und zuletzt der unterste geöffnet wird. Hierdurch wird das Wasser schichtenweise von oben beginnend abgelassen, der auf dem Boden befindliche Niederschlag weder mit fortgerissen, noch aufgerührt, sondern von allem sich natürlich ausscheidenden Wasser befreit.

Der Entleerungskanal führt diese Abwässer nach dem zwischen den zwei Klärbeckengruppen anzulegenden Pumpenschacht. Eine im Maschinenhause aufzustellende Centrifugalpumpe schöpft dasselbe hier und fördert es, so lange der Zufluss noch geklärt erscheint, in das nach dem Ausmündungssiel führende Druckrohr, nachher, wenn Trübung eintritt, in den Revisionsschacht der Thonerde- und Kalkmilchleitungen, durch welche es in den Mischraum und so wieder durch die Zuleitungsgallerie in die Klärbecken gelangt.

Die Entleerungspumpe ist auf die Förderung von 100 l in der Sekunde berechnet, und kann demnach eine Klärbeckenabtheilung, wenn dieselbe bis auf — 2,1 m hat abgelassen werden können, in zwei Stunden entleeren, die bis auf — 1,0 m gefüllte in drei Stunden.

Ist auf diese Weise das über dem Niederschlag stehende Wasser aus einer ausgeschalteten Klärbeckenabtheilung entfernt, so geschieht die weitere Reinigung, indem der Sand und fester Niederschlag, der am oberen Ende sich gebildet hat, in Kübel eingefüllt wird.

Diese werden von dem über die erste Bogenreihe laufenden Dampfkrahn, durch die dazu im Gewölbe vorgesehenen Reinigungsöffnungen, auf die Oberfläche befördert und dessen Inhalt in Wagen oder auf die Sandlagerplätze ausgeleert.

Dieser Dampfkrahn hat 4,5 m Ausladung und dient nicht nur zur Beförderung des festen Niederschlags aus den Klärbeckenabtheilungen, sondern auch zum Herausheben des Sandes aus der Zuleitungsgallerie und aus dem Sandfang zum Heraufziehen der der Reinigung bedürftigen Siebe und kann ferner vermittelst eines Verbindungsgeleises zum Landungsplatze am Ufer gebracht werden, zur Ausladung der Chemikalien etc. bringenden Schiffe.

Der flüssige Niederschlag und Schlamm, der sich auf diese Weise nicht herausziehen lässt, wird, dem Gefälle folgend, auf der Sohle nach dem unteren Ende des Beckens befördert, und dort angelangt, durch die im Maschinenhause aufgestellte Schlammpumpe abgesogen.

Das 20 cm-Saugrohr dieser Pumpe liegt, auf Trägern längs der östlichen Seite der Ableitungsgallerie, und hat nach jeder Klärbeckenabtheilung eine durch Schieber abstellbare Verzweigung, deren Saugnapf in eine 50 cm unter der Sohle der Becken hinabreichende Vertiefung eintaucht.

Das Saugrohr nebst dessen Ventilen ist durch seine Lage stets zugänglich und leicht in Ordnung zu halten. Diese sämmtlichen Entleerungsvorrichtungen können die

Reinigung eines Beckens sehr rasch bewirken, so dass dasselbe nur kurze Zeit ausgeschaltet bleibt. Auch in der Ableitungsgallerie befindet sich ein auf + 1,5 m gelegener Gang, zur Handhabung der Wehrschützen, der Entleerungsvorrichtungen und der Schlammleitung.

Das durch die Ableitungsgallerie gesammelte und geklärte Wasser wird durch ein rundes Siel von 1,40 m Durchmesser nach der Ausmündung in den Main geführt.

Die Ausmündung selbst besteht, wie die übrigen hier angeführten Ausmündungen, aus einem hölzernen, nach Art der Fässer zusammengesetzten Rohr, welches bis in die Stromrinne reicht und das Wasser tief unter dem niedrigsten Wasserstande in den Fluss führt.

Auf dem Ablaufsiel ist ein Schieber und Hängeklappenschacht angebracht, um bei Hochwasser im Main die Klärbecken vom Flusse abschliessen zu können.

Wasserstände beeinflussen bis zu + 1,15 m am Frankfurter Pegel die Abflussverhältnisse der Klärbecken im regelmässigen Betriebe nicht. Sobald der Wasserstand über diese Höhe hinaussteigt, findet in den Klärbecken ein entsprechender Aufstau statt. Sowohl die Klärbecken wie auch die Einstauplatten und Siebe sind so eingerichtet, dass sie noch bei Wasserständen bis zu + 3,50 m am Pegel ungehindert benutzt werden können.

Um übermässigen Aufstau in den Becken wie im städtischen Sielnetz zu solchen Zeiten zu verhüten, wird das Ablaufsiel abgesperrt und das Wasser aus den Klärbecken durch die Hochwasserpumpen herausgefördert. Diese sind im Maschinenhause aufgestellt und schöpfen aus einem auf der Ableitungsgallerie zwischen der Klärbeckengruppe I und der projektirten Gruppe II angelegten Pumpschacht.

Die Druckröhren dieser Hochwasserpumpen münden in das Ablaufsiel unterhalb des Schieberschachts. Diese Anordnung ist auf dem Lageplane dargestellt.

Für den Fall, dass bei noch höheren Wasserständen der Wasserstand im Becken die Höhe + 1,5 m überschreiten und über die Eintauchplatten und Siebe in der Zuleitungsgallerie hinweggehen sollte, sind in der zweiten Bogenreihe quer über die sämmtlichen Klärbecken und in voller Höhe Hochwassersiebe angebracht, um auch dann die gröberen Stoffe zurückzuhalten, obschon die sehr grosse Wassermenge, die der Main zu solchen Zeiten führt, den Sieleinfluss nach jeder Richtung völlig unbemerkbar und unschädlich macht.

In den Gewölben der Klärbecken und der Zu- und Ableitungsgallerie sind Lichtschachte angebracht, wodurch jede Stelle der Sohle direkte Beleuchtung erhält. Diese Lichtschachte dienen zugleich zur Lüftung und stellenweise als Reinigungsöffnungen.

Die Klärbecken sind in Portlandcement-Beton und Cementmauerwerk hergestellt.

Die Anlage des Maschinenhauses nebst dessen Nebengebäuden, der verschiedenen Saug- und Druckleitungen etc. ist aus dem allgemeinen Lageplane ersichtlich.

In dem Mittelbau sind die Dampfkessel, die Maschinen und Pumpen untergebracht; für die Reinigung von 18000 cbm Abwasser sind zwei Dampfmaschinen von je 15 Pferdekräften vorgesehen, welche sich für den Fall, dass die Hochwasserpumpen zu treiben sind, kuppeln lassen.

Ueber die Reinigungserfolge mit dieser Anlage vergl. II. Bd. S. 72, 89 und 101.

f) Die Kläranlage in Wiesbaden.[1]

Wenngleich diese Anlage als veraltet anzusehen ist und durch eine andere, auf völlig verschiedenen Grundsätzen beruhende Anlage auf einer

---

[1]) Vergl. J. Brix: Die Kanalisation von Wiesbaden. Eine Festschrift. Wiesbaden 1887 u. weiter Winter in Bericht über d. 14. Versammlung d. Deutschen Vereins f. öffentl. Gesundheitspflege in Frankfurt a. M. 1888, 87.

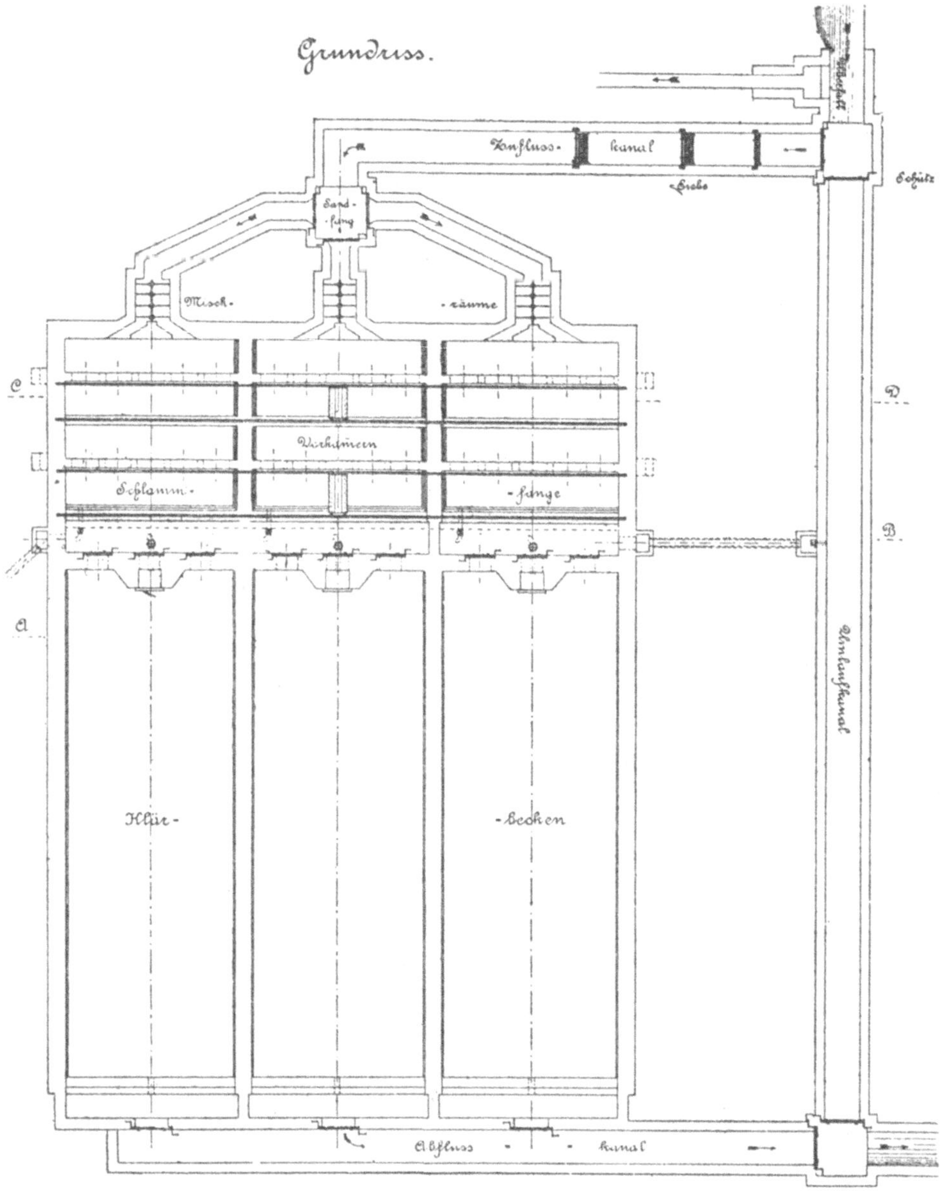

Fig. 100.
Kläranlage in Wiesbaden.

Rheininsel bei Biebrich ersetzt werden soll, so möge die ursprüngliche Anlage hier doch noch beschrieben werden, um ein weiteres Bild davon zu geben, wie eine Klärung in flachen Klärbecken vorgenommen wurde, ohne dass der Erfolg ein befriedigender war.

Das ankommende Schmutzwasser tritt zunächst in einen Zulaufkanal (Fig. 100) ein, in welchem sich in Entfernungen von etwa 6 m drei Einstauchsiebe auf kippbaren Gestellen befinden, auf welchen schwimmende und schwebende Körper zurückgehalten werden. Durch Aufkippen der Gestelle können die Siebe über dem Wasserspiegel leicht abgenommen und gereinigt werden (vergl. Fig. 100).

Von dem Zulaufkanal fliesst das Wasser über einen Sandfang, in welchem die gröbsten Sinkstoffe abgelagert werden, und gelangt alsdann durch drei Vertheilungsschützen in die 3 Abtheilungen der Kläranlage, von welchen jede vermittelst einer Schütze, ohne den Betrieb in den anderen zu stören, ausgeschaltet werden kann.

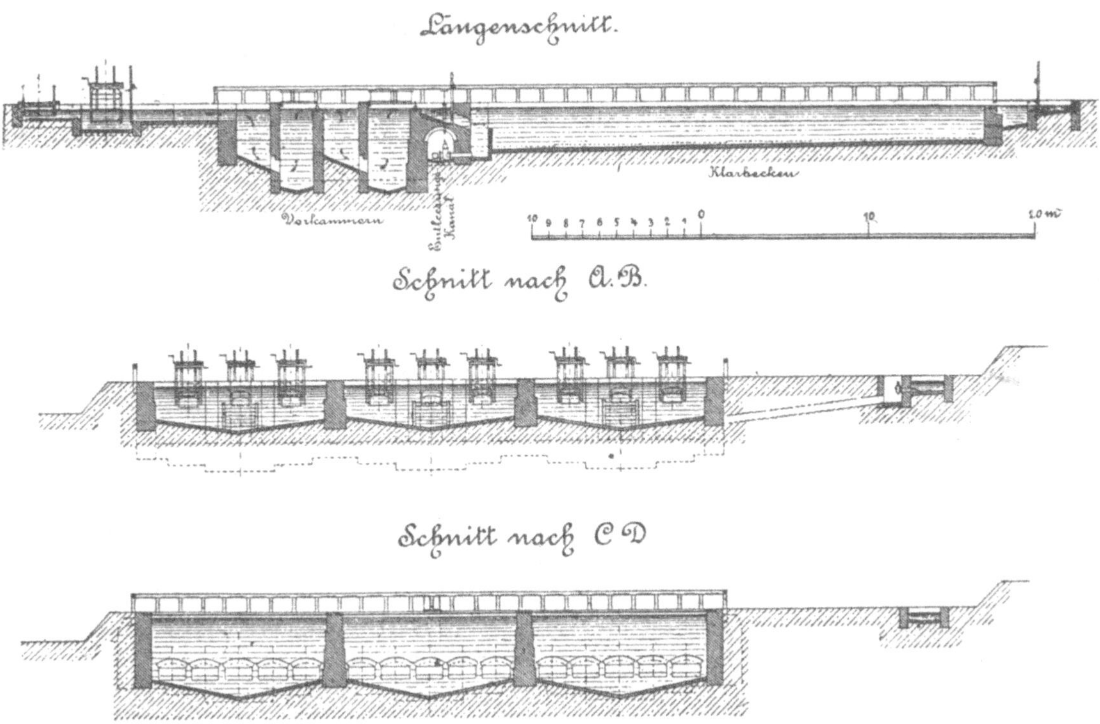

Fig. 101.

Kläranlage in Wiesbaden

Durch die Schütze fliesst das Wasser in den Mischraum, in welchen die als Reinigungsmittel angewendete Kalkmilch von dem Betriebsgebäude zugeleitet wird. Dieselbe wird durch ein Luftgebläse, welches aus durchlöcherten Röhren besteht und sich am Boden des Mischraumes befindet, mit dem Schmutzwasser gehörig vermischt.

Von den Mischräumen gelangt das Wasser in einen Schacht von 3,7 m Tiefe, welchen es von oben nach unten durchfliesst, um durch fünf am Fusse von dessen rückseitiger Mauer angebrachte Oeffnungen in einen zweiten rund 5 m tiefen Schacht oder Tiefbrunnen einzutreten, in welchen es von unten nach oben mit geringer Geschwindigkeit aufsteigt. Hierbei findet ein allmähliches Ausscheiden und Niederschlagen der Schwebestoffe und der durch den Kalkmilchzusatz bewirkten flockenartigen Ausscheidungen statt.

Nachdem das Schmutzwasser noch eine zweite solche tiefbrunnenähnliche Vorrichtung durchströmt hat, fliesst es über die obere letzte Brunnenkante durch drei Oeffnungen dem zugehörigen Klärbecken zu.

Diese Klärbecken, von denen drei vorhanden sind, haben eine Sohlen-Länge von je 30 m, eine Breite von 10 m und eine Tiefe von 2,5 m, wobei die Sohle nach dem Auslauf hin um 0,5 m ansteigt.

Die Grössenverhältnisse wurden so bemessen, dass auch bei Benutzung von nur zwei solcher Abtheilungen schon eine ausreichende Klärung eintrat. Die Querschnitte (Fig. 101), welche die Wässer in jeder Abtheilung zu durchfliessen haben, sind 10 m $\times$ 2 m = 20 qm, sowohl in den Vorkammern, wie in den Becken; in den ersteren wird der Querschnitt senkrecht, in den letzteren wagerecht durchflossen. Die Menge des in trockenen Zeiten abfliessenden Kanalwassers beträgt ca. 7500 cbm in 24 Stunden. Die Regenauslässe der Kanalisation sind so eingerichtet, dass am unteren Ende des Hauptsammelkanals, also in die Kläranlage, nicht mehr als das Doppelte der obigen Menge, also 15000 cbm in 24 Stunden = etwa 173 l in 1 Sekunde einfliessen. Nimmt man an, dass diese grösste Menge durch nur zwei Abtheilungen geklärt werden soll, so würde sich bei voller Ausnutzung des Querschnittes von 2 $\times$ 20 = 40 qm eine mittlere Geschwindigkeit des Wassers von 4,3 mm in der Sekunde ergeben. Bei Trockenwetter wird die Geschwindigkeit mit der Tageszeit, dem Wasserverbrauche entsprechend, wechseln, und im Mittel nur 2,2 mm betragen; aber selbst wenn die Durchlaufquerschnitte nicht vollständig ausgenützt würden, dürfte die Geschwindigkeit doch wohl 3,5 mm kaum übersteigen.

Die Länge des durchlaufenen Weges beträgt in den senkrechten Vorkammern je etwa 4 $\times$ 3,70 = 14,80 m, in den flachen Becken je 30 m, also im ganzen je 45 m. Hiernach wird das Wasser bei Trockenwetter im Mittel 6 Stunden, bei Regenwetter 3 Stunden in der Kläranlage verweilen. Wegen des wechselnden Wasserverbrauches wird aber auch bei Trockenheit das Wasser am Tage nur etwa 4—5 Stunden in der Kläranlage bleiben, während in der Nacht diese Zeit auf wenigstens 10 Stunden steigt.

In Wirklichkeit wurden aber in der Anlage bedeutend mehr als 15000 cbm täglich geklärt, nämlich durchschnittlich 24000 cbm, weil das eigentliche Kanalwasser in den Salzbach floss und das Wasser des letzteren mit gereinigt werden musste. Es hat sich herausgestellt, dass, wenn auch nur zwei Abtheilungen in Betrieb waren, doch noch eine Wassermenge von etwa 20000 cbm im Tage — was einer mittleren Geschwindigkeit von etwa 5,7 mm entspricht — mit einigermaassen genügendem Erfolge geklärt werden konnte.

Zur Reinigung bezw. Fällung wird nur Kalkmilch angewendet, und zwar in der Menge, dass auf den Tag und Kopf der Bevölkerung 40 g gebrannter Kalk entfallen.

Der sich niederschlagende Schlamm ist in den einzelnen Abtheilungen der Anlage naturgemäss verschieden. Die Zeit, innerhalb welcher der Schlamm entfernt werden muss, richtet sich nach der Jahreszeit und wird die Entfernung dann vorgenommen, wenn in den Kläranlagen stärkere

Blasenbildung eintritt; das ist im Sommer nach 2—4 Wochen, im Winter nach etwa 4 Wochen der Fall.

Der Schlamm wird mittelst Pumpen nach Ablassen des Wassers aus den einzelnen Abtheilungen gehoben und auf dicht neben der Kläranlage gelegene Schlammfilter — 4 Stück von je 15 m Länge, 10 m Breite und 0,9 m Tiefe — befördert, deren Boden aus losen, groben Steinen mit eingelegten Sickerkohlen besteht. Der aus den Klärabtheilungen frisch gehobene dünnflüssige Schlamm beträgt 250 cbm; nach 2 wöchentlichem Lagern auf den Filtern beträgt der Rauminhalt nur mehr 125 cbm; der Schlamm ist dann stichfest. Ueber die Gesammtmenge des gewonnenen Schlammes sind keine Angaben gemacht. Derselbe findet nur wegen seines Kalkgehaltes vereinzelt Anwendung zur Düngung in der Umgebung; im allgemeinen dient er zur Erhöhung des Geländes in der Umgebung der Kläranlage (vergl. II. Bd. S. 92).

2. *Klärung durch Tiefbrunnen und ähnliche Vorrichtungen mit vorwiegend aufsteigender Wasserbewegung.*

a) Klärvorrichtung von F. A. Robert Müller & Co. in Schönebeck a. d. Elbe.

Die Klärung der Abwässer durch Tiefbrunnen ist wohl zuerst von Dr. Nahnsen in Firma F. A. Robert Müller & Co. in Schönebeck a. d. Elbe angegeben und versucht worden.

α) Figuren 102, 103 und 104 S. 394 veranschaulichen die allgemeine Einrichtung einer solchen Anlage.

Das in dem Kanal *a* dem Apparaten- und Maschinenhause *A* zufliessende Abwasser erhält mittelst Regelungs-Apparat *b* (D.R.P. Nr. 33831) oder in sonst geeigneter Weise den zur Fällung der organischen Stoffe dienenden Zusatz von Chemikalien und fliesst, nachdem es einen Auffange-Apparat *c*, welcher bestimmt ist, mitgeführte gröbere schwimmende Körper, Stroh, Papier und dergl., zurückzuhalten, durchflossen hat, in cylindrische, unten trichterförmig verjüngte Klärbrunnen *B*.

Der Eintritt des Abwassers erfolgt durch Einfallschacht *d*, welcher bei *e* in etwa $^1/_3$ der Gesammthöhe der Klärbrunnen in letzteren einmündet. Die durch den Chemikalien-Zusatz erzeugten specifisch schwereren Niederschläge sammeln sich in diesem trichterförmigen Theil der Klärbrunnen, während das geklärte Wasser aus denselben bei *f* durch die Rinne *g* austritt.

β) In Halle a. d. Saale ist behufs Reinigung von 3000 cbm Wasser die Einrichtung in der durch Fig. 105 u. 106 S. 395 dargestellten Weise zur Ausführung gebracht; sie hat den Vortheil, dass sich der Zusatz der Chemikalien je nach dem Zufluss des Wassers, wie nachstehend angegeben ist, selbstthätig regelt. Als Chemikalien werden Aluminiumsulfat und lösliche Kieselsäure, aufgeschlossener Thon oder Abfall von der Alaunfabrikation und Kalkmilch benutzt.

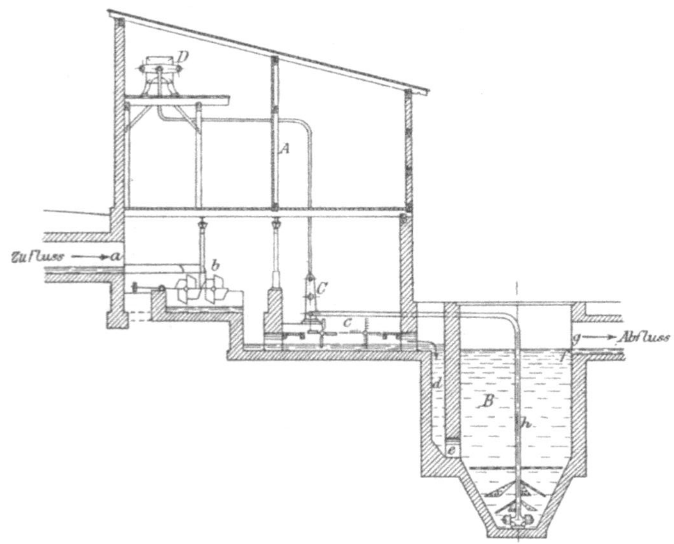

Fig. 102.

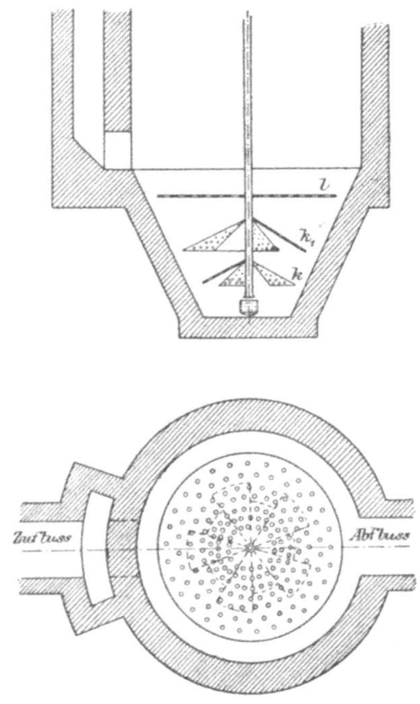

Fig. 103.

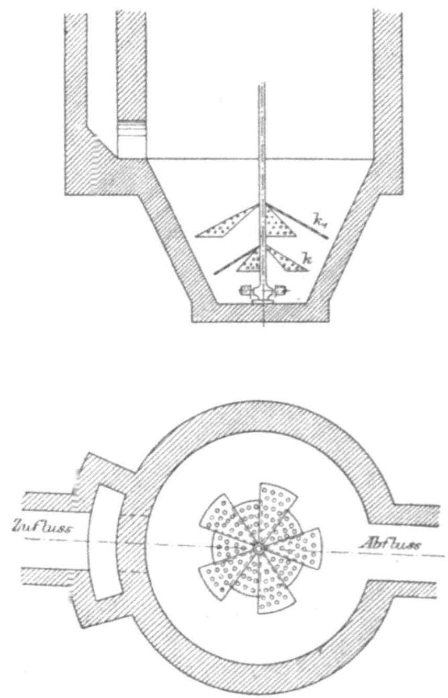

Fig. 104.

Tiefbrunnen-Kläranlage nach F. A. Robert Müller & Co. in Schönebeck a. d. Elbe.

Die Anordnung ergiebt sich von selbst aus der Zeichnung (vergl. Fig. 105 u. 106). Bei *a* erfolgt der Zutritt des ungereinigten Kanalwasser, *b* ist eine Senkgrube, um die specifisch schwereren Theile, wie z. B. Sand und dergl., schon vorher abzusondern; *d* und *e* sind selbstthätig wirkende Apparate, um den Zusatz der Chemikalien je nach dem Zufluss des Wassers selbstthätig zu regeln; *g* und *h* sind wagerecht und senkrecht

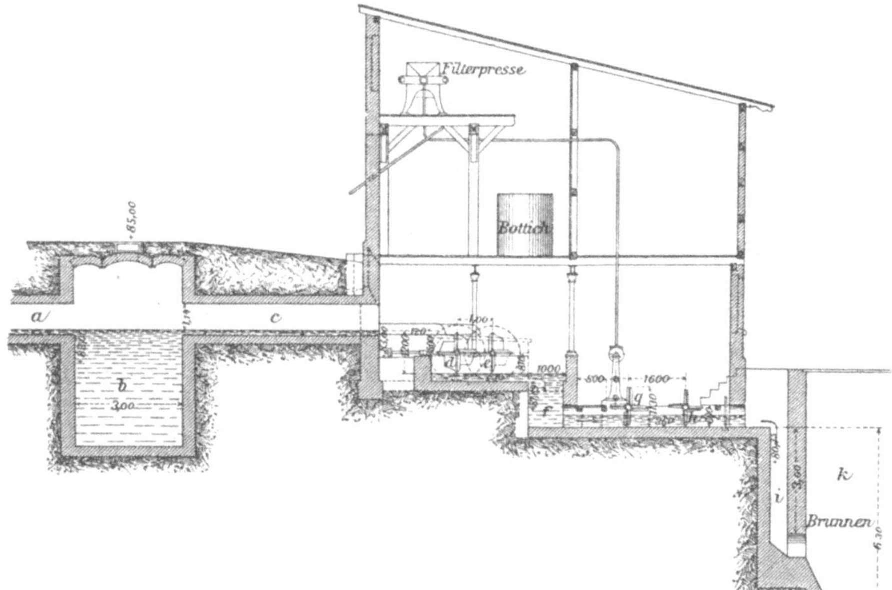

Fig. 105. Schnitt a—b.

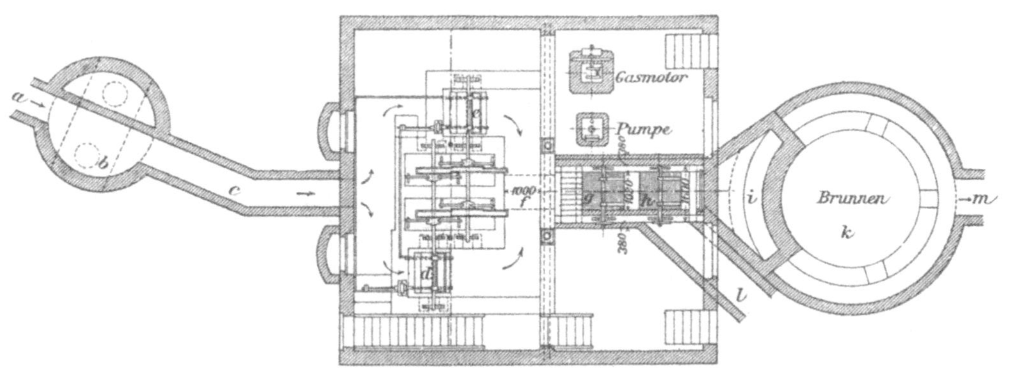

Fig. 106. Grundriss.

Anlage zur Klärung von Abwässern in Halle a. d. S.

eingestellte drehbare Siebe, welche einmal die innige Vermischung der Chemikalien mit dem Schmutzwasser bewirken, anderentheils leichtere Schmutztheile, wie Holzstückchen, Korke etc. zurückhalten. Bei *i* treten die mit den Chemikalien vermischten Schmutzwässer in den Tiefbrunnen *k*, aus welchem das gereinigte Wasser bei *m* oben wieder austritt; dagegen bleiben die Schlammmassen auf dem Boden des Brunnens liegen; aus demselben werden sie durch eine Pumpe herausgeholt und zur Filterpresse befördert.

Bei den neuen Anlagen dieser Art werden zwei ganz gleiche Brunnen hinter einander geschaltet und an dem letzten Brunnen noch ein Grobkies-Filter angefügt.

b) Klärvorrichtungen von M. Friedrich & Co. in Leipzig.

Aehnliche Tiefbrunnen-Einrichtungen benutzt die Firma M. Friedrich & Co. in Leipzig. Die nachstehende Einrichtung Fig. 107 und 108 ist nach Mittheilung der Firma in einer Reihe von Städten (Köthen, Kottbus, Wittenberge, Linden, Wesel, Dessau, Detmold, Eschweiler, Riesa, Salzwedel, Sommerfeld, Torgau, Stade) eingeführt.

α) Tiefbrunnen.

Die Tiefbrunnen werden sowohl für die rein mechanische als für die chemisch-mechanische Reinigung eingerichtet. Im ersteren Falle müssen die Tiefbrunnen nur grösser sein, als bei gleichzeitiger Anwendung chemischer Fällungsmittel, und zwar im Verhältniss wie 7 : 4.

1. *Die rein mechanische Klärung.*

Die sämmtlichen Abwässer sammeln sich in der Vorgrube und fliessen, nachdem sie den Fett- und Sandfang behufs Zurückhaltung schwimmender und fester Theile durchflossen haben, durch mit verschiedener Lochung versehene Siebe nach dem Klärbrunnen. Es ist hierbei vorgesehen, dass das zu klärende Abwasser den Boden des Brunnens durchlaufen muss, um daselbst die angesammelten Schlammschichten zu durchströmen, wodurch eine wirksame selbsthätige Schlammfiltration hervorgebracht wird. Zur weiteren Klärung durchdringt das Wasser dann nach oben aufsteigend ein mit Koks gefülltes wagerechtes Filter, um sodann geklärt zum Abfluss zu gelangen. Die wagerechten Filter haben ausser ihrer Wirksamkeit als Filter noch den Zweck, einen gleichmässig vertheilten Abfluss zu bewirken, und einseitig schädliche Wasserströmungen zu verhindern (vergl. Fig. 107).

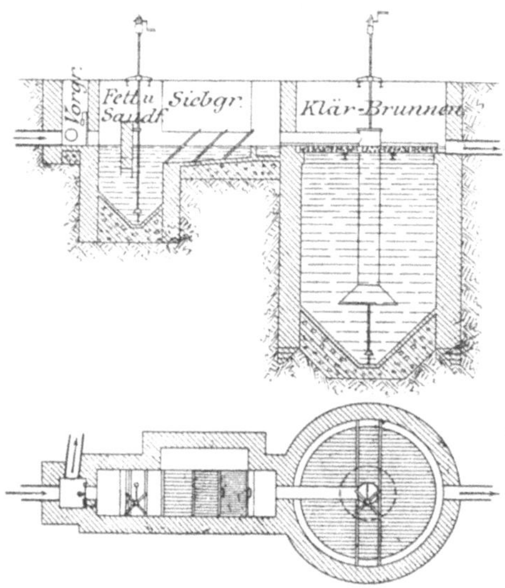

Fig. 107.
Tiefbrunnen mit wagerechtem Filter für mechanische Klärung von M. Friedrich & Co. in Leipzig.

Die Schlammhebung erfolgt pneumatisch oder mittelst Schlammpumpe nach dem Schlammbehälter, wo sich das mitgeführte Wasser abscheidet.

2. *Die chemische Klärung.*

Bei der chemischen Klärung kann wie vorstehend dieselbe Anordnung bestehen bleiben, jedoch müssen in die Zuflussleitung bezw. Vorgrube noch Einrichtungen eingeschaltet werden, welche den Abwässern selbstthätig, dem jeweiligen Zufluss entsprechend, Klärmittel zuführen.

Hierbei finden die Friedrich'schen eigenartigen Einrichtungen als: das Wasserrad mit seitlichen Schöpfarmen und Bechern oder der selbstthätige Rührapparat je nach den örtlichen Verhältnissen Anwendung.

Als Klär- bezw. Fällungsmittel benutzt genannte Firma in der Hauptsache ein in der Nähe erhältliches Eisenpräparat, z. B. Eisenvitriol als saures und Kalk oder Kalk und Chlormagnesium als alkalisches Fällungsmittel.

β) Flachgruben mit Wechselbetrieb und Rührvorrichtung bezw. Wasserrad für chemische Klärung.

1. Wo sich die Einrichtung von Tiefbrunnen wegen der Boden- und Grundwasserverhältnisse nicht durchführen lässt, bedient sich die Firma M. Friedrich & Co. in Leipzig der nachstehenden Flachbrunnen (vergl. Fig. 108a und 108b).

Das Abwasser gelangt, wenn es viele Schwebestoffe enthält, zunächst in den Sand- bezw. Schlammfang mit Fangkorb und eingebauter Wehrwand, sodann in das sich an-

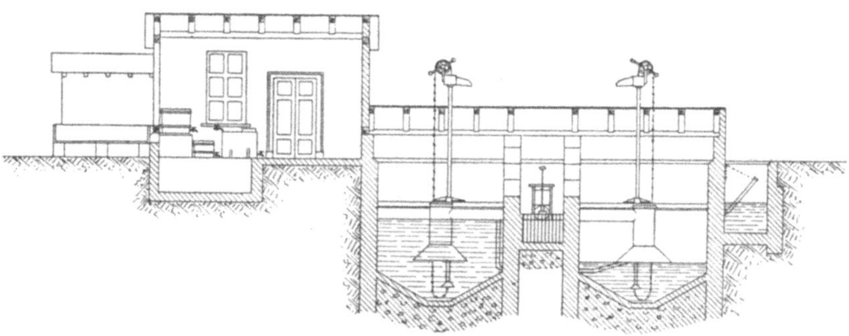

Fig. 108a.

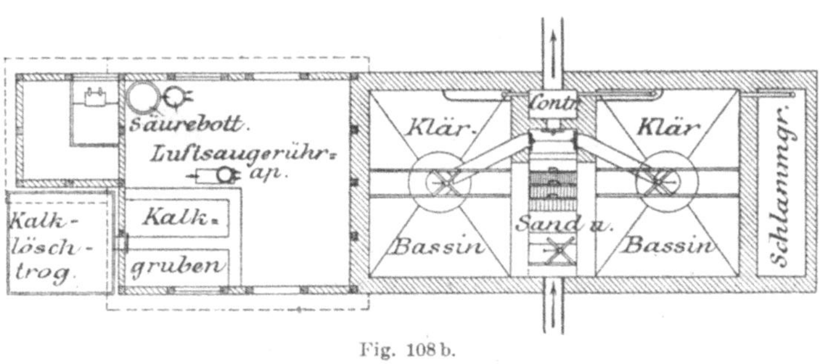

Fig. 108b.
Flachgruben von M. Friedrich & Co. in Leipzig.

schliessende Siebsystem. Hierauf werden die Klärmittel, welche in dem nebenliegenden Betriebsgebäude zubereitet werden, dem Abwasser beigegeben, und zwar das saure Mittel mittelst Selbstregelungs- und das alkalische mittelst Rührvorrichtung. Alsdann fliesst das Wasser in die Misch- und Vertheilungsgrube, von wo es nach der einen oder der anderen Klärgrube zwecks Wechselbetrieb zugelassen wird. Der Eintritt in letztere erfolgt durch ein Zuleitungsrohr am Boden, um der selbstthätigen Schlammfiltration ausgesetzt zu werden. Nachdem die Grube gefüllt ist, wird der Zufluss ausgewechselt und findet die Klärung in Ruhe statt, worauf das gereinigte Wasser nach der Kontrollgrube abgelassen wird, von wo es zum Abfluss gelangt. Während des Klärvorganges wird die andere Grube gefüllt und geschieht hier die Klärung in derselben Weise. Mechanischer Antrieb ist bei kleinen Anlagen und günstigen Gefällverhältnissen durchweg nicht nothwendig.

Der Schlamm aus Schlammfang und Klärgruben wird mittelst Pumpen — bei kleinen Anlagen mittelst der Hand betrieben — nach dem nebenliegenden Schlammbehälter gehoben, von wo aus das überschüssige Wasser nach der Anlage zurückgeleitet wird, während der Schlamm zur Abfuhr gelangt.

2. In einem anderen Falle (Schlachthof Barmen), wo das Abwasser mit sehr vielen groben, mehr oder minder specifisch schweren Schwebestoffen

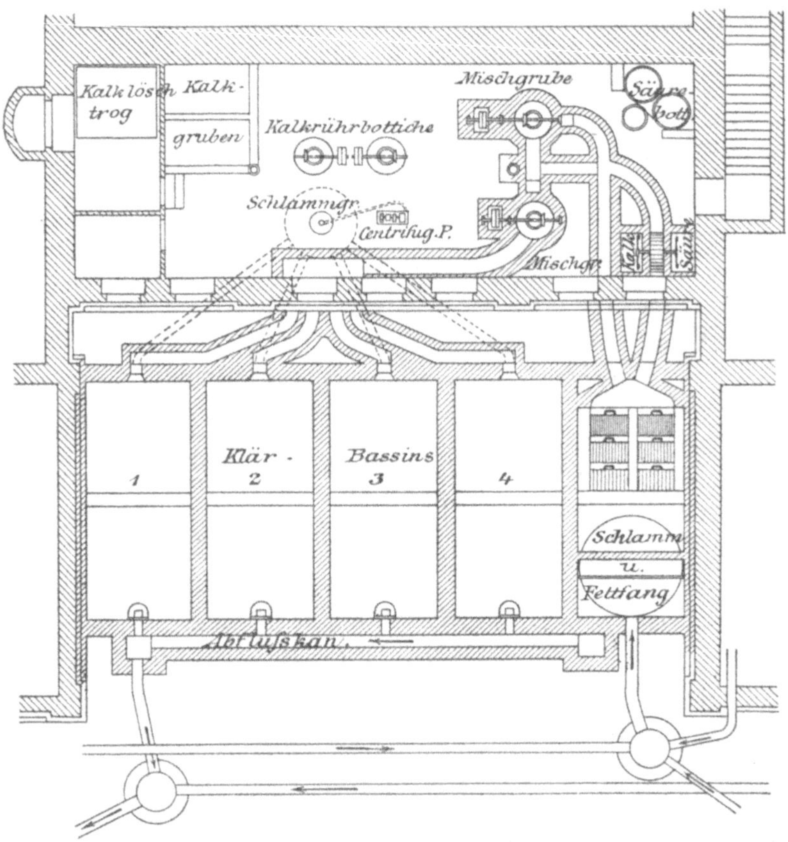

Fig. 109.
Kläranlage auf dem Schlachthof in Barmen.

behaftet und auch sonst stark verunreinigt war, ist vorstehende Anordnung (vergl. Fig. 109) getroffen:

Die gröberen Schwebestoffe werden in einem Schlamm- und Fettfang mit eingebautem Wehr, vor welchem sich ein Fangkorb und anliegender Siebgang mit je 2 Grob-, Mittel- und Feinsieben befindet, zurückgehalten. Im Betriebsgebäude werden die Reinigungsmittel zubereitet und durch ein vom Abwasser getriebenes Wasserrad mit Schöpfern dem Zuflusse entsprechend zugegeben; die Mischung der letzteren mit dem Abwasser erfolgt in Mischgruben mit Flügelwellen, welche durch die Transmission getrieben werden. Von hier wird das Wasser durch Kanäle mit Abstellvorrichtungen nach den Klärgruben geleitet, welche abwechselnd benutzt werden, damit die Klärung in Ruhe stattfinden kann. Der Zufluss erfolgt wegen der Schlammfiltration am Boden der Gruben. Nach erfolgter Klärung findet der Abfluss des Wassers statt.

Der Schlamm aus den Gruben wird nach einem gemeinsamen Schlammbrunnen geleitet, von wo er abgepumpt wird. Das Ablassen des Schlammes soll öfters erfolgen, um ein längeres Lagern desselben in den Gruben und dadurch eine ungünstige Einwirkung desselben auf das Wasser zu vermeiden. Hier wird der Schlamm direkt in Eisenbahnwagen zur Abfuhr eingepumpt; auch kann der Schlamm durch luftleer gemachte Kessel hochgezogen und sodann zum Abfluss gebracht werden.

c) Klärvorrichtung von F. Eichen in Wiesbaden.

Auch F. Eichen bedient sich zur Abscheidung der Schwebestoffe im wesentlichen der Tiefbrunnen und führt eine doppelte Klärung aus, nämlich:

1. eine Vorklärung unter Anwendung eines für die Gewinnung eines thunlichst dungreichen Schlammes geeigneten Klärmittels mit nachfolgender Filtration,

2. eine Nachklärung behufs Desinfektion des vorgeklärten Abwassers mit nachheriger Filtration.

Ueber die Art der zur Vorklärung verwendeten Chemikalien ist bis jetzt nichts bekannt geworden; zur Nachklärung behufs Desinfektion wird Kalkmilch angewendet. Dass der Kalk bei einem geklärten städtischen Abwasser in geringerer Menge desinficirend wirkt, als bei einem rohen Abwasser, ist schon oben S. 365 gesagt worden.

Die Ausführung des Verfahrens geht aus nachstehender Umriss-Zeichnung (Fig. 110a u. 110b S. 400) der Versuchskläranlage in Pankow bei Berlin hervor:[1])

Das Abwasser fliesst aus einer Rinne[2]) zunächst in einen kastenförmigen Vorraum von 2 m Querweite und 0,70 m Länge, in der Strömungsrichtung des Wassers gemessen, in welchem eine Eintauchplatte angeordnet ist.

In diesen Vorraum ergiesst sich die wässerige Lösung eines Klärmittels durch zahlreiche kleine, von der Querrinne abzweigende Röhrchen, welche über die ganze Wasserlaufbreite von 2 m gleichmässig vertheilt sind.

Die sich hieran schliessende Kläranlage selbst besteht zunächst aus 2—4 brunnenförmigen, 5 m tiefen, 2 m breiten und ebenso langen, hintereinanderliegenden Klärbehältern (Tiefbrunnen) *b*, die mit in der Stromrichtung schräggestellten Wänden *d* durchsetzt sind und sich nach unten mit den beiden Seitenwänden trichterförmig zu je einem zur Schlammansammlung bestimmten Raum verengen. In jeden dieser Schlammräume reicht ein zweizölliges, zu einer Schlammpumpe führendes Rohr *e* bis auf den Boden hinab. Der Wasserströmung wird in jedem Klärbehälter durch eine 1,80 m tiefe Eintauch- oder Stauwand *c* ein geregelter Weg gewiesen. Jeder Kastenbrunnen fasst etwa 20 cbm.

---

[1]) Vergl. die Beschreibung von J. Brix in Vierteljahrsschr. f. gerichtl. Med. u. öffentl. Sanitätswesen 1898 [3], **16**, Suppl.-Heft 21—42.

[2]) In Pankow musste das Abwasser vorher in die Rinne gepumpt werden.

Am letzten dieser Brunnen ist ein Filter- oder Sickerungsbehälter *g* von 2 m Breite und 4 m Länge mit rund 1 m starker Filterschicht angebaut. Die Filtermasse besteht in der obersten Schicht aus Kies von 3—10 mm Korngrösse, wird aber in seinem übrigen Theil wie das erste Fällungsmittel noch geheim gehalten. Die Filtermasse ruht auf einem durchbrochenen Siebboden, von dem aus das durchsickernde Wasser wieder nach einem Ueberlauf emporsteigt. Hieran schliesst sich ein zweites, fast durchweg genau gleich eingerichtetes Klärsystem: Zunächst wieder ein Vorraum, in welchen die Kalkmilch einfliesst, und dann 2—3 Klärbrunnen *i* mit einer Filteranlage *n*, zu welcher noch eine Traufanlage *p* behufs Lüftung des Wassers hinzutreten kann.

Zur Bereitung der Lösungen der Fällungsmittel dienen für jedes derselben zwei Bottiche, welche mit maschinell betriebener Rührvorrichtung ausgestattet sind und durch Leitungen mit den Vorräumen in Verbindung gesetzt werden können. Durch eingeschaltete Hähne kann der Zufluss der Klärmittel nach Bedürfniss geregelt werden. Für jedes Fällungsmittel ist ein gefüllter Bottich im Betriebe, während der zweite zur zwischenzeitlichen Bereitung der Fällungsflüssigkeit dient.

Die nebenstehende Anlage ist für einen Zufluss von 20 cbm in der Stunde = rund 500 cbm im Tage oder für die Abwässer von 3—5000 Personen berechnet. Der Aufenthalt des Wassers in der Kläranlage beträgt ohne Berücksichtigung des Aufenthalts in den Filtern 6 Stunden, und bewegt sich das Wasser der Klärräume mit 2 mm Geschwindigkeit in der Sekunde.

Die von H. J. Vogel,[1]) ferner von Frank und Hintz sowie C. Bischoff über

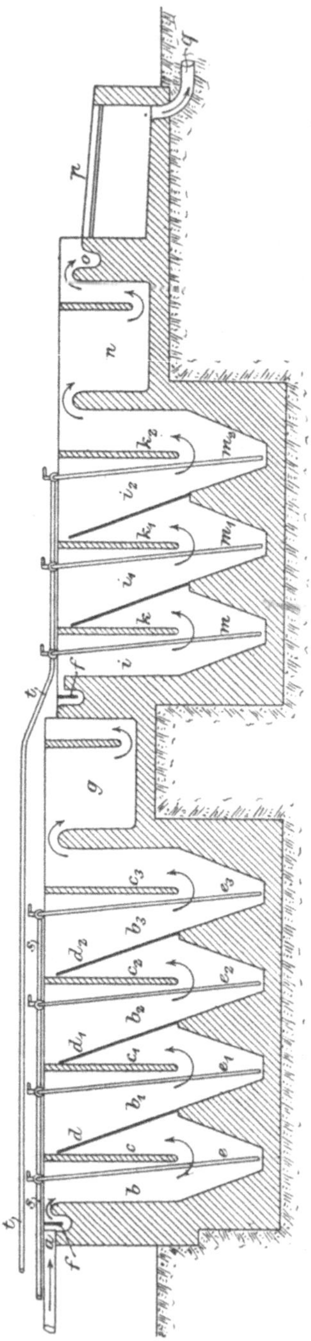

Fig. 110 a. Längsschnitt.
Klärvorrichtung von F. Eichen in Wiesbaden.

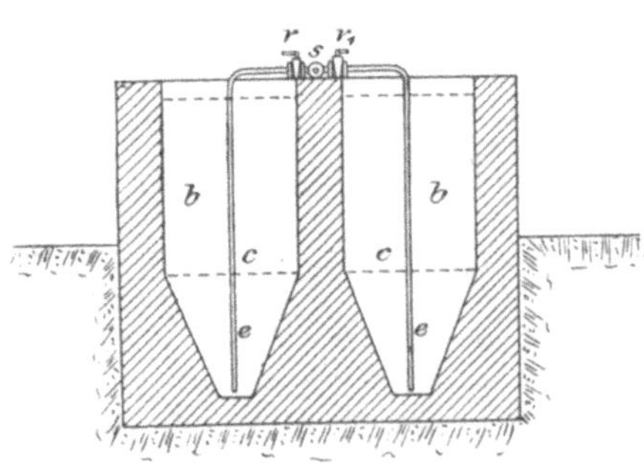

Fig. 110 b. Querschnitt.

[1]) Besondere Schriften und Abdrücke der „Allgem. Städtereinigungs-Gesellschaft m. b. H. in Wiesbaden“, welche obiges Verfahren erworben hat.

die Wirkung des Verfahrens ausgeführten Untersuchungen haben ein günstiges und ähnliches Ergebniss geliefert, wie für andere chemisch-mechanische Reinigungsverfahren; über diese Ergebnisse vergl. II. Bd. S. 112.

d) Klärvorrichtung von Rothe-Roeckner.

Diese Klärvorrichtung, welche Wilhelm Rothe & Co. in Güsten (Anhalt) zur Ausführung bringen, beruht auf der Verlangsamung der Stromgeschwindigkeit des unreinen Wassers durch aufsteigende Bewegung in einem Cylinder mit entsprechender Luftverdünnung.

Der Apparat (vergl. Fig. 111) besteht aus einem oben geschlossenen und unten offenen Cylinder von ca. 7—8 m Höhe, dessen Durchmesser bezw. deren Anzahl von der für die Minute zu reinigenden Wassermenge abhängt.

Mit dem unten offenen Ende taucht der Cylinder unter die Oberfläche des zu reinigenden Wassers in ein Klärbecken.

Auf dem oberen geschlossenen Ende ist ein Verlängerungsrohr angebracht und an diesem oben das zur Luftpumpe führende Rohr.

Nahe am oberen Rande des Cylinders zweigt sich ein mit einem Abschlusshahn versehenes Rohr ab, welches mit seinem unteren Ende unter den Wasserspiegel eines kleinen Behälters taucht.

Die Oberfläche der Flüssigkeit in dem kleinen seitlichen Behälter liegt tiefer, als die Oberfläche im grossen Klärbecken.

Der im unteren Behälter niedergeschlagene Schlamm wird mittelst eines Baggerwerkes oder einer Pumpe entfernt.

Das zu reinigende Abfallwasser fliesst seitlich in das Klärbecken und muss behufs seiner Reinigung in dem Cylinder aufwärts steigen, fliesst dann durch das obere Rohr in den kleinen seitlichen Behälter und aus diesem gereinigt ab.

Um das Aufsteigen der Flüssigkeit im Cylinder zu bewirken, wird, nachdem der untere Rand desselben sowie der des oberen Rohres unter Wasserabschluss gebracht ist, die Luft im Cylinder so lange verdünnt, bis das durch den Druck der äusseren Luft hochsteigende Wasser über der Mündung des oberen Rohres im Cylinder angelangt ist. Mit Erreichung dieser Höhe ist ein selbstthätiger Heber hergestellt. Das Wasser fliesst durch das obere Rohr in den seitlichen Behälter beständig ab.

Der Apparat wird sofort aufhören zu wirken, sobald der Wasserspiegel im Klär-Cylinder unter die Einflussöffnung im seitlichen Behälter sinkt.

Um dieses zu verhüten, muss daher ein der vorherigen Höhe des Wasserspiegels entsprechender Grad von Luftverdünnung beständig erhalten werden (ca. 550 mm. Quecksilbersäule.)

Von wesentlichem Belang für die Reinigung der Wässer ist: 1. eine ruhige Bewegung und 2. eine gleichmässige Vertheilung derselben sowohl im Brunnen als im Cylinder.

Um dieses zu erreichen, wird das Schmutzwasser dem 4—5 m tiefen Brunnen nicht direkt durch den Zulaufkanal, sondern aus diesem durch ein in der Mitte des Brunnens bis nahe über den Boden hinabgeführtes Einlaufrohr zugeleitet und dadurch gezwungen, bereits im Brunnen von unten nach oben den Aufsteigevorgang zu beginnen. Rund um das Einlaufrohr ist unten ein trichterförmiger Stromvertheiler im ganzen Brunnenquerschnitt angebracht, indem Lattenstäbe unter etwa 30 Grad herumgelegt und durch Holztäfelchen jalousieartig verbunden sind, sodass das aus dem Rohre unten austretende Schmutzwasser durch die vielen Jalousiespalten durchziehen und seine Bewegung auf den ganzen Querschnitt gleichmässig vertheilen muss. Ausserdem ist im oberen Theile des Cylinders eine eigenthümliche Ueberlauf-Einrichtung vorhanden, welche die von unten her eingeleitete gleichmässige Bewegung im Cylinder auf dessen ganzer Höhe gewährleistet.

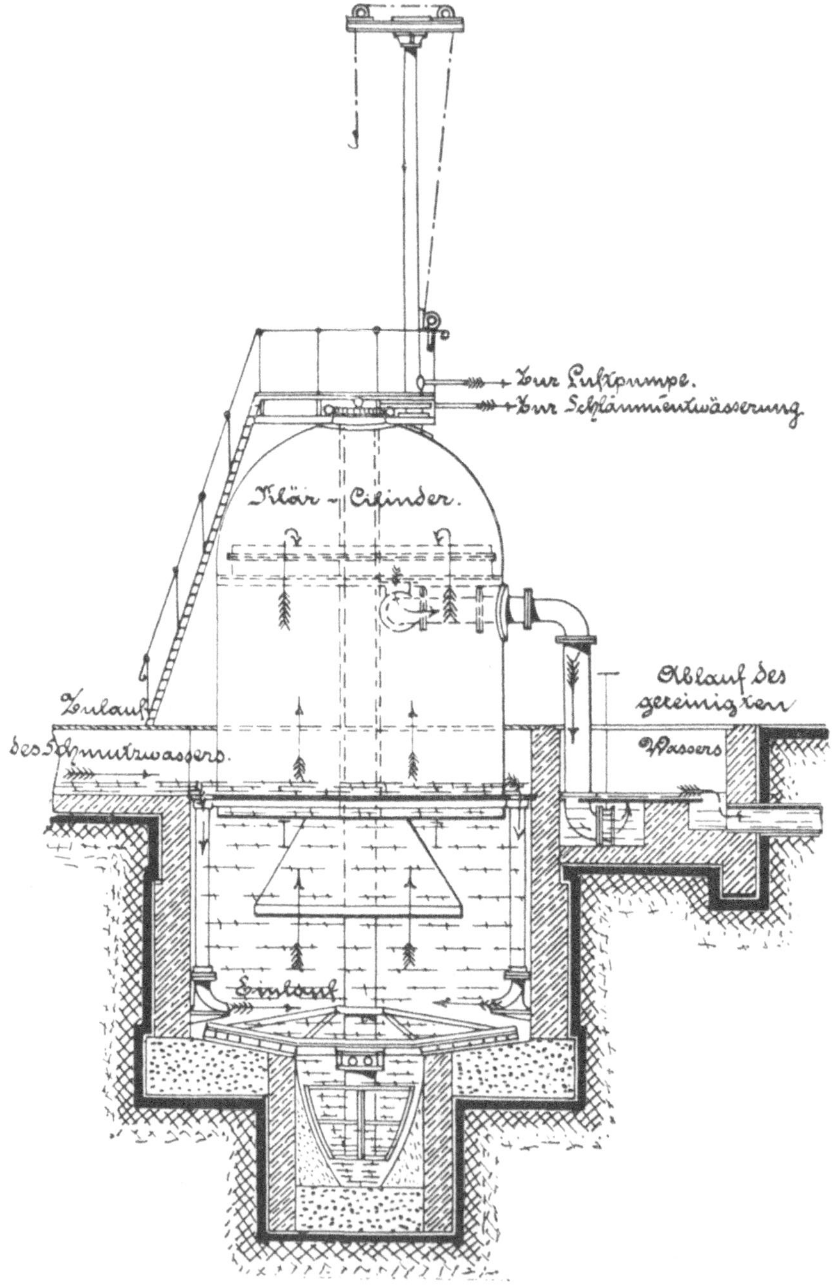

Fig. 111.

Klärvorrichtung von Rothe-Roeckner.

Beim Absetzen und Niedersinken des Schlammes fällt derselbe zunächst auf den Jalousietrichter, sodass bereits beim Durchziehen des aufsteigenden Wassers durch dessen Spalten der Filtrationsvorgang beginnt, der sich wohl reichlich bis zur halben Höhe des Cylinders vollzieht. Wenn die auf den Trichter niedergeschlagenen Schlammmassen zu mächtig werden, rutschen sie durch ihr eigenes Gewicht von den schrägen Flächen ab und gelangen in eine Vertiefung der Brunnensohle, von wo sie durch ein aufgestelltes Baggerwerk oder eine entsprechende Schlammpumpe in dickflüssiger Form gehoben und in ein kleines drainirtes Schlammbecken geleitet werden, aus dem das noch anhaftende Schmutzwasser in den Brunnen zurücksickert, während der stichbar gewordene Schlamm je nach Bedarf und Verwendung beseitigt wird.

Die Brunnenweite unter dem Cylinder hängt von der Stichweite des letzteren ab und beträgt z. B.:

1,9 m für Cylinder von 1,0 m Weite.
4,3 „ „ „ „ 3,2 „ „
5,8 „ „ „ „ 4,2 „ „

Die Aufsteige-Geschwindigkeit im Cylinder ist abhängig von der Art und Zusammensetzung des Schmutzwassers und um so geringer, je feiner die Niederschläge sind; nach den bis jetzt gewonnenen Ergebnissen beträgt die Geschwindigkeit 2 mm bis höchstens 9 mm in der Sekunde (vergl. S. 374.) Um die Abscheidung der Schlammstoffe zu unterstützen, werden dem Schmutzwasser gleichzeitig, je nach seiner Beschaffenheit, auch chemische Fällungsmittel zugesetzt; die Reinigung der Schmutzwässer mit diesem Apparat ist daher wie bei anderen Vorrichtungen chemischer und mechanischer Art.

Die sich niederschlagenden Stoffe sammeln sich im Brunnen wie unten im Cylinder an, und die sich niedersenkende Schlammschicht bildet also für sich eine Art Filter für das nachsteigende Wasser.

In Potsdam und an anderen Orten hat der Klärcylinder eine schräge Lage und ist die Ein-

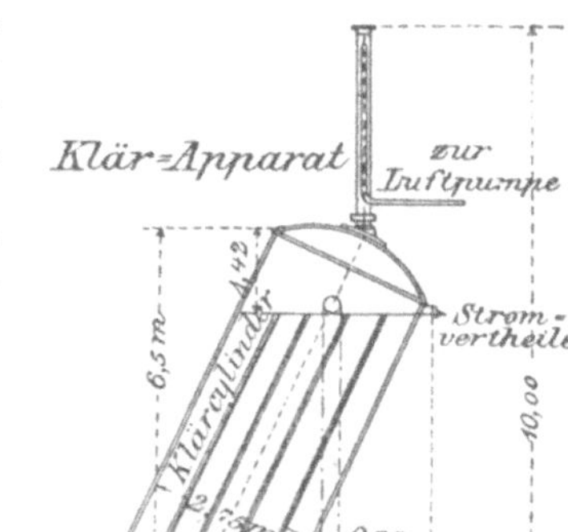
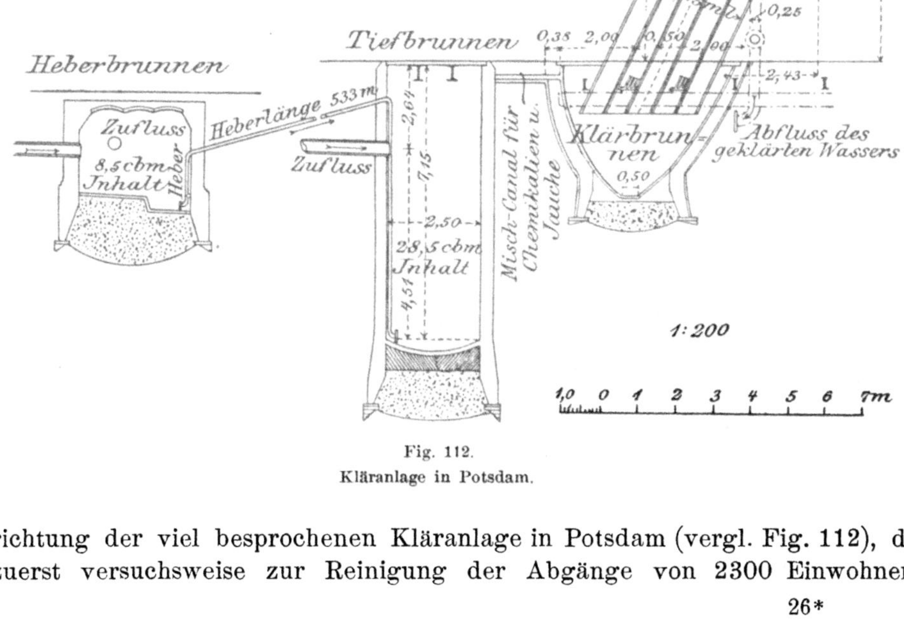

Fig. 112.
Kläranlage in Potsdam.

richtung der viel besprochenen Kläranlage in Potsdam (vergl. Fig. 112), die zuerst versuchsweise zur Reinigung der Abgänge von 2300 Einwohnern

— jetzt von 35 000 Einwohnern in einer grösseren Anlage — diente, folgende:[1])

Die Abwässer sammeln sich zunächst in einem Heberbrunnen von 8,5 cbm Inhalt, welcher von der Kläranlage etwa 540 m entfernt ist. Von da fliessen sie durch Heberwirkung in einen auf der letzteren befindlichen Brunnen von 28,5 cbm Inhalt und darauf durch einen Kanal (den Mischkanal) in den eigentlichen Klärcylinder. Im Mischkanal erfolgt der Zusatz von Chemikalien und die Vermischung derselben mit dem Abwasser. Der weitere Verlauf der Klärung ist derselbe wie vorstehend beschrieben ist.

Zur Unterstützung der Klärung können die verschiedensten Chemikalien benutzt werden; in Potsdam und an anderen Orten wird neuerdings das von P. Degener vorgeschlagene Kohlebreiverfahren (S. 360) angewendet.

Ueber die Vorzüge dieser Klärvorrichtung gegenüber anderen Klär-Vorrichtungen, vergl. II. Bd. S. 109 und 115. Die vorstehend beschriebenen Tiefbrunnen wirken bei zweckentsprechender Anlage in ähnlicher oder gleicher Weise, wie dieser Klärcylinder.

Wo man also genügendes natürliches Gefälle und nicht mit Grundwasser zu kämpfen hat, wird der Kostenpunkt entscheiden müssen, welche Art Klärvorrichtung zu wählen ist.

e) Heberglocken-Anlage von M. Friedrich & Co. in Leipzig.

Auf demselben Grundsatz, wie der Rothe-Roeckner'sche Klärcylinder beruht die von der Firma M. Friedrich & Co. in Leipzig eingerichtete Heberglocken-Einrichtung, die in Hannover zur Reinigung des Abwassers vom Schlachthofe eingeführt ist (vergl. Fig. 113).

Die zu reinigenden Abwässer durchfliessen, bevor sie in die eigentliche Kläranlage gelangen, den Schlamm- und Fettfang *A*, woselbst grobe und schwimmende Theile durch den Fangkorb und die eingebaute Querwand zurückgehalten werden und wo zugleich ein Ansäuern der Abwässer stattfindet. Zu diesem Zwecke ist in demselben unmittelbar beim Wasserzufluss ein mit stellbarem Abfluss versehener Säurebottich angeordnet.

Die angesäuerten Abwässer treten alsdann durch zwei Siebe in den Mischgang *B* ein und werden denselben sodann alkalische Mittel in fein zertheiltem Zustande (Kalkmilch) durch zwei selbstthätige Rührvorrichtungen, die an die Wasserleitung angeschlossen sind, zugegeben. Die Mischung der Klärmittel mit den Abwässern erfolgt durch eine von einem Wassermotor *g* getriebene Flügelwelle *f*.

Sodann gelangt das Wasser in den Klärbrunnen *C*, und zwar durch ein am Boden desselben einmündendes Zuleitungsrohr mit Trichter, um hier der Schlammfiltration ausgesetzt zu werden.

Von hier steigt dasselbe aufwärts nach der Heberglocke *D*, in welcher es auch die feineren Verunreinigungen noch ausscheidet, um sodann durch das Heberohr, welches einen centralen Ausflusstrichter hat, der zwecks Strömungsregelung angebracht ist, fallend abzufliessen und geklärt zur Schleuse zu gelangen.

---

[1]) Arch. f. Hyg. 1891, **10**, 115.

Auch bei dieser Anlage wird das Wasser in die Glocke D nicht gepumpt, sondern durch Absaugen der Luft gehoben und zum heberartigen Abfluss von oben veranlasst. Zum Absaugen der Luft dient eine Wasserstrahlpumpe.

Der Grobschlamm aus dem Schlamm- und Fettfang A wird mittelst Kettenpumpe, der Feinschlamm aus dem Klärbrunnen C durch eine Wasserstrahlpumpe nach dem Schlammbehälter h gehoben, aus welchem das überschüssige Wasser nach der Anlage zurückgelassen wird. Im Klärbrunnen sind für die Zuführung des Schlammes nach der Strahlpumpe 3 Schwellen eingesetzt.

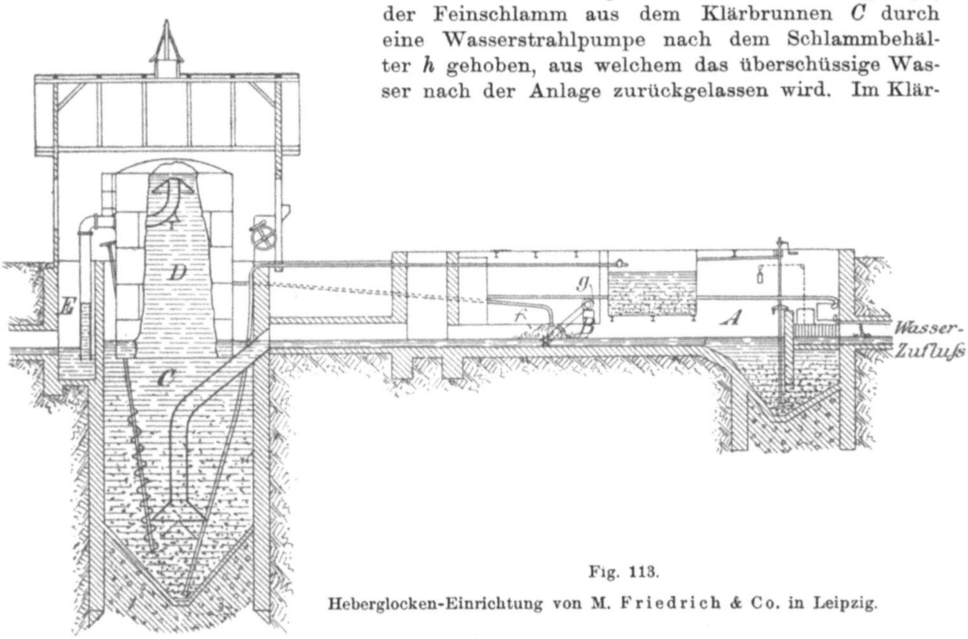

Fig. 113.
Heberglocken-Einrichtung von M. Friedrich & Co. in Leipzig.

Brunnen und Heberglocke sind durch ein Haus überbaut, welches zugleich als Betriebsgebäude dient.

f) Klärvorrichtung von A. Dervaux, verbessert von Hans Reisert.

Diese Klärvorrichtung wird vielfach zum Weichmachen von Kesselspeisewasser angewendet (vergl. 209) und ist ähnlich der dort S. 212 beschriebenen Kyll'schen Einrichtung.[1])

Da sie aber auch zum Klären von Fabrikabwasser dient,[2]) so möge sie hier ebenfalls beschrieben werden.

Nach der ursprünglichen Vorschrift zerfiel das Dervaux'sche Reinigungsverfahren in die Vorrichtung für die Bereitung der Kalkmilch und in eine zweite für die Abscheidung des erzeugten Niederschlages.

Fig. 114 stellt erstere Vorrichtung dar. Die Kalkmilch fliesst durch das Trichterrohr Y in den cylindrischen oder auch nach unten kegelförmig zulaufenden Behälter,

---

1) Chem.-Ztg. 1894, **18**, 332.

2) Vergl. Hans Benedict: Die Abwasser der Fabriken in „Sammlung chem. u. chem.-techn. Vorträge". Stuttgart 1896, **1**, Heft 7 u. 8, 306.

der mit Zwischenwänden N und L versehen ist; der Kalkmilch fliesst durch Oeffnung X Wasser entgegen, welches Kalk bis zur Sättigung aufnimmt und welches als Kalkwasser durch Stutzen S abfliesst; die obere Scheidewand L' ist geschlossen, um den gebildeten oder mitgerissenen Schlamm aufzunehmen; derselbe kann durch Z entfernt werden.

Für die Abscheidung des erzeugten Niederschlages dient die durch Fig. 115 dargestellte Einrichtung.

Der cylindrische Absatzbehälter ist mit einer Reihe Fallschirme L und C durchsetzt, auf und unter welchen weg das unten durch das Rohr r eintretende Schmutzwasser sich aufwärts bewegt; in der oberen Abtheilung befindet sich noch das Filter F,

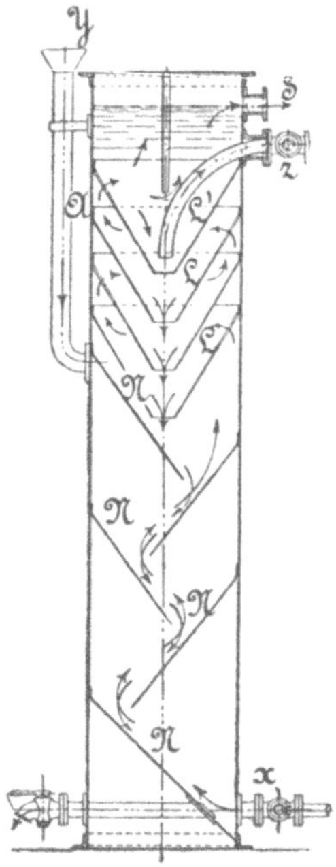

Fig. 114.
Kalksättiger nach Dervaux.

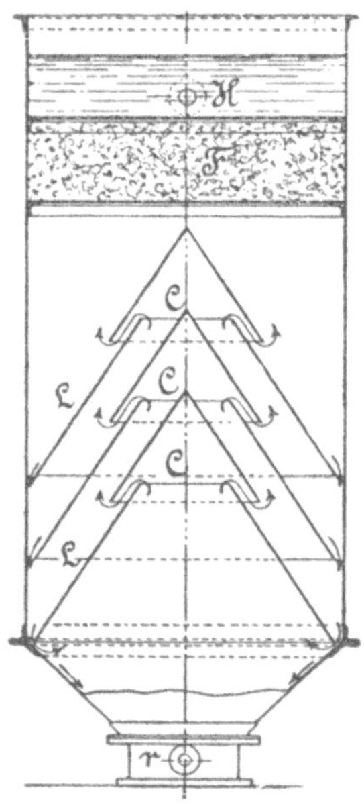

Fig. 115.
Klärcylinder nach Dervaux.

welches die letzten Schmutztheilchen zurückhalten soll; das geklärte Wasser gelangt oben zum Abfluss, während der abgeschiedene Schlamm auf den Fallschirmen nach unten rutscht und hier entleert wird.

Letztere Einrichtung ist dann in der Weise verbessert, dass, wie die erste Abtheilung A des Längsschnittes in Fig. 116 zeigt, die Fallschirme jeder für sich fest an ein mittleres gemeinschaftliches Rohr anschliessen, welches das von den einzelnen Fallschirmen aufsteigende zu klärende Wasser sammelt und oben abführt. Durch die Anbringung der schrägen Fallschirme lässt sich die Leistungsfähigkeit des Klärbehälters recht erheblich steigern. Denn es wird derselbe Erfolg erzielt, einerlei ob das Wasser in den Klärabtheilungen senkrecht aufsteigt oder durch die Ringquerschnitte seitlich ein- und an der Spitze des Konus wieder ausströmt, wenn es dazu dieselbe Zeit gebraucht. Da die Geschwindigkeit des auf den Schirmen aufsteigenden Wassers nach der Mitte hin zunimmt, so lagern sich die Schmutztheile, die eine geringere Fallgeschwindigkeit haben als das Wasser eine aufsteigende Geschwindigkeit, in einer Kurve vorwiegend am äusseren Rande der Schirme ab und können hier entfernt werden.

Fig. 116 giebt eine Kläranlage für Abwasser nach dem Stromtheilungsverfahren mit mehreren Stromtheilungselementen in Längsschnitt und Flächenansicht.

Eine Anzahl Stromtheilungselemente *GG* sind in zwei gemauerte Becken *DD* von je 14 m Länge und 2,5 m Breite eingemauert. Für jedes Becken ist ein Kalksättiger *S* bestimmt, welcher die nöthige Kalklösung zur Abstumpfung der Säuren und Ausfällung

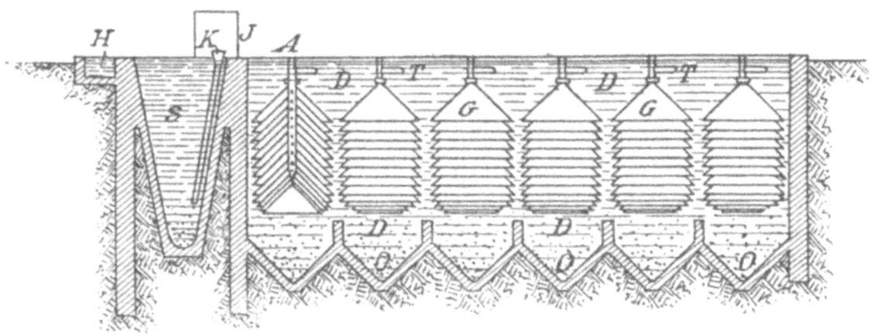

Fig. 116a. Längsschnitt.

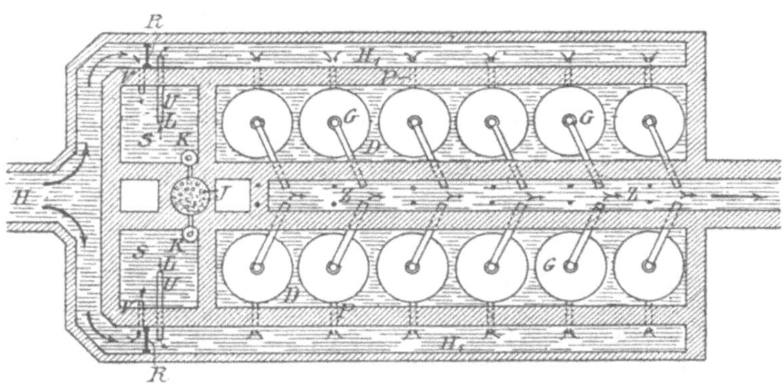

Fig. 116b. Flächenansicht.
Kläranlage nach Dervaux-Reisert.

bezw. zum schnellen Absetzen der Stoffe liefert. Das Gefäss *J* dient zur Ablöschung des Kalkes und zur Verdünnung desselben zu Kalkmilch, welche etwa alle 6 Stunden durch die Hähne *KK* und Rohre in die Kalksättiger *SS* eingelassen wird, nachdem man vorher die ausgelaugten Kalkreste mittelst der Schieber *LL* entfernt hat.

Durch den geregelten Wasserzulauf aus dem Zulaufkanal *H* vor dem Stauschieber *RR* durch die Rohre *VV* wird der Kalk nach und nach aufgelöst.

Das gesättigte Kalkwasser fliesst dann in die Kanäle H_1 H_1, wo es sich mit dem zu klärenden Wasser mischt. Diese Mischung strömt durch die Rohre *PP* in die Klärbecken und verlässt diese durch die Rohre *TT*, welche in den gemeinschaftlichen Ablaufkanal *Z* münden. Den durch die Schieber *OO* in die Schlammkanäle abgelassenen Schlamm kann man in einem gemeinschaftlichen Schlammbehälter ansammeln und von diesem aus beliebig verwerthen.

3. *Zusammengesetzte und sonstige Klärvorrichtungen.*

a) Klärvorrichtungen von H. Riensch[1]) in Uerdingen a. Rh.

Das Verfahren geht von dem Gedanken aus, das Wasser in verschiedenen Stufen zu reinigen, nämlich erst auf rein mechanischem, dann auf chemisch-mechanischem Wege. Die Reinigung wird deshalb in folgenden Abstufungen vorgenommen, nämlich:

1. Mechanisch-maschinelle Reinigung des Abwassers von allen gröberen Körpern bis zu 15 mm Durchmesser (Lumpen, Papier, Kerzenreste, Seife, Korke, Hölzer etc.). Zu deren Ausscheidung dient die Abtheilung Nr. 1 der Fig. 117a.

Die Rechenstäbe *aa* haben Durchgangsöffnungen von 15 mm und sind nicht wie gewöhnlich durch Querstäbe der ganzen Breite des Kanals nach zusammengenietet, sondern sind nur vermittelst Zwischenstücken verbunden und zusammengenietet; sie werden im Kanale lose nebeneinander gestellt und dann mittelst einer Stellschraube zusammengepresst.

Der zweite Theil der Maschine ist die sich drehende Welle *b* mit Doppelarmen *cc* und Kamm *d*, dessen elastische Stahlzähne von etwa 10 mm Breite einzeln aufgeschraubt sind und in die 15 mm Rechenöffnungen derart eingreifen, dass sie alle Körper, welche sich davor gesammelt haben, nach oben kämmen. Am Ende der Rechenstäbe angekommen, bildet ein in Scharnieren gehendes Cirkelblech als Führung die Fortsetzung des Rechens, da die Stoffe in gewisser Höhe zur Weiterbeförderung gelangen müssen. An demselben Cirkelblech ist der schrägstehende Abstrichtisch angenietet. Ist der Kamm an dem Endpunkt des Führungsbleches angelangt, so erfolgt die Abstreichung mittelst Bürste, die an einem schwingenden Pendel *e* befestigt ist. Die am unteren Ende befindliche Bürste *f* ist besonders an einem dünnen Gasrohr befestigt, welches durch das Hauptrohr geht, oben hängt und verstellbar ist. Sollte dieser Pendelapparat, der durch Excentrik *g*, Hebel und Gewicht *h* und Rolle mit Kette *i* bewegt wird, versagen, so hebt der Rechenkamm, der sonst in seiner Bewegung behindert wäre, die Bürste frei in die Höhe und geht durch seine drehende Bewegung zuletzt unter ihr weg. Auf dem Hauptplan ist vor dem Rechen noch eine verstellbare Schütze *k* eingezeichnet, welche dem Wasser unter und über ihr infolge der durch ihren Einbau herbeigeführten Kanalverengung eine grössere Geschwindigkeit giebt.

Die ausgekämmten Stoffe (wie Lumpen, Papier, Kerzenreste, Seife, Korke, Hölzer etc.) werden auf den schrägliegenden Tisch geworfen und rutschen von da auf das endlose Transportband, von welchem sie entweder mit der Hand abgenommen und in Körbe geworfen, oder selbstthätig in einen Feldwagen gefördert werden.

2. Abscheidung des Sandes.

Abtheilung Nr. 2 der Fig. 117a dient als Sandfang und zum Waschen desselben behufs praktischer Verwendung.

Der Kanal ist auf eine Länge von 8 m frei von jeder Verengung seines Querschnittes; die Sohle des Kanals bilden an dieser Stelle 8 in Scharnieren gehende eiserne Bodenplatten *aa*, deren Endpunkte jalousieartig miteinander in Verbindung stehen; an dem Endpunkte einer jeden Platte befindet sich eine ca. 5—10 cm breite Querschiene *bb*; die ganze eiserne Bodenfläche, die ca. 10 cm unter der übrigen Kanalsohle liegt, ist also geschlossen, die Wassergeschwindigkeit verringert, infolgedessen sich der Sand, durch die Querschienen noch obendrein gehemmt, schnell absetzt.

---

[1]) Firma Riensch & Co., Gesellschaft f. Abwasserreinigung u. Rückstandverwerthung in Uerdingen a. Rh.

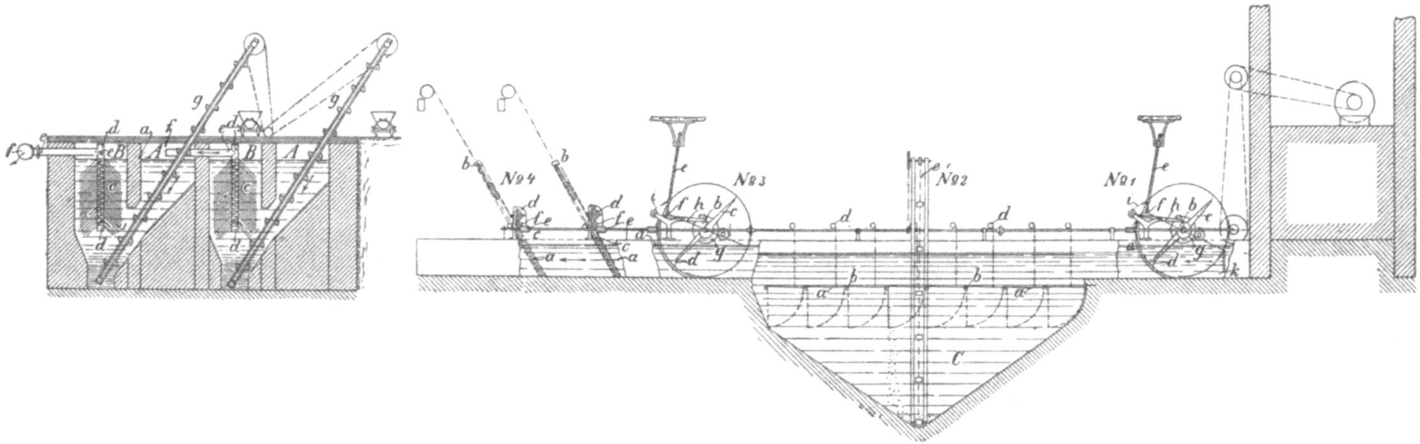

Fig. 117 a.

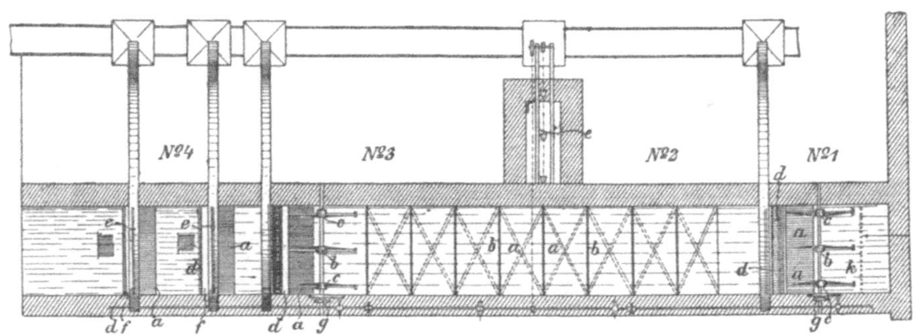

Fig. 117 b.

Wasserreinigungsvorrichtung von H. Riensch in Uerdingen a. Rh.

Unter den eisernen Bodenplatten befindet sich ein gemauerter Behälter *c*, dessen Wände trichterförmig nach unten zulaufen.

Der Sand setzt sich oben auf den Platten ab und wird mittelst der Kettenvorrichtungen *dd* durch Kippen der Platten in den unteren Behälter gestürzt, aus dem er mittelst des Bagger-Becherwerkes *e* selbstthätig in einen Feldbahnwagen gefördert wird.

3. Abscheidung von allen greifbaren Stoffen bis zur Korngrösse von 2 bis 4 mm.

Diese erfolgt in Abtheilung Nr. 3 der Fig. 117a mittelst des Mittelrechens.

Derselbe hat eine gleiche Bauart mit dem Rechen No. 1, jedoch haben die Rechenstäbe nur 5—6 mm-Oeffnungen, sind schmäler und von konischem Querschnitt, sodass die Oeffnungen beim Wassereintritt 5—6 mm, beim Austritt 10 mm haben.

Der Kamm besteht nicht wie bei No. 1 aus einzelnen Zinken, sondern aus Stahlblättern, die am Ende sägeartig verzahnt sind.

Der Mittelrechen, der völlig selbstthätig geht, fördert nur Dungstoff.

4. Ausscheidung aller noch übrig bleibenden greifbaren Schwimmkörperchen, die aber vorher, ehe sie dem Wasser entnommen sind, zum Filtriren des Wassers gedient haben.

Der eigenartige Apparat (Abth. No. 4 Fig. 117a) für die Ausscheidung dieser Bestandtheile besteht in zwei (oder mehr) leichten, schmiedeeisernen Rahmen *aa*, welche das Maass der Breite und Höhe des Abflusskanals haben. Die Rahmen werden harfenartig mit Metalldrähten überzogen und dadurch der ganzen Länge nach Durchgangsöffnungen von 1 mm und, wenn nöthig noch weniger, gebildet. Um eine gleichmässige gute Spannung der Drähte zu erlangen, werden nur je 2 Drähte durch eine Schraube angezogen; die ganze Fläche, die dem Abwasser geboten wird, ist glatt, frei und gerade, sodass sie leicht gereinigt werden kann. Die beiden Rahmen werden in etwa 1 m Entfernung in Führungsschienen *b* schräg gegen die Richtung des Wasserstromes in den Kanal gesetzt.

Der Schmutz des Abwassers setzt sich vor den Drähten ab; wenn der Ansatz so dicht geworden ist, dass er die Wassermenge nicht mehr durchlässt, geht der erste Rahmen, der an beiden Seiten mit Zahnstangen *c* versehen ist, durch mechanische Einschaltung eines Getriebes langsam in die Höhe, der auf ihm lagernde Schmutz wird durch die Cirkularbürste *d* abgenommen und auf das Transportband *e* geworfen. Die sich langsam drehende Walze *f*, die ebenfalls von der Bürste bestrichen wird, bildet die Dichtung zwischen Rahmen und Transportband. Ist die Zahnung der Zahnstange abgelaufen, so bleibt der Rahmen stehen; durch abermaliges mechanisches Zurückschalten des Getriebes geht der durch Gegengewichte entlastete Rahmen auf seiner schrägen Bahn in den Kanal zurück und wird bei seinem Rückgange nochmals von der Bürste gereinigt. Das Wasser ist inzwischen durch den zweiten Rahmen geflossen und wiederholt sich dort derselbe Vorgang.

5. Chemisch-mechanisches Klären des Abwassers.

Das vorstehend mechanisch gereinigte Wasser wird mit geringen Mengen Kalk in Form von gesättigtem Kalkwasser (nicht etwa ungelösten Kalkkörnern), sowie mit einem besonderen Fällungsmittel (D.R.P. 88518) versetzt, welches letztere vorwiegend aus Torfmull und eigenartig zubereiteten Papierabfallstoffen besteht und dem Schlamm eine so poröse Beschaffenheit ertheilen soll, dass er entwässert werden kann.

Die Fällmittel werden dem Abwasser vor Eintritt in die Behälter *A* und *B* (Fig. 117a) zugesetzt; die eigentliche Klärung findet in dem letzteren statt. Zur schnellen Abscheidung der durch die Zusatzmittel frisch gebildeten Flocken dienen die Klärschirme *cc*, nach dem Muster von Dervaux-Reisert (vergl. S. 406); das aufsteigende geklärte Wasser kann nur durch die Oeffnungen *d* ausfliessen, sammelt sich im Centralrohr *e* und fliesst bei *f* ab.

Der Schlamm schlägt sich auf den Schirmen nieder, rutscht, wenn er eine gewisse Schwere erreicht hat, ab und fällt in das Schlammsammelbecken, aus welchem er beständig mittelst durchlöcherter Bagger gehoben und in den Feldbahnwagen entleert wird.

Von wesentlicher Bedeutung ist, dass der gebildete Schlamm thunlichst frisch ausgeschieden und vom Sammelbecken alsbald entfernt wird.

Der Schluss des Verfahrens besteht darin, dass die unter No. 3, 4 und 5 erhaltenen Abwasserbestandtheile gemischt und, wie in kleineren Städten, entweder erst kompostirt oder, wie in grösseren Städten, nach Entwässern als trockenes Pulver zur Düngung verwendet werden.

Die erste von H. Riensch in Wiesbaden erbaute Versuchsanlage wird dort nicht mehr benutzt. Eine zweite Anlage dieser Art befindet sich in Marburg behufs mechanischer Klärung des städtischen Abwassers. Hier hat sich nach C. Fränkel's Bericht[1]) der Sandfang nicht bewährt, dagegen hat die Leistungsfähigkeit der selbstthätigen Rechen alle Erwartungen erfüllt. Für die Beurtheilung der Wirkung der Schlammharfen waren noch keine genügenden Unterlagen gewonnen.

Neuerdings hat H. Riensch an seinem Verfahren verschiedene Verbesserungen getroffen.

Es hat sich nämlich herausgestellt, dass bei den auf- und niedergehenden, mit Draht überspannten Filterrahmen während des Aufganges des zweiten Rahmens zu viel ungereinigtes Wasser durchfliesst.

Um diesen Uebelstand zu heben, wären demnach mehr als zwei Rahmen nöthig, was die Anlage sehr vertheuern würde.

Infolgedessen hat Riensch anstatt mehrerer beweglicher Rahmen nur einen festsitzenden Rahmen eingerichtet, der unter Wasser gereinigt wird.

Die Reinigung vermittelst der Riensch'schen Auskämm- und Abstreichevorrichtung, die in Kreislauf arbeiten, ist nur möglich, wenn deren Kämme auf der Strecke der geraden Drahtfläche auch gerade laufen.

Dieses hat Riensch dadurch erreicht, dass er jetzt die Auskämmearme in sich verschiebbar herstellt und mit Hülfe von Façon-Führungsschienen genau der geraden Drahtfläche des Filterrahmens anschliessen lässt, und erst wenn der Kammarm über die Drahtfläche gestrichen und allen darauf vorgefundenen Schmutz mitgenommen hat, wieder seinen Kreislauf annimmt.

Nachstehende Zeichnung (Fig. 118 S. 412) veranschaulicht die Vorrichtung.

a ist der Kanal, worin der Filterrahmen *b* eingebaut ist. *cc* sind die sich drehenden Arme, an deren Endpunkten die Abstreichekämme befestigt sind. Der Theil *d* wird durch innere Spiralfedern bis zur Kreislinie gedrückt. Die Rolle *e* veranlasst, dass, sobald sie an die Façon-Führungsschiene *f* aufstösst, der Kamm aus der Kreisbahn nach innen gedrückt wird, und bei weiterer Fortbewegung schliesst sich der Kamm genau der Drahtfläche an, indem er allen Schmutz mitnimmt; an der Kante der Mulde der

---

[1]) Vergl. Schmidtmann: Vierteljahrsschr. f. gerichtl. Med. u. öffentl. Sanitätswesen 1898, 3. Folge, **16.** Supplementheft.

Transportschnecke *g* angekommen, werden die Stoffe in der pendelnden Abstrichvorrichtung *h* in die Transportschnecke geschleudert. Das so von gröberen Schwebestoffen gereinigte Wasser fliesst unter Zusatz geeigneter Fällungsmittel in die Klärschirm-Behälter.

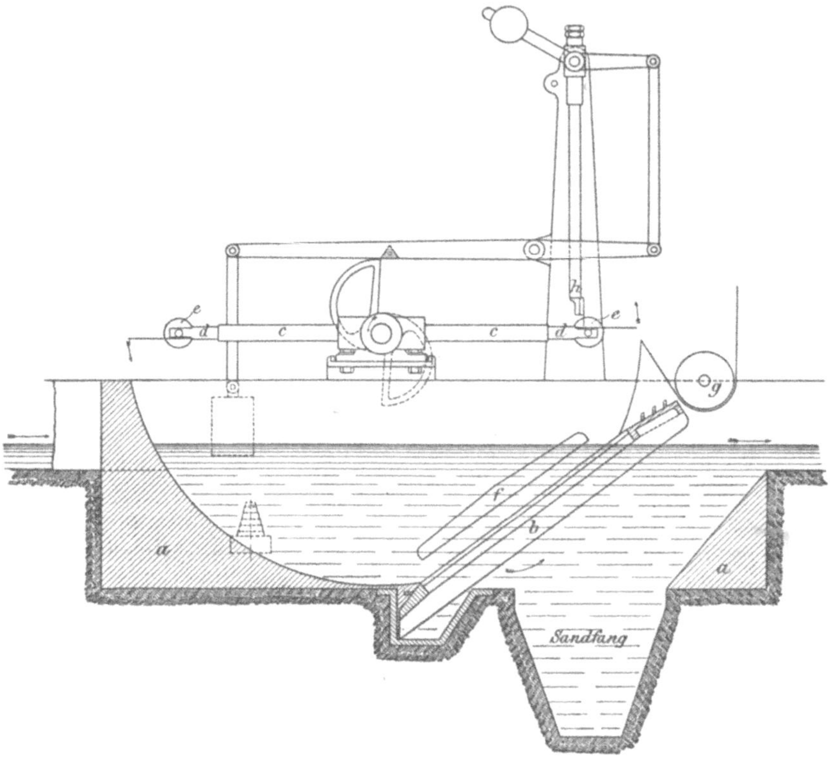

Fig. 118.

Schwebestoff-Fänger von H. Riensch in Uerdingen a. Rh.

Auch für die Klärschirme hat Riensch Neueinrichtungen getroffen, die z. B. in der Zuckerfabrik Stendal bereits praktische Anwendung gefunden haben. Anstatt der Klärschirmbehälter ist hier ein Tiefbrunnen mit Klärschirmen in Verbindung mit Schlammbrunnen errichtet. Nachstehende Zeichnung, Fig. 119 (vergl. auch die Klärvorrichtung von Dervaux-Reisert, Fig. 116, S. 407), veranschaulicht diese Anlage:

a ist ein gemauerter Tiefbrunnen von 5 m innerem Durchmesser und 6 m Tiefe. Das Mauerwerk der oberen Hälfte ist senkrecht, dagegen das der unteren trichterförmig hergestellt. *b* ist der Schlammbrunnen bezw. Behälter von 1,5 m Durchmesser; beide Brunnen sind durch ein Rohr unten verbunden. Der Abfluss des ersten Brunnen zum zweiten wird durch das Ventil *c* bewirkt.

In dem oberen Theil des Brunnens *a* liegen vier Schirmbatterien *d*, jede enthält 20 Schirme von 1,7 m Durchmesser, also, da alle 4 eingerichtet sind, wie in dem Theil links, zusammen 80 Schirme.

Das zu reinigende Wasser tritt durch die Rohre *e* in den unteren Theil des Klärbrunnens, steigt langsam aufwärts, vertheilt sich in so viele Theile, als Schirmzwischenräume vorhanden sind und steigt zwischen den Schirmen aufwärts, indem es die Niederschläge auf den Schirmflächen zurücklässt.

Das auf den einzelnen Schirmen aufsteigende Wasser vereinigt sich in dem gemeinschaftlichen Aufsteigerohre und fliesst durch die wagerechten Rohre g gereinigt ab.

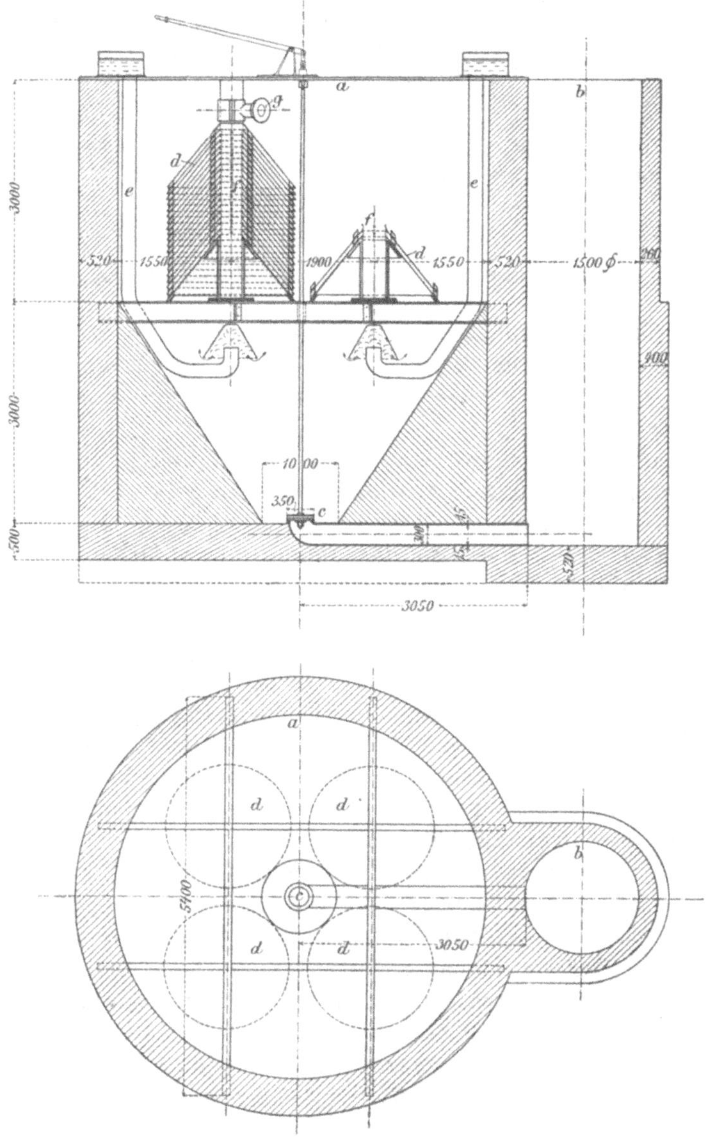

Fig. 119.
Tiefbrunnen mit Fallschirmen von H. Riensch in Uerdingen a. Rh.

Die Niederschläge sammeln sich dagegen in dem unteren trichterförmigen Theil des Brunnens. Nach gewisser Zeit wird das Ventil c gehoben, durch den Druck des Oberwassers drängt sich der gesammelte Schlamm mit grosser Gewalt in den leeren Nebenbrunnen b, aus welchem derselbe gehoben wird.

Durch das schnelle Sinken des Wassers im Hauptbrunnen bei dem Vorgang der Entleerung des Schlammes werden sämmtliche Klärschirme von dem auflagernden Schlamm gereinigt, und letzterer auf diese Weise auch in den trichterförmigen Schlammraum befördert.

Das Wasser im grossen Brunnen *a* wird allerdings durch das ruckweise Entleeren des Schlammes trübe; da jedoch aus dem Klärbrunnen nicht eher wieder Wasser abfliesst, bis das abgelassene Schlammwasser durch neu zufliessendes Schmutzwasser ersetzt und die Abflusshöhe wieder hergestellt ist, so erhält das Wasser wieder genügende Ruhe, um sich vollständig klären zu können.

Für die Entwässerung des Schlammes sind noch besondere Einrichtungen in der Ausbildung begriffen.

b) Reinigungsverfahren von A. Proskowetz.

Dieses Verfahren kann als eine Vereinigung der Klärung durch Kalk mit Filtration und Rieselung bezeichnet werden, wobei eine eigenartige Drainage angewendet wird, welche die Anwendung einer thunlichst kleinen Fläche gestattet.

Das schon mechanisch durch einfache Sedimentation gereinigte oder mit Kalkmilch versetzte und geklärte Abwasser wird auf eine flach an der Oberfläche drainirte Ackerfläche geleitet, deren Drainrohre alle oberirdisch in einen offenen Kanal, d. h. eine offene, mit dem Pfluge hergestellte Furche münden, so dass die Luft ganz frei in die ausmündenden Drainrohre eintreten kann. Da aber das Wasser nur durch die Stossfugen in die Drainrohre treten kann, so wird dasselbe bei dichter Aneinanderreihung der Rohre nur tropfenweise in das Innere der Röhren eindringen und in innigste Berührung mit Luft kommen, sodass einerseits der Sauerstoff der Luft oxydirend auf die organischen Stoffe wirken, andererseits die vorhandene oder gebildete Kohlensäure den freien Kalk als Karbonat ausfällen kann. Das sich ausscheidende unlösliche Calciumkarbonat reisst auch organische und unorganische Stoffe des Schmutzwassers mit nieder, sodass die Drainrohre sich voll setzen und von Zeit zu Zeit gereinigt werden müssen.

Das ist auch der Grund, weshalb diese Drainrohre oberirdisch, d. h. flach an der Oberfläche, angeordnet werden; denn die Reinigung der Drainrohre in grösserer Tiefe würde mit Schwierigkeiten verbunden sein.[1])

Das von der oberirdisch drainirten Fläche abfliessende, nur mehr schwach alkalisch reagirende Wasser wird auf eine kleine, tiefer gelegene Rieselwiese geleitet, welche durch senkrecht untereinander angeordnete Röhren — nach einem dem Erfinder Proskowetz gehörenden Patent[2]) — drainirt ist. Diese Anordnung ermöglicht die Verwendung einer viel kleineren

---

[1]) Die flach an der Oberfläche angeordnete Drainage macht aber den Betrieb nur bei frostfreien Wetter oder durch Einstauen bei Frostwetter möglich.

[2]) Vergl. Scheibler's: Neue Zeitschr. f. Rübenzuckerindustrie 1894, **33**, 172 u. F. Strohmer u. A. Stift: Oesterr.-ungar. Zeitschr. f. Zuckerindustrie u. Landw. 1896, 2. Heft.

Rieselfläche, als das sonst übliche Rieselverfahren. So hat sich in der Zuckerfabrik Sokolnitz (Mähren), wo das Verfahren zuerst eingeführt ist, für die Reinigung der Abwässer von einer täglichen Rübenbearbeitung von etwa 4000 Met.-Ctn. eine Gesammtrieselfläche von nur 96 Ar als ausreichend erwiesen.

Auf dieser zweiten Rieselfläche unterliegen die organischen Stoffe des Abwassers der eigentlichen Oxydation; ein anderer Theil erfährt durch unvollständige Oxydation eine solche Veränderung, dass sie durch Kalk zum Theil wiederum fällbar werden.

Aus dem Grunde werden diese Drainwässer, welche in Sammelbrunnen und aus diesen in einen Hauptbrunnen fliessen, in letzterem abermals mit Kalk, d. h. mit Kalkwasser (bis zu 0,05 $^0/_0$ Kalkalkalität) versetzt und der bläulichgraue Niederschlag zum Absetzen gebracht. Das geklärte Wasser wird dann entweder direkt, oder nachdem es behufs Lüftung durch Erdwälle filtrirt ist, in den öffentlichen Wasserlauf abgelassen, oder es kann, wie bei Zuckerfabriken, auch wieder dem Betriebe zugeführt werden.

Diese Grundsätze der Reinigung erfahren nun je nach dem vorhandenen Gefälle in der Anlage und je nach der Menge des Vorfluthwassers gewisse Abänderungen.

Fig. 120a S. 416 stellt uns die Wasserreinigung bei natürlichem Gefälle dar, und entspricht der Verlauf derselben der vorstehenden allgemeinen Beschreibung. Hierzu sei nur bemerkt, dass das Abwasser in der zweiten drainirten Fläche längere Zeit hierdurch gestaut wird und in den Hauptsammelbrunnen derart einzutreten genöthigt ist, dass dieses zweite Ackerstück stets gleichsam ersoffen bleibt, indem das Ablaufdrain aus dem Hauptsammelbrunnen höher gelegt erscheint.

Das Kalkwasser wird durch ein Rührwerk, das durch einen Wind- oder Benzinmotor getrieben wird, mit dem Drainwasser in dem Hauptsammelbrunnen gemischt.

Von hier fliesst das geklärte Wasser in kleine, langgestreckte Erdrinnen, filtrirt durch eine sehr dünne Erdschicht in danebenliegende, etwas tiefer gelegte Sammelrinnen, um von hier aus dem öffentlichen Wasserlauf oder dem Fabrikbetriebe zugeführt zu werden.

Fig. 120b und 120c zeigen uns die Anlage bei vorhandenen Gelände-Schwierigkeiten und geringer Vorfluth.

In diesen Fällen wird das in Sammelbrunnen gesammelte Drainwasser künstlich zum Hauptsammelbrunnen, in welchem es zum zweiten Male mit Kalkwasser versetzt wird, gehoben, um von da denselben Weg wie bei der ersten Anordnung zu machen. Unter Umständen wird wie bei Fig. 120c zwischen Saugpumpe und Hauptsammelbrunnen noch eine zweite Rieselfläche eingeschaltet.

Die Fig. 120d stellt den Fall vor, wo eine Ueberrieselung von Erdflächen überhaupt nicht stattfinden kann, sondern das Abwasser in den Erdboden eingeleitet werden muss, dort gestaut wird, aber ohne an die Oberfläche des Geländes gelangen zu können.

Dieses wird dadurch erreicht, dass oberhalb der tief gelegten Drains höhere Drainlagen eingeschaltet werden.

Das aus den Schlammabsatzgruben in den Erdboden eingetretene Wasser wird sich in den unteren Drains sammeln, von hier nach oben steigen und dann durch die oberen Drains wieder abgeleitet werden. Dadurch bleibt die obere über den obersten Drainrohren befindliche Erdschicht trocken und kann sogar für den Anbau von Gewächsen benutzt werden. Auch bei dieser Einrichtung muss das Drainwasser behufs Vermischung mit Kalkwasser gehoben werden. Die Mischung mit Kalkwasser kann auch ohne Rührwerk geschehen, wie aus der Zeichnung Fig. 120d hervorgeht.

Fig. 120 a

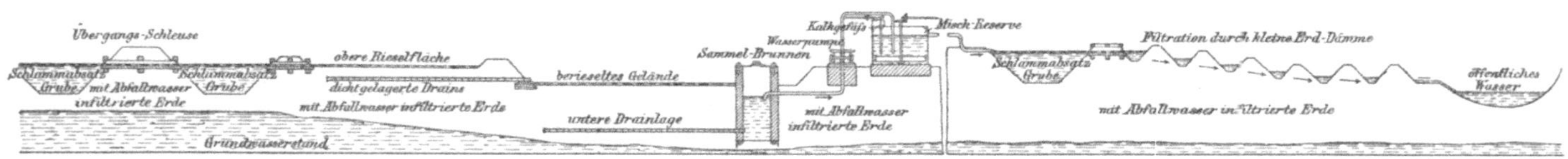

Fig. 120 b.

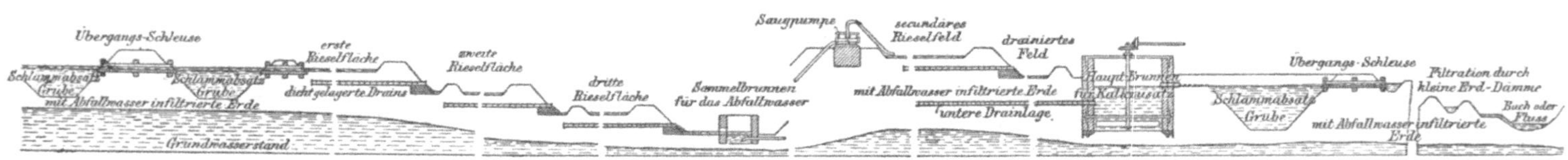

Fig. 120 c.

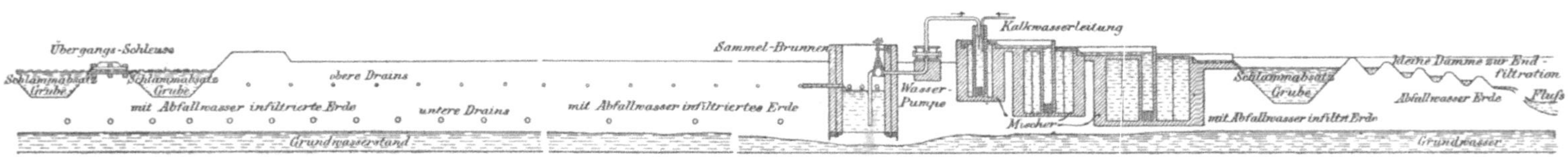

Fig. 120 d.

Fig. 120 a—d. Reinigungs-Anlage von A. Proskowetz.

Die Zeichnungen erklären überhaupt den Vorgang der Reinigung bei den einzelnen Gelände-Verhältnissen zur Genüge, sodass von einer weiteren Beschreibung abgesehen werden kann.

Das Verfahren ist bis jetzt in den Zuckerfabriken Sokolnitz (Mähren) sowie Sadowa (Böhmen) eingeführt und hat hier nach den Untersuchungen von Strohmer und Stift (l. c.), sowie von Proskauer[1]) gute Ergebnisse geliefert; hierüber wird im II. Bd. unter „Abwasser aus Zuckerfabriken" besonders berichtet werden. Dasselbe wird aber bei hohem Grundwasserstande mehr oder weniger Schwierigkeiten bieten.

c) Reinigungsverfahren von H. Gerson (Fällung und Filtration).

Das Verfahren besteht darin, dass das Abwasser in einem Behälter mit Fällungsmitteln je nach der Beschaffenheit desselben behandelt wird, um einen Theil der gelösten und ungelösten Stoffe zum Niederschlagen zu bringen.

Dieser Niederschlag wird alsdann in eine mit Torfgrus gefüllte Grube abgeführt oder gesammelt; wenn dieser Torfgrus in seiner Absorptionsfähigkeit erschöpft ist, wird er entleert und die Grube von neuem gefüllt. Der Torfschlamm bildet nach dem Trocknen unter Umständen einen geeigneten Dünger.

Die zurückbleibende Flüssigkeit, die durchaus noch nicht eine solche Beschaffenheit hat, dass sie in öffentliche Gewässer geleitet werden kann, wird alsdann durch das Filter klar filtrirt (vergl. Fig. 121).

Das Wasser dringt in das Filter aus dem Behälter von unten nach oben durch ein Sieb, das durch eine Klappe verschlossen werden kann, was geschieht, bis die Fällung vollendet ist.

Die Filterstoffe bestehen entweder aus Torfgrus oder Sägespähnen, die je nach der Beschaffenheit der Abwässer mit löslichen Stoffen durchtränkt sind, um die Ausscheidung der das Wasser noch färbenden Stoffe herbeizuführen; ist die Leistungsfähigkeit dieser Filterstoffe erschöpft, so werden sie in folgender einfachen Weise entleert:

Die untere Platte, die Oeffnungen hat, wird mittelst einer Schraube gehoben und gegen die obere Platte und das daran angebrachte Sieb gedrückt mit den dazwischen liegenden Filterstoffen; da durch die Einrichtung der Schraube ein sehr starker Druck ausgeübt werden kann, so werden die Filterstoffe vollständig trocken ausgepresst.

An der oberen Platte sind Messer angebracht, die durch die Spalten, die in dem unteren Sieb vorhanden sind, dringen können; dadurch wird sofort die im Filter vorhandene Filtermasse in Würfel geschnitten und in Brennziegel verwandelt. Die Schrauben-Einrichtung steht mit den Sieben auf Rotten, die über dem Filter oder den Filtern fortgerollt und mit Leichtigkeit ausgeräumt werden können, um die Brennziegel zu einem Platz, wo dieselben lagern sollen, zu befördern; sie können je nach Bedarf, gänzlich als Brenn- oder Heizungsstoffe verwendet werden. Die aus der Filtermasse ausgepresste Flüssigkeit fliesst aus dem zu öffnenden Ventil in die oben erwähnte Grube, die mit Torfgrus gefüllt ist.

Die Art der Ausführung ist folgende:

Das Schmutzwasser fliesst durch das Rohr *m* in den Behälter *a*, wo es nach Zusatz der Fällungsmittel durch die Turbine *d* umgerührt und zum Theil gefällt wird. Von

[1]) Vierteljahresschr. f. gerichtl. Med. u. öffentl. Sanitätswesen, 16. Suppl.-Heft, 54—98.

der Menge der Abwässer hängt die anzuwendende Menge der Fällungsmittel und die Zahl der Turbinen ab, doch kann die Mischung auch durch Zuführung fein vertheilter Luft beschafft werden, wie z. B. mit den Wasserstrahlapparaten.

Ist durch genügendes Umrühren die Fällung bewirkt, so lässt man den Bodensatz durch das Rohr *k* in den mit Torfgrus gefüllten unterirdischen Behälter *c* abfliessen.

Alsdann öffnet man mittelst der Winde *g* durch Hebung des Schiebers das Sieb *p*; das Wasser strömt durch das untere Sieb *b* und die Filter von unten nach oben aus, um durch das Rohr *i* geklärt dem Flusse zugeleitet zu werden.

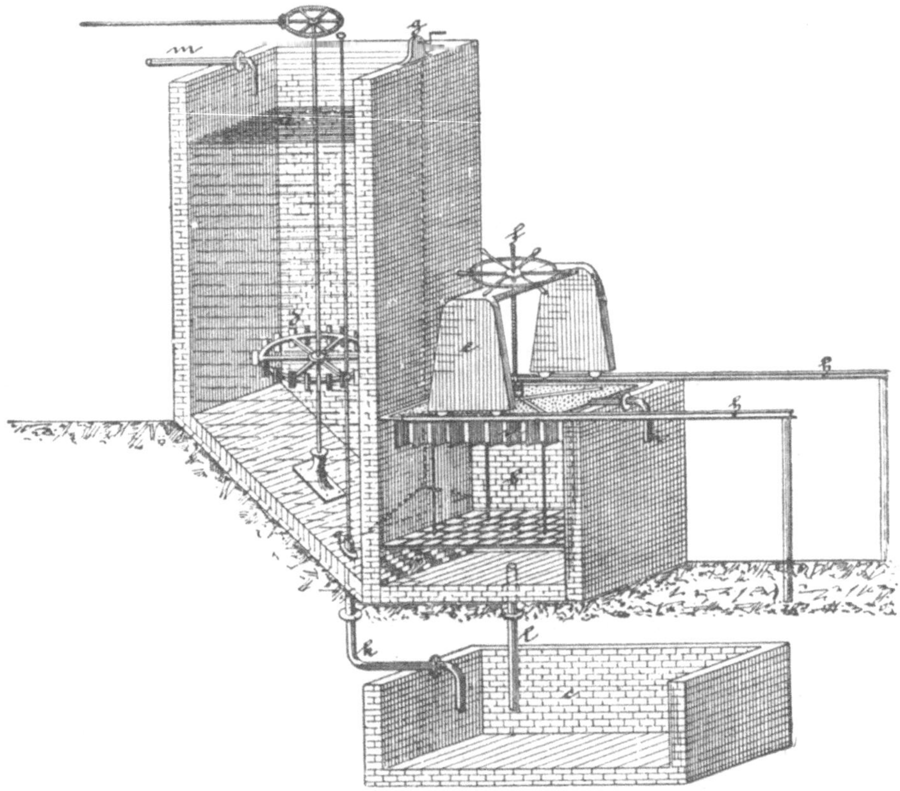

Fig. 121.

Sind die Filterstoffe in ihrer Leistungsfähigkeit erschöpft, so werden sie durch die Schraube gehoben und zwischen den beiden Sieben ausgepresst, indem die untere Platte *o* der oberen *n* mit der Masse genähert wird. Die in der Platte *n* befindlichen Messer schneiden den Torf in Würfel. Ist die untere Platte bis oben angelangt, so wird sie gemeinschaftlich mit der oberen Platte gehoben und sammt der Schraubenvorrichtung auf den Schienen *h* vorwärts gerollt, die, je nachdem die Filter erbaut, auf Geländehöhe fortlaufen oder über Geländehöhe unterstützt sind. Alsdann wird die untere Platte gesenkt und die Torfsoden werden abgestossen. Die untere Platte wird wieder an ihren Platz gebracht und die Filter werden neu gefüllt.

Das Verfahren ist meines Wissens bis jetzt nur versuchsweise eingeführt, weshalb die auf diese Weise erzielten Ergebnisse hier und nicht im II. Bd. mitgetheilt werden mögen:

α) Reinigungsversuch mit der Kanaljauche der Stadt Kalk.

Das Wasser erhielt einen Zusatz von Kalk, Magnesia und Thonerdeverbindungen im Gemisch miteinander und wurde dann durch Torf filtrirt, der mit Ferro-Ferritannat getränkt war. Die Untersuchung ergab für 1 l Wasser:

Kanaljauche	Schwebestoffe		Gelöste Stoffe										Gesammt-Stickstoff
	Organische	Unorganische	Organische (Glühverlust)	Unorganische (Glührückstand)	Zur Oxydation erforderlicher Sauerstoff in alkalischer Lösung	Zur Oxydation erforderlicher Sauerstoff in saurer Lösung	Eisenoxydul	Kalk	Magnesia	Kali	Schwefelsäure	Chlor	
	mg	m	mg	mg	mg	mg	mg	mg	mg	mg	mg	mg	mg
Ungereinigt	83,5	78,5	440,5	1122,0	124,8	179,2	—	255,5	38,5	129,4	120,4	411,8	91,1
Gereinigt	0	0	358,5	617,0	121,6	182,4	25,6	68,0	47,8	79,4	169,5	390,5	53,9

Die ungereinigte Kanaljauche war flockig trübe, stark faulig und von schwach alkalischer Reaktion, die gereinigte Jauche hell und klar, ohne Geruch, und reagirte schwach sauer.

Die Kosten der Reinigung berechneten sich zu 2,5 Pf. für 1 cbm.

β) Reinigungsversuch mit dem Abwasser einer Wollgarnspinnerei:

Abwasser	Schwebestoffe		Gelöste Stoffe										Gesammt-Stickstoff
	Organische	Unorganische	Organische (Glühverlust)	Unorganische (Glührückstand)	Zur Oxydation erforderlicher Sauerstoff in alkalischer Lösung	Zur Oxydation erforderlicher Sauerstoff in saurer Lösung	Eisenoxydul	Kalk	Magnesia	Kali	Schwefelsäure	Chlor	
	mg	mg	mg	mg	mg	mg	mg	mg	mg	mg	mg	mg	mg
Ungereinigt	640,0	190,0	776,0	1190,0	295,0		—	282,0	—	—	406,6	—	45,0
Gereinigt	0	0	1135,0	2611,0	119,6		—	832,0	—	—	1140,8	—	29,7

Das ungereinigte Wasser war stark gefärbt, schwach alkalisch und zeigte bei mehrtägigem Aufbewahren in einer verschlossenen Flasche einen stark fauligen Geruch; das gereinigte Wasser dagegen war farblos, klar, geruchlos und von schwach saurer Reaktion. Im übrigen ist die Reinigung bei diesem Abwasser wesentlich ungünstiger verlaufen als bei der obigen städtischen Kanaljauche.

d) Reinigung durch Filterpressen und Klärung von A. L. G. Dehne in Halle a. S.

Die Firma A. L. G. Dehne in Halle a. S., deren Kesselspeisewasser-Reinigungsverfahren schon S. 209 beschrieben ist, bedient sich der für diesen Zweck mit verwendeten Filterpressen auch zur Reinigung sonstiger schmutzigen Wässer und zwar wendet sie zweierlei Art Filter, einfache Filterpressen und Schwemmfilter an.[1])

α) Die Reinigung durch Filterpressen.

Die Filterpressen werden aus Filtertüchern gebildet, sind aber nur für gut filtrirbare Wässer anwendbar; sie wirken als Druckpressen.

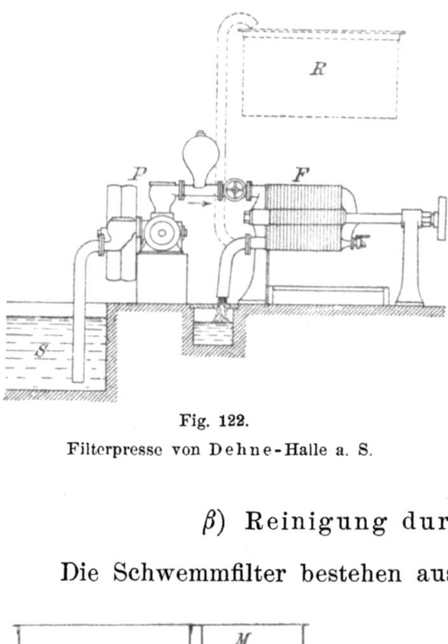

Fig. 122.
Filterpresse von Dehne-Halle a. S.

In Fig. 122 saugt die Pumpe *P* das Wasser aus dem Sammelbehälter *S* an und drückt es durch die Filterpresse *F*, von wo es geklärt nach dem Kanal abläuft oder in geschlossener Leitung zum Speisen von Kesseln hoch zur Verbrauchsstelle geführt wird.

Die Schmutztheile bleiben in den Kammern der Filterpresse zurück und häufen sich hier zu einem mehr oder weniger steifen Teig an, der täglich ein- oder zweimal aus der Filterpresse entfernt werden muss.

Die Entleerung der Pressen geht schnell von statten und dauert je nach der Grösse der Filterpresse 10—30 Minuten.

β) Reinigung durch Schwemmfilter.

Die Schwemmfilter bestehen aus einer 3—4 mm starken Schicht von Cellulose- und Asbestfasern; dieselben werden vor Beginn der Filtration an die Metallgewebewände der Filterkammern durch Filtration angeschwemmt.

Fig. 123.
Schwemmfilter von Dehne-Halle a. S.

Das Fasergemisch befindet sich in Gefäss *M* (vergl. Fig. 123), läuft nach gehörigem Durchmengen und Aufschwemmen nach dem Filter *F*, in dessen einzelnen Kammern es sich vertheilt; die Faser schlägt sich gleichmässig auf das Metallgewebe nieder, während das Wasser nach aussen tritt. Nachdem die Filterschicht gebildet ist,

[1]) Vergl. B. Schnackenberg: Gesundh.-Ing. 1898, **21**, 400.

wird das schmutzige Wasser aus dem Hochbehälter *H* durch das Schwemmfilter geleitet und im Reinwasserbehälter *R* gesammelt.

Für die Filtration durch die Schwemmfilter ist nur ein Druck von 1 m Wassersäule erforderlich. Die Entleerung der verunreinigten Filtermasse wird mittelst Spritzschlauches bewirkt; die Filtermasse lässt sich mit wenig Verlust auswaschen und wieder verwenden.

Beide Arten Filterpressen sind in verschiedenen Fabriken zur Zufriedenheit in Gebrauch.

γ) Reinigung unter Zusatz von Chemikalien durch Klärbecken und Filterpresse.

Diese Einrichtung ist für die Reinigung von eigentlichen Schmutzwässern unter Zusatz von Chemikalien bestimmt. In der Regel dienen als

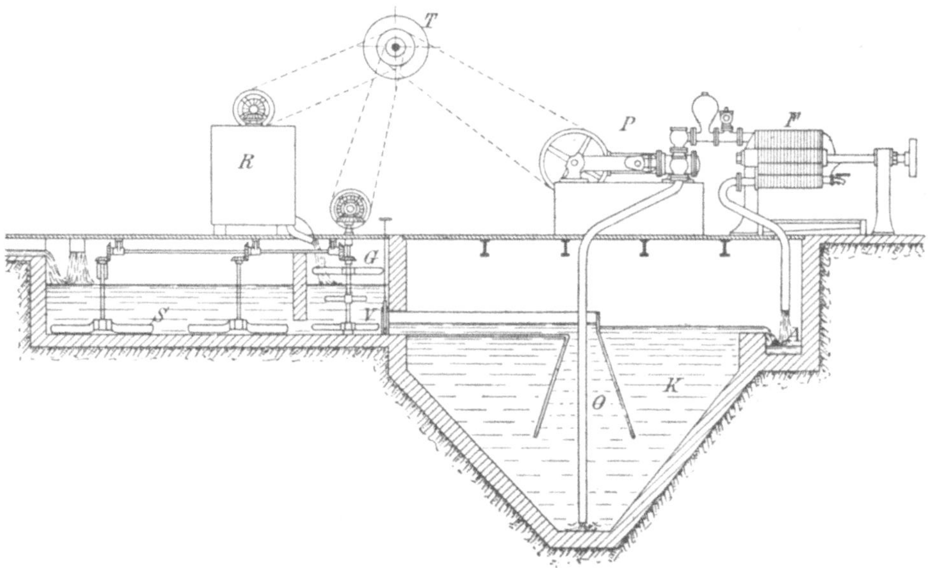

Fig. 124.
Reinigungsanlage von Dehne-Halle a. S.

chemisches Fällungsmittel Alaun und Aetzkalk; statt dieser können auch Kieserit und Kalk oder Kalk allein angewendet werden.

Der Gang der Reinigung ist folgender (vergl. Fig. 124):

Das Wasser läuft aus der Fabrik nach einer Sammelgrube *S*, gelangt von hier aus nach der Rührgrube *G*, wo es die chemischen Zusätze, die aus Rührgefäss *R* zufliessen, erhält.

Schon in der Rührgrube *G* findet eine Ausscheidung der Schmutzstoffe unter Flockenbildung statt. Die eigentliche Abscheidung der Schwebestoffe bezw. Flocken erfolgt aber in der Klärgrube *K*, in welche das mit Chemikalien versetzte Schmutzwasser bei *V* durch den Vertheilungstrichter *O* fliesst. Nachdem eine genügende Klärung stattgefunden hat, fliesst das geklärte Wasser über den Rand nach *A* und von da weiter ab.

Der am Boden des Klärbeckens sich ansammelnde Schlamm wird durch die Pumpe *P* in die Filterpresse *F* getrieben, in welcher derselbe zu trockenen Kuchen gepresst wird, während das Presswasser sich entweder in *A* mit dem geklärten Wasser vereinigt, oder zur Lösung bezw. zur Vermischung mit den Chemikalien in *R* dient.

Bei mangelhaftem Gefälle — etwa bei weniger als 1 m — muss das Schmutzwasser durch ein besonderes Schöpfwerk in die Rührgrube *G* gehoben werden. Wenn nur eine zeitweise Reinigung kleiner Mengen Schmutzwassers (etwa bis 100 cbm im Tage) nothwendig ist, so kann die Anlage wesentlich vereinfacht werden.

Die Anlage hat Anwendung gefunden zur Reinigung von Abwasser folgender Fabriken: Weberei und Appretur in Stuttgart-Berg, Tuch- und Modewaaren-Fabrik in Fulnek sowie in Neustadt (Böhmen), Hutfabrik in Neutitschein u. anderswo.

4. Hilfsvorrichtungen für die chemisch-mechanische Reinigung der Schmutzwässer.

a) Vorrichtungen für die Bereitung von Kalkmilch behufs Zusatzes zu Schmutzwasser.

Der zum Fällen verwendete gebrannte Kalk wird in üblicher Weise gelöscht, dann für gewöhnlich unter Zusatz von mehr Wasser mittelst Handbetriebes zu Kalkmilch verarbeitet und in diesem Zustande dem Schmutzwasser zugesetzt.

Zur Bereitung der Kalkmilch bedient man sich auch wohl einfacher maschineller Einrichtungen.

α) Die Aktiengesellschaft für Bergbau, Blei- und Zink-Fabrikation Abtheilung Ramsbeck i. W.

hatte seiner Zeit z. B. folgende Einrichtung getroffen (vergl. Fig. 125a bis 125c).

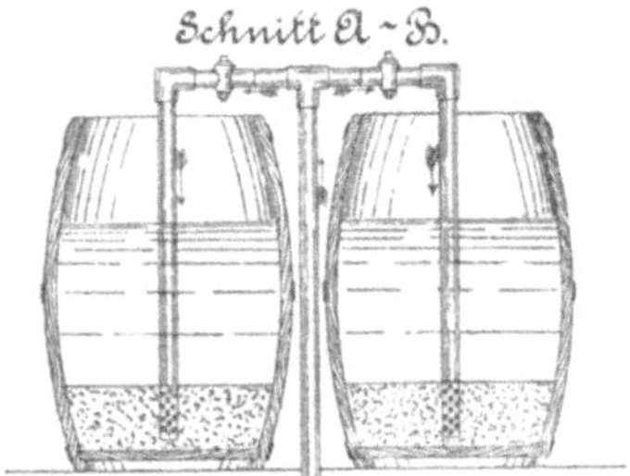

Fig. 125a.

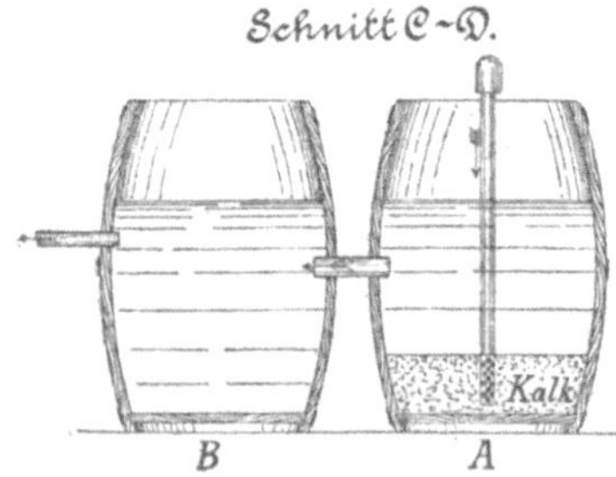

Fig. 125b.

Kalkmilch-Zubereitungsvorrichtung.

Von den vier Fässern sind jedesmal nur zwei zusammengehörige in Gebrauch, während die anderen zwei als Ersatzbehälter dienen. Die Wasserzuströmung wird, je nachdem das eine oder das andere Paar Fässer in Betrieb genommen werden soll, geöffnet oder gesperrt. Das Wasser wird mittelst der Brause in dem Fasse A durch den Kalk gedrückt; das Kalkwasser fliesst in das Fass B über und wird von da nach Bedarf und in den erforderlichen Mengen aus verschiedenen Ausflüssen in verschiedene Gerinne geleitet.

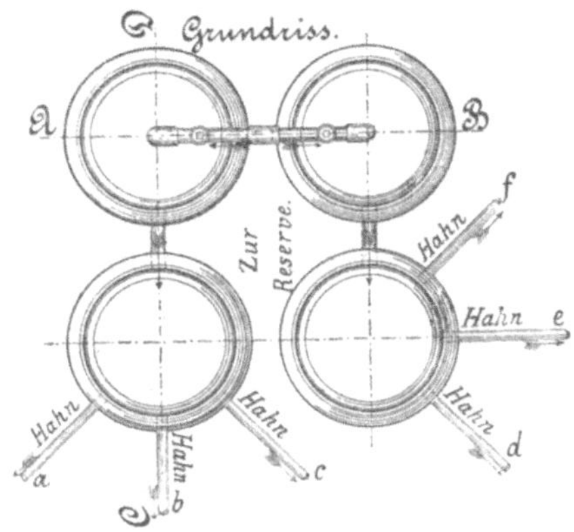

Fig. 125 c.

β) Die Schwefelkiesgruben in Meggen i. W.,

die ein Abwasser mit einem Gehalt an freier Schwefelsäure, Ferro- und Zinksulfat fördern, benutzten früher eine Zeit lang folgende selbstthätige Vorrichtung (Fig. 126).

Das Wasserrad A wird durch die Grubenwässer in Bewegung gesetzt. Vermittelst der an dem Rande befestigten Achse aa werden die Räder BB (aus Eisen leicht ange-

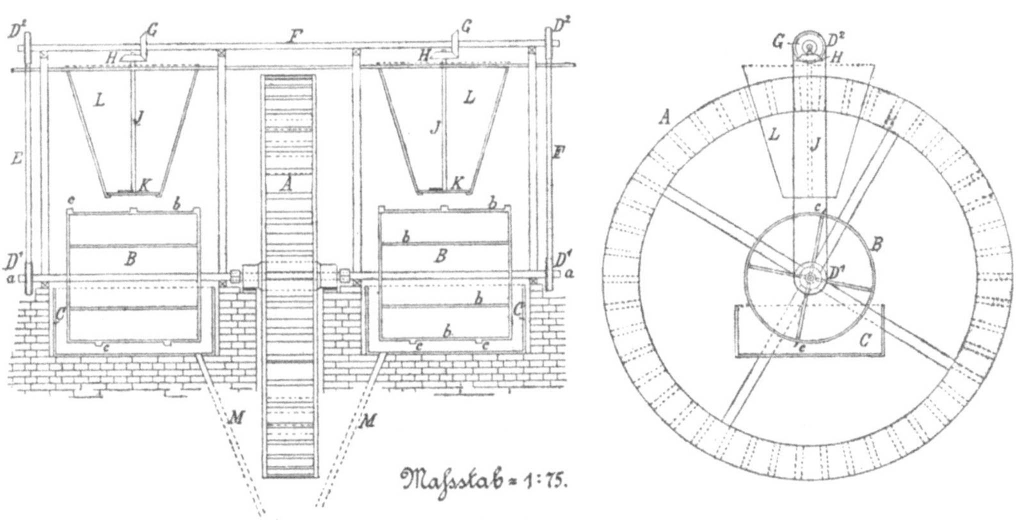

Fig. 126.

Kalkmilch-Zubereitungsvorrichtung.

fertigt und zwecks Bewegung des Wassers mit Flacheisen bb, sowie den Fingern cc versehen) in Betrieb gesetzt, die in den Behälter CC laufen. In letztere wird süsses Wasser eingeführt. Die Achse aa treibt weiter die beiden Riemscheiben D^1, von diesen werden dagegen durch die Riemen E die Riemscheiben D^2 in Thätigkeit gesetzt. Die Achse F der Riemscheiben D^2 treibt die beiden Kammräder G und diese bewegen weiterhin nun die beiden Kammräder *H* mit den daran befestigten, in den Trichtern *L* befindlichen Stangen *J*. In die Trichter J wird der zerkleinerte (ungelöschte) Kalk geschüttet, und soll von diesem beständig eine entsprechende Menge in den Behälter *b* fallen, um dort durch das süsse Wasser zu Kalkmilch umgewandelt zu werden. Die Stange *J* soll den Trichterboden *K* in eine rüttelnde Bewegung setzen und dadurch die regelmässige Abgabe einer entsprechenden Kalkmenge herbeiführen. Durch die Gräben *M* wird die Kalkmilch mit den saueren Wässern in Verbindung gebracht.

Nach einer brieflichen Mittheilung hat sich jedoch dieses Verfahren des selbstthätigen Kalkaufgebers, so hübsch es an sich ist, nicht besonders bewährt; man ist dort zur alten Verfahren zurückgekehrt, indem man den Kalk erst in Kästen einlöscht und diese Masse in die Behälter *C* schüttet.

Die Zeche Gottessegen bei Löttringhausen versetzt das sauere Grubenwasser, damit die Maschinentheile nicht zu sehr leiden, schon in der Grube mit Kalkmilch, und wird das aus der Grube gepumpte Wasser in eine hölzerne Rinne geführt, welche 2 m über der Oberkante der Teiche liegt. Von hier aus fällt das Wasser, wie nachstehende Fig. 127 zeigt, auf zwei Wasserräder, welche den Zweck haben, das Wasser möglichst fein zu

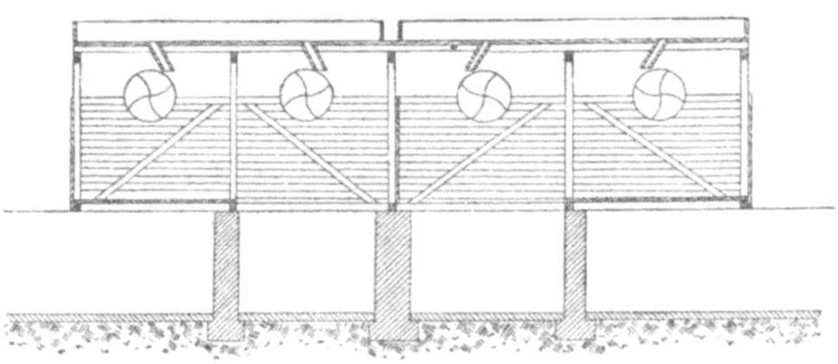

Fig. 127.

Wassermischungs-Vorrichtung.

zertheilen und jeden Tropfen mit der Luft in Berührung zu bringen, alsdann geht das Wasser in vier unterhalb liegende Teiche, wo sich der Schlamm absetzt.

Die Teiche sind so eingerichtet, dass zwei zum Zweck der Reinigung abgestellt werden können, oder auch alle vier in Gebrauch sind.

Nachdem das Wasser den gröbsten Schmutz abgesetzt hat, wird es einer zweiten Reihe von Klärteichen zugeführt, deren Boden und Wandungen mit basischer Schlacke ausgefüllt sind.

b) Selbstthätige Schöpfvorrichtung für die Zugabe der chemischen Zusätze nach C. Liesenberg.

C. Liesenberg, dessen Fällungsmittel S. 345 beschrieben ist, hat für die selbstthätige Zugabe chemischer Fällungsmittel folgende, in ähnlicher Weise auch sonst vielfach gebräuchliche Einrichtung (vergl. S. 381, Fig. 96, S. 394 u. 395, Fig. 102—106) getroffen.

Ein Wasserrad *A* (vergl. Fig 128a und 128b) wird durch das fliessende Abwasser in Bewegung gesetzt und dreht sich je nach der Stromgeschwindigkeit und Menge des Abwassers rascher oder langsamer. Das Wasserrad setzt ein Schöpfrad *B* in Bewegung, welches aus mehreren getrennten Abtheilungen — je nach der Anzahl der angewendeten chemischen Fällungsmittel — die chemischen Zusätze mittelst einer bestimmten Anzahl von Schöpfkännchen dem Wasser zuführt. C. Liesenberg hat nach seinem Fällungsmittel das Schöpfrad für drei verschiedene Präparate (Natriumferrit, Natriumaluminat und Kalk) eingerichtet. Durch Anbringung einer verschiedenen An-

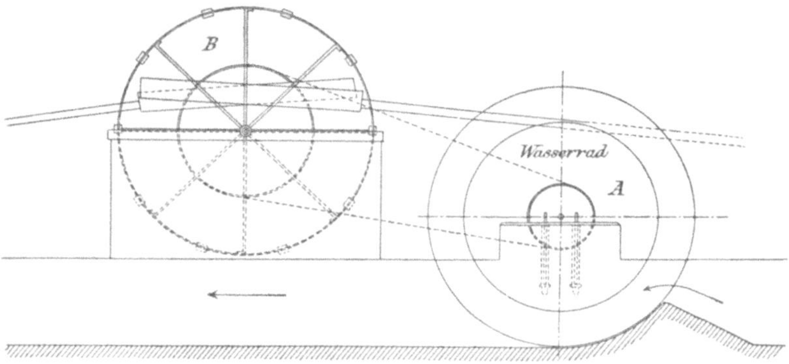

Fig. 128 a. Längsschnitt.

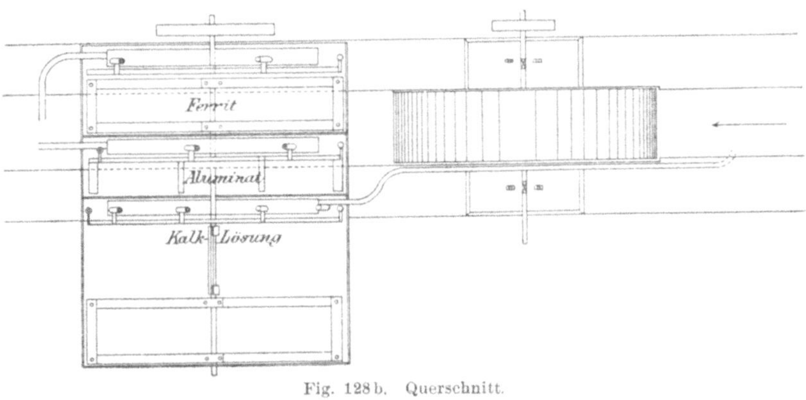

Fig. 128 b. Querschnitt.

Vorrichtung für den selbstthätigen Zusatz der chemischen Fällungsmittel nach C. Liesenberg.

zahl Schöpfkännchen hat man es in der Hand, von dem einen Fällungsmittel mehr, von dem anderen weniger zuzugeben.

Der durch die Fällungsmittel entstehende Niederschlag wird dann in den üblichen Klärbecken zum Absetzen gebracht.

c) Messvorrichtung für die zur Reinigung von Abwässern bestimmten Fällungsmitteln.

Ed. Walther hat für diesen Zweck folgendes von Aug. Paschen in Cöthen erworbene Patent-Verfahren angegeben (vergl. Fig. 129a—129d):

In den beiden nebeneinander stehenden Bottichen *a* und a^1 (vergl. Fig. 129a), die je mit einem Rührwerk versehen sind, werden Chemikalien, z. B. Kalkwasser, umgerührt und dadurch vertheilt. An der tiefsten Stelle der Bottiche sind die Apparate *b* und b^1

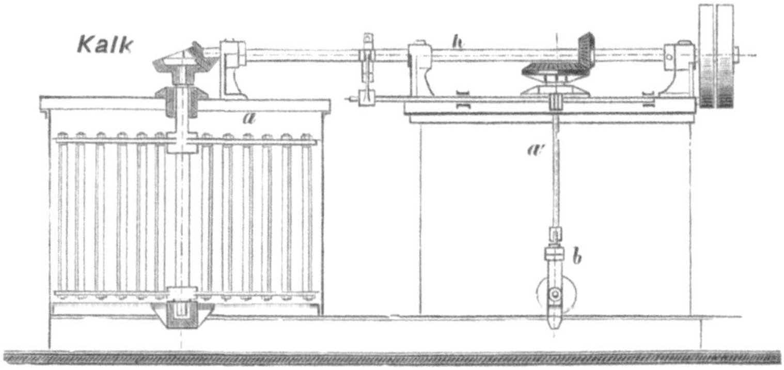

Fig. 129 a.

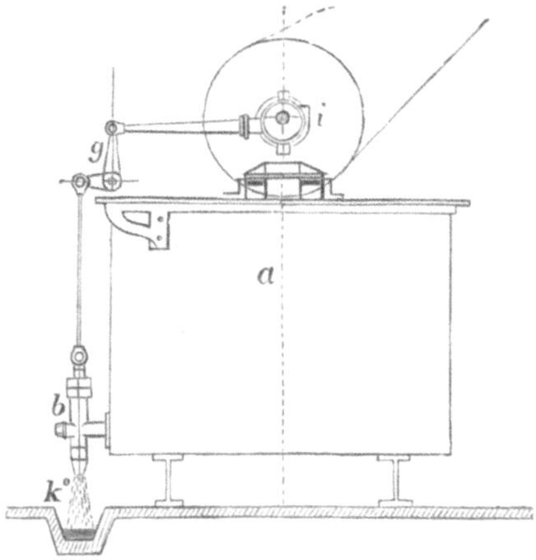

Fig. 129 b.

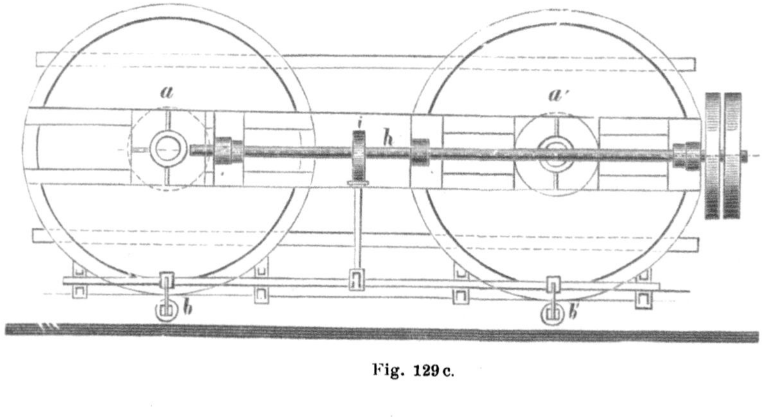

Fig. 129 c.

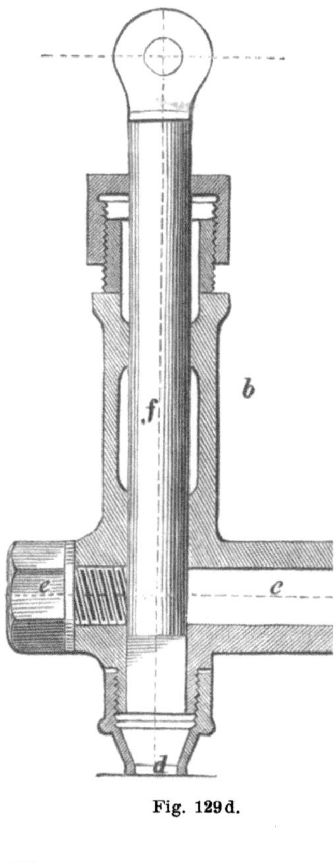

Fig. 129 d.

Messvorrichtung für Fällungsmittel von Ed. Walther.

angebracht, durch welche die Chemikalien bei jedesmaligem Oeffnen des Kanals *c* ausströmen und bei *d* in den darunter liegenden Kanal *h*, der beiden Bottichen gemeinsam ist, entweichen.

Der Kolben *f* wird mittelst des Hebelmechanismus *g* und des auf der Antriebswelle *h* befindlichen Excenters *i* in eine auf- und niedergehende Bewegung versetzt und der Kanal *c* bei jedesmaligem Kolbenspiel geöffnet und geschlossen.

Der Apparat *b* und b^1 dient dazu, durch das beständige, in regelmässigen Zeiträumen stattfindende Oeffnen und Schliessen des Ausströmungskannls *c* eine genaue Mischung der in beiden voneinander getrennten Bottichen enthaltenen und in einen gemeinsamen Kanal *k* ausfliessenden Chemikalien zu erreichen.

Der Apparat ist vor dem Auslaufkanal *c* mit einer Stellschraube *l* versehen, um, falls sich der Kanal *c* verstopft, denselben reinigen zu können.

Der Apparat ist in der Zuckerfabrik Klein-Paschleben in Betrieb gewesen und sollte dort auch ferner benutzt werden.

d) Vorrichtung zum Vertheilen von Fällungsmitteln.

P. Aug. Maignen, London, hat[1]) (nach D.R.P. 31069 vom 7. Aug. 1884) folgende Vorrichtung zum Vertheilen von Fällungsmitteln in zu reinigendem Wasser getroffen (vergl. Fig. 130):

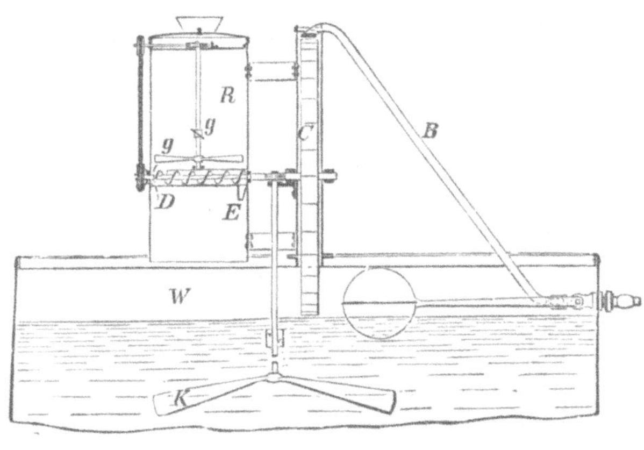

Fig. 130.
Vorrichtung für die Vertheilung von Fällungsmitteln.

Das zu reinigende Wasser fliesst durch *B* über das Wasserrad *C* in den Behälter *W* und wird hier durch den Rührer *K* in Bewegung gehalten. Die Fällungsmittel befinden sich in dem Kasten *R* und werden durch die Rührer *g* und die Transportschnecke *D* nach *E* und von hier nach *W* geschafft.

e) Vorrichtung zum Entwässern von schlammförmigen Stoffen von M. M. Rotten-Berlin nach D.R.P. 35719.

Die vorliegende Erfindung bezieht sich auf das Entwässern namentlich solcher schlammförmigen Stoffe wie dieselben bei dem Reinigen von Abfallwässern aller Art, seien es Fabrikabwässer, seien es städtische Abwässer und dergl., entstehen.

---

[1]) Chem.-Ztg. 1885, **9**, 729.

Um diese schlammförmigen Stoffe nutzbar zu verwerthen, ist es erforderlich, dieselben in einen möglichst entwässerten Zustand zu bringen, in welchem dieselben als Handelswaare auch eine grössere Verfrachtung vertragen können. Die bisher hierfür angestellten Versuche mit Pressen, Centrifugen, Lufttrocknern etc. haben theils aus ökonomischen, theils aus technischen Gründen vielfach einen Erfolg nicht gehabt.

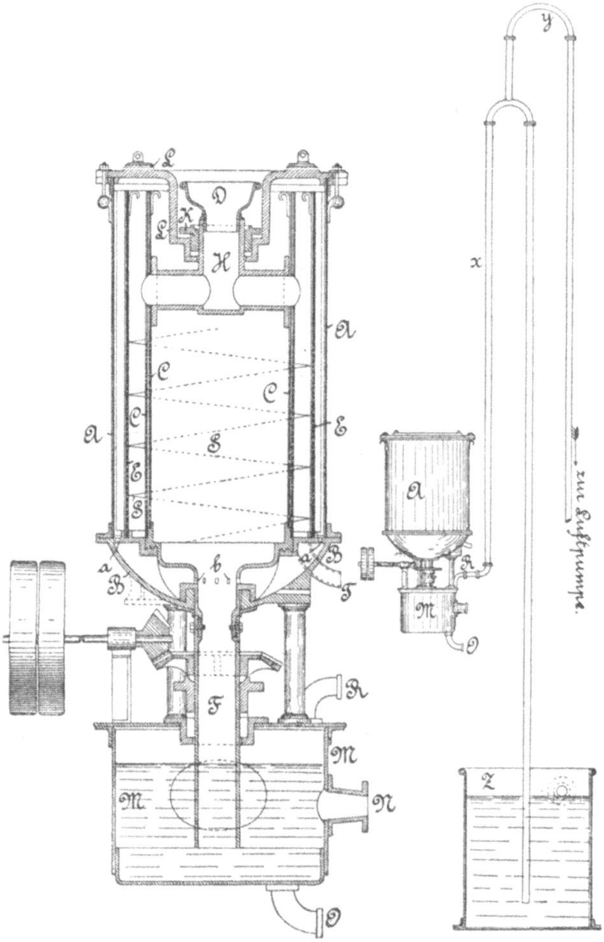

131 b. 131 a.

Vorrichtung zum Entwässern des Schlammes.

Die vorliegende Erfindung bewirkt dieses Entwässern in der Weise, dass gleichzeitig ein Absaugen des in dem Schlamm enthaltenen Wassers, ein Filtriren dieses Schlammes und ein Zusammenpressen bei der Fortbewegung desselben in einem beständigen Betriebe erfolgt.

Das Verfahren soll an der Hand des zur Ausführung desselben benutzten Apparates erläutert werden, welcher in Fig. 131a übersichtlich in seiner Gesammtzusammenstellung und in Fig. 131b im Einzelnen gezeichnet ist. Derselbe besteht im wesentlichen aus zwei Theilen, von denen der eine fest und der andere beweglich ist. Der feste Theil ist der Kasten *A*, welcher mit seinem Untersatz *B* auf Säulen oder sonstwie fest gelagert ist. In diesem Kasten befindet sich ein zweiter beweglicher und zweitheiliger Kasten *C*, welcher den eigentlich wirkenden Apparat bildet. Dieser letztere ist mit einem in den feststehenden Kasten *A* bezw. den Untersatz *B* desselben hineinpassenden Rohr *F* verbunden, welches durch irgend eine Antriebsvorrichtung in entsprechende Drehung versetzt wird und den eigentlichen Apparat mitnimmt. Dieser letztere besteht aus dem doppelwandigen Kasten *C*, welcher in seinem unteren Theil aus doppelten Siebflächen gebildet ist, die eventuell noch mit geeigneten Filtrirvorrichtungen, wie Gaze und dergl., entsprechend der zu verarbeitenden Masse, belegt werden können. Bei *D* ist die Eintragöffnung für den zu verarbeitenden Schlamm, von wo derselbe durch das mit dem sich drehenden Kasten *C* fest verbundene **T**-Stück *H* in den um den Kasten *C* gebildeten Raum gelangt. Seine obere Führung erhält das Einströmungsrohr und dadurch zugleich der sich drehende Kasten *C* durch eine Stopfbüchse *K*, welche an dem nach innen hineinreichenden Deckel *L* des äussersten Mantels *A* des Apparates angebracht ist. Zwischen diesem beweglichen Kasten *C* und dem feststehenden äusseren Mantel *A* ist ein zweiter, in seinem unteren Theil gleichfalls siebförmig gestalteter und sich nicht bewegender Mantel *E* angebracht; ferner sind zwischen dem Mantel *C* und dem letztgenannten Mantel *E* schneckenförmig gestaltete Flächen *S* zur Weiterbewegung des Schlammes angeordnet. Der Kasten *C*, der aus den zwei Siebflächen besteht, ist derart eingerichtet, dass der äussere Siebmantel mit dem Antriebsrohr *F* fest verbunden ist, während der innere, nur an seinem oberen Theil mit dem zweiten Mantel in irgend einer Weise zusammenhängende Mantel behufs Reinigung an den gezeichneten Haken sich leicht herausziehen lässt. Dasselbe ist mit dem sich nicht bewegenden Mantel *E* der Fall, welcher gleichfalls in dem unteren Fussstück *B* nur lose aufsitzt und behufs Reinigung leicht ausgewechselt werden kann.

Das Antriebsrohr *F* mündet in ein Gefäss *M*, in welchem sich ein Abflussstutzen *N* für das Wasser befindet, welcher stetig oder nur zeitweilig geöffnet werden kann. Ein zweiter Stutzen *O* ist an dem unteren Boden behufs Entleerung des ganzen Kastens vorhanden, während an dem Deckel dieses Kastens der Stutzen *R* die Verbindung mit der Luftpumpe bewirkt. Der von der Schnecke *S* nach unten beförderte Schlamm tritt durch das tangential angeordnete Auslassrohr *T* in dem gewünschten entwässerten Zustande aus dem Apparat heraus, wobei die Geschwindigkeit des Apparates entsprechend der zu verarbeitenden Masse gewählt werden muss. Das Ablassrohr *T* kann event. wenn eine grössere Trocknung erwünscht wird, durch den in eine Ummantelung desselben eingeführten Dampf oder auf irgend eine andere Weise erwärmt werden.

Der Apparat arbeitet wie folgt: Der durch das Rohr *D* einströmende Schlamm vertheilt sich durch das **T**-Stück *H* in dem Raum zwischen dem sich drehenden Kasten *C* und dem feststehenden *E*, welche beide an ihren unteren Theilen mit Siebflächen versehen sind. Der Raum innerhalb des Kastens *C* steht durch das Führungsrohr *F* und den Stutzen *R* mit einer Luftpumpe in Verbindung; das Gleiche ist der Fall mit dem Raum, welcher zwischen dem feststehenden Kasten *E* und dem äusseren Mantel *A* entsteht, indem dieser durch die gezeichneten Löcher *a* und *b* ebenfalls mit dem Führungsrohr und dadurch mit der Luftpumpe in Verbindung gebracht ist. Es wird nun dadurch ein Absaugen des Wassers von beiden Seiten des zwischen dem Kasten *C* und dem Kasten *E* befindlichen Schlammes und gleichzeitig ein Abfiltriren des Wassers durch die in den beiden Kasten *C* und *E* angeordneten Siebflächen erfolgen, dieser Schlamm dadurch allmählich entwässert und durch die Schnecke *S* fortbewegt werden, bis derselbe in dem gewünschten entwässerten Zustande durch das Ablassrohr *T* den Apparat verlässt. Das Wasser strömt durch das Führungsrohr *F* in den unteren Kasten *M* und wird durch die Wirkung der Luftpumpe mit der entleerten Luft durch den Stutzen *R* in das heberartige Leitungsrohr *x* mitgerissen, von wo dasselbe in einen Ablaufbehälter *Z* abströmt. Der höchste Punkt dieses Heberrohres steht durch die Leitung *y* mit einer Luftpumpe in Verbindung, und wird diese Höhe derart bemessen, dass Wasser durch die Luftpumpe nicht angesogen werden kann.

Die Tiefe der Luftverdünnung und dementsprechend die Höhe des Heberrohres wechselt je nach Beschaffenheit des zu verarbeitenden Schlammes, indem für mehr körnigen Schlamm eine geringere Luftverdünnung und eine geringere Höhe des Heberrohres erforderlich wird, während für mehr schleimigen Schlamm, von welchem sich die Flüssigkeit schwerer trennt, eine tiefere und dementsprechend ein höheres Heberrohr anzuwenden geboten ist. Das Gleiche ist mit der Geschwindigkeit der Fall, mit welcher der innere Mantel *C* mit der Schnecke *S* bewegt werden soll, indem diese Geschwindigkeit für eine dickflüssigere Masse und für eine körnige Masse grösser und für schleimigen Schlamm geringer gewählt werden muss.

Charles T. Liernur in Berlin hat nach D.R.P. No. 37714 ebenfalls eine Einrichtung zum Trocknen des aus Abwässern gewonnenen Schlammes getroffen, welche im wesentlichen darauf beruht, dass der Schlamm über eine sich drehende erwärmte Walze ausgebreitet wird. Dem Vernehmen nach ist eine solche Einrichtung in Dortrecht und Amsterdam in Betrieb.

f) Vorrichtungen für die Zuführung von Gasen (Luft, Kohlensäure oder schwefeliger Säure) zu gereinigtem Abwasser.

Schon oben S. 235—245 ist durch Versuche dargelegt worden, dass es unter Umständen von Nutzen sein kann, ein an organischen Stoffen reiches, faules oder fäulnissfähiges Abwasser zu lüften, d. h. mit Sauerstoff anzureichern. Der Sauerstoff wird zwar in diesem Falle, wie ich dort genügend auseinandergesetzt habe, nicht direkt oxydirend wirken, kann aber die zersetzende und oxydirende Wirkung von Mikroorganismen unterstützen.

Direkt von Vortheil aber ist das Lüften, wenn es sich darum handelt, übele Gerüche (wie Schwefelwasserstoff, Ammoniak u. dgl.) zu entfernen. Selbstverständlich muss dann das Lüften in einer nicht oder wenig bewohnten Gegend vorgenommen werden, damit die Nachbarschaft darunter nicht leidet, oder aber die sich verflüchtigenden Gase müssen durch einen Schornstein oder Thurmschacht entsprechend hoch in die Luft abgeführt werden, damit sie dort genügend verdünnt und unschädlich gemacht werden.

Unter anderen Umständen soll das Lüften eine Abkühlung des Abwassers bewirken.

Zum Lüften kann man sich der bekannten Gradirwerke oder der Koksthürme (S. 198) oder des Sprühregens (S. 197) bedienen.

Ich habe gefunden, dass für den Zweck auch ein unter einem stumpfen Winkel hin und her gebogenes Drahtnetz gute Dienste leisten kann.

α) Die Lüftung.

Die Lüftung kann mit einer etwaigen chemisch-mechanischen Reinigung verbunden werden (vergl. Fig. 132).

Das natürliche oder mit Chemikalien versetzte Schmutzwasser fliesst z. B. in einen der bekannten cylindrischen Klärbehälter *CC* an der Aussenwandung herunter, um in dem inneren Trichter *T* wieder in die Höhe zu steigen; die hierbei sich unten abscheidenden Schlammstoffe können bei *f* abgelassen werden, während das geklärte, durch

F abfliessende Wasser — oder auf dem inneren Trichter kann behufs Zurückhaltung von Schwebestoffen noch ein Filter angebracht werden — auf das Drahtnetz *G* fällt, welches unter einem stumpfen Winkel hin und her gebogen ist, um die Fallhöhe und damit die Wirksamkeit zu vergrössern.

An einem solchen Drahtnetz tropft das Wasser nicht, sondern läuft bei einigermaassen stumpfem Winkel in den Längsmaschen in äusserst dünner Schicht herunter, sodass die Einwirkung der Luft auf beiden Seiten stattfindet und eine verhältnissmässig grosse ist. Ich habe gefunden, dass faulige, stark riechende Wässer nach Herabrieseln an einem 3—4 m hohen

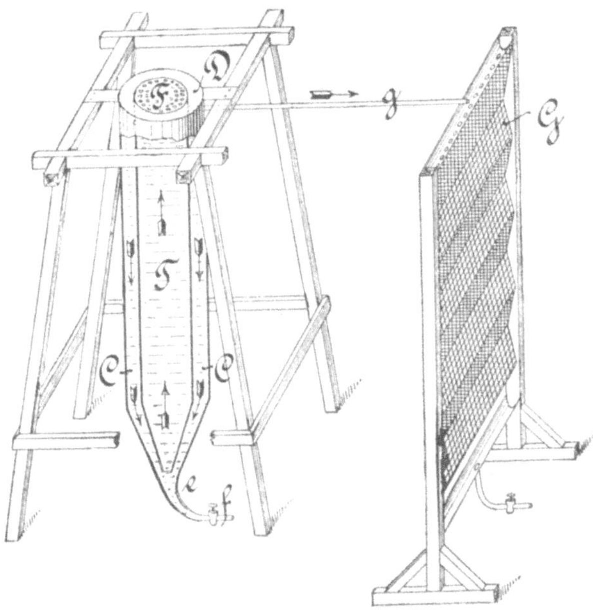

Fig. 132.
Klär- und Lüftungs-Vorrichtung.

Drahtnetz nicht nur ihren schlechten Geruch verloren, sondern sich auch wieder mehr oder minder mit Sauerstoff gesättigt hatten.

Hieraus erklärt sich auch, dass ein Bachwasser, welches fäulnissfähige Abwässer aufnimmt und beim Aufstauen z. B. vor Mühlenstauwerken faulige Gerüche verbreitet, diese, wenn es durch die Mühlenräder gelüftet wird, nicht nur verliert, sondern auch auf weite Strecken unterhalb wieder keine Fäulnisserscheinungen zeigt.

β) Zuführung von Kohlensäure, schwefeliger Säure oder anderen Gasen.

Für die Zuführung von Kohlensäure bezw. von Schornsteinluft wie auch für Zuführung von schwefeliger Säure können Einrichtungen dienen, wie sie für die Saturation von Zuckerfabriken in Gebrauch sind.

Man kann sich hierzu aber auch zweckmässig der Dampfstrahlgebläse bedienen, wie ein solches durch Fig. 133 veranschaulicht wird.

Der Dampfstrahl tritt durch das Dampfrohr D ein und reisst in der Richtung des Pfeiles durch den Saugestutzen (bei dem Pfeil) der mit dem Fuchse einer Feuerung bezw. einer sonstigen Gasquelle in Verbindung steht, Schornsteinluft mit fort; beide gehen durch das Rohr L und treten durch das Rohr R in dem Behälter C aus, in welchem sich die kohlensäurehaltige Luft mit dem mit Kalkmilch und sonstigen Fällungsmitteln versetzten Wasser mischt.

Wiederum in anderen Fällen wird man den Zweck mit gewiss nicht geringerer Wirkung erreichen, wenn man die Luft nicht durch das Wasser selbst saugt, sondern, wenn man ähnlich wie bei der Lüftung des Wassers, die mit chemischen Fällungsmitteln und überschüssigem Kalk versetzten Schmutzwässer in Rauchkammern sprühregenartig in äusserst feinem Strahl oder an Drahtnetzen in äusserst dünner Schicht austreten lässt; diese Rauchkammern können unten mit dem Feuerungskanal bezw. Schornstein in Verbindung stehen, während sie oben, um mit dem Wasser thunlichst viel

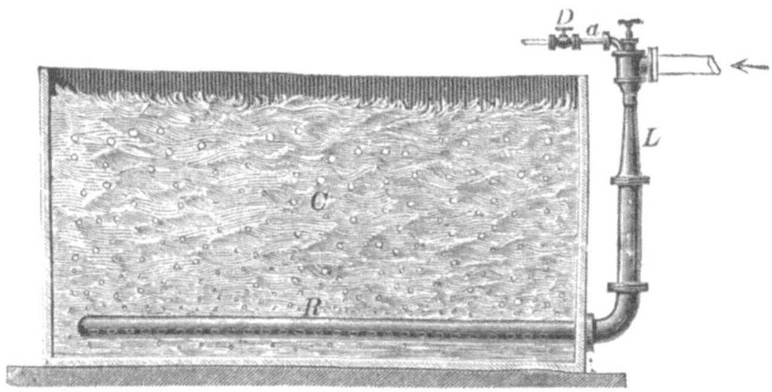

Fig. 133.
Gaszuführung durch ein Dampfstrahlgebläse.

Schornsteinluft in Berührung zu bringen, mit einem Ventilator versehen sind; in den meisten Fällen dürfte es genügen, das obere Abzugsrohr der Rauchkammern mit dem gut ziehenden Schornstein in Verbindung zu setzen.

Letztere Einrichtung wäre ähnlich den Entsäuerungsvorrichtungen, welche bezwecken, Rauchgase, wie z. B. die von der Zinkblende-Röstung, von schwefliger Säure zu befreien; hier bewirkt die Kalkmilch eine Neutralisation und Unschädlichmachung der schwefligen Säure, während bei der Reinigung der Schmutzwässer umgekehrt die Säure, d. h. die Kohlensäure etc. der Schornsteinluft dazu dient, den überschüssig zugesetzten Kalk auszufällen und damit eine erhöhte Ausfällung der Schmutzstoffe zu bewirken.

Genug, die Art der Ausführung dieser Art Hilfs-Reinigung von fauligen und fäulnissfähigen Schmutzwässern bietet für den Techniker keine Schwierigkeit; in vielen Fällen ist hinreichendes natürliches Gefälle vorhanden, um das Verfahren in den verschiedensten Abänderungen zur Ausführung zu bringen, in anderen Fällen bietet das Heben der Schmutzwässer keine Schwierigkeiten, indem die vorhandene Maschinenkraft mehr als ausreicht, um das abfallende Schmutzwasser 4—6 m hoch zu heben.

Selbstverständlich ist die Wirkung der Sättigung eines Abwassers mit diesem oder jenem geeigneten Gase durchweg nicht so bedeutend, dass deshalb für grosse Mengen Abwasser viele Ausgaben gemacht werden sollen; in anderen Fällen für geringe Mengen eigenartiger Abwässer können die genannten Vorrichtungen aber von Vortheil sein (vergl. z. B. die Reinigungsanlage nach Wolhanka & Co. in Rusin bei Prag unter Abwasser aus Zuckerfabriken).

F. Reinigung der Schmutzwässer durch Elektricität.

Vor einigen Jahren hat man auch den elektrischen Strom zur Wasserreinigung zu verwenden gesucht und zwar zur Reinigung und Sterilisirung sowohl von Abwässern — namentlich städtischen — als auch von Trink- und Gebrauchswässern (vergl. S. 194).

Wenngleich die Verfahren wieder aufgegeben sind, so mögen die Ergebnisse der Versuche doch als Grundlagen und Anhaltspunkte für weitere Forschungen hier mitgetheilt werden.

Zur Reinigung von Abwässern sind zwei Verfahren bekannt geworden, die auf wesentlich verschiedenen Grundsätzen beruhen und von denen das eine nur eine Sterilisation, das andere aber auch eine Reinigung des Abwassers von sonstigen nicht organisirten Verunreinigungen bezweckt. Beide Verfahren sind in mehreren Städten Englands und Frankreichs in grösserem Maassstabe versuchsweise ausgeführt und geprüft, aber soweit mir bekannt geworden ist, bis jetzt noch nicht endgültig eingeführt worden; es sind die Verfahren von Webster und von Hermite.

1. Das Webster'sche Verfahren der Reinigung von Schmutzwasser.

W. Webster lässt den elektrischen Strom unter Anwendung von Eisenplatten als Elektroden auf das Chloride enthaltende Abwasser[1]) selbst

[1]) Bei Abwässern, welche arm an Chloriden sind, erfolgt vortheilhaft ein Zusatz von solchen.

einwirken und deutet den chemischen Vorgang, der sich dabei abspielt, folgendermassen:[1])

An der negativen Eisenplatte scheidet sich Wasserstoff ab; die an der positiven Eisenplatte gebildeten Chlorverbindungen wirken theils auf die organischen Bestandtheile des Abwassers, theils auf das Eisen ein und zwar wird aller Wahrscheinlichkeit nach Eisenhypochlorid[2]) gebildet, besonders wenn kohlenstoffhaltige Gusseisenplatten verwendet werden; denn beim Elektrolysiren einer starken Chloridlösung, der eine Indigolösung zugesetzt ist, wird das Indigo gebleicht, und ebenso zeigt sich eine Bleichung des Lackmuspapieres, wenn die in Thätigkeit befindliche Eisenelektrode damit gerieben wird. Möglicherweise wird auch Eisenchlorid frei; welches aber auch die Wirkung des Stromes ist, es findet sicher eine Oxydation der organischen Stoffe statt. Wenn Eisenhypochlorid gebildet wird, so verwandelt es sich in Chlorid und wird durch freies Ammoniak, Natron, Hydrate etc., die am negativen Pole sich bilden, niedergeschlagen. Um diese Wirkung zu erzielen, müssen die Abwässer beständig in Bewegung gehalten werden. Das niedergeschlagene Eisenoxydulhydrat ist anfangs weiss, aber durch die Aufnahme von Sauerstoff wird es allmählich grün und wandelt sich schliesslich in rothbraunes Eisenoxydhydrat um. Der gebildete Niederschlag nimmt die Schwebestoffe, sowie die gelösten und oxydirten organischen Stoffe mit fort. Das abfliessende Wasser enthält Spuren von Eisenoxydulhydraten und Karbonaten in Lösung, die Sauerstoff aus der Luft aufnehmen und somit weiter reinigend wirken. Oder es können auch die gesammten Eisenverbindungen durch Hinzufügung einer kleinen Menge elektrolytischer unterchlorigsaurer Lösung als flockiges Eisenoxydul niedergeschlagen werden.

Ueber die mit dem Webster'schen Verfahren bei Spüljauche in Crossness und Salford im grossen angestellten Reinigungsversuche berichtet H. A. Roechling.[3]) Die Versuche mit Londoner Spüljauche in Crossness wurden im Jahre 1889 angestellt; es wurden nach H. Roscoe durch das Webster'sche Verfahren ohne Filtration im Mittel 64,5 % des organisch gebundenen Ammoniaks und 70 % der organischen Stoffe — gemessen durch den zur Oxydation erforderlichen Sauerstoff — entfernt. Die gereinigte Spüljauche zeigte keine Fäulnisserscheinungen, im Gegentheil war Neigung zum Oxydiren vorhanden. Proben derselben, die in geschlossenen Flaschen 6 Wochen lang aufbewahrt waren, enthielten kein Schwefelwasserstoffgas.

---

[1]) Chem.-Ztg. Repertorium 1894, **18**, 80; daselbst nach Lond. Elekt. Rev. 1894, **34**, 10; vergl. auch Bell J. Carter: Chem.-Centrbl. 1891, I, 337; ferner H. A. Roechling, Gesundh.-Ing. 1892, **15**, 177. In diesem letzteren Bericht ist von einer Mitwirkung der Chloride nicht die Rede und wird die Reinigung lediglich als eine Wirkung des an der positiven Platte abgeschiedenen Sauerstoffs bezeichnet, der z. Th. das Eisen, z. Th. die organischen Stoffe des Abwassers oxydiren soll.

[2]) Die Bildung von Eisenhypochlorid konnte Bell J. Carter nicht bestätigen. Vergl. Cl. Fermi: „Ueber Reinigung der Abwässer durch Elektricität.“ Arch. f. Hyg. 1891, **13**, 207.

[3]) Gesundh.-Ing. 1892, **15**, 177.

Die Reinigungsanlage in Salford[1]) war folgendermassen eingerichtet: Ein durch einen Dynamo erzeugter elektrischer Strom von 50 Ampère und 50 Volt wurde durch Kupferstreifen nach den Enden eines gemauerten Kanals geleitet und hier mit den gusseisernen Platten, die als Elektroden wirkten, verbunden. Die Länge des Kanals betrug 27,43 m, die Tiefe 1,45 m, die lichte Weite 0,39 m, und das absolute Gefälle 0,91 m. Quer war der Kanal in 28 Zellen getheilt, von denen jede 13 Eisenplatten (von 1,22 m Länge, 0,81 m Breite und 12,7 mm Dicke) enthielt, welche parallel mit den Seitenwänden des Kanals in einem Abstand von 15,87 mm aufgehängt waren. Der ganze Strom durchlief jede einzelne der reihenweise verbundenen Zellen; von drei Platten waren die positiven und negativen abwechselnd verbunden und, um Kurzschlüsse zu verhüten, durch hölzerne Einlagen getrennt. Die Spüljauche floss durch den „elektrolytischen Kanal" in verschiedene Klärbecken und von hier entweder durch Sandfilter oder direkt in den Fluss.

Die Ergebnisse der Reinigung mit und ohne Filtration in Salford waren folgende für 1 l:

Art der Spüljauche	Mittelwerthe aus Analysen	Schwebestoffe		Gelöste Stoffe		Ammoniak	Organisch gebundenes Ammoniak	Sauerstoff-Verbrauch nach 3 Stunden
		Glühverlust	Glührückstand	Glühverlust	Glührückstand			
	mg	mg	mg	mg	mg	mg	mg	mg
Ungereinigte Spüljauche . . .	7	368,3	143,7	308,6	1102,7	14,6	6,6	53,1
Elektrisch-gereinigte Spüljauche vor der Filtration	10	77,4	44,0	199,5	935,1	14,8	3,6	23,4
Desgl. nach der Filtration . .	8	7,0	3,0	160,0	1044,0	10,4	2,6	14,0
Hiernach sind durch die Reinigung entfernt in Procenten der ungereinigten Spüljauche:								
Elektrisch-gereinigte Spüljauche vor der Filtration	—	78,98	69,38	35,35	15,19	1,37[2])	45,45	55,93
Desgl. nach der Filtration . .	—	98,09	97,91	48,15	5,30	28,77	60,61	73,64
Mithin Arbeitsleistung des Filters	—	90,96	93,18	19,80	10,58[2])	29,72	27,78	40,17

Es sind also durch elektrische Reinigung mit Filtration 20,0—75,0% im Mittel 60,6% des organisch gebundenen Ammoniaks und 63,1—90,0% im Mittel 73,6% der organischen Stoffe — gemessen als Sauerstoffverbrauch nach 3 Stunden — aus der Spüljauche entfernt. Auch hier zeigten sich nach einigen Monaten keine Fäulnisserscheinungen in den gereinigten Spüljauchen.

In bakteriologischer Hinsicht sind in Salford keine Beobachtungen gemacht worden. Webster giebt jedoch an, dass er Versuche angestellt

[1]) Vergl. auch A. Wilke: Die Elektricität. Leipzig, Otto Spamer 1895, 403.
[2]) Zunahme.

habe, nach welchen die gereinigten Abwässer sich als völlig keimfrei erwiesen haben.

In Paris ergaben ähnliche Untersuchungen, dass bei einem Keimgehalt der ungereinigten Spüljauche von 5 Millionen, die gereinigte Jauche nur 600 Keime enthielt.

Ueber die Kosten des Verfahrens erhalten wir in dem Berichte von Roechling nach den Versuchen in Salford folgende Angaben:

In Salford wurden 1382776 l Spüljauche in 132,32 Stunden oder in 1 Stunde 10450 l elektrolytisch gereinigt, wozu im Mittel eine Stromstärke von 33,54 Ampère und eine Spannung von 41,03 Volt erforderlich waren. Dies entspricht 1,87 Pferdekräften. Hiernach würden für eine tägliche Menge von 5000 cbm, welche Brauchwassermenge bei einer Annahme von 100 l für den Tag und Kopf einer Bevölkerung von 50000 Einwohnern entspricht, ungefähr 37 effektive Pferdekräfte nöthig sein. Webster hält jedoch eine geringere Anzahl von Pferdekräften für ausreichend. Die erforderliche Stromstärke wird aber in jedem einzelnen Falle von der Verunreinigung der Spüljauche, auch von ihrem Chloridgehalt, und von dem erforderlichen oder zulässigen Reinigungsgrad abhängig sein. Der Verbrauch an Eisen betrug in Salford 72,4 kg, was bei einer Abwassermenge von 4000 cbm für den Tag 78,3 Tonnen Eisen im Jahre oder 42,9 kg für 1000 cbm Spüljauche entspricht. Webster schlägt vor, die Menge des Eisens — gusseiserne Platten gewöhnlicher Art — beim Beginn des Betriebes so zu bemessen, dass sie auf 5—10 Jahre ausreicht, da sich eine derartige Menge als zweckmässig herausgestellt habe. Auch ist bei einer Kostenberechnung auf die Menge und Fortschaffung des gebildeten Schlammes Rücksicht zu nehmen.

Nach diesen Angaben lassen sich die Kosten für jeden einzelnen Fall berechnen.

Veranlasst durch die günstigen Ergebnisse, welche W. Webster in Salford mit der elektrischen Reinigung des Abwassers erzielte, hat Claudio Fermi[1]) die Wirkung des elektrischen Stromes unter verschiedenen Verhältnissen auf Abwasser, reine wässerige Lösungen organischer Verbindungen, ferner Harn, Milch u. dergl. unter verschiedenen Verhältnissen durch Versuche ermittelt.

Er arbeitete bei seinen Versuchen stets mit 1 l Flüssigkeit, auf die er einen beständigen durch eine Dynamomaschine bezw. durch Akkumulatoren erzeugten Strom einwirken liess und erhielt folgende Ergebnisse:

Die Eisenelektroden erweisen sich wirksamer auf das Wasser, als solche von Kupfer, Platin, Kohle etc.; Eisenelektroden von 80 qcm Oberfläche wirksamer, als solche von 40—20 qcm. Je stärker ferner der Strom, je grösser die Oberfläche der Elektroden und je länger die Einwirkung des elektrischen Stromes dauert, desto schneller und vollkommener geht im allgemeinen die Reinigung des Wassers vor sich. Die organischen Stoffe konnten in 1 l

---

[1]) Arch. f. Hygiene 1891, **13**, 207.

Wasser durch einstündige Einwirkung eines elektrischen Stromes von 0,5 bis 1,0 Ampère und bei Anwendung flacher eiserner Elektroden von 80 qcm Oberfläche und 5 cm Abstand von einander bis auf $^1/_3$ vermindert werden, während die Zahl der Keime dabei um das 50—100fache verringert wurde. Immerhin aber war die einstündige Wirkung eines Stromes von 0,42 Ampère auf 1 l Kanalwasser geringer, als die eines Zusatzes von 1 $^0/_0$ Kalk. Durch Kalkzusatz wurde das Wasser vollkommen steril und blieb es auch nach 48 Stunden, während im elektrisirten Wasser nach dieser Zeit die Anzahl der Keime wieder um das Fünffache zugenommen hatte. Die stärkere Wirkung des elektrischen Stromes bei Anwendung eiserner Elektroden mit grösserer Oberfläche kommt nicht durch eine grössere Ausscheidung von Eisenoxyd allein zu Stande, da bei grösseren Elektroden weniger Eisen ausgeschieden werden kann, als bei kleineren; dagegen verläuft im ersteren Falle die Elektrolyse regelmässiger und so wird nahezu eben so viel Eisen an der negativen Elektrode niedergeschlagen, als sich an der positiven löst, während im letzteren Falle bei grösserer Stromdichte kein kohärenter Niederschlag an der negativen Elektrode entsteht; die an der positiven Elektrode abgeschiedene Eisenmenge verbleibt daher grösstentheils in der Flüssigkeit. Schwache Ströme z. B. von 0,063 Ampère lieferten auch bei bis zu 5stündiger Einwirkung keine befriedigenden Ergebnisse. Ferner fand Fermi, dass im Gegensatze zu den meisten chemischen Reinigungsmitteln durch den elektrischen Strom auch einige oxydirbare organische Stoffe in ihrer Menge vermindert werden; die gelösten organischen Stoffe des Kanalwassers konnten bis zur Hälfte aus demselben entfernt werden. Auch Fermi beobachtete, dass der Zusatz von Chlornatrium durch Entwickelung von freiem Chlor wesentlich die Oxydation einiger organischer Stoffe sowie die Zerstörung der Keime begünstigte. Salpetrige Säure wird zu Ammoniak reducirt.

Das Wesen der Wirkung der Elektrolyse des Wassers erklärt Fermi als einen physikalischen und chemischen Vorgang folgendermaassen: „Durch die Fällung des Eisenoxydhydrates und durch die Gasentwickelung werden die Schwebestoffe theils niedergeschlagen, theils an der Oberfläche der Flüssigkeit angesammelt und es entstehen durch die Wirkung des elektrischen Stromes selbst mannigfaltige Zersetzungen, bei welchen Ammoniak, Sauerstoff und Chlor gebildet werden. Durch den Sauerstoff und das Chlor können leicht oxydirbare organische Stoffe oxydirt werden. Die Keime werden durch die Einwirkung des elektrischen Stromes, wie alle anderen Schwebestoffe, bloss niedergeschlagen. Jedoch könnte bei Gegenwart von freiem Chlor auch eine Zerstörung derselben zu Stande kommen."

Die Berechnungen, welche Fermi über die Kosten des Verfahrens (1 M. für 100 l Wasser) nach seinen Versuchen anstellt, können für die Praxis wohl kaum in Betracht kommen.

Was von den sonstigen Behauptungen desselben zu halten ist, werden die nachstehenden hiesigen Versuche zeigen.

2. Das Hermite'sche Verfahren der Sterilisation der Spüljauche.

Die Engländer E. Hermite, C. F. Cooper und E. J. Patterson in London haben sich ein Verfahren zur Verbesserung im Desinficiren und Apparate hierzu patentiren[1]) lassen, bei denen als Elektroden Platin- und Zinkplatten dienen und wie folgt verfahren wird: Seewasser oder, wo solches nicht vorhanden ist, ein mit 40 kg Salz und 5 kg Chlormagnesium auf 1000 l versetztes gewöhnliches Wasser wird elektrolysirt, bis es einen Gehalt von etwa 3 g freiem Chlor im Liter besitzt, und wird darauf mit der 6—7fachen Menge Wasser vermischt. Diese Flüssigkeit soll von einer Centralstation in Abtritte und ähnliche Räume geleitet werden und als Spülwasser dienen. Die geringen Mengen Chlor belästigen nicht, zerstören aber sehr wirksam die schädlichen und unangenehmen Ausdünstungen der Abwässer. Gegenüber dem Webster'schen Verfahren bezweckt also das Hermite'sche Verfahren nur eine Desinfektion, nicht aber auch eine Reinigung des Abwassers von den sonstigen, nicht organisirten Verunreinigungen.

Das Hermite'sche Verfahren wurde zum ersten Male in Havre im August 1893, dann in Lorient und Brest Ende 1893, und in Nizza, Worthing und Ipswich im Jahre 1894 durch Versuche im grossen erprobt. Die Versuche in Worthing sind am eingehendsten ausgeführt und sollen hier in ihren wesentlichen Ergebnissen nach einem Bericht von H. A. Roechling[2]) beschrieben werden.

Die Anlage war für eine Sterilisirung der Spüljauche von 30 bis 40 Menschen eingerichtet. Meerwasser wurde in einem Zersetzungsapparate mit einem Strome von 300 Ampère und 6 Volt behandelt. Die Anoden bestanden aus 4 Reihen mit je 11 senkrechten Messingstäben, die in ihrem unteren Theile mit Platingeweben umhüllt waren, während die Kathoden aus runden Zinkscheiben bestanden, die zwischen den Anoden kreisten. Das Meerwasser, welches solange in dem Zersetzungsapparate hin- und herfloss, bis es reichlich freies Chlor enthielt, wurde nach der Behandlung in den Hochbehälter aus galvanisirtem Schmiedeeisen gehoben, aus dem es zu den einzelnen Verwendungsstellen abfloss. Die Sterilisation der Spüljauche geschah nun in der Weise, dass sich aus den Spülcisternen der angeschlossenen Spülabtritte nach jedesmaligem Gebrauch beim Ziehen des Hebers die desinficirende Flüssigkeit in den Abortsitz ergoss und die Auswürfe in die Kanäle spülte. Zwischen dem Hauskanal und dem Strassenkanal war ein durchlöcherter Eimer in einem umgekehrten Syphon so angebracht, dass er, mit seiner Oberfläche immer unter der Oberfläche der Flüssigkeit stehend, alle festeren Stoffe zurückhielt und sie so der Einwirkung der Hermite'schen Flüssigkeit auf längere Zeit aussetzte. Diese Eimer konnten

---

[1]) E. P. 22297 vom 21./11. 1893. Chem. Centrbl. 1894, I, 1038, daselbst nach J. Soc. Chem. Ind. **13**, 271; vergl. auch A. Wilke: Die Elektricität. Leipzig 1895, 403.

[2]) Original-Mittheilung.

je nach Bedarf herausgehoben und so ihr Inhalt entleert und untersucht werden.

Nach den Angaben von Hermite sollen die Kosten des Verfahrens im Grossbetriebe nicht mehr als 1 M. für 1 Kopf und Jahr betragen. Diese Annahme dürfte jedoch wohl als zu niedrig zu bezeichnen sein. Falls die Verwendung in den Häusern zu kostspielig wird, so soll man nur die Strassenkanäle damit spülen, wodurch alle üblen Gerüche beseitigt werden sollen.

Die Ergebnisse, welche vom „British Institute of Preventive Medicine“ in Worthing bei der Prüfung des Hermite'schen Verfahrens gewonnen wurden, sind folgende:

1. Ein Dynamo, welcher einen Strom von 250 Ampère Stärke unter 6 Volt Spannung giebt, muss $2^1/_2$ Stunden arbeiten, um in 1000 l Meerwasser einen Gehalt von 0,5 g, und 5 Stunden, um einen solchen von 0,75 g wirksamen Chlors zu erzeugen.

2. Das von Hermite zur Desinfektion vorgeschlagene elektrolysirte Meerwasser mit 0,5 g wirksamem Chlor im Liter ist so unbeständig, dass es bereits in 24 Stunden 90 $^0/_0$ seines Gehaltes verliert und dann als Desinfektionsmittel völlig unwirksam ist. Dagegen sind Lösungen mit 0,75 oder 1,0 g Chlor im Liter viel beständiger, da diese in 24 Stunden nur 34 $^0/_0$ bezw. 10 $^0/_0$ ihrer Stärke verlieren.

3. Bezüglich der Wirkung der Hermite'schen Lösung wurde festgestellt, dass selbst eine 1 $^0/_{00}$ Lösung nicht im Stande ist, eine Fleischbrühekultur von Bac. subtilis mit reifen Sporen in $2^1/_2$ Stunden zu sterilisiren, selbst dann nicht, wenn der Raumtheil der Flüssigkeit 10mal so gross ist, als der der Kultur.

Auf Kulturen von Bac. coli commune wirkte eine Lösung von 0,25 $^0/_{00}$ wirksamen Chlors nur dann, wenn sie innerhalb $^1/_2$ Stunde nach ihrer Bereitung und in 10facher Menge angewendet wurde; eine 0,5 $^0/_{00}$ Lösung wirkte zwar stärker und in geringerer Menge (nach $^1/_2$ Stunde in doppelter, nach 6 Stunden erst in 5facher Menge), sie war aber nach 24 Stunden gleichfalls wirkungslos; dagegen wirkte eine Lösung von 0,75 $^0/_{00}$ in doppelter Menge angewendet noch nach 24 Stunden vernichtend auf diesen Bacillus.

4. Die Hermite'sche Flüssigkeit kann Kothballen weder zerstören noch auflösen und vermag das Innere harter Stühle auch nach langer Einwirkung nicht zu sterilisiren.

5. Dagegen wirkte die Flüssigkeit selbst in 0,25 $^0/_{00}$ Stärke vorzüglich desodorirend.

Nicht günstiger sind die Berichte anderer Forscher.

Klein[1]) in London konnte in einigen von Hermite persönlich sterilisirten Spüljaucheproben noch 800—1000 Bakterien in 1 ccm nachweisen. Ferner fand er bei Versuchen mit Reinkulturen von 1. Bac. coli, 2. Bac. typhosus und 3. Cholera-Vibrionen, die er mit dem gleichen Raumtheil

---

[1]) Hyg. Rundsch. 1894, **4**, 337.

Hermite'scher Lösung mischte, nach 20 Minuten keine Sterilisation sowie bei No. 1 und 3 die Bakterien nach 24 Stunden noch wachsthumsfähig. Klein kommt somit selbst bei der Vermischung gleicher Raumtheile, was in der Praxis ja undurchführbar ist, zu ungünstigen Ergebnissen.

Zu ähnlichen ungünstigen Ergebnissen führten die Versuche der zur Prüfung des Hermite'schen Verfahrens nach Havre gesandten Kommissionen des deutschen Gesundheitsamtes[1]) und des Conseil Central d'Hygiéne[2]).

A. Lambert[1]) hat das Hermite'sche Verfahren neuerdings eingehend durch Versuche geprüft und nachgewiesen, dass entgegen den Angaben von Hermite dem Magnesiumhypochlorid keine grössere desinficirende Wirkung zukomme, als den gewöhnlichen Hypochloriden, und dass es daher weit vortheilhafter sei, diese billigeren an Stelle der Hermite'schen Flüssigkeit zu verwenden.

Diesen Angaben gegenüber finden sich aber auch einzelne, die das Verfahren als wirksam bezeichnen.

Die Widersprüche mögen ihre theilweise Erklärung durch die Gehaltsverschiedenheit der verwendeten Flüssigkeiten infolge ihrer geringen Haltbarkeit finden; jedenfalls aber kann von einer praktischen Verwendbarkeit des Hermite'schens Verfahrens zur Sterilisation der Spüljauche wohl kaum die Rede sein.

Dasselbe gilt von Vorschlägen, die als Verbesserung des Hermite-Verfahrens gemacht sind, so der Vorschlag von:

O. H. Jewell (Amerik. Patent No. 386073 u. D.R.P. 45112), welcher der Spüljauche salzhaltiges Wasser und Kohlensäure zusetzt und beim Durchleiten des elektrischen Stromes eine Reinigung unter gleichzeitiger Abscheidung von unlöslichem (?) Natriumbikarbonat bewirken will; von Philipps (Engl. Patent 1888 No. 2761 u. 2762), welcher durch die Spüljauche während der Ableitung im Kanalnetz einen ununterbrochenen Strom leitet, an der Kathode eine Glocke aufhängt, wodurch der sich entwickelnde Wasserstoff gesammelt und abgeführt werden soll; von H. E. Newton (Engl. Patent 1888 No. 7533), welcher die durch Zersetzung von Salzen und Säuren vermittelst der Elektrolyse entstehenden Gase in die Spüljauche zurückleitet und letztere nach dieser Behandlung der Filtration unterwirft; von A. de Meritens (Engl. Patent 1888 No. 13294), welcher als Elektroden Kupferplatten und Wechselströme anwendet; von Fewson (Engl. Patent 1889 No. 20076), welcher der Spüljauche pflanzliche Stoffe und Kalk zusetzt und dann der Elektrolyse unterwirft, wodurch ein stickstoffreicher Schlamm erzielt werden soll; endlich der Vorschlag von Capron (Engl. Patent No. 1164), welcher der Spüljauche Eisen im fein vertheilten Zustande zusetzt und die Uebertragung des elektrischen Stromes durch Bürsten bewirkt.

3. Versuche über das Webster'sche Reinigungs-Verfahren.

Verf. hat in Gemeinschaft mit C. Remelé[3]) die vorstehenden über das Webster'sche Verfahren angestellten Versuche im kleinen nachgeprüft und gefunden, dass die Erklärungen, welche über den genannten Vorgang gegeben werden, unrichtig sind.

---

[1]) Chem. Centrbl. 1894, II, 383; daselbst nach Bull. Soc. Chim. Paris 1894, **9**, 650.

[2]) Chem.-Ztg. Repert. 1894, **18**, 100; daselbst nach Elektrotechn. Ztschr. 1894, **15**, 84.

[3]) Zeitschr. f. Hygiene 1897, **28**, 185.

Der hier benutzte Apparat (Fig. 134) war dem Webster'schen nachgebildet; zwei starke Eisenblechstreifen *ee* von 3 m Länge wurden rechtwinklig im Zickzack hin- und hergebogen und in einem Abstand von 15 cm so in einander geschachtelt, dass zwischen denselben eine gleichmässige schmale Rinne *rr* für das durchfliessende Wasser blieb. Die Eisenblechstreifen hatten eine Höhe von 8 cm, und betrug die Gesammtlänge des Kanals infolge der zickzackartigen Anordnung 120 cm. Die Seitenwände waren durch Gummiplatten isolirt, indem sie auf einer Gummiplatte in einer Holzrinne ruhten und sowohl auf dieser, wie an den Endpunkten mittelst Schrauben durch eiserne Stangen, unter welchen sich ebenfalls Gummistreifen bezw. Gummiplatten befanden, fest angezogen wurden; die vollständige Dichtung auf der Unterlage wurde durch Eingiessen von Gyps erreicht. Infolge der völligen Isolirung der Seitenwände musste der elektrische Strom durch die durchfliessende Flüssigkeit gehen. Der elektrische Strom wurde bei *pp* in die Seitenwände eingeleitet; als Stromquelle diente eine Gülcher'sche Thermosäule von 66 Elementen für eine Leistung von 4 Volt und ca. 3 Ampère. Bei *a* wurde das Wasser zugeleitet, bei *b* floss es ab.

Dem zu elektrolysirenden Abwasser wurde, wenn nicht genügend Kochsalz vorhanden war, 0,5—1,0 g Kochsalz für 1 l zugesetzt und der Zufluss in den Kanal durch-

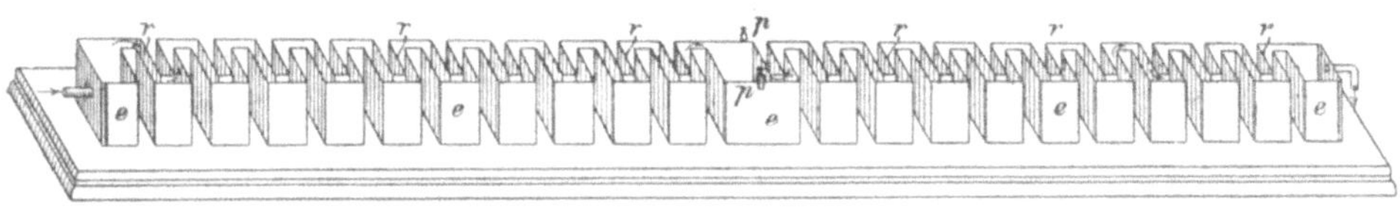

Fig. 134.

weg so bemessen, dass die Elektrolyse für 10 l Abwasser in einer Stunde beendet war. In dieser Zeit war meistens eine den beiden Versuchen in Salford und Crossness gefundene gleiche Menge Ferrohydroxyd gebildet und niedergeschlagen.

Wenn das Wasser, welches der Elektrolyse ausgesetzt wird, Salze gelöst enthält, so zersetzt sich, wie auch sonst allgemein bekannt ist und gelehrt wird, zunächst das Salz und erst die losgelösten Bestandtheile des Salzes wirken zersetzend auf das Wasser. Wendet man irgend welche Chloride (Chlornatrium, Chlorcalcium oder Chlormagnesium) und nach Webster's Verfahren Eisenplatten als Elektroden an, so werden diese in Metall und Chlor gespalten. Das bei Anwendung von Chlornatrium an der Anode sich ansammelnde Chlor löst Eisen als Eisenchlorür, das Natrium zersetzt das Wasser unter Wasserstoff-Entwicklung und Bildung von Natriumhydroxyd und dieses zerlegt sofort wieder das Eisenchlorür unter Bildung von Ferrohydroxyd und Chlornatrium, nach folgendem Vorgang:

Aus 2 NaCl entsteht z. B.:

— Pol	+ Pol
2 Na	2 Cl
Diese zersetzen:	Diese verbinden sich mit Fe zu
$2\,H_2O$	$FeCl_2$ (Eisenchlorür)
zu $2\,NaOH + H_2$, die frei werden,	

während $2\,NaHO + FeCl_2$ bilden: $2\,NaCl + FeO_2H_2$, welches letztere flockig ausgeschieden wird. Wenn das Wasser freien Sauerstoff enthält oder letzterer frei aus der Luft zutreten kann, so bildet sich aus dem Ferrohydroxyd zum Theil Ferrihydroxyd.

In derselben Weise wie Kochsalz verhalten sich andere Chloride, wie Chlorcalcium und Chlormagnesium. Bei ihrer Zersetzung entsteht kein Chlor, kein Oxychlorid, kein freier Sauertoff.

Dass der Vorgang wirklich in dieser Weise verläuft, geht auch daraus hervor, dass die Anode genau um soviel an Eisen abnimmt, als sich unter Berücksichtigung der etwaigen Versuchsfehler Eisen aus dem entwickelten Wasserstoff berechnet.

Nimmt man statt der Chloride andere Salze, die, wie neutrales und saures chromsaures oder übermangansaures Kalium, leicht Sauerstoff abspalten, aber nicht lösend auf Eisen wirken, so tritt Wasserstoff und Sauerstoff auf, indem sich kein Ferrohydroxyd und kein oder nur wenig Ferrihydroxyd abscheidet. Ohne Zweifel verläuft dann der Vorgang z. B. für neutrales chromsaures Kalium (K_2CrO_4) in folgender Weise:

— Pol	+ Pol
K_2	CrO_4

Diese beiden Spaltungsstoffe zersetzen Wasser

$2\,H_2O$	H_2O

und bilden

$H_2 + 2\,KHO$ (werden frei)	$CrO_4H_2 + O$ (wird frei)

und daraus entsteht wieder $K_2CrO_4 + 2\,H_2O$.

Aehnlich wie chromsaures und übermangansaures Kalium verhalten sich als schlechte Stromleiter kohlensaure Salze, deren negative Jonen wie die ersterer Salze eine weniger stark saure Beschaffenheit besitzen und dementsprechend auch nicht oder nur wenig Eisen an der Anode zu lösen vermögen.

An der Anode entwickelt sich Sauerstoff, welcher z. Th. gasförmig entweicht, z. Th. die positive Eisenplatte oxydirt, von welcher sich dann leichte Wolken von Ferrihydroxyd abscheiden.

Setzt man diesen Salzlösungen noch Chlornatrium zu, so zersetzt sich dieses unter blosser Wasserstoff-Entwicklung wieder wie vorhin und bildet sich eine dem freiwerdenden Wasserstoff äquivalente Menge Ferrohydroxyd. Nur wenn gleichzeitig stark oxydirende Salze, wie chrom- und übermangansaure Salze vorhanden sind, scheidet sich Ferrihydroxyd ab, indem das gebildete Eisenchlorür in Chlorid übergeführt wird. Gleichzeitig kann dann auch noch an der Anode eine geringe Menge freier Sauerstoff und Ferrihydroxyd auftreten.

Freie Säuren, wie Salpetersäure und Kohlensäure, lösen die entsprechende Menge des sich abscheidenden Eisenoxyduls oder auch Oxyds auf und verzögern dadurch die Ausfällung. Dieses gilt für das Oxydul auch besonders von der Kohlensäure, wenn solche frei und im Ueberschuss vorhanden ist, nicht aber von den Bikarbonaten. Aus solcher Lösung fällt jedoch sehr bald, wenn dieselbe mit der Luft in Berührung kommt, infolge Oxydation des Ferrokarbonats Ferrihydroxyd aus.

Nitrate werden, wie das auch von Fermi nachgewiesen ist, zu Nitrit und Ammoniak reducirt, ein weiterer Beweis dafür, dass die elektrische Reinigung nach dem Webster'schen Verfahren kein Oxydationsvorgang ist.

Wenn daher, wie Webster angiebt, Indigo- und Lackmuslösung gebleicht werden, so ist das einfach auf die reducirende Wirkung des Wasserstoffs zurückzuführen.

Auch das Verschwinden von Oxalsäure, Weinsäure, Ameisensäure in schwachen, wässerigen Lösungen, welches Fermi beobachtete, beruht auf Jonentrennung, nicht auf Oxydation.

Anders gestaltet sich der Vorgang, wenn man nach Hermite's Verfahren als Kathode Zink, als Anode Platin oder Kohle anwendet. Auf letztere kann das frei werdende Chlor nicht lösend wirken; es tritt frei auf oder bildet mit der Base ein unterchlorigsaures Salz. Ueber diesen Vorgang werden auch verschiedene Erklärungen gegeben; indess dürfte der Vorgang wohl in folgender Weise verlaufen z. B. für $2\,MgCl_2$:

$$
\begin{array}{ccc}
-\text{ Pol} & \Big| & +\text{ Pol (Platin)} \\
2\,Mg & \Big| & 4\,Cl \\
+\,4\,H_2O & \Big| & \Big| \\
H_4 & +\,2\,MgO_2H_2 & +\,4\,Cl = \\
\text{(frei werdend)} & Mg(ClO)_2 + MgCl_2 + 2\,H_2O. &
\end{array}
$$

Da neben Wasserstoff auch noch Sauerstoff entwickelt wird, so dürfte das unterchlorigsaure Magnesium zum Theil weiter in Sauerstoff und Chlormagnesium gespalten werden.

Vertauscht man alsdann die Pole und nimmt Platin als Kathode und Zink als Anode, so tritt kein Chlor bezw. kein unterchlorigsaures Salz auf. Das freiwerdende Chlor löst Zink auf und scheidet sich wie bei Anwendung von Eisen-Elektroden eine dem entwickelten Wasserstoff äquivalente Menge Zinkhydroxyd aus.

Das elektrische Reinigungsverfahren unter Anwendung von Eisen- oder Zink-Elektroden nach Webster ist daher nichts anderes, als ein chemisches Reinigungsverfahren und unterscheidet sich von letzterem nur dadurch, dass die fällenden chemischen Verbindungen erst durch den elektrischen Strom erzeugt werden, wobei, weil die Umsetzung stöchiometrisch verläuft, die Flüssigkeit, wenn sie ursprünglich neutral war, stets neutral bleibt, und das mag für manche Fälle aus den S. 366 erörterten Gründen von Vortheil sein.

In der That haben eine Reihe von hiesigen Versuchen im kleinen ergeben, dass durch das Webster'sche Verfahren keine grössere Reinigung der Schmutzwässer — als solche dienten Abwasser einer Stadt, Papierfabrik, Färberei, Brauerei und eines Schlachthauses — erzielt wird, als durch Fällen mit Eisenvitriol und Kalk und zwar sowohl, was Ausfällung der organischen Stoffe, als auch Beseitigung der Bakterien anbelangt.

Nach dem Hermite'schen Verfahren, bei dem die Anode aus einer für Chlor nicht angreifbaren Masse besteht, wird eine Sterilisation bezw. Geruchlosigkeit von fauligen Abwässern erzielt werden können und mag dieser Zweck in einigen Fällen, in denen es nur darauf ankommt, das Wasser auf eine kurze Strecke geruchlos zu machen, ausreichen. In den bei weitem meisten Fällen aber ist diese Art Reinigung nicht ausreichend, sondern muss auch eine Beseitigung der fauligen bezw. fäulnissfähigen Stoffe selbst angestrebt werden; hierfür aber kann das Hermite'sche Verfahren nichts leisten.

Sachregister.

A.

A-B-C-Process 354.
Adenay, W. E. und Parry, W. K., Fällungsmittel 354.
Alaun, Blut, Holzkohle und Lehm als Fällungsmittel 354.
Algen, Thätigkeit bei der Selbstreinigung der Flüsse 252.
Amines-Syndicate limited London 353.
Andersen's Revolving Purifier 144.
Ansteckende Krankheiten, ist das Wasser die Ursache der Verbreitung derselben? 57.
Armee-Asbestfilter von Frhr. v. Kuhn 183.
Asbestfilter 176.
— Armee-, von Frhr. v. Kuhn 183.
— Feinfilter von Sellenscheidt 182.
— Mikromembranfilter von Friedr. Breyer 179.
— Patent-Schnellfilter v. H. Jensen & Co. 184.
— Piefke, C. 176.
— Trenkler, Julius 181.
— Wasserfilter „Puritas" v. Sonnenschein 183.
Asbestporcellanfilter 176.

B.

Bach, was ist ein? 1.
Baden, gesetzliche Bestimmungen betr. Reinhaltung der Flüsse 26.
Bakterien, Wirkung bei der Selbstreinigung der Flüsse 258.
Barbenkrankheit 70.
Barrow, J., Fällungsmittel 356.
Bayern, gesetzliche Bestimmungen betr. Reinhaltung der Flüsse 23.
Beetfiltration 302.
Belgien, gesetzliche Bestimmungen betr. Reinhaltung der Flüsse 37.
Berieselung 266.
— Betrieb von Rieselfeldern 318.
— — Arbeit auf den Rieselfeldern und Bearbeitung der Bodenoberfläche 325.
— — Bebauung der Rieselfelder 327.
— — Bewässerung der Flächen 318.
— — Teich-(Fisch-)Wirthschaft auf Rieselfeldern 337.
— — Viehwirthschaft auf Rieselfeldern 336.
— Herstellung der Rieselanlagen 296.
— — Aptirung der Rieselfelder 296.
— — — Beetfiltration 302.
— — — Berieselung 297.
— — — Staufiltration 299.
— — Beispiele einiger Rieselungsanlagen mit städtischem Abwasser 313.
— — — Berlin 313.
— — — Breslau 315.
— — — Freiburg i. Br. 314.
— — — Paris 317.
— — Entwässerung der Rieselflächen 305.
— — Vertheilung des Abwassers auf den Rieselfeldern 307.
— Vorbemerkungen über die Grundsätze der 266.
— — Einfluss der Art des Bodens und des Rieselns auf die Reinigung der Schmutzwässer durch Berieselung 273.
— — Art des Bodens 274.
— — Art des Rieselns 273.
— — Einfluss des zu häufigen Rieselns 275.
— — Einfluss der Jahreszeit 284.
— — Einfluss der Kulturpflanzen 276.
— — Einfluss der verschiedenen Kulturpflanzen und des Nährstoffbedürfnisses 281.

Berieselung, Vorbemerkungen über die Grundsätze der — Vorgänge der Zersetzung und Unschädlichmachung der organischen Stoffe durch die Bodenberieselung 267.
— — Zusammenfassung der Grundregeln der Berieselung 285.
— — Vorprüfungen bei der Anlage von Rieselfeldern 287.
— — Beschaffenheit des Bodens 287.
— — Besitz- und Wohnungsverhältnisse auf und bei Rieselfeldern 289.
— — Bestimmung der Grösse eines Rieselfeldes 290.
— — Oberflächengestaltung des Rieselfeldes 289.
— — Pacht oder Grunderwerb eines Rieselfeldes, Kostenanschlag 294.
— — Vorfluth- und Entwässerungsverhältnisse des Rieselfeldes 288.
— Reinigung städtischer Abwässer durch 313.
— — Vertheilung auf den Rieselfeldern 307.
Berkefeld-Kieselguhrfilter 165.
Berliner Rieselfelder 318.
Bestimmungen, betr. die Reinhaltung der Flüsse, Gesetzliche 19.
Beuster, P., Fällungsmittel 356, 358.
Biologisches Reinigungsverfahren von Dibdin-Schweder 346.
Biologisch-chemische Vorgänge bei der Selbstreinigung 247.
Biologische Wirkung bei der Reinigung von Schmutzwasser 346.
Bischoff, Eisenschwammfilter 164.
Blanchard, Fällungsmittel 357.
Bleichereiwasser, Anforderungen an 100.
Blut, Holzkohle, Lehm, Alaun, Fällungsmittel 354.
Blyt, Fällungsmittel 357.
Boden, Beschaffenheit bei Anlage von Rieselfeldern 287.
— Einfluss der Art auf die Reinigung der Schmutzwässer durch Berieselung 273.
Bodenberieselung siehe Berieselung.
Bodenoberfläche, Bearbeitung auf Rieselfeldern 325.
Bohlig, Ed., Fällungsmittel 357.
Brauereiwasser, Anforderungen an 96.
Braunsteintrübe, Einwirkung auf Fische 82.
Breslauer Rieselfelder 315.
Breyer, Friedr., Mikromembranfilter 179.
Brobownicki, Fällungsmittel 358.
Bührig, C., Kohlenfilter 163.
Buisine, A. u. B., Fällungsmittel 356.
Burghardt, C. A., Fällungsmittel 357.

C.

Calciumorthoplumbat als Oxydationsmittel 341.
Candy, Fällungsmittel 356.
Cellulosefilter, Papier- und 185.
Chamberland Pasteur-Filter 163, 168.
Cheaving-Taschenfilter 162.
Chemikalien, Reinigung des Trinkwassers durch 191.
Chemische Fällung, Beseitigung des Schlammes von der 368.
Chemische Fällungs- und Reinigungsmittel 353.
Chemische Fällungsmittel, ihre Wirkung 360.
Chemisch-mechanische Reinigung 353.
— Hilfsvorrichtungen für die 422.
Chemische Zusätze, Selbstthätige Schöpfvorrichtung für die Zugabe nach Liesenberg 424.
Chlor, Karbolsäure und Kalk als Fällungsmittel 353.
Cholera, Verbreitung durch Wasser 60.
Clarine, Fällungsmittel 356.
Cohnfeld, Thonfilter 173.
Collet, Henry, Fällungsmittel 356.

D.

Davis, G. E., Fällungsmittel 354.
Degener, P., Fällungsmittel 360.
Dehne, A. L. G., Klärvorrichtung 420.
— Vorrichtung zum Weichmachen von Wasser 209.
Dervaux, A., Klärvorrichtung 405.
Destillation zur Gewinnung von Trinkwasser 191.
Deutschland, augenblicklicher Rechtszustand der Verunreinigung der Gewässer 27.
— Gesetzliche Bestimmungen betr. Reinhaltung der Flüsse 19.
Dibdin-Schweder'sches Verfahren 346.
Dienstanweisung für die Rieselmeister und Rieselwärter auf den der Stadt Berlin gehörigen Rieselgütern 320.
Donalt, Graham, Fällungsmittel 356.
Dunbar's Pressfilter zur Lüftung und Enteisenung von Trinkwasser 203.
— Tauchfilter zur Lüftung und Enteisenung von Trinkwasser 203.

E.

Eichen, F., Klärvorrichtungen 399.
Eisenchlorid bezw. Eisenchlorürchlorid und Kalk als Fällungsmittel 353.
Eisenschwamm-Filter von Bischoff 164.
Eisensulfat und Eisenoxyd als Fällungsmittel 356.
Elektricität, Reinigung von Schmutzwasser durch 433.
— Reinigung des Trinkwassers durch 194.
Elsass-Lothringen, Gesetzliche Bestimmungen betr. Reinhaltung der Flüsse 27.
England, Gesetzliche Bestimmungen betr. Reinhaltung der Flüsse 37.
Enteisenung von Trinkwasser 195.
— — durch chemische Füllungsmittel und das Kröhnke-Filter 202.
— — durch Dunbar's Pressfilter 203.
— — durch Dunbar's Tauchfilter 203.
— — durch Kurth's Verfahren 200.
— — durch Oesten's Verfahren 197.
— — durch Piefke's Verfahren 198.
— — durch Thiem's Verfahren 200.
Entwässern von schlammförmigen Stoffen von M. M. Rotten 427.
Entwässerung der Rieselflächen 305.
Entwässerungsverhältnisse und Vorfluth der Rieselfelder 288.
Ernsdorf, Klärvorrichtung in der Färberei in, von Fr. Hulwa 378.

F.

Fällungsmittel, Messvorrichtungen 425.
— Vorrichtung zum Vertheilen 427.
Fällungs- und Reinigungsmittel, chemische, 353.
— — Adenay, W. E. u. Parry, W. K., 355.
— — Barrow, J. 356.
— — Beuster, P. 356, 358.
— — Blanchard 357.
— — Blyt 357.
— — Bohlig, Ed. 357.
— — Brobownicki 358.
— — Buisine, A. u. B. 356.
— — Burghardt, C. A. 357.
— — Candy 356.
— — Collet, Henry 356.
— — Davis, G. E. 354.
— — Degener, P. 360.
— — Donalt, Graham 356.
— — Forbes 358.
— — Friedrich, M. 356.
— — Fulda 353.
— — Guenantin 358.
Fällungs- und Reinigungsmittel, chemische, Hardwick 358.
— — Harvey, C. H. 356.
— — Hauson, J. 358.
— — Hille-Chiswick, F. 357.
— — Holden 353.
— — Hulwa, Fr. 358, 359.
— — Kingsett, C. F. 354.
— — Knauer 353.
— — Landgraf, R. 353.
— — Leigh 357.
— — Lenk 357.
— — Le Voir 358.
— — Liesenberg, C. u. Staudinger, F. 354.
— — Lockwood 353.
— — Lupton 353.
— — Manning 357.
— — Maxwell-Lyte, Fr. 354, 358.
— — Melis, J. Ch. u. Robinson, H. 353.
— — Mollens, J. de 358.
— — Nahnsen-Müller 358.
— — Naylor, W. 356.
— — Newton, L. A. 358.
— — Oppermann, 353, 357.
— — Prange u. Withread 353.
— — Rawson u. Schlater 358.
— — Regener, W. 359.
— — Robinson, H. u. Melis, J. Ch. 353.
— — Schlater u. Rawson 358.
— — Scott 353.
— — Silar u. Wigner 354.
— — Siller, W. C. 357.
— — Siret 358.
— — Smith 353.
— — Stater, J. W. 358, 359.
— — Stier, H. 357, 358.
— — Süvern 353.
— — Tessi du Motay 358.
— — Wigner u. Silar 354.
— — Wilson, F. B. 357.
— — Withread u. Prange 353.
— — Wolff 355.
— — Wolffmann, J. 354.
Färberei Ernsdorf, Klärvorrichtung von Fr. Hulwa 378.
Färbereiwasser, Anforderungen an 100.
Fäulnissbakterien, Schädlichkeit derselben 74.
Feinfilter von Sellenscheidt, Asbestfilter 182.
Ferrozone 341, 356.
Ferrozone-Polarite-Verfahren 340.
Ferro- und Ferrisulfat als Fällungsmittel 356.
Filter, Andersen's Revolving Purifier 144.
— Asbest- 176.
— Asbestporcellan- 176.
— Eisenschwamm-, von Bischoff 164.

Filter, Gerson- 157.
— Howatson- 150.
— Kieselguhr-, von Nordtmeyer-Berkefeld 165.
— Kohlen- 162.
— Kröhnke- 156, 202.
— Porcellan- 168.
— Riddell- 147.
— Spencer's Magnetic-Carbide- und Polarite- 164.
— Torrent- 155.
— Warren- 152.
— Reinigen der 138.
— Wirkung und allmähliches Unbrauchbarwerden der 133.
Filterpressen von A. L. G. Dehne 420.
Filtersand, Korngrösse 112.
Filtrationsmaschinen und Schnellfilter zur Reinigung des Trinkwassers 144.
Filtration, Reinigung der Schmutzwässer durch 339.
Fische, Einwirkung der Braunsteintrübe auf 82.
— Fleckenkrankheit der 73.
— Infektionskeime für 70.
Fischereiwasser, Anforderungen 81.
— Einwirkung der Braunsteintrübe 82.
Fisch- (Teich-) Wirthschaft auf Rieselfeldern 337.
Flüsse, gesetzliche Bestimmungen betreffend Reinhaltung der 19.
Flussverunreinigung, Grösse der 13.
— Täuschung bei der Beurtheilung durch den äusseren Augenschein 18.
Fluss, was ist ein öffentlicher? 1.
Flusswasser, Probenahme 18.
— Untersuchung 18.
— was ist ein reines? 2.
Forbes, Fällungsmittel 358.
Frankfurt a. M., Kläranlage 383.
Frankreich, gesetzliche Bestimmungen betr. Reinhaltung der Flüsse 36.
Freiburger Rieselfelder 314.
Friedrich, M., Fällungsmittel 356.
Friedrich, M., & Co., Heberglocken-Anlage 404.
— — Klärvorrichtungen 396.
Friedrich, M., und Glass, Fällungsmittel 360.
Fulda, Fällungsmittel 353.

G.

Gährungsgewerbe, Anforderungen an Wasser für 96.
Gase, Zuführung der zu gereinigtem Wasser 430.
Gartenerdefilter, Versuche mit 340.
Gerbereien, Anforderungen an Wasser für 99.
Gerson-Filter 157.
Gerson, H., Reinigungsverfahren 417.
Gesetzliche Bestimmungen betr. die Reinhaltung der Flüsse 19.
— — in Baden 26.
— — in Bayern 23.
— — in Belgien 37.
— — in Elsass-Lothringen 27.
— — in England 37.
— — in Frankreich 36.
— — in Preussen 19.
— — in Russland 43.
— — in Sachsen 23.
— — in der Schweiz 29.
— — in Württemberg 26.
Gewerbliche Zwecke, Anforderungen an Wasser für 101.
Glasfabrikation, Anforderungen an Wasser für 101.
Glass u. Friedrich, M., Fällungsmittel 360.
Grove, Kochapparat zum Reinigen von Trinkwasser 189.
Grundregeln der Berieselung 285.
Grunderwerb der Rieselfelder 294
Grundwasser 102.
Guenantin, Fällungsmittel 358.

H.

Haldenwanger, H., Porcellanfilter 172.
Hardwick, I. und Newton, L. A., Fällungsmittel 358.
Harvey, C. H., Fällungsmittel 356.
Hausfilter 162.
— die einzelnen Sorten vergl. Filter.
Hauson, J., Fällungsmittel 358.
Heberglocken-Anlage von Friedrich & Co. 404.
Heringslake und Kalk, Fällungsmittel 353.
Hermite, elektrische Reinigung von Schmutzwasser 438.
Hilfsmittel, mechanische, behufs Klärung der Schmutzwässer 357.
Hilfsvorrichtungen für die chemisch-mechanische Reinigung der Schmutzwässer 422.
Hille-Chiswick, F., Fällungsmittel 357.
Holden, Fällungsmittel 353.
Holzkohle, Lehm, Alaun und Blut als Fällungsmittel 354.
Howatson-Filter 150.
Hulwa, Fr., Fällungsmittel 358, 359.

Hulwa Fr., Klärvorrichtung 376.
— — für eine Färberei in Ernsdorf 378.
— — für eine Zuckerfabrik in Strehlen 376.

I.

Industrielle Nutzungszwecke, Anforderungen an Wasser für 95.
Infektionskeime für Fische 70.
— Verbreitung durch Wasser 58.
Invasionskrankheiten, Verbreitung durch Wasser 57.

J.

Jahreszeit, Einfluss bei der Berieselung 284.
Jensen, H., Patent-Schnellfilter 184.

K.

Kalk bezw. Kalkmilch als allgemeines Fällungsmittel 353.
— Art der Wirkung des überschüssigen Kalkes bei der Reinigung von Schmutzwasser 360.
— Desgl. auf Bakterien 364.
— Desgl. beim Weichmachen des Wassers 206.
Kalk, Eisenchlorür bezw. Eisenchlorürchlorid, Fällungsmittel 353.
Kalk, Karbolsäure u. Chlor, Fällungsmittel 353.
Kalkmilch und Trimethylamin oder Isomere desselben, Fällungsmittel 353.
Kalk oder Säure bis zur Neutralisation und danach Permanganat als Fällungsmittel 353.
Kalk und Heringslake, Fällungsmittel 353.
Kalkmilch, Vorrichtungen für die Bereitung v.
— behufs Zusatzes zu Schmutzwasser 422.
Kalk, Reinigungsversuche mit der Kanaljauche d. Stadt Kalk n. H. Gerson 419.
Karbolsäure, Kalk u. Chlor, Fällungsmittel 353.
Kesselspeisewasser, Anforderungen an 95.
— Vorrichtungen zum Weichmachen 209.
Kieselguhr-Filter von Nordtmeyer-Berkefeld 165.
Kingsett, C. F., Fällungsmittel 354.
Kläranlage in Frankfurt a. M. 383.
— in Kronenberg bei Essen 380.
— in Wiesbaden 389.
Klärcylinder von Rothe-Röckner 401.
Klärung der Schmutzwässer, Mechanische Hilfsmittel behufs 370.
Klärvorrichtungen für Schmutzwässer von Dehne, A. L. G.
— von Dervaux, A. 405.
— von Eichen, F., 399.
— von Friedrich & Co. 396.
Klärvorrichtungen für Schmutzwässer von Hulwa, Fr. 376.
— von Müller, F. A. Robert 393.
— von Reichardt, E. 375.
— von Riensch, H. 408.
Kleinfilter zum Reinigen von Trinkwasser vergl. Filter.
— Schlussbemerkungen zu den 186.
Knauer, Fällungsmittel 353.
Kochapparat zum Reinigen von Trinkwasser von Grove 189.
— von Siemens, Fr. 188.
Kohle, geschwelte als Fällungsmittel 359.
Kohlenfilter 162.
Kohlensäure, Vorrichtung f. die Zuführung 431.
Koksfilter, Versuche mit 340.
Koks, Rieselung durch Koks, Verfahren von Piefke zur Lüftung und Enteisenung 198.
Korngrössen des Filtersandes 112.
Kostenanschlag bei Anlage von Rieselfeldern 294.
Krankheiten, ansteckenden, ist das Wasser die Ursache d. Verbreitung od. Träger von? 57.
— — Verbreitung durch Wasser 67.
Kröhnke-Filter 156, 202.
Kronenberg, Kläranlage auf der Arbeiterkolonie 380.
Kuhn, Frhr. v., Armee-Asbestfilter 183.
Kulturpflanzen, Einfluss bei der Berieselung 277, 281.
Kurth's Verfahren zur Lüftung und Enteisenung von Trinkwasser 200.
Kyll, P., Vorrichtung zum Weichmachen von Kesselspeisewasser 211.

L.

Landgraf, R., Fällungsmittel 353.
Landwirthschaftliche Nutzungszwecke, Anforderung an Wasser für — 95.
Lehm, Alaun, Blut, Holzkohle, Fällungsmittel 354.
Leigh, Fällungsmittel 357.
Leimfabrikation, Anforderung an Wasser für 99.
Leitungsröhren, Verhalten von Trinkwasser in 159.
Lenk, Fällungsmittel 357.
Le Voir, Fällungsmittel 358.
Liesenberg, C., Selbstthätige Schöpfvorrichtung für die Zugabe der chemischen Zusätze 424.
Liesenberg, C. und Staudinger, Fr., Fällungsmittel 354.
Lockwood, Fällungsmittel 353.
Luft, Vorrichtung für die Zuführung von 430.

Lüftung und Enteisenung von Trinkwasser siehe Enteisenung.
Lüftung von Schmutzwässern 430.
Lupton, Fällungsmittel 353.

M.

Maass, K., Thonfilter 173.
Magnetic-Carbide-Filter 164.
Maignen, Kohlenfilter 163.
Manning, Fällungsmittel 357.
Maxwell-Lyte, Fr., Fällungsmittel 354, 358.
Mechanisch-chemische Wirkung bei der Selbstreinigung der Flüsse 233.
Mechanische Hilfsmittel behufs Klärung der Schmutzwässer 370.
Meggen, Klärvorrichtung in 423.
Melis, J. Ch. und Robinson, H., Fällungsmittel 353.
Messvorrichtungen für die Fällungsmittel 425.
Meteorwasser, Beschaffenheit 2.
Mikromembranfilter von Friedr. Breyer 179.
Milzbrand, Verbreitung durch Wasser 69.
Möller-Hesse, Thonrohrfilter 172.
Mollens, J. de, Fällungsmittel 358.
Müller, F. A. Robert und Co. Klärvorrichtung 393.

N.

Nährstoffbedürfniss der Kulturpflanzen, Einfluss bei der Berieselung 281.
Nahnsen-Müller, Fällungsmittel 358.
Native Guano Co., Fällungsmittel 357, 358, 359.
Naylor, W., Fällungsmittel 356.
Newton, L. A. und Hardwick, J., Fällungsmittel 358.
Nordtmeyer-Berkefeld, Kieselguhr-Filter 165.

O.

Oberflächengestaltung des Rieselfeldes 289.
Oberflächenwasser, Grundsätze für die Reinigung durch Sandfiltration zu Zeiten der Choleragefahr 129.
Oesten, Verfahren zur Enteisenung 197.
Olschewsky, H., Thonfilter 174.
Oppermann, H. Fällungsmittel 353, 357.
Organische Stoffe, Zersetzung und Unschädlichmachung durch Bodenberieselung 267.
Ozonine, Fällungsmittel 356.

P.

Pacht oder Grunderwerb der Rieselfelder, Kostenanschlag 294.
Papierfabrikation, Anforderungen an Wasser für — 101.
Papier- und Cellulose-Filter 185.
Pariser Rieselfelder 317.
Parry, W. K. und Adeney, W. E., Fällungsmittel 355.
Pasteur-Chamberlandfilter 163, 168.
Patent-Schnellfilter von H. Jensen & Co. 184.
Piefke, C., Asbestfilter 176.
Piefke, C., Verfahren zur Lüftung und Enteisenung 198.
Pockenkrankheit bei Karpfen 71.
Polarite 341, 350.
Polarite-Filter 164.
Porcellanfilter 168.
— Asbestporcellanfilter 176.
— Pasteur-Chamberland 168.
— Sanitäts-Porzellan-Manufaktur W. Haldenwanger-Charlottenburg 172.
— Stavemann, J., Berlin 173.
— Steinfilter von W. Schuler in Isny (Württ.) 174.
— Thonfilter von H. Olschewsky (K. Maas & Cohnfeld) in Berlin 173.
— Thonrohrfilter von Möller-Hesse 172.
Prager Reinigungsverfahren 356.
Prange und Withread, Fällungsmittel 353.
Pressfilter von Dunbar 203.
Preussen, Gesetzliche Bestimmungen, betreffend Reinhaltung der Flüsse 19.
Probenahme eines Fluss- u. Schmutzwassers 18.
Proskowetz, A., Reinigungsverfahren 414.
Puritas, Wasserfilter von Sonnenschein 183.

Q.

Quellwasser, verschiedene Beschaffenheit 4.

R.

Ramsbeck, Vorrichtung zur Zubereitung von Kalkmilch in 422.
Rawson & Schlater, Fällungsmittel 358.
Regener, W., Fällungsmittel 359.
Regenwasser, Beschaffenheit 3.
Reichardt, E., Klärvorrichtung 375.
Reinhaltung der Flüsse, gesetzliche Bestimmungen betreffend 19.
Reinigung der Schmutzwässer, siehe Schmutzwässer.
Reinigungsmittel, Chem. Fällungs- und 353.
Reinigungsverfahren, siehe Schmutzwasser.
Reinigung von Trinkwasser, siehe Trinkwasser.
Reinwasserbehälter und der Wasserstand auf den Filtern bei Sandfiltration 121.
Reinwasserkanäle bei Sandfiltern 116.
Reisert, Klärvorrichtung 405.
Riddell-Filter 147.

Riensch, H., Klärvorrichtung 408.
Rieselanlage, siehe Berieselung 266.
Rieselanlagen, Beispiele einiger 313.
Rieselbetrieb 318.
Rieselfelder, siehe Berieselung 266.
Rieselmeister, Dienstanweisung für die, auf den Berliner Rieselfeldern 320.
Rieseln, siehe Berieselung 266.
Rieselwärter, Dienstanweisung für die, auf den Berliner Rieselfeldern 320.
Robinson, H. und Melis, J. Ch., Fällungsmittel 353.
Rogge, Presskohlen-Filter 163.
Rothe-Röckner, Klärcylinder 401.
Rotten, M. M., Vorrichtung zum Entwässern von schlammförmigen Stoffen 427.
Russland, Gesetzliche Bestimmungen betreffend Reinhaltung der Flüsse 43.

S.

Sachsen, Gesetzliche Bestimmungen betr. Reinhaltung der Flüsse 23.
Sandfilter, Anlage künstlicher 111.
— Betrieb 128.
— Reinigen 138.
— Wirkung und allmähliches Unbrauchbarwerden 133.
Sandfiltration 110.
Sandstein-Platten (nach Fischer-Peters) zum Reinigen von Trinkwasser 141.
Sanitäts-Porcellan-Manufaktur W. Haldenwanger-Charlottenbrg, Porcellanfilter 172.
Schlammförmige Stoffe, Vorrichtung zum Entwässern nach M. M. Rotten 427.
Schlamm von der chemischen Fällung, Beseitigung 368.
Schlater und Rawson, Fällungsmittel 358.
Schmutzwasser, Probenahme 18.
— Reinigung 217.
— Reinigung auf biologischem Wege 346.
— — nach Dibdin-Schweder'schem Verfahren 346.
— Reinigung auf chemisch-mechanischem Wege 353.
— — Chemische Fällungsmittel und ihre Wirkung 353.
— — — Beseitigung des Schlammes von der chemischen Fällung 368.
— — — Chemische Fällung u. Reinigungsmittel 353.
— — — Wirkung der chemischen Fällungsmittel 360.
— — Mechanische Hilfsmittel behufs Klärung der Schmutzwässer 370.
— — — Hilfsvorrichtungen 422.
Schmutzwasser, Reinigung auf chemisch-mechanischem Wege, mechanische Hilfsmittel behufs Klärung der Schmutzwässer, Hilfsvorrichtungen, Messvorrichtungen für die Fällungsmittel 425.
— — — — Selbstthätige Schöpfvorrichtung für die Zugabe der chemischen Zusätze nach C. Liesenberg 424.
— — — — Vorrichtungen für die Bereitung von Kalk 422.
in Meggen 423.
in Ramsbeck 422.
— — — — Vorrichtungen zum Entwässern von schlammförmigen Stoffen von M. M. Rotten 427.
— — — — Vorrichtungen zum Vertheilen von Fällungsmitteln 427.
— — — — Vorrichtungen für die Zuführung von Gasen (Luft, Kohlensäure oder schwefliger Säure) 430.
Lüftung 430.
Zuführung von Kohlensäure, schwefliger Säure oder ande- Gasen 431.
— — Klärung durch einfache flache Klärbecken mit vorwiegend wagerechter Bewegung des Wassers 375.
Kläranlage in Frankfurt am Main 383.
Kläranlage in Kronenberg bei Essen 380.
Kläranlage in Wiesbaden 389.
Klärcylinder von Rothe-Roeckner 401.
Klärvorrichtung mit durchsetzten Wänden 376.
Klärvorrichtung nach Fr. Hulwa 376.
Klärvorrichtung nach E. Reichardt 375.
— — — Klärung durch Tiefbrunnen und ähnliche Vorrichtungen mit vorwiegend aufsteigender Wasserbewegung 393.
Heberglocken-Anlage von Friedrich & Co. 404.
Klärvorrichtung von Dervaux, A. 405, von Eichen, F. 399, von M. Friedrich & Comp. 396, von Müller, F. A. Robert & Co. 393.
— — — Zusammengesetzte und sonstige Klärvorrichtungen 408.
Klärvorrichtung von H. Riensch 408.

Schmutzwasser, Reinigung auf chemisch-mechanischem Wege, zusammengesetzte und sonstige Klärvorrichtungen, Reinigung durch Filterpressen und Klärung von A. L. G. Dehne-Halle 420; — durch Filterpressen 420; — durch Schwemmfilter 420; — unter Zusatz von Chemikalien durch Klärbecken und Filterpressen 421. — Reinigungsverfahren von H. Gerson 417; — von A. Proskowetz 414.
— — durch Berieselung 266.
— — durch Elektricität 433.
Verfahren von Hermite 438.
Verfahren von Webster 433.
— — durch Filtration 339.
Versuche über die Reinigung durch verschiedene Filter 340.
— — durch Selbstreinigung der Flüsse 217.
— — — durch biologisch-chemische Vorgänge 247.
Oxydirende Wirkung der Bakterien und Wasserfadenpilze 247.
Thätigkeit der Algen und sonstiger Wasserpflanzen 252.
— — — durch mechanisch-chemische Wirkung 233.
Direkte Oxydation i. Wasser 235.
Rein chemische Wirkung 234.
Sedimentation 233.
Verdunstung 245.
— — — durch Verdünnung 231.
— — — Selbstreinigung der Flüsse von Bakterien 258.
Absterben durch Veränderung der Wachsthumsbedingungen 262.
Sedimentation d. Bakterien 259.
Wirkung des Lichtes 263.
— — — Schlussergebnisse 265.
— Untersuchung 18.
Schnellfilter, Patent-, von H. Jensen & Co. 184.
Schnellfilter und Filtrationsmaschinen zur Reinigung des Trinkwassers 144.
Schöpfvorrichtung für die Zugabe der chemischen Zusätze nach C. Liesenberg 424.
Schornsteinluft, Zuführung zu Schmutzwasser 431.
Schuler W., Steinfilter 174.
Schweder, siehe Dibdin-Schweder'sches Verfahren 346.
Schweflige Säure, Vorrichtung für die Zuführung von 431.
Schweiz, Gesetzliche Bestimmungen betreffend Reinhaltung der Flüsse 29.
Schwemmfilter von A. L. G. Dehne 420.
Scott, Fällungsmittel 360.
Securin, Fällungsmittel 360.
Sedimentation, Selbstreinigung der Flüsse durch 233, 259.
Selbstreinigung der Flüsse, siehe Schmutzwasser, Reinigung durch Selbstreinigung der Flüsse etc.
Sellenscheidt, Asbest-Feinfilter 182.
Siemens, Fr., Kochapparat zum Reinigen von Trinkwasser 188.
Silar und Wigner, Fällungsmittel 354.
Siller, W. C., Fällungsmittel 357.
Siret, Fällungsmittel 358.
Smith, Fällungsmittel 353.
Sonnenschein, Wasserfilter „Puritas" 183.
Southampton, Weichmachen von Trinkwasser in 213.
Spencer's Magnetic-Carbide-Filter 164.
Stärkefabrikation, Anforderungen an Wasser für 98.
Stater, J. W., Fällungsmittel 358, 359.
Staudinger, F. und Liesenberg C., Fällungsmittel 354.
Staufiltration 299.
Stavemann, J., Porcellanfilter 173.
Steinfilter von W. Schuler in Isny (Württ.) 174.
Stier, H., Fällungsmittel 357, 358.
Strehlen, Klärvorrichtung für die Zuckerfabrik in —, von Fr. Hulwa 376.
Sulfatasche, Fällungsmittel 360.
Süvern, Fällungsmittel 353.

T.

Taschenfilter, Cheaving- 162.
Tauchfilter von Dunbar 203.
Teich- (Fisch-) Wirthschaft auf Rieselfeldern 337.
Tessi du Motay, Fällungsmittel 358.
Thiem, Verfahren zur Lüftung und Enteisenung von Trinkwasser 200.
Thonfilter von H. Olschewsky (Karl Maas & Cohnfeld) in Berlin 173.
Thonrohrfilter von Möller-Hesse 172.
Thonwaarenfabriken, Anforderungen an Wasser für 101.
Tiefbrunnen, Klärung durch 393.
Torrent-Filter 155.
Tralls, L., Fällungsmittel 360.

Trenkler, J., Asbestfilter 181.
Trimethylamin und Kalk, Fällungsmittel 353.
Trinkwasser, Anforderungen an ein 50.
— Reinigung 102.
— — durch Chemikalien 191.
— — durch Destillation 191.
— — durch Elektricität 194.
— — durch Kochen 188.
— — — Kochapparat von Grove 189.
— — — Kochapparat von Fr. Siemens 188.
— — durch Lüftung und Enteisenung 195.
— — im grossen 104.
— — — Absatzbehälter 105.
— — — Sandfiltration 110.
— — — Sandstein-Platten 141.
— — — Schnellfilter u. Filtrationsmaschinen 144.
— — im kleinen, durch Hausfilter 162.
— — — durch Asbestfilter 176.
— — — durch Eisenschwammfilter von Bischoff 164.
— — — durch Kieselguhrfilter von Nordtmeyer-Berkefeld 165.
— — — durch Kohlenfilter 162.
— — — durch Papier- und Cellulosefilter 185.
— — — durch Porcellanfilter 168.
— — — durch Spencer's Magnetic-Carbide- und das Polarite-Filter 164.
— Verhalten in Leitungsröhren 159.
Typhus, Verbreitung durch Wasser 65.

U.

Untersuchung von Schmutzwasser 18.

V.

Verbreitung von Infektionskrankheiten durch das Wasser 58.
Verbreitung von thierischen Parasiten durch das Wasser 57.
Verdünnung, Selbstreinigung durch 231.
Verdunstung, Selbstreinigung durch 245.
Verhalten von Trinkwasser in Leitungsröhren 159.
Vertheilung des Abwassers auf den Rieselfeldern 307.
Verunreinigung der Gewässer, allgemeine zu berücksichtigende Verhältnisse 1.
— augenblicklicher Rechtszustand in Deutschland 27.
— verschiedene Arten der 44.
Verunreinigung eines Flusses, Abhängigkeit der Grösse derselben von? 13.
Verunreinigung eines Flusses, Täuschung bei Beurtheilung nach dem äusseren Augenscheine 17.
Viehtränke, Anforderung an Wasser für 81.
Viehwirthschaft auf Rieselfeldern 336.
Vorfluth und Entwässerungsverhältnisse des Rieselfeldes 288.
Vorgänge bei der Zersetzung u. Unschädlichmachung der organischen Stoffe durch die Bodenberieselung 267.
Vorrichtungen für die Bereitung von Kalk 422.
— zum Entwässern von schlammförmigen Stoffen von M. M. Rotten 427.
— zum Vertheilen von Fällungsmitteln 427.
— zur Zuführung von Gasen 430.

W.

Warren-Filter 152.
Wasser, Anforderungen für verschiedene Nutzungszwecke 50.
— — Bleicherei 100.
— — Brauerei 96.
— — Färberei 100.
— — Fischerei 81.
— — Gährungsgewerbe 96.
— — Gerberei 99.
— — Glasfabrikation 101.
— — Industrielle Zwecke 95.
— — Kesselspeisen 95.
— — Landwirthschaftliche Zwecke 95.
— — Leimfabrikation 99.
— — Papierfabrikation 101.
— — Stärkefabrikation 98.
— — Thonwaarenfabriken 101.
— — Trinkwasser 50.
— — Viehtränke 81.
— — Zuckerfabrikation 98.
— Filter „Puritas“ von Sonnenschein 183.
— Fluss- 6.
— Grund- 102.
— Mengen in den Flüssen 7.
— Meteor- 3.
— Oberflächen- 102.
— Regen- 3.
— Quell- 4.
— Schmutz- 217.
— Trink- 50.
— als Ursache der Verbreitung bezw. Träger ansteckender Krankheiten 57.
Wasserfadenpilze, Wirkung bei der Selbstreinigung der Flüsse 247.
Wasserpflanzen, Wirkung bei der Selbstreinigung der Flüsse 252.
Webster, elektrische Reinigung von Schmutzwasser 433.

Weichmachen des Wassers 205.
— allgemeine Fällungsmittel 205.
— Vorrichtungen für Kesselspeisewasser 209.
— von Trinkwasser in Southampton 213. 213.
Wiesbaden, Kläranlage 389.
Wigner und Silar, Fällungsmittel 354.
Wilson, T. B., Fällungsmittel 357.
Withread und Prange, Fällungsmittel 353.
Wohnungsverhältnisse, Besitz- und —, auf und bei den Rieselfeldern 289.
Wolff, Fällungsmittel 355.
Wolfmann, J., Fällungsmittel 354.
Wollgarnspinnerei, Abwasser-Reinigung nach H. Gerson 419.
Württemberg, Gesetzliche Bestimmungen betreffend Reinhaltung der Flüsse 26.

Z.

Zuckerfabrikation, Anforderungen an Wasser für 98.
Zuckerfabrik in Strehlen, Klärvorrichtung von Fr. Hulwa 376.

GPSR Compliance

The European Union's (EU) General Product Safety Regulation (GPSR) is a set of rules that requires consumer products to be safe and our obligations to ensure this.

If you have any concerns about our products, you can contact us on ProductSafety@springernature.com

In case Publisher is established outside the EU, the EU authorized representative is:

Springer Nature Customer Service Center GmbH
Europaplatz 3
69115 Heidelberg, Germany

Batch number: 10683525

Printed by Printforce, the Netherlands